K. Schreyer

Werkstückspanner
(Vorrichtungen)

Dritte verbesserte und erweiterte Auflage

Springer-Verlag Berlin Heidelberg New York 1969

KARL SCHREYER
SIEMENS AKTIENGESELLSCHAFT
Berlin · München

ISBN-13: 978-3-642-49064-4 e-ISBN-13: 978-3-642-92988-5
DOI: 10.1007/978-3-642-92988-5

Mit 1337 Bildern und 20 Tafeln

Alle Rechte vorbehalten
Kein Teil dieses Buches darf ohne schriftliche Genehmigung des Springer-Verlages
übersetzt oder in irgendeiner Form vervielfältigt werden
© Copyright by Springer-Verlag, Berlin/Heidelberg 1949, 1959 and 1969
Softcover reprint of the hardcover 1st edition 1969
Library of Congress Catalog Card Number 69-19845

Die Wiedergabe von Gebrauchsnamen, Handelsnamen, Warenbezeichnungen usw. in diesem
Buche berechtigt auch ohne besondere Kennzeichnung nicht zu der Annahme, daß solche
Namen im Sinne der Warenzeichen- und Markenschutz-Gesetzgebung als frei zu betrachten
wären und daher von jedermann benutzt werden dürften
Titel Nr. 0935

Vorwort zur dritten Auflage

Die dritte Auflage dieses Buches wurde nach Anzahl der Bilder erheblich erweitert, unter gleichzeitiger Straffung des Textes, um den Buchumfang nicht zu vergrößern.

Erweitert wurde außerdem der Abschnitt über kraftbetätigte Werkstückspanner, neu aufgenommen einiges über Schlitten für Fertigungsketten und über Vorrichtungen für das Löten und Widerstandsschweißen.

Die Gliederung wurde auf die Zehnernummerung nach DIN 1421 umgestellt.

Ich danke jenen Firmen, die mir vorbehaltlos Unterlagen überlassen haben. Diese Firmen sind auf S. 412 und 413 im Quellenverzeichnis namentlich angeführt. Dieses ist, abweichend von der üblichen Form, nach Bildnummern geordnet, wodurch z. B. für handelsübliche Spannzeuge die betreffende Lieferfirma unmittelbar abgelesen werden kann.

Insbesondere danke ich dem Springer-Verlag für das großzügige Eingehen auf meine Wünsche und die wie immer vorbildliche Ausstattung des Buches.

München, im Februar 1969

Karl Schreyer

Aus dem Vorwort zur ersten Auflage

Unter Werkstückspanner (Vorrichtungen) werden in diesem Buche jene Fertigungsmittel verstanden, die das *Werkstück* spannen. Fertigungsmittel, die das *Werkzeug* spannen, sind in dem ebenfalls im Springer-Verlag erschienenen Buch „Werkzeugspanner" behandelt. Werkstückspanner und Werkzeugspanner können als Spannzeuge zusammengefaßt werden, als Teil der Dreiheit Werkzeuge — Spannzeuge — Meßzeuge.

Für die Gestaltung von Vorrichtungen sind in diesem Buche vorzugsweise die Grundlagen behandelt. Dabei wurde versucht, dem Konstukteur alles das zu bringen, was beim Gestalten von Vorrichtungen erfahrungsgemäß gebraucht wird. Mit Rücksicht auf den Nachwuchs an Konstrukteuren werden auch einfachere Belange beachtet. Weitgehend wurden Für und Wider des Gebrachten angegeben und auf den vorzugsweisen Anwendungsfall hingewiesen, denn jedes Gestaltungsergebnis kann nur unter Berücksichtigung der jeweiligen Gegebenheiten und Anforderungen bewertet werden.

Es wurde in diesem Buche versucht, das umfangreiche Gebiet der Vorrichtungen und die mit diesem zu erfüllenden Aufgaben systematisch zu gliedern.

Den vorbereitenden Maßnahmen zur Gestaltung von Vorrichtungen wurde im besonderen Raum gegeben, z. B. der vorrichtungsgerechten Gestaltung des Werkstückes.

Über Fertigungsverfahren wurde das für den Spannzeugkonstrukteur Wichtigste angeführt.

Sämtliche Zeichnungen wurden unter Weglassung jeden Beiwerkes auf den jeweils zur Besprechung stehenden Punkt abgestimmt. Verbundformen sind mit Rücksicht auf deren mögliche Vielzahl in nur begrenzten Umfange gebracht.

Von vollständigen Vorrichtungen sind in der Hauptsache nur typische Bauformen aufgenommen.

Weitere Ausführungsbeispiele vollständiger Vorrichtungen sind einem weiteren Buche vorbehalten.

Von der Wiedergabe vollständiger DIN-Blätter wurde Abstand genommen, denn diese werden zweckmäßiger in einer gesonderten Sammlung geführt.

Berlin, im Juli 1949

Karl Schreyer

Aus dem Vorwort zur zweiten Auflage

Die 2. Auflage ist in der Hauptsache in der Richtung kraftbetätigter Werkstückspanner erweitert. Vorzugsweise für diese wurde die Anzahl der Bilder erheblich erhöht. Um aber den Umfang des Buches nicht in gleichem Ausmaße zu vergrößern, wurde der Text noch mehr gestrafft.

Von den Zahlentafeln konnten mehrere entfallen, nachdem die betreffenden Werkstückspanner-Teile inzwischen als DIN-Normen herausgekommen sind.

Ich danke jenen Firmen, die mich bei Gestaltung dieses Buches durch Überlassung von Unterlagen unterstützt haben.

München, im November 1958

Karl Schreyer

Inhaltsverzeichnis

1 Allgemeines 1
  1.1 Begriffe 1
  1.2 Einteilung 1
  1.3 Benennung 2
  1.4 Verwendungszweck 3
  1.5 Wirtschaftlichkeit 4
  1.6 Gestaltungsrichtlinien 4

2 Das Werkstück 6
  2.1 Allgemeines 6
  2.2 Anlieferungszustand 7
      2.21 Gegossene Rohteile 7
      2.22 Geschmiedete Rohteile 8
      2.23 Geschweißte Rohteile 8
      2.24 Werkstücke aus stangenförmigem Halbzeug 9
      2.25 Stanzteile 9
      2.26 Spangebend bearbeitete Werkstücke 10
      2.27 Wärmebehandelte Werkstücke 10
  2.3 Vorrichtungsgerechte Gestaltung des Werkstückes 10
  2.4 Vorrichtungsgerechter Werkstück-Fertigungsplan 13

3 Vorrichtung und Werkstück 13
  3.1 Werkstückhandhabung 13
      3.11 Eingeben des Werkstückes in die Vorrichtung 14
          3.111 Sicherung gegen unrichtiges Eingeben 18
      3.12 Entfernen des Werkstückes aus der Vorrichtung 19
  3.2 Bestimmen der Lage des Werkstückes 20
      3.21 Bedeutung des Bestimmens 20
      3.22 Wahl der Bestimmfläche am Werkstück 22
      3.23 Gestaltung der Bestimmflächen von Vorrichtungen 24
      3.24 Überbestimmen 29
      3.25 Bestimmteile und ihre Verbindung mit der Vorrichtung . . . 32
          3.251 Allgemeines 32
          3.252 Arten von Bestimmteilen 33

Inhaltsverzeichnis

- 3.26 Mehrmaliges Bestimmen bei Teilarbeiten 39
  - 3.261 Allgemeines 39
  - 3.262 Längsteilen 40
  - 3.263 Kreisteilen...................... 41
  - 3.264 Verbindung von Teilscheiben mit dem Schalttisch. ... 45
  - 3.265 Feststellen des Schalttisches............. 45
  - 3.266 Spannen des Schalttisches.............. 51
  - 3.267 Nachstellbare Schneckengetriebe 53
  - 3.268 Teilvorrichtungen 54
  - 3.269 Rundtische 57
- 3.3 Stützen des Werkstückes 60
- 3.4 Spannen des Werkstückes..................... 62
  - 3.41 Allgemeines......................... 62
  - 3.42 Starres und elastisches Spannen............... 63
  - 3.43 Spannkräfte........................ 65
    - 3.431 Spannen durch Muskelkraft.............. 65
    - 3.432 Kraftbetätigtes Spannen 65
      - 3.4321 Spannen durch Schwerkraft 67
      - 3.4322 Spannen durch Fliehkraft 67
      - 3.4323 Spannen durch Federkraft 67
      - 3.4324 Spannen durch Saugluft 68
      - 3.4325 Spannen durch Druckluft 68
      - 3.4326 Spannen durch Drucköl 79
      - 3.4327 Spannen durch elektromotorische Kraft 80
      - 3.4328 Spannen durch Magnetkraft 81
  - 3.44 Spannkraft-Auswahl, -Größe und -Richtung 87
    - 3.441 Spannkraft-Auswahl 87
    - 3.442 Spannkraft-Größe................... 88
    - 3.443 Spannkraft-Richtung 88
    - 3.444 Spannstellen-Anzahl und -Anordnung 89
  - 3.45 Spannteile 95
    - 3.451 Spannhebel 95
    - 3.452 Spannkeile...................... 95
    - 3.453 Spannexzenter und Spannspiralen 97
    - 3.454 Spannschrauben und Spannmuttern 104
    - 3.455 Spannfedern..................... 108
    - 3.456 Oberflächenbeschaffenheit von Spannflächen 111
  - 3.46 Spannkraft-Übertragteile 111
    - 3.461 Allgemeines 111
    - 3.462 Spanneisen und Spannhebel 116
    - 3.463 Spannkraftübertragung durch plastische Masse oder durch Öl 126
      - 3.4631 Allgemeines.................. 126
      - 3.4632 Spannkraftübertragung durch plastische Masse . . 127
      - 3.4633 Spannkraftübertragung durch Öl 128
  - 3.47 Schnellspannen 133
  - 3.48 Mehrstückspannen 141
    - 3.481 Verwendungszweck.................. 141
    - 3.482 Anordnung der Werkstücke hintereinander 143
    - 3.483 Anordnung der Werkstücke nebeneinander 143
    - 3.484 Nachteile des Mehrstückspannens 143

3.49 Spanndorne, Spannfutter, Spannstöcke 144
  3.491 Spanndorne 144
    3.4911 Feste Dorne 145
    3.4912 Dehndorne 152
    3.4913 Spreizdorne 157
    3.4914 Spanndorne mit Spreizhülse. 159
    3.4915 Spanndorne mit Spannscheiben 162
    3.4916 Spanndorne mit Spannbacken. 163
  3.492 Spannfutter 167
    3.4921 Feste Futter 168
    3.4922 Schrumpffutter 168
    3.4923 Klemmfutter 168
    3.4924 Zangenfutter 171
    3.4925 Spannscheibenfutter 180
    3.4926 Schraubenfutter 180
    3.4927 Backenfutter 180
  3.493 Maschinenspannstöcke. 193
    3.4931 Allgemeines 193
    3.4932 Bauformen von Maschinenspannstöcken 193
    3.4933 Spannstockbacken 198

3.5 Spänebeseitigung und Späneschutz 203
  3.51 Auswirkung der Späne 203
  3.52 Platzbedarf für Späne 203
  3.53 Spänebeseitigung. 204
  3.54 Späneschutz. 204

4 Vorrichtung und Werkzeug 205

5 Vorrichtung und Werkzeugmaschine 206

  5.1 Die Werkzeugmaschine 206

  5.2 Verbindung der Vorrichtung mit der Werkzeugmaschine 206
    5.21 Anschlußmöglichkeiten 206
    5.22 Anschluß- und Befestigungsteile 207
      5.221 Vorrichtungsfüße 207
      5.222 Nutensteine 207
      5.223 T-Nutensteine, Befestigungsschrauben und -schlitze . . . 210
      5.224 Befestigung von Vorrichtungen mittels Spanneisen. . . . 214
    5.23 Schlitten für Fertigungsketten. 214

6 Vorrichtung und Meßzeug 218

7 Vorrichtung und Mensch 218

  7.1 Allgemeines über das Bedienen von Vorrichtungen 218

  7.2 Bedienkräfte 219

  7.3 Bedienrichtungen 220

  7.4 Bedienzeiten 221

7.5 Bedienteile 221
    7.51 Gestaltung und Auswahl von Bedienteilen 221
    7.52 Anordnung von Bedienteilen 224
    7.53 Befestigung von Bedienteilen 224
    7.54 Einstellbarkeit für Bedienteile 225

8 Vorrichtungen für bestimmte Fertigungsgebiete 228

8.1 Hobelvorrichtungen 228
    8.11 Richtlinien für die Verwendung von Tischhobelmaschinen ... 228
    8.12 Schnittkräfte beim Hobeln 228
    8.13 Richtlinien für die Gestaltung von Hobelvorrichtungen 228

8.2 Stoßvorrichtungen 230
    8.21 Richtlinien für die Verwendung von Stoßmaschinen 230
    8.22 Schnittkräfte beim Senkrechtstoßen 230
    8.23 Verbindung von Senkrechtstoß-Vorrichtungen mit der Maschine 230
    8.24 Richtlinien für die Gestaltung von Senkrechtstoß-Vorrichtungen 231

8.3 Räumvorrichtungen 232
    8.31 Anwendung des Räumens 232
    8.32 Schnittkräfte beim Räumen 233
    8.33 Verbindung von Räumvorrichtungen mit der Maschine 233
    8.34 Richtlinien für die Gestaltung von Räumvorrichtungen 233

8.4 Drehvorrichtungen 240
    8.41 Schnittkräfte beim Drehen 240
    8.42 Anordnung von Drehteilen und Drehvorrichtungen in der Maschine 241
    8.43 Drehmaschinen-Spindelköpfe 243
        8.431 Spindelkopf-Bohrungen 243
        8.432 Spindelkopf-Außenformen 243
    8.44 Richtlinien für die Gestaltung von Drehvorrichtungen 245
        8.441 Zentrierspitzen und Längsanschlag 245
        8.442 Kegelschäfte für Spanndorne 248
        8.443 Setzstöcke 249
        8.444 Zwischenflansche 250
        8.445 Ausführungsbeispiele für Drehdorne, Drehfutter und sonstige Drehvorrichtungen 252

8.5 Bohrvorrichtungen 256
    8.51 Richtlinien für die Verwendung von Bohrmaschinen 256
    8.52 Schnittkräfte beim Bohren 259
    8.53 Einflüsse auf die Güte von Bohrungen 260
    8.54 Bohrungsdurchmesser für Aufbohren, Senken, Reiben und Gewinden 262
    8.55 Werkzeugführung für die Fertigung von Bohrungen 263
        8.551 Allgemeines 263
        8.552 Beispiele für die Fertigung von Bohrungen 265
            8.5521 Fertigung ungestufter, zylindrischer Bohrungen .. 265
            8.5522 Fertigung gestufter, zylindrischer Bohrungen ... 269
            8.5523 Fertigung zylindrischer Sackbohrungen 274
            8.5524 Sonderfälle von Bohrungsfertigungen 275

Inhaltsverzeichnis

8.56 Begrenzung des Vorschubweges für Bohrwerkzeuge 277
8.57 Verbindung von Bohrvorrichtungen mit der Maschine 280
8.58 Richtlinien für die Gestaltung von Bohrvorrichtungen 282
    8.581 Allgemeines 282
    8.582 Bohrbuchsen 284
        8.5821 Arten von Bohrbuchsen 284
        8.5822 Länge der Bohrerführung 294
        8.5823 Form der Bohrer-Einführungsseite 295
        8.5824 Axialer Abstand der Bohrbuchse vom Werkstück. 295
        8.5825 Passungen für Bohrbuchsen 296
        8.5826 Toleranzen für Bohrbuchsenabstände 297
        8.5827 Beschriftung für Bohrbuchsen 297
    8.583 Führungszapfen 297
    8.584 Vorrichtungsfüße 298
    8.585 Ausführungsbeispiele von Bohrvorrichtungen 299

8.6 Fräsvorrichtungen 322
    8.61 Fräsverfahren und Schnittkräfte beim Fräsen 322
        8.611 Fräsen im Gegenlauf 322
        8.612 Fräsen im Gleichlauf 323
        8.613 Walzenfräsen 323
        8.614 Stirnfräsen 325
        8.615 Fräsen mit Fräsersätzen 327
    8.62 Fräsbeispiele 329
        8.621 Fräsen ebener Flächen 329
        8.622 Fräsen rechtwinkliger und paralleler Flächen 330
        8.623 Fräsen spitz- und stumpfwinkliger Flächen 332
        8.624 Fräsen von Nuten 333
        8.625 Formfräsen 338
        8.626 Rundfräsen 338
        8.627 Gewindefräsen 339
        8.628 Fräsen von Zylinderflächen 340
        8.629 Nachformfräsen (Kopierfräsen) 341
            8.6291 Arten des Nachformfräsens 342
            8.6292 Gestalten von Nachformschablonen 347
            8.6293 Fertigung von Nachformschablonen 349
    8.63 Richtlinien für die Gestaltung von Fräsvorrichtungen 350
        8.631 Allgemeines 350
        8.632 Ausführungsbeispiele von Fräsvorrichtungen 353
    8.64 Leistungssteigerung für Fräsarbeiten 362

8.7 Schleifvorrichtungen 364
    8.71 Beispiele von Schleifarbeiten 364
    8.72 Verbindung von Schleifvorrichtungen mit der Maschine 365
    8.73 Richtlinien für die Gestaltung von Schleifvorrichtungen 366

8.8 Fügevorrichtungen 371

9 Fertigungsgerechte Gestaltung von Vorrichtungsteilen 376

10 Werkstoffe für den Vorrichtungsbau 382

11 Zeichnungswesen ... 391

12 Verzeichnis von DIN-Normen und Maßtafeln ... 402

13 Schrifttum ... 410
    13.1 Bücher ... 410
    13.2 Technische Hilfsbücher ... 410
    13.3 Zeitschriften ... 411
    13.4 Sonstiges Schrifttum ... 411
    13.5 Fachausschüsse ... 411

Quellenverzeichnis ... 412

Sachverzeichnis ... 414

1 Allgemeines

1.1 Begriffe

Werkstückspanner sind Fertigungsmittel, zugehörig der Gruppe Spannzeuge. Durch die Benennung „Werkstückspanner" wird der Verwendungszweck für dieses Fertigungsmittel eindeutig gekennzeichnet.

Werkstückspanner dienen zum Bestimmen der Lage und zum Spannen des Werkstückes, in manchen Fällen außerdem zum Führen des Werkzeuges.

Vergleichsweise hierzu dienen

Werkzeuge zum Bearbeiten des Werkstückes, wodurch dessen Form, Abmessungen und Oberflächenbeschaffenheit geändert werden,

Werkzeugspanner zum Bestimmen der Lage und zum Spannen des Werkzeuges,

Meßzeuge zum Prüfen und Einstellen des Werkzeuges und zum Prüfen des Werkstückes.

Werkzeugmaschinen vermitteln die Arbeitskraft und führen Bewegungen aus, die zum Bearbeiten erforderlich sind.

Neben der Benennung „Werkstück*spanner*" wird auch die Benennung „Werkstück*halter*" verwendet, entsprechend dem englischen „werkholders". Vor der Normung einer Benennung und mit Rücksicht auf den bisherigen Sprachgebrauch wird auch in dieser Auflage des Buches die Benennung „Vorrichtung" noch beibehalten.

1.2 Einteilung

Vorrichtungen können eingeteilt werden in

Gemein-Vorrichtungen,
Sonder-Vorrichtungen,
Einstück-Vorrichtungen,
Mehrstück-Vorrichtungen,
Vorrichtungen für *abwechselndes Bearbeiten*,
Vorrichtungen für *stetiges Bearbeiten*.

Gemein-Vorrichtungen sind zur Aufnahme verschiedener Werkstücke mit vorwiegend gleichgeformter Anschlußfläche verwendbar und zum großen Teil handelsüblich.

Sonder-Vorrichtungen sind einem bestimmten Werkstück und außerdem meist einem bestimmten Verwendungszweck angepaßt.

In *Einstück*-Vorrichtungen wird für je einen Arbeitsgang nur *ein* Werkstück aufgenommen, in

Mehrstück-Vorrichtungen werden mehrere Werkstücke zugleich aufgenommen. Bei Einstück- und Mehrstück-Vorrichtungen folgen das Handhaben der Vorrichtung und das Bearbeiten des Werkstückes zeitlich hintereinander. Danach kommen zur Hauptzeit sämtliche Nebenzeiten für das Bedienen von Vorrichtung und Maschine.

Vorrichtungen für *abwechselndes Bearbeiten* sind mit zwei oder mehreren Werkstückaufnahmen versehen, die abwechselnd der Bearbeitungs- bzw. Bedienungsseite zugeführt werden. Hierbei kommt zur Hauptzeit lediglich die Zeit für das Bewegen der Vorrichtung in die Bearbeitungsstellung.

Vorrichtungen für *stetiges Bearbeiten* sind mit mehreren Werkstückaufnahmen versehen, die der Bearbeitungsstelle stetig zugeführt werden, z. B. durch Rundtisch oder in der Fertigungskette. Die Vorrichtung wird während der Bearbeitungszeit stetig beschickt bzw. entleert. Die Nebenzeiten fallen dabei vollständig in die Hauptzeit.

Für abwechselndes und stetiges Bearbeiten liegen die Vorrichtungskosten erheblich höher als für Einstück- oder Mehrstückvorrichtungen, da eine größere Anzahl von Spannstellen bzw. von vollständigen Vorrichtungen erforderlich ist.

1.3 Benennung

Sinngemäß gehören auch Fertigungsmittel wie Dorne, Buchsen, Spannfutter und Spannstöcke zu Vorrichtungen, obwohl der übliche Sprachgebrauch diese nicht ausdrücklich als Vorrichtungen bezeichnet, was zum Teil auf deren einfache Form, zum Teil auf deren vielseitige Verwendbarkeit zurückzuführen ist.

Als Einzelteile verwendet, aber auch den Vorrichtungen zuzuordnen sind außerdem Parallelstücke, Winkelstücke, Körnerspitzen, Vorstekker, Setzstöcke, Hülsen, Mitnehmer, Nachformschablonen, Nachformlineale, Taststifte, Führungsbuchsen.

Benennungen wie ,,Aufnahmevorrichtung" oder ,,Spannvorrichtung" sagen zu wenig aus und sind zu vermeiden. Sie sind in jedem Fall durch eine das Fertigungsverfahren kennzeichnende Benennung ersetzbar.

Nach *Fertigungsverfahren* können Vorrichtungen etwa wie folgt benannt werden.

Vorrichtung	Kurzzeichen	Vorrichtung	Kurzzeichen
Anreiß-	VAnreiß	Gieß-	VGieß
Brennschneid-	VBrenn	Härte-	VHärte
Hobel-	VHo	Lackier-	VLack
Stoß-	VStoß	Tauch-	VTauch
Schabe-	VScha	Füll-	VFüll-
Räum-	VRäum	Zusammenbau-	VZus
Feil-	VFeil	Schrumpf-	VSchru
Dreh-	VDr	Einpreß-	VEinpreß
Nachformdreh-	VDrNa	Auspreß-	VAuspreß
Zentrier-	VZentr	Abzieh-	VAbzieh
Tipp-	VTipp	Löt-	VLöt
Bohrschablone	VBoScha	Schweiß-	VSw
Bohr-	VBo	Schmelzschweiß-	VSwSchm
Ausbohr-	VBoAus	Stumpfschweiß-	VSwSt
Aufbohr-	VBoAuf	Punktschweiß-	VSwP
Senk-	VSenk	Buckelschweiß-	VSwB
Reibe-	VRei	Nahtschweiß-	VSwN
Gewindeschneid-	VGew	Klebe-	VKlebe
Gravier-	VGrav	Kitt-	VKitt
Säge-	VSä	Binde-	VBinde
Fräs-	VFr	Wickel-	VWickel
Rundfräs-	VFrR	Spinn-	VSpinn
Nachformfräs-	VFrN	Abisolier-	VAbiso
Schleif-	VSchl	Richt-	VRicht
Hon-	VHo	Wucht-	VWucht
Läpp-	VLä	Meß-	VMeß
Polier-	VPolier	Prüf-	VPrüf

Für Benennungen und Kurzzeichen für Vorrichtungen ist ein DIN-Normblatt in Vorbereitung.

1.4 Verwendungszweck

Vorrichtungen werden vorzugsweise verwendet, um die Arbeitsleistung zu steigern. *Leistungssteigerung* durch Vorrichtungen ist möglich durch

Verkürzung der Zeit für das Bestimmen der Lage des Werkstückes,
Verkürzung oder Wegfall der Spannzeit,
Verkürzung der Bearbeitungszeit,
Herabsetzung oder Ausschaltung der Ermüdung des Arbeiters,
Erhöhung der Fertigungsgüte,
Herabsetzung des Ausschußanteiles,
Ersparnis an Prüfarbeit,
verringerten Bedarf an Lehren.

Austauschbare Werkstücke können in der Regel nur mittels Vorrichtungen gefertigt werden.

1*

Durch die Verwendung von Vorrichtungen können auch Arbeitskräfte niedrigerer Lohnstufen verhältnismäßig hochwertige Arbeit leisten.

In Sonderfällen sind Werkstücke nur durch die Verwendung einer Vorrichtung überhaupt erst bearbeitbar.

1.5 Wirtschaftlichkeit

Die *Wirtschaftlichkeit* einer Vorrichtung ist in groben Umrissen ermittelbar durch Vergleichen der Fertigungskosten je Werkstück

a) bei Fertigung ohne Vorrichtung,
b) bei Fertigung unter Verwendung einer Vorrichtung, zuzüglich der je Werkstück anfallenden Anschaffungskosten für die Vorrichtung.

1.6 Gestaltungsrichtlinien

Die *Durchbildungsmöglichkeiten* für Vorrichtungen reichen von der von Hand festgehaltenen Schablone bis zu der Vorrichtung, die selbsttätig beschickt und entladen wird.

Der *Durchbildungsgrad* für eine Vorrichtung ist abhängig zu halten von

der Werkstückzahl,
den Werkstücktoleranzen,
der geforderten Güte der auszuführenden Bearbeitung,
der zur Verfügung stehenden Werkzeugmaschine,
den zur Verfügung stehenden Arbeitskräften,
zum Teil auch vom Einsatztermin für die Vorrichtung.

Beim Gestalten von Vorrichtungen sind zu beachten die *sachlichen Beziehungen* zwischen

Vorrichtung und Werkstück,
Vorrichtung und Werkzeug,
Vorrichtung und Werkzeugspanner,
Vorrichtung und Werkzeugmaschine,
Vorrichtung und Meßzeug,
Vorrichtung und dem sie bedienenden Menschen.

Außerdem sind zu beachten die *zeitlichen Vorgänge*:
Eingeben und Entfernen des Werkstückes,
Bestimmen seiner Lage,
Stützen,
Spannen und Entspannen,
Bearbeiten.

1.6 Gestaltungsrichtlinien

Sodann sind zu berücksichtigen:
Kühlmittelzufuhr, Späneabfuhr, Schutz gegen Unfall, Schutz gegen Beschädigung, Wirtschaftlichkeit.

Durch Zuordnung der zeitlichen zu den sachlichen Gliedern entsteht ein *Gestaltungsplan nach Tafel 1.*

Tafel 1. *Plan für die Gestaltung von Vorrichtungen*

Allgemeines	Sachliche Gliederung	Zeitliche Gliederung					
		Ein- geben	Be- stimmen	Stüt- zen	Span- nen	Be- arbeiten	Ent- spann.	Ent- fernen
Vorrichtungs- gerechtes Werk- stück	Vorrichtung und Werkstück	1.1	1.2	1.3	1.4	1.5	1.6	1.7
Vorrichtungs- gerechter Ferti- gungsplan	Vorrichtung und Werkzeug	2.1	2.2	2.3	2.4	2.5	2.6	2.7
Wirtschaftlichkeit Vorhandene Vor- richtungen Gemeinvorrich- tungen	Vorrichtung und Werkzeug- spanner	3.1	3.2	3.3	3.4	3.5	3.6	3.7
Gestaltung der Vorrichtungen Unfallschutz	Vorrichtung und Werkzeug- maschine	4.1	4.2	4.3	4.4	4.5	4.6	4.7
Prüfung Verwaltung	Vorrichtung und Meßzeug	5.1	5.2	5.3	5.4	5.5	5.6	5.7
Normen Schrifttum	Vorrichtung und Mensch	6.1	6.2	6.3	6.4	6.5	6.6	6.7

Bevor mit dem Gestalten einer Vorrichtung begonnen wird, ist festzustellen, ob für den gleichen oder einen ähnlichen Zweck bereits eine Vorrichtung gebaut wurde und wie diese sich bewährt hat.

Außerdem ist zu prüfen, ob und in welchem Umfange die Verwendung einer handelsüblichen *Gemeinvorrichtung* zweckmäßig ist. Dabei bestehen folgende Möglichkeiten:

a) Eine Gemeinvorrichtung ist in der handelsüblichen oder einer bereits selbstgebauten Ausführung verwendbar.

b) Eine Gemeinvorrichtung wird durch Nacharbeit verwendbar.

c) In eine Gemeinvorrichtung werden dem Sonderzweck angepaßte Sonderteile eingebaut, z. B. Spannstock oder Spannfutter erhalten Sonderbacken, oder eine Teilvorrichtung wird mit Sonderteilscheibe versehen.

d) An eine Gemeinvorrichtung werden Zusatzteile angebaut, z. B. um das Werkstück zusätzlich zu stützen.

e) Eine Gemeinvorrichtung wird in eine Vorrichtung eingebaut.

Festigkeit und Steifigkeit einer Vorrichtung müssen entsprechen
den Spannkräften,
den Arbeitskräften,
den Werkstück-Toleranzen,
der für das Werkstück geforderten Oberflächengüte und
der voraussichtlichen Beanspruchung bei üblicher betriebsmäßiger Behandlung.
Nachgiebige Vorrichtungen verursachen neben Fertigungsmängeln auch größere Werkzeugabnutzung.

Festigkeit und Steifigkeit einer Vorrichtung können im allgemeinen nicht durch Berechnung ermittelt werden, da außer den Spann- und den Arbeitskräften sehr schwer bestimmbare Größen eine Rolle spielen, wie Zerspanbarkeit des Werkstoffes, Zustand der Werkzeugschneide, Wirkung des Schmiermittels. Deshalb werden Vorrichtungen vorzugsweise nach Erfahrungswerten bemessen.

Wirkungsweise und Aufbau sollen *so einfach wie irgend möglich* sein. Es ist zwar schwieriger, eine gestellte Aufgabe mit wenigen und einfachen Mitteln zu erfüllen, als durch eine Aneinanderreihung von Einzellösungen. Einfachheit ergibt in der Regel höhere Betriebssicherheit und Ersparnis an Arbeitsaufwand. Einfache Vorrichtungen und Einzelteile lassen sich außerdem mit größerer Genauigkeit herstellen als schwierigere. Schließlich ist die einfache Vorrichtung in der Regel formschöner.

Bei Durchführung jeder Gestaltungsaufgabe sind die *DIN-Normen* weitgehend zu berücksichtigen. Die bei der Gestaltung von Vorrichtungen vorzugsweise in Betracht kommenden Normen sind auf den Seiten 402 ··· 409 verzeichnet.

2 Das Werkstück

2.1 Allgemeines

Zunächst ist zu ermitteln, *wozu das Werkstück dient,* und danach ist klarzustellen, *worauf es bei der Bearbeitung ankommt,* für die die Vorrichtung vorgesehen ist.

Form, Abmessungen, Toleranzen und Oberflächenbeschaffenheit des Werkstückes im Endzustand sowie der Werkstoff sind in der *Werkstückzeichnung* festgelegt. Der jeweilige Bearbeitungszustand des Werkstückes und die am Werkstück vorzunehmende Bearbeitung sind dem *Fertigungsplan* zu entnehmen.

Aus diesem ist zu ermitteln, ob die in der Vorrichtung zu bearbeitenden Flächen in dem betreffenden Arbeitsgang fertiggestellt werden oder ob danach an diesen Flächen noch weitere Bearbeitungen vorzunehmen sind.

Wenn irgend möglich, ist für Anschauungszwecke ein *Werkstück zu beschaffen*, zweckmäßig ein Werkstück, das jenen Bearbeitungszustand aufweist, in dem es in der Vorrichtung aufzunehmen ist. Das gilt vor allem für Werkstücke mit schwierigeren Formen, um so mehr, wenn für ein derartiges Werkstück mehrere Vorrichtungen zu gestalten sind, und insbesondere dann, wenn hierfür mehrere Konstrukteure eingesetzt werden. An Hand eines Werkstückes oder Modells wird die Gestaltungsarbeit beschleunigt und mancher Gestaltungs- oder Zeichenfehler vermieden.

Werkstückzeichnung und *Fertigungsplan* enthalten jedoch *nicht alle jene Angaben über das Werkstück*, die für die Gestaltung der Vorrichtung unbedingt erforderlich sind, z. B. keine Angaben über die zulässigen Abweichungen von Form und Abmessungen der betreffenden Rohteile. Deshalb hat sich der Vorrichtungsgestalter über die Werkstückzeichnung und über den Fertigungsplan hinaus eine klare Vorstellung darüber zu verschaffen, welche Grenzformen und Grenzmaße das Rohteil oder das vorbearbeitete Werkstück aufweisen kann, das an die Vorrichtung angeliefert wird. Hierzu stehen zum Teil DIN-Normen[1], Werksnormen, handelsübliche oder besondere Lieferbedingungen zur Verfügung. Zum restlichen Teil muß die eigene Erfahrung einsetzen.

2.2 Anlieferungszustand

2.21 Gegossene Rohteile

Zu beachten ist zunächst der Verlauf der Modellteilung und damit der Verlauf der Gußnaht, außerdem die Lage der Aushebeschrägen. Erhebliche Form- und Maßfehler können entstehen durch unterschiedliches Einformen, durch Verschiebung angesetzter Modellteile, Verlagerung von Kernen, Schwindung und Verzug beim Abkühlen. Folgen hiervon sind unter anderem Verlagerung von Augen und Rippen, versetzte Gußhälften, ungleiche Wanddicken oder gekrümmte Flächen. Wegen der größeren Schwindung ist der Verzug bei Temperguß und Stahlguß größer als bei Gußeisen. Für Gußeisenteile darf nach DIN 1691 das Gewicht bis zu 5%, bei Schablonenarbeit bis zu 10% überschritten werden. Bei Temperguß darf nach DIN 1692 das Gewicht bei Maschinenformen bis zu 5%, bei Handformen bis zu 10% überschritten werden. Für Stahlguß ist nach DIN 1681 nur festgelegt, daß das Gußstück keinen Fehler haben darf, der die Verwendbarkeit beeinträchtigt.

Als ungefähre Richtlinie kann angenommen werden, daß die Abmaße für kleinere Gußteile etwa ± 2 mm, für größere Gußteile, die üblicherweise noch in Vorrichtungen bearbeitet werden, etwa ± 10 mm betragen.

---

[1] DIN 7168 Abweichungen für Maße ohne Toleranzangabe.

Für Druckgußteile kann hingegen mit ungleich geringeren Abweichungen vom Sollmaß gerechnet werden, z. B. für Teile aus Zinkdruckguß mit $\pm 0{,}15\%$, für Teile aus Aludruckguß mit $\pm 0{,}2\%$.

2.22 Geschmiedete Rohteile

Freiformgeschmiedete Rohteile weisen ganz erhebliche Abweichungen auf, kommen jedoch für Bearbeitung in Vorrichtungen kaum in Betracht. Bei *Gesenkschmiedeteilen* ist zwischen gestauchten Teilen und solchen, die im Gesenk geschlagen sind, zu unterscheiden. Gestauchte Teile weisen keine Gratnaht und keine nennenswerten Aushebeschräge auf. An Gesenkschmiedeteilen sind Lage und Verlauf der Gratnaht zu beachten. Diese hat eine Breite von etwa $2 \cdots 6$ mm. Innenflächen von Gesenkschmiedeteilen sind etwa $1:6$, Außenflächen etwa $1:10$ geneigt.

Die Maßabweichungen von Gesenkschmiedeteilen betragen in der Schlagrichtung je nach Dicke des Teiles $5 \cdots 15\%$, senkrecht zur Schlagrichtung $0{,}5 \cdots 1{,}5\%$.

Kalt abgegratete Rohteile sind, an der Gratnaht gemessen, genauer als warm abgegratete. Eine Rohteilform, die innerhalb nur einer Gesenkhälfte liegt, ist natürlich erheblich genauer als eine auf zwei Gesenkhälften verteilte. Innenkanten an Rohteilen weisen in der Abrundung häufig starke Maßabweichungen auf, da die entsprechenden Außenkanten im Gesenk besonders starker Abnutzung unterworfen sind. Ebene Flächen, die senkrecht zur Schlagrichtung liegen, sind im allgemeinen gut eben, vorausgesetzt, daß sie an einer Stelle liegen, die im Gesenk mit Sicherheit ausgeschlagen wird. Rohteile, die aus demselben Gesenk innerhalb einer begrenzten Stückzahl anfallen, haben untereinander in der Regel nur sehr geringe Abweichungen. Jedoch muß damit gerechnet werden, daß zwischen zwei Rohteilen ein ausgeschlagenes Gesenk nachgearbeitet oder durch ein neues ersetzt wurde. Außerdem können zu gleicher Zeit mehrere Gesenke benutzt worden sein, die untereinander größere Abweichungen aufweisen.

2.23 Geschweißte Rohteile

An geschweißten Rohteilen sind die Abweichungen von der Sollform und den Sollmaßen außer von den Abweichungen des Ausgangswerkstoffes und des Zurichtens weitgehend von der Art des Schweißverfahrens abhängig.

Durch *Gasschmelzschweißung* verbundene Teile sind stärkerem Verzug unterworfen als durch *Lichtbogenschweißung* verbundene.

Für *abbrennstumpfgeschweißte* Teile, die unter Stauchbegrenzung gefertigt werden, sind bis etwa 100 mm Durchmesser Längentoleranzen von $\pm 0{,}5$ mm einhaltbar.

Die Genauigkeit von *punkt-, buckel- oder nahtgeschweißten* Teilen ist vor allem davon abhängig, ob diese Teile während des Schweißens in einer Vorrichtung aufgenommen waren.

Bei durch *Brennschneiden* ausgetrennten Teilen nehmen die Abweichungen zu mit der Dicke des zu trennenden Werkstoffes und mit der Ungleichförmigkeit der Vorschubgeschwindigkeit des Schneidbrenners. Teile, die unter selbsttätigem Vorschub geschnitten sind, weisen geringere Abweichungen auf als Teile, die unter Handvorschub ausgebrannt wurden.

2.24 Werkstücke aus stangenförmigem Halbzeug

Die Toleranzen für Halbzeug sind im allgemeinen wesentlich geringer als die für Rohteile. Dadurch ist aber zugleich die Gefahr gegeben, daß die Abweichungen von den Sollmaßen nicht beachtet werden. Eine Toleranz von ± 1 mm ist zum Beispiel zugelassen

für Rundstahl, gewalzt, DIN 1013 über 50 $\cdots$ 80 mm Durchmesser,
für Quadratstahl, gewalzt, DIN 1014 über 50 $\cdots$ 80 mm Seitenlänge, sowie
für Flachstahl, gewalzt, DIN 1017 über 12 $\cdots$ 50 mm Breite.

Bei Walzstahl, insbesondere bei warmgewalztem Flachstahl, ist außerdem die starke Kantenrundung zu berücksichtigen.

Gezogenes Halbzeug wird hingegen mit sehr viel kleineren Maßabweichungen angeliefert. Diese betragen beispielsweise rund $-0,2$ mm

für Vierkantstahl, gezogen, DIN 178 über 50 $\cdots$ 80 mm, und
für Flachstahl, gezogen, DIN 174 über 50 $\cdots$ 80 mm Breite.

Gezogene Sonderprofile sind mit einer mittleren Abweichung von 0,3 mm handelsüblich. Für Sonderprofile wird zweckmäßig zunächst beim Hersteller eine verbindliche, tolerierte Zeichnung angefordert und danach die Werkstückzeichnung gegebenenfalls angeglichen. Profil-Abweichungen können z. B. in der Änderung von senkrechten Flächen in geneigte Flächen oder in der Änderung oder dem Wegfall von Kantenrundungen bestehen.

Bei Verwendung von Rohren, insbesondere von gewalzten, aber auch von gezogenen, sind außer der Durchmessertoleranz die zum Teil sehr erheblichen Unterschiede in der Wanddicke sowie Unrundheit und Rauheit der Innenfläche zu berücksichtigen.

2.25 Stanzteile

Die an Stanzteilen vorhandenen Abweichungen sind in der Regel gering. Zum Beispiel beträgt für Tiefziehblech DIN 1541 von 1 mm Dicke die Dickentoleranz $\pm 0,08$ mm. Schnitteile, die mit demselben Werkzeug gefertigt sind, weichen untereinander nur um wenige hundertstel Millimeter ab. Das gleiche gilt für kleinere Ziehteile. Biegeteile können je nach Elastizität des Werkstoffes, nach Art der Biegestanze und gegebenenfalls nach Größe des jeweiligen Pressendruckes verschieden stark auffedern. An sämtlichen Stanzteilen ist die Lage der Gratseite zu berücksichtigen. Bei größeren Blechdicken, etwa ab 3 mm, ist die der Gratseite gegenüberliegende Kante erheblich gerundet.

2.26 Spangebend bearbeitete Werkstücke

Selbst durch spangebende Bearbeitung gefertigte Flächen sind nicht immer so genau, daß sie zur Aufnahme in einer Vorrichtung ohne weiteres geeignet sind. Ballige, hohle oder windschiefe Flächen können vor allem durch Verspannen des Werkstückes entstehen, ballige und hohle Flächen außerdem z. B. beim Plandrehen infolge zunehmender Abnutzung des Drehwerkzeuges, hohle Flächen beim Fräsen mit Stirnzähnen, wenn die Fräserspindel nicht senkrecht zu der zu fräsenden Fläche steht.

Winkelfehler können sich bei zweimaligem Aufspannen, z. B. infolge fehlerhafter Auflage oder ungenauer Form eines Walzenfräsers ergeben.

Beim Räumen treten Lagefehler auf, die vor allem durch Unstarrheit des Werkzeuges verursacht werden und ganz erheblich sein können.

Gesägte Flächen sind verhältnismäßig roh und mit groben Maß- und Winkelabweichungen.

Am genauesten sind natürlich geschliffene Flächen. Jedoch können dünne Teile stärkerem Verzug unterworfen sein.

2.27 Wärmebehandelte Werkstücke

Werkstücke, die einer Wärmebehandlung unterworfen werden, z. B. dem Härten, erfahren dadurch unter Umständen ganz beträchtliche Form- und Maßänderungen. Flächen werden uneben, Außen- und Innenmaße sowie Lochabstände größer oder kleiner. Solche Änderungen sind im voraus kaum bestimmbar und können selbst an sonst gleichen Teilen verschieden ausfallen.

2.3 Vorrichtungsgerechte Gestaltung des Werkstückes

Forderungen für eine vorrichtungsgerechte Gestaltung des Werkstückes sind unter anderem folgende:

Für Teile, die zwar zu verschiedenen Geräten gehören, jedoch die gleiche Funktion haben, ist möglichst *das gleiche Werkstück* zu verwenden.

Bei der Gestaltung von Werkstücken sind *vorhandene Vorrichtungen* weitgehend *zu berücksichtigen*.

2.3 Vorrichtungsgerechte Gestaltung des Werkstückes

Wenn das Werkstück mehrere Bohrungen hat, ist möglichst *gleicher Bohrungsdurchmesser* vorzusehen. Die Bohrungen eines Gerätes oder noch besser einer ganzen Gerätegruppe sind auf *möglichst wenige Durchmessergrößen* abzustimmen.

Bild 1. Grundsenker mit Hilfsverlängerung für Zentrierbohrung.

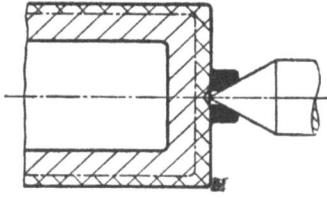

Bild 2. Werkstück mit Hilfszapfen für Zentrierung, da in der fertigen Bodenfläche keine Anbohrung zulässig ist.

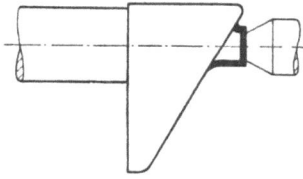

Bild 3. Hilfszapfen für Zentrierbohrung, da die schräge Fläche schwierig anzubohren und außerdem das Werkzeug gefährdet ist.

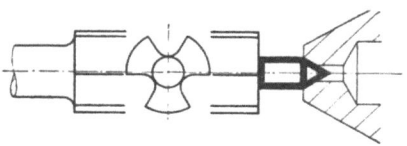

Bild 4. Hilfszapfen mit Zentrierkegel für solche Fälle, in denen der Querschnitt des Werkstückes für eine Zentrierbohrung zu klein ist.

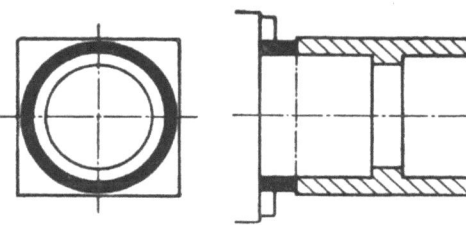

Bild 5. Werkstück von quadratischem Querschnitt mit zylindrischen Hilfsansätzen zum Stützen und Spannen.

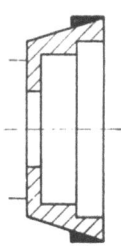

Bild 6. Werkstück mit kegeliger Außenfläche, die für Spannzwecke zum Teil in eine Zylinderfläche umgestaltet ist.

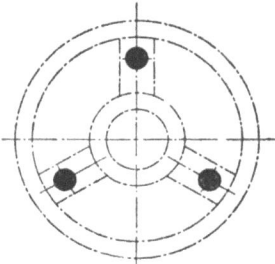

Bild 7. Bei drei Armen ist Dreipunktauflage mit geringem Aufwand möglich.

Dem Werkstück ist eine solche Form zu geben, und die Bezugsmaße sind in der Zeichnung so festzulegen, daß das *Bestimmen und Spannen in der Vorrichtung möglichst einfach* ist und daß möglichst einfache und leistungsfähige Werkzeuge und einfache Lehren verwendbar sind. Um das Bestimmen oder Spannen des Werkstückes zu vereinfachen oder überhaupt erst zu ermöglichen, sind dem Werkstück gegebenenfalls noch im besonderen *fertigungsgerechte Form und Abmessungen* zu geben (Bild 1 ··· 12). Erforderlichenfalls ist eine *Hilfstoleranz* vorzusehen, d. h., für das Bestimmen des Werkstückes in der Vorrichtung ist eine Maßtoleranz festzulegen, die kleiner ist als die für das Funktionieren des Werkstückes zulässige Toleranz. Gegebenenfalls ist hierfür im Fertigungsplan ein Maß zu tolerieren, das in der Werkstückzeichnung untoleriert ist. Eine *Hilfsform* kann unter Umständen am fertigen Werkstück bestehenbleiben oder muß vor dessen Fertigstellung entfernt werden.

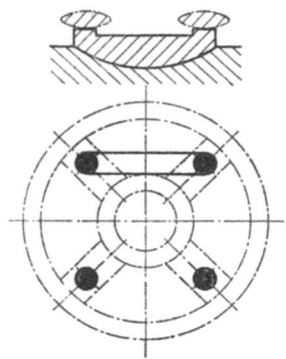

Bild 8. Bei vier Armen wird Dreipunktauflage durch Ausgleichteil in der Vorrichtung erreicht.

Bild. 7 u. 8. *Das rohe Werkstück erfordert Dreipunktauflage.*

Manche Werkstücke werden zweckmäßig in zwei oder mehreren Stücken *zusammenhängend bearbeitet* (Bild 13) und erst in einem späteren Arbeitsgang oder unmittelbar vor der Fertigstellung getrennt.

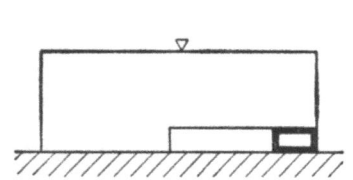

Bild 9. Durch Hilfsansatz ist eine ebene Auflagefläche geschaffen. Dadurch genaue und eindeutige Werkstückauflage, außerdem einfachere Vorrichtungen.

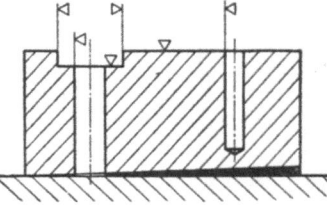

Bild 10. Durch Hilfsauflagefläche ist parallele und senkrechte Lage zu den Bearbeitungsflächen geschaffen. Dadurch weniger Winkelfehler an der Auflagefläche in den Vorrichtungen und an den Bearbeitungsflächen des Werkstückes.

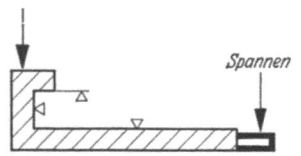

Bild 11. Hilfsansatz für das Spannen des Werkstückes.

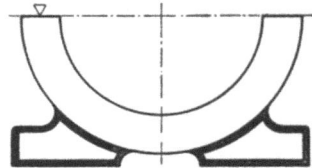

Bild 12. Hilfsfüße für das Auflegen und Spannen des Werkstückes.

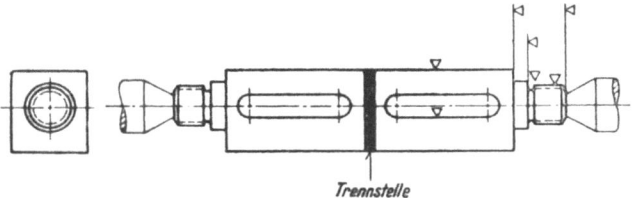

Bild 13. Durch zwei zusammenhängende Werkstücke ist Aufnahme zwischen Spitzen möglich. Dadurch geringere Werkstücktoleranzen und weniger Vorrichtungen.

Werden gleiche Werkstücke bei verschiedenen Firmen gefertigt, ist darauf zu achten, daß weitgehend *nach demselben Fertigungsplan und mit gleichen Vorrichtungen* gearbeitet wird.

2.4 Vorrichtungsgerechter Werkstück-Fertigungsplan

Durch den Fertigungsplan wird die Vorrichtung bereits weitgehend bestimmt, nicht nur deren Art, sondern auch schon die Grundzüge für ihre Gestaltung. Von Einfluß sind hierbei
Wahl des Fertigungsverfahrens,
Fertigungsaufteilung,
Fertigungsfolge,
Art der Werkzeugmaschine,
Art des Werkzeuges.
Bei Festlegung eines der Fertigungsmittel, wie Maschine, Werkzeug oder Vorrichtung, ist zugleich der Einfluß auf die anderen Fertigungsmittel zu überdenken, um die beste Gesamtlösung zu erreichen.

3 Vorrichtung und Werkstück

3.1 Werkstückhandhabung

Bedienzeit ist Nebenzeit. Deshalb muß die Zeit für das Eingeben des Werkstückes in die Vorrichtung und die Zeit für das Entfernen des Werkstückes aus der Vorrichtung möglichst kurz gehalten werden. Außerdem ist darauf zu achten, daß der Bedienende durch diese Werkstückhandhabung möglichst wenig ermüdet und sich möglichst nicht verletzen kann. Beim Gestalten von Vorrichtungen ist ein sorgfältiges Hineindenken in den Vorgang des Eingebens und Entfernens erforderlich, unter weitgehend gegenständlicher Vorstellung der jeweils vorliegenden Verhältnisse.

3.11 Eingeben des Werkstückes in die Vorrichtung

Das Eingeben kann unmittelbar von Hand, unter Verwendung von Hilfsmitteln oder selbsttätig erfolgen. Die Wahl unter diesen Möglichkeiten ist in der Hauptsache abhängig von

Form, Größe und Gewicht des Werkstückes,
der Schwerpunktlage des Werkstückes in der Eingebestellung,
der Sorgfalt für die Werkstückoberfläche,
Form, Größe und Gewicht der Vorrichtung,
dem Umstand, ob das Werkstück in die Vorrichtung eingegeben oder die als Schablone gestaltete Vorrichtung auf das Werkstück gelegt wird,
dem Umstand, ob die Vorrichtung ortsfest oder beweglich ist,
dem in der Vorrichtung, in der Maschine und unter dem Werkzeug freien Raum,
der Lage und Entfernung der Werkstückaufnahme von der Stellung des Bedienenden,
der Körperkraft und Geschicklichkeit des Bedienenden,
dem zeitlichen Abstand, unter dem das Eingeben erfolgen muß, und von der zu fertigenden Stückzahl.

Die Verhältnisse sind am einfachsten, wenn das Werkstück in nur *eine* Ebene zu bringen ist. Dabei ist im allgemeinen leichter, das Werkstück von oben auf eine waagerechte Ebene *aufzulegen*, als an eine senkrechte Ebene *anzulegen* oder von unten nach oben zu *heben*.

Schwieriger als das Legen eines Werkstückes auf eine ebene Fläche ist das Eingeben in eine *formschlüssige Aufnahme*, denn der Eingebebereich ist dabei begrenzt, und wenn das Werkstück nicht ausreichend genau parallel zu den Begrenzungsflächen eingelegt wird, verkeilt (eckt oder verkantet) es zwischen den Aufnahmeflächen. Das Eingeben in formschlüssige Aufnahmen ist weniger schwierig für kreisrunde, schwieriger für längere, geradlinige Teile. Die Schwierigkeit wächst mit zunehmender Größe und zunehmendem Gewicht des Werkstückes sowie mit der Verkleinerung des Spieles zwischen Werkstück und Aufnahme. Mit zunehmender Größe des Werkstückes wird bei gleich großem Spiel der Winkel α nach Bild 14 kleiner und damit die Gefahr des Festkeilens größer. Bei kleinem Passungsspiel ist bereits bei einem Aufnahmemaß von etwa 80 mm Durchmesser oder Breite einige Geschicklichkeit erforderlich, um Verkeilen zu vermeiden.

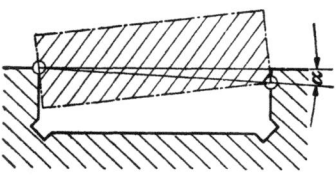

Bild 14. Festkeilen des Werkstückes beim Eingeben in formschlüssige Aufnahme.

3.11 Eingeben des Werkstückes in die Vorrichtung

Das *Eingeben* kann in der Hauptsache *erleichtert* werden durch Einführungskegel und Einführungsschrägen (Bild 15 ··· 18), Vor-Führungsflächen vor formschlüssigen Aufnahmen (Bild 19), zeitlich getrenntes Einführen von Paßstellen (Bild 20 ··· 26), verkleinerte Paßflächen (Bild 27),

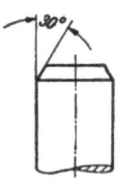
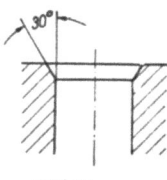
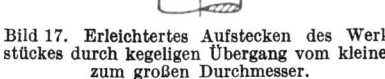

Bild 15. Bild 16.
Bild 15 u. 16. Erleichtertes Einführen des Werkstückes durch Einführungskegel.

Bild 17. Erleichtertes Aufstecken des Werkstückes durch kegeligen Übergang vom kleinen zum großen Durchmesser.

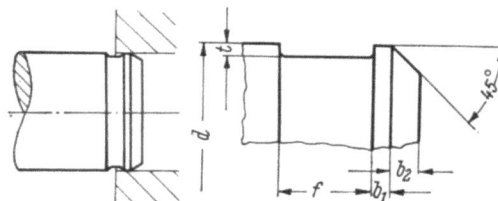
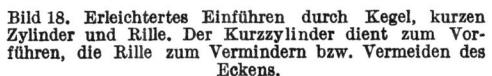
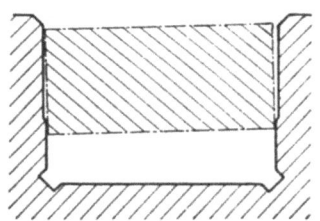

Bild 18. Erleichtertes Einführen durch Kegel, kurzen Zylinder und Rille. Der Kurzzylinder dient zum Vorführen, die Rille zum Vermindern bzw. Vermeiden des Eckens.
$b_2 = 1$ mm bei $d = 10$ mm und 3 mm bei $d = 100$ mm, $b_1 = 0{,}02$ d, $f = 0{,}1$ d, $t = 0{,}015$ d.
Als DIN-Norm 6338 in Vorbereitung.

Bild 19. Erleichtertes Eingeben in formschlüssige Aufnahme durch verlängerte Aufnahmeflächen, die dem Werkstück eine Vorführung geben.

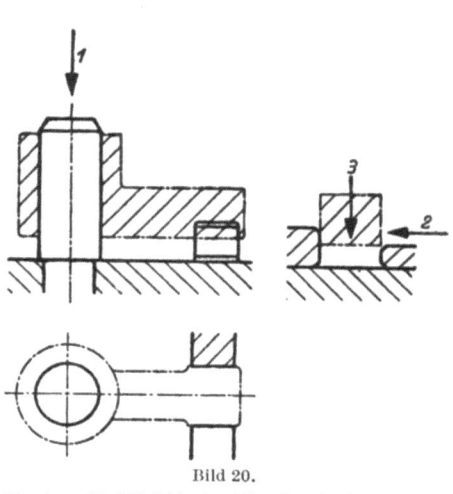
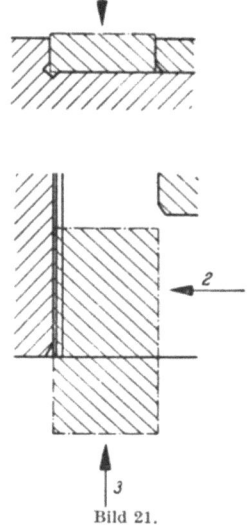

Bild 20. Bild 21.
Bild 20 u. 21. Erleichtertes Eingeben in formschlüssige Aufnahme durch freiliegende Führungsflächen. Eingebebewegungen in der Reihenfolge *1, 2, 3*.

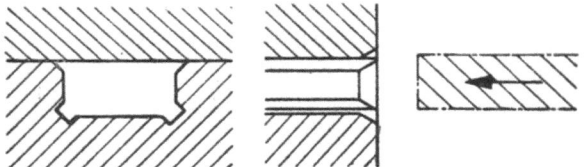

Bild 22. Das Eingeben ist schwieriger, wenn sämtliche Paßflächen mit der Stirnfläche abschneiden.

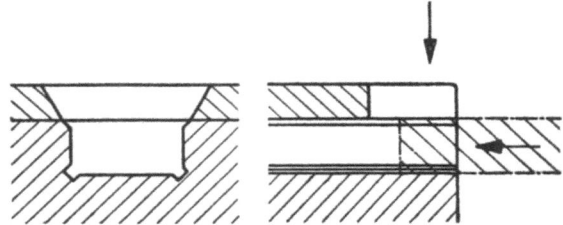

Bild 23. Das Eingeben ist erleichtert durch offene Führungsfläche.

Bild 22 u. 23. *Eingeben des Werkstückes in formschlüssige Aufnahme.*

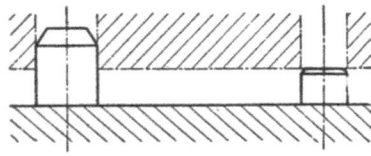

Bild 24. Das Aufstecken des Werkstückes auf zwei Aufnahmebolzen wird durch verschiedene Länge dieser Bolzen erleichtert.

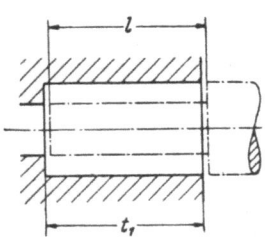
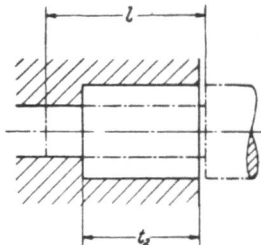

Bild 25. t_1 ist gleich l. Kleiner und großer Werkstückdurchmesser sind zugleich einzuführen, wodurch das Einführen des Werkstückes erschwert ist.

Bild 26. t_2 ist kleiner als l. Zunächst wird der Zapfen eingeführt, danach der Teil mit dem größeren Durchmesser, wodurch das Einführen des Werkstückes erleichtert ist.

Bild 25 u. 26. *Aufnahme eines Werkstückes an zwei verschieden großen Durchmessern.*

Bild 27. Das Aufstecken auf langen Dorn ist durch größeres Spiel im mittleren Teil des Dornes erleichtert.

3.11 Eingeben des Werkstückes in die Vorrichtung

Zurücknahme des Spannteiles an kraftschlüssigen Aufnahmen, ausreichenden Raum für Finger, Hände oder Eingebehilfsmittel, Sichtbarhaltung des Eingeweges und der Aufnahmefläche.

Unter Berücksichtigung von Werkstück, Vorrichtung, Werkzeug, Maschine und Körperkraft des Bedienenden ist zu überlegen, ob das Werkstück mit spitzen Fingern oder mit beiden Händen angefaßt werden wird, ob es an einem zum Anpacken geeigneten Ende aus der Vorrichtung herausragt oder der Bedienende sich mit Oberkörper und beiden Armen in die Vorrichtung hineinbeugen muß. In keinem Fall darf der Bedienungsraum zu knapp bemessen werden. In der Zeichnung erscheint der verfügbare Raum in der Regel größer, als er am betreffenden Gegenstand tatsächlich ist.

Zum Eingeben kleinerer Werkstücke in bewegliche Vorrichtungen wird die Vorrichtung zweckmäßig in die eine Hand und das Werkstück

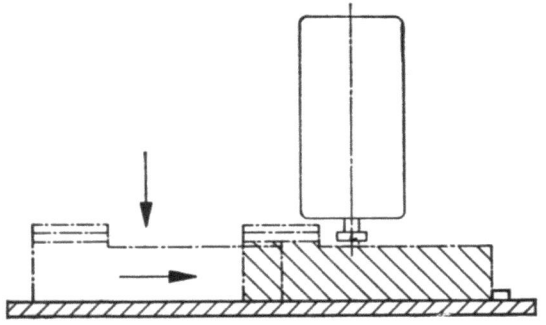

Bild 28. Die Werkstückauflage ist um so viel verlängert, daß das Werkstück mittels Hebezeug neben dem Spindelkopf der Maschine abgesetzt werden kann.

in die andere Hand genommen oder die Vorrichtung auf dem Maschinentisch festgehalten. Schwerere Werkstücke, die mit beiden Händen angefaßt werden müssen, sind leichter einzugeben, wenn die Vorrichtung auf dem Maschinentisch festliegt. Das gilt vor allem, wenn parallel zum Maschinentisch einzugeben ist, weil dabei eine nicht befestigte Vorrichtung mit dem Werkstück weggeschoben werden kann. Bei schwereren oder sonst unhandlichen Werkstücken ist es meist leichter,

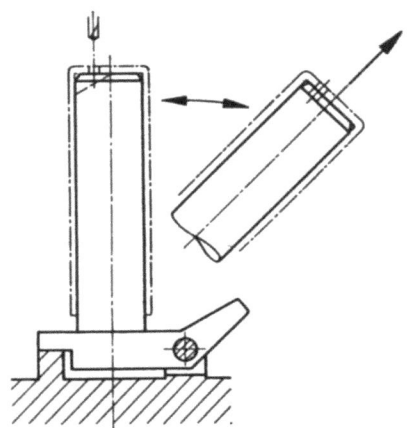

Bild 29. Der Aufnahmedorn ist schwenkbar, um das Eingeben und Entfernen des Werkstückes zu ermöglichen.

eine als Schablone durchgebildete Vorrichtung auf das Werkstück aufzusetzen, als das Werkstück in eine z. B. kastenförmige Vorrichtung einzugeben.

Bei sperrigen Werkstücken ist der Zugang zur Vorrichtung in manchen Fällen durch Bauteile der Werkzeugmaschine behindert, z. B. durch den überkragenden Werkzeugträger von Senkrechtmaschinen. Diesem

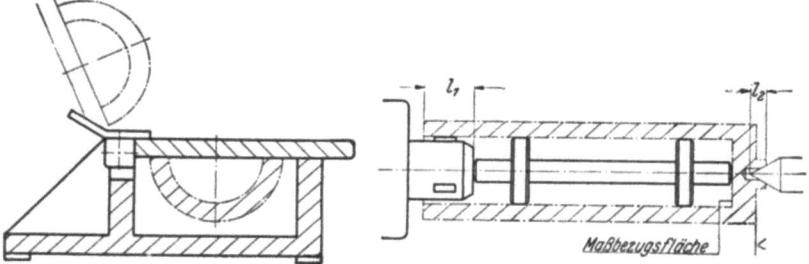

Bild 30. Der Werkstückträger ist schwenkbar, damit für das Eingeben des Werkstückes nicht die gesamte Vorrichtung umgelegt werden muß.

Bild 31. Die Werkstückaufnahme ist durch einen losen Hilfsdorn ergänzt, um den Weg für die Reitstockpinole zu verkürzen. Der erforderliche Pinolenhub $= l_1 + l_2$.

Umstand kann dadurch Rechnung getragen werden, daß das Auflageteil entsprechend lang gehalten oder das Aufnahmeteil oder die ganze Vorrichtung beweglich gemacht wird (Bild 28 ⋯ 31).

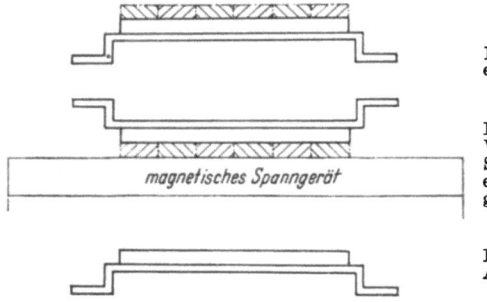

Bild 32. Die Vorbelegungsplatte ist mit einem Satz zu bearbeitender Werkstücke belegt.

Bild 33. Die Vorbelegungsplatte mit den Werkstücken liegt auf der magnetischen Spannplatte auf. Anschließend wird diese eingeschaltet, die Vorbelegungsplatte abgenommen und damit die Bearbeitungsfläche der Werkstücke freigelegt.

Bild 34. Die Vorbelegungsplatte liegt zur Aufnahme des nächsten Werkstücksatze bereit.

Bild 32 ⋯ 34. *Permanentmagnetische Vorbelegungsplatte mit plastgebundenem Dauermagnetkörper zum Vorbereiten des Eingebens einer größeren Anzahl von Werkstücken während andere Werkstücke bearbeitet werden.*

Durch Verwendung einer Hilfsvorrichtung können Werkstücke zum Eingeben vorbereitet werden, während andere Werkstücke in Bearbeitung sind (Bild 32 ⋯ 34).

3.111 Sicherung gegen unrichtiges Eingeben

Die Form mancher Werkstücke läßt die Möglichkeit offen, daß das Werkstück in zwei oder mehreren verschiedenen Stellungen in dieselbe Aufnahme eingegeben werden kann. Falls dieses Werkstück für die Bearbeitung eine bestimmte Stellung einnehmen muß, ist eine Sicherung gegen unrichtiges Eingeben vorzusehen (Bild 35 ··· 37). Dadurch kann Ausschuß vermieden werden, ohne von der Aufmerksamkeit des Bedienenden abhängig zu sein.

In manchen Fällen ist eine solche Sicherung mit einfachen Mitteln nicht erreichbar. Dann ist zu prüfen, ob sich nicht durch Änderung der Arbeitsfolge oder der Werkstückform eine Sicherung erübrigt oder wenigstens leichter durchführen läßt. Zum Beispiel ist bei Stanzteilen gegebenenfalls die Lage der Gratseite zu beachten, die jedoch leicht übersehen wird. An solchen Stanzteilen ist deshalb eine Bohrung oder in der Umrißform eine Markierung vorzusehen, durch die das Stanzteil gegen unrichtiges Eingeben gesichert werden kann.

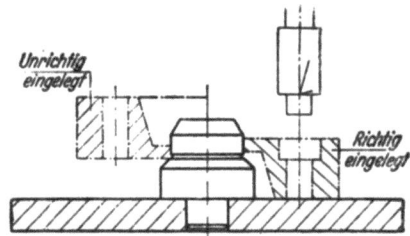

Bild 35. Sicherung gegen unrichtiges Eingeben durch Bund am Aufnahmezapfen.

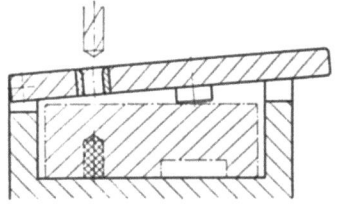 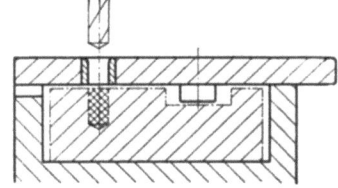

Bild 36. Werkstück ist unrichtig eingegeben, Bohrklappe ist deshalb nicht verschließbar.

Bild 37. Werkstück ist richtig eingegeben, Bohrklappe ist verschließbar.

Bild 36 u. 37.
Sicherung gegen unrichtiges Eingeben durch vorstehenden Teil in der Bohrbuchsenklappe.

3.12 Entfernen des Werkstückes aus der Vorrichtung

Für das Entfernen des Werkstückes aus der Vorrichtung gilt sinngemäß das gleiche wie für das Eingeben. Bei kleinen Werkstücken oder bei schwerer Zugänglichkeit in der Vorrichtung kann jedoch das Entfernen schwieriger sein als das Eingeben. In manchen Fällen sind für das Entfernen besondere Vorkehrungen nötig.

Bei Zusammenbau-, Schweiß-, Löt- oder sonstigen Fügevorrichtungen ist darauf zu achten, daß die einzelnen Teile nicht nur in die Vorrichtung eingegeben, sondern das zusammengefügte Werkstück aus der Vorrichtung auch wieder entfernt werden kann.

Für das Entfernen sind außerdem Veränderungen zu beachten, die beim Bearbeiten des Werkstückes als unbeabsichtigte Nebenwirkungen auftreten, wie

Verzug durch frei werdende Werkstoffspannungen,
Verzug durch Wärmespannungen,
Bildung von Grat (Bild 38 u. 39).

Als *Hilfsmittel zum Auswerfen* der Werkstücke dienen Bolzen (Bild 40 u. 41), Hebel, Federn, Preßluft und Preßöl. Auswerfer können durch Hand, Fuß oder Werkzeugmaschine betätigt werden. Gegebenenfalls ist

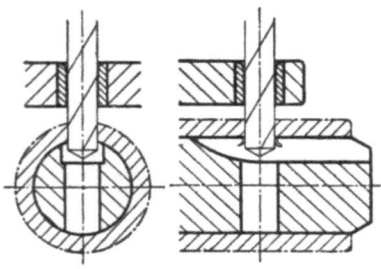

Bild 38. Aufnahmezapfen mit Nut, damit der am Bohrloch des Werkstückes entstehende Grat das Abziehen des Werkstückes nicht behindert.

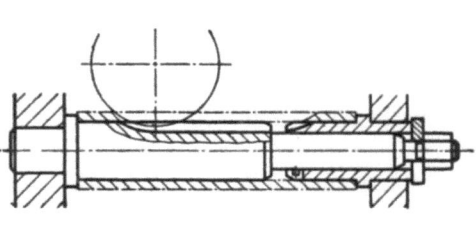

Bild 39. Geteilter Aufnahmedorn, damit der beim Fräsen entstehende Grat das Abziehen des Werkstückes vom Dorn nicht behindert.

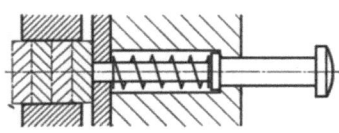

Bild 40. Auswerfer mit Druckknopf, in der Mitte der Werkstücke angreifend.

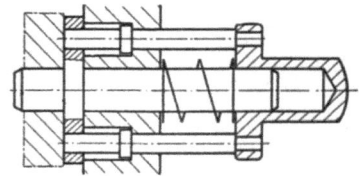

Bild 41. Auswerfer mit zwei Auswerferbolzen, damit das Werkstück vom Aufnahmezapfen achsparallel abgestreift und dadurch Verklemmen verhindert wird.

der Auswerfer durch ein anderes Teil der Vorrichtung zu steuern, das ebenfalls bei jedem Werkstückwechsel bewegt werden muß. Bei der Anordnung der Auswerfer ist darauf zu achten, daß das Werkstück beim Auswerfen nicht eckt.

3.2 Bestimmen der Lage des Werkstückes

3.21 Bedeutung des Bestimmens

„Bestimmen" im Sinne des Vorrichtungswesens ist die abgekürzte Bezeichnung für *„Bestimmen der Lage des Werkstückes zum Werkzeug"*.

Das Bestimmen ist die dem Spannen vorangehende hauptsächliche Aufgabe der Vorrichtung.

3.21 Bedeutung des Bestimmens

Das *Werkstück* muß für das Bearbeiten *eindeutig bestimmt* werden und unter den einwirkenden Kräften unverändert bestimmt bleiben.

Einwirkende Kräfte sind Spannkraft und Arbeitskraft, Fliehkräfte bei umlaufenden Vorrichtungen, Stöße bei sonstiger betrieblicher Beanspruchung.

Jedem festen Körper sind im Raum sechs Bewegungsgrade „*Freiheitsgrade*" eigen, und er kann in Richtung seiner drei Achsen (x, y, z) bewegt oder um jede Achse geschwenkt werden.

Entsprechend der jeweils vorliegenden Bearbeitungsaufgabe ist die Lage des Werkstückes *in einer, zwei oder drei Ebenen zu bestimmen* (Bild 42 ··· 44).

Für Werkstücke mit kreisrunder Außen- oder Innenform besteht meist die Forderung, daß sie nach ihrer Mittelachse bestimmt, also *eingemittet* werden, z. B. mittels Prisma, Zylinder oder Kegel.

Vorzugsweise wird durch Teile der Vorrichtung bestimmt, in wenigen Sonderfällen durch das freie Auge (Bild 45) oder durch Tastgefühl (Bild 46).

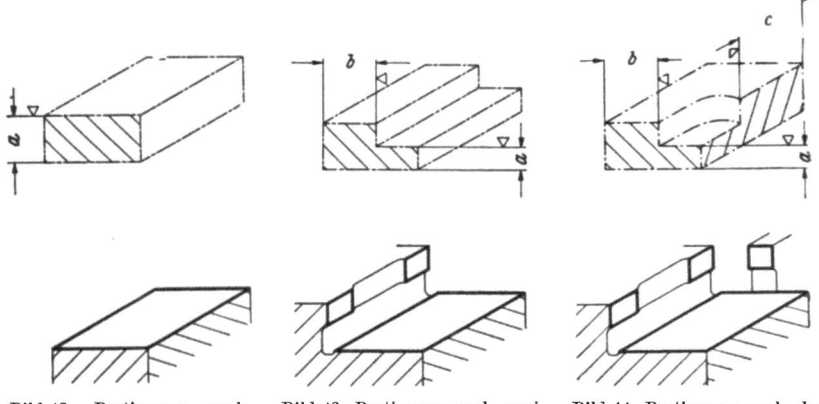

Bild 42. Bestimmen nach *einer Ebene*.   Bild 43. Bestimmen nach *zwei* Ebenen.   Bild 44. Bestimmen nach *drei* Ebenen.

Bild 42 ··· 44. *Die Anzahl der Bestimmebenen ist gleich der Anzahl der Maßbezugsflächen.*

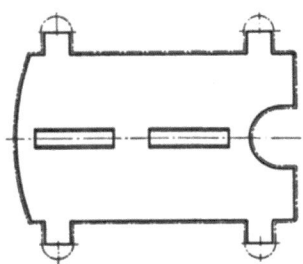
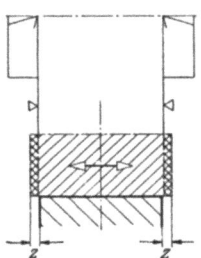

Bild 45. Die Schablone wird nach Augenmaß nach der Umrißform des Werkstückes ausgerichtet und danach die Mittelnut angerissen.

Bild 46. Das Werkstück wird in den Pfeilrichtungen durch Abfühlen des zu beiden Seiten der Vorrichtung etwa gleich großen Überstandes z bestimmt.

3.22 Wahl der Bestimmfläche am Werkstück

Die Wahl der richtigen Bestimmfläche am Werkstück ist entscheidend für die Einhaltung der vorgeschriebenen Werkstücktoleranzen und für die Leistung bei der Bearbeitung.

Das Werkstück ist *grundsätzlich nach der Fläche zu bestimmen, von der das Maß für die Bearbeitung ausgeht.*

Von dieser Forderung sollte nur dann abgewichen werden, wenn mit der Wahl der danach in Betracht kommenden Bestimmfläche Nachteile verbunden sind, wie

fehlende oder unzureichende Spannmöglichkeit,
zu zeitraubendes Spannen,
ungünstige Aufnahme der Arbeitskräfte,
umständliches Handhaben mit dem Werkstück,
unstarres oder schwierig gestaltetes Werkzeug,
Fehlen einer geeigneten Werkzeugmaschine,
zu hohe Vorrichtungskosten.

Falls das Werkstück nicht nach der Maßbezugsfläche, sondern nach einer anderen Fläche bestimmt wird, muß auch dabei die Gewähr gegeben sein, daß die zulässigen Abweichungen nicht überschritten werden. Dazu ist erforderlich, daß diese andere Fläche, die Hilfsbestimmfläche, mit einer Genauigkeit angeliefert wird, die für den Bestimmzweck ausreicht. Andernfalls ist für diese Hilfsbestimmfläche eine *Hilfstoleranz* vorzuschreiben, die ein genügend genaues Bestimmen gewährleistet. Diese Gewähr ist jedoch nur gegeben, wenn die *Hilfstoleranz kleiner* ist *als die für die Bearbeitungsfläche zulässige Toleranz.* Denn zu der Abweichung vom Sollmaß, mit der das Werkstück an die Vorrichtung angeliefert wird, kommen bis zur Beendigung einer Bearbeitung noch mehrere andere Abweichungen, deren Summe die zulässige Werkstücktoleranz nicht überschreiten darf. In der Hauptsache handelt es sich dabei um

Abweichung der Bestimmfläche des Werkstückes,
Abweichung der werkstückseitigen und maschinenseitigen Bestimmflächen der Vorrichtung,
Abweichung der Bestimmfläche der Werkzeugmaschine,
Abweichung der Werkzeugeinstellung und der Werkzeugführung,
Unterschiede in der Schneidfähigkeit des Werkzeuges,
Unterschiede in der Zerspanbarkeit des Werkstück-Werkstoffes,
Unterschiede in der Nachgiebigkeit von Vorrichtung, Werkzeug, Werkzeugspanner und Maschine.

Für Werkstücke, die keine geeignete Bestimmfläche aufweisen, muß eine solche durch *Hilfsgestaltung* geschaffen werden, z. B. nach Bild 1 bis 12.

Die *Hauptbestimmfläche* ist möglichst *als erste Fläche* zu *bearbeiten* und das Werkstück *nach dieser Fläche* möglichst für *sämtliche nachfolgen-*

den Arbeitsgänge zu bestimmen. Dadurch wird zwangsläufig eine weitgehende Übereinstimmung der in verschiedenen Arbeitsgängen gefertigten Flächen erreicht. Diese Art des Bestimmens wird jedoch dem Grundsatz, daß nach der Maßbezugsfläche zu bestimmen ist, oftmals entgegenstehen. Hierbei muß von Fall zu Fall ermittelt werden, für welche Arbeitsgänge von diesem Grundsatz abgewichen und von derselben Fläche aus bestimmt werden darf.

Wenn für den Endzustand eines Werkstückes rohe und bearbeitete Flächen vorgesehen sind, ist das Werkstück *für den ersten Arbeitsgang nach einer der roh bleibenden Flächen zu bestimmen.* Dabei ist eine möglichst große Fläche zu wählen und nach ihr so zu bestimmen, daß nach der Bearbeitung verbleibende Wanddicken möglichst gleichmäßig ausfallen. Das Bestimmen nach roher Fläche ist in der Regel schwieriger als jedes nachfolgende Bestimmen nach bearbeiteter Fläche.

Für das Bestimmen sind *vorzugsweise in gleicher Ebene liegende Werkstückflächen* zu verwenden. Stehen jedoch nur gestufte Flächen zur Verfügung, dann sind möglichst solche Flächen zu wählen, die in demselben Arbeitsgang gefertigt werden. In gleichem Arbeitsgang gefertigte Flächen liegen genauer zueinander als in verschiedenen Arbeitsgängen gefertigte Flächen.

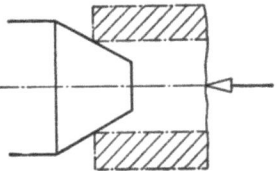

Bild 47. Bestimmen nach scharfer Kante ergibt Fehler. Unter Spann- und Arbeitskraft wird die Kante verdrückt, dadurch die Bestimmlage des Werkstückes verändert und die Spannung gelöst.

Scharfe Werkstückkanten (Bild 47) sind für das Bestimmen *ungeeignet,* da sie unter Spannkraft und unter Arbeitskraft nachgeben. So ist auch die Gratnaht an gegossenen Rohteilen für das Bestimmen nicht zu

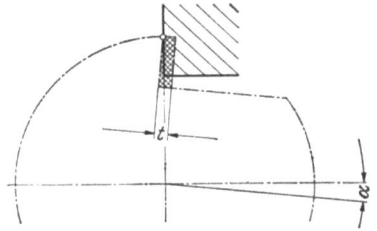 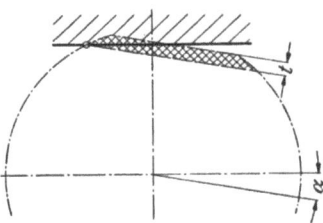

Bild 48. Bestimmen nach einer Radialfläche.   Bild 49. Bestimmen nach einer Sehnenfläche.
Bild 48 u. 49. *Bestimmen der Winkelstellung eines Drehkörpers. Bei gleich großem Toleranzfeld t für die Bestimmfläche des Werkstückes ist beim Bestimmen nach radialer Fläche der Schwenkwinkel α kleiner, die Bestimmgenauigkeit also größer als das Bestimmen nach einer Sehnenfläche.*

benutzen, sondern eine der anliegenden Flächen. An Gesenkschmiedeteilen ist die Gratnaht in Ermangelung einer günstigeren Fläche verwendbar, denn diese Gratnaht fällt durch den Abgratschnitt einige Millimeter breit aus und ist ziemlich richtig in der Form.

3 Vorrichtung und Werkstück

Die *Achslage an Drehkörpern* kann nach der Mantelfläche oder nach einer der Stirnflächen bestimmt werden. Dabei ist diejenige Fläche zu verwenden, die die größere Bestimmgenauigkeit ergibt (Bild 822 u. 823).

Winkelstellungen an Drehkörpern werden um so genauer bestimmt, je weiter die Bestimmfläche von der Drehmitte entfernt liegt.

Winkelstellungen werden nach radial liegender Fläche (Bild 48) genauer bestimmt als nach einer Sehnenfläche (Bild 49).

3.23 Gestaltung der Bestimmflächen von Vorrichtungen

Unebene, z. B. rohe *Werkstückflächen sind durch nur drei Punkte zu bestimmen* (Bild 50). Durch mehr als drei Punkte sind unebene Flächen überbestimmt. Ist das Werkstück so gestaltet, daß nach vier rohen Punkten bestimmt werden muß, dann sind zwei von diesen vier Punkten auf einem beweglichen Bestimmteil anzuordnen (Bild 51).

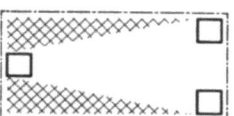

Bild 50. Durch drei Punkte ist das Werkstück zwar eindeutig bestimmt, jedoch ist es gegen Arbeitskräfte, die im schraffierten Teil gegen die Auflage wirken, nicht unterstützt.

Bild 51. Der dritte Auflagepunkt ist durch ein Pendelstück in zwei Punkte zerlegt. Dadurch liegt das Werkstück eindeutig auf und ist gegenüber der Arbeitskraft im rechten Teil ebenfalls gestützt.

Bild 50 u. 51. *Bestimmen nach einer rohen Auflagefläche*.

Falls nicht vermeidbar, daß ein Werkstück zweimal oder mehrere Male nach einer rohen Fläche zu bestimmen ist, muß nach genau denselben Stellen und mit Bestimmteilen gleicher Form und Größe bestimmt werden. Durch die hierdurch für jedes Bestimmen gleichen Verhältnisse ist eine gewisse Gewähr gegeben, daß auch bei mehrmaligem Bestimmen nach roher Fläche Abweichungen in tragbaren Grenzen liegen.

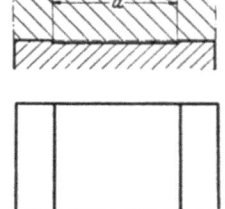

Bild 52. Ebene Bestimmfläche, durch Nuten für erleichtertes Reinigen unterbrochen.

Bild 53. Ebene Bestimmfläche bis auf zwei Leisten freigespart.

Bild 52 u. 53. *Bestimmflächen für ebene Werkstückflächen*.

Ebene Werkstückflächen sind *durch ebene Flächen zu bestimmen*. Besonders dünne, in Auflagerichtung nachgiebige Werkstücke sind auf eine vollständige Fläche zu legen. Von einer gewissen Größe an sind die

3.23 Gestaltung der Bestimmflächen von Vorrichtungen 25

Bestimmflächen zu unterbrechen (Bild 52). Dadurch wird die Reinigung von Flächen erleichtert; denn die Fläche ist verkleinert, die erforderlichen Reinigungswege sind verkürzt. Außerdem können auf verkleinerter Fläche nur weniger Späne liegen. Für Werkstücke mit ausreichender Steifigkeit sind die Bestimmflächen freizusparen (Bild 53 oder 54). Dabei sind die Abstände a und b so groß zu halten, wie mit Rücksicht

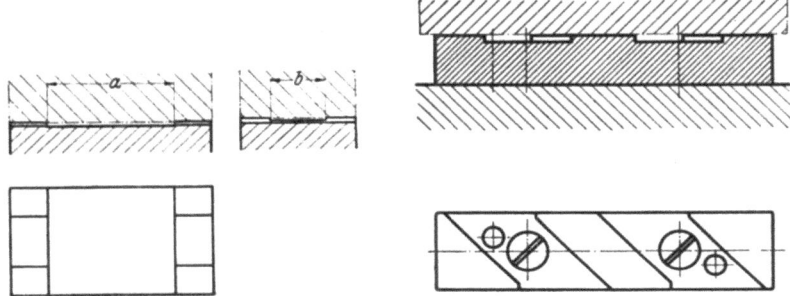

Bild 54. Ebene Bestimmfläche, bis auf vier kleinere Auflageflächen freigespart.

Bild 55. Auflageleiste mit schräg verlaufenden Auflageflächen.

Bild 54 u. 55. *Bestimmflächen für ebene Werkstückflächen.*

auf die mögliche Durchbiegung des Werkstückes zulässig ist. Durch schräg verlaufende Auflageflächen (Bild 55) wird das Werkstück günstiger gestützt als durch senkrecht unterteilte Flächen.

Je größer der Abstand der Bestimmflächen, um so eindeutiger wird die Werkstücklage in dieser Ebene bestimmt.

Für das Bestimmen in der zweiten Ebene sind zwei Punkte vorzusehen, für das Bestimmen in der dritten Ebene ein Punkt. Das gilt nahezu wörtlich für das Bestimmen nach roher Werkstückfläche (Bild 56 ··· 58),

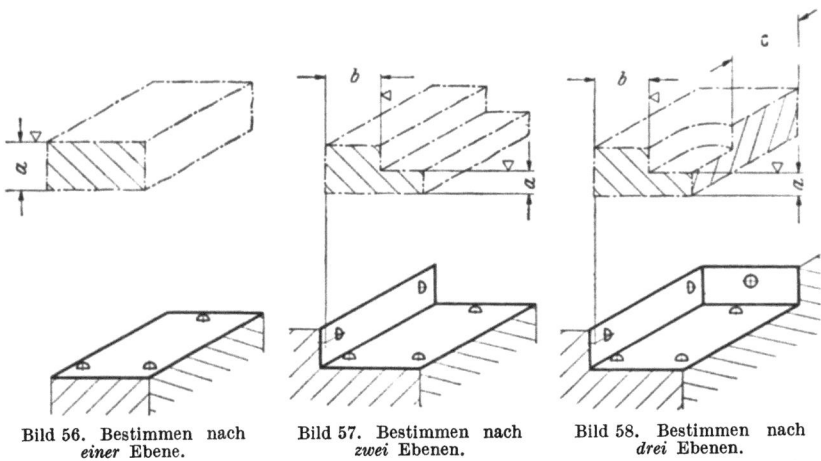

Bild 56. Bestimmen nach *einer* Ebene.

Bild 57. Bestimmen nach *zwei* Ebenen.

Bild 58. Bestimmen nach *drei* Ebenen.

Bild 56 ··· 58. *Auflagepunkte und Anlagepunkte für das Bestimmen nach rohen Werkstückflächen.*

26   3 Vorrichtung und Werkstück

wobei durch Rundungen oder kleine Flächen bestimmt wird. Ebene, bearbeitete Werkstücke sind durch größere Flächen zu bestimmen (Bild 42 ⋯ 44).

Zu spitze Bestimmteile dringen in die Werkstückoberfläche ein, wodurch das Werkstück fehlbestimmt und seine Oberfläche beschädigt wird. In Sonderfällen (Bild 59 u. 60) ist hingegen das Eindringen spitzer

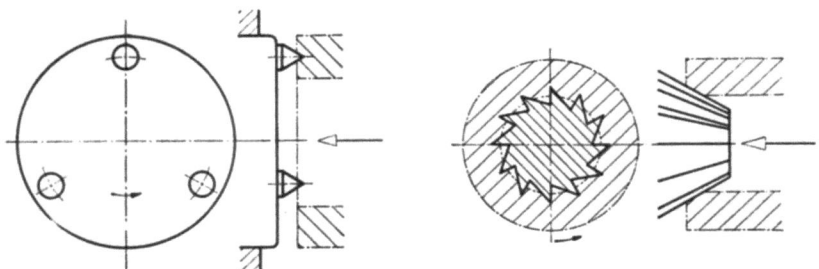

Bild 59 u. 60. Die Bestimmteile sind spitz gehalten, damit sie unter der Spannkraft in das Werkstück eindringen und dieses für die Bearbeitung mitnehmen.

Bestimmteile in das Werkstück nicht nur zulässig, sondern beabsichtigt, nämlich dann, wenn mit diesen Bestimmteilen die Arbeitskraft auf das Werkstück übertragen wird.

Beim *Bestimmen von Rundkörpern* durch U- oder V-Prisma ist auf die Lage der Prismenflächen zu den Maßbezugsebenen am Werkstück zu achten (Bild 61 ⋯ 66).

Zum Bestimmen nach Mittenachse dienen vorzugsweise Keilpaar (Bild 67 u. 68) und Schraube mit Rechts- und Linksgewinde (Bild 69). Nach Bild 70 wird durch Tellerfedern eingemittet.

Abweichungen von der Sollform und den *Sollmaßen* des Werkstückes sind in ihrer Auswirkung auf die Bestimmgenauigkeit und damit bei Gestaltung und Anordnung der Bestimmteile sorgfältig zu berücksichtigen. Wenn die Abweichungen einer Bestimmfläche des Werkstückes kleiner sind als die zulässigen Abweichungen an der Bearbeitungsfläche, wird weitgehend mit festen Teilen bestimmt werden können. Wo die Toleranzen an einer Bestimmfläche des Werkstückes gleich oder größer sind als die zulässigen Abweichungen an der Bearbeitungsfläche, sind bewegliche Bestimmteile erforderlich.

Für die Genauigkeit des Bestimmens ist außerdem wichtig, ob das Werkstück *formschlüssig* aufgenommen oder mit dem Vorrichtungskörper *kraftschlüssig* verbunden wird. Bei formschlüssiger Aufnahme bleibt das Werkstück um den Betrag des zwischen Werkstück und Bestimmteil vorhandenen Spieles unbestimmt. Bei kraftschlüssiger Verbindung wird das Werkstück eindeutig bestimmt. Außerdem kann ein Werkstück z. B. mit einem Spannsatz zwar kraftschlüssig verbunden,

3.23 Gestaltung der Bestimmflächen von Vorrichtungen

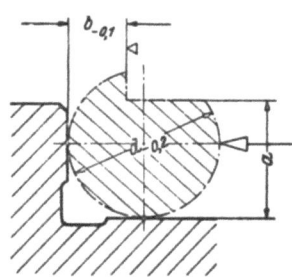
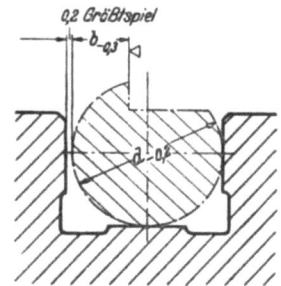

Bild 61. Mit Rücksicht auf die verhältnismäßig kleine Toleranz für Maß b wird das Werkstück gegen die Bestimmfläche gespannt.

Bild 62. Das größtmögliche halbe Spiel zwischen Werkstück und den parallelen Bestimmflächen ist erheblich kleiner als die Toleranz für Maß b und deshalb eine formschlüssige Aufnahme zulässig.

Bild 61 u. 62. *Die Maße für die Bearbeitungsflächen des Drehkörpers sind von der Mantelfläche aus angegeben und dementsprechend der Drehkörper durch waagerechte und senkrechte Flächen bestimmt.*

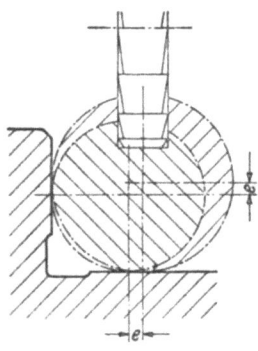

Bild 63. Der Mittelpunkt für den kleineren Kreis ist um den Betrag e zur waagerechten und zur senkrechten Bestimmfläche versetzt. Da das Werkzeug nach der Mitte des großen Kreises eingestellt ist, liegt die Nut für den kleinen Kreis um den Betrag e außermittig.

Bild 64. Die senkrechte Mittellinie fällt mit der Winkelhalbierenden zusammen. Dadurch ist das Bestimmen senkrecht zur Linie A—A für den kleinen wie für den großen Kreis gleich genau. Die Nuttiefen t_1 und t_2 sind jedoch erheblich verschieden. Wenn das V-Prisma zum Bestimmen verwendet wird, ist also die genauere Bearbeitungsfläche parallel zur Linie A—A zu legen.

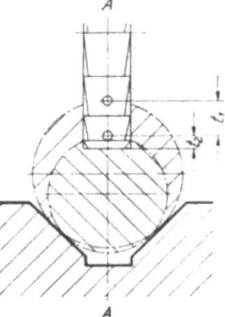

Bild 63.

Bild 64.

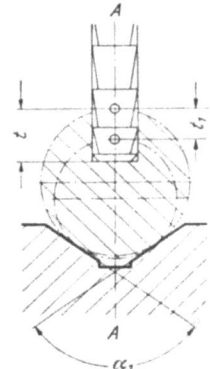

Bild 65 u. 66. Einfluß der Größe des V-Winkels auf die Bestimmgenauigkeit. Je kleiner dieser Winkel, um so genauer wird das Werkstück nach der Linie A—A eingemittet, um so größer ist hingegen bei verschieden großen Werkstückdurchmesser und eingestelltem Fräser die Abweichung für die Nuttiefe t. Sie ist t_1 bei α_1 und t_2 bei α_2.

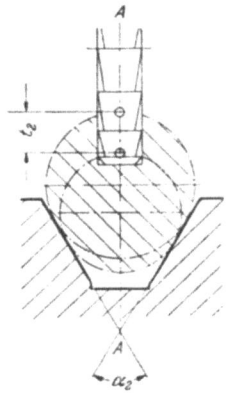

Bild 65.

Bild 66.

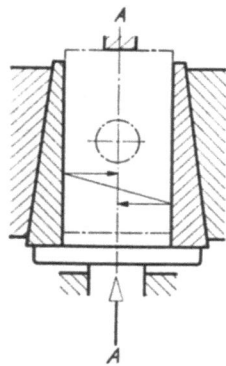

Bild 67. Einmitten eines Werkstückes nach der Ebene *A—A* durch zwei Keile. Das gespannte Werkstück ist mit dem Grundkörper der Vorrichtung kraftschlüssig verbunden.

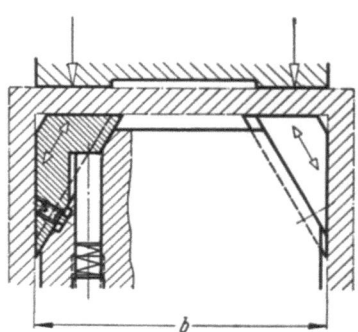

Bild 68. Zum Ausgleich von Toleranzen der Werkstückbreite *b* dienen zwei Keile, die beim Spannen nach außen geschoben werden und dadurch das Werkstück einmitten.

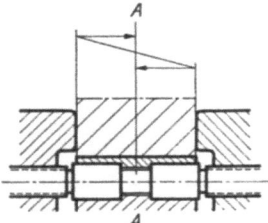

Bild 69. Einmitten eines Werkstückes nach der Ebene $A-A$ durch Spindel mit Rechts- und Linksgewinde. Das gespannte Werkstück ist mit dem Grundkörper der Vorrichtung nur formschlüssig verbunden. Die Einmittegenauigkeit ist vom Spiel der Gewindespindel in ihrem Längslager abhängig.

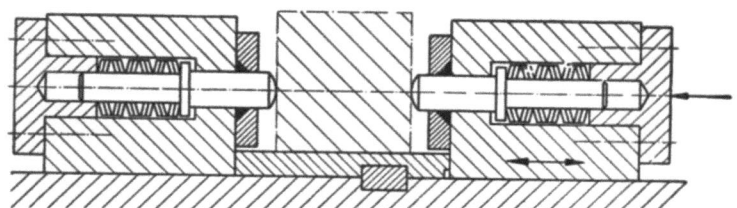

Bild 70. Einmitten eines Werkstückes durch Tellerfedern. Die beiden Federsätze sind mit gleich großer Kraft vorgespannt. Zum Einmitten ist der rechte Federbock gegen die feste Anlage gebracht.

der vollständige Spannsatz samt Werkstück aber im Vorrichtungskörper nur formschlüssig gelagert sein. Das Werkstück wird in solchem Fall gegenüber dem Werkzeug um den Betrag des betreffenden Lagerspieles ungenau bestimmt. Formschlüssig aufgenommen ist das Werkstück nach Bild 202, kraftschlüssig mit Teilen der Vorrichtung das Werkstück nach Bild 203. Diese Teile sind jedoch im Grundkörper der Vorrichtung nur formschlüssig aufgenommen. Kraftschlüssig mit dem Grundkörper der Vorrichtung verbunden ist das Werkstück nach Bild 204.

3.24 Überbestimmen

Innenkanten von Bestimmteilen sind für Grat, Späne und Schmutz freizusparen (Bild 71 ··· 77).

Schrauben und Paßstifte sind nach Bild 78 und 79 möglichst außerhalb einer Bestimmfläche anzuordnen, denn in der Vertiefung an der

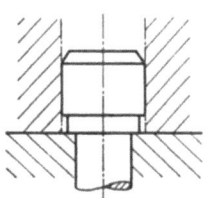

Bild 71. Schmutzrille durch Absatz am Aufnahmestift.

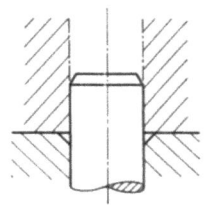

Bild 72. Schmutzrille durch Senkung an der Bohrung für den Aufnahmestift.

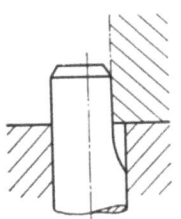

Bild 73. Schmutzraum durch Fläche am Stift, die in die Bohrung hineinreicht.

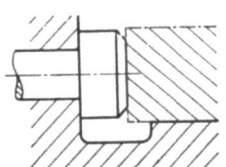

Bild 74. Schmutzrille unter dem Anlagestift.

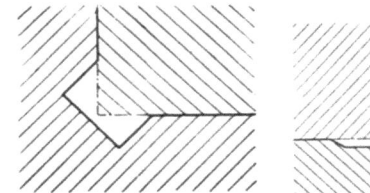

Bild 75 u. 76. Formen von Schmutznuten an Innenkanten.

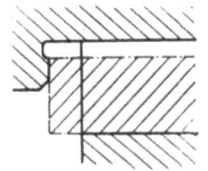

Bild 77. Erleichterter Spänefall durch obenliegende Anlagefläche.

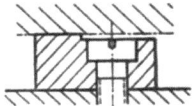

Bild 78 u. 79. Die Bestimmfläche ist für die Befestigungsschrauben freigespart.

Außenkante der Kuppe eines Paßstiftes, im Schlitz einer Schraube oder in Gewindegängen werden Späne festgeklemmt, die das Reinigen der Bestimmfläche erschweren.

3.24 Überbestimmen

Überbestimmen liegt vor, wenn ein Werkstück nicht eindeutig bestimmt ist, sondern für das Bestimmen in derselben Richtung zwei Flächen zur Verfügung stehen, von denen die eine oder die andere Fläche bestimmend wirken kann. Ein überbestimmtes Werkstück liegt un-

30   3 Vorrichtung und Werkstück

sicher, wodurch die Einhaltung der vorgeschriebenen Maße und die Zerspannungsleistung beeinträchtigt werden (Bild 80, 87, 88, 90).

Überbestimmen wird vermieden

durch eindeutiges Bestimmen nach nur einer Fläche und Stützen der zweiten Fläche (Bild 83 u. 193 ··· 200),

durch entsprechende Formgebung für die Bestimmteile (Bild 82, 84, 85, 86, 89, 91, 94),

durch Zerlegen einer Bestimmfläche unter Verwendung eines beweglichen Bestimmteiles (Bild 8, 92, 95).

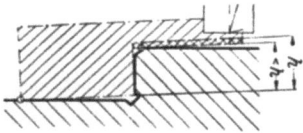

Bild 80. Das Werkstück ist überbestimmt, weil die Stufe am Werkstück kleiner ist als die Stufe in der Vorrichtung.

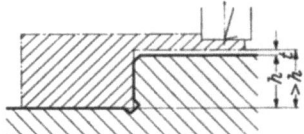

Bild 81. Die obere Stufenfläche des Werkstückes liegt frei, weil die Stufe am Werkstück größer ist als die Stufe in der Vorrichtung. Der dünne Werkstückteil gibt unter der Arbeitskraft nach.

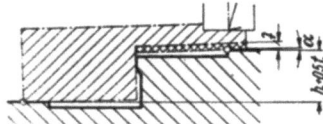

Bild 82. Die Bestimmflächen sind um so viel verkleinert, daß das Werkstück in jedem Fall auf der oberen und unteren Fläche zugleich aufliegt und gegenüber der Arbeitskraft nicht nachgeben kann. Die Stufenhöhe der Vorrichtung ist dabei gleich der mittleren Stufenhöhe des Werkstückes zu halten. Dadurch wird der Betrag der möglichen Schräglage nach zwei Richtungen aufgeteilt. Diese Art des Bestimmens ist verwendbar, wenn für die Arbeitsfläche Winkelabweichungen α zulässig sind.

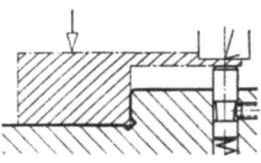

Bild 83. Das Werkstück liegt auf der unteren Fläche auf. Der dünnere Teil ist gegenüber der Arbeitskraft gestützt.

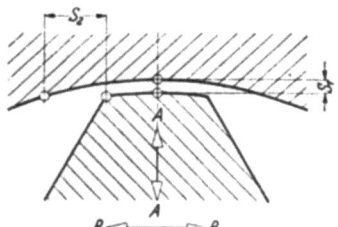

Bild 84. Zwischen abgeflächtem Zapfen und Werkstückbohrung entspricht einem Spiel S_1 in Richtung A—A ein mehrfach so großes Spiel S_2 in Richtung B—B.

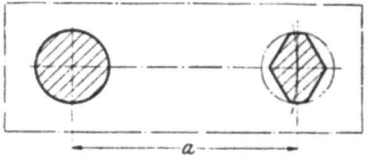

Bild 85. Das Werkstück wird durch den vollrunden Zapfen aufgenommen und seine Winkellage um die Zapfenmitte durch den abgeflächten Zapfen bestimmt. Auf zwei vollrunde Zapfen ist ein Aufstecken nur möglich, wenn die Toleranz für den Lochabstand a kleiner als das halbe Spiel in den Bohrungen ist.

Bild 84 u. 85. *Bestimmen eines Werkstückes durch zwei Aufnahmezapfen.*

3.24 Überbestimmen

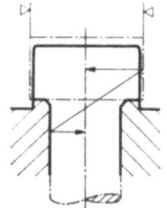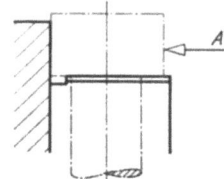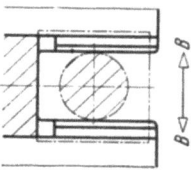

Bild 86. Das Werkstück ist in Richtung A durch Anlage des Kopfes und in Richtung $B-B$ durch parallele Flächen um den Zapfen bestimmt. Würde der Zapfen nicht durch einen Rachen, sondern durch eine Bohrung aufgenommen, wäre die Lage des Werkstückes in Richtung A überbestimmt.

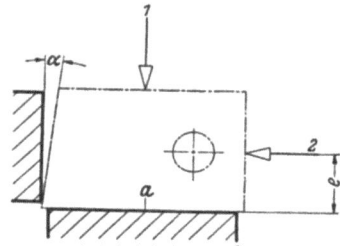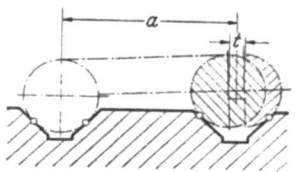

Bild 87. Spannteil *1* wird zuerst betätigt. Dadurch wird das Werkstück nach der Fläche a und damit der Lochabstand e richtig bestimmt.

Bild 90. Das Werkstück ist durch die beiden festen V-Prismen überbestimmt. Infolge der Toleranz t für den Abstand a der beiden Kreisformen liegt die rechte Kreisform entweder auf der rechten oder linken Prismenfläche auf.

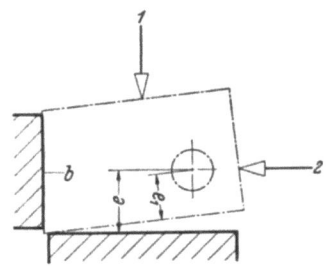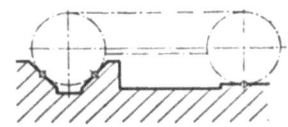

Bild 91. Das Werkstück ist durch ein V-Prisma und die waagerechte Auflageebene eindeutig bestimmt.

Bild 88. Wird Spannteil *2* zuerst betätigt, dann wird die Lage des Werkstückes nach der Fläche b und damit fehlerhaft bestimmt. Die Bohrung liegt nicht im Abstand e, sondern im Abstand e_1.

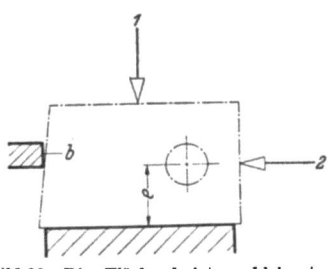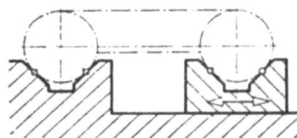

Bild 92. Das Werkstück ist durch ein feststehendes und ein bewegliches V-Prisma eindeutig bestimmt.

Bild 90 ··· 92. *Bestimmen eines Werkstückes mit zwei Kreisformen.*

Bild 89. Die Fläche b ist verkleinert und damit wird die Werkstücklage in jedem Fall richtig bestimmt, unabhängig davon, ob Spannteil *1* oder *2* zuerst betätigt wird.

Bild 87 ··· 89. *Das Werkstück ist überbestimmt, wenn die Bestimmflächen der Vorrichtung gleich lang den Bestimmflächen am Werkstück sind.*

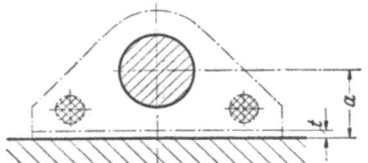

Bild 93. Das Werkstück wird mit der großen Bohrung angeliefert. Die beiden kleinen Bohrungen sind parallel zur Grundfläche zu fertigen.

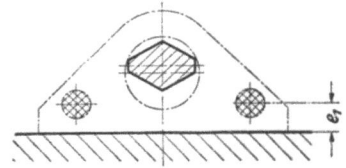

Bild 94. Der Abstand e_1 für die kleinen Bohrungen ist von der Grundfläche aus bemaßt. Deshalb ist das Werkstück nach dieser Grundfläche bestimmt und die Toleranz t durch Abflächen des Aufnahmezapfens berücksichtigt.

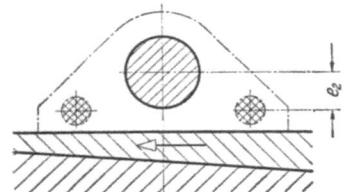

Bild 95. Der Abstand e_2 für die kleinen Bohrungen ist von der großen Bohrung aus angegeben. Deshalb ist das Werkstück in der großen Bohrung aufgenommen und seine Winkelstellung durch verschiebbaren Keil bestimmt.

Bild 93 ··· 95. *Bestimmen eines Werkstückes für die Fertigung von zwei Bohrungen.*

3.25 Bestimmteile und ihre Verbindung mit der Vorrichtung

3.251 Allgemeines

Die für die Lage einer Bestimmfläche in Betracht kommenden Teile sind um so steifer zu halten, je größer die auf sie einwirkenden Kräfte und je kleiner die für das Werkstück zulässigen Toleranzen sind.

Als feste Bestimmfläche kann eine Fläche des Vorrichtungskörpers dienen. Feste Bestimmteile sind mit dem Grundkörper der Vorrichtung möglichst lösbar zu verbinden. Außerdem kann durch einstellbare, bewegliche oder lose Teile bestimmt werden. Die Bestimmteile können in Sonderfällen mit einem anderen Vorrichtungsteil, z. B. mit einem Spannteil oder einem Werkzeugführungsteil, aus einem Stück bestehen. Lose Bestimmteile werden gegebenenfalls mit dem Werkstück verbunden. Bestimmteile, die zugleich Spannteile sind, wie Spanndorne, Spannzangen, Spannbacken, sind unter den gleichnamigen Abschnitten eingeordnet. Bestimmteile, die zugleich zur Werkzeugführung dienen, sind unter Vorrichtungen für bestimmte Verwendungszwecke angeführt.

Bestimmflächen sind im allgemeinen zu härten und zu schleifen, ungehärtete Bestimmflächen sollen möglichst nur bei groben Werkstücktoleranzen und geringen Stückzahlen verwendet werden. Abgenutzte Bestimmteile müssen nachstellbar oder gegen neue austauschbar sein.

Wenn Bestimmflächen an den Vorrichtungskörper unmittelbar angearbeitet werden, ist vor allem zu berücksichtigen, ob sie ungehärtet oder gehärtet sein sollen. Durch das Anarbeiten von Bestimmflächen unmittelbar an den Vorrichtungskörper wird an Zeit für die Bearbeitung

3.25 Bestimmteile und ihre Verbindung mit der Vorrichtung 33

gesonderter Bestimmteile sowie für deren Befestigung gespart. Da hierbei Befestigungsteile nicht erforderlich sind, ist außerdem raumsparendes Bauen möglich. Wenn Bestimmflächen zu härten sind, ist unmittelbares Anarbeiten auf kleinere Vorrichtungen mit vorwiegend einfacheren Formen zu beschränken. Denn mit zunehmender Größe des zu härtenden Teiles und mit zunehmender Schwierigkeit der Formen wächst die Gefahr des Härteausschusses. Angearbeitete Bestimmflächen haben außerdem den Nachteil, daß deren Abnutzung sowie einer Werkstückänderung sehr viel schwieriger begegnet werden kann als bei Bestimmteilen, die mit dem Vorrichtungskörper lösbar verbunden sind.

Die Lage von lösbaren Bestimmteilen ist gegenüber dem Vorrichtungskörper zu sichern, z. B. durch

Zentrierung und 1 Paßstift,
einseitige Anlage und 1 Paßstift,
parallelen Einpaß und 1 Paßstift,
2 Paßstifte,
Kreuznuten und 2 Nutensteine oder 2 Paßfedern.

Auch jene Teile, die in Richtung der Achse von Befestigungsschrauben bestimmen, werden zweckmäßig durch Paßstifte usw. gesichert. Denn durch Stöße senkrecht zur Schraubenachse können Schrauben gelockert und damit kann die Bestimmgenauigkeit des Bestimmteiles beeinträchtigt werden.

3.252 Arten von Bestimmteilen

Feste Bestimmteile nach Bild 96 ··· 105.

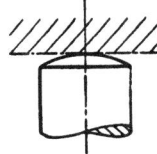

Bild 96. Kugelige Bestimmfläche für rohe Werkstückflächen.

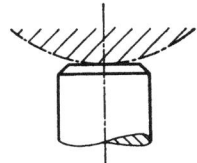

Bild 97. Ebene Bestimmfläche für konvex gekrümmte Werkstückflächen.

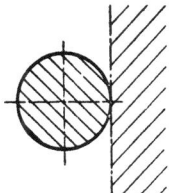

Bild 98. Linienförmige Bestimmfläche nur für untergeordnete Zwecke bei geringen Spann- und Arbeitskräften.

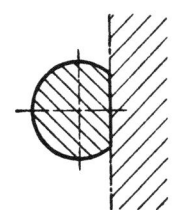

Bild 99. Vergrößerte Bestimmfläche durch Anflächen des Stiftes.

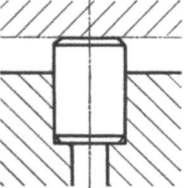
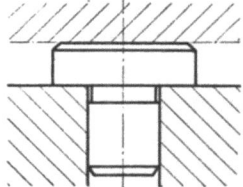

Bild 100. Zylinderstift als Bestimmteil. Wenn die Bestimmfläche mehrerer Stifte in derselben Ebene liegen muß, sind die Stifte nach dem Einpressen zu überschleifen.

Bild 101. Auflagebolzen nach DIN 6321. Abgleichen der Bestimmflächen mehrerer Bolzen durch Überschleifen, in Sonderfällen durch Nacharbeiten der Kopfhöhe außerhalb der Vorrichtung.

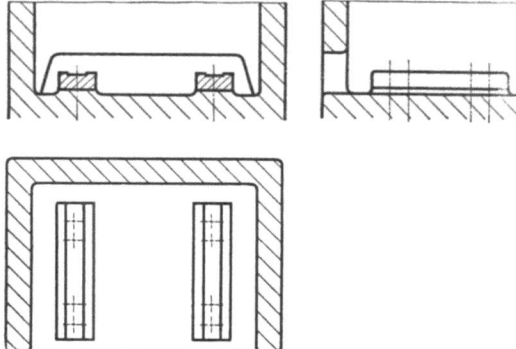

Bild 102. Die Auflageleisten sind außerhalb des Vorrichtungskörpers fertigstellbar. Dadurch erübrigt sich ein Schleifen der Leisten innerhalb der Vorrichtung. Außerdem ist durch diese Leisten das Eingeben des Werkstückes in die Vorrichtung erleichtert, denn es kann auf ihnen das Werkstück in die Vorrichtung eingeschoben werden, während bei Auflagebolzen ein vorzugsweise senkrechtes Auflegen des Werkstückes erforderlich ist.

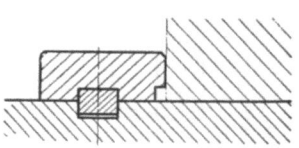

Bild 104. Sicherung einer Anlageleiste durch Ansatz im Grundkörper.

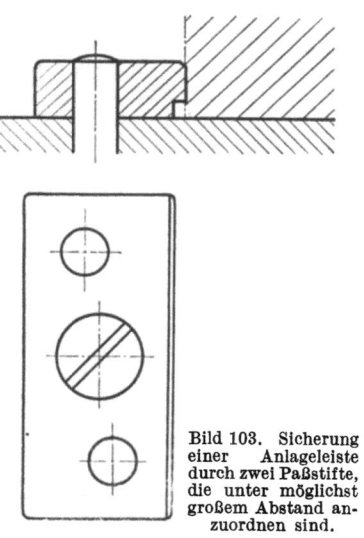

Bild 103. Sicherung einer Anlageleiste durch zwei Paßstifte, die unter möglichst großem Abstand anzuordnen sind.

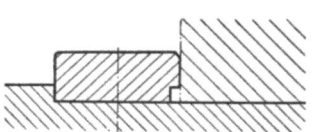

Bild 105. Sicherung einer Anlageleiste durch Nutenstein oder Paßfeder.

3.25 Bestimmteile und ihre Verbindung mit der Vorrichtung

Einstellbare Bestimmteile. Bestimmteile für rohe Werkstückflächen sind einstellbar zu halten (Bild 106 u. 107). Hierdurch kann die Lage der Bestimmfläche dem Werkstück angepaßt werden. Ein Verstellen der Bestimmteile wird meist nach gewissen Serien von Rohteilen, etwa mit zunehmendem Ausschlagen eines Gesenkes oder bei Anlieferung der Rohteile von verschiedenen Herstellern, nötig sein. Einstellbare Bestimmteile werden auch für einen Ausgleich der Werkzeugabnutzung verwendet (Fräsvorrichtung nach Bild 1143).

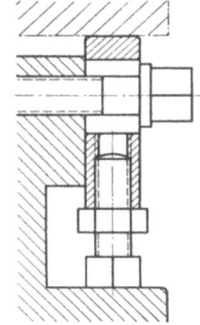

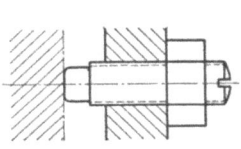

Bild 106. Stellschraube mit Mutter.

Bild 107. Durch Schraube einstellbarer Auflageteil, der durch eine zweite Schraube gesichert wird.

Bewegliche Bestimmteile werden vorzugsweise verwendet, um beim Bestimmen einen Ausgleich für die Werkstücktoleranz zu haben (Bild 108 bis 122) oder um nach dem Bestimmen den Weg für das Werkzeug frei

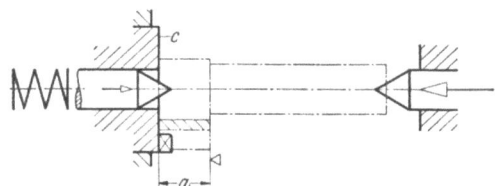

Bild 108. Das Werkstück ist eingemittet und in Achsrichtung durch Anlage an der Fläche c bestimmt. Damit ist auch der Abstand a eindeutig bestimmt. Hierzu ist die linksseitige Spitze beweglich gehalten.

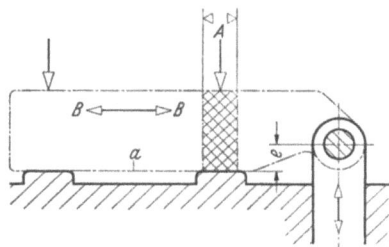

Bild 109. Das Werkstück ist in Richtung A durch die Fläche a, in Richtung B—B durch den Aufnahmezapfen bestimmt. Mit Rücksicht auf eine Toleranz für den Abstand e ist der Aufnahmezapfen in beweglichem Schieber gelagert.

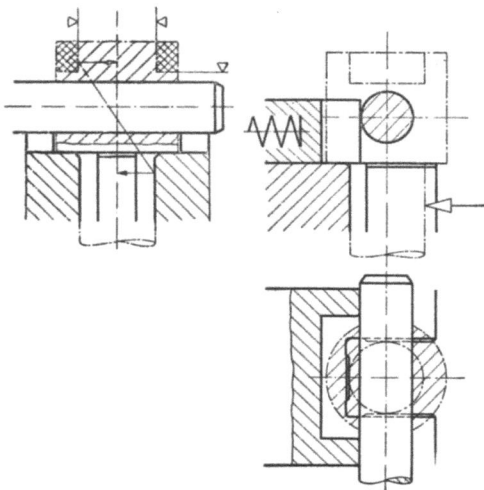

Bild 110. Die Bearbeitungsflächen haben mittig zum Zapfen und senkrecht zur Werkstückbohrung zu liegen. Durch den Rachen ist das Werkstück zum Zapfen, durch Steckstift und beweglichen Schieber senkrecht zur Bohrung bestimmt.

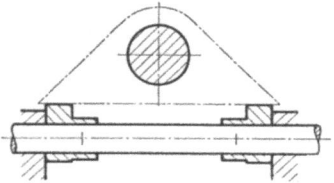

Bild 111. Bestimmen der Winkelstellung durch zwei Spiralscheiben oder Exzenterscheiben. Die Bestimmteile gleiten unmittelbar auf dem Werkstück.

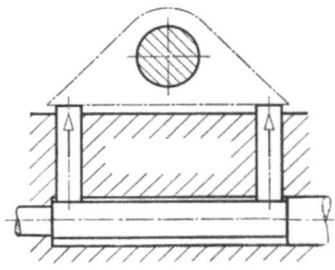

Bild 112. Bestimmen der Winkelstellung durch zwei Bolzen, die durch Exzenter oder Spirale betätigt werden. Die Bestimmteile führen hierbei auf dem Werkstück keine gleitende Bewegung aus, wodurch die Werkstückoberfläche geschonter bleibt als bei Ausführung nach Bild 111.

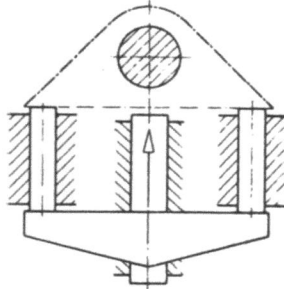

Bild 113. Bestimmen der Winkelstellung durch zwei Bolzen, die durch ein geführtes Spann- und Übertragteil betätigt werden.

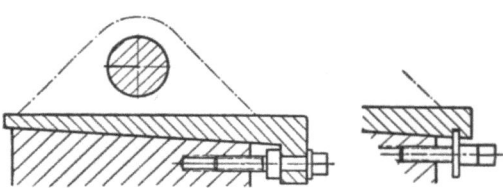

Bild 114 u. 115. Bestimmen der Winkelstellung durch Stellkeil, der durch Schraube betätigt wird. Je Umdrehung der Schraube nur geringer Abhub der Bestimmfläche des Stellkeiles. Bauhöhe gering.

3.25 Bestimmteile und ihre Verbindung mit der Vorrichtung

zugeben. Bewegliche Bestimmteile nach Bild 117 $\cdots$ 122 werden nach dem Bestimmen und Spannen des Werkstückes zurückgezogen, wonach dieses während der Bearbeitung am Bestimmteil nicht anliegt. Dieses Nachteiles wegen ist die Verwendung von beweglichen Bestimmteilen

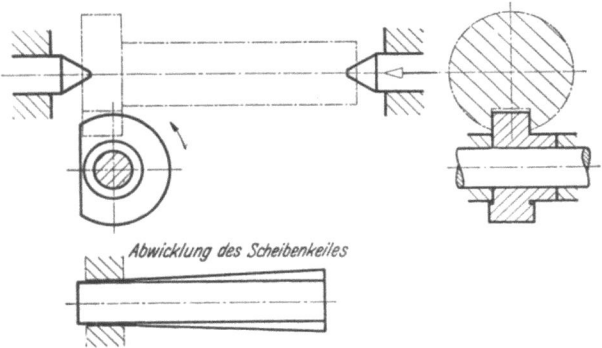

Bild 116. Das Werkstück ist zwischen Spitzen eingemittet, seine Winkelstellung durch zwei Schraubenflächen bestimmt.

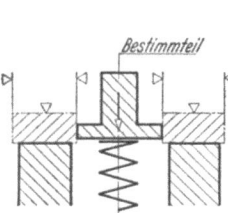 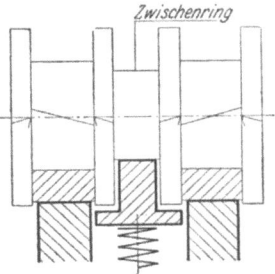

Bild 117. Die beiden Werkstücke sind vor dem Fräsen gegen das bewegliche Bestimmteil gelegt.

Bild 118. Während des Fräsens wird das Bestimmteil durch den Fräserdornring abwärts gedrückt, wodurch der Weg für die Fräser freigegeben ist.

Bild 117 u. 118. *Bewegliches Bestimmteil, das durch den Fräserdorn gesteuert wird.*

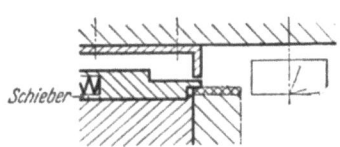 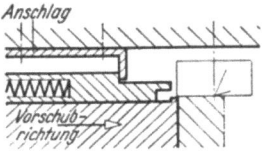

Bild 119. Die Lage des Werkstückes in Richtung des Maschinenständers wird vor dem Fräsen durch Anlegen an den Schieber bestimmt.

Bild 120. Beim Bewegen des Maschinentisches in Vorschubrichtung wird der unter Federdruck stehende Schieber zurückgehalten und damit die Fräsfläche für das Werkstück freigegeben.

Bild 119 u. 120. *Bewegliches Bestimmteil, das durch Anschlag an der Maschine gesteuert wird.*

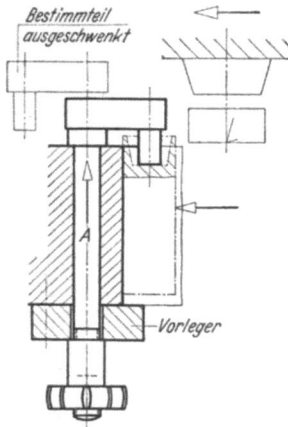

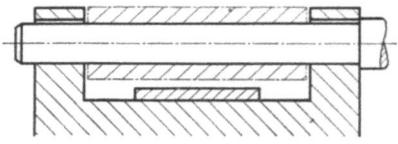

Bild 123. Das Werkstück ist nach seiner Innenform zu bestimmen. Das lose Bestimmteil wird in das Werkstück eingesteckt und zusammen mit diesem in die Vorrichtung gelegt.

Bild 124. Das Werkstück wird durch losen Hilfsdorn bestimmt.

Bild 121. Das Werkstück wird in Längsrichtung nach dem Grund der Bohrung bestimmt. Nach dem Bestimmen wird der Vorleger ausgehoben, das Bestimmteil in Richtung A verschoben und aus dem Bereich des Werkzeuges geschwenkt.

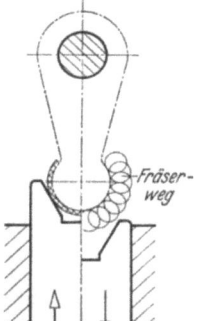

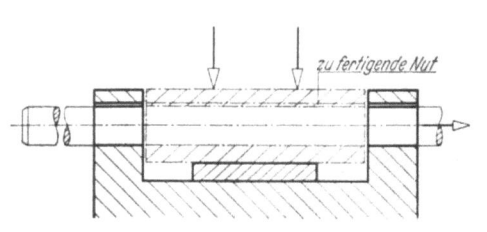

Bild 125. Danach wird ein Keil unter das Werkstück geschoben und dieses festgespannt.

Bild 122. Die Winkellage des Werkstückes wird mit verschiebbarem Prisma nach dem unbearbeiteten Hebelende bestimmt, danach das Prisma zurückgezogen und damit der Weg für den Nachformfräser freigegeben.

Bild 126. Nach dem Entfernen des Hilfsdornes ist die Bohrung für das Werkzeug frei.

Bild 124 ··· 126. *Die Nut in der Werkstückbohrung ist durch Ziehwerkzeug zu fertigen, das Werkstück nach der Bohrung zu bestimmen.*

möglichst nur auf solche Fälle zu beschränken, die eine bessere Lösung nicht zulassen oder in denen damit eine Leistungssteigerung verbunden ist.

Lose Bestimmteile sind ebenfalls nur dann vorzusehen, wenn das Bestimmen durch festes Bestimmteil nicht möglich oder der mit losem Bestimmteil verbundene Vorteil überragend ist (Bild 123 ··· 127).

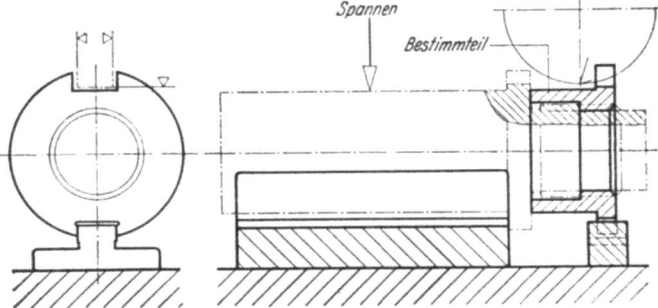

Bild 127. Die zu fertigende Nut muß zum Gewinde in einer bestimmten Winkelstellung (Gewindemeßpunktlage) stehen. Hierzu ist auf das Werkstückgewinde ein loses Bestimmteil geschraubt, bis es am Bund des Werkstückes anliegt. Danach wird durch Nut und Paßfeder die Winkelstellung des Gewindeteiles und damit des Werkstückes gegenüber dem Vorrichtungskörper bestimmt.

3.26 Mehrmaliges Bestimmen bei Teilarbeiten

3.261 Allgemeines

Beim Teilen wird die Lage eines Werkstückes gegenüber dem Werkzeug in derselben Vorrichtung mehrere Male bestimmt. Es kann sich dabei um Längsteilung oder Kreisteilung handeln. Die Teilung kann gleichmäßig oder ungleichmäßig sein.

Die *Teilbewegung* wird meist mit dem das Werkstück tragenden Vorrichtungsteil, in Sonderfällen mit dem Werkstück direkt ausgeführt.

Nach Beendigung einer Teilbewegung ist das Werkstück bzw. der das Werkstück tragende Vorrichtungsteil festzulegen. Danach umfaßt der *Teilvorgang* im weiteren Sinne bei vollständiger Durchbildung von Teileinrichtungen das Lösen, Schalten, Feststellen und Spannen des Werkstückträgers.

Bei *Wahl und Gestaltung* einer Teileinrichtung sind in der Hauptsache zu berücksichtigen:

Geforderte Teilgenauigkeit,
Größe und Richtung der Arbeitskräfte,
Zeitdauer für das Teilen,
Anzahl der Teilungen je Zeiteinheit,
Werkstückzahl,
in der Vorrichtung verfügbarer Raum,
Zuverlässigkeit des Bedienenden.

Die erreichbare *Teilgenauigkeit* ist abhängig
vom Lagerspiel des Werkstückträgers,
von der Güte der Verbindung der Teilleiste oder Teilscheibe mit dem Werkstückträger,

vom Lagerspiel des Feststellers,
von der Sicherheit, mit der Werkstück bzw. Werkstückträger gegenüber den Arbeitskräften festgelegt sind.

Für besonders genaue Teilungen sind Markenstriche durch optische Hilfsmittel genau sichtbar zu machen, Anschläge mittels Meßuhr auszurichten, zum Teilen dienende Gewindespindeln mit selbsttätiger Korrektureinrichtung zu versehen.

3.262 Längsteilen

Längsteilen ist möglich durch
    Ausrichten nach Markenstrichen,
    abwechselndes Anlegen an zwei einander gegenüberliegenden Flächen (Bild 128 u. 129),
    Anlegen an gestuften Flächen (Bild 130 u. 131),
    durch Teilleiste mit Rasten,
    durch Zahnstange, durch Gewindespindel.
Bei Verwendung von Zahnstange oder Gewindespindel zum Teilen ist anzustreben, daß für jede Teilung eine volle Drehung der Teilkurbel

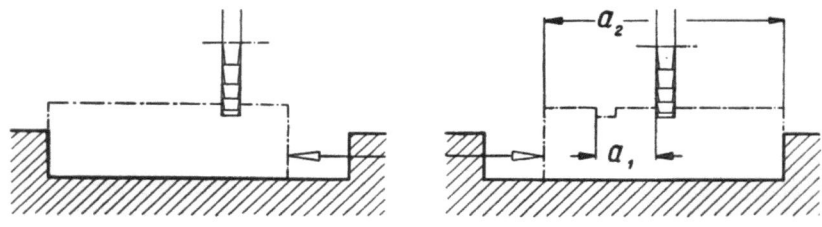

Bild 128. Fertigung der ersten Nut.   Bild 129. Fertigung der zweiten Nut.
Bild 128 u. 129. Längsteilen durch wechselseitiges Anlegen des Werkstückes.

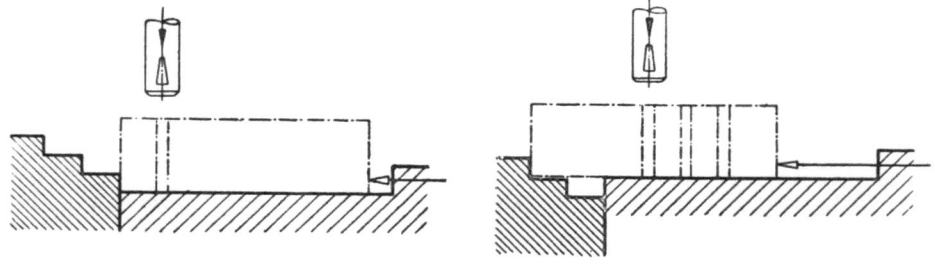

Bild 130. Fertigung der ersten Nut.   Bild 131. Fertigung der dritten Nut.
Bild 130 u. 131. Längsteilen durch Anlegen an gestuften Flächen der Vorrichtung. Diese Anschlagflächen sind in einem Schieber oder einer Schalttrommel angeordnet.

auszuführen ist. Zähnezahl bzw. Gewindesteigung sind dementsprechend zu wählen. Gegebenenfalls ist für diesen Zweck ein Rädergetriebe vorzuschalten.

3.263 Kreisteilen

Beim Kreisteilen wird das Werkstück um eine Achse geschwenkt. Kreisteilen kann erfolgen durch

Ausrichten nach Markenstrichen,
Anlegen an einseitige Anlage (Bild 132 ⋯ 134),
abwechselndes Anlegen an festen Flächen (Bild 135 ⋯ 144),
Rast und Feststeller (Bild 145 ⋯ 151),
Rädergetriebe,
Schneckengetriebe.

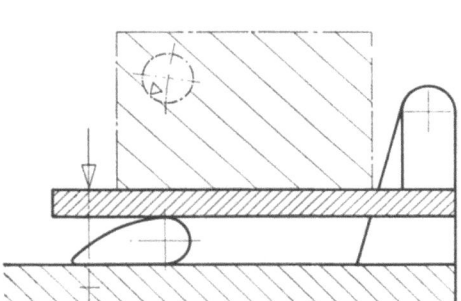 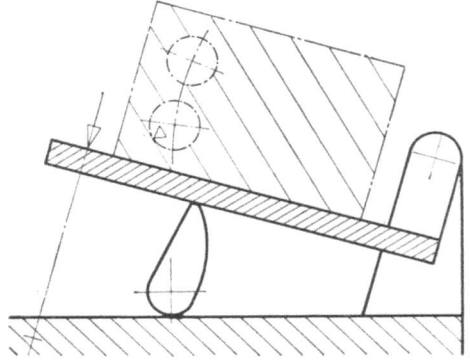

Bild 132. Teilstellung für die erste Bohrung.   Bild 133. Teilstellung für die zweite Bohrung.
Bild 132. u. 133. *Kreisteilen durch Verstellen eines Schwenktisches mittels Hebel oder Exzenter. Nach dem Verstellen ist der Schwenktisch zu spannen.*

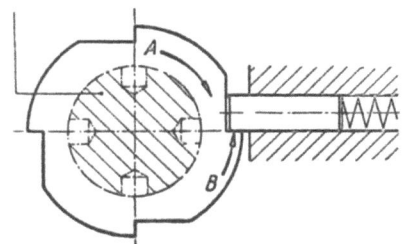

Bild 134. Teilscheibe für einseitige Anlage. Diese Teilscheibe ist in Richtung A zu schalten, danach in Richtung B gegen den Feststeller zu legen und während des Bearbeitens von Hand festzuhalten. Da der Feststeller beim Schalten der Teilscheibe selbsttätig gesteuert wird, ist rasches Teilen möglich. Die Teilgenauigkeit ist jedoch von der Sorgfalt abhängig, mit der die Teilscheibe festgehalten wird.

Kreisteilungen sind auch ohne Schwenkeinrichtung durchführbar, nämlich durch *Bestimmen der Vorrichtung* nach Außenflächen. Vorrichtungen erhalten hierzu den Teilungswinkeln entsprechende Flächen, nach denen für die Bearbeitung abwechselnd bestimmt wird (Bild 1050 u. 1051).

Bei Kreisteilungen wird die *Teilgenauigkeit* vor allem durch das Hebelverhältnis zwischen Bearbeitungsfläche am Werkstück und Raststelle der Teilscheibe bestimmt. Je größer der radiale Abstand der Rastfläche der Teilscheibe im Verhältnis zum radialen Abstand der Bearbeitungsfläche ist (Bild 151), um so weniger kommen Fehler der Teileinrichtung am Werkstück zur Auswirkung.

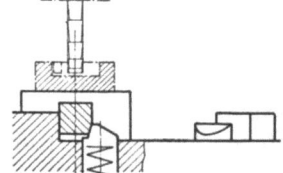

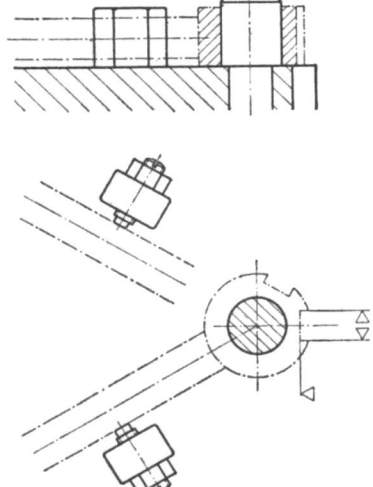

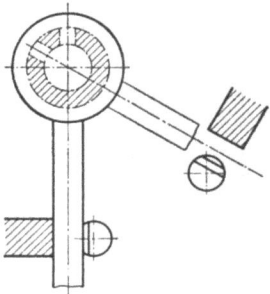

Bild 135. Kreisteilen durch wechselseitiges Anlegen des Werkstückes von Hand.

Bild 136. Kreisteilen durch wechselseitiges Anlegen des Werkstückträgers von Hand, der in den Endstellungen durch Federkraft festgehalten wird.

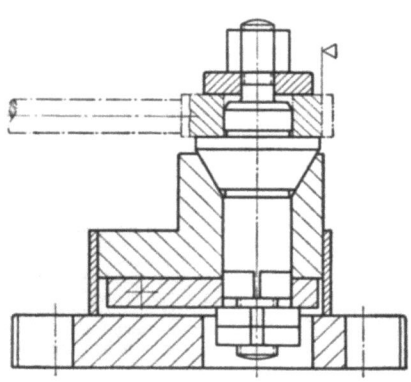

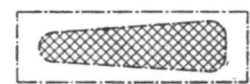

Bild 138. Form der Ausfräsung.

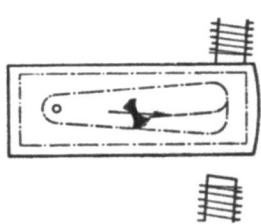

Bild 139. Fräsen an der hinteren Fläche

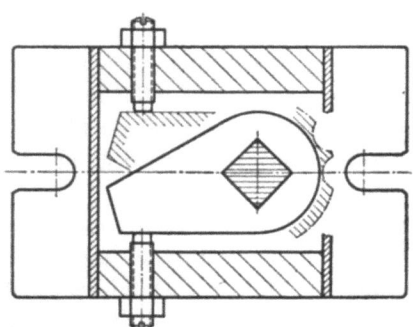

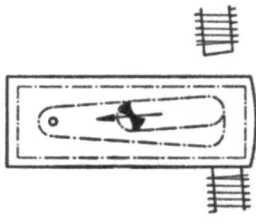

Bild 140. Fräsen an der vorderen Fläche.

Bild 137. Kreisteilen durch wechselseitiges Anlegen von Hand. Die Anschläge sind spänegeschützt eingebaut.

Bild 138 ··· 140. *Kreisteilen durch wechselseitiges Anlegen. Anlegen und Spannen durch Magnetkraft. Die beiden Magnete werden durch den Werkzeugschlitten über Endschalter gesteuert.*

3.26 Mehrmaliges Bestimmen bei Teilarbeiten

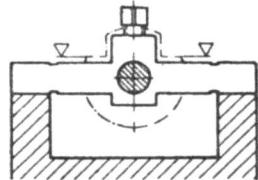
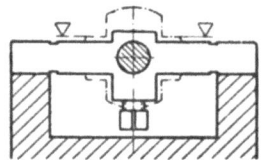

Bild 141. Fertigung des ersten Flächenpaares. Bild 142. Fertigung des zweiten Flächenpaares.

Bild 141 u. 142. *Kreisteilen unter 180° durch Umlegen auf zwei in einer Ebene liegende Flächen. Mit dieser an sich einfachen Einrichtung sind sehr genaue Teilungen möglich.*

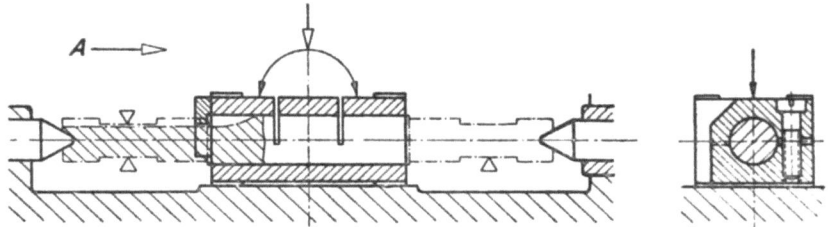

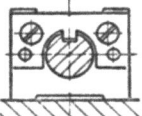

Bild 143. Kreisteilen unter 180°. Teilstück mit Werkstück wird zum Teilen um seine Achse und zum Fertigen der am anderen Ende liegenden Flächen in der waagerechten Ebene um 180° geschwenkt. Um Schwingungen beim Bearbeiten zu vermeiden, wird das Teilstück mit dem Werkstück gegen die Auflage gespannt.

Ansicht in Richtung A

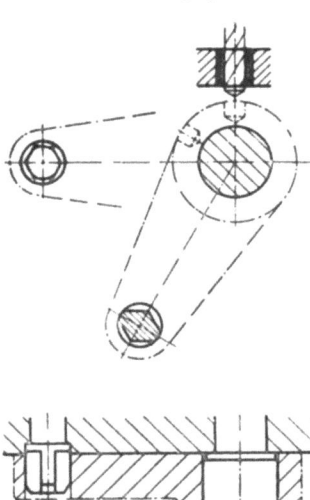

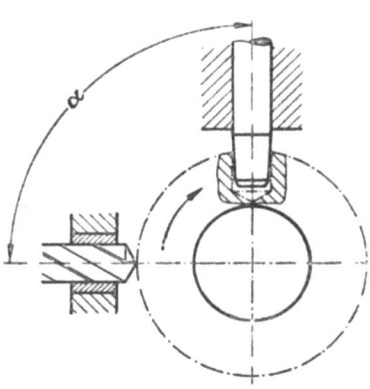

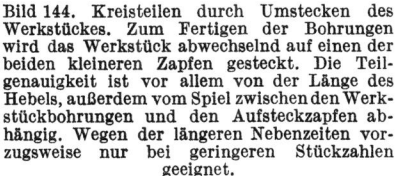

Bild 144. Kreisteilen durch Umstecken des Werkstückes. Zum Fertigen der Bohrungen wird das Werkstück abwechselnd auf einen der beiden kleineren Zapfen gesteckt. Die Teilgenauigkeit ist vor allem von der Länge des Hebels, außerdem vom Spiel zwischen den Werkstückbohrungen und den Aufsteckzapfen abhängig. Wegen der längeren Nebenzeiten vorzugsweise nur bei geringeren Stückzahlen geeignet.

Bild 145. Teilen durch Einführen eines Feststellers in die Werkstückbohrung. Beachten, daß Fehler im Winkel α bei jeder Teilung auftreten und zwischen erster und letzter Teilung die Summe dieser Fehler sich auswirkt.

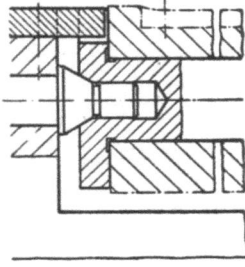

Bild 146. Spanndorn mit Teilscheibe und mit unbeweglichem Feststeller. Zum Teilen ist die (nicht dargestellte) rechtsseitige Reitstockspitze so weit zurückzuführen, bis die Teilscheibe außer Eingriff des Feststellers ist. Die Zentrierspitze ist mit Zylinderzapfen versehen, damit der zurückgezogene Spanndorn nicht herunterfällt. Die Rastflächen sind parallel zu halten, um Überbestimmen in Längsrichtung zu vermeiden.

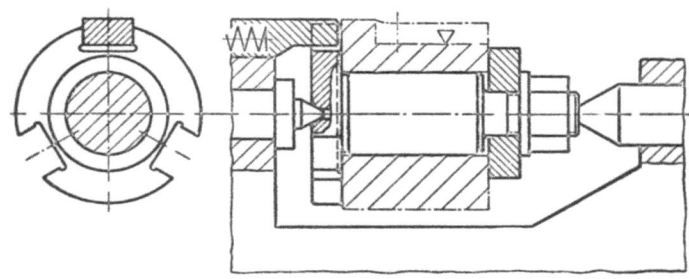

Bild 147. Spanndorn mit Teilscheibe und rückziehbarem Feststeller. Zum Teil ist die Pinolenspannung zu lüften, der Feststeller zurückzuziehen und der Spanndorn mit Teilscheibe zwischen den Spitzen zu schwenken. Die Rastflächen können hierbei parallel oder für spielfreien Sitz keilförmig sein.

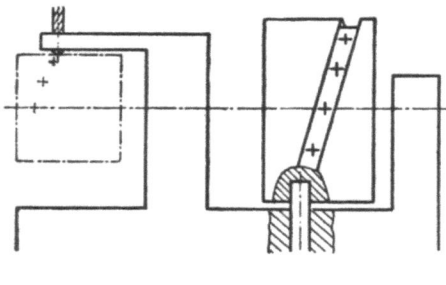

Bild 148. Kreisteilungen auf Schraubenlinie. Werkstück und Teiltrommel sitzen auf gemeinsamer Achse.

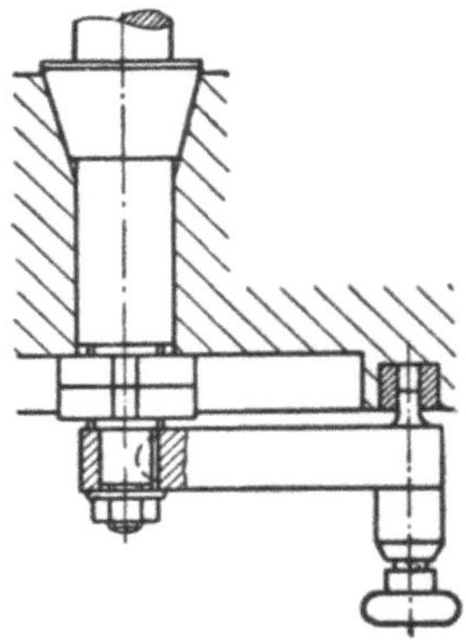

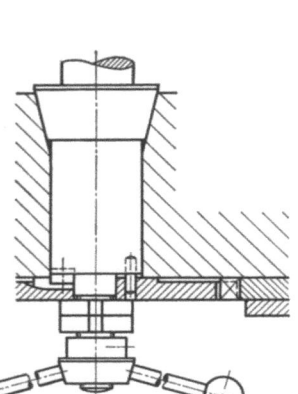

Bild 149. Verbindung einer Teilkurbel mit dem Werkstückträger, geeignet für geringere Arbeitskräfte und geringere Teilgenauigkeit.

Bild 150. Verbindung einer Teilscheibe mit dem Werkstückträger, geeignet für größere Arbeitskräfte und höhere Teilgenauigkeit. Wahlweise Paßfeder oder Stift.

3.264 Verbindung von Teilscheiben mit dem Schalttisch

Teilscheiben sind mit dem Werkstückträger sicher zu verbinden, da durch *Spiel an der Verbindungsstelle die* Teilgenauigkeit herabgesetzt wird. Für genaues Teilen und auch bei größeren Bearbeitungskräften ist die Sicherung der Winkelstellung der Teilscheibe auf möglichst großen Halbmesser zu legen.

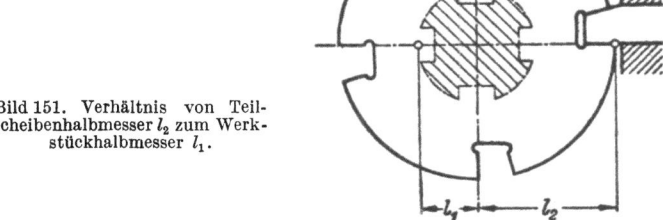

Bild 151. Verhältnis von Teilscheibenhalbmesser l_2 zum Werkstückhalbmesser l_1.

3.265 Feststellen des Schalttisches

Der Werkstückträger bzw. das Werkstück ist nach beendetem Teilvorgang in der jeweiligen Winkelstellung festzulegen (festzustellen). Durch zylindrische oder ebene parallele Paßflächen wird *formschlüssig* festgestellt. Durch Festhalten von Hand oder durch Feder, Keil, Schraube, Exzenter, Preßluft, Preßöl oder Magnetkraft wird *kraftschlüssig* festgestellt.

Ein Feststeller ist um so wertvoller, je eindeutiger, d. h. je spielfreier der Werkstückträger festgestellt wird und je weniger Kraft und Zeit für seine Bedienung erforderlich sind.

Das Feststellen durch *Kugel* (Bild 152) oder Zylinderbolzen mit 90°-Kegel (Bild 153 u. 154) ist wenig genau und deshalb nur für untergeordnete Zwecke geeignet. Außerdem haben Kugelfeststeller verhält-

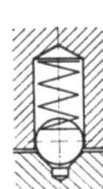
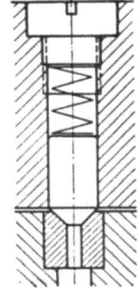
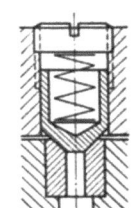

Bild 152. Kugel als Feststeller.   Bild 153. Langbauende Ausführung.   Bild 154. Kurzbauende Ausführung.

Bild 153 u. 154. *Feststeller mit 90°-Kegel für das Einrasten.*

nismäßig geringe Haltekraft. Gegebenenfalls ist der Werkstückträger nach dem Teilen festzuspannen. Kugelfeststeller sind andrerseits rasch bedienbar, da die Kugel bzw. der 90°-Kegel unter der Schaltbewegung selbsttätig ein- und ausrastet.

Für *Blattfedern* als Feststeller (Bild 155) gelten die gleichen Vor- und Nachteile wie für Kugelfeststeller. Außerdem sind Blattfedern weniger betriebssicher als Schraubenfedern. Blattfedern als Feststeller sind deshalb möglichst nur dort zu verwenden, wo für Kugelfeststeller nicht ausreichend Raum ist.

Hebel mit Rastflächen (Bild 156) sind ebenfalls nur für untergeordnete Teilzwecke zu verwenden, da die Teilgenauigkeit vom Ausmaß der Kreis-

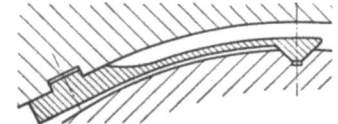
Bild 155. Blattfeder mit 90°-Keilflächen als Feststeller.

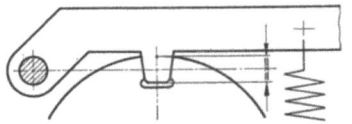
Bild 156. Hebel als Feststeller. Baut raumsparender als Flachriegel. Wegen der Schwenkbewegung des feststellenden Teils jedoch nur für untergeordnetere Zwecke zu verwenden.

bewegung des Hebels abhängt. Die Schwenkmitte des Feststellhebels ist möglichst auf die Tangente durch die Mitte der Rastflächen zu legen, um die Auswirkung der Kreisbewegung möglichst klein zu halten.

Feststeller mit *parallelen* bzw. *zylindrischen Rastflächen* (Bild 157 bis 159) haben sowohl auf Seite der Teilscheibe als in ihrer Führung auf

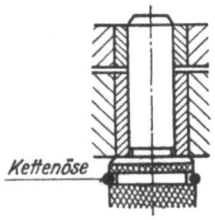
Bild 157. Glatter Steckstift durch Kette gegen zu weites Herausziehen und gegen Verlieren gesichert.

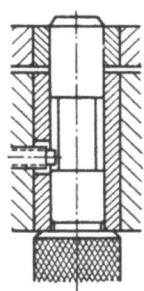
Bild 158. Steckstift durch Einstich und Schraube gegen zu weites Herausziehen gesichert.

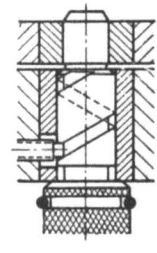
Bild 159. Steckstift mit schraubenförmiger Führung zum leichteren Bewegen des Stiftes.

Seite des Vorrichtungskörpers Bewegungsspiel. Feststeller mit *kegelförmiger Rastfläche* (Bild 161 ··· 166) oder keilförmiger Rastfläche (Bild 167 bis 173) haben nur auf Seite des Vorrichtungskörpers Bewegungsspiel. Völlig spielfrei sind Feststeller nach Bild 170, oder Feststeller, die als mechanischer (Bild 160) oder hydraulischer Dehndorn oder als Spannscheibendorn ausgeführt sind.

3.26 Mehrmaliges Bestimmen bei Teilarbeiten

Parallele Rastflächen haben den Vorteil, daß Schmutz und Späne die an den Einführungskanten der Raste hängen, das Einführen des Feststellers verhindern und daß Schmutz und Späne, die auf der Rastfläche liegen, vor dem Feststeller hergeschoben werden. Dadurch werden durch Fremdkörper verursachte Teilfehler weitgehend vermieden.

An Feststellern mit *keil- oder kegelförmigen* Rastflächen können Fremdkörper eingeklemmt werden (Bild 161), wodurch Teilfehler entstehen. Diese Rastflächenformen haben jedoch den Vorteil, daß sie auf Seite der Teilscheibe in jedem Fall spielfrei sitzen.

Zylinderbolzen als Feststeller sind zur Teilscheibe achsparallel anzuordnen (Bild 149). Bei radialem Einbau sind Veränderungen in der Längslage der Teilscheibe zu beachten.

Zylindrische Feststeller, die unmittelbar durch Handkraft betätigt werden, sind drehbar zu halten (Bild 157 ··· 159), denn in fortlaufender oder hin- und hergehender Schraubrichtung sind Zylinder leichter zu bewegen als in geradliniger Richtung.

Flachriegel als Feststeller sind zur Teilscheibenachse vorzugsweise *radial* anzuordnen (Bild 150). Veränderungen in der Längslage der Teilscheibe sind dabei belanglos. Riegel-

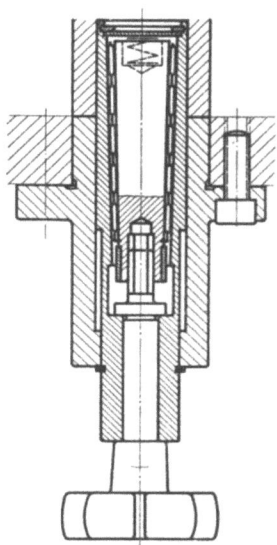

Bild 160. Feststeller mit Stieber-Rollkupplung, verwendet für Teileinrichtung. Durch Drehen des Sterngriffes wird die Teilscheibe mit dem Grundkörper der Vorrichtung spielfrei verbunden.

feststeller sind in der Regel im Vorrichtungs-Grundkörper gelagert, also nicht in der Teilkurbel. Hierdurch und durch den günstigeren Querschnitt sind Riegelfeststeller für schwerere Werkstückträger im allgemeinen geeigneter als zylindrische Feststeller. Flachriegel sind außerdem auch für Genauigkeitsteilungen geeigneter, denn Flachführungen (Bild 168) sind im allgemeinen genauer herstellbar und durch einfachere Mittel nachstellbar als Rundführungen.

Von der keilförmigen Raste für Riegelfeststeller ist eine der beiden *Flächen durch die Mittelebene des Werkstückträgers* gerichtet zu halten (Bild 167 ··· 169). Dadurch sind Raste und Riegelführung bei Fertigung leichter zu prüfen. Diese radiale Fläche ist für die Teilgenauigkeit bestimmend.

Bei spangebender Fertigung sind Feststeller gegen Späne geschützt einzubauen.

Feststeller sind *rückziehbar*

unmittelbar von Hand (Bild 162 u. 163),

mittelbar z. B. durch Exzenter (Bild 164 u. 165), Schwenkkeil (Bild 166),
Hebel (Bild 167 ··· 169) und Zahnstange (Bild 170),
selbsttätig mechanisch (durch Werkzeugmaschine), pneumatisch, hydraulisch oder durch Magnetkraft.

Der *Rückzugweg* von Feststellern ist zu *begrenzen*, damit der Feststeller aus seiner Führung nicht herausgezogen werden kann.

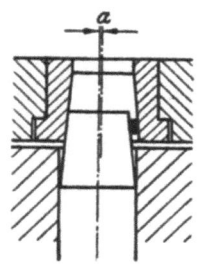
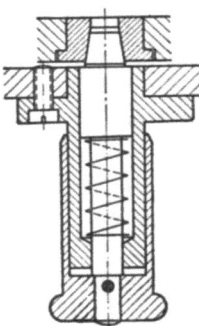
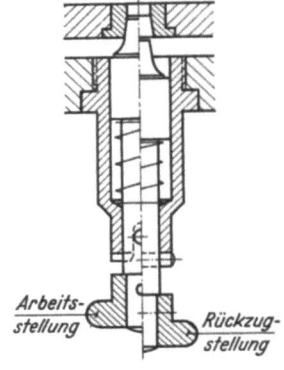

Bild 161. Feststellerkegel mit eingeklemmtem Fremdkörper. Die Teilung wird hierbei um den Betrag a ungenau.

Bild 162. Feststeller mit Griffhülse für Rückzug unmittelbar von Hand.

Bild 163. Feststeller für Rückzug unmittelbar von Hand mit Querstift zum Festlegen in Rückzugstellung.

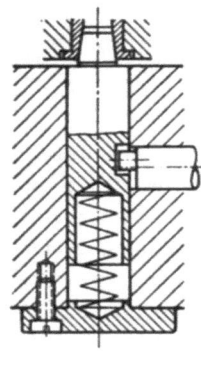
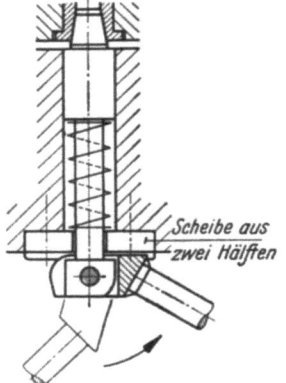
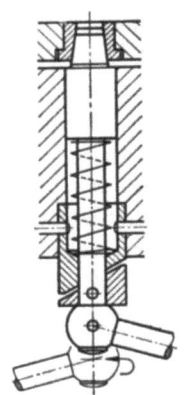

Bild 164. Bild 165. Bild 166.
Bild 164 u. 165. Feststeller mit Rückzug durch Exzenter. In der Rückzugstellung wird der Feststeller durch denselben Exzenter in dessen Totpunktlage festgehalten.

Bild 166. Feststeller mit Rückzug durch Schwenken einer Keilfläche.

Feststeller sind *in der Rückzugstellung festzulegen*, wenn die Hände für das Eingeben des Werkstückes frei sein müssen.

Unter Federwirkung *rasten* Feststeller *selbsttätig* ein und werden in der Raste festgehalten.

3.26 Mehrmaliges Bestimmen bei Teilarbeiten

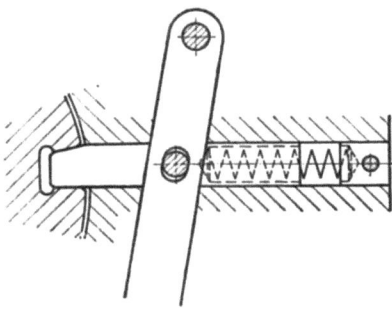

Bild 167. Das Spiel in der Riegelführung ist nicht einstellbar.

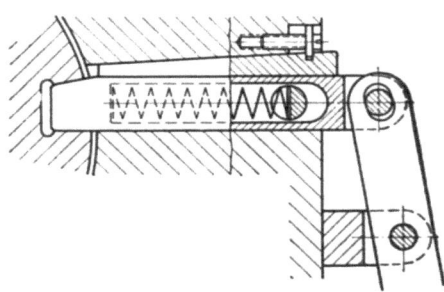

Bild 168. Das Spiel in der Riegelführung ist durch Keil einstellbar.

Bild 167 u. 168. *Flachriegel als Feststeller, mit Rückzug durch Hebel.*

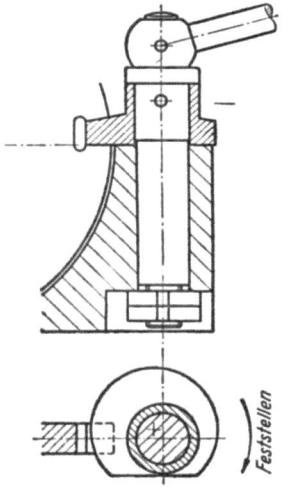

Bild 169. Schwenkriegel als Feststeller. Die schräge Fläche ist eine Schraubenfläche oder, wie im Bilde, eine exzentrisch gelagerte Kegelfläche. Für ein selbsttätiges Einrasten des Feststellers ist gegebenenfalls eine Verdrehungsfeder vorzusehen. Diese Art von Schwenkriegel baut im allgemeinen raumsparender als ein Flachriegel.

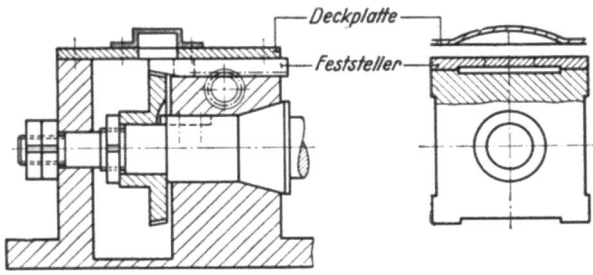

Bild 170. Teilscheibe mit kraftschlüssigem Feststeller. Beim Feststellen wird der Feststellkeil gegen die Deckplatte der Vorrichtung gepreßt und ist dadurch mit dieser kraftschlüssig verbunden. Diese Teileinrichtung ist robust und ermöglicht sehr genaues Teilen. Die Anschaffungskosten liegen verhältnismäßig hoch.

Wenn der Feststeller von Hand einzuführen ist, die *Teilscheibenrasten* aber *nicht sichtbar* sind, ist der Schwenkweg des Werkstückträgers zu begrenzen (Bild 171) oder die Teilstellung z. B. durch federnden Kugelfeststeller ungefähr festzulegen (Bild 172). Dadurch kommt beim Schalten des Werkstückträgers der Feststeller vor die Raste zu liegen und kann danach sofort eingerastet werden.

Die *Handhabung* von Teileinrichtungen kann besonders *erleichtert* werden durch Ausführung von zwei oder mehr Bewegungen durch ein gemeinsames Bedienteil, z. B. entriegeln, schalten und verriegeln (Bild 173) oder entspannen, entriegeln (und nach dem Schalten) verriegeln und spannen (Bild 183 ··· 185).

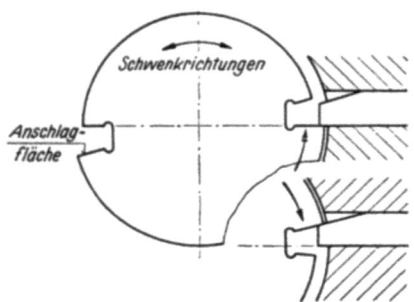

Bild 171. Begrenzung des Teilscheiben-Schwenkweges durch Anschlagflächen. Geeignet bei nur zwei Rasten.

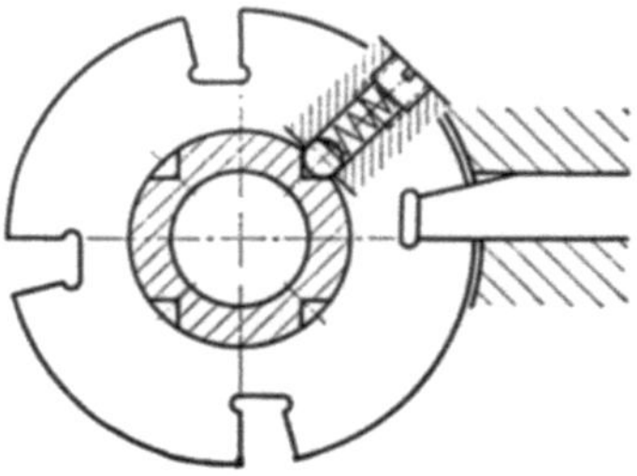

Bild 172. Hilfsteileinrichtung durch Kugelfeststeller.

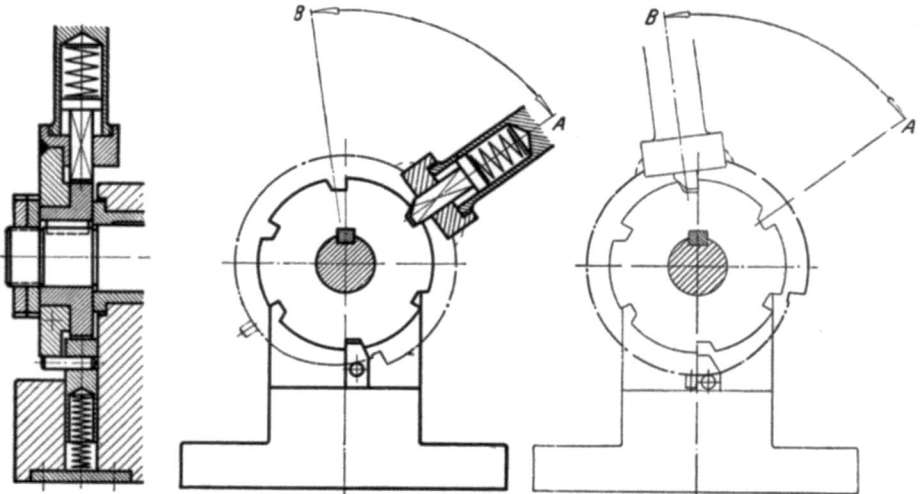

Bild 173. Entriegeln, Schalten und Verriegeln durch *ein* Bedienteil. Beim Schwenken des Hebels in Richtung *B* wird der Feststellriegel durch Kurve aus der Raste geschoben. Beim Schwenken in Richtung *A* werden Teilscheibe und Werkstückträger mitgenommen, bis der Feststellriegel in die nächste Raste einfällt.

Als höchste Gestaltungsstufe kommt *automatisches Teilen* in Betracht, wozu der Antrieb der Teileinrichtung von der Werkzeugmaschine abgeleitet oder Einzelantrieb durch Druckluft, Drucköl oder Elektromotor vorgesehen werden kann.

3.266 Spannen des Schalttisches

Für viele Bearbeitungsfälle genügt die Festlegung des Schalttisches durch den Feststeller. Wenn aber hierbei die Arbeitskräfte nicht mit genügender Sicherheit aufgenommen werden, ist der *Schalttisch mit dem Grundkörper der Vorrichtung zusätzlich kraftschlüssig zu verbinden*. Bei geradlinigem Teilen ist dadurch das Spiel des Schlittens, bei Kreisteilungen das Spiel der Teilspindel aufzuheben oder unwirksam zu machen.

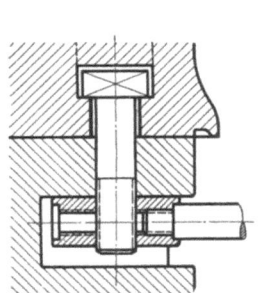
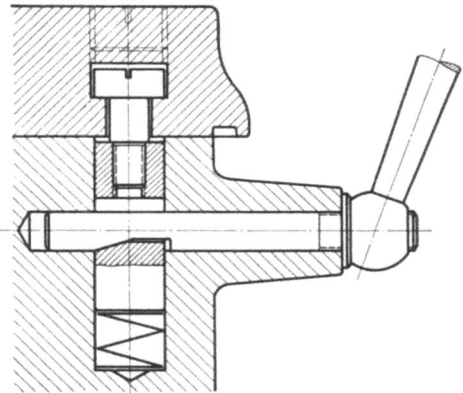

Bild 174. Schraube mit Mutter. Bild 175. Schraube und Bolzen mit Keilfläche.
Bild 174 u. 175. *Spanner für Schalttische.*

Schalttische werden mit dem Vorrichtungskörper in Achsrichtung oder senkrecht zur Achse verspannt.

In *Achsrichtung* wird das Spannteil am Schwenkzapfen (Bild 183 bis 185) oder auf möglichst großem Durchmesser des Werkstückträgers (Bild 174 ··· 176) angeordnet. Beim Spannen am Schwenkzapfen ist nur eine Bedienstelle erforderlich, und die Spannkraft wird gleichmäßig verteilt. Beim Spannen am Rande sind mindestens zwei Spann- und Bedienstellen vorzusehen. Die Verteilung der Spannkraft ist dabei von der Steifigkeit des gespannten Tisches abhängig. Das Lagerspiel zylindrischer Schwenkzapfen wird durch Spannen in Achsrichtung nicht beseitigt. Hingegen bei kegeliger Lagerung (Bild 177) wird das Spiel aufgehoben und der Werkstückträger genau eingemittet.

Senkrecht zur Achse kann die Lage des Schalttisches durch Druckschraube, Längskeil (Bild 178) oder Klemmspannung gesichert werden. Die Schwenkachse wird durch jede dieser Spannungen um das halbe

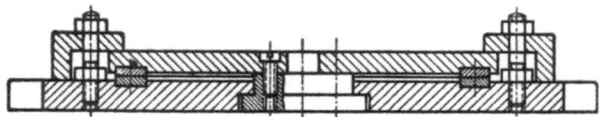

Bild 176. Schwenktisch mit zylindrischem Schwenkzapfen. Der Schwenktisch wird in Achsrichtung gespannt.

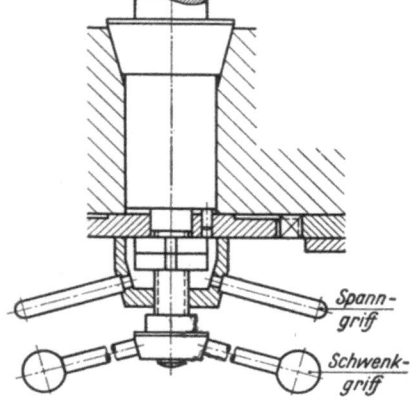

Bild 177. Teileinrichtung mit Teilspindel mit Kegelansatz, die in Achsrichtung festgespannt wird.

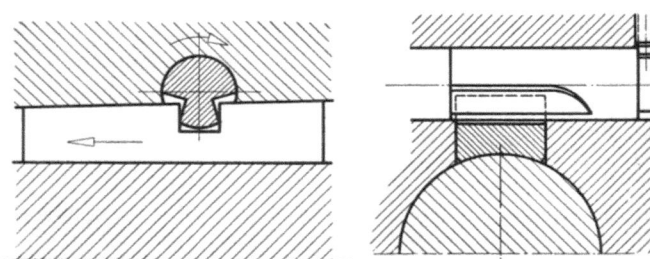

Bild 178. Spannkeil zum Feststellen von Pinolen, Teilkopfspindeln usw.

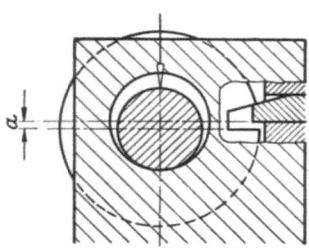 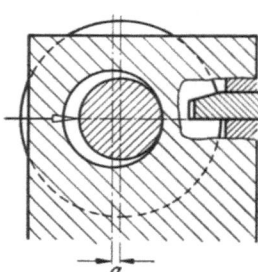

Bild 179. Die Spannkraft ist senkrecht zur Rastfläche gerichtet. Die Teilung wird um den Betrag *a* der Mittenverlagerung ungenau.

Bild 180. Die Spannkraft ist parallel zur Rastfläche gerichtet, der Werkstückträger wird ebenfalls um den Betrag *a* verlagert. Die Teilung bleibt jedoch hierbei von dieser Mittenverlagerung unbeeinflußt.

Bild 179 u. 180. *Auswirkung der durch Querspannen des Schalttisches entstehenden Mittenverlagerung auf die Teilgenauigkeit.*

Lagerspiel einseitig versetzt. Die Haltekraft ist von der Größe des Durchmessers abhängig, auf dem gespannt wird. Mit Druckschraube ist in Teileinrichtungen nur für untergeordnetere Zwecke zu spannen. Sehr viel günstiger ist die Spannwirkung von Klemmspannungen, durch die die Schwenkachse am ganzen Umfang der Spannstelle erfaßt wird.

Bei besonders hohen Anforderungen an Einmittegenauigkeit ist die Ausbildung des Schwenkzapfens als Dehndorn (S. 152) oder als Schrumpffutter (S. 168) zu erwägen.

Einseitige Verlagerung der Teilspindel kommt für die Teilgenauigkeit nicht zur Auswirkung, wenn der *Feststeller in der Ebene der Verlagerung* angesetzt wird (Bild 179 u. 180).

3.267 Nachstellbare Schneckengetriebe

Für genaue Teilzwecke sollen Schneckengetriebe möglichst kleines Flankenspiel haben. Diese Forderung gilt auch für Rundtische, insbesondere zur Erzielung hoher Zerspanungsleistungen oder besonders

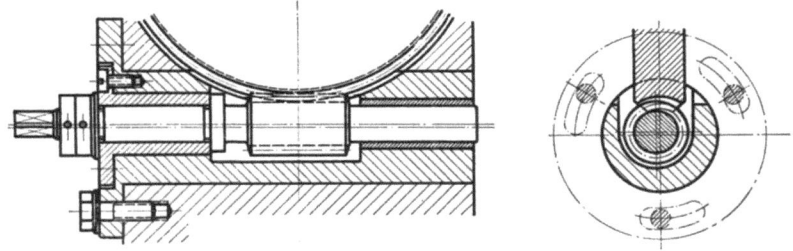

Bild 181. Zum Einstellen des Flankenspieles ist die Schnecke in einer Buchse exzentrisch gelagert. Durch Schwenken dieser Buchse wird der Abstand der Schnecke vom Schneckenrad geändert. In der eingestellten Lage wird die Lagerbuchse durch Schrauben, die durch den Flansch geführt sind, festgehalten.

guter Oberflächen oder für Fräsen im Gleichlauf. Hierfür werden zweckmäßig Schnecke oder Schneckenrad einstellbar gehalten. Dadurch wird bei Fertigung des Getriebes Paßarbeit vermieden und kann Abnutzung ausgeglichen werden.

Für das Einstellen des Flankenspieles sind *Schnecken* geeignet, die in exzentrischer Buchse gelagert sind (Bild 181) oder *deren Profilbreite in Steigungsrichtung stetig zunimmt* (Bild 182).

Schneckenräder sind *durch Teilung in zwei scheibenförmige Hälften* einstellbar. Zum Einstellen des Flankenspieles werden die beiden Schneckenradhälften um ihre Achse gegeneinander verschoben.

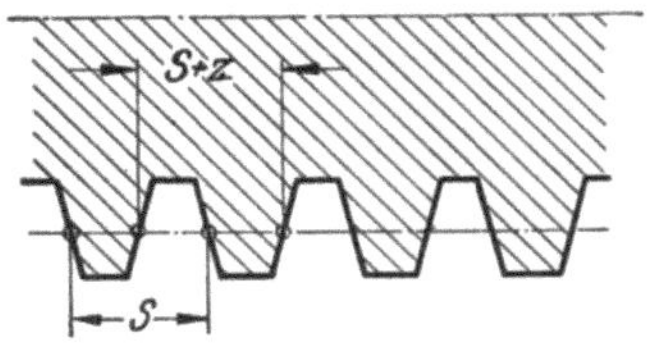

Bild 182. Schnecke mit stetig zunehmender Zahnbreite zum Einstellen des Zahnspieles in Teilgeräten und Rundtischen. Die Steigung der im Bilde linken Zahnflanke $= S$, die Steigung der rechten Flanke $= S + z$. Durch Verlagerung der Schnecke nach links wird das Spiel zwischen Schnecke und Schneckenrad verkleinert.

3.268 Teilvorrichtungen

Bevor mit dem Gestalten einer Sonderteilvorrichtung begonnen wird, ist zu prüfen, ob und in welchem Umfang eine handelsübliche Teilvorrichtung (Bild 183 ⋯ 190) verfügbar oder deren Beschaffung wirtschaftlich ist.

Handelsüblich sind Teilvorrichtungen mit Lochscheibe oder Rastenscheibe zu direktem Teilen, mit Schneckenradgetriebe, Zahnradgetriebe oder Schnecken- und Zahnradgetriebe zu indirektem Teilen oder zu indifferentem Teilen[1].

Für Mengenfertigung soll die Rastenzahl einer Teilscheibe gleich der Anzahl der Teilungen am Werkstück sein, wodurch ausschußverursachende Teilfehler vermieden werden. Bei indirektem Teilen ist für Mengenfertigung anzustreben, daß jede *Teilung durch eine ganze Kurbelumdrehung* durchführbar ist.

Nach Lage der Teilspindel sind Teilvorrichtungen handelsüblich mit waagerechter, senkrechter, von waagerecht bis senkrecht verstellbarer Teilspindel oder mit Aufspannflächen für waagerechte und senkrechte Anordnung. Außerdem sind Teilvorrichtungen handelsüblich, bei denen zwei oder drei Teilspindeln nebeneinanderliegen, die gemeinsam geschaltet werden. Zur Aufnahme des Werkstückes sind Teilvorrichtungen mit waagerechter Spindel mit Teilstock und Spitzen, außerdem mit Spannzange oder Spannfutter ausgerüstet.

Für *Mengenfertigung scheidet* die Verwendung handelsüblicher Teilvorrichtungen in folgenden Fällen *aus*:

Das Werkstück ist für die Aufnahme in der Teilvorrichtung ungeeignet,

die mögliche Zerspanungsleistung liegt untragbar niedrig,

mit einer Sonderteilvorrichtung sind erheblich kürzere Bedienzeiten erreichbar,

für das Werkzeug, z. B. einen Scheibenfräser, reicht der verfügbare Auslaufweg nicht aus,

das Werkzeug, z. B. ein Schaftfräser, wird zu lang und damit zu nachgiebig,

in dem betreffenden Betrieb stehen nicht genügend viele Teilvorrichtungen zur Verfügung oder können nicht rechtzeitig beschafft werden.

---

[1] POCKRANDT, W.: Teilkopfarbeiten, 4. Aufl., Werkstattbücher, H. 6, Berlin/Göttingen/Heidelberg: Springer 1949.

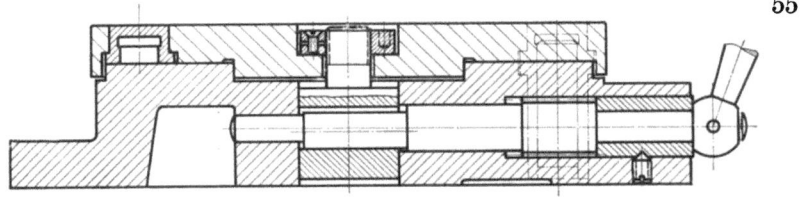

Bild 183. Teilgerät mit Spannung durch Exzenter unter gleichzeitiger Betätigung eines zylindrischen Feststellers.

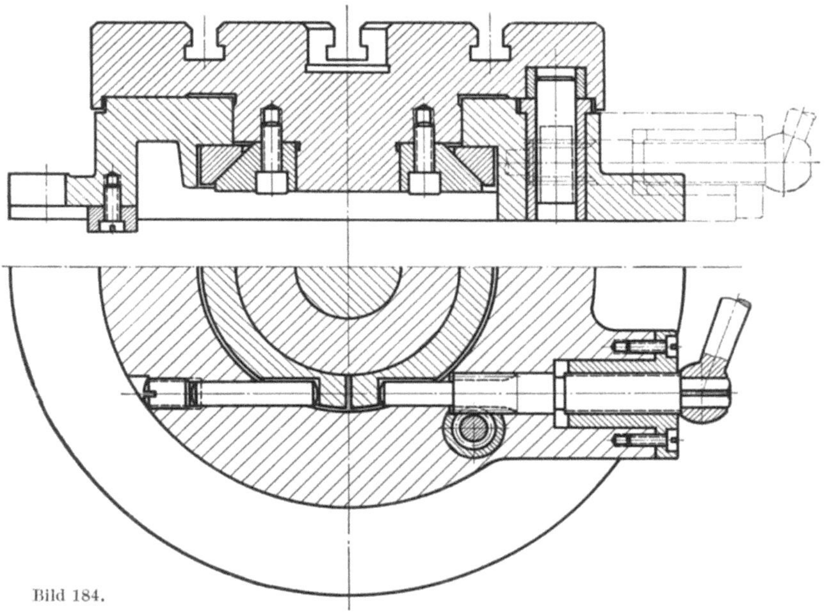

Bild 184.

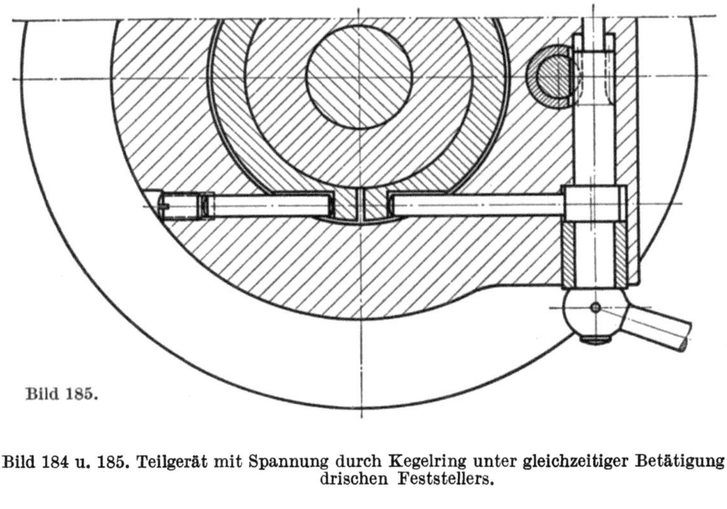

Bild 185.

Bild 184 u. 185. Teilgerät mit Spannung durch Kegelring unter gleichzeitiger Betätigung eines zylindrischen Feststellers.

Bild 186. Teilgerät mit senkrechter Teilspindel. Handelsüblich mit 120/180/270 und 350 mm Tischdurchmesser.

Bild 187. Teilgerät mit waagerechter Teilspindel, handbetätigt, vorzugsweise verwendet zur Aufnahme von Bohrvorrichtungen. Handelsüblich als „Wendespanner" mit 180/250/355/500 und 700 mm Planscheibendurchmesser. Beziehbar auch mit elektromotorischem Antrieb für selbsttätiges Teilen.

Bild 186 u. 187. *Teilgeräte für unmittelbares Teilen mittels Teilscheibe oder nach Einstellskala. Feststellen und Spannen des Schalttisches durch nur einen Betätigungsgriff. In Arbeitsstellung ist der Schalttisch mit dem Grundkörper des Teilgerätes durch Kegelpaarung an möglichst großem Durchmesser kraftschlüssig verbunden.*

Bild 188. Teilgerät für selbsttätiges Teilen mittels pneumatischem oder hydraulischem Antrieb, mit Planverzahnung für das Teilen, Feststellen und Spannen des Schalttisches.

3.26 Mehrmaliges Bestimmen bei Teilarbeiten

Bild 189. Teilgerät mit elektromotorischem Antrieb. Anbaumöglichkeiten für den Motor von (im Bilde) rechts, links oder unten. Handelsüblich mit 150 mm Schalttischdurchmesser, für 4er bis 16er Teilungen.

Bild 190. Teilgerät mit pneumatischem oder hydraulischem Antrieb, mit regelbarer Schaltgeschwindigkeit. Handelsüblich mit Schalttischdurchmesser 150/300/450.
Bild 188 ··· 190. *Teilgeräte für selbsttätiges Teilen.*

3.269 Rundtische

Rundtische dienen vorzugsweise für die Fertigung kreisrunder Flächen durch Stoßen oder Fräsen. Es handelt sich dabei um Flächen, aus denen ein Teil hervorragt, der ein fortlaufendes Rundbearbeiten durch Drehen oder Schleifen ausschließt. Außerdem kann Rundfräsen dem Drehen wegen größerer Zerspanungsleistung vorgezogen werden, was insbesondere bei Verwendung von Satzfräsern zutrifft. (Stetiges Bearbeiten S. 364).

Rundtische (Bild 191 u. 192) gleichen im Aufbau den Teilvorrichtungen, unter Wegfall der Teilscheibe. Zur Begrenzung der Rundbewegung werden Anschläge verwendet. Durch die Rundführung des Tisches liegen bei radial unverändertem Abstand des Werkzeuges die Bearbeitungsflächen genau zur Schwenkmitte.

Rundtische werden angetrieben

von Hand unmittelbar,
von Hand durch Schneckengetriebe oder Schraubenradgetriebe,
durch Riemen oder Kette von Werkzeugmaschine oder Vorgelege,
durch angebauten Elektromotor.

Die minutliche *Drehzahl* von Rundtischen ist aus der Vorschubgeschwindigkeit abzuleiten. Schwenken des Werkstückträgers unmittelbar von Hand ist nur bei kleineren Arbeitskräften und bei geringeren Ansprüchen

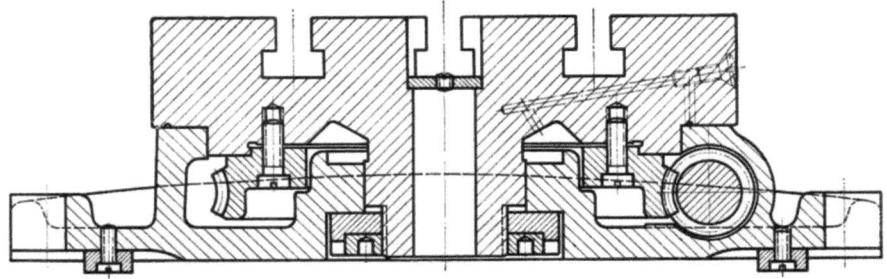

Bild 191. Rundtisch mit Antrieb durch Schnecke und Schneckenrad.

Bild 192. Um 90° schwenkbarer Rundtisch, mit Korrektureinrichtung. Die Teilgenauigkeit für den Rundtisch beträgt ± 10 Sekunden, die Ablesegenauigkeit 1 ··· 2 Sekunden. Die Teilgenauigkeit für die Schwenkwinkel beträgt ± 20 Sekunden, die Ablesegenauigkeit 30 Sekunden. Dieser Rundtisch ist in sechs Größen mit Tischdurchmessern von 250 ··· 800 mm lieferbar.

an die Rundheit der Bearbeitungsfläche verwendbar. Durch ungleichmäßigen Vorschub können Werkzeuge gefährdet werden.

Bei kleinem Schneckenraddurchmesser ist auf ausreichende *Selbsthemmung* des Schneckengetriebes zu achten. Vor allem für größere Arbeitskräfte ist eine möglichst geringe Bauhöhe von der Auflagefläche des Grundkörpers und noch mehr von der Gleitfläche des Tisches bis zur Bearbeitungsfläche anzustreben.

Die *Rundbewegung* ist zu *begrenzen*

bei Antrieb von Hand durch feste oder rückziehbare Anschläge,
bei maschinellem Antrieb durch mechanische oder elektrische Abschaltung des Antriebes.

Für mechanische Abschaltung kommen in der Hauptsache Klauenkupplung oder Fallschnecke, für elektrische Abschaltung Endschalter in Betracht.

Sowohl feste Anschläge wie die zum Betätigen eines Schaltteiles dienenden Anschläge sind möglichst einstellbar zu machen. Dadurch wird Anpaßarbeit erspart.

Nach *beendeter Rundbearbeitung* muß der Rundtisch rasch in die Anfangsstellung *zurückgeführt* werden können, entweder durch Bewegen in Fortsetzung der Vorschubrichtung oder entgegen der Vorschubrichtung. Aus der Art des Tischantriebes und dem Anteil des Bearbeitungsabschnittes an einer 360°-Schwenkung ergeben sich etwa folgende Verfahren:

Bei unmittelbarem Handvorschub wird der Tisch entgegen der Vorschubrichtung von Hand in die Ausgangsstellung zurückgeführt. Die Tischwege werden durch feste Anschläge begrenzt.

Bei Antrieb *von Hand über Schneckengetriebe*:

α) Der rundbearbeitete Teil umschließt einen kleineren Zentriwinkel. Der Rundtisch wird entgegen der Vorschubrichtung in die Ausgangsstellung zurückgekurbelt. Die Rückholgeschwindigkeit ist gegebenenfalls durch Vorschalten eines Rädergetriebes im Verhältnis von 1:2 oder 1:3 zu erhöhen. Die Anschläge für die Wegbegrenzung sind fest.

β) Der rundbearbeitete Teil umschließt einen größeren Zentriwinkel. Der Tisch wird in Richtung des Vorschubes in die Ausgangsstellung gekurbelt. Die Tischgeschwindigkeit ist gegebenenfalls durch Vorschalten eines Rädergetriebes zu erhöhen. Die Anschläge für Ausgangs- und Endstellung sind rückziehbar zu halten.

γ) Der rundbearbeitete Teil umschließt einen etwa gleich großen Zentriwinkel wie der unbearbeitete Teil. Dadurch ist je nach Übersetzung des Schneckengetriebes eine größere Anzahl Kurbelumdrehungen erforderlich, um die Ausgangsstellung zu erreichen. Wenn dieses Kurbeln zu zeitraubend ist oder den Bedienenden vorzeitig ermüdet, ist die Schnecke außer Eingriff zu bringen und danach der Rundtisch unmittelbar von Hand in die Ausgangsstellung zurückzuschwenken. Die Anschläge für die Wegbegrenzung sind fest.

Bei *maschinellem* Antrieb über Schneckengetriebe ist die Vorschubbewegung selbsttätig abzuschalten und danach der Rundtisch wie folgt in die Ausgangsstellung zu bringen.

α) Der Rundtisch kann in die Ausgangsstellung von Hand unmittelbar geschwenkt oder gekurbelt werden, wie für Handantrieb unter Fall α bis γ angeführt. Für unmittelbares Schwenken ist die Schnecke außer Eingriff zu bringen. Für Kurbeln genügt Entkuppeln des Vorschubantriebes oder Stillsetzen durch elektrischen Endschalter.

β) Der Rundtisch wird durch Antrieb von Werkzeugmaschine oder Motor in die Ausgangsstellung geführt. Für größere Leerwege ist Eilgang vorzusehen. Der Geschwindigkeitswechsel kann von Hand, selbsttätig mechanisch oder selbsttätig mechanisch-elektrisch geschaltet werden.

Sämtliche Getriebeteile sind *gegen Späne* sorgfältig *geschützt* einzubauen.

Die *Anschaffungskosten* für Rundtische sind verhältnismäßig hoch. Für den Einsatz handelsüblicher Rundtische gilt sinngemäß das gleiche, wie für handelsübliche Teilvorrichtungen angegeben.

3.3 Stützen des Werkstückes

Falls von einem bestimmten und gespannten Werkstück ein Teil unter der Arbeitskraft nachgeben würde, ist dieser Teil zu stützen.

Die Stützkraft muß mindestens so groß sein wie die ihr entgegenwirkende Arbeitskraft. Die Stützkraft muß aber in solchen Grenzen liegen, daß der zu stützende Werkstückteil nicht abgebogen oder durchgebogen wird.

Zum Stützen dienen Bolzen, Schraube, Keil, Exzenter und Spirale, die an die zu stützende Fläche angestellt und in der angestellten Lage gesichert werden.

Beim Anstellen von festen Teilen ist die Anstellkraft dem Ermessen des Bedienenden überlassen, z. B. bei Bolzen und Schrauben nach Bild 193 ··· 195. Für abzustützende Teile von geringem Widerstand

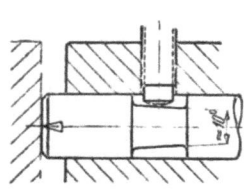

Bild 193. Der Stützbolzen wird unmittelbar von Hand angestellt und durch Druckschraube gesichert. Die Klemmfläche am Bolzen ist kegelig ausgebildet, um die Haltewirkung zu vergrößern.

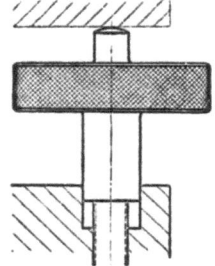

Bild 194. Stützschraube, unmittelbar am Werkstück unter Drehbewegung angreifend.

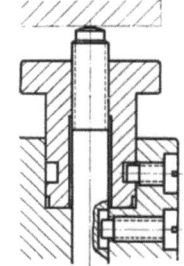

Bild 195. Stützschraube mit Geradführung, durch Mutter verstellbar.

gegen Biegen ist die Anstellkraft vom Bedienenden unabhängig und für dieselben Werkstücke gleich groß zu halten. Hierzu dienen z. B. Federn (Bild 196 ⋯ 200), Druckluft oder Drucköl.

Außer durch direktes Stützen kann ein Werkstückteil auch durch seitliches Spannen gestützt werden (Bild 201 u. 1248).

Nach dem Ausspannen eines gestützten Werkstückes muß auch die Spannung für das Stützteil gelöst werden. Starre Stützteile sind so weit zurückzuführen, daß das nächste Werkstück unbeeinflußt vom Stütz-

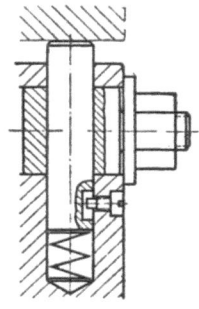 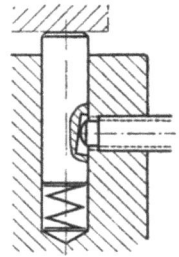

Bild 196. Feststellung des Stützbolzens durch Spannkloben.

Bild 197. Feststellung des Stützbolzens durch Druckschraube.

Bild 196 u. 197. *Stützbolzen, durch Federdruck angestellt. Der Bolzen wird beim Einlegen des Werkstückes zurückgedrückt und danach festgeklemmt.*

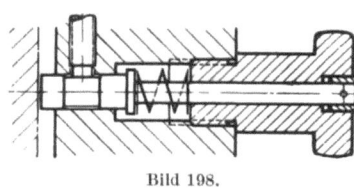 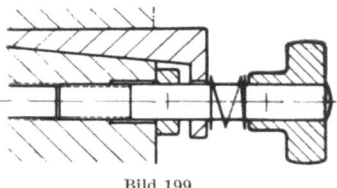

Bild 198. Bild 199.

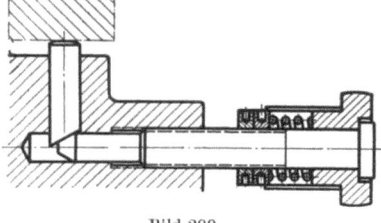

Bild 200.

Bild 198 ⋯ 200. Stützteile, durch Schraube über Feder angestellt. Der Weg der Anstellschraube ist begrenzt und damit der Anstelldruck vom Bedienenden unabhängig. Beim Zurückdrehen der Schraube wird das Stützteil vom Werkstück zwangsläufig abgehoben.

teil bestimmt werden kann. Wenn das Zurückführen des Stützteiles übersehen wird, besteht die Gefahr, daß das nächste Werkstück fehlerhaft bestimmt wird. Erforderlichenfalls ist anzustreben, daß Stützteile abhängig von einem anderen, bei jedem Werkstückwechsel zwangsläufig bedienten Teil gesteuert werden. Eine solche Steuerung ist verhältnismäßig einfach bei hydraulischen oder pneumatischen Spannern.

Das Stützen von umlaufenden Werkstücken durch Reitstock oder Setzstock ist unter Drehvorrichtungen angeführt.

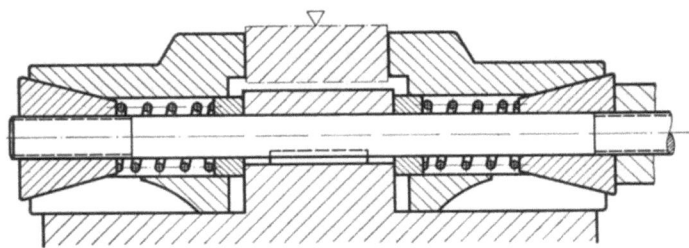

Bild 201. Sogenannte Ausgleichspannung zum Stützen eines bereits bestimmten und gespannten Werkstückes. Der zu stützende Teil wird seitlich gespannt. Die zylindrisch oder durch Prisma geführten Spannbacken sind geschlitzt, werden durch Kegel gespreizt und dadurch mit dem Vorrichtungskörper kraftschlüssig verbunden.

3.4 Spannen des Werkstückes

3.41 Allgemeines

Das Spannen ist eine Frage der Kraft. Durch das Spannen wird das Werkstück mit Vorrichtung und Werkzeugmaschine verbunden und gegenüber der Arbeitskraft festgehalten.

Für manche Bearbeitungsfälle genügt zum Aufnehmen der Arbeitskraft die bloße *Mitnahme* des Werkstückes, z. B. beim Drehen zwischen Spitzen oder bei formschlüssiger Aufnahme (Bild 202). In anderen Fällen ist das Werkstück zwar *gespannt*, der ganze Spannsatz *jedoch gegenüber der Maschine nur formschlüssig* festgelegt (Bild 203). Zu solchen Fällen gehören unter anderem das Spannen durch Spannzangen nach Bild 595, Zweibackenfutter mit Schraube, Dreibackenfutter mit Spirale. Nach Bild 204 ist das Werkstück mit Vorrichtung und mit Maschine *kraftschlüssig* verbunden. Kraftschlüssiger Verbindung entsprechen auch eingepreßte Kegel sowie alle Verbindungen von zylindrischen oder parallelen Teilen durch einen Ruhesitz.

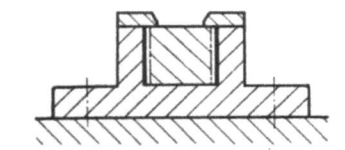

Bild 202. Das Werkstück ist formschlüssig aufgenommen.

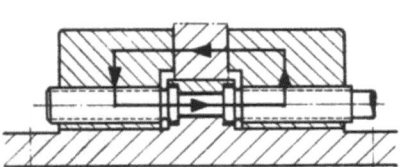

Bild 203. Das Werkstück ist gespannt, der ganze Spannsatz samt Werkstück im Grundkörper der Vorrichtung jedoch nur formschlüssig aufgenommen. Die Genauigkeit des Bestimmens ist hierbei vom Längsspiel der Gewindespindel um ihre Lagerstelle abhängig.

An das Spannen werden folgende allgemeine *Forderungen* gestellt:
Sicheres Spannen,
wenig Spannstellen,
geringer Kraftbedarf,
kurze Spann- und Bedienwege.
Besondere Forderungen an das Spannen sind:
Spannen bei umlaufendem Werkstück,
Spannen bei umlaufendem Werkzeug,
mit der Arbeitskraft zunehmende Spannkraft.

Sicher spannen heißt, daß das Werkstück unter der Arbeitskraft weder aus der Vorrichtung gelöst werden, noch daß es in unzulässige Schwingungen geraten darf. Sicheres Spannen ist Voraussetzung für hohe Zerspanungsleistung, hohe Maßgenauigkeit und Oberflächengüte, außerdem weitgehende Schonung von Werkzeug, Werkzeugspanner und Maschine.

Durch geringe Anzahl der Bedienstellen, kurze Bedien- und Spannwege sind Spannzeiten niedrig zu halten und die Kräfte des Bedienenden möglichst zu schonen.

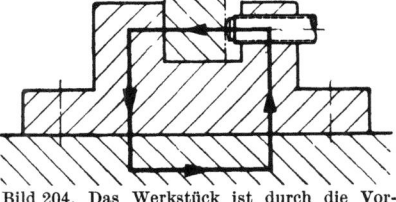

Bild 204. Das Werkstück ist durch die Vorrichtung mit dem Maschinentisch kraftschlüssig verbunden.

3.42 Starres und elastisches Spannen

Im weitesten Sinne ist jedes Spannen elastisch, denn jeder Körper federt. Im engeren, hier in Betracht kommenden Sinne, wird vorzugsweise durch Feder, Saugluft, Druckluft, Drucköl oder Magnetkraft elastisch gespannt.

Das *starre Spannen* ist dadurch gekennzeichnet, daß der Spannteil im gespannten Zustand mit dem Vorrichtungskörper ein starres Ganzes darstellt und unter der Arbeitskraft nicht nachgeben kann, abgesehen von dem Betrag der Körperfederung. Diese starre Lagerung des Spannteiles hat jedoch zur Folge, daß die Spannkraft eine Änderung erfährt, sobald das Spannmaß verändert wird (Bild 205 u. 206). Das Spannmaß kann am gespannten Werkstück eine Änderung dadurch erfahren, daß das Werkstück durch die Arbeitskraft unter dem Spannteil verschoben oder die Spannfläche eingedrückt wird.

Beim *elastischen Spanner* ist die Spannkraft während der ganzen Spanndauer wirksam. Das Werkstück wird während des ganzen Bearbeitungsvorganges mit gleich großer Kraft festgehalten, auch dann, wenn während der Bearbeitung seine Lage geändert wird oder seine Oberfläche nachgibt (Bild 207 u. 208). Die Spannkraft bleibt ohne Rücksicht auf die Größe des Spannmaßes unverändert. Deshalb genügt beim elastischen Spannen eine geringere Spannkraft als beim starren Spannen. Beim starren Spannen wird mit erheblich größerer Kraft gespannt, als für die Aufnahme der Arbeitskraft erforderlich wäre, um gegen Lösen

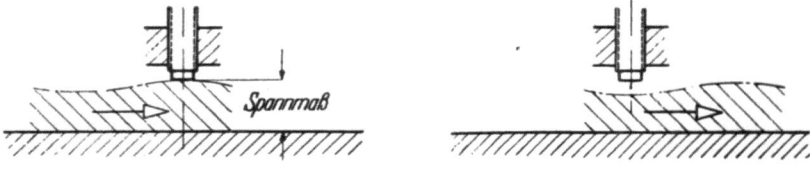

Bild 205. Das Spannteil liegt auf einem erhöhten Teil des Werkstückes.

Bild 206. Das Werkstück ist verschoben. Das Spannteil liegt über einem vertieften Teil des Werkstückes. Die Spannung ist gelöst.

Bild 205 u. 206. *Starres Spannen.*

der Spannung möglichst gesichert zu sein. Dadurch werden beim starren Spannen die zur Aufnahme der Spannkraft dienenden Teile stärker beansprucht als beim elastischen Spannen.

Durch elastisches Spannen ist außerdem für Längenänderungen ein selbsttätiger Ausgleich gegeben. Längenänderungen können an Werkstück und Maschine vor allem durch Wärmewirkung eintreten.

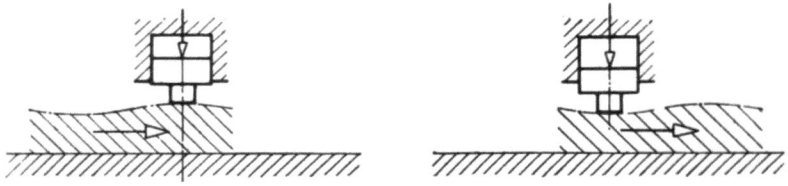

Bild 207. Das Spannteil liegt auf einem erhöhten Teil des Werkstückes.

Bild 208. Das Werkstück ist verschoben. Das Spannteil folgt der Vertiefung unter gleichbleibender Spannkraft.

Bild 207 u. 208. *Elastisches Spannen.*

Bei elastischem Spannen kann die Spannkraft dem jeweils erforderlichen Spannzweck angepaßt werden. Durch Beschränkung auf die zum Festhalten erforderliche Mindestspannkraft kann das Verspannen dünner Wandungen oder die Beschädigung empfindlicher Oberflächen vermieden werden. Bei eingestellter Spannkraft ist die ausübbare Kraft unabhängig vom Bedienenden.

Für Werkstücke, deren Steifigkeit während des Bearbeitens vermindert wird, ist die Spannkraft elastischer Spanner nicht größer zu halten, als für den geschwächten Querschnitt zulässig ist. Andernfalls würde das Werkstück durch die gleich groß bleibende Kraft verspannt werden. Bei starrem Spannen sinkt die Spannkraft mit abnehmender Steifigkeit des Werkstückes ab.

3.43 Spannkräfte

3.431 Spannen durch Muskelkraft

In den meisten Fällen wird noch durch Muskelkraft gespannt, denn hierbei bedarf der Kraftträger, also der die Vorrichtung bedienende Mensch, keiner besonderen Anlage, kann an jeder Maschine zur Verfügung stehen, kann jede (vernünftig angebrachte) Spannstelle erfassen und Spannkräfte zwischen z. B. 0,1 kp und (bei geringer Spannhäufigkeit) bis etwa 50 kp ausüben. Außerdem sind dabei verhältnismäßig einfache Spannmittel wie Keil, Exzenter oder Schraube verwendbar.

Die Eignung der Muskelkraft nimmt jedoch ab mit der Größe der geforderten Spannkraft, der Häufigkeit des Spannvorganges je Zeiteinheit, der erforderlichen Geschwindigkeit des Spannens und Lösens sowie der Anzahl der Spannstellen.

3.432 Kraftbetätigtes Spannen

Jedes Spannen ist kraftbetätigt, auch das durch Muskelkraft. Diese aber ist ausgeklammert, wenn nach üblichem Sprachgebrauch von „kraftbetätigt" die Rede ist.

In den danach im engeren Sinne als kraftbetätigt bezeichneten Vorrichtungen wird gespannt durch

Schwerkraft,
Fliehkraft,
Saugkraft,
Druckkraft (Federn, Luft oder Öl als Energieträger),
elektromotorische Kraft,
Magnetkraft.

Durch *Kraftbetätigung* sind größere *Spannkräfte* ausübbar. Zugleich wird der Bedienende von körperlicher Anstrengung entlastet. Sein Arbeitsaufwand für das Spannen und Entspannen beschränkt sich auf das Betätigen von Steuerteilen und entfällt bei Vollautomatisierung vollständig. Ermüdung wird wesentlich herabgesetzt. Für das Messen und Prüfen verbleiben ihm ruhigere Hand und damit größere Sicherheit. Die Möglichkeit für den Einsatz von weiblichen Arbeitskräften wird erweitert.

Die Spannzeiten sind kürzer und betragen vielleicht etwa nur 25% gegenüber der jeweiligen Handspannzeit durch

Wegfall eines Spannschlüssels,
rasches Bewegen des Spannteiles,
gleichzeitiges Spannen an mehreren Stellen,
Unabhängigkeit der Lage des Bedienteiles von der Lage der Spannstelle,

Freibleiben einer Hand oder bei Fußbedienung beider Hände für die Werkstückhandhabung,
gegebenenfalls Spannen ohne Anhalten der Werkzeugmaschine.

Die *Spannkraft* kraftbetätigter Vorrichtungen ist einstellbar, im übrigen unabhängig vom Bedienenden und leicht überprüfbar. Insbesondere Feder, Druckluft oder Drucköl spannen elastisch.

Die *Anschaffungskosten* für kraftbetätigte Vorrichtungen können verhältnismäßig niedrig liegen, denn es handelt sich weitgehend um Bauteile, die von Sonderfirmen in größeren Stückzahlen gefertigt werden und die außerdem nach Ausschlachtung einer Vorrichtung wieder anderweitig verwendbar sind.

Die *Lieferzeit* für kraftbetätigte Vorrichtungen kann günstig beeinflußt werden durch Einsparung an Konstruktionszeit und durch Lieferung der benötigten Bauteile ab Lager.

Für die *Wirtschaftlichkeitsrechnung* müssen natürlich außer den Anschaffungskosten für die kraftbetätigte Vorrichtung auch die laufenden Energiekosten einschließlich der Abschreibung für den Energieerzeuger berücksichtigt werden.

Kraftspanner sollen mit der Vorrichtung möglichst nicht fest, sondern lösbar verbunden sein, damit eine für Kraftbetätigung vorgesehene Vorrichtung wahlweise z. B. mit einem Druckluft-, Drucköl- oder Elektrospanner gekuppelt werden kann. Durch Verwendung eines Spanners für mehrere Vorrichtungen können kraftbetätigte Vorrichtungen bereits bei kleineren Werkstückzahlen wirtschaftlich sein. Vom Spanner getrennte, kraftbetätigte Vorrichtungen sind einfacher im Aufbau als für denselben Spannzweck erstellte handbetätigte Vorrichtungen.

Kraftbetätigung (durch Druckluft oder Drucköl) wird gegebenenfalls auch ausschließlich zum *Entspannen* angesetzt um die Spannwirkung von Federn aufzuheben (Bild 503).

Kraftbetätigtes Spannen ist um so wichtiger, je größer der Anteil der Spannzeit an der Stückzahl ist und je häufiger je Zeiteinheit gespannt werden muß.

Für halb- und für vollautomatischen Fertigungsablauf kommt kraftbetätigtes Spannen vorzugsweise in Betracht.

Unfallverhütungsvorschriften für kraftbetätigte Spannvorrichtungen sind folgende.

Bedienteile müssen so gestaltet oder angeordnet sein, daß ein unbeabsichtigtes Betätigen vermieden wird.

Wenn mit der Werkstückhandhabung Unfallgefahr verbunden ist, sind zu deren Vermeidung entsprechende Vorkehrungen zu treffen.

3.43 Spannkräfte

Falls bei umlaufendem Werkstück die Gefahr besteht, daß dieses aus der Vorrichtung herausfliegen kann,

muß der Spannvorgang beendet sein, bevor die Arbeitsspindel eingerückt wird,

muß die Werkstückspannung erhalten bleiben, falls die Antriebskraft für das Spannen ausbleibt,

müssen Arbeitsspindel bzw. Vorschubbewegung für das Entspannen des Werkstückes zwangsläufig stillgesetzt werden.

3.4321 Spannen durch Schwerkraft. In Sonderfällen genügt das Eigengewicht des Werkstückes oder dessen Eigengewicht zuzüglich einem Spanngewicht, um der auftretenden Arbeitskraft ausreichenden Widerstand entgegenzusetzen.

3.4322 Spannen durch Fliehkraft. Fliehkraftspanner kommen in Betracht, wenn das Werkstück mit hoher Drehzahl umläuft und nur geringere Spannkraft erforderlich ist, z. B. bei leichteren Dreharbeiten unter Verwendung von Hartmetall- oder Diamantwerkzeugen.

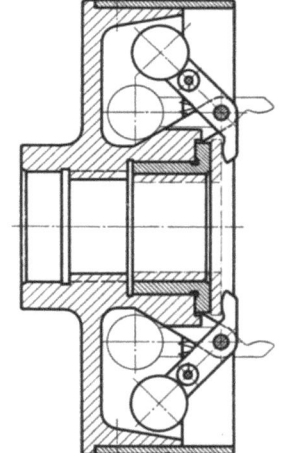

Die Spannhebel von Fliehkraftspannern können unmittelbar (Bild 209) oder durch Übertragteile auf das Werkstück wirken. So können auch Spannzangen durch Fliehkraft betätigt werden, vor allem aber hydraulische Spanner, denn für diese ist nur geringe Spannkraft erforderlich, und die Spannkraft übertragenden Teile können nach jeder Richtung angesetzt werden.

3.4323 Spannen durch Federkraft. Federspanner können unter anderen in folgenden Fällen in Betracht kommen.

Elastisches Spannen ist erforderlich, Druckluft z. B. scheidet aber aus irgendwelchen Gründen aus.

Es soll von Hand elastisch gespannt werden, die Größe der Spannkraft jedoch unabhängig von dem Bedienenden sein (Bild 352).

Bild 209. Fliehkraftspanner. Nach dem Einschalten der Arbeitsspindel werden die Fliehkraftgewichte nach auswärts bewegt, dadurch die Spannhebel geschwenkt und das Werkstück gespannt. Beim Stillsetzen der Maschine werden die Spannhebel durch Federkraft in ihre Ausgangsstellung zurückgezogen.

Aus Sicherheitsgründen soll durch Federkraft gespannt, jedoch durch Druckluft, Drucköl oder Magnetkraft entspannt werden (Bild 503).

Die Baulänge von Federspannern fällt bei Verwendung von Tellerfedern erheblich kürzer aus als bei gleich starken Schraubenfedern.

3.4324 Spannen durch Saugluft. Saugluft- oder Vakuumspanner (Bild 210) eignen sich für Werkstücke mit vorzugsweise ebener Auflagefläche. Sie kommen insbesondere für Werkstücke aus nicht magnetischem Werkstoff wie Leichtmetall, Holz oder Kunststoff in Betracht, die nicht durch Magnetkraft gespannt werden können. Da hierbei keine Spannteile

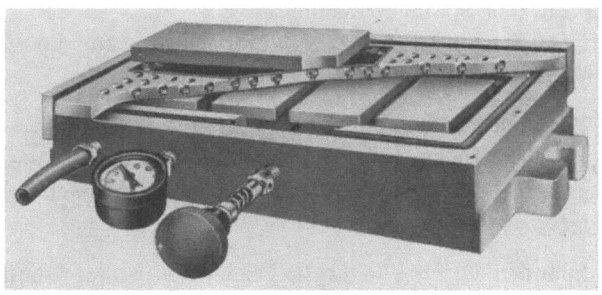

Bild 210. Dunham-Vakuumspanner. Haltekraft regulierbar, maximal etwa 0,4 kp/cm². Mit Vakuumanzeiger und mit Drückventil zum Entspannen. Geeignet für Werkstücke ab 13 cm². Handelsüblich mit Aufspannflächen von 150 × 300/150 × 450/200 × 500/200 × 600 mm.

über das Werkstück greifen, ist die durchgehende Bearbeitung von Flächen möglich, wird das Werkstück nicht verspannt und bleibt die Werkstückoberfläche verschont. Als Kraftquelle ist eine Vakuumpumpe erforderlich.

3.4325 Spannen durch Druckluft. Von den kraftbetätigten Spannern werden für Vorrichtungen die durch Druckluft betätigten Spanner mit Abstand am häufigsten verwendet, denn Druckluft ist für das Spannen wie für das Bewegen von Werkstücken gut geeignet (Tafel 2 und 3).

Tafel 2. *Bewertung für Druckluft-, Drucköl-, Elektrospanner*

	Spannkraftgröße	Nachspannwirkung	Spannkraftregulierung	Spannzeit	Betriebssicherheit	Unfallsicherheit	Energiekosten	Anschaffungskosten	Gesamtbewertung
Druckluftspanner	2	2	2	2	2	2	1	2	15
Druckölspanner	2	2	2	1	1	1	1	1	11
Elektrospanner	2	1	0	1	1	2	2	1	10

2 = günstig   1 = ausreichend   0 = ungünstig

Nach H. BLÄTTRY. Forkardt-Mitteilungen D 328-20.

3.43 Spannkräfte

Tafel 3. *Druckluft- und Druckölbetätigung für Vorrichtungen*
Gegenüberstellung von Werten und Eigenheiten

	Druckluft	Drucköl
Energieerzeugung	In der Regel zentral für Leitungsnetz	Einzelerzeuger, evtl. für W.-Maschine vorhanden
Einzeleinsatz (Nachtarbeit)	Ungünstig, wenn Druckerzeugung zentral	Günstig, weil Einzel-Druckerzeugung
Energieträger-Verbrauch	Stetig	Nominell keiner, nur durch Leckverluste
Betriebsdruck	Normal 6 kp/cm²	6 ··· 30 kp/cm²
Verhältnis der Zylinder-Durchmesser	1 (als Bezugsgröße)	100% bzw. 20% des Druckluftzylinder-Durchmessers
Kolbenkraft	0 ··· 3000 kp/cm²	0 ··· 6000 kp/cm²
Kolbenhub	25 ··· 2000 mm	25 ··· 1000 mm
Kolbengeschwindigkeit	0,3 m/min minimal 40 m/min i. Mittel 150 m/min maximal	30 m/min maximal
Steuerbarkeit des Kolbens	Reagiert auf Steuerimpulse schnell	Reagiert auf Steuerimpulse langsamer
Schubschwingungen	Bei wechselndem Arbeitswiderstand	Höchstens bei sehr stark wechselndem Arbeitswiderstand
Schwingungsdämpfung	Gering	Gut
Elastisches Spannen	In besonderem Maße	In geringerem Maße
Schmierung	Durch Wartungsgerät	Aus dem Druckölumlauf
Alterung des Energieträgers	Keine, da die Abluft in das Freie geht	Altert, danach Drucköl-Erneuerung
Verschmutzung durch Lecken	Keine	Bei Undichtigkeiten in der Leitung
Brennbarkeit	Keine	Ist brennbar
Explosionsgefahr	Keine	Ist vorhanden
Lärmbelästigung	Zunehmend mit Kolbengeschwindigkeit, abnehmend mit Schalldämpfung	Keine

Fortsetzung S. 70

70 3 Vorrichtung und Werkstück

Tafel 3. (Fortsetzung)

	Druckluft	Drucköl
Robustheit der Bauteile	Robust	Genauere Fertigung
Wartungsaufwand	Gering	Etwas größer
Betriebssicherheit	Gut	Etwas geringer
Eignung zum Spannen	Besonders gut	Gut
Eignung zum Werkstückbewegen	Sehr gut	Bedingt gut

Die für Vorrichtungen in Betracht kommenden Pneumatik-Bauteile sind für den Betrieb von 6 kp/cm² ausgelegt. Abweichungen von diesem Nenndruck können jedoch bereits beim Erzeuger vorliegen und sind außerdem abhängig vom Fassungsvermögen des Speichers, der Länge des Drucknetzes, den Leckverlusten, der Anzahl gleichzeitig luftentnehmender Verbrauchsstellen und etwa 10···15% Reibungsverlusten im Druckluftzylinder. Danach sind die Pneumatik-Bauteile nicht lediglich nach dem Nenndruck von 6 kp/cm², sondern nach dem an der Verbrauchsstelle tatsächlich verfügbaren Druck zu wählen. Unter Umständen liegt dieser z. B. 20% unter dem Nenndruck.

Durch *pneumatisch-hydraulische Druckübersetzer* ist mehrfach größere Spannkraft erreichbar, indem der aus dem Leitungsnetz mit 6 kp/cm² beaufschlagte Druckluftkolben mit einem Hydraulikkolben von entsprechend kleinerer Druckfläche verbunden ist.

Pneumatik-Bauteile sind Druckluft-Zylinder, -Ventile und -Zubehör.

Im *Druckluftzylinder* wird der Druck des Energieträgers Luft in Bewegungsenergie umgesetzt.

Für extrem kurze Hübe kommen Membranzylinder (Bild 211 u. 212), für etwas größere Hübe vielleicht Rollmembranzylinder in Betracht, im übrigen vorzugsweise Zylinder mit Kolben (Tafel 4 u. 5).

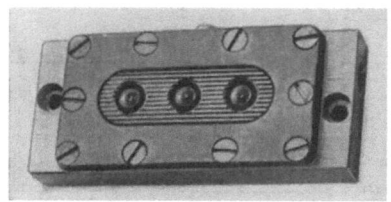

Bild 211. Einfachwirkender Druckluft-Membranzylinder zum Spannen von Werkstücken mit geringen Abweichungen im Spannmaß. Handelsüblich mit Spannfläche 83 × 46 mm und 145 × 62 mm, mit maximaler Spannkraft (bei 6 kp/cm²) von 60 kp bzw. 170 kp, bei 1,5 mm Hub.

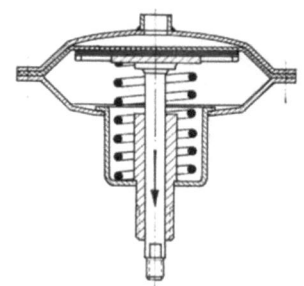

Bild 212. Druckluft-Membranzylinder (Druckdose) mit kurzem Kolbenhub.

3.43 Spannkräfte

Tafel 4. *Druckluftzylinder*
Betriebsdruck, Zylinderdurchmesser, Kolbenkraft

Betriebs-druck [kp/cm²]	Zylinderdurchmesser in mm											
	6	12	16	25	35	40	50	70	100	140	200	250
2	0,4	2	4	9	17	24	35	69	141	277	566	866
3	0,6	3	6	13	26	36	53	104	212	416	850	1300
4	0,8	4	8	17	35	48	71	139	283	555	1133	1733
5	1,0	5	10	21	43	60	88	173	353	693	1416	2166
6	1,2	6	12	24	52	72	106	208	424	832	1700	2600
7	1,4	7	14	30	61	84	124	243	495	971	1983	3033
8	1,6	8	16	34	70	96	142	278	566	1110	2266	3466
9	1,8	9	18	38	78	108	159	312	636	1248	2550	3800
10	2,0	10	20	42	86	120	176	346	706	1386	2832	4332
	Kolbenkraft in kp											

Nach Festo-Pneumatic, Berkheim/ü. Eßlingen.

Tafel 5. *Druckzylinder für 6 kp/cm² Betriebsdruck*
Zylinderdurchmesser und Kolbenhublängen

Zylinder	Zylinderdurchmesser in mm											
	6	12	16	25	35	40	50	70	100	140	200	250
Einfachwirkende Gußausführung	—	—	—	20	—	—	20	—	20	25	—	—
	—	—	—	50	—	—	50	70	70	100	—	—
Einfachwirkende Stahlausführung	25	25	—	25	—	—	—	—	—	—	—	—
	—	40	40	40	—	40	—	—	—	—	—	—
	—	80	—	60	70	80	70	70	70	70	70	70
Doppeltwirkend	—	25	25	25	—	—	—	—	—	—	—	—
	—	40	40	40	—	40	—	—	—	—	—	—
	—	80	80	80	70	80	70	70	70	70	70	70
	—	140	140	140	140	140	140	140	140	140	140	140
	—	200	200	200	200	200	200	200	200	200	200	200
Doppeltwirkende Sonder-Hublänge bis maximal	—	200	400	500	2000	2000	2000	2000	2000	2000	1100	1100
	Kolbenhublängen in mm											

Nach Festo-Pneumatic, Berkheim/ü. Eßlingen.

Einfachwirkende Zylinder (Bild 213 ··· 215) für ortsfeste Spanner bis zu etwa 100 mm Hublänge, für Spannzwecke und für das Werkstückbewegen.

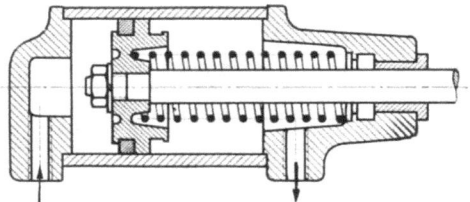

Bild 213. Nicht umlaufender, einfachwirkender Druckluftzylinder.

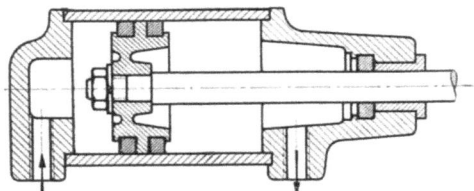

Bild 214. Nicht umlaufender, doppeltwirkender Druckluftzylinder.

Bild 215. Einfachwirkender Druckluftzylinder. Kolbendurchmesser 25 mm, Kolbenhub 25 oder 40 mm, Stoßkraft (bei 6 kp/cm²) 24 kp. Befestigungsmöglichkeiten: Am zylindrigen Teil, durch vorderes Gewinde, durch hinteres Gewinde oder schwenkbar.

Doppeltwirkende Zylinder (Bild 216 ··· 219) für Arbeitsleistung in zwei entgegengesetzten Richtungen, für längere Kolbenwege und für umlaufende Spanner.

Durch Einbau einer Dämpfung kann die Härte von Kolbenstößen weitgehend abgefangen werden.

Einbaumöglichkeiten für ortsfeste Druckluftzylinder sind in den Bildern 220 ··· 225, Verbindungen von Kolbenstangenenden mit mechanischen Teilen in den Bildern 453 ··· 455 wiedergegeben.

Durch *Druckluftventile* wird die Bewegungsrichtung des Kolbens des Arbeitszylinders gesteuert oder werden Kraft und Bewegungsgeschwindigkeit beeinflußt.

3-Wegeventile (Bild 226 ··· 231) haben eine Zuleitung vom Druckluftnetz, einen Anschluß zum Zylinder und eine Entlüftungsleitung und dienen zum Steuern einfachwirkender Zylinder.

4-Wegeventile (Bild 232 ··· 234) haben eine Zuleitung vom Druckluftnetz, je einen Anschluß für die beiden Zylinderkammern und eine Entlüftungsleitung und dienen zum Steuern von doppeltwirkenden Zylindern.

3.43 Spannkräfte

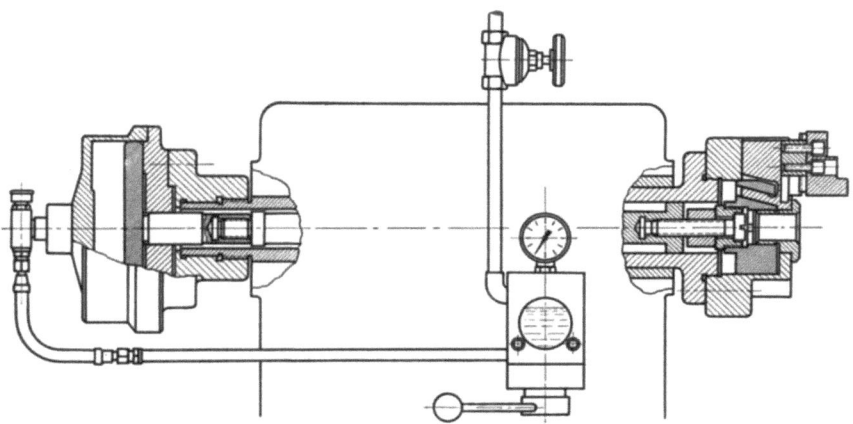

Bild 216. Druckluft-Spanneinrichtung auf Drehmaschine, bestehend aus Druckluftleitung, Absperrventil, Druckeinsteller (im Bilde nicht sichtbar), Manometer, Öler, Handsteuerhahn, Luftführung am Zylinder, Druckluftzylinder, Druckluftkolben, Verbindungsstange und Spannfutter.

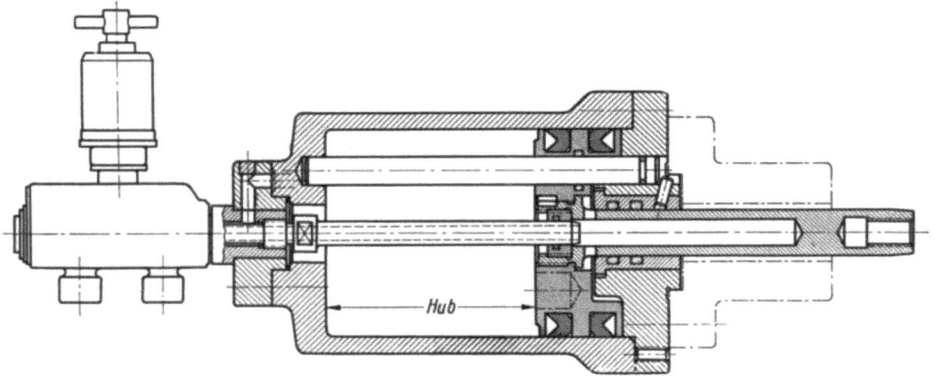

Bild 217. Umlaufender, doppeltwirkender Druckluftzylinder.

Ventile werden betätigt von Hand (Bild 228, 231, 234 ··· 236) oder, wenn beide Hände für die Werkstückhandhabung benötigt werden, durch Fuß (Bild 237 u. 238), durch Nocken oder Kurvenschiene (Bild 230 u. 233).

Rollenventile (Bild 230 u. 233) und Elektroventile werden für vollautomatische Steuerung benötigt. Mengen- und Druckventile beeinflussen Bewegungsgeschwindigkeit und Druckluft der Kolben einfach- oder doppeltwirkender Zylinder. Druckregler oder Druckminderventile (Bild 239) gewährleisten gleichbleibenden Betriebsdruck.

Zubehörteile zu Pneumatikeinrichtungen. Außer den Armaturteilen wie Schläuchen, Dichtungen und Verbindungsteilen sind unbedingt erforderlich Wartungseinheit (Bild 240), bedingt erforderlich Schalldämpfer (Bild 241) und flexible Kupplung (Bild 242).

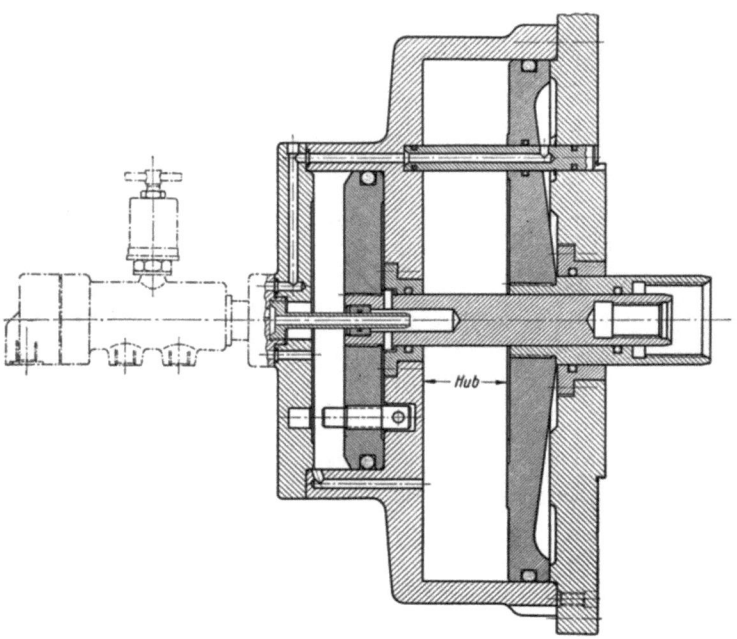

Bild 218. Druckluft-Doppelzylinder mit zwei voneinander unabhängigen Spannantrieben.

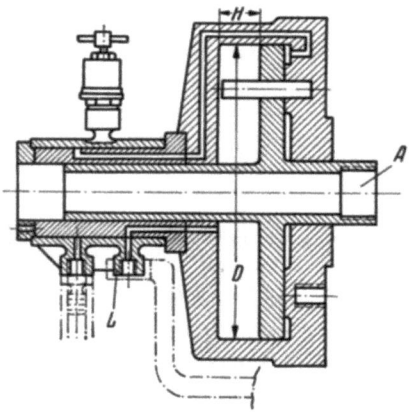

Bild 219. Umlaufender Druckluft-Hohlzylinder (für Stangenarbeiten).

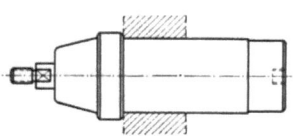

Bild 220. Steckform.

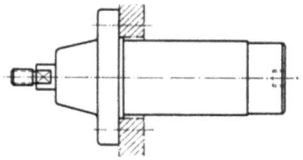

Bild 221. Flanschform, Einmittung am Flansch' innen.

3.43 Spannkräfte

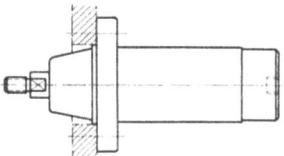

Bild 222. Flanschform, Einmittung am Flansch, außen.

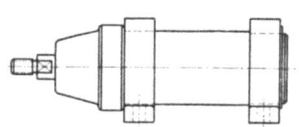

Bild 223. Fußform.

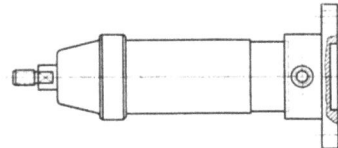

Bild 224. Flanschform, mit Bodenflansch.

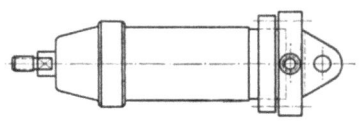

Bild 225. Schwenkform.

Bild 220····225. *Anbauformen für nichtumlaufende Druckluftzylinder.*

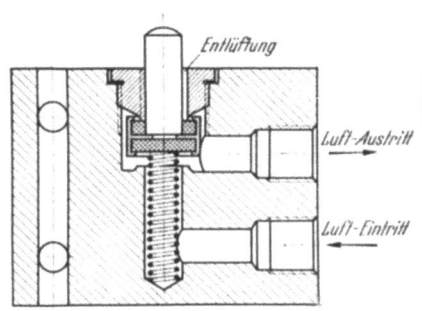

Bild 226. In Ruhestellung offen. Durch Druck auf den Ventilstößel wird der Luftstrom unterbrochen.

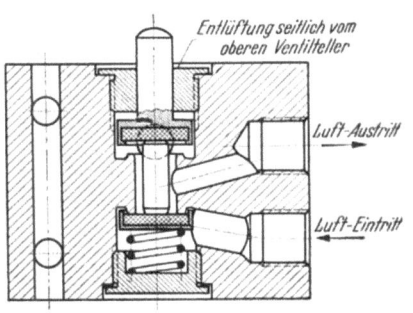

Bild 227. In Ruhestellung geschlossen. Durch Druck auf den Ventilstößel kann die Luft strömen.

Bild 226 u. 227. *Druckluft-Dreiwegeventile.*

Bild 228. Hand-Schiebeventil. 3-Wege-Ausführung, zur Steuerung einfachwirkender Zylinder. (Einbau waagerecht.) Durch axiales Verschieben des Griffes wird die Luftzufuhr geöffnet, durch Zurückschieben geschlossen und der Zylinder entlüftet.

Bild 229. Nockenventil. In Ruhestellung Luftdurchgang offen (Luft strömt vom Netz in den Zylinder), bei Druck auf Kugel Luftdurchgang geschlossen (Zylinder wird entlüftet).

Bild 232. Nockenventil. In Ruhestellung ist der eine der beiden Luftdurchgänge geschlossen, der andere Durchgang geöffnet. Bei gleichzeitiger Betätigung beider Kugeln wechselt die Luftdurchgangs-Richtung.

Bild 230. Rollenhebelventil zur Betätigung durch Nocke oder Kurvenschiene. In Ruhestellung Luftdurchgang offen (Luft strömt in den Zylinder), bei Druck auf Rolle Luftdurchgang geschlossen (Zylinder wird entlüftet).

Bild 233. Rollenhebelventil zur Betätigung durch Nocke oder Kurvenschiene. Durch Betätigen des Rollenhebels wird die Bewegungsrichtung des Zylinderkolbens geändert, z. B. von Vorlauf durch Niederdrücken, in Rücklauf durch Loslassen des Hebels.

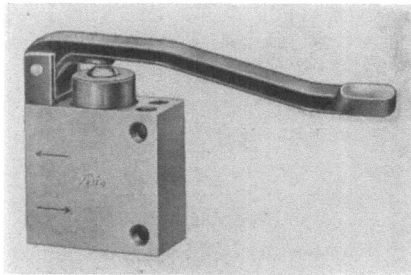
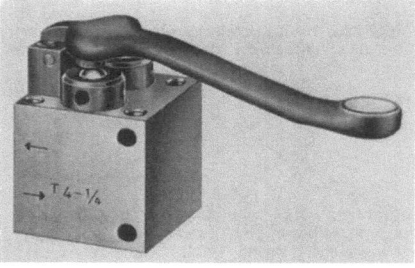

Bild 231. Tasterventil. Bei Druck auf Taste Luftdurchgang geschlossen (Zylinder wird entlüftet), bei Loslassen der Taste Luftdurchgang offen (Luft strömt in den Zylinder).

Bild 229 ··· 231. *3-Wege-Ventile zur Steuerung einfachwirkender Druckluftzylinder.*

Bild 234. Tasterventil. Bei Druck auf Taste gegenläufige Bewegungsrichtung des Zylinderkolbens. Für kurzzeitige Steuerungen.

Bild 232 ··· 234. *4-Wege-Ventile zur Steuerung doppeltwirkender Druckluftzylinder.*

3.43 Spannkräfte

Bild 235. Handhebelventil mit Rasten zum Halten des Hebels in den Schaltstellungen, für wahlweise lange Schaltdauer.

Bild 236. Handsteuerschieber, um innerhalb des Hubbereiches die Kolbengeschwindigkeit stufenlos herabzumindern oder den Kolben stillzusetzen. Auch für Drucköl geeignet.

Bild 237. Fußventil mit Rückholfeder. Hiervon eine Ausführung für kürzere Einschaltdauer, während der das Pedal niedergedrückt zu halten ist, und eine andere Ausführung für längere Einschaltdauer, bei der das Pedal nur zum Öffnen der Vorrichtungsspannteile zu betätigen ist.

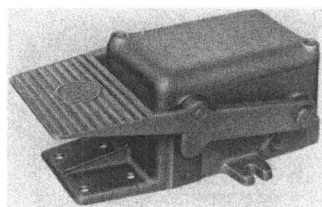

Bild 238. Fußventil mit Raste. Je einmaliges Niederdrücken des Pedals für Spannen und Entspannen der Vorrichtung. Pedal geht nach jeder Betätigung in die Ausgangsstellung selbsttätig zurück. Für Öffnen und Schließen die gleiche Bedienbewegung.

Bild 237 u. 238. *3-Wege-Fußventile zur Steuerung einfachwirkender Druckluftzylinder.*

Bild 239. Geschwindigkeitsregulierventil (Drosselrückschlagventil). Durch Veränderung der Menge der strömenden Luft wird auch die Kolbengeschwindigkeit geändert. Das Ventil kann auf der Abluft- oder auf der Zuluftseite angeordnet werden. Bei doppeltwirkenden Zylindern wird zweckmäßig die Abluft reguliert.

Zweihand-Steuergeräte (Bild 243) vermeiden Unfälle, wenn der die Vorrichtung Bedienende durch unbeabsichtigtes Einrücken der Maschine gefährdet sein kann.

Normen und Richtlinien für pneumatische Einrichtungen:
DIN 24300 Benennungen und Sinnbilder für Pneumatik,
VDI 3226 Pneumatische Schaltungen, Schaltpläne,
VDI 3290 bis 3296 Kenngrößen pneumatischer Geräte für Steuerungen.

Schrifttum über Pneumatik und ihre Anwendung ist im Schrifttumsverzeichnis S. 410 angeführt.

Beratungsdienste leisten die Herstellerfirmen von Pneumatikteilen[1].

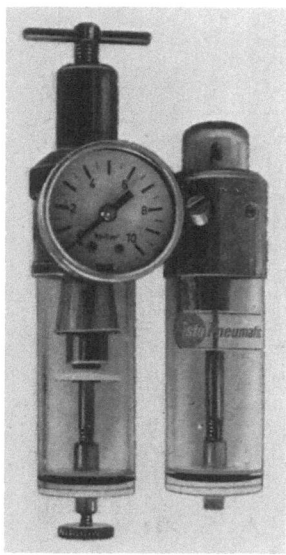

Bild 241. Schalldämpfer. Mittels z. B. Stahlwolle oder Keramikschaumstoff wird die Strömungsgeschwindigkeit der Abluft und damit auch das Entlüftungsgeräusch vermindert. Anschaffungs-, Einbau- und Energiekosten für Schalldämpfer sind gering, verglichen mit dem Wert, der der Entlastung des Menschen von Lärm zukommt.

Bild 240. Druckluftwartungseinheit. Aus der Druckluft werden Wasser und Verunreinigungen ausgeschieden, wird der Arbeitsdruck eingestellt und wird zum Schmieren der Pneumatikteile die Druckluft mit einem Ölnebel angereichert. Durch Wartungseinheiten werden Betriebssicherheit und Lebensdauer pneumatischer Anlagen wesentlich erhöht.

Bild 242. Flexible Kupplung als Verbindungsglied zwischen Kolbenstange und Vorrichtungsteil zum Ausgleich von Parallel- und Winkelabweichungen.

Bild 243. Zweihandsteuergerät. Mechanisch-pneumatische Sicherheitszweihandsteuerung für das Auslösen pneumatischer Kupplungen oder auch für die Direktsteuerung von einfach- oder zweifachwirkenden Druckluftzylindern.

---

[1] Zum Beispiel die Firmen: Robert Bosch GmbH, Industrieausrüstung, 7 Stuttgart/Drumag GmbH, 788 Säckingen (Rhld)/Festo-Pneumatik, 7301 Bergheim-Esslingen/Paul Forkardt KG, 4 Düsseldorf 10/Knorr-Bremse GmbH, 8 München 13/ Martonair GmbH, 4234 Alpen (Ndrrh.).

3.4326 Spannen durch Drucköl. Aus hydro*dynamischem* System durch Drucköl kraftbetätigte Spanner sind in Aufbau und Wirkungsweise grundsätzlich gleich den Druckluftspannern. Spannen von Hand mittels hydro*statischem* Druck unter Verwendung plastischer Massen oder auch Öl ist dem „Druckumlenken und Druckverteilen" S. 126 zugeordnet.

Der Verwendungsbereich hydrodynamisch betätigter Druckölspanner für Vorrichtungen ist jedoch allein dadurch kleiner als der von Druckluftspannern, weil zentrale Druckölerzeuger bzw. Druckölnetze in den Fertigungswerkstätten nicht vorhanden sind. Die Verwendung von Drucköl-

Bild 244. Drucköl-Spanneinrichtung für Drehmaschinen, mit Drucköl-Erzeugeranlage. Der Spannvorgang wird durch Druckknopf oder durch den Schalthebel für die Maschinenspindel eingeleitet.

spannern ist deshalb auf jene Fälle beschränkt, in denen ein ausreichend leistungsfähiger Öldruckerzeuger an der betreffenden Werkzeugmaschine vorhanden oder ein für das Spannen gesonderter Erzeuger wirtschaftlich tragbar ist (Bild 244).

Werte und Eigenheiten von Druckölspannern sowie deren Eignung für das Spannen und Werkstückbewegen sind in den Tabellen 2 und 3 angeführt. Ein augenfälliger Vorteil von Druckölspannern liegt darin, daß durch die Möglichkeit, mit höheren Drücken zu arbeiten, die Durchmesser der Zylinder entsprechend kleiner sind.

Für rasche Bewegungen sind aus einer Füllpumpe größere Ölmengen mit geringerem Druck, für das Spannen aus einer Hochdruckpumpe kleinere Ölmengen mit größerem Druck vorzusehen.

Im Gegensatz zu pneumatischen Anlagen ist bei ölhydraulischen Anlagen für den Energieträger (Öl) Rückführung erforderlich.

Bauteile für Druckölspanner wie Zylinder (Bild 245), Ventile usw. sind ähnlich den Bauteilen für Druckluftspanner und ebenfalls handelsüblich.

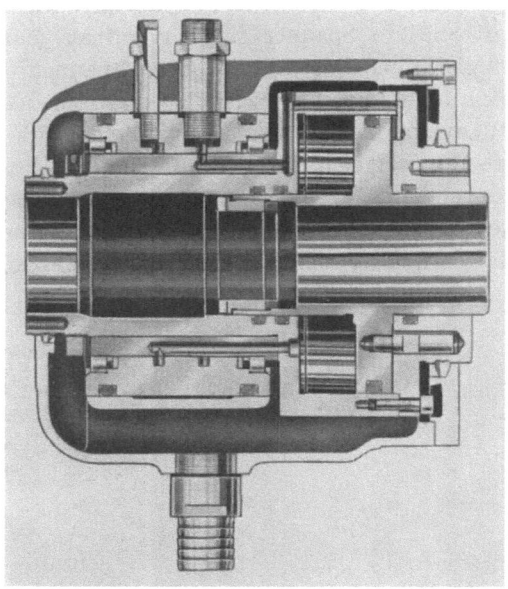

Bild 245. Umlaufender, zweifachwirkender Druckölzylinder mit feststehendem Gehäuse und mit Bohrung im Spannkolben für Stangendurchlaß.

Normen und Richtlinien für Ölhydraulik
DIN 24300 Benennungen und Sinnbilder für Ölhydraulik,
VDI 3225 Ölhydraulische Schaltungen.
Schrifttum über Ölhydraulik ist auf Seite 410 angeführt.
Beratungsdienste leisten die Herstellerfirmen für ölhydraulische Bauteile[1].

3.4327 Spannen durch elektromotorische Kraft. Die für Elektrospanner erforderliche Energie steht in jedem Fertigungsbetrieb zur Verfügung und ist an jede Werkzeugmaschine ohnedies herangeführt. Elektrospanner erfordern keine Rohrleitungen und haben dadurch keine Leckstellen, machen keinen größeren Lärm und sind einfach zu warten. Die Energiekosten liegen niedrig, auch dadurch, daß der Spannmotor nur kurzzeitig, nämlich nur für die Dauer des Spann- und des Entspannvorgangs läuft.

Elektrospanner sind mit Spannkräften bis etwa 5000 kp handelsüblich und werden ebenfalls stationär und umlaufend (Bild 246) ein-

---

[1] Zum Beispiel die Firmen: Robert Bosch GmbH, 6 Stuttgart/Drumag GmbH, 7880 Säckingen (Rhld.)/Paul Forkardt KG, 4 Düsseldorf 10/Herion-Werke KG, 7 Stuttgart 1/Normbau GmbH & Co, 8504 Stein b. Nürnberg/Rexroth GmbH, 877 Lohr (Main).

gesetzt. Vorzugsweise dienen sie auf Drehmaschinen zum Betätigen von Spanndornen, -zangen und -futtern.

Nachspannwirkung ist in geringerem Ausmaße durch die Federung der Getriebeteile gegeben, kann aber erheblich vergrößert werden durch

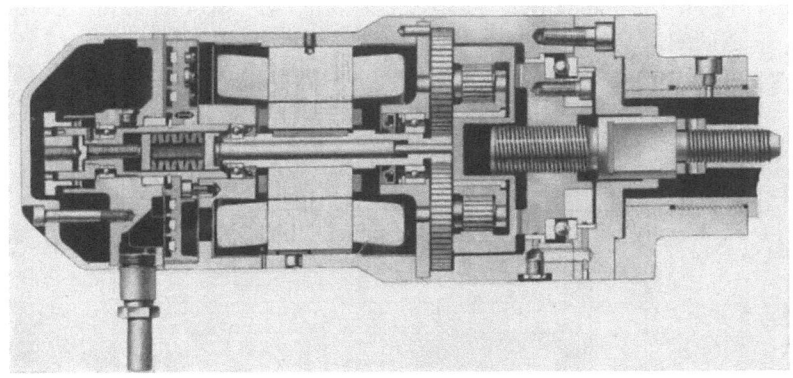

Bild 246. Elektromotorischer Spanner. Durch Rädergetriebe wird die Drehzahl des Motorläufers herab- und die Mutter in Umdrehung gesetzt. Die längsbewegliche, gegen Drehen festgelegte Gewindespindel wirkt über eine Zugstange oder, zur Erreichung elastischen Spannens, über eine Feder auf die Vorrichtung. Vorrichtungen wie für Druckluftspanner.

ein Federpaket zwischen der Spannschraube des Getriebemotors und der auf das Spannzeug wirkenden Verbindungsstange.

Verglichen mit druckluft- oder druckölbetätigten Spannern sind Elektrospanner in folgenden Punkten ungünstiger.

Bei gleich großer Spannkraft größere Massen,
die Spannkraftregelung ist grobstufiger, weniger genau und weniger gleichbleibend,
die Spannzeit ist länger, sie beträgt etwa 2 ··· 3 Sekunden,
die Anzahl der je Zeiteinheit zulässigen Schaltungen liegt erheblich niedriger,
die Anschaffungskosten sind verhältnismäßig hoch, vor allem verursacht durch das mit dem Elektromotor verbundene, hochwertige Getriebe.

Beratungsdienste durch die Herstellerfirmen für Elektrospanner[1].

3.4328 Spannen durch Magnetkraft. *Allgemeines.* Magnetisches Spannen ist für Werkstücke aus ferromagnetischem Werkstoff geeignet. Teile aus unmagnetischen Werkstoffen, wie Kupfer oder Leichtmetall, können durch magnetische Spanner nicht festgehalten werden.

---

[1] Zum Beispiel die Firmen: Berg & Co GmbH, 48 Bielefeld/Paul Forkardt KG, 4 Düsseldorf.

Die Kraft, die erforderlich ist, um ein gespanntes Teil senkrecht zur Spannfläche abzureißen, wird als *Haft*kraft bezeichnet, die Kraft, die erforderlich ist, um ein gespanntes Teil parallel zur Spannfläche zu bewegen, als *Verschiebekraft*. Diese Kräfte sind abhängig

> vom Werkstoff des Werkstückes (nehmen ab mit der Menge reinem Eisen beigemengter Legierungsstoffe wie Kohlenstoff, Chrom, Nickel, Molybdän usw.),
> von Form und Größe der Auflagefläche des Werkstückes (Bild 247),
> von der Oberflächenbeschaffenheit (Rauheit),
> der Auflagefläche des Werkstückes (Bild 248),
> vom magnetischen Kraftfluß, der das Werkstück durchsetzt,

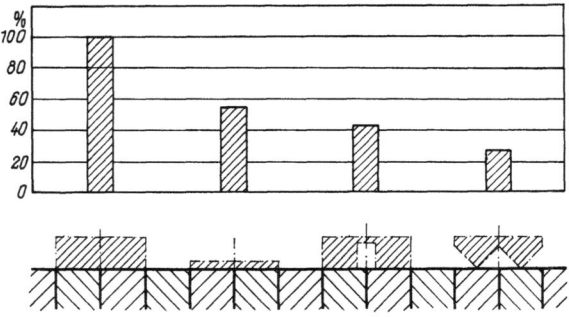

Bild 247. Abhängigkeit der Haftkraft magnetischer Spanner von der Form des Werkstückes.

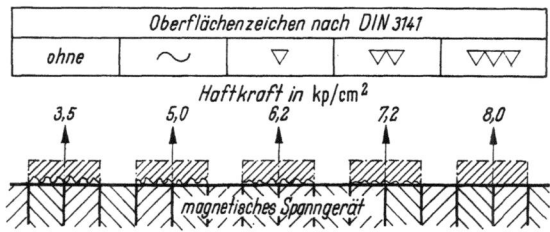

Bild 248. Abhängigkeit der Haftkraft magnetischer Spanner von der Rauhigkeit der Auflagefläche des Werkstückes.

> vom Anteil der Werkstück-Auflagefläche an der Polfläche,
> von der Polteilung des magnetischen Spanners.

Die Steifigkeit von Spannmagneten gegen formändernde Auswirkung der Erwärmung ist von Einfluß auf die Genauigkeit der zu fertigenden Werkstückfläche.

Die Eignung magnetischer Spanner für Naßschliff ist abhängig vom Aufbau des Spannmagneten und vom wasserdichten Einbau der Erregerspulen.

3.43 Spannkräfte

Bevor in eine Magnetplatte größere Absätze, tiefere Nuten oder Bohrungen eingearbeitet werden, ist mit dem Hersteller des Spannmagneten Rücksprache zu nehmen, damit Beschädigungen, z. B. der Erregerspulen, der Isolierung oder der Abdichtung des Spanners vermieden werden.

Durch Einarbeitung der Werkstück-Aufnahmeform in Leitpole kann die Polplattenoberfläche des Spanners unversehrt bleiben.

Im Werkstück auch nach dem Abspannen verbliebener Magnetismus ist erforderlichenfalls mittels *Entmagnetisiergerät* aufzuheben.

Die *Anschaffungskosten* für Spannmagnete liegen verhältnismäßig niedrig. Selbst Sonder-Spannmagnete können billiger sein als eine für dieselbe Fertigungsaufgabe erforderliche Vorrichtung mit mechanischer Spannung.

Für magnetische Spanner werden Dauermagnete (Permanentmagnete) und Elektromagnete verwendet.

Dauermagnetische Spanner benötigen keine Stromzuführung und damit keine Leitungen und für umlaufende Spanner keine Schleifkontakte. Außerdem entfällt die mit Stromunterbrechungen möglicherweise verbundene Unfallgefahr.

Die Haftkraft dauermagnetischer Spanner liegt erheblich unter der Haftkraft elektromagnetischer Spanner gleich großer Spannfläche und gleicher Güte.

Dauermagnetische *Haftmagnete* in Form zylindrischer Stäbe oder Platten (Bild 249 ··· 260) sind im Vorrichtungsbau vielseitig verwendbar,

   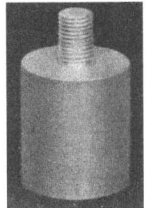

Bild 249. In glatter Ausführung, mit Passungstoleranz oder glanzverzinkt.
Bild 250. In glatter Ausführung, mit Bearbeitungszugabe an der Haftfläche. Oberfläche glanzverzinkt.
Bild 251. Mit glattem Zapfen. Oberfläche glanzverzinkt.
Bild 252. Mit Gewindezapfen. Oberfläche glanzverzinkt.

Bild 249 ··· 252. *Stabgreifer. In je 11 Größen von 6 ··· 63 mm Durchmesser.*

Bild 253. Ohne Gewindebuchse. Bild 254. Mit Gewindebuchse.

Bild 253 u. 254. *Flachgreifer. Je 12 Größen 10 ± 0,15 ··· 125 ± 0,25 Durchmesser. Oberfläche hammerschlag-lackiert.*

Bild 249 ··· 254. *Dauermagnetische Haftmagnete (Greifermagnete).*

z. B. als Bestimm- oder/und als Spannteil, vorzugsweise für Zusammenbau-, Punkt- und Buckelschweißvorrichtungen (Bild 1282 u. 1286). Als Spannteil gesehen, erfordern Haftmagnete wenig Bauraum, sind von

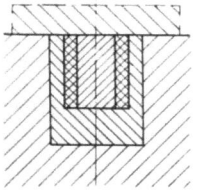 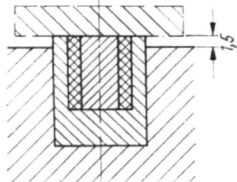 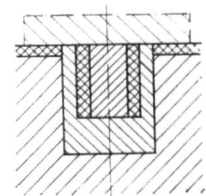

Bild 255. Ungünstig, weil das Werkstück auf dem Stahlteil aufliegt. Dadurch Haftkraft um etwa 30% geringer.

Bild 256. Günstig durch den Luftspalt zwischen Werkstück und Stahlteil.

Bild 257. Günstig durch Auflage des Werkstückes auf nicht magnetisierbarem Werkstoff.

Bild 255 ··· 257. *Einbau von Haftmagneten unmittelbar in Stahlteil.*

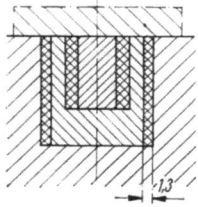 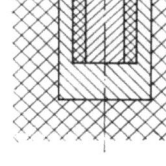 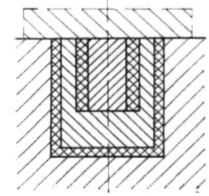

Bild 258. Etwas weniger günstiger Einbau mit Zwischenbuchse.

Bild 259. Günstiger Einbau mit Zwischentopf.

Bild 260. Günstiger Einbau unmittelbar in nicht magnetisierbarem Werkstoff.

Bild 258 ··· 260. *Einbau von Haftmagneten unter Verwendung von Teilen aus magnetisierbarem Werkstoff, z. B. Cu, Ms, Al oder Kunststoff.*

Bild 255 ··· 260. *Einbaubeispiele für Haftmagneten (Greifermagnete).*

geringem Gewicht und preisgünstig. In Vorrichtungsteile werden Haftmagnete eingepreßt bzw. eingeschrumpft oder durch Kleben, Löten, Nieten oder Einschrauben befestigt.

Bei Verwendung von Haftmagneten ohne *Schaltmöglichkeit* ist der Kraftaufwand zu berücksichtigen, der für das Loslösen des Werkstückes erforderlich ist. *Schaltbar* sind dauermagnetische Spanner

durch mechanischen Abstreifer,
durch mechanisch schaltbare Feldumlenkung mittels Gegeneinanderverschieben zweier Magnetsysteme (Bild 261 u. 262),
durch elektromagnetisch schaltbare Feldverdrängung.

Elektromagnetische Spanner (Bild 263 ··· 270) bestehen in der Hauptsache aus Magnetkörper, isolierter Erregerwicklung aus Kupferdraht und Polplatte.

3.43 Spannkräfte

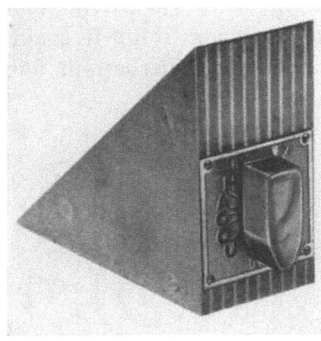 

Bild 261. Werkstück-Spannfläche im Winkel von 45°.
Bild 262. Werkstück-Spannfläche im Winkel von 90°.
Bild 261 u. 262. *Schaltbare dauermagnetische Spannblöcke.*

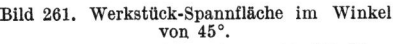

Bild 263. Mit vorwiegend verwendeter Querpolteilung, für Werkstücke mit mittelgroßer oder größerer Spannfläche. Handelsüblich mit etwa 160 ··· 1500 mm Länge und 75 ··· 400 mm Breite.

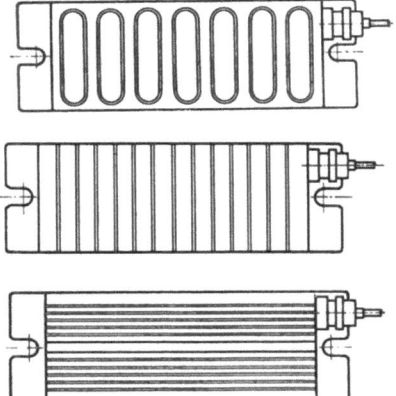

Bild 264. Mit Querpolteilung bis zu den Rändern. Vorwiegend für Werkstücke mit mittelgroßer und größerer Spannfläche und mit aus der Spannfläche hervorragendem Absatz.

Bild 265. Mit Längspolteilung. Kleinster Abstand der Pole etwa 3 mm. Für Werkstücke, die besonders dünn sind oder kleinere Auflagefläche haben.

Bild 263 ··· 265. *Elektromagnetische, rechteckige Spannplatten.*

 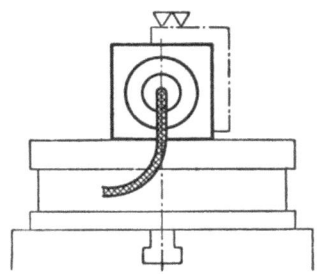

Bild 266. Magnetische Spannplatte, um Längsachse schwenkbar. Schwenkwinkel nach dem Sinusprinzip mittels Endmaße einstellbar.

Bild 267. Elektromagnetischer Spannblock, in Verwendung als Zusatzmagnet zu magnetischer Spannplatte, zum Spannen von Werkstücken im Winkel.

Elektromagnetische Spannplatten mit sogenannter Pendelpolteilung haben gegenüber älteren Spannplattenausführungen doppelt so große Haftkraft, und die Spannfläche behält auch im Dauerbetrieb höhere Plangenauigkeit.

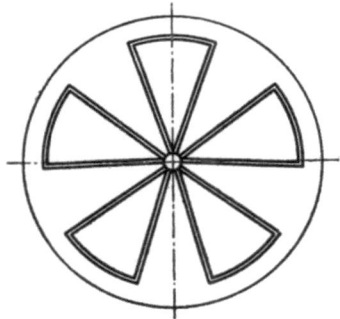

Bild 268. Mit Radialpolteilung; für platten- oder ringförmige Werkstücke in konzentrischer Anordnung. Handelsüblich von 125 ··· 1000 mm Durchmesser.

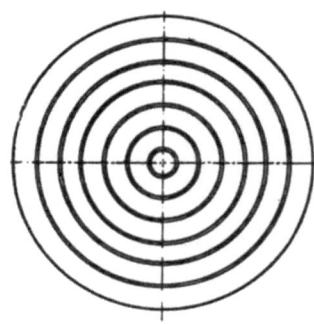

Bild 269. Mit Ringpolteilung; für mehrere Werkstücke in exzentrischer Anordnung. Polabstand etwa 20 mm. Handelsüblich von etwa 400 ··· 2000 mm Durchmesser.

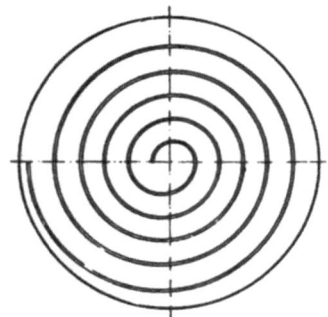

Bild 270. Mit Spiralpolteilung; für eine größere Anzahl kleinerer Werkstücke in exzentrischer Anordnung. Kleinster Polabstand etwa 3 mm. Handelsüblich von etwa 100 ··· 500 mm Durchmesser.

Bild 268 ··· 270. *Kreisförmige, magnetische Spannplatten (falls umlaufend verwendbar, handelsüblich als „Spannfutter")*.

Für elektromagnetische Spanner ist Gleichstrom erforderlich, üblicherweise von 24 V, 110 oder 120 V Betriebsspannung. Wenn Gleichstrom nicht zur Verfügung steht, ist Wechselstrom mittels Gleichrichter oder motorisch umzuformen.

Unfallverhütungsvorschriften für dauermagnetische wie für elektromagnetische Spanner sind in den Vorschriften VGB 7 n 6, − 11,08, § 11 festgelegt.

Lamellenblöcke (Bild 271) sind aus Stahl- und Messinglamellen zusammengesetzt, sind ohne Erregerwicklung und

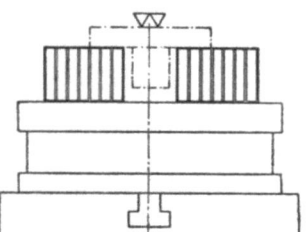

Bild 271. Zwei rechteckige Lamellenblöcke auf magnetischer Spannplatte zum Spannen des Werkstückes mit einem aus der Spannfläche hervorragenden Teil. Lamellenblöcke handelsüblich mit etwa 100 ··· 300 mm Länge und 50 ··· 75 mm Breite.

damit ohne eigenes Magnetfeld. Verwendbar in Verbindung mit magnetischen Spannplatten.

Beratung für Auswahl und Verwendung von Spannmagneten durch die Herstellerfirmen[1].

3.44 Spannkraft-Auswahl, -Größe und -Richtung

3.441 Spannkraft-Auswahl

Für die *Auswahl unter den Spannkräften* sind folgende Punkte zu berücksichtigen.

Werkstoff des Werkstückes, z. B. magnetisch oder unmagnetisch,
Form des Werkstückes, z. B. ebene Fläche zur Auflage auf Magnetplatte,
Größe und Gewicht des Werkstückes,
Steifheit des Werkstückes (für starres oder elastisches Spannen),
Zugänglichkeit der Spannstellen,
Anzahl der Spannstellen je Werkstückspannung,
Anzahl der Werkstücke (Serien- oder Mengenfertigung),
Spannzeit je Spannstelle und je Werkstück,
Anzahl der Spannzeit an der Gesamtstückzeit,
Größe und Richtung der erforderlichen Spannkraft,
Art der Arbeitsbewegung des Werkstückes (keine, hin- und hergehende, umlaufende),
für die Spanneinrichtung in Vorrichtung und an Maschine verfügbarer Bauraum,
Massenkräfte, insbesondere bei umlaufenden Spanneinrichtungen,
Schwingungsfestigkeit der Spanneinrichtung,
Verfügbare Arbeitskräfte, z. B. Rücksichtnahme auf weibliche Arbeitskräfte,
Vorhandene Kraftquellen, z. B. Druckluft im Betrieb, Ölhydraulik an der Werkzeugmaschine,
Anschaffungskosten für die Kraftquelle, z. B. Pumpe, Kompressor und Leitungsnetz für Preßluft, Pumpe und Speicher für Druckölanlagen,
Anschaffungskosten für die Vorrichtung,
Wiederverwendbarkeit des Spanners bzw. von Spanneinrichtungsbauteilen,
Anforderungen an das Prüfen des Werkstückes (ruhige Hand und ruhiges Auge für das Prüfen genauerer Werkstückabmessungen).

---

[1] Zum Beispiel die Firmen: Binder-Magnete KG, 773 Villingen (Schwarzw.)/ Deutsche Edelstahlwerke AG, 4600 Dortmund/Magnet-Schultz GmbH, 8940 Memmingen (Allgäu).

3.442 Spannkraft-Größe

Die Größe der auf das Werkstück wirkenden Spannkraft ist abhängig von der in das Spanngetriebe eingeleiteten Kraft, dem Übersetzungsverhältnis und dem Wirkungsgrad des Spanngetriebes.

Die Größe der am Werkstück wirksamen *Spannkraft* wird *begrenzt* durch Festigkeit und Steifigkeit von Werkstück und Vorrichtung. Die Vorrichtung muß so steif sein, daß Teile, die für die Genauigkeit des Werkstückes bestimmend sind, nicht nachgeben. Der Träger des Spannteiles darf unter Umständen so viel nachgeben, als dadurch die Spannwirkung nicht unzulässig beeinträchtigt wird.

Manche Werkstücke dürfen nur mit einer gewissen Größtkraft gespannt werden, damit ihre Form nicht beschädigt wird. In solchen Fällen soll es nicht dem Bedienenden überlassen bleiben, diese größtzulässige Kraft richtig zu bemessen. Der Bedienende spannt in der Regel mit dem größten Kraftaufwand, der am Bedienteil bei üblicher Handhabung möglich ist. Davon ist auszugehen und danach der Spannsatz so zu wählen und zu bemessen, daß bei größerem Kraftaufwand die größtzulässige Spannkraft nicht überschritten werden kann. Bei elastischem Spannen ist die Spannkraft einstellbar und unabhängig vom Bedienenden.

Mit der Arbeitskraft anwachsende Spannkraft ist vorzugsweise durch Verwendung von Spannteilen mit Keilwirkung erreichbar (Bild **635** u. 636).

3.443 Spannkraft-Richtung

Die Spannkraft ist unter solcher Richtung anzusetzen, daß das Werkstück durch das Spannen in der Bestimmlage sicher festgehalten wird.

Bei Anordnung mehrerer Spannstellen sollen sämtliche Spannkräfte möglichst in derselben Richtung, zumindest nicht gegeneinander wirken.

Die *Spannkraft* soll (Bild **272**) möglichst *in der gleichen Richtung wirken wie die Arbeitskraft*, wobei Spannkraft und Arbeitskraft gegen die Bestimmfläche gerichtet sind.

Das *Arbeiten entgegen der Spannkraftrichtung* (Bild **273**) ist auf Sonderfälle zu beschränken. Vorteile, die hierzu veranlassen können, sind z. B.

erschütterungsfreies Arbeiten (Bild 275 u. 276),
kürzere Arbeitszeit durch Vermeidung eines Steckbuchsenwechsels (Bild 1038 u. 1039),
Einsparung eines Werkzeuges oder einer Vorrichtung (Bild 1243),
einfache Bauform für die Vorrichtung.

Wirken *Arbeitskraft und Spannkraft senkrecht zueinander* (Bild **274**), wird die Arbeitskraft ausschließlich durch den Reibungswiderstand auf-

3.44 Spannkraft-Auswahl, -Größe und -Richtung

Bild 272. Die Spannkraft ist der Arbeitskraft gleichgerichtet.

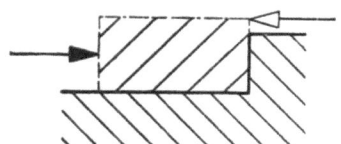

Bild 273. Die Spannkraft ist der Arbeitskraft entgegengerichtet.

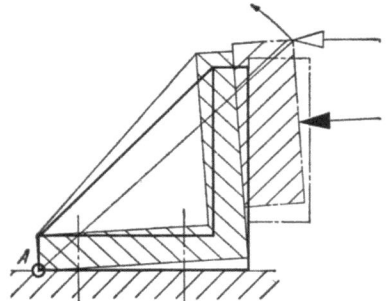

Bild 275. Spannkraft und Arbeitskraft sind gleichgerichtet. Unter der Arbeitskraft wird die Vorrichtung um den Punkt A vom Maschinentisch abgehoben. Nach einem gewissen Kraftanstieg federt die Vorrichtung zurück, und der gesamte Vorgang beginnt von neuem. Durch diese Schwankungen geht das Bearbeiten unruhig vor sich, und auf der Bearbeitungsfläche entstehen Rattermarken.

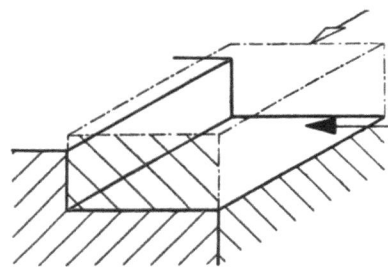

Bild 274. Die Spannkraft ist senkrecht zur Arbeitskraft gerichtet.
Bild 272 ··· 274. *Richtung von Spannkraft und Arbeitskraft.*

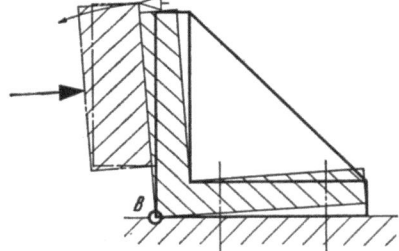

Bild 276. Die Arbeitskraft ist gegen die Spannkraft gerichtet. Die Vorrichtung wird um den Punkt B vom Maschinentisch abgehoben. Spantiefe und Arbeitskraft nehmen dadurch ab. Das Werkzeug arbeitet ruhig, und die Bearbeitungsfläche wird sauber.

genommen. Hierbei ist eine Spannkraft erforderlich, die etwa der fünffachen Arbeitskraft gleichkommt. Die benötigte Spannkraft und die Beanspruchung der Vorrichtung nehmen in gleichem Maße zu.

3.444 Spannstellen-Anzahl und -Anordnung

Die Anzahl der erforderlichen Spannstellen und deren Anordnung am Werkstück ist in der Hauptsache abhängig von

Größe und Richtung der Arbeitskräfte,
Eignung der Werkstückform für Spannzwecke,
Steifigkeit des Werkstückes,
Anzahl der Bestimmebenen,
Lage der Bestimmfläche zur Bearbeitungsfläche,
Bearbeitungsgenauigkeit.

In bezug auf die Bestimmebenen können Spannstellen grundsätzlich nach Bild 277 ··· 287 angeordnet werden.

Anzahl und Anordnung der Spannstellen sind so zu wählen, daß das Werkstück möglichst nahe der Arbeitsstelle gespannt wird,

daß das Werkstück beim Spannen nicht aus der bestimmten Lage gebracht wird, weder durch Verschieben (Bild 288 u. 289) noch durch Kippen (Bild 290 ··· 295),

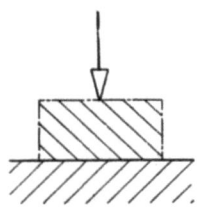

Bild 277. Bestimmen in nur *einer* Ebene, Spannen in *einer* Richtung (gegen die Auflage).

daß Werkstück, Vorrichtung und Maschine möglichst nicht auf Biegung beansprucht werden. Je weniger das Werkstück unter den Arbeitskräften nachgeben und damit in Schwingung geraten kann, desto größere Zerspanungsleistungen sind möglich, desto höhere Maßgenauigkeit und Oberflächengüte sind einhaltbar, um so mehr wird die Werkzeugschneide geschont.

Wenn nicht biegungsfrei gespannt werden kann, wenn also die Vorrichtung auf Biegung beansprucht wird, muß sie entsprechend steifer gebaut sein. Dazu ist ein größerer Werkstoffaufwand nötig. Werden Teile der Maschine auf Biegung beansprucht, kann die Bearbeitungsgenauigkeit beeinträchtigt werden, können die betroffenen Maschinenteile erhöhter Abnutzung unterworfen sein.

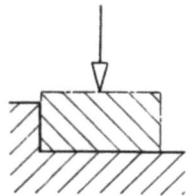 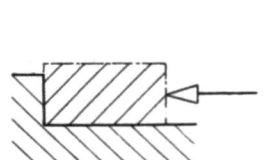 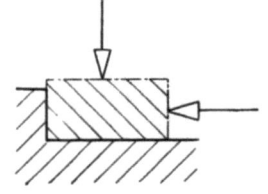

Bild 278. Spannen in *einer* Richtung (gegen die Auflage).   Bild 279. Spannen in *einer* Richtung (gegen die Anlage).   Bild 280. Spannen in *zwei* Richtungen (gegen Auflage und Anlage).

Bild 278 ··· 280. *Bestimmen in zwei Ebenen und Spannrichtungen.*

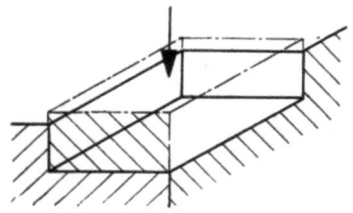 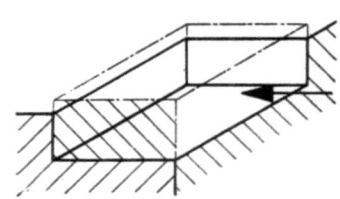

Bild 281. Spannen in *einer* Richtung (gegen die Auflage).   Bild 282. Spannen in *einer* Richtung (gegen die Queranlage).

3.44 Spannkraft-Auswahl, -Größe und -Richtung

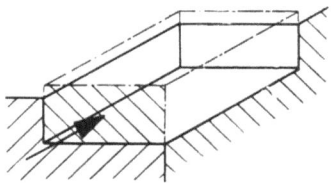

Bild 283. Spannen in *einer* Richtung (gegen die Längsanlage).

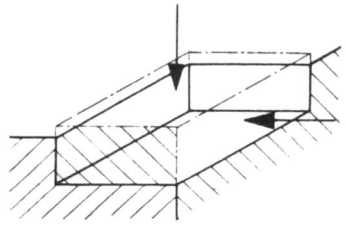

Bild 284. Spannen in *zwei* Richtungen (gegen Auflage und Queranlage).

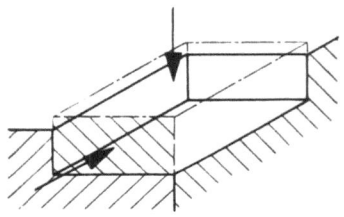

Bild 285. Spannen in *zwei* Richtungen (gegen Auflage und Längsanlage).

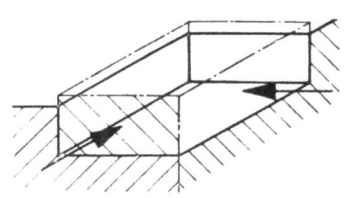

Bild 286. Spannen in *zwei* Richtungen (gegen Quer- und Längsanlage).

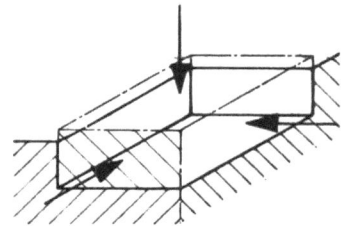

Bild 287. Spannen in *drei* Richtungen (gegen Auflage, Längs- und Queranlage)

Bild 281 ··· 287. *Bestimmen in drei Ebenen und Spannrichtungen.*

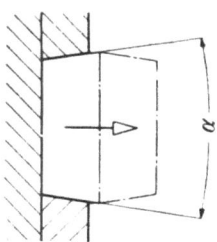

Bild 288. Ein Teil der Spannkraft wirkt in Pfeilrichtung. Wenn α größer als rund 6°, wird das Werkstück bereits beim Spannen von der Anlage weggeschoben. Wenn α kleiner als rund 6°, kommt zwar zunächst eine Spannung zustande, jedoch kann diese während des Bearbeitens gelöst werden.

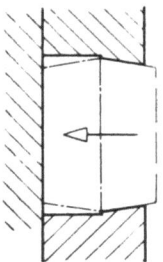

Bild 289. Ein Teil der Spannkraft wirkt gegen die Werkstück-Anlage, wodurch das Werkstück sicher gespannt wird.

Bild 288 u. 289. *Spannen eines Werkstückes mit kegeligen Spannflächen.*

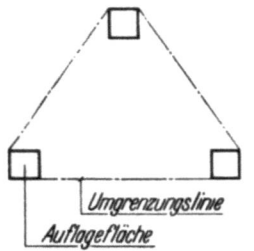 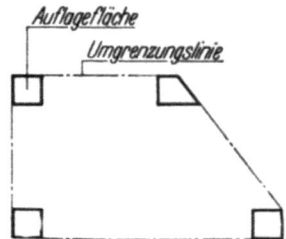

Bild 290 u. 291. Um Kippen zu vermeiden, ist eine senkrecht zur Bildebene wirkende Spannkraft innerhalb der Umgrenzungslinien anzusetzen.

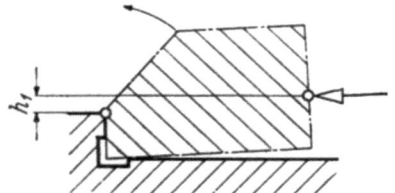 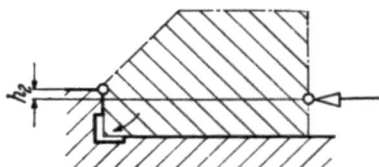

Bild 292. Der Angriffspunkt für die Spannkraft ist zu hoch angesetzt. Deshalb wird das Werkstück unter dem Kippmoment mit Hebellänge h_1 aus seiner bestimmten Lage gehoben.

Bild 293. Der Angriffspunkt für die Spannkraft ist um den Betrag h_2 unterhalb des Kippunktes angesetzt. Das Werkstück wird gegen die Anlage gedrückt.

Bild 292 u. 293. *Lage des Spannkraftangriffes gegenüber dem Kippunkt.*

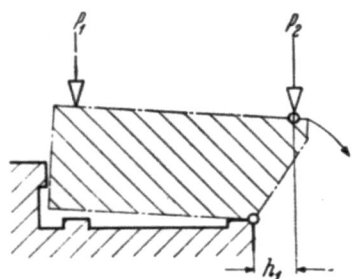 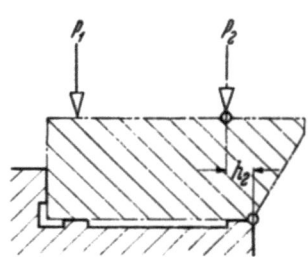

Bild 294. P_2 greift außerhalb der Auflagefläche an, wodurch am Werkstück ein Kippmoment mit Hebellänge h_1 entsteht. Wenn P_1 größer als P_2 kommt zwar die Kippkraft nicht zur Auswirkung. Derartige Spannungen sind aber grundsätzlich zu vermeiden, da P_1 entgegen P_2 wirkt, die Sicherheit der Spannung vom Bedienenden abhängt und außerdem das Werkstück auf Biegung beansprucht wird.

Bild 295. Der Angriffspunkt für P_2 ist innerhalb der Auflagefläche, z. B. im Abstand h_2, anzuordnen.

Bild 294 u. 295. *Lage des Spannkraftangriffes gegenüber Kippunkt.*

Wird das Werkstück auf Biegung beansprucht, wird es „*verspannt*" (Bild 296 ··· 303). Dieses Verspannen kann an der Bearbeitungsfläche größere Maß- und Formfehler verursachen. In groben Fällen entstehen bleibende Formänderungen, in den zahlreicheren Fällen liegt die Formänderung innerhalb der Elastizitätsgrenze. Das Werkstück hat also nach

3.44 Spannkraft-Auswahl, -Größe und -Richtung

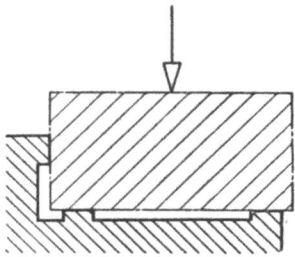

Bild 296. Die Spannkraft greift zwischen den beiden Auflageflächen an. Das Werkstück wird auf Biegung beansprucht. Die mögliche Durchbiegung ist jedoch wegen der verhältnismäßig großen Steifigkeit des Werkstückes belanglos.

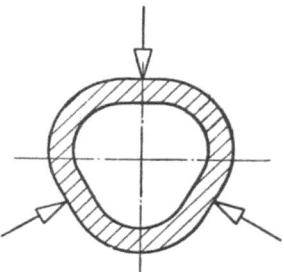

Bild 301. Die dünnwandige Buchse ist verspannt.

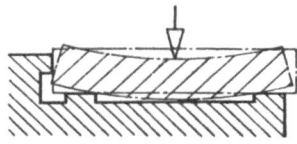

Bild 297. Die Spannkraft greift zwischen den beiden Auflageflächen an. Hierbei wird das verhältnismäßig nachgiebige Werkstück durchgebogen.

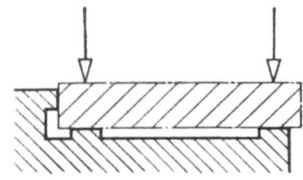

Bild 298. Die Spannteile liegen den Auflageflächen gegenüber, wodurch weder Werkstück noch Vorrichtung auf Biegung beansprucht werden.

Bild 296 ··· 298. *Anordnung des Angriffspunktes für die Spannkraft.*

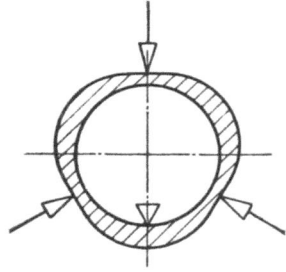

Bild 302. Im verspannten Zustand ist die fertige Bohrung kreisrund.

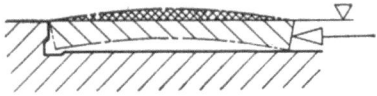

Bild 299. Das verhältnismäßig dünne Werkstück wird unter der Spannkraft nach oben gebogen.

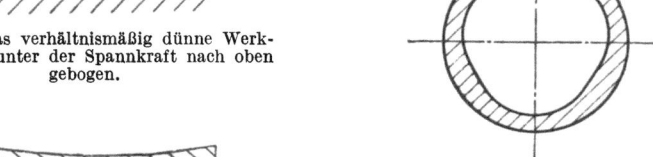

Bild 300. Form des Werkstückquerschnittes nach dem Bearbeiten nach Bild 299, dem Ausspannen und Zurückfedern des Werkstückes.

Bild 299 u. 300. *Auswirkung des Verspannens.*

Bild 303. Nach dem Ausspannen und Zurückfedern des Werkstückes wird die gefertigte Bohrung entsprechend dem vorhergegangenen Verspannen unrund.

Bild 301 ··· 303. *Auswirkung des Verspannens.*

dem Lösen der Spannung eine andere Form als im gespannten Zustand. Damit wird durch das Lösen der Spannung eine im gespannten Zustand erzeugte Form geändert. Eine kreisrunde Form wird oval oder eckig, Flächen werden unparallel oder windschief, Bohrungen erhalten Richtungsfehler. In manchen Fällen ist es sehr schwierig, das Werkstück ohne Verspannen festzuhalten. Gegebenenfalls ist für dieselbe Bearbeitung für Schruppen und Schlichten verschieden stark zu spannen, wobei zum Schruppen, das die größere Spannkraft erfordert, ein gewisses Verspannen in Kauf genommen wird.

Beim Spannen ist außerdem darauf zu achten, daß die *Steifigkeit des Werkstückes* durch die Bearbeitung erheblich *geändert* werden kann. Die Steifigkeit des Werkstückes kann vermindert werden

durch Verkleinerung des Querschnittes,
durch Unterbrechung einer vor dem Bearbeiten in sich geschlossenen Form oder
durch Freiwerden von Werkstoffspannungen.

Dadurch kann eine vor dem Bearbeiten zunächst einwandfreie Spannung während des Bearbeitens gelockert werden. Werkstück oder Werkzeug oder beide können dabei beschädigt werden oder zu Bruch gehen. In

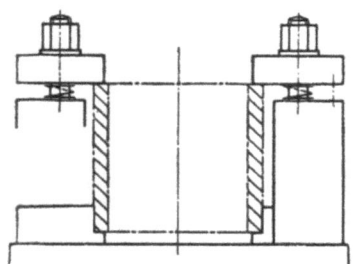
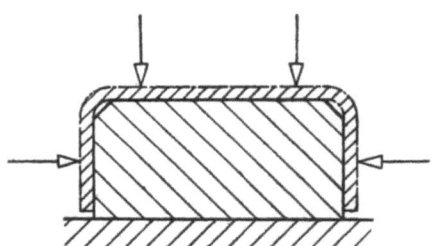

Bild 304. Um Verspannen der dünnwandigen Buchse zu vermeiden, ist diese durch Spannbacken nur eingemittet und zur Aufnahme der Arbeitskraft in Längsrichtung gespannt.

Bild 305. Aus Blech geformte Werkstücke erfordern in der Regel eine zumindest angenähert formgleiche Aufnahme, um gegenüber den Arbeitskräften genügend gestützt zu sein. In Stanzwerkzeugen gefertigte Blechteile sind in der Regel so genau, daß auch mit festem Aufnahmeteil kein Überbestimmen eintritt.

solchen Fällen ist die Spannkraft entsprechend dem bearbeiteten Werkstück, also dem Werkstück mit verminderter Steifigkeit, zu halten.

Blechartige Werkstücke (Bild 304 ··· 306) bedürfen besonderer Maßnahmen und Sorgfalt, um sie einerseits so fest zu spannen, daß eine wirtschaftlich tragbare Zerspanungsleistung möglich ist, andrerseits das Werkstück nicht verspannt wird. Aus Blech geformte Werkstücke erfordern in der Regel eine formgleiche oder wenigstens formähnliche Aufnahme. Gegen diese ist das Werkstück an so vielen Stellen zu spannen, daß ein ruhiges Bearbeiten möglich ist. Wenn solche Blechteile in Stanzwerkzeugen gefertigt sind, weisen sie so geringe Form- und Maßabweichungen auf, daß die Aufnahmeteile in der Vorrichtung starr sein können, ohne daß ein Überbestimmen eintritt.

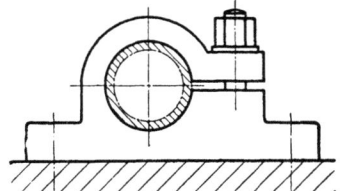

Bild 306. Klemmspannung für Werkstücke mit kreisförmigem Querschnitt. Das Werkstück wird durch den unteren festen Teil bestimmt. Der zum Spannen dienende Teil ist möglichst lang zu halten, damit er gut federt. Dadurch wird das Werkstück über einen langen Winkel umschlossen und eine Ermüdung des federnden Teiles weitgehend vermieden.

3.45 Spannteile

Durch das Spannteil wird die eingeleitete Spannkraft übersetzt und gespeichert.

Als Spannteil dienen Gewicht, Hebel, Keil, Feder und Kolben. Der Hebel wird als einarmiger, zweiarmiger, Winkel- und Kniehebel verwendet, der Keil in seiner Grundform sowie als Kegel, Exzenter, Spirale und vor allem als Schraube.

Die *Abmessungen* der Spannteile sind nicht nur nach kraftmäßiger Beanspruchung, sondern auch unter Berücksichtigung sonstiger betrieblicher Beanspruchungen zu wählen.

Lose Teile sind als Spannteil möglichst nicht zu verwenden. Diese können verlorengehen und erfordern außerdem meist längere Zeiten für Anstellen, Zurücknehmen und Reinigen. In Ausnahmefällen jedoch ist gerade durch Verwendung eines losen Teiles ein schnelleres Bedienen möglich, nämlich dann, wenn nach Entfernen des losen Teiles das Werkstück rascher gehandhabt werden kann (Bild 424). In allen Fällen werden beim Bedienen lieber größere Wege unbehindert ausgeführt als kürzere Wege, bei denen Finger oder Hände leicht verletzt werden können.

3.451 Spannhebel

Die mit dem ein- oder zweiarmigen Hebel ausübbaren Spannkräfte sind verhältnismäßig gering. Der handbetätigte Spannhebel ist deshalb vorzugsweise nur für leichtere Arbeiten verwendbar (Bild 307). Die mittels Kniehebel ausübbaren Spannkräfte sind groß, doch erfordern Kniehebel verhältnismäßig viel Raum. Ihres großen Abhubes wegen werden sie vorzugsweise als Schnellspanner verwendet (Bild 484 ⋯ 488).

3.452 Spannkeile

Der geradlinige Spannkeil wird unmittelbar von Hand oder durch Hebel, Exzenter, Kurve, Schraube, Feder, Druckluft oder Drucköl betätigt. Die Betätigung unmittelbar von Hand kommt nur für leichtere, erschütterungsfreie Arbeiten in Betracht. Der lose Keil (Bild 308) wird frei von Hand oder durch Hammer betätigt oder samt Vorrichtung auf ein Aufschlagstück aufgestoßen. Lose Keile werden verwendet, weil sie einfach sind und niedrig bauen. Damit die Vorrichtung durch Hammerschläge nicht unzulässig verzogen oder vorzeitig verdorben wird, sind Vorrichtungen mit Schlagkeil entsprechend robust zu bemessen. Für Genauigkeitsansprüche kommen durch Hammer betätigte Keile jedoch nicht in Betracht. Sie scheiden auch bei größeren Stückzahlen aus, da hierfür die Griffzeiten zu lang sind.

In Vorrichtungen eingebaute Keile haben verhältnismäßig geringen Abhub. Insbesondere bei Verbindung mit normal eingebauter Schraube

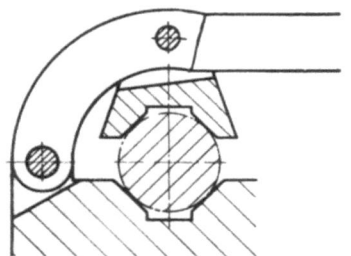

Bild 307. Handbetätigter einarmiger Spannhebel.

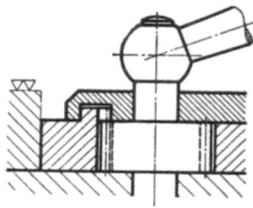

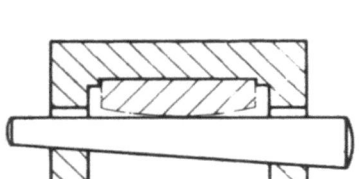

Bild 308. Loser Spannkeil.

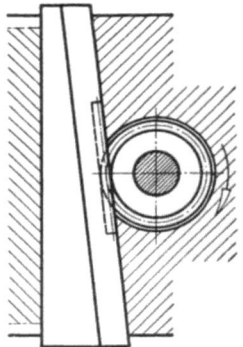

Bild 309. Spannkeil mit Antrieb durch Zahnrad und Zahnstange. Die Keilführung liegt parallel zum Keilrücken.

entstehen lange Bedienwege. Diese Wege sind gegebenenfalls durch eine Schnellspannung abzukürzen. Für längere Keilwege ist auch Antrieb durch Zahnrad und Zahnstange geeignet (Bild 309).

Für Spannkeile genügt eine Neigung von 1:10, wenn die Arbeitskraft gering ist und keine Erschütterungen auftreten. Andernfalls ist eine Neigung von etwa 1:15 bis 1:20 vorzusehen. Selbsthemmung ist nicht erforderlich, wenn der Keil durch ein Spannteil betätigt wird, das bereits selbsthemmend ist.

Führungen für Keile sind parallel zur Keilanlage zu halten. Keilführungsflächen für Keile, die zugleich als Bestimmteile dienen, sind gegen Späne möglichst zu schützen.

3.453 Spannexzenter und Spannspiralen

Mittels Spannexzenter und Spannspirale ist mit kurzem Bedienweg ein verhältnismäßig großer Abhub erreichbar. Für großen Abhub sind Spannexzenter und Spannspirale dem Schraubenspanner überlegen, falls dieser nicht als Schnellspanner gestaltet ist. Spannexzenter und Spannspirale haben jedoch gegenüber der Spannschraube den Nachteil, daß die Spannfläche kleiner ist und sicheres Spannen in besonderem Maße von der richtigen Gestaltung und Ausführung der Spannfläche abhängt. Mit Vergrößerung des Halbmessers von Exzenter oder Spirale nimmt der spezifische Druck auf die Spannfläche ab. Damit wird auch die Abnutzung der Spannfläche geringer.

Spannexzenter sind einfacher herstellbar als Spannspiralen. Spannspiralen haben jedoch gegenüber Spannexzentern den Vorteil, daß die Spannwirkung über die gesamte Spannfläche praktisch gleich groß ist. Außerdem ist bei gleichem Halbmesser für die Spannfläche der wirksame Hub der Spannspirale größer als der wirksame Hub des Exzenters.

Gestaltung der Spannfläche des Spannexzenters. Die Spannfläche des Spannexzenters entspricht einer *exzentrisch liegenden Zylinderfläche*. Kennzeichnend für Spannexzenter ist das Verhältnis des Spannflächendurchmessers D zur Exzentrizität e (Bild 310 u. 311). Wenn D/e gleich oder größer als 20, ist der Exzenter in jeder Winkelstellung selbsthemmend (Bild 310). Der Bereich der Selbsthemmung nimmt mit zunehmender Exzentrizität ab (Bild 311 und Tafel 6). Je näher die benutzte Spannfläche dem Keilwinkel 0° liegt, um so geringer ist der Hub, um so größer ist die Spannkraft, aber auch die Möglichkeit, daß der Exzenter über den 0-Punkt hinaus durchgeschwenkt wird.

Gestaltung der Spannfläche der Spannspirale. Für die Form der Spannfläche der Spannspirale wird zweckmäßig die *archimedische Spirale* gewählt (Bild 312). Die Steigung dieser Spirale ist für gleiche Zentriwinkel gleich. Der Steigungswinkel nimmt mit zunehmendem Durchmesser ab. Diese Abnahme beträgt für eine Spirale mit $r = 20$ mm bei einem Schwenkwinkel von $\alpha = 180°$ etwa 2°. Für den Keilwinkel ist ein mittlerer Wert von 5° 30' zweckmäßig.

Beim Aufzeichnen einer Spannspirale sind die Werte für den Hub h der Tafel 7 entnehmbar. Für ein *zeitsparendes Aufzeichnen* kann die Darstellung einer Spannspirale durch die Darstellung eines Exzenters nach Bild 313 ersetzt werden.

Die Spannfläche von Spannspiralen wird zweckmäßig durch Hinterdrehen gefertigt, bei größeren Stückzahlen durch Formfräsen. Spannspiralen sollten deshalb auf wenige Größen beschränkt und genormt werden.

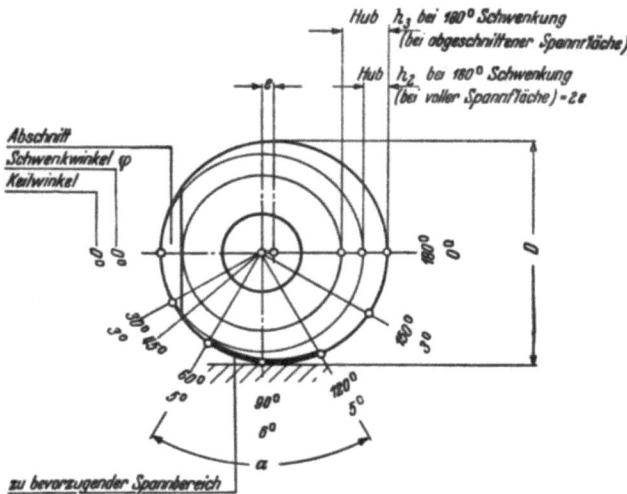

Bild 310. **Spannexzenter** mit D/e ist gleich oder größer als 20. Selbsthemmung in jeder Winkellage. Hierzu Tafel 6.

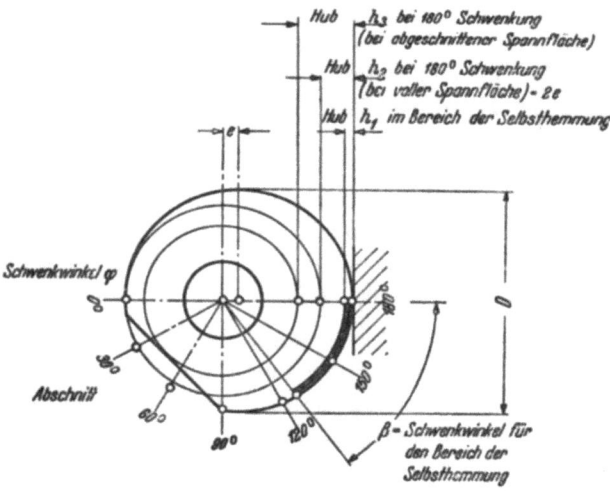

Bild 311. **Spannexzenter** mit $D/e = 14$. Hierzu Tafel 6.
Bild 310 u. 311. *Gestaltung der Spannfläche von Spannexzentern.*

Der für Spannexzenter und Spannspirale jeweils erforderliche *Hub* ist abhängig von
  der Größe der Werkstücktoleranz,
  der Durchfederung der unter Spannkraft liegenden Teile,
  einem Zuschlag für Abnutzung,
  einem Zuschlag für Sicherheit.

3.45 Spannteile

Tafel 6. *Abmessungen für Spannexzenter*
Maße in mm

D/e	Bereich der Selbst-hemmung β in °	D	Exzentrizität e	Hub bei Schwenkwinkel				D	Exzentrizität e	Hub bei Schwenkwinkel				D	Exzentrizität e	Hub bei Schwenkwinkel			
				α Bild 310	β	φ 90°	φ 180°			α Bild 310	β	φ 90°	φ 180°			α Bild 310	β	φ 90°	φ 180°
6	23	16	2,7	—	0,28	2,7	5,4	32	5,3	—	0,56	5,3	10,6	63	10,5	—	1,10	10,5	21
8	29		2	—	0,32	2	4		4	—	0,64	4	8		7,9	—	1,26	7,9	15,8
10	36		1,6	—	0,36	1,6	3,2		3,2	—	0,72	3,2	6,4		6,3	—	1,42	6,3	12,6
12	43		1,3	—	0,42	1,3	2,6		2,7	—	0,84	2,7	5,4		5,2	—	1,66	5,3	10,6
16	58		1	—	0,53	1	2		2	—	1,06	2	4		3,9	—	2,10	3,9	7,8
20	180		0,8	0,8	1,6	0,8	1,6		1,6	1,6	3,2	1,6	3,2		3,2	3,2	6,30	3,2	6,4
6	23	20	3,3	—	0,35	3,3	6,6	40	6,7	—	0,70	6,7	13,4	80	13,3	—	1,40	13,2	26,6
8	29		2,5	—	0,40	2,5	5		4	—	0,80	5	10		10	—	1,60	10	20
10	36		2	—	0,45	2	4		4	—	0,90	4	8		8	—	1,80	8	16
12	43		1,7	—	0,53	1,7	3,4		3,3	—	1,06	3,3	6,6		6,7	—	2,12	6,7	13,4
16	58		1,3	—	0,66	1,3	2,6		2,5	—	1,32	2,5	5		5	—	2,64	5	10
20	180		1	1	2	1	2		2	2	4	2	4		4	4	8	4	8
6	23	25	4,2	—	0,44	4,2	8,4	50	8,3	—	0,88	8,3	16,6	100	16,7	—	1,75	16,7	33,4
8	29		3,1	—	0,50	3,1	6,2		6,3	—	1,00	6,3	12,6		12,5	—	2,00	12,5	25
10	36		2,5	—	0,56	2,5	5		5	—	1,13	5	10		10	—	2,25	10	20
12	43		2,1	—	0,66	2,1	4,2		4,2	—	1,33	4,2	8,2		8,3	—	2,65	8,3	16,6
16	58		1,6	—	0,83	1,6	3,2		3,1	—	1,65	3,1	6,2		6,3	—	3,30	6,3	12,6
20	180		1,3	1,3	2,6	1,3	2,6		2,5	2,5	5	2,5	5		5	5	10	5	10

Tafel 7. Hübe für Spannkurven mit archimedischer Spirale
Maße in mm. Hierzu Bild 312

r bei $\varphi=0°$	Schwenkwinkel φ																			
	5°	10°	15°	30°	45°	60°	75°	90°	105°	120°	135°	150°	165°	180°	195°	210°	225°	240°	256°	270°	360°
8	0,06	0,13	0,19	0,38	0,58	0,77	0,96	1,15	1,34	1,54	1,73	1,90	2,11	2,30	2,50	2,69	2,88	3,07	3,26	3,46	4,60
10	0,08	0,16	0,24	0,48	0,72	0,96	1,20	1,44	1,68	1,92	2,16	2,40	2,64	2,88	3,12	3,36	3,60	3,84	4,08	4,32	5,76
12	0,09	0,19	0,29	0,58	0,86	1,15	1,44	1,79	2,02	2,30	2,59	2,88	3,17	3,46	3,74	4,03	4,32	4,61	4,90	5,18	6,91
16	0,13	0,26	0,38	0,79	1,15	1,54	1,92	2,30	2,69	3,07	3,46	3,84	4,22	4,61	5,06	5,38	5,75	6,14	6,53	6,91	9,22
20	0,16	0,32	0,48	0,96	1,44	1,92	2,40	2,88	3,36	3,84	4,32	4,80	5,28	5,76	6,24	6,72	7,20	7,68	8,18	8,64	11,52
25	0,20	0,40	0,60	1,20	1,80	2,40	3,00	3,60	4,20	4,80	5,40	6,00	6,60	7,20	7,80	8,40	9,00	9,60	10,20	10,80	14,40
32	0,26	0,51	0,77	1,54	2,30	3,07	3,84	4,61	5,38	6,14	6,91	7,68	8,45	9,21	10,11	10,75	11,52	12,20	13,06	13,82	18,42
40	0,32	0,64	0,96	1,92	2,88	3,84	4,80	5,76	6,72	7,68	8,64	9,60	10,56	11,92	12,48	13,44	14,40	15,36	16,32	17,28	23,04
50	0,40	0,80	1,20	2,40	3,60	4,80	6,00	7,20	8,40	9,60	10,80	12,00	13,20	14,40	15,60	16,80	18,00	19,20	20,40	21,60	28,80

Der Abhub kann durch teilweises Abschneiden der Spannfläche erheblich vergrößert werden. Bei Spannexzentern und Spannspiralen, die auf Druck arbeiten, sind für den Rückzug Feder oder Hebel vorzusehen.

Bauformen. Verschiedene Bauformen für Spannexzenter und Spannspiralen ergeben sich vor allem daraus, ob diese zum Spannen unter Druck (Bild 314 ··· 315) oder unter Zug gesetzt werden (Tafel 8, Bild 316

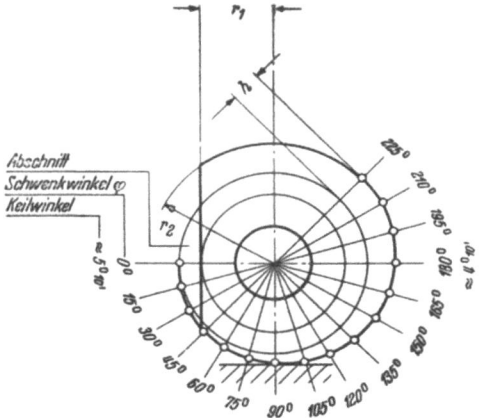

Bild 312. Gestaltung von Spannkurven mit archimedischer Spiralfläche. Hierzu Tafel 7.

Bild 313. Ersatz der Darstellung einer Spannspirale durch Darstellung eines Spannexzenters.
1. Eine Senkrechte im Punkt A errichten.
2. Kreislinie mit r_1 ziehen.
3. Gerade unter 45° durch Punkt B ziehen.
4. Unter Abstand a Mittelpunkt für r_2 festlegen.
5. Kreislinie mit r_2 ziehen.
6. Für den Abschnitt des Exzenters Senkrechte im Punkt c errichten.

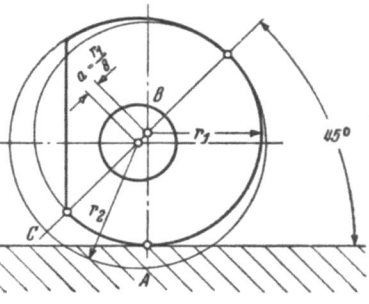

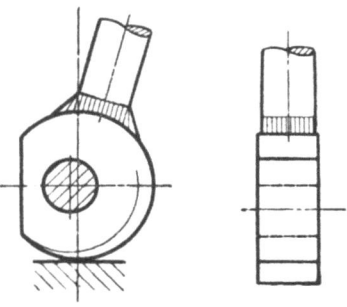

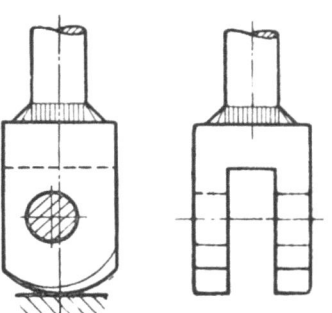

Bild 314. Scheibenförmiger Druckexzenter.　　Bild 315. Gabelförmiger Druckexzenter.

u. 317). Exzenterwellen (Bild 318) und Schlitzscheiben (Bild 319) sind für Zug- und Druckwirkung verwendbar.

Tafel 8. *Abmessungen für Zugexzenter*

Maße in mm
▽▽
Kanten gebrochen

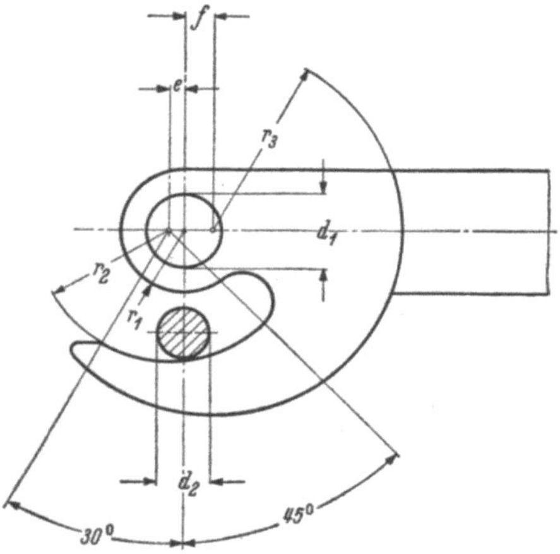

$d_1{}^{H8}$	e	f	r_1
6	1,2	2	5,5
8	1,6	2,5	7,5
10	2	3,2	9
12	2,4	4	11
16	3,2	5	14
20	4	6,3	18
25	5	8	23

$d_1{}^{H8}$	r_2	r_3	d_2
6	12	16	5
8	16	22	6
10	20	28	8
12	25	35	10
16	32	44	13
20	40	55	16
25	50	68	20

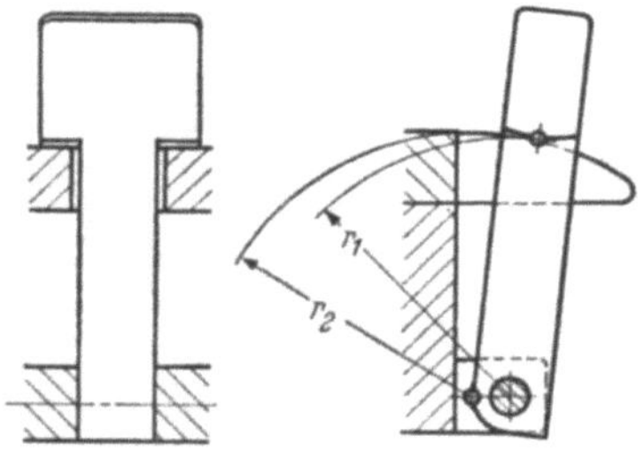

Bild 316. T-förmiger Vorreiber. 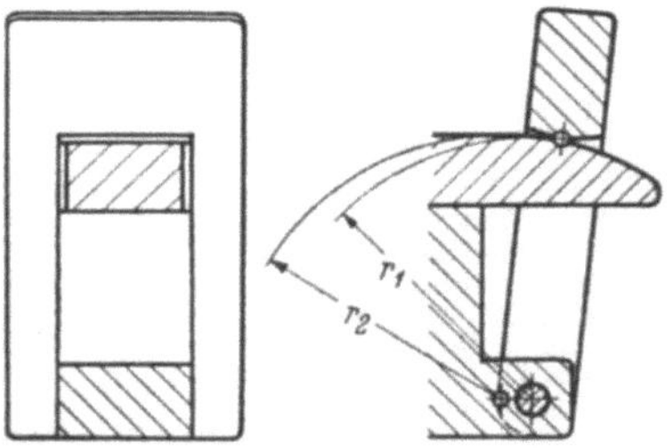   Bild 317. U-förmiger Vorreiber.
Bild 316 u. 317. *Klappe mit exzentrischer Spannfläche und Vorreiber.*

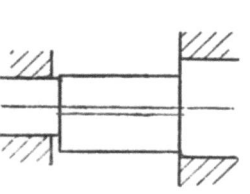

Bild 318. Exzenterwelle.

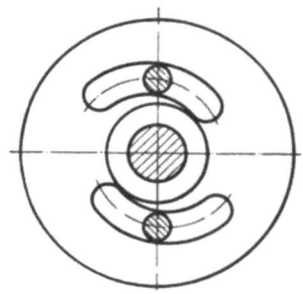

Bild 319. Spannscheibe mit exzentrischen Schlitzen, auf Druck und Zug verwendbar.

3.45 Spannteile

Spannrichtung. Wenn Spannexzenter und Spannspiralen auf das Werkstück unmittelbar wirken, ist die Auswirkung der Spannbewegung zu beachten (Bild 320 u. 321).

Einstellbarkeit. Exzenterspanner vor allem, aber auch Spiralspanner sind möglichst einstellbar zu halten. Dadurch wird die Fertigung des Sqannsatzes erleichtert und ist Abnutzung ausgleichbar (Bild 322 ⋯ 326).

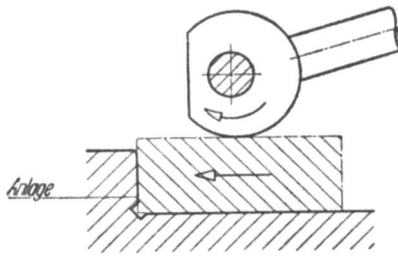
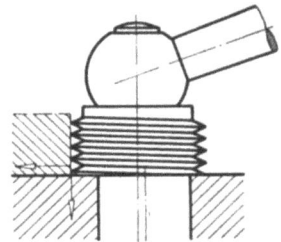

Bild 320. Die Spannbewegung ist so zu legen, daß das Werkstück beim Spannen gegen die Anlage gedrückt wird.

Bild 321. Spannexzenter mit schraubenförmiger Spannfläche. Durch den Exzenter wird das Werkstück gegen die Anlage, durch die Gewindegänge gegen die Auflage gedrückt.

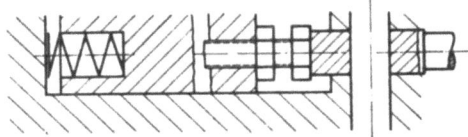

Bild 322. Das Spannteil wirkt gegen eine Stellschraube.

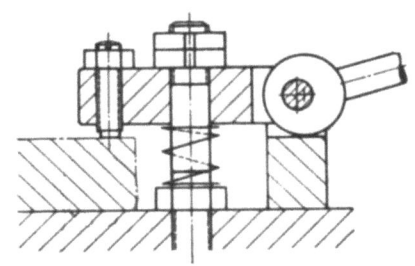

Bild 323. Eine auf das Werkstück wirkende Stellschraube ist in einem Spanneisen angeordnet.

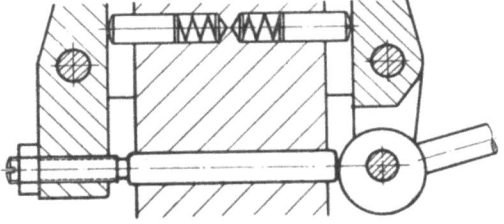

Bild 324. Eine Stellschraube sitzt in einem Hebel.
Bild 322 ⋯ 324. *Einstellmöglichkeiten für Spannexzenter und Spannspiralen.*

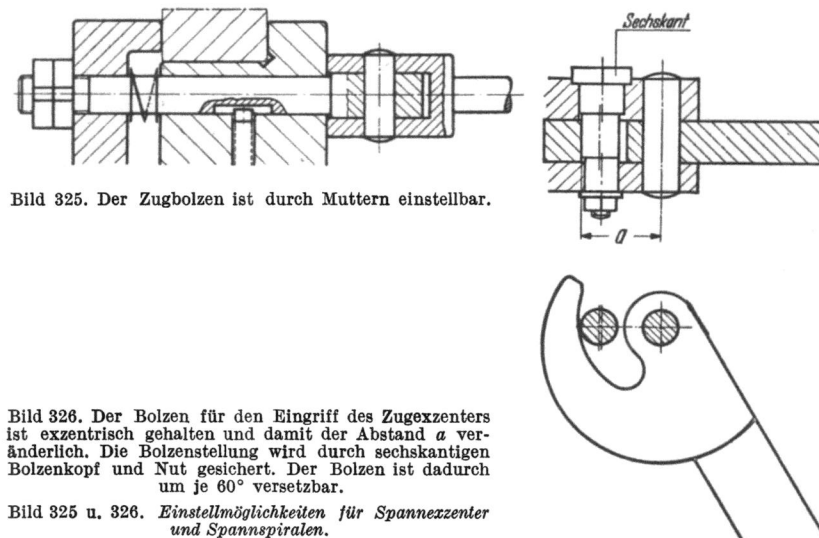

Bild 325. Der Zugbolzen ist durch Muttern einstellbar.

Bild 326. Der Bolzen für den Eingriff des Zugexzenters ist exzentrisch gehalten und damit der Abstand a veränderlich. Die Bolzenstellung wird durch sechskantigen Bolzenkopf und Nut gesichert. Der Bolzen ist dadurch um je 60° versetzbar.

Bild 325 u. 326. *Einstellmöglichkeiten für Spannexzenter und Spannspiralen.*

3.454 Spannschrauben und Spannmuttern

Von den mechanischen Spannern wird der Schraubenspanner weitaus am häufigsten verwendet. Seine Anschaffungskosten liegen niedrig, und er ist in seiner Spannwirkung sicher, auch ohne besondere Sorgfalt bei seiner Fertigung.

Gewindeform. Bis etwa 30 mm Durchmesser wird vorzugsweise metrisches Gewinde nach DIN 13, darüber vorzugsweise Trapezgewinde nach DIN 103 verwendet. Zum Beispiel für Schnellspannzwecke (Bild 466) kommt außerdem Sägengewinde nach DIN 513 in Betracht. Sondergewinde sind weitestgehend zu vermeiden. Vor deren Verwendung ist zu prüfen, ob hierfür Werkzeuge vorhanden sind. Zweckmäßig wird im Konstruktionsbüro eine Übersicht über vorhandene Gewindeschneidwerkzeuge unterhalten, insbesondere über vorhandene Gewindebohrer und Innengewindestrehler.

Gewindedurchmesser. Für die Wahl des Gewindedurchmessers ist neben Größe der Spannkraft und Bruchsicherheit die Rücksichtnahme auf Schwingungen und auf Biegung bestimmend. Namentlich die Steifigkeit gegen Schwingungen erfordert einen wesentlich größeren Querschnitt von Schraubenbolzen, als für die Bruchsicherheit erforderlich wäre.

Zu Bruch kann eine Spannschraube unter der Spannkraft oder unter der Arbeitskraft gehen. Erfahrungsgemäß kann bei normaler Schlüssellänge eine Schraube mit Gewinde M 10 von Hand abgerissen werden.

3.45 Spannteile

Bei normaler Schlüssellänge ist die mit gleichem Kraftaufwand erreichbare Spannkraft für Schrauben von M 12 bis M 30 praktisch gleich groß. Größere Spannkraft ist erreichbar durch kleinere Gewindesteigung, Verlängerung des Spannhebels, Zwischenschaltung eines Übersetzungsgetriebes.

Spannschrauben- und Spannmutterformen. Zum Spannen dienen Spannbolzen wie Spannmuttern. In erster Linie sind *genormte* Schrauben und Muttern zu verwenden, Sonderformen weitgehend zu vermeiden. Als *Spannmutter* ist die *1,5 d hohe Mutter* (DIN 6330 und DIN 6331) vorzuziehen. Niedrigere Muttern sind nur bei Raummangel anzuordnen. Schrauben mit Innensechskant ermöglichen zwar raumsparendes Bauen und sind als Befestigungsschrauben sehr gut, jedoch als Spannschrauben weniger geeignet, weil die kleinen Schlüsselflächen verhältnismäßig rasch abgenützt werden.

Verbindung der Spannschraube mit einem Vorrichtungsteil. Bei Wahl der Schraube und ihrer Verbindung mit der Vorrichtung ist auf Abnutzung und Ersatzmöglichkeit zu achten (Bild 327 u. 328).

Stiftschrauben sind gegen Lösen zu sichern. Einfach und sicher geschieht das durch Gegenmutter.

Spannschrauben, die zugleich zum Bestimmen des Werkstückes dienen, sind durch zylindrischen Ansatz einzumitten (Bild 329).

Schrauben, die auf eine größere Länge frei stehen, sind gegen Verbiegen zu stützen (Bild 330 ··· 332).

Spannhaken (Bild 333) sind auf der, der Spannfläche gegenüberliegenden Seite abzustützen, damit der Spannkopf in der angedeuteten Richtung nicht abgebogen wird.

Schrauben sind kurz zu halten, damit die Spannung möglichst steif ist (Bild 334 u. 335).

Spannkräfte sind durch festen Bund der Schraube aufzunehmen (Bild 336 u. 337).

Das Spannteillager muß so kräftig bemessen sein, daß es die Spannkraft mit Sicherheit aufnehmen kann (Bild 338 ··· 340).

Für das Spannteillager ist jedoch mehr Nachgiebigkeit zulässig als für das Bestimmteil. Das Spannteillager kann deshalb meist etwas leichter gebaut sein als das Bestimmteillager. Voraussetzung ist hierbei, daß das Spannteil nur zum Spannen dient. Spannteile, die zugleich zum Bestimmen des Werkstückes oder zum Führen des Werkzeuges dienen, müssen hingegen ebenfalls so sicher gelagert sein, daß sie unter der Spannkraft keiner unzulässigen Lageveränderung unterworfen sind.

Pinolen sind nach dem Spannen mit dem Vorrichtungskörper zu verklemmen (Bild 341 u. 342), wenn das Führungsspiel der Pinole mit Rücksicht auf die Werkstückgenauigkeit nicht zulässig ist oder die Pinole wegen auftretender Schwingungen gegen Lösen gesichert sein muß

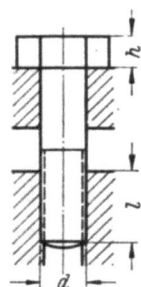 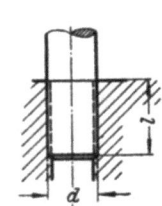 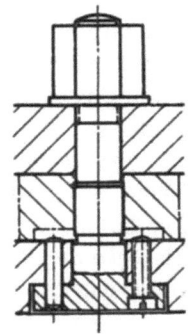

Bild 327. Normale Sechskantschraube für niedrige Bauhöhe h. Möglichst nur für geringe Werkstückzahlen verwenden, denn das Muttergewinde ist in den Vorrichtungskörper eingeschnitten, der bei Zerstörung des Gewindes schwieriger ersetzbar ist als eine Stiftschraube. Kleinstmaße für Einschraublänge l: in Baustahl 1,5 d, in Gußeisen 2 d (für größere Spannkräfte möglichst vermeiden), in Leichtmetall 3 d (für größere Spannkräfte nicht verwenden).

Bild 328. Stiftschraube ist durch Stiftschraubenzieher unter einem Drehmoment eingezogen, das größer ist als das beim Spannen des Werkstückes wirksame Drehmoment. Bei strenggehendem Gewinde erheblich sicheres Festsitzen als bei leichtgehendem Gewinde. Kleinstmaße für Einschraublänge l: in Baustahl 1 d, in Gußeisen 1,3 d, in Leichtmetall 2,5 d.

Bild 329. Die Spannschraube dient zugleich als Bestimmteil. Die Zugkraft wird vom Kopf der Schraube aufgenommen.

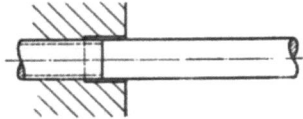 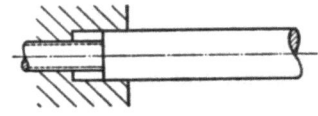

Bild 330. Die Schraube ist am Schaft durch Einstehen in die Bohrung gestützt. Hierdurch werden auftretende Biegebeanspruchungen vom vollen Schaftquerschnitt der Schraube aufgenommen, anstatt nur vom Kernquerschnitt. Zum Beispiel für eine Schraube M 16 ist das Widerstandsmoment für den Schaftquerschnitt etwa doppelt so groß wie für den Kernquerschnitt.

Bild 331. Eine verhältnismäßig dünne Schraube ist mit dickerem Schaft versehen und dieser durch Einstehen in die Bohrung gestützt.

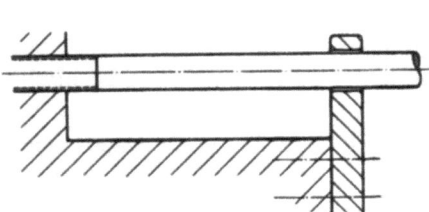 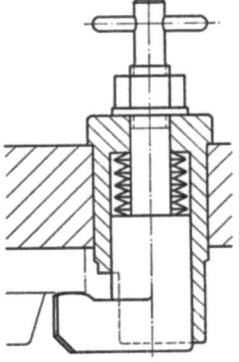

Bild 332. Eine besonders lange Schraube ist durch ein besonderes Lager gestützt.

Bild 330 ··· 332. *Abstützen von Spannschrauben mit größerer freiliegender Schraubenlänge.*

Bild 333. Hakenschraube mit Knebel zum Schwenken. Die Schwenkbewegung wird für die Einlege- und die Spannstellung durch Anschlagflächen der Führungshülse begrenzt. Gegen Abbiegen ist der Spannhaken durch den längeren Teil der Führungshülse gestützt. Gespannt wird durch die Mutter.

3.45 Spannteile

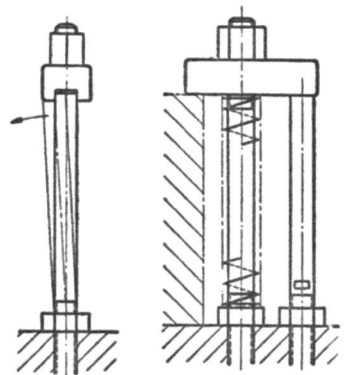
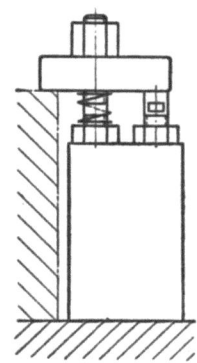

Bild 334. Beim Anziehen der Spannmutter wird die verhältnismäßig lange Stiftschraube verdreht und die gleichlange Stützschraube in Richtung der Spannbewegung abgebogen. Durch diese Nachgiebigkeit ist sicheres Spannen unmöglich.

Bild 335. Anstatt zu langer Schrauben ist ein Block gesetzt und sind die Schrauben kurz gehalten, wodurch sicher gespannt werden kann.

Bild 334 u. 335. *Länge von Spann- und Stützschraube und Steifigkeit des Spannsatzes.*

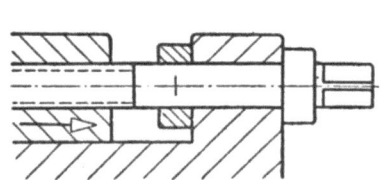
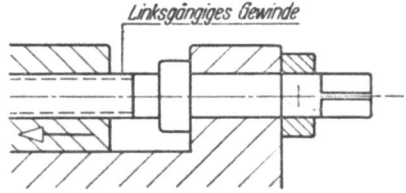

Bild 336. Anordnung des Schraubenbundes bei Zugspannung.

Bild 337. Anordnung des Schraubenbundes bei Druckspannung.

Bild 336 u. 337. *Aufnahme der Spannkraft durch festen Bund der Spannschraube.*

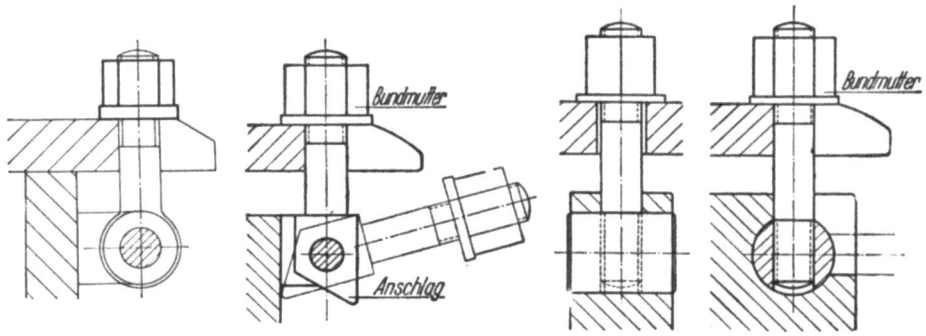

Bild 338. Augenschraube nach DIN 444 mit Sechskantmutter mit Bund nach DIN 6331.

Bild 339. Augenschraube aus Flachwerkstoff mit Anschlag gegen unnötig weites Ausschwenken.

Bild 340. Schwenkschraube, gebildet aus Zylinderbolzen mit Stiftschraube. Zu beachten ist die starke Schwächung des Grundkörpers.

Bild 338 ··· 340. *Für Schwenkschrauben Mutter mit Bund nicht Mutter mit Unterlegscheibe verwenden, weil die Scheibe beim Ausschwenken in der Regel herunterfällt, wodurch das Einschwenken der Schraube verzögert wird.*

Wenn *mehrere Spannschrauben nebeneinander* sitzen, ist darauf zu achten, daß die von einer Schraube ausgehende Spannkraft nicht durch das Spannen einer anderen Schraube unzulässig gemindert oder aufgehoben wird (Bild 343 ··· 345).

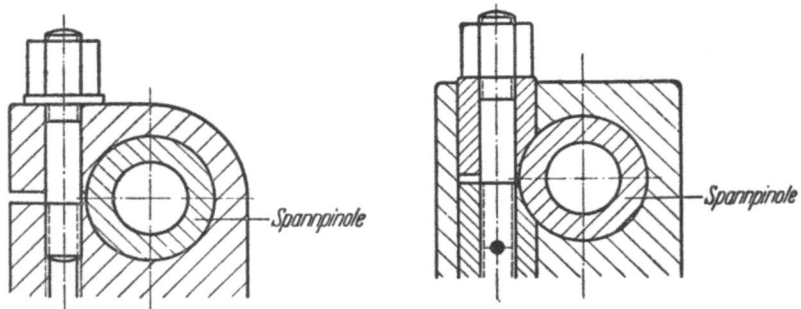

Bild 341 u. 342. Die Spannpinolen sind für größere Arbeitskräfte, für erschütterungsfreies und genaues Arbeiten nach dem Spannen durch Festklemmen zu sichern, um Auswirkung des Bewegungsspieles auszuschalten.

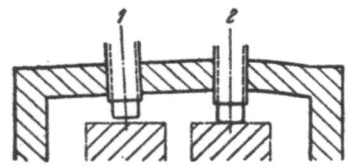 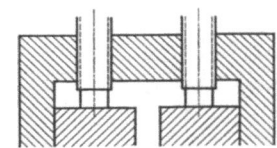

Bild 343. Der Spannteilträger ist zu schwach. Durch Anziehen der Schraube 2 wird die mit Schraube 1 ausgeführte Spannung vermindert oder aufgehoben.

Bild 344. Der Spannteilträger ist so kräftig gehalten, daß die dabei mögliche Durchbiegung belanglos ist.

Bild 343 u. 344. *Mehrere Schrauben in gemeinsamem Spannteilträger*.

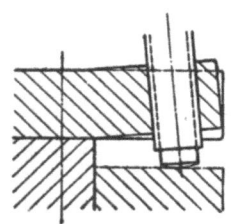 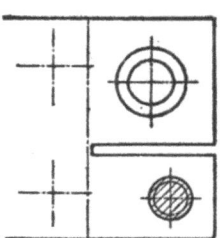

Bild 345. Der Spannteilträger ist geschlitzt, wodurch die Bohrbuchse von der Auswirkung der Spannkraft unbeeinflußt bleibt.

Auswirkung der Drehrichtung von Schrauben ist zu beachten (Bild 346 bis 349).

3.455 Spannfedern

Federn werden zum Spannen verwendet,
    um die Betätigung eines Spannteiles zu sparen (Bild 350 u. 351),
    weil die Spannstelle des Werkstückes sehr nachgiebig ist (Bild 352),
    um größere Bedienwege rasch zurückzulegen (Bild 353 u. 354),

um Längenänderungen des Werkstückes auszugleichen, die bei der Bearbeitung durch Wärme entstehen (Bild 354).

Im allgemeinen werden Federn nur zur Aufnahme kleinerer Arbeitskräfte verwendet (Bild 355). Die Kraft von Federspannern muß zunächst ausreichend groß sein, um das Werkstück in Bestimmlage zu halten. Außer-

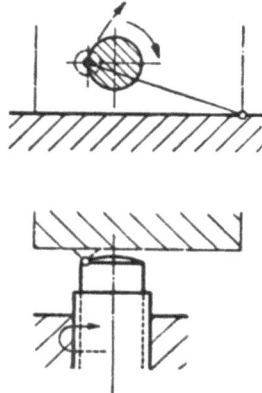 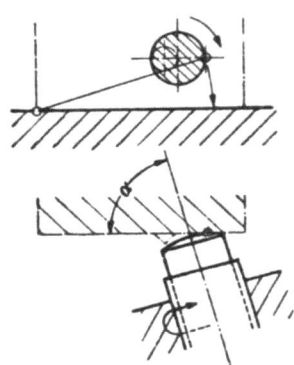

Bild 346. Das Werkstück wird beim Spannen von der Werkstückauflage abgehoben.

Bild 347. Die Spannschraube ist unter dem Winkel α schräg gestellt. Dadurch wird das Werkstück beim Spannen gegen die Werkstückauflage gedrückt.

Bild 346 u. 347. *Auswirkung der Drehbewegung einer Zapfenschraube beim Spannen auf unebener Werkstückfläche.*

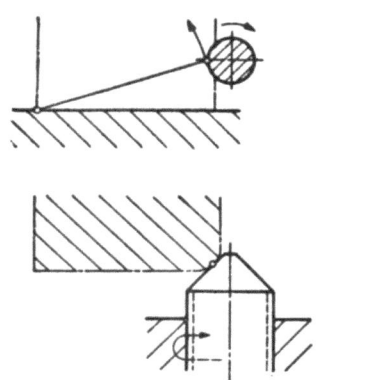 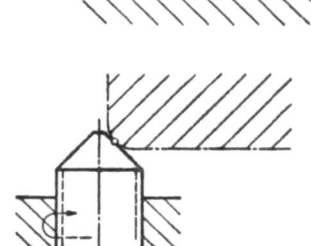

Bild 348. Das Werkstück wird beim Spannen von der Auflage abgehoben.

Bild 349. Das Werkstück wird beim Spannen gegen die Auflage gedrückt.

Bild 348 u. 349. *Auswirkung der Drehrichtung einer Schraube mit Spitze beim Spannen gegen eine Werkstückkante.*

dem muß sie so bemessen sein, daß die von der Feder zu betätigenden Teile, wie Bolzen oder Schieber, auch unter betriebsmäßiger Verschmutzung mit Sicherheit beweglich bleiben.

3 Vorrichtung und Werkstück

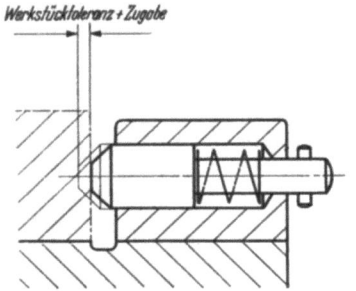
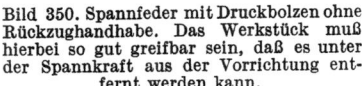

Bild 350. Spannfeder mit Druckbolzen ohne Rückzughandhabe. Das Werkstück muß hierbei so gut greifbar sein, daß es unter der Spannkraft aus der Vorrichtung entfernt werden kann.

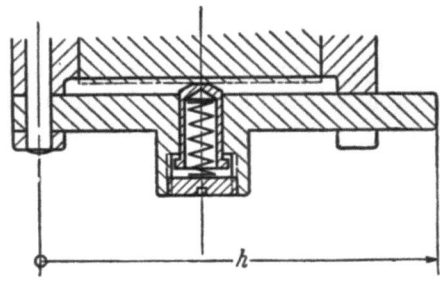

Bild 351. Mit Hilfe des ausschwenkbaren Hebels ist die Federkraft leicht überwindbar.

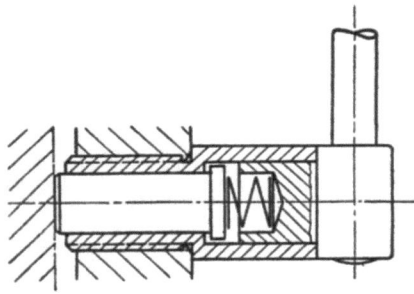

Bild 352. Der unter Federkraft stehende Bolzen wird durch Schraube vom Werkstück abgehoben. Durch Begrenzung des Schraubenweges in Spannrichtung ist die Spannkraft praktisch gleichbleibend.

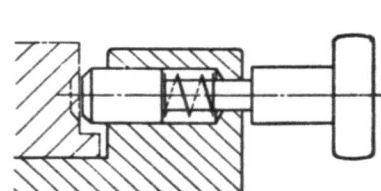

Bild 353. Die Federkraft wird durch Zurückziehen des Griffes unmittelbar von Hand überwunden. Vorzugsweise für Vorrichtungen, die auf der Maschine befestigt sind, weil bei diesen kein Gegenhalten erforderlich ist und deshalb zum Handhaben des Werkstückes ohne weiteres eine Hand frei bleibt.

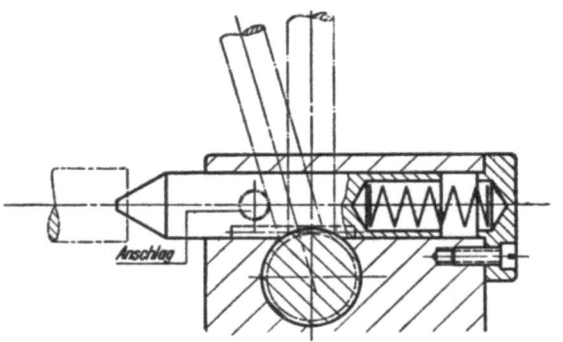

Bild 354. Bei Betätigung von Federspannern durch Zahnrad und Hebel sind auch größere Kräfte ohne vorzeitige Ermüdung überwindbar.

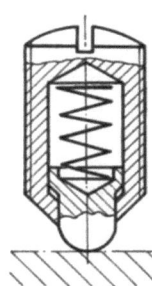

Bild 355. Federndes Druckstück. Handelsüblich mit Einschraubgewinde M 10 und M 16.

3.456 Oberflächenbeschaffenheit von Spannflächen

Der Reibungswiderstand einer Spannfläche ist am geringsten bei glatter, polierter, und am größten bei verzahnter Oberfläche (Bild 356 bis 359). Außer diesen Grenzformen werden Spannflächen mit besonders rauher Oberfläche gefertigt oder die Spitzen angearbeiteter Zähne mehr

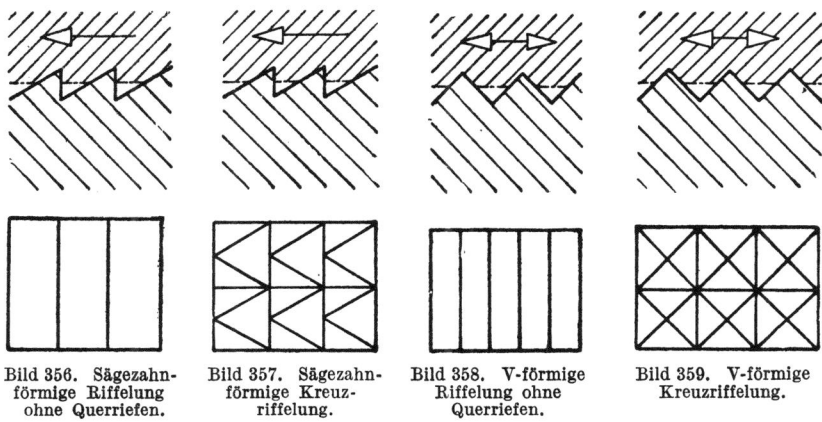

Bild 356. Sägezahnförmige Riffelung ohne Querriefen.
Bild 357. Sägezahnförmige Kreuzriffelung.
Bild 358. V-förmige Riffelung ohne Querriefen.
Bild 359. V-förmige Kreuzriffelung.

Bild 356 ··· 359. *Riffelungen für Spannflächen an Spannteilen.*

oder weniger abgeflächt. Bearbeitungsriefen sowie die Rillen einer Parallelriffelung sind senkrecht zur Hauptrichtung der Arbeitskräfte zu legen.

Für die Wahl der Oberflächenrauheit einer Spannfläche ist die Größe des erforderlichen Reibungswiderstandes und die Güte der Werkstück-Spannfläche zu berücksichtigen.

3.46 Spannkraft-Übertragteile

3.461 Allgemeines

Bei Verwendung von Spannteilen ist das Nächstliegende, das Spannteil unmittelbar auf das Werkstück wirken zu lassen. Dazu muß zunächst die räumliche Möglichkeit vorhanden sein. Außerdem muß die Spannkraft für den jeweiligen Verwendungszweck richtig sein nach Gesamtgröße, nach Richtung und nach Größe je Flächeneinheit. Ferner dürfen Nebenwirkungen, die durch die Spannteilbewegung entstehen, das Werkstück nicht aus seiner bestimmten Lage bringen.

Wo diese Voraussetzungen nicht zutreffen, sind Spannteile am Werkstück nicht unmittelbar anzusetzen, sondern ist die Spannkraft mittels eines anderen Teiles auf das Werkstück zu übertragen. *Übertragteile* werden danach *verwendet*,

um die Größe der Spannkraft zu ändern (Bild 360 u. 362),

um die Richtung der Spannkraft zu ändern, also die Kraft umzulenken (Bild 361, 363 ··· 376),

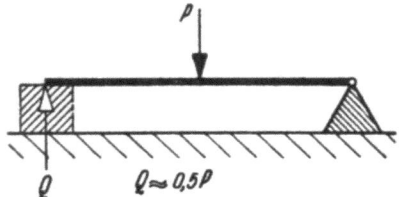

Bild 360. Einarmiger Hebel mit Kraftangriff am kürzeren Arm. Die Spannkraft wirkt in der gleichen Richtung auf das Werkstück, wie sie vom Spannteil ausgeht. Die Kraftausnutzung ist geringer als bei den Hebeln nach Bild 271 und 272. Das Übertragteil wie dessen Verbindung mit der Vorrichtung fallen jedoch verhältnismäßig einfach aus.

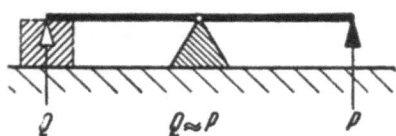

Bild 361. Zweiarmiger Hebel. Die Spannkraft wird um 180° umgelenkt.

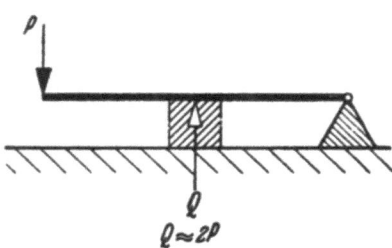

Bild 362. Einarmiger Hebel mit Kraftangriff am längeren Arm. Die Spannkraft wirkt in der gleichen Richtung auf das Werkstück, in der sie vom Spannteil ausgeht.

Bild 360 ··· 362. *Der Hebel zum Ändern von Richtung und Größe der Spannkraft.*

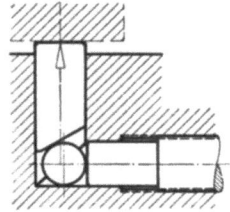

Bild 363. Kraftumlenkung auf *eine* Spannstelle.

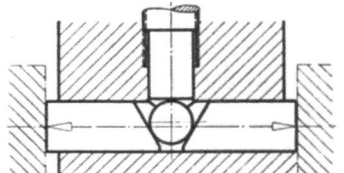

Bild 364. Kraftumlenkung auf *zwei* Spannstellen.

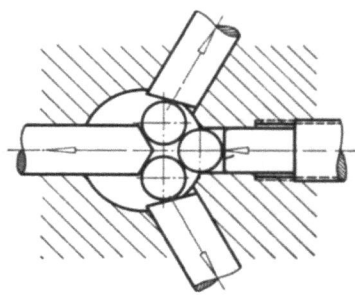

Bild 365. Kraftumlenkung auf *zwei* Spannstellen und zugleich Fortpflanzung der Spannkraft in der eingeleiteten Richtung.

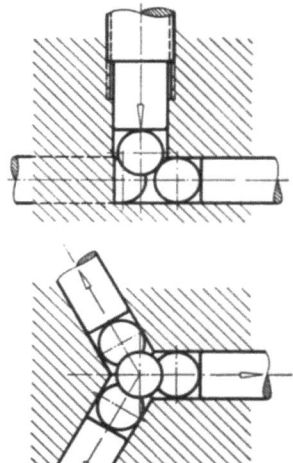

Bild 366. Kraftumlenkung auf *drei* Spannstellen.

Bild 363 ··· 366. *Umlenkung der Spannkraft durch Kugeln.*

3.46 Spannkraft-Übertragteile

Bild 367. Spannklauen System HÜBNER DBP werden vorzugsweise unmittelbar auf dem Maschinentisch befestigt. Durch die schräge Führung der Spannbacke wirkt die Spannkraft gegen die Werkstückauflage und -anlage. Handelsüblich in Größen mit den Abmessungen Breite × Höhe = 65 × 53, 58 × 80 und 120 × 135 mm.

Bild 368. Tiefspannbacken, vorzugsweise für durchgehende Bearbeitung niedriger Werkstücke. Vor dem Spannen sind die beiden Spannbacken um einen begrenzten Betrag zu öffnen, danach ist der Spannsatz gegen das Werkstück zu führen und der Grundkörper des Spannsatzes auf dem Maschinentisch zu befestigen. Beim Spannen wirkt die Spannkraft durch Keilflächen gegen die Werkstückauflage und -anlage. Handelsüblich in 3 Größen mit den Abmessungen Breite × Höhe = 40 × 20, 50 × 25 und 80 × 30 mm.

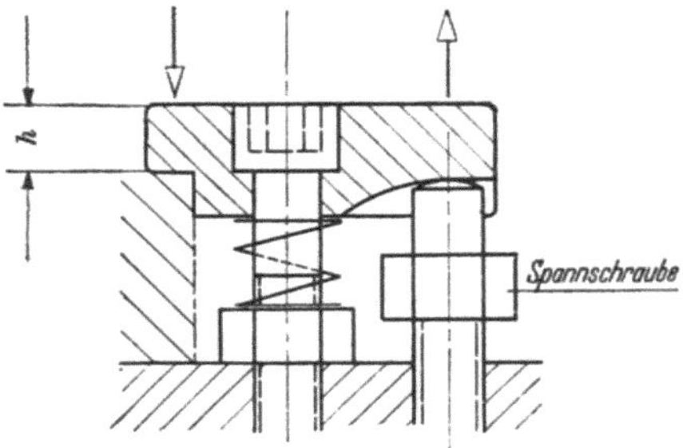

Bild 369. Die Spannkraft wird um 180° umgelenkt, damit die Bauhöhe h möglichst gering ist.

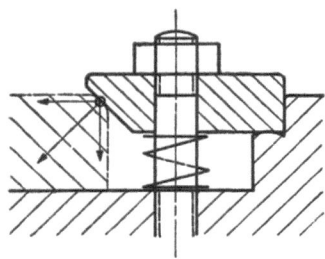

Bild 370. Die Spannkraft wird durch schräge Spannfläche umgelenkt und wirkt gegen Auflage und Anlage.

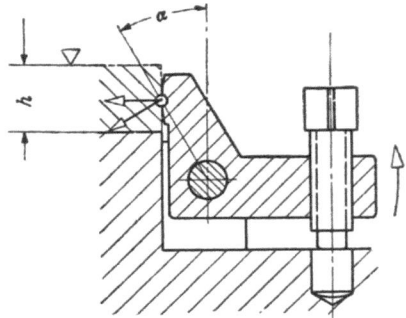

Bild 371. Die Spannkraft wird um etwa 90° umgelenkt, um die Bearbeitungsebene für den Werkzeugdurchgang frei zu halten. Mit Winkel α wächst die Seitenkraft, mit der das Werkstück gegen die Auflage gedrückt wird.

Schreyer, Werkstückspanner, 3. Aufl.

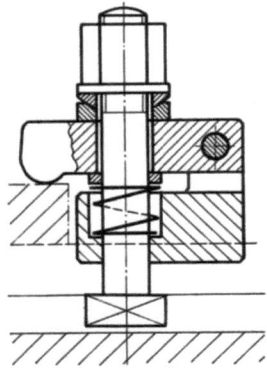 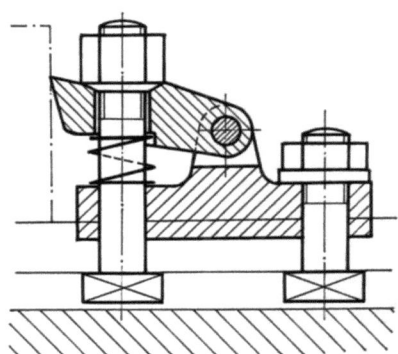

Bild 372. Die Spannkraft wirkt nahezu in der eingeleiteten Richtung gegen die Auflage.

Bild 373. Die Spannkraft wirkt gegen Auflage und Anlage.

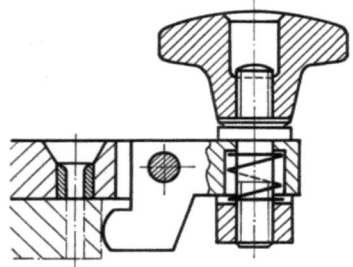 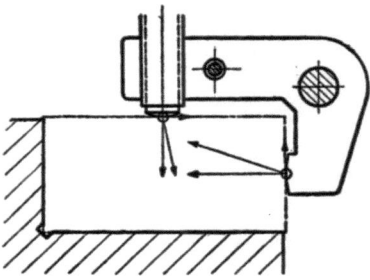

Bild 374. Die Spannkraft wird um etwa 140° umgelenkt und wirkt gegen Auflage und Anlage.

Bild 375. Das Werkstück ist zugleich Widerlager für den Spannhebel und wird gegen die Auflage und die Anlage gespannt.

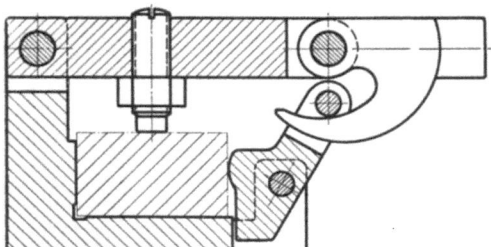 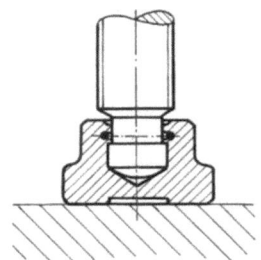

Bild 376. Spannen durch *ein* Spannteil in zwei Richtungen.

Bild 377. Verteilen der Spannkraft durch Druckstück DIN 6311, das mit der Spannschraube pendelnd verbunden ist.

um die Größe des Spanndruckes je Flächeneinheit zu ändern, also die Spannkraft entweder zu verteilen (Bild 377 ··· 389) oder auf kleinere Flächen zusammenzufassen (Bild 59 u. 60),

um mit dem Spannteil außer dem Bereich der Arbeitsfläche zu liegen (Bild 371 u. 373),

3.46 Spannkraft-Übertragteile

um am Werkstück schwer zugängliche Spannstellen zu erreichen,
um das Eingeben des Werkstückes zu erleichtern,
um Bedienteile bedienungsgerecht anzuordnen.

Die Größe einer Spannkraft kann geändert werden, z. B. durch Verwendung eines ein- oder zweiarmigen Hebels, durch Wahl geeigneter Hebelverhältnisse oder Zwischenschaltung eines geeigneten Getriebeteiles. In der Regel handelt es sich darum, die Spannkraft zu vergrößern. Eine Spannkraft wird verteilt,

um Durchbiegen des Werkstückes oder um Beschädigung der Werkstückoberfläche zu vermeiden,
um mit nur einem Spannteil ein Werkstück an mehreren Stellen oder um mehrere Werkstücke zugleich zu spannen.

Für *Werkstückoberflächen*, die in besonders hohem Maße *geschont* werden müssen, ist der Kraftverteiler an der Spannstelle mit einem Werkstoff

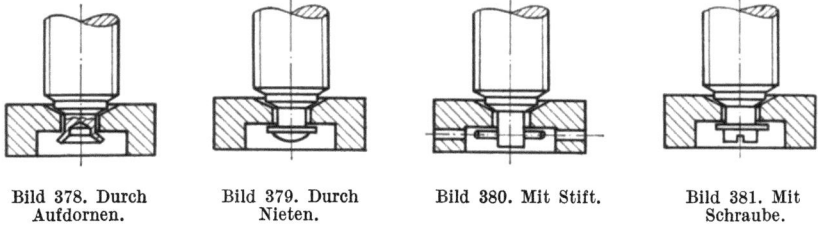

Bild 378. Durch Aufdornen.   Bild 379. Durch Nieten.   Bild 380. Mit Stift.   Bild 381. Mit Schraube.

Bild 378 ⋯ 381. *Beispiele für die Befestigung von Druckscheiben nach DIN 6312. Nach den Normmaßen sind die Druckscheiben allseitig um mindestens 3° schwenkbar.*

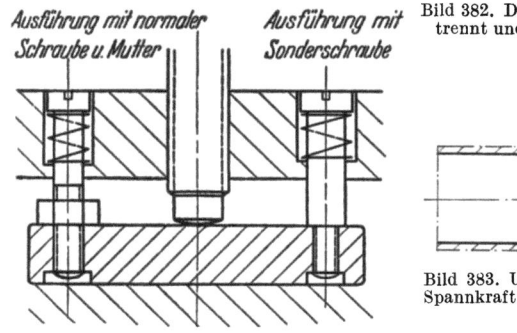
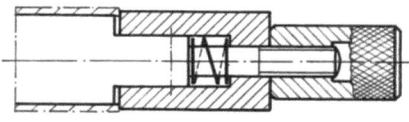

Bild 382. Das Druckstück ist vom Spannteil getrennt und wird durch Federn zurückgezogen.

Bild 383. U-förmiges Teil zum Übertragen der Spannkraft auf zwei Werkstücke mit schmaler Spannfläche (Blechteil).

zu belegen, dessen Festigkeit geringer ist als die Festigkeit des Werkstoffes für das Werkstück. Hierfür kommen in Betracht z. B. Weicheisen, weicher Rotguß, Messing, Pockholz, Preßstoff, Leder und ähnliche Stoffe.

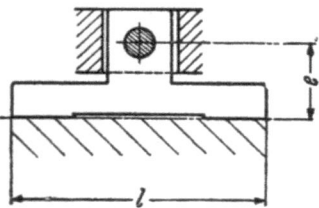

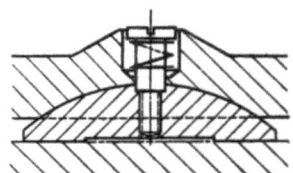

Bild 384. Die Spannkraft wird auf das Druckstück durch einen Stift übertragen. Je kleiner der Abstand e im Verhältnis zur Länge l, um so leichter stellt sich dieses Druckstück ein. Diese Ausführung ist nur für geringere Spannkräfte geeignet.

Bild 385. Die Spannflächen des Druckstückes sind eben gehalten, entsprechend der ebenen Fläche des Werkstückes.

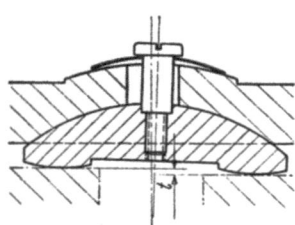

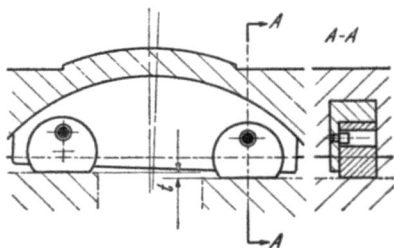

Bild 386. Die Spannflächen des Druckstückes sind ballig gehalten, entsprechend der Toleranz t beider Werkstücke.

Bild 387. Im Druckstück ist für jede Spannstelle je ein einstellbares Druckstück angeordnet, damit auch bei einer Toleranz t die Spannkraft durch größere Flächen übertragen wird.

Bild 384 ··· 387. *Die Spannkraft wird durch Zylinder- oder Kugelfläche übertragen. Die Feder zieht das Druckstück gegen die Lagerfläche und verhindert, daß auf diese Späne gelangen können.*

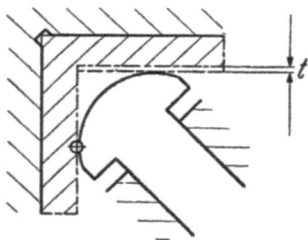

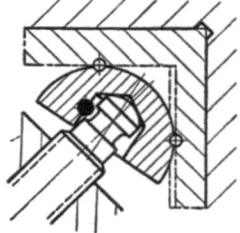

Bild 388. Durch festes Druckstück wird ein Winkelstück nur dann sicher gespannt, wenn die Werkstücktoleranz t kleiner ist als die Nachgiebigkeit des Druckstückes. Andernfalls bleibt einer der beiden Winkelschenkel ungespannt.

Bild 389. Die Spannkraft wird durch ein pendelndes Druckstück auf beide Winkelschenkel verteilt.

Bild 388 u. 389. *Spannen gegen Winkelflächen.*

3.462 Spanneisen und Spannhebel

Übertragteile nach Bild 390 ··· 427 werden nach Werkstattgebrauch „Spanneisen" benannt. Diese Benennung wird auch in diesem Buche noch beibehalten. Anzustreben ist etwa die Benennung „Loser Spannhebel", wodurch der Werkstoffbegriff „Eisen" wegfallen und der Gegenstand als solcher genauer gekennzeichnet werden würde.

3.46 Spannkraft-Übertragteile

Richtwerte für den gefährdeten Querschnitt der Spanneisen sind bei Bild 395 angegeben.

Um eindeutige Spannwirkung des Spanneisens zu gewährleisten, sind Spanneisen möglichst *auf drei Punkten* aufzulegen, davon in der Regel mit zwei Punkten am Werkstück. Gegenüber Spannschraube und

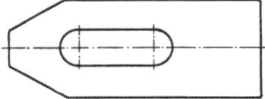

Bild 390. Spanneisen, flach. DIN 6314.

Bild 391. Spanneisen, gabelförmig. DIN 6315, Form B ohne Spannansatz.

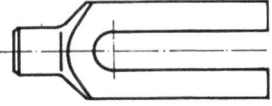

Bild 392. Spanneisen, gabelförmig. DIN 6315, Form C mit rundem Spannansatz.

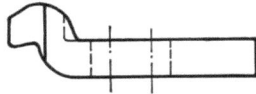

Bild 393. Spanneisen, gekröpft. DIN 6316.

Bild 394. Spanneisen, doppelgekröpft. DIN 6317 zurückgezogen.

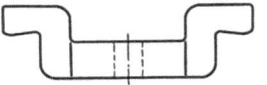

Bild 390 ··· 394. *Spanneisen nach DIN-Normen.*

Widerlager ist dem Spanneisen ausreichend Spiel zu geben. Bei kleinem Abstand zwischen Spanneisen und Bearbeitungsfläche am Werkstück ist dieses Spiel jedoch so zu begrenzen, daß das Spanneisen nicht in den Bereich des Werkzeuges kommen kann.

Um Spanneisen rasch bedienen zu können, ist das gelöste Spanneisen möglichst selbsttätig, etwa durch Eigengewicht oder durch Feder, *vom Werkstück abzuheben*. Werte für Abdrückfedern sind in Tafel 9

Tafel 9. *Abdrückfedern für Spanneisen*

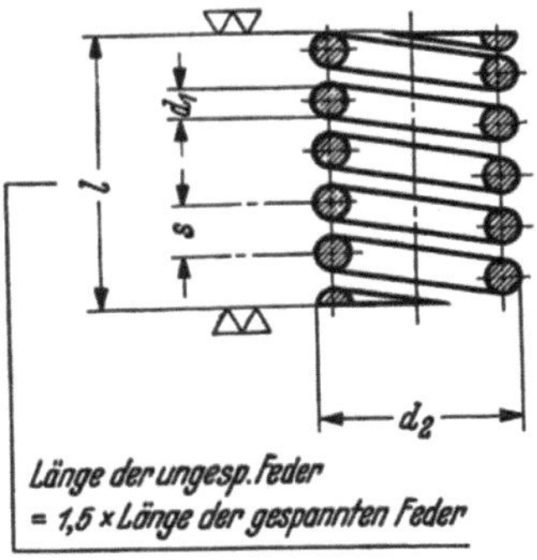

Schraube	d_1	d_2	s	Belastung P_1 der gespannten Feder in kg
M10	1,5	14	4	3
M12	2	18	5	4
M16	2,5	23	6	6
M20	3	28	8	9

Werkstoff: Federstahldraht DIN 2076
Ausführung: Enden plan geschliffen

Länge der ungesp. Feder = 1,5 × Länge der gespannten Feder

angegeben. Vor allem bei geringer Einbauhöhe sind außerdem Tellerfedern in Betracht zu ziehen.

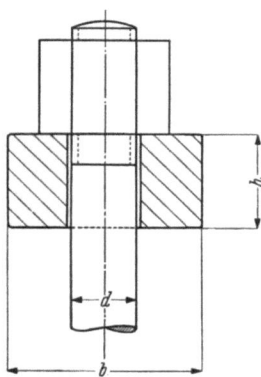

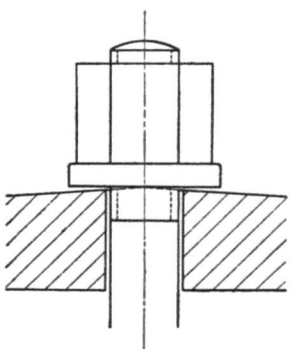

Bild 395. Richtwerte für den gefährdeten Querschnitt von Spanneisen:

Gesamtlänge	Breite b	Höhe h
$4\,d$	$2,2\,d$	$1,1\,d$
$6\,d$	$2,6\,d$	$1,3\,d$
$8\,d$	$3\,d$	$1,5\,d$

Die Spannmutter kann unmittelbar auf dem Spanneisen angesetzt werden, wenn das Spanneisen ein rundes Durchgangsloch hat, gehärtet ist und senkrecht zum Spannbolzen liegt.

Bild 396. Dachförmige Abschrägung für Spanneisen, die beim Spannen nur in Längsrichtung schräg liegen. Die Anlage zwischen Spannmutter und Spanneisen ist linienförmig und deshalb zum Übertragen größerer Spannkräfte weniger geeignet als kugelige Fläche.

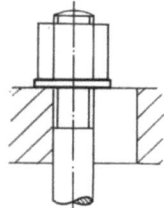

Bild 397. Scheiben nach DIN 125 möglichst nicht verwenden, da zu nachgiebig.

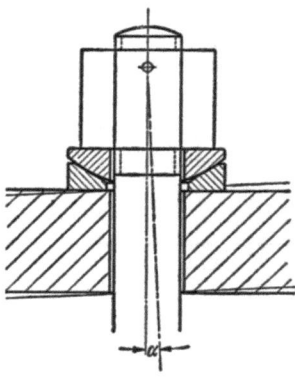

Bild 399. Der Spannbolzen soll allseitig um mindestens $\alpha = 3°$ ausschwenkbar sein.

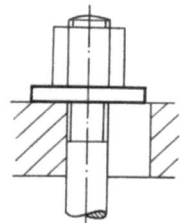

Bild 398. Scheiben, gehärtet nach DIN 6340 vorzugsweise verwenden.

Bild 397 u. 398. *Unterlegscheiben für Spanneisen mit Längsschlitz.*

3.46 Spannkraft-Übertragteile

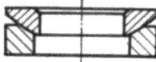

Bild 400. Kugelscheibe Form C mit Kegelpfanne Form D.

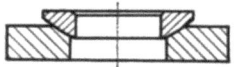

Bild 401. Kugelscheibe Form C mit Kegelpfanne Form G.

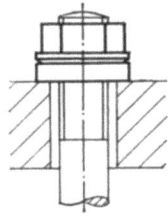

Bild 402. Kugelscheibe Form C und Kegelpfanne Form D mit Sechskantmutter.

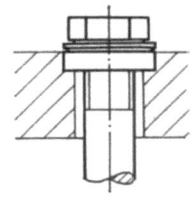

Bild 403. Kugelscheibe Form C und Kegelpfanne Form D mit Sechskantschraube.

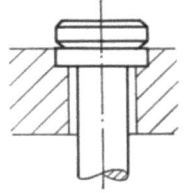

Bild 404. Kegelpfanne Form D mit Spannbolzenkopf mit kugeliger Spannfläche nach DIN 6319.

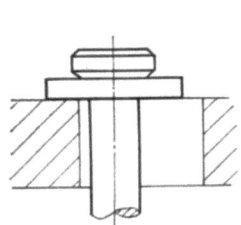

Bild 405. Kegelpfanne Form G mit Spannbolzenkopf mit kugeliger Spannfläche nach DIN 6319.

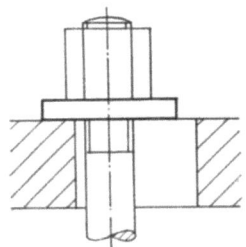

Bild 406. Kegelpfanne Form G mit Sechskantmutter DIN 6330 Form B (mit kugeliger Spannfläche).

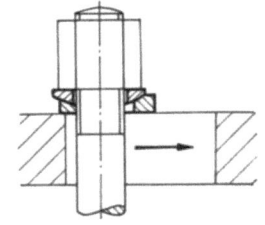

Bild 407. Die Spannmutter ist mindestens so weit zu lösen, daß das Spanneisen ungehindert zurückgezogen werden kann, d. h. nicht durch das gegenseitige Vorschieben von Kugelscheibe und Kegelpfanne eingekeilt wird.

Bild 399 ⋯ 407. *Kugelscheiben und Kegelpfannen nach DIN 6319 und Anwendungsbeispiele, vorzugsweise für Spanneisen.*

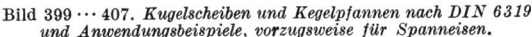

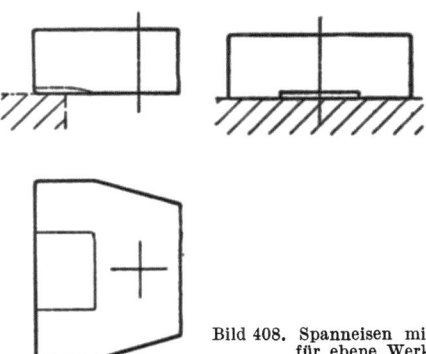

Bild 408. Spanneisen mit ebenen Spannflächen für ebene Werkstückflächen.

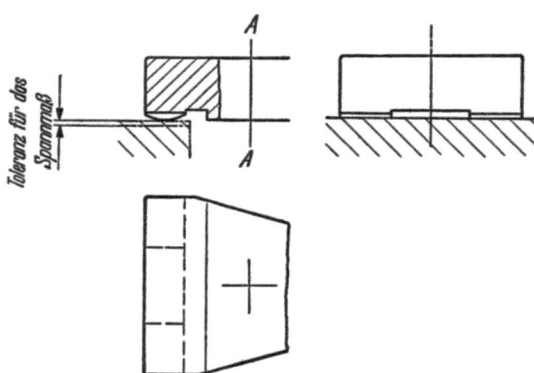

Bild 409. Spanneisen mit zylindrischen Spannflächen für Schräglage um die Mittelebene $A-A$.

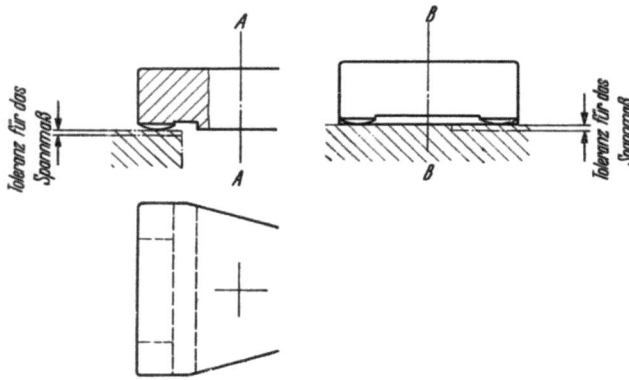

Bild 410. Spanneisen mit balligen Spannflächen für Schräglagen um die Mittelebenen $A-A$ und $B-B$.

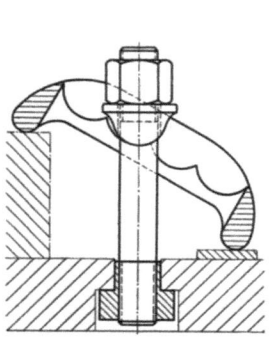

Bild 411. Spanneisen System HEUER DBP, geeignet für Werkstücke mit größeren Unterschieden in der Spannhöhe. Handelsüblich in 3 Größen mit den Abmessungen Breite × Länge = 54 × 100, 56 × 130 und 66 × 144.

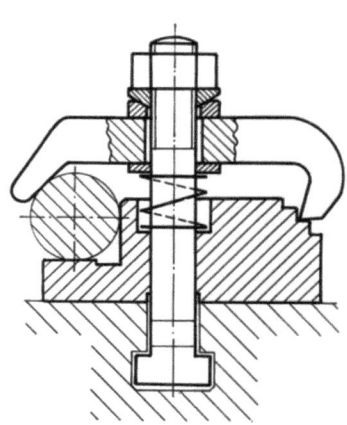

Bild 412. Spannsatz mit gestuftem Widerlager für das Spanneisen, zum Spannen zylindriger Werkstücke von verschieden großen Durchmessern.

3.46 Spannkraft-Übertragteile

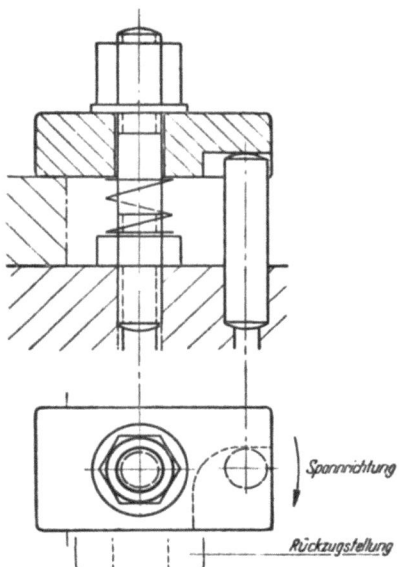

Bild 413. Schwenkbares Spanneisen. Ein Zylinderstift dient als Widerlager und zugleich als Anschlag für die Spannstellung des Spanneisens. Dessen Anschlagfläche ist so zu legen, daß es beim Spannen gegen den Stift gezogen wird.

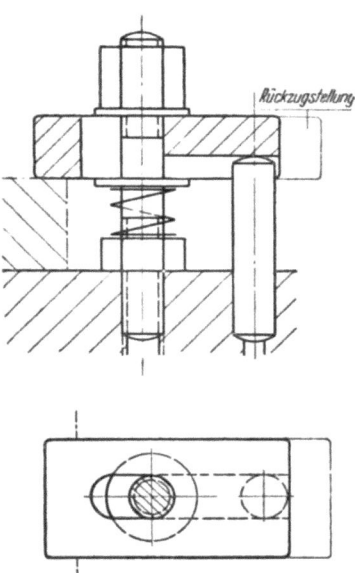

Bild 414. Verschiebbares Spanneisen. Ein Zylinderstift dient als Widerlager, außerdem zum Führen des Spanneisens. Die Scheibe unter dem Spanneisen verhindert, daß die Feder in den Schlitz des Spanneisens eintreten kann, wodurch das Verschieben des Spanneisens behindert werden würde.

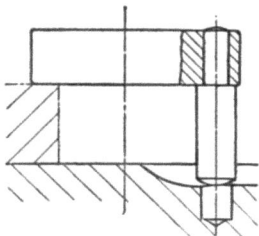

Bild 415. Als Widerlager dient Stift im Spanneisen. Weniger günstig, denn die Führungsnut ist im Vorrichtungskörper und von einer gewissen Höhe des Widerlagerstiftes an eckt das Spanneisen beim Verschieben.

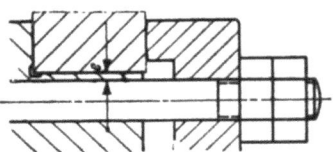

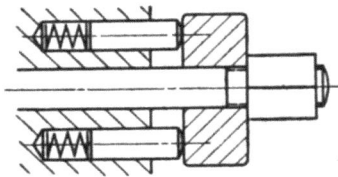

Bild 417. An Stelle einer Abdrückfeder, die um den Spannbolzen gelegt ist, sind zwei Abdrückfedern neben dem Spanneisen angeordnet, um das Baumaß e möglichst klein zu halten.

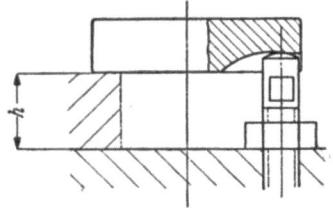

Bild 416. Einstellbare Widerlager sind vorzugsweise für größere Unterschiede im Spannmaß h zu verwenden.

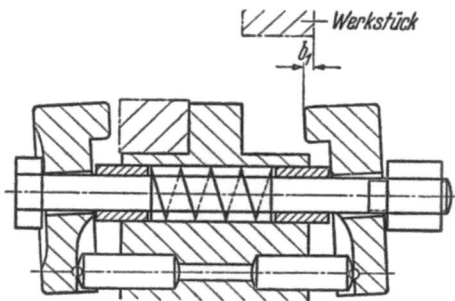

Bild 418. Für beide Spanneisen ist eine gemeinsame Abdrückfeder verwendet. Diese Gestaltung ist unrichtig. Im gelösten Zustand sind diese Spanneisen in Richtung Schraubenachse verschiebbar. Dadurch kann eines der Eisen, z. B. um den Betrag b_1, in den Bereich des Werkstückes einstehen und das Einlegen des Werkstückes behindern.

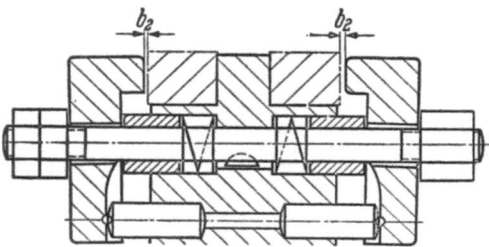

Bild 419. Jedem Spanneisen ist eine Abdrückfeder zugeordnet, die beim Lösen der Spannung jedes Spanneisen um einen gleichen Betrag b_2 vom Werkstück abhebt.

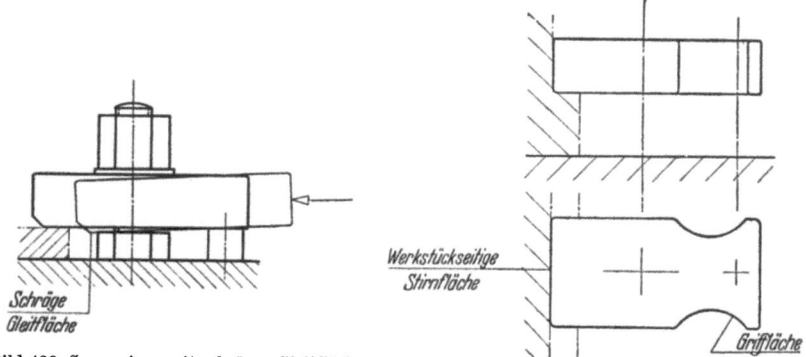

Bild 420. Spanneisen mit schräger Gleitfläche. Beim Verschieben in Pfeilrichtung gleitet das Spanneisen durch die schräge Fläche auf das Werkstück. Vorzugsweise für jene Fälle, in denen wegen zu geringer Bauhöhe keine Abdrückfeder angeordnet werden kann.

Bild 421. Spanneisen mit seitlichen Griff-Flächen. Solche Griff-Flächen sind zweckmäßig, wenn die werkstückseitige Stirnfläche des Spanneisens nicht freiliegt, um das Spanneisen zurückzuschieben.

3.46 Spannkraft-Übertragteile

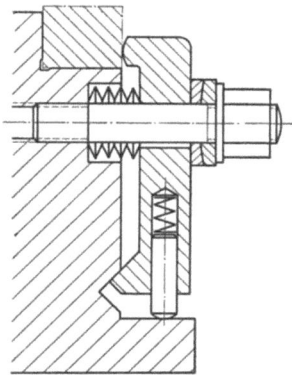

Bild 422. Spanneisen mit keilförmiger Widerlagerfläche. Durch diese wird das Werkstück beim Spannen zugleich gegen die Anlage und die Auflage gedrückt. Beim Lösen der Spannung wird das Spanneisen durch die in ihm eingebaute Feder angehoben, damit es unter der Spannkraft wieder nach unten gleiten kann.

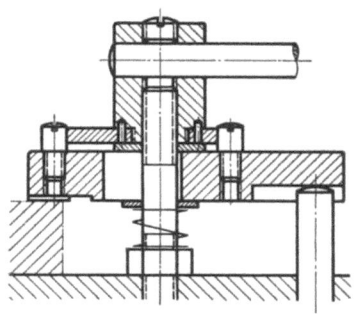

Bild 423. Spannmutter mit Kurvenscheibe zum zwangläufigen Verschieben des Spanneisens.

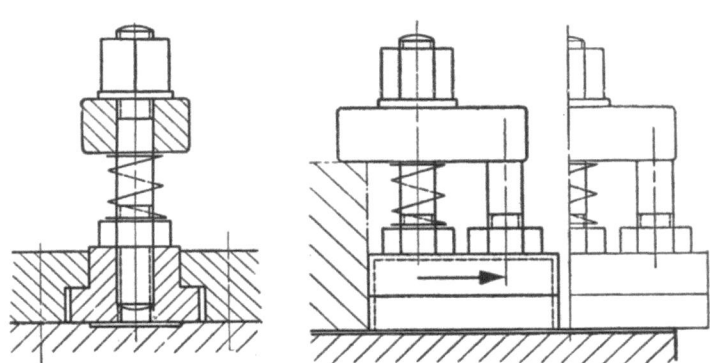

Bild 424. Spannteil samt Widerlager für das Spannteil sind in einer Fußplatte zu einem Ganzen vereinigt. Zum Handhaben des Werkstückes wird der ganze Spannsatz in Pfeilrichtung aus der T-Nut herausgezogen.

Rückziehbare *Spanneisen* sind zu *führen*. Der Bedienweg ist in Spannstellung und Rückzugstellung zu begrenzen.

Für allgemeine Spannzwecke sind als Widerlager Treppenböcke verwendbar (Bild 428 ··· 430).

Vor allem bei sehr niedrigem Werkstück werden zweckmäßig nicht lose Spanneisen, sondern angelenkte *Spannhebel* (Bild 371 ··· 374 u. 431 ··· 434) verwendet. Durch solches Festlegen des Übertragteiles wird verhindert, daß dieses in den Bereich des Werkzeuges gelangt.

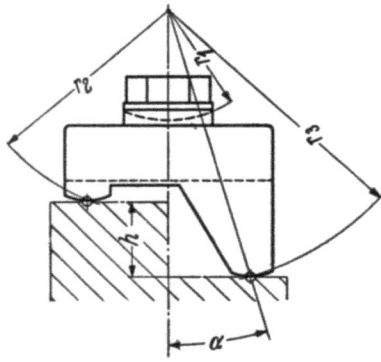
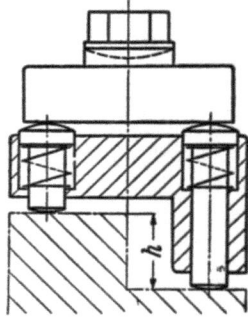

Bild 425. Unter den verschieden großen Schwenkradien r_2 und r_3 sowie durch den verhältnismäßig kleinen Winkel α stellt sich dieses Spanneisen auf die gestuften Spannstellen schwer ein.

Bild 426. Auf die verhältnismäßig hohe Stufe h wird die Spannkraft zweckmäßig durch ebenes Spanneisen und zwei Druckbolzen übertragen.

Bild 425 u. 426. *Die Stufe h ist verhältnismäßig hoch.*

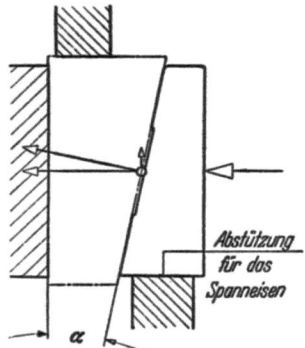
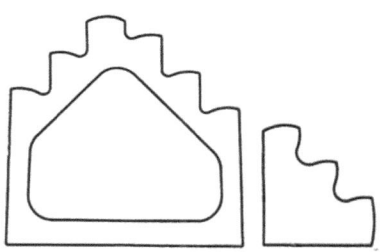

Bild 427. Spanneisen mit Spannflächen, die unter einem Winkel α zur Bestimmfläche liegen.
Wenn α größer als etwa 3°, ist das Spanneisen zur Aufnahme der Seitenkraft durch einen festen Teil der Vorrichtung abzustützen.

Bild 428. Treppenblöcke für Spanneisen, DIN 6318. 8 Größen, mit Auflagehöhen (der jeweils obersten Stufe) von 50 bis 365 mm.

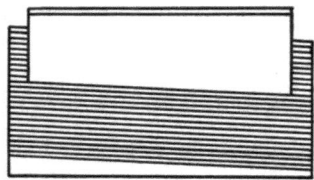
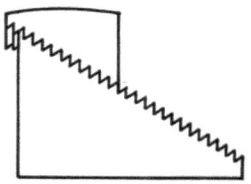

Bild 429. Spannunterlagen, verstellbar, DIN 6326. Höhe und Schräglage der Stufen sind so abgestimmt, daß die Auflagehöhe stufenlos einstellbar ist. Durch 3 verschieden hohe Unterteile und wahlweise Zuordnung von 2 verschieden hohen Oberteilen sind Auflagehöhen von 25 bis 145 mm erreichbar.

3.46 Spannkraft-Übertragteile

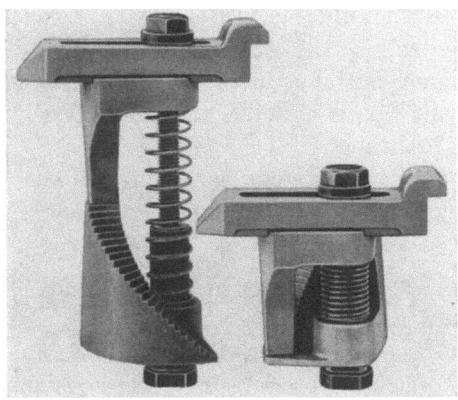

Bild 430. „Stufenpratzen", gesetzlich geschützt, ein Spannsatz, bestehend aus Gewindehülse mit T-Nutenkopf, Unterteil mit Rastentreppe, Abdrückfeder, Oberteil, Spanneisen und Spannschraube. Hauptvorteile dieses Spannsatzes sind: Keine losen Teile, stete Verwendungsbereitschaft, rasche Anpassung an die jeweilige Spannhöhe, geringer Abstand vom Werkstück bis zur Außenkante des Spannsatz-Unterteiles, sicheres Spannen und unfallsicherer Aufbau. Handelsüblich in 6 Größen für Spannhöhe von 0 bis 255 mm. Die beiden Bilder zeigen denselben Spannsatz in Verwendung für dessen größte und kleinste Spannhöhe.

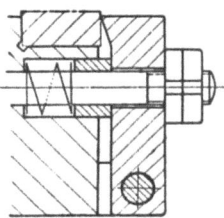

Bild 431. Spannhebel. Ein Teil der Spannkraft ist gegen die Werkstückauflage gerichtet. Für sicheres Festhalten des Werkstückes ist die Spannfläche schneidenartig gestaltet.

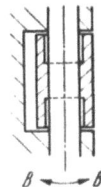

Bild 432. Die Lagerbohrung eines Spannhebels ist zum Teil aufgebohrt, damit der Spannhebel in Richtung B—B beweglich ist.

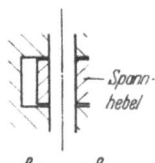

Bild 433. Die Lagerstelle eines Spannhebels ist schmal gehalten, wodurch der Schwenkbolzen auf nur kürzere Länge freiliegt als nach Bild 327.

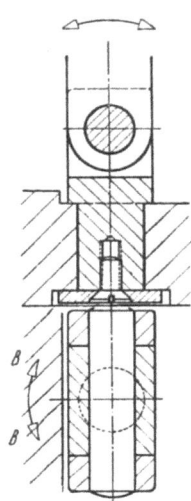

Bild 434. Für größere Beweglichkeit in Richtung B—B ist der Spannhebel in einem Kreuzgelenk gelagert.

3.463 Spannkraftübertragung durch plastische Masse oder durch Öl

3.4631 Allgemeines. Durch plastische Masse oder durch Öl kann die von Hand (mittels Schraube) eingeleitete Spannkraft geändert, umgelenkt und verteilt werden.

Das Übertragungsmittel ist hierbei in geschlossenem Raum gehalten, und der durch die Spannschraube ausgeübte Druck wirkt in gleicher Größe in jeder Richtung.

Dieses hydro*statische* System hat zum Teil die gleichen Vorteile wie das dem kraftbetätigten Spannen zugehörige hydro*dynamische* System (S. 79), z. B.

durch nur *ein* Spannteil kann gleichzeitig an mehreren Stellen gespannt werden,

beim Mehrstückspannen kann die Spannkraft an jeder der Spannstellen z. B. gleich groß der eingeleiteten Spannkraft sein,

die Lage der Bedienstelle ist unabhängig von der Lage der Spannstelle, an verschiedenen Spannstellen kann verschieden große Spannkraft ausgeübt werden,

Bestimm-, Stütz- oder Spannteile können zeitlich aufeinander folgend wirken.

Hydrostatische Systeme erfordern zum Spannen jedoch körperliche Anstrengung sowie längere Spannzeit und sind für Automatisierung wenig einsetzbar.

Das vorzugsweise Verwendungsgebiet für hydrostatische Systeme ist das Mehrstückspannen durch Handkraft, und sie kommen an Stelle mechanischer Spannkraftübertragung (Bild 387) um so mehr in Betracht, je größer die Anzahl der zugleich zu spannenden Werkstücke ist.

Hydrostatische Systeme sind verhältnismäßig einfach im Aufbau, erfordern jedoch für einwandfreies Funktionieren die Beachtung verschiedener Feinheiten in Gestaltung und Ausführung[1].

Wegen der möglicherweise sehr hohen Drücke sind Vorrichtungsteile, die für die Werkstückgenauigkeit bestimmend sind, entsprechend steif zu halten, ist die Spannkraft gegebenenfalls z. B. durch Drehmomentschlüssel zu begrenzen, der Öldruck durch Manometer zu überwachen.

Für das Mehrstückspannen sind hydrostatische Spannsysteme als Baugruppe, z. B. als Spannbacken, -brücken und -klappen handelsüblich[2].

Zur Aufrechterhaltung der Spannkraft sind Druckmittelverluste durch sorgfältiges Dichten zu verhindern.

---

[1] FERLING, W.: Hydraulische Werkstückspanner, Werkstattbücher H. 122, Berlin/Göttingen/Heidelberg: Springer 1961.
[2] KOSTA, 7 Stuttgart-Zuffenhausen.

3.4632 Spannkraftübertragung durch plastische Masse setzt kürzere, wenig verwinkelte Fließwege voraus.

Der Aufbau hydrostatischer Spannsysteme mit plastischer Masse als Druckübertragungsmittel besteht entsprechend der schematischen

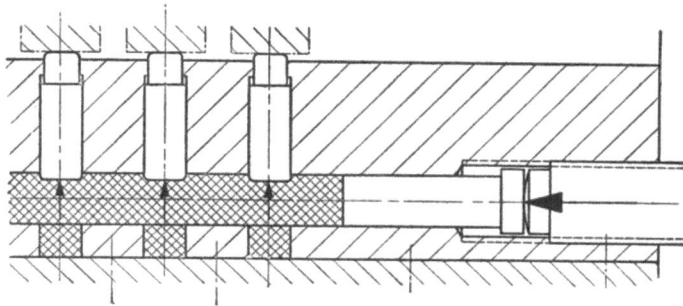

Bild 435. Die von der Spannschraube ausgehende Kraft wird durch einen plastischen Stoff auf sämtliche Spannstellen verteilt.

Darstellung nach Bild 435 aus dem Grundkörper mit den Druckleitungskanälen, sodann aus Spannschraube, Druckkolben, Druckübertragungsmittel und Spannkolben.

Das Gewinde der *Spannschraube* muß selbsthemmend sein.

Der Querschnitt des *Druckleitungskanales* für den Druckkolben ist etwa 1,5 mal dem Querschnitt der Kanäle für die Spannkolben zu halten. Bohrungen, die für das Führen von Kolben dienen, sind nach Toleranzfeld ISA H 7 zu fertigen und zu läppen.

Druckkolben und *Spannkolben* sind mindestens 1,5 d lang zu führen, nach Toleranzfeld ISA g6 zu fertigen und ebenfalls zu läppen. Zwischen Kolbenkante und Kolbenbohrung sind keilförmige Räume zu vermeiden, und deshalb sind in die Kolbenbohrung einstehende Kolbenkanten nicht größer anzufasen oder zu runden, sondern nur gerade soviel zu brechen, daß die Kolbenbohrung nicht angegriffen wird. Aus der Kolbenbohrung hervorstehende Kolbenkanten sind hingegen stark zu runden, um das Fließen des Druckmittels möglichst wenig zu behindern.

Für Kolbenführungen mit Passungen zwischen Gleitsitz und Laufsitz ist bei Verwendung plastischer Massen kein zusätzliches Dichtungsteil erforderlich. Dichtungswirkung kann außerdem dadurch begünstigt werden, daß die Kolben-Stirnfläche auf seiten des Druckmittels ähnlich einer Topfmanschette ausgebildet wird. Diese Gestaltung kommt für Drücke über etwa 500 kp/cm² in Betracht. Bei größeren Passungsspielen muß durch O-Ring, Ringmanschette oder Nutringmanschette gedichtet werden.

Falls nach dem Lösen der Spannung Kolben nicht zurückgehen, ist das Werkstück durch Druck oder Stoß zu lösen. Gegebenenfalls sind für die Spannkolben Rückzugfedern vorzusehen oder sind die Spannkolben z. B. in eine Klappe einzubauen, bei deren Abhub das Werkstück frei liegt (Bild 1078).

Als Druckübertragungsmittel ist z. B. Weichmypolan PVC 5319[1] geeignet. Dieses wird in gallertartigem Zustand geliefert und in demselben Zustand in der Vorrichtung verwendet. Zum Einfüllen in die Druckmittelkanäle ist diese Masse durch Erwärmen auf 140 ··· 150° dünnflüssig zu machen. Überhitzen muß vermieden werden, da höhere Temperaturen zu fortschreitender Zersetzung der Füllmasse führen. Vor dem Einfüllen ist auch die Vorrichtung zu erwärmen und beim Eingießen darauf zu achten, daß keine Luft eingeschlossen wird.

3.4633 Spannkraftübertragung durch Öl mittels hydrostatischem System wird vor allem verwendet, wenn Fließwege so lang oder so verwinkelt sind, daß die Verwendung plastischer Masse wegen zu geringer

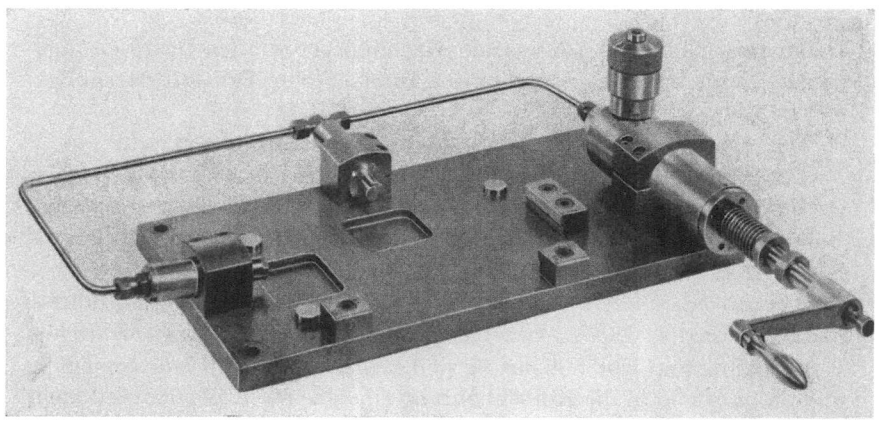

Bild 436. Vorrichtung mit hydrostatischem Spannsystem, mit Ölfüllung.

Nachgiebigkeit ausscheidet. Das höhere Fließvermögen des Öles ermöglicht außerdem längere Wege des Druckkolbens und damit größere Hübe der Spannkolben.

Der Aufbau ölgefüllter Systeme ist dem Aufbau mit plastischer Masse gefüllter Systeme gleich, ausgenommen die für das unter Druck stehende Öl erforderliche Dichtung.

Hydrostatische Spannsysteme mit Ölfüllung nach Bild 436 bestehen aus handbetätigter Schraubpumpe als Druckerzeuger, Manometer oder Sicherheitsventil, Drucköl leitung, Spannzylinder und dem Druckmittel Öl.

---

[1] Dynamit AG, 521 Troisdorf b. Köln.

3.46 Spannkraft-Übertragteile

Handbetätigte *Schraubpumpen* (Bild 437 ··· 440) sind für Betriebsdrücke bis etwa 400 kp/cm² handelsüblich. Für die Ermittlung des benötigten Hubvolumens sind zunächst Anzahl und Hubvolumen der angeschlossenen Spannzylinder maßgebend, außerdem die Dehnung der

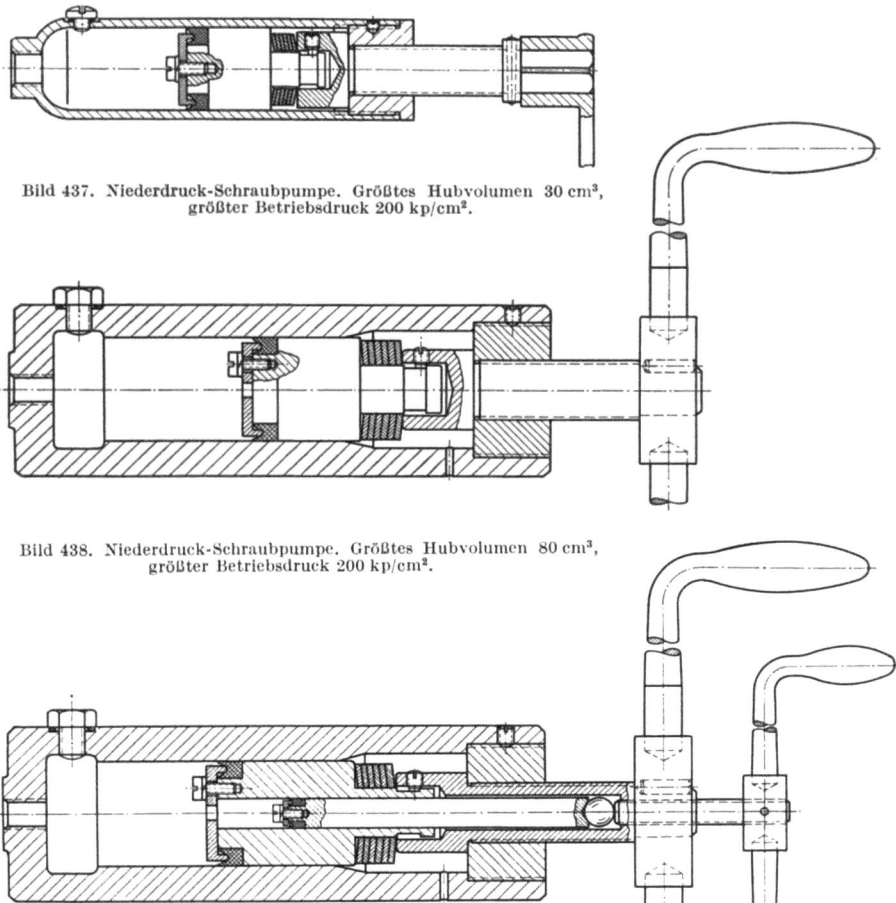

Bild 437. Niederdruck-Schraubpumpe. Größtes Hubvolumen 30 cm³, größter Betriebsdruck 200 kp/cm².

Bild 438. Niederdruck-Schraubpumpe. Größtes Hubvolumen 80 cm³, größter Betriebsdruck 200 kp/cm².

Bild 439. Hochdruck-Schraubpumpe. Durch Drehen der großen Kurbel wird der Niederdruckkolben bewegt und werden dabei Spannwege rasch zurückgelegt. Durch nachfolgendes Drehen der kleinen Kurbel wird das Werkstück gespannt. Federn dienen zum Ausgleich kleinerer Ölverluste. Größtes Hubvolumen 80 cm³, größter Betriebsdruck 400 kp/cm².
Bild 437 ··· 439. *Schraubpumpen für hydromechanische Spanner*.

Druckölleitung, die Nachgiebigkeit des Drucköles, der Vorrichtung und des Werkstückes. Als Ausgangswert für die Ermittlung der Anzahl der an eine Pumpe anschließbaren Druckzylinder kann etwa 70% des Pumpenvolumens angenommen werden. Schraubpumpen sind mit Rücksicht auf das Einfüllen des Öles und auf das Entlüften möglichst in waagerechter Lage anzuordnen.

Ein *Druckmanometer* kann an jeder Stelle der Druckleitung angeschlossen werden.

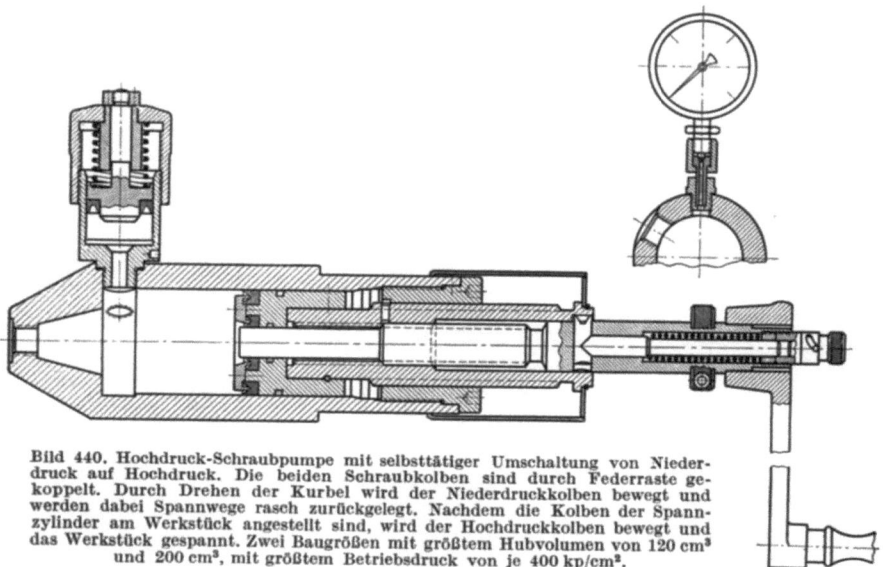

Bild 440. Hochdruck-Schraubpumpe mit selbsttätiger Umschaltung von Niederdruck auf Hochdruck. Die beiden Schraubkolben sind durch Federraste gekoppelt. Durch Drehen der Kurbel wird der Niederdruckkolben bewegt und werden dabei Spannwege rasch zurückgelegt. Nachdem die Kolben der Spannzylinder am Werkstück angestellt sind, wird der Hochdruckkolben bewegt und das Werkstück gespannt. Zwei Baugrößen mit größtem Hubvolumen von 120 cm³ und 200 cm³, mit größtem Betriebsdruck von je 400 kp/cm².

Bild 437 ··· 440. *Schraubpumpen für hydromechanische Spanner.*

Spannzylinder (Bild 441 u. 442) sind handelsüblich für Spanndrücke bis etwa 6000 kp/cm² und können in jeder Winkelstellung eingebaut werden (Bild 443 ··· 455).

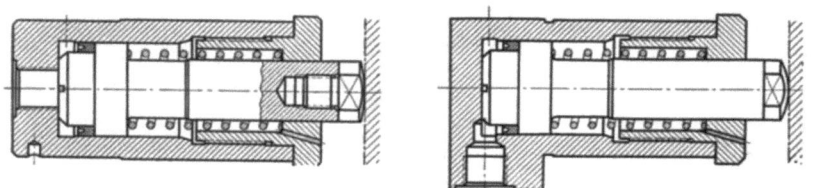

Bild 441. Spannzylinder mit axialem Leitungsanschluß.

Bild 442. Spannzylinder mit radialem (seitlichem) Leitungsanschluß.

Bild 441 u. 442. *Hydraulik-Spannzylinder, in etwa 9 Größen bei Betriebsdrücken bis 400 kp/cm² für Spannkräfte bis etwa 10 Mp.*

Zur *Kolbenführung* genügt für die Zylinderbohrung eine Fertigungstoleranz nach ISA H 11, für die Kolben nach ISA f 7. Die Dichtungsflächen sind mit hoher Oberflächengüte zu fertigen, riefenfrei und mit Rauhtiefen unter 3 μm.

3.46 Spannkraft-Übertragteile

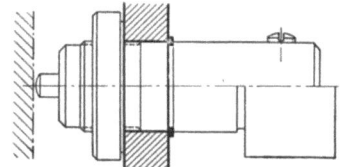

Bild 443. Spannzylinder, befestigt durch Mutter und Sicherungsring.

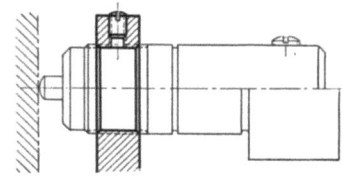

Bild 444. Spannzylinder, eingeschraubt und durch Gewindestift über Druckbutzen gesichert.

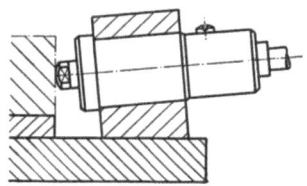

Bild 445. Die Spannkraft wirkt gegen die Werkstückanlage und unter etwa 5° gegen die Werkstückauflage.

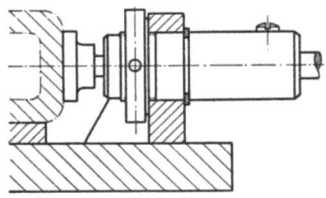

Bild 446. Spannkolben mit Druckstück. Die Spannkraft wirkt gegen die Werkstückanlage.

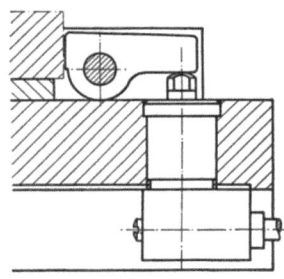

Bild 447. Die Spannkraft wirkt über einen Winkelhebel gegen die Werkstückanlage und die Werkstückauflage.

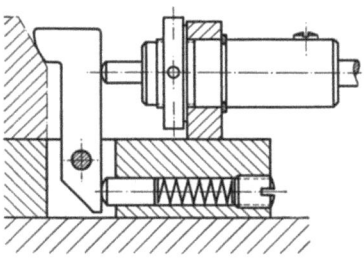

Bild 448. Die Spannkraft wirkt über einen Hebel, der über eine Werkstückkante greift.

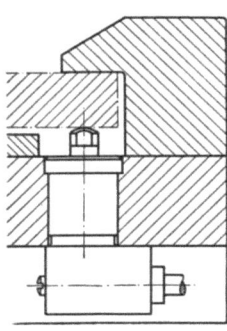

Bild 449. Die Spannkraft wirkt gegen eine überkragende Anlage.

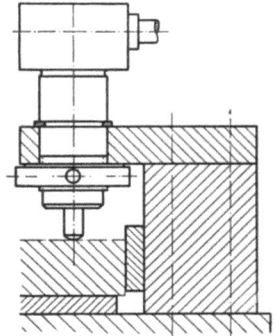

Bild 450. Die Spannkraft wirkt gegen die Werkstückauflage.

Bild 443 ··· 450. *Einbaubeispiele für Hydraulik-Spannzylinder.*

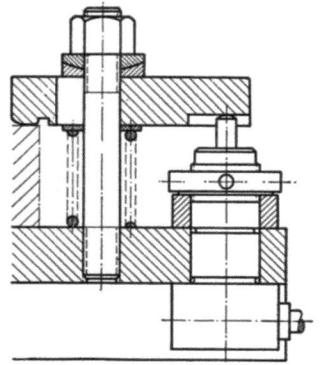

Bild 451. Die Spannkraft wirkt über ein Spanneisen gegen die Werkstückauflage.

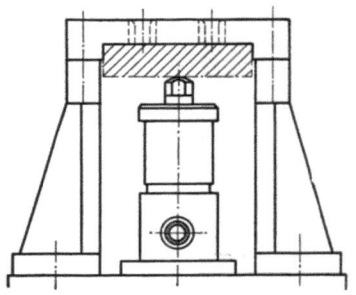

Bild 452. Die Spannkraft wirkt gegen zweiseitig befestigte Werkstückanlage.

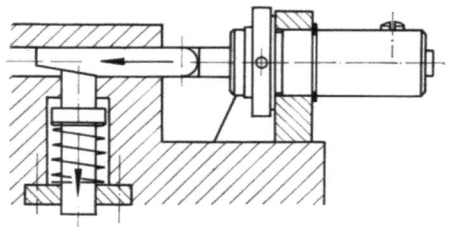

Bild 453. Die Spannkraft wirkt über Keil auf Spannbolzen.

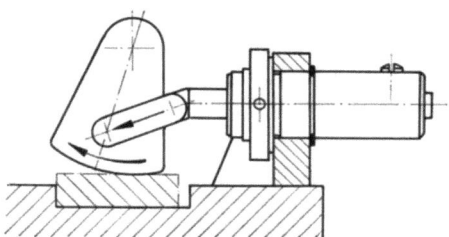

Bild 454. Die Spannkraft wirkt über Gelenkteil auf Spannkurve.

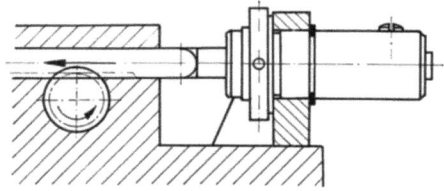

Bild 455. Die Spannkraft wirkt über Zahnstange auf Zahnrad.
Bild 451 ··· 455. *Einbaubeispiele für Hydraulik-Spannzylinder.*

Für die *Druckölleitung* sind Hochdruckleitungen, für die Rohranschlüsse Schneidringverbindungen (Bild 456 u. 457) zu verwenden. Feste Rohrleitungen sind für Drücke bis etwa 400 kp/cm², Ölschläuche für Drücke bis etwa 250 kp/cm² geeignet.

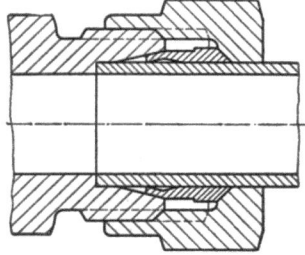 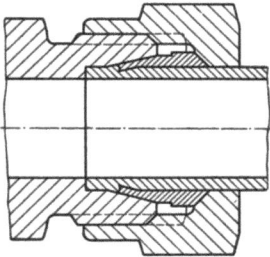

Bild 456. *Vor* dem Festschrauben. Bild 457. *Nach* dem Festschrauben.
Bild 456 u. 457. *Schneidring- (ERMETO) Verbindung für Hochdruckleitungen.*

Die *Dichtung* des ölgefüllten Druckraumes muß sehr sorgfältig vorgenommen werden. Für die Kolben der Schraubpumpe wie für die Spannkolben sind Topfmanschetten, Nutringmanschetten oder O-Ringe zu verwenden.

Als Drucköl ist Hydrauliköl von etwa 3,5 E/50° geeignet.

3.47 Schnellspannen

Beim sogenannten Schnellspannen sind Spannteil, Übertragteil oder Spannteillager so gestaltet, daß schnelleres Spannen möglich ist, als wenn diese Teile in ihrer einfachsten Ausführung verwendet werden. Genauer ausgedrückt, ist das „Schnellspannen" ein „Schnellbedienen", da hierbei das Heranbringen und Zurückziehen des Spannteiles an die Spannstelle beschleunigt wird, während der eigentliche Spannvorgang an dieser Beschleunigung unbeteiligt bleibt.

Das sogenannte *Schnellspannen wird* in der Hauptsache *erreicht* durch
  eine Kurve mit geringerer Steigung für das Spannen und mit einer gröberen Steigung für das Anstellen bzw. Zurückziehen (Bild 458 und 459),
  Kupplung eines geradlinig verschiebbaren Bolzens mit einer Spannschraube (Bild 460 u. 461),
  teilweises Entfernen der Spannfläche des Spannteiles (Bild 462 ⋯ 465),
  Teilung des Spannteiles (Bild 466),
  teilweises Entfernen der Widerlagerfläche für das Spannteil (Bild 467 bis 469),
  Verwendung eines Vorsteckers oder Vorlegers (Bild 470 ⋯ 472),
  bewegliches Spannteillager (Bild 473 ⋯ 481),
  Verbindung des Spannteiles mit dem Übertragteil (Bild 482).

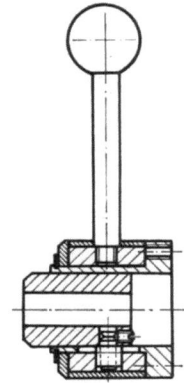 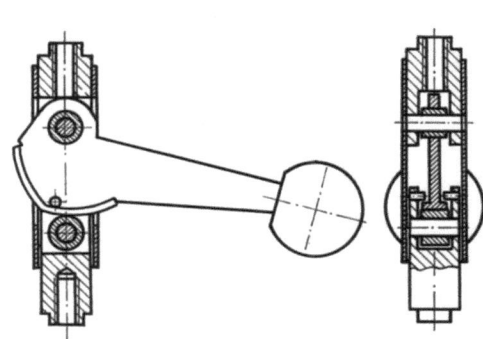

Bild 458. Schnellspanner mit Kurve (DBPa). Durchmesser und Länge je etwa 55 mm. Zustellweg 10 mm, Spannweg 2 mm, maximale Spannkraft etwa 1000 kp.

Bild 459. Schnellspanner mit Exzenter (DBPa). Abmessungen: Etwa 20 × 20 × 80 mm. Zustellweg 10 mm, Spannweg 2 mm, maximale Spannkraft etwa 400 kp.

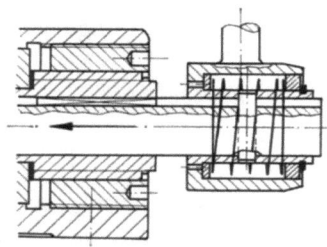 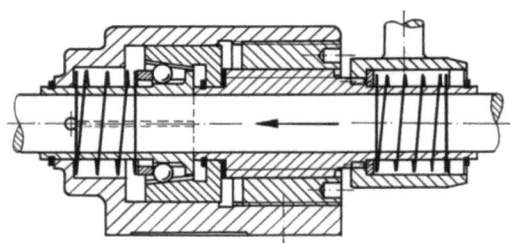

Bild 460. Bei Einhandbedienung wird die Spannschraube über Paßfeder mitgenommen.

Bild 461. Bei Zweihandbedienung wird die Spannschraube über Stirnradverzahnung mitgenommen.

Bild 460 u. 461. *Schnellspanner mit Schubstange, im besonderen geeignet für große Zustellwege, z. B. zum Spannen neben Flanschen, zwischen Rippen oder im Grund von Hohlräumen. Schnellzustellung durch Verschieben der Schubstange in Pfeilrichtung. Durch Schwenken des Bedienhebels und damit auch der Spannschraube wird die Kegelhülse ebenfalls in Pfeilrichtung verschoben und wird über die Kugeln die Spannzange mit der Schubstange kraftschlüssig verbunden. Danach hat der gegen die linksseitige Federspannung wirkende Spannsatz etwa 4 mm Spannweg. Handelsüblich mit*

Schubstangendurchmesser	Gesamthub	Haltekraft
8 mm	20 u. 40 mm	200 kp
12 mm	100/200/300 mm	400 kp
16 mm	100 ··· 500 mm	1200 kp.

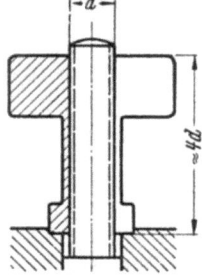

Bild 462. Schnellspannmutter. Diese Mutter ist geschlitzt, wird radial an die Schraube herangeführt und um einen geringen Betrag geschraubt. Durch den in der Einsenkung geführten Bund wird die Spannmutter gegen seitliches Abgleiten gesichert.

3.47 Schnellspannen

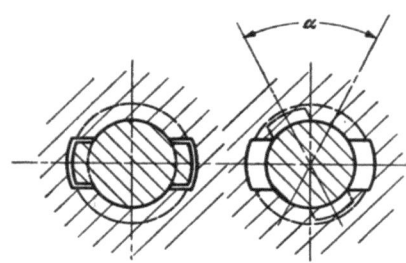

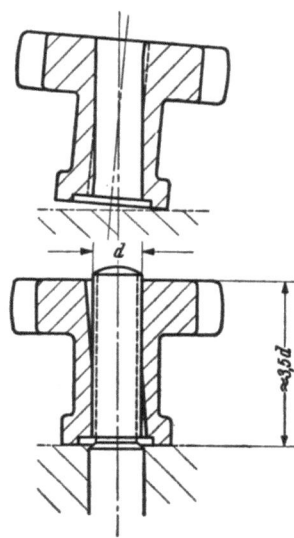

Bild 464. Spannbolzen und Spannmutter mit Steckgewinde. Die Gewindegänge sind an den Schnittstellen anzuschrägen, damit ein rascher Eingriff möglich ist. Außerdem ist darauf zu achten, daß die verbleibenden Spannflächen beim Spannen vollständig zum Tragen kommen. Für den hierfür zulässigen Schwenkwinkel α sind Steigung des Gewindes der Spannschraube und Unterschiede des Werkstück-Spannmaßes bestimmend.

Bild 463. Spannmutter mit Steckgewinde. Die Mutter wird in Richtung des Durchgangsloches über den Spannbolzen gesteckt und kommt beim Aufsetzen auf das Werkstück in Richtung Gewindeachse zu liegen.

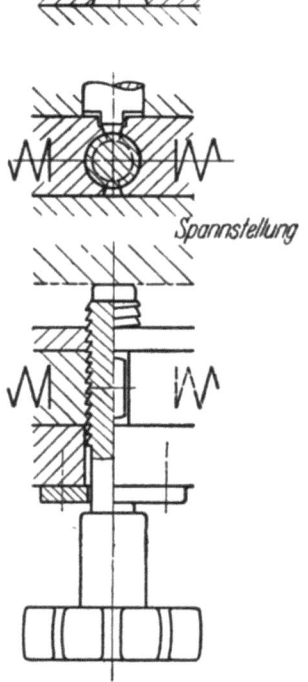

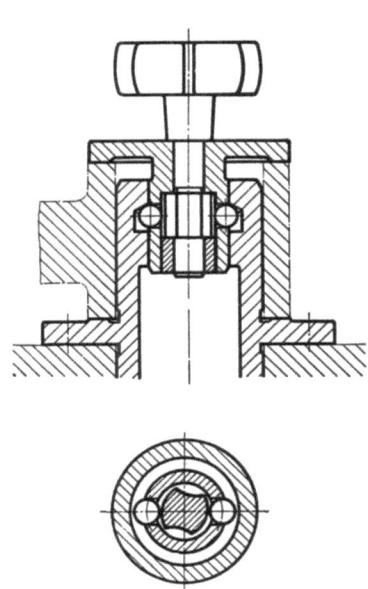

Bild 465. Spanndeckel mit Schnellspannung. Gespannt wird beim Drehen des Griffes durch Kurven über Kugeln und Kegelfläche.

Bild 466. Geteilte Spannmutter. Beim Verschieben der Spannschraube in Spannstellung geben die Mutterhälften nach. Für den Rückzug sind die beiden Hälften auseinanderzudrücken.

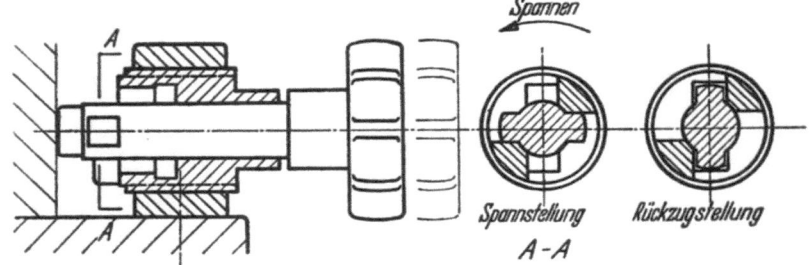

Bild 467. Schnellspannschraube mit Druckbolzen. Der Druckbolzen wird in der Schraube verschoben, bis er am Werkstück anliegt. Danach wird er gedreht, wobei die Schraube mitgenommen wird, bis die Spannung zustande kommt.

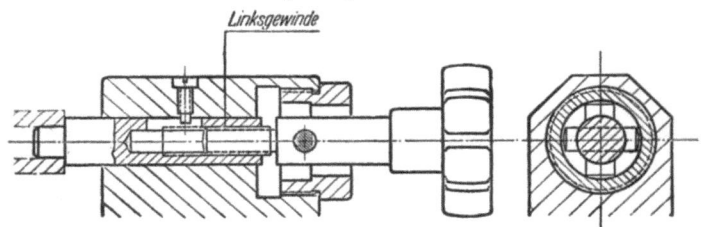

Bild 468. Schnellspannschraube mit Pinole. Die Pinole ist in Längsrichtung verschiebbar und gegen Drehen gesichert. Beim Spannen liegt der Querstift der Spannschraube in der Innenfläche des Gewindestückes an. Nach dem Lösen der Spannung wird die Spannschraube so weit gedreht, bis der Querstift vor der Längsnut liegt, und danach Spannschraube mit Pinole zurückgezogen.

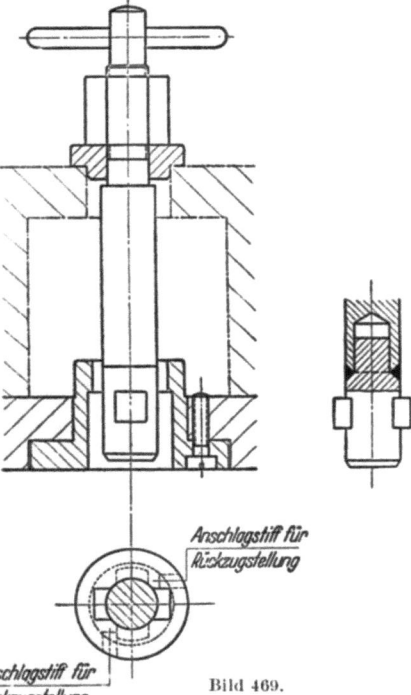

Bild 469.

Bild 469. Schnellspannschraube. Der Schraubenbolzen wird in Längsrichtung durch Werkstück und Widerlagerteil gesteckt und in Spannstellung geschwenkt. Danach wird durch Mutter gespannt.

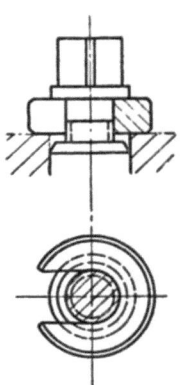

Bild 470. Dorn mit Vorsteckscheibe. Nach dem Lösen der Spannung durch Lüften der Spannmutter und nach seitlichem Herausziehen der geschlitzten Vorsteckscheibe kann das Werkstück vom Dorn entfernt werden.

3.47 Schnellspannen

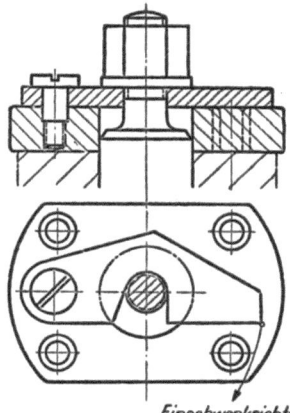

Bild 471. Vorreiber an Bohrschablone. Nach dem Zurückschwenken des Vorreibers ist die Schablone in Achsrichtung abziehbar. Die Schwenkrichtung des Vorreibers für die Spannstellung muß der Spannrichtung der Mutter gleich sein. Andernfalls wird der Vorreiber beim Anziehen der Mutter ausgeschwenkt.

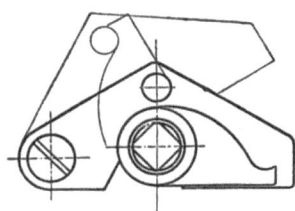

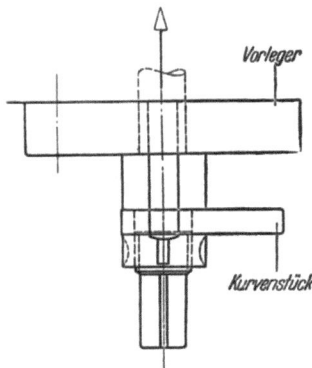

Bild 472. Spannschraube mit Vorleger. Beim Spannen liegt der Bund der Spannschraube am Vorleger an. Beim Entspannen wird der Vorleger durch ein mit der Schraube verbundenes Kurvenstück ausgeschwenkt.

Bild 473. Spannschraube in schwenkbarem Lagerteil. Nach dem Ausschwenken des Lagerteiles liegt der Weg für das Beschicken der Vorrichtung frei.

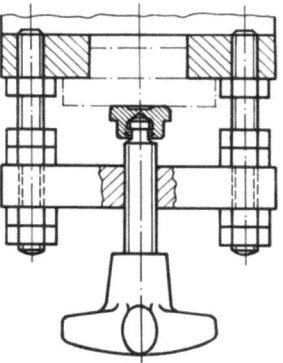

Bild 474. Spannschraube in schwenkbarem Lagerteil, zu dessen Führung genormte Schrauben und Muttern verwendet sind.

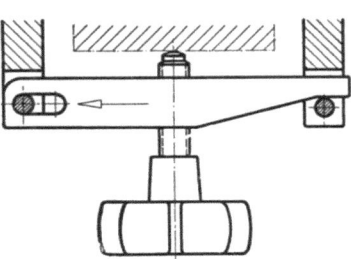

Bild 475. Schnellspannen durch verschiebbaren Spannteilträger.

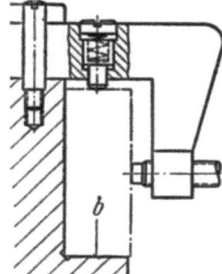

Bild 476. Spannschraube und Federbolzen in schwenkbarem Lagerteil. Beim Einschwenken des Spannteillagers wird das Werkstück durch den Federbolzen gegen die Anlage b gedrückt.

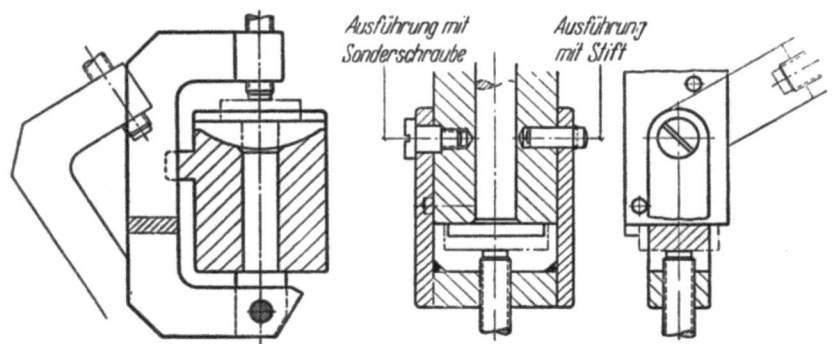

Bild 477 u. 478. Spannschraube in schwenkbarem Spannteillager. Wenn die Vorrichtung mit der Maschine nicht fest verbunden ist, ist darauf zu achten, daß bei ausgeschwenktem Spannteillager die Vorrichtung nicht umkippt.

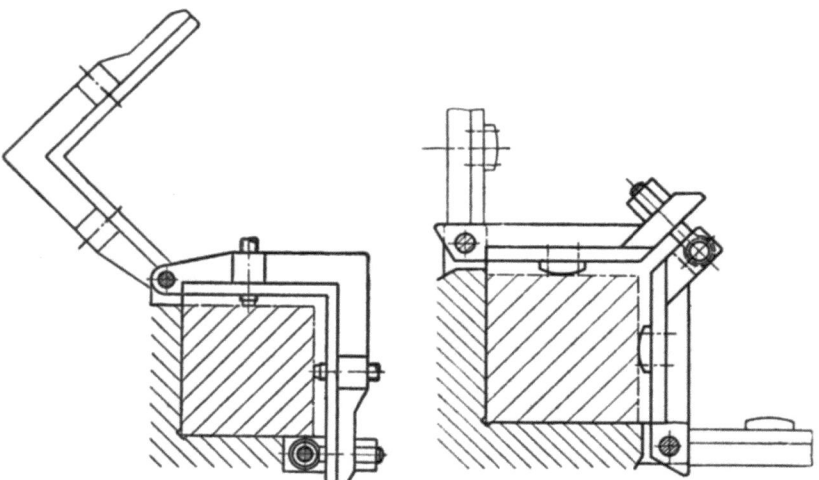

Bild 479. Zwei Spannschrauben in schwenkbarem Spannteillager.

Bild 480. Zwei Spannklappen, über die durch eine gemeinsame Schraube gespannt wird.

3.47 Schnellspannen

Schnelles Spannen im weiteren Sinne ist durch besonders schnellen Antrieb des Spannteiles möglich. Beispielsweise ist eine Schraube mittels Kurbel erheblich schneller bedienbar als mittels Stern-, Kreuz- oder Knebelgriff. Für besonders schnellen Antrieb einer Schraube kommen außerdem Übersetzungsgetriebe und motorischer Antrieb in Betracht.

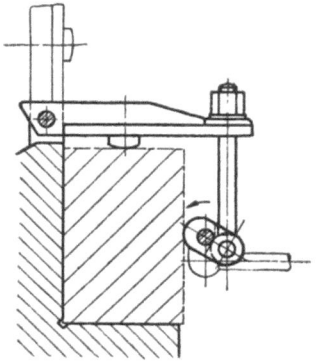

Bild 481. Spannschraube mit Spannklappe. Die Spannschraube ist in einem Hebel gelagert, der ebenfalls zum Spannen dient und das Werkstück gegen die Anlage drückt.

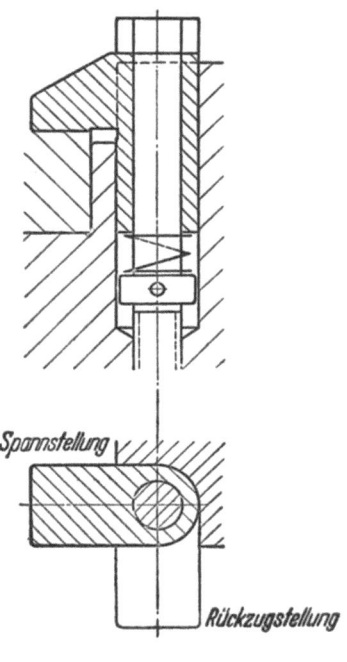

Bild 482. Die Spannschraube ist mit einem schwenkbaren Spannhaken elastisch gekuppelt. Beim Drehen der Spannschraube wird zugleich der Spannhaken in Spann- und Rückzugstellung geschwenkt.

Größere Gewindesteigung ergibt schnellere Längsverstellung der Spannschraube. Die Größe der Steigung ist durch die Forderung nach Selbsthemmung der Schraube begrenzt.

Schrauben mit Rechts- und Linksgewinde (Bild 483) haben bei gleichem Bedienweg doppelt so großen Spannweg wie Schrauben mit nur einem Gewinde derselben Steigung.

Der Kniehebel ermöglicht bereits in seiner Grundform besonders schnelles Spannen (Bild 484 ··· 488).

Sodann werden bei sämtlichen Kraftspannern die Spannteile mit verhältnismäßig großer Geschwindigkeit bewegt.

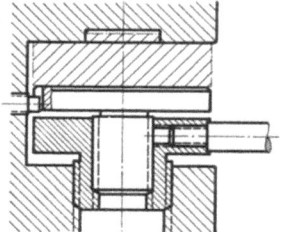

Bild 483. Schnellspanner durch zwei Schrauben, die beim Betätigen des Spannteiles zugleich wirksam sind. Bei gleichem Schwenkwinkel des Bedienteiles wird die Spannfläche um einen rund doppelt so großen Betrag längsbewegt wie bei einfacher Schraube.

140   3 Vorrichtung und Werkstück

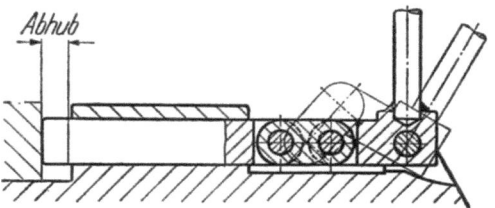

Bild 484. Mit Spannschieber.

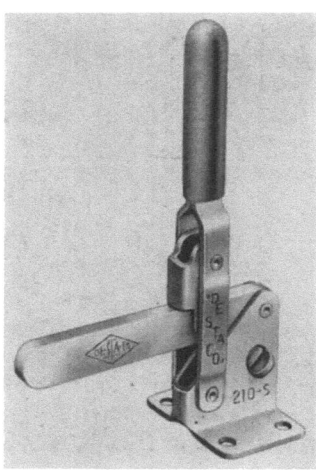

Bild 486. Mit Spannhebel und waagerechtem Bedienhebel, mit entgegengesetzten Bewegungsrichtungen. Mit Druck-Einstellschraube. Handelsüblich mit 30 ⋯ 1400 g Gewicht, 90 ⋯ 105° Öffnungswinkel des Spannhebels, 20 ⋯ 450 kp Haltekraft.

Bild 485. Mit Spannhebel und senkrechtem Bedienhebel, beide in gleicher Bewegungsrichtung. Mit Verriegelung nach dem Spannen. Ohne oder mit Druck-Einstellschraube. Handelsüblich mit 55 ⋯ 6700 g Gewicht, 100 ⋯ 200° Öffnungswinkel des Spannhebels, 45 ⋯ 2700 kp Haltekraft.

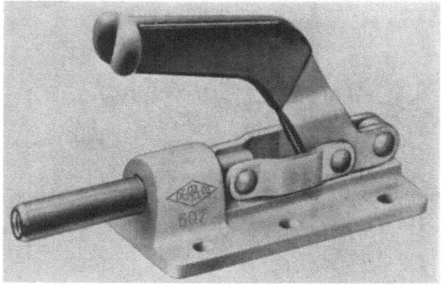

Bild 487. Mit Schubstange. Bedienhebel und Schubstange wahlweise für Druck- oder Zugwirkung in gleicher oder entgegengesetzter Bewegungsrichtung. Schubstange zum Schutz gegen Beschädigung durch Schweißspritzer verkupfert. Handelsüblich mit 40 ⋯ 2500 g Gewicht, 16 ⋯ 76 mm Hub, 40 ⋯ 6500 kp Haltekraft. Einige Größen auch mit pneumatischem oder hydraulischem Antrieb.

Bild 488. Mit Spannhebel, mit pneumatischem oder hydraulischem Antrieb, mit Druck-Einstellschraube. Durch Übertotpunkt-Einstellung bleibt bei Druck-Ausfall die Spannung erhalten. Handelsüblich mit 0,75 ⋯ 8,5 kg Gewicht, etwa 90° Öffnungswinkel, 170 ⋯ 6500 kp Haltekraft.

Bild 484 ⋯ 488. *Kniehebelspanner.*

3.48 Mehrstückspannen

Beim Mehrstückspannen werden in derselben Vorrichtung *mehrere Werkstücke hintereinander* (in Reihe) oder *nebeneinander* angeordnet (Tafel 10, S. 142).

3.481 Verwendungszweck

Mehrstückvorrichtungen werden verwendet für mehrere gleiche Werkstücke und gleichen Arbeitsgang (Bild 489 ··· 491),
für mehrere gleiche Werkstücke mit verschiedenen Arbeitsgängen
(Bild 492) oder
für verschiedene Werkstücke (Bild 493).

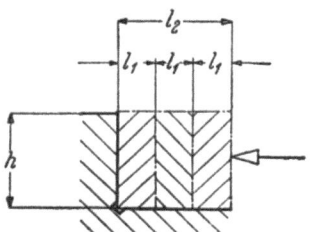

Bild 489. Drei Werkstücke sind in Reihe gespannt und liegen unmittelbar aneinander. Die Gesamtlänge l_2 ist gleich dreimal der Werkstücklänge l_1.

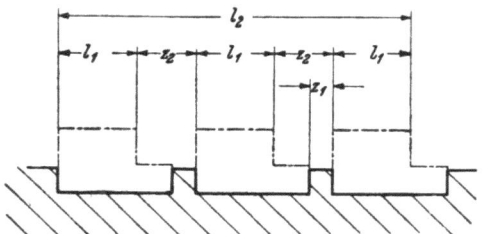

Bild 490. Drei Werkstücke liegen in Reihe hintereinander. Die Werkstücke sind formschlüssig aufgenommen und jedes Werkstück ist gegen die Auflage gespannt. Zwischen jedem Werkstück ist ein Zwischenraum z_1, zwischen jeder Bearbeitungsfläche ein Zwischenraum z_2. Die Gesamtlänge l_2 ist gleich dreimal der Länge l_1 der Bearbeitungsfläche zuzüglich zweimal dem Zwischenraum z_2.

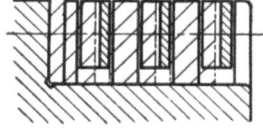

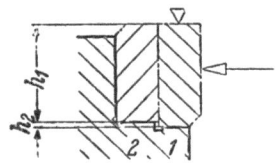

Bild 492. Die beiden Werkstücke liegen auf verschieden hoher Auflage. Bei einem Werkzeugdurchgang wird bei Auflage *1* die erste, bei Auflage *2* die zweite Werkstückseite bearbeitet. Das Werkzeug wird hierbei auf das Fertigmaß h_1 eingestellt. Die Höhe der Stufe h_2 entspricht der Bearbeitungszugabe einer Bearbeitungsfläche.

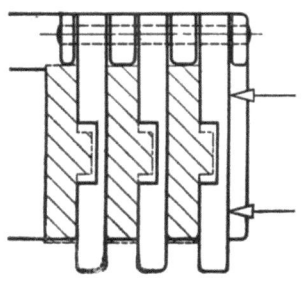

Bild 491. Zwischen jedem Werkstück liegt ein ausschwenkbares Zwischenstück. Sämtliche Werkstücke werden gemeinsam gegen die Auflage gespannt.

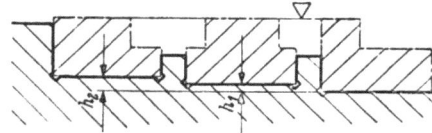

Bild 493. Mehrere verschiedene Werkstücke in Reihe hintereinander. Die Auflageflächen sind entsprechend den Werkstückhöhen um h_1 bzw. h_2 gestuft.

3 Vorrichtung und Werkstück

Tafel 10. *Mehrstückspannen*

Fertigungs- verfahren	Werkstücke hintereinander gespannt	Werkstücke nebeneinander gespannt
Hobeln	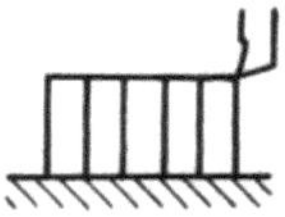	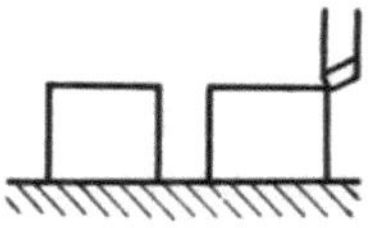
Waagerecht- stoßen	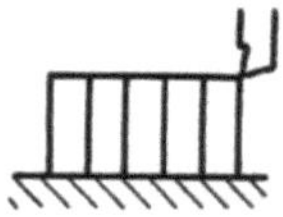	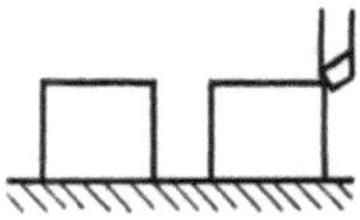
Senkrecht- stoßen		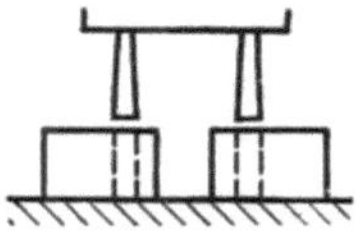
Räumen	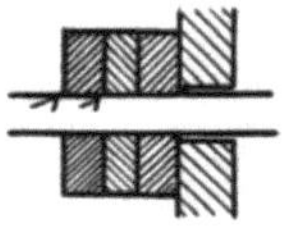	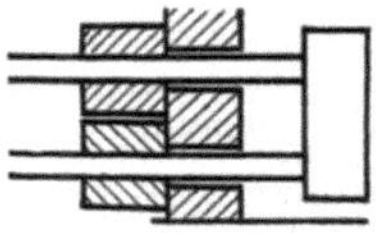
Drehen	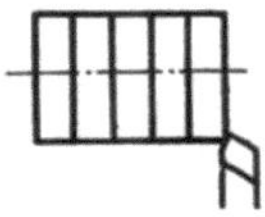 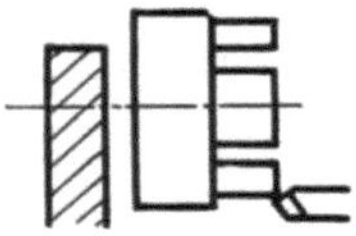	—
Bohren	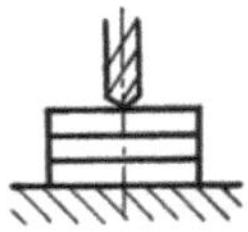	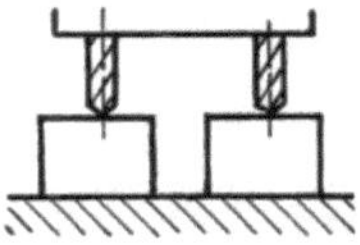
Fräsen	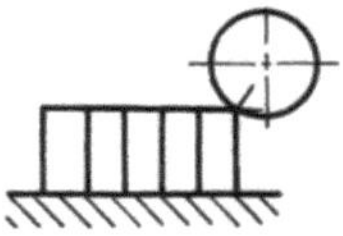	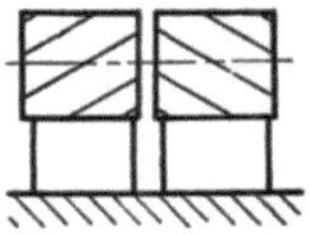 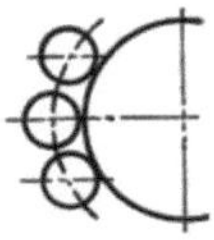
Schleifen	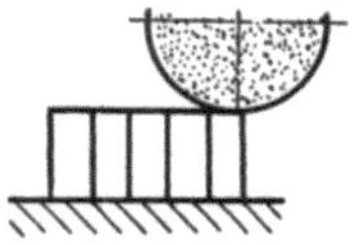 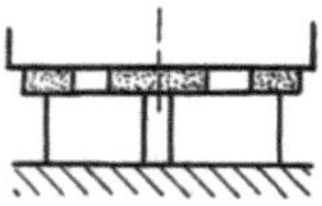	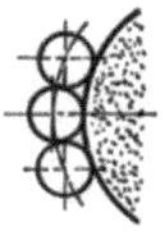

3.482 Anordnung der Werkstücke hintereinander

Bei hintereinanderliegender Anordnung der Werkstücke (Bild 489 bis 493) nimmt die Länge des Werkzeugweges mit der Anzahl der Werkstücke zu.

Die Anzahl der hintereinander legbaren Stücke nimmt zu mit der Höhe h sowie der Planparallelität der Werkstücke. Sie ist außerdem größer, je geringer die Arbeitskraft ist und je mehr die Arbeitskraft gegen die Werkstückauflage gerichtet ist.

Der auf je ein Werkstück entfallende Weg für An- und Überlauf des Werkzeuges ist um so kleiner, je kleiner der Zwischenraum zwischen den Werkstücken ist und je mehr Werkstücke hintereinanderliegen.

Der auf je ein Werkstück entfallende Anteil an Griffzeit für Vorrichtung und Maschine nimmt ab mit der Anzahl der jeweils zugleich zu spannenden Werkstücke. Dabei ist von Sonderfällen (3.484) abgesehen.

Die Vorrichtungskosten sind nur um den verhältnismäßig geringen Betrag höher, um den die Vorrichtung länger baut.

3.483 Anordnung der Werkstücke nebeneinander

Außer an Griffzeit für Vorrichtung und Maschine wird hierbei vor allem an Maschinen-Hauptzeit gespart.

Für nebeneinanderliegende Werkstücke ist die Hauptzeit gleich der Hauptzeit für nur *ein* Werkstück, vorausgesetzt, daß sämtliche Werkstücke gleichzeitig bearbeitet werden.

Die Ersparnisse an Vorrichtungskosten gegenüber einer Einstückvorrichtung entsprechen zum Teil den Kosten für den Vorrichtungskörper. An Kosten für Bestimm- und Spannstellen wird kaum gespart, da jedes Werkstück eine Bestimm- und Spannstelle erfordert.

3.484 Nachteile des Mehrstückspannens

Den Vorteilen des Mehrstückspannens gegenüber Einstückspannen können als Nachteile gegenüberstehen:

Längere Einlegezeit je Werkstück,
längere Spannzeit je Werkstück,
höhere Anforderungen an den Anlieferungszustand für das Werkstück,
längere Zeit für das Einrichten des Werkzeuges,
größere Fertigungstoleranzen,
größerer Anteil an Ausschuß.

Einlege- und Spannzeit je Werkstück können bei einer Mehrstückvorrichtung in Sonderfällen höher liegen als bei einer Einstückvorrichtung, wenn auf das sichere Bestimmen des Werkstückes besonders sorgfältig geachtet werden muß.

144 3 Vorrichtung und Werkstück

Größere Fertigungstoleranzen können bei Verwendung von Mehrstückvorrichtungen durch Fehler beim Einlegen und Spannen des Werkstückes oder durch Fehler in der Führung des Maschinentisches verursacht sein. Insbesondere bei längeren Tischwegen und älteren Maschinen ist auf die Güte der Tischführung zu achten, vor allem dann, wenn der Tisch in den Endstellungen des Arbeitsweges über seine Führung hinausragt. Bei besonders hohen Genauigkeitsansprüchen kann für manche Werkstücke die Mehrstückvorrichtung ungeeignet sein.

Höhere Anforderungen an die Planparallelität des Werkstückes müssen gestellt werden, wenn eine größere Anzahl von Werkstücken hintereinander zu spannen ist (Bild 494 ··· 496).

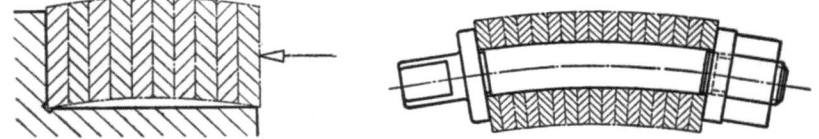

Bild 494. Die Werkstücke werden beim Spannen von der Auflage abgehoben.   Bild 495. Der Dorn wird beim Spannen verzogen.

Bild 494 u. 495. *Lagefehler beim Reihenspannen durch unparallele Werkstückflächen.*

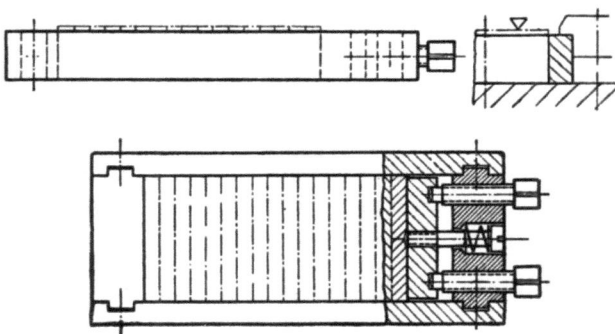

Bild 496. Mehrere Werkstücke sind in einem Wechselrahmen in Reihe gespannt. Während der Bearbeitung eines Werkstückpaketes wird ein zweites Paket zurechtgerichtet. Nach Beendigung der Bearbeitung werden die beiden Pakete gegeneinander ausgewechselt.

3.49 Spanndorne, Spannfutter, Spannstöcke

3.491 Spanndorne

Spanndorne dienen zum Bestimmen von Werkstücken nach einer Bohrung. Gespannt wird vorzugsweise durch Flächenpressung in der Bohrung, erforderlichenfalls zusätzlich in Längsrichtung, in Sonderfällen in Querrichtung zur Drehachse. Durch Spanndorne sind Werkstücke in der Regel nach der Bohrung einzumitten. Die Lage der Bohrungsachse wird auch hierbei entweder nach der Bohrungsfläche oder bei kürzeren Bohrungen nach einer zur Bohrung senkrechten Fläche bestimmt.

Bei *Gestaltung* von Spanndornen sind in der Hauptsache zu berücksichtigen

Toleranz der Werkstückbohrung,
Genauigkeit der stirnseitigen Bestimmfläche,
Verhältnis von Spanndurchmesser zu Spannlänge,
Verhältnis von Spanndurchmesser zu Bearbeitungsdurchmesser,
Steifigkeit des Werkstückes an der Spannstelle,
der Umstand, ob es sich um eine zur Bohrungsachse parallele oder zur Bohrungsachse senkrechte Bearbeitung handelt,
beim Bearbeiten auftretende Drehmomente,
für die Bearbeitungsfläche zulässige Toleranzen.

Spanndorne werden als „feste" Dorne, Dehndorne, Spreizdorne, Dorne mit Spreizhülse, Dorne mit Spannscheiben und Dorne mit Spannbacken ausgeführt.

Nach Art der Aufnahme in der Maschine ist außerdem zwischen Dornen, die *zwischen Spitzen* aufgenommen werden (Spitzendorne), und *freitragenden* (fliegenden) Dornen zu unterscheiden. Spitzendorne gewährleisten die genauere Achslage. Bei freitragenden Dornen ist das Werkstück für die Werkzeuge meist zugänglicher als bei Spitzendornen. Freitragende Dorne ermöglichen außerdem rascheres Aufstecken und Abziehen des Werkstückes.

In der Maschine werden freitragende Dorne in der Kegelbohrung (Bild 803 ··· 807) oder durch Gewinde, Kegel oder Flansch auf dem Spindelkopf der Arbeitsspindel (Bild 786 ··· 789) aufgenommen.

Flanschdorne haben in der Regel größere Rundlaufgenauigkeit als Dorne mit Kegelzapfen. Für hohe Genauigkeitsansprüche sind Flanschdorne gegebenenfalls nicht durch einen Teil der Maschine, sondern durch Meßuhr einzumitten.

Zentrierbohrungen für Spanndorne sind mit Schutzsenkung auszuführen, zu härten und zu polieren. Für die Rundlaufgenauigkeit von Spitzendornen ist die genaue Fertigung und Instandhaltung der Zentrierbohrungen ausschlaggebend.

3.4911 Feste Dorne. Der Grundkörper sog. fester Spanndorne dient unmittelbar zur Aufnahme der Werkstücke.

Zum Einmitten von Werkstücken mit zylindrischer Bohrung ist der Aufnahmeteil des Dornes zylindrisch oder kegelig.

Zylinderdorne. Durch zylindrische Aufnahme kann die Achslage einer zylindrischen Bohrung genauer bestimmt werden als durch kegelige Aufnahme. Soll ein Werkstück auf zylindrischem Dorn durch Flächenpressung befestigt werden, ist entweder die Bohrungstoleranz des

Werkstückes in entsprechend engen Grenzen zu halten oder sind so viele Spanndorne mit verschieden großem Durchmesser vorzusehen, daß mit einem dieser Dorne der genügend feste Sitz erreicht wird. Der jeweils passende Dorn muß dazu durch Ausprobieren ermittelt werden.

Bei festen *zylindrischen Dornen mit Bund* (Bild 497 ··· 506) wird durch den Zylinder das Werkstück nur eingemittet. Gespannt wird in

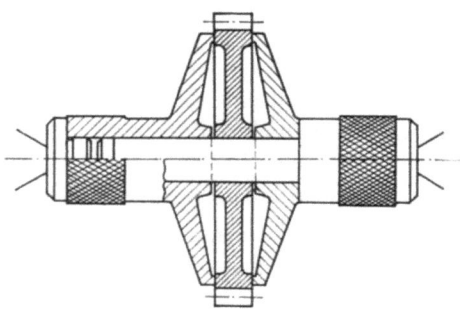

Bild 497. Zum Schaben wird das Zahnrad durch Pinole der Maschine über Flansche gespannt.

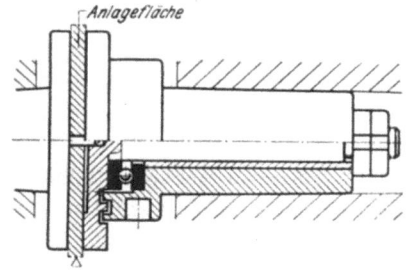

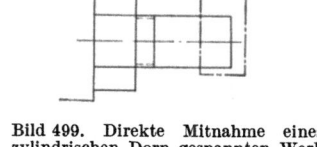

Bild 498. Das Werkstück ist durch den Dorn eingemittet, seine Achslage durch die Anlagefläche bestimmt. Spannung durch Pinole mit umlaufender Druckscheibe.

Bild 499. Direkte Mitnahme eines durch zylindrischen Dorn gespannten Werkstückes.

Achsrichtung durch Mutter oder Schraube. Spiel zwischen Dorn und Werkstückbohrung beeinträchtigt die Einmittegenauigkeit.

In Längsrichtung wird das Werkstück durch Anlage an der Bundfläche eindeutig bestimmt. Solches Bestimmen ist für die Einhaltung von Längsmaßen bei Fertigung von Absätzen, Einstichen usw. wichtig, für Mengenfertigung Vorbedingung, denn in der Mengenfertigung müssen die Werkzeuge eingestellt bleiben und deshalb die Werkstücke in der Maschine an derselben Stelle liegen.

Zylinderdorne mit Bund werden außerdem verwendet, um auf demselben Dorn mehrere Werkstücke hintereinander zu spannen.

Bei Verwendung von Dornen nach Bild 500 ist zu beachten, daß das *Auf- und Abschrauben der Mutter* lange Spannzeit erfordert. Bei einem

Spannmutter-Außendurchmesser, der kleiner ist als der Durchmesser der Werkstückbohrung, kann das Werkstück über die Mutter geführt werden (Bild 501). Nach dem Lösen der Spannung und Wegnehmen der Vorsteckscheibe kann das Werkstück vom Dorn gezogen werden. Diese Gestaltung ist aber nur zulässig, wenn der Gewindezapfen dabei genügend

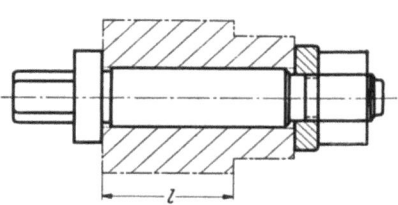

Bild 500. Zylindrischer Dorn mit Bund. Die Länge l ist bei eingestelltem Werkzeug gleichbleibend. Durch die zylindrische Aufnahme ist jedoch das Einmitten entsprechend dem Spiel zwischen Dorn und Bohrung ungenau. Dieser Dorn wird deshalb dann verwendet, wenn ein Längenmaß eingehalten werden muß und die durch das Spiel zwischen Dorn und Bohrung entstehenden Rundlauffehler zulässig sind.

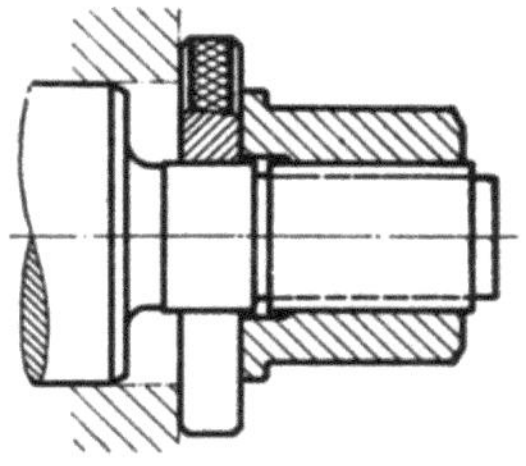

Bild 501. Spanndorn-Ende mit Vorsteckscheibe.

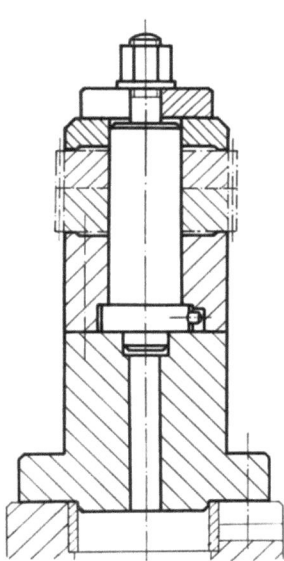
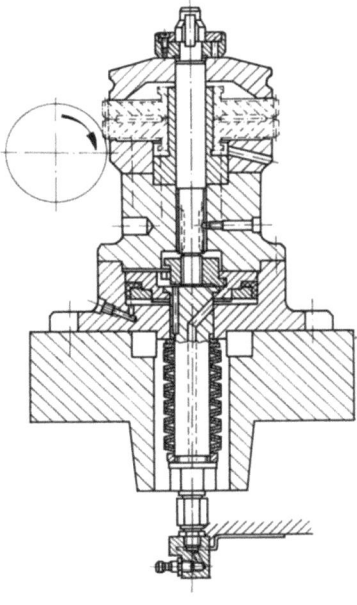

Bild 502. Bauhöhe gegeben durch die Fräsmaschine. Zur Verwendung für verschiedene Zahnräder ist der Dorn zusammengesetzt. Der auswechselbare Einmittezapfen ist gegen Drehen durch Stift im Kopfteil gesichert. Die Paßfläche des Zapfens und die zugehörige Bohrung sind nicht unterbrochen, um Verzug des Werkstück-Aufnahmebolzens weitgehend zu vermeiden. Der vollständige Spanndorn ist gegenüber der Maschine nicht fest eingemittet, sondern wird nach Meßuhr ausgerichtet.

Bild 503. Mechanisch-hydraulisch betätigter Spanndorn. Gespannt wird durch Federkraft (z. B. 3500 kp), entspannt durch Drucköl (mit z. B. 4500 kp Kraft). Der Spannbolzen hat sternförmige Spannfläche, der Spannflansch neben der Bohrung entsprechende Aussparungen, damit die Werkstücke schnell gewechselt werden können. Die Spannstellung des eingeschraubten Bolzens ist durch Nuten im Bolzen einstell- und durch Schraube feststellbar.

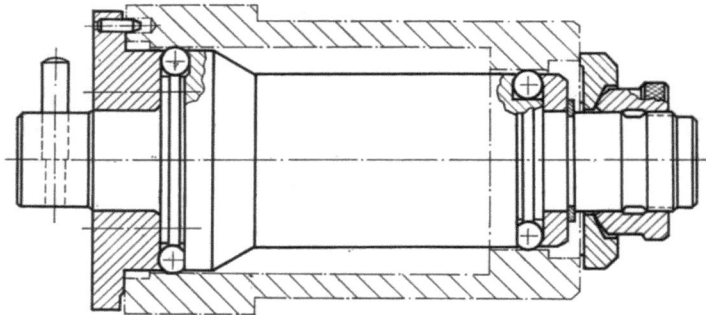

Bild 504. Ausgehend vom festen Dorn wird das Werkstück durch Kugeln unmittelbar eingemittet. Das Passungsverhältnis zwischen Dorn und Werkstück ist abhängig von der Tiefe, in der die Kugeln in das Werkstück eindringen. Auf die Genauigkeit des Einmittens sind die Oberflächengüte der Werkstück-Bohrung und die Einheitlichkeit des Werkstoff-Werkstoffes von Einfluß.

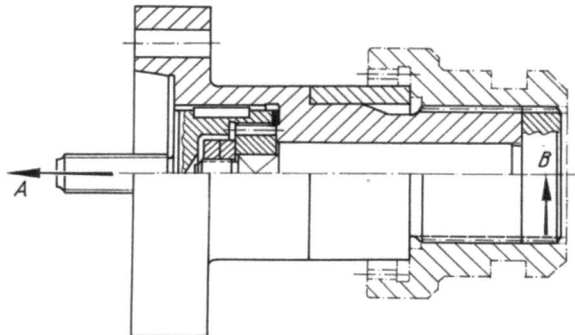

Bild 505. Profilflanken-Spanndorn. Die in Pfeilrichtung wirkende Spannkraft wird über Innen-Schrägverzahnung in Drehbewegung umgesetzt und dadurch das innenverzahnte Werkstück gegen die Flanken des außenverzahnten Aufnahmeteils des Dornes gespannt.

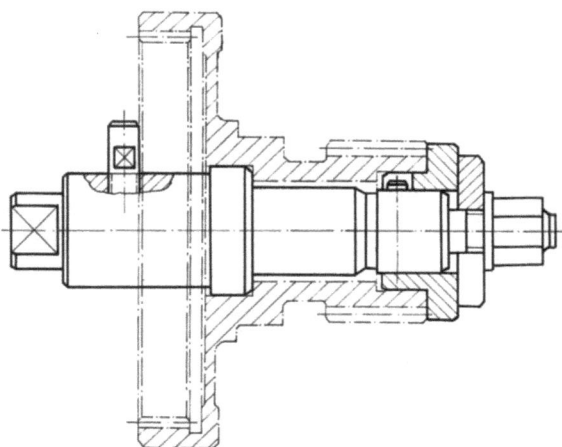

Bild 506. Werkstück wird durch den Bund des Spitzendornes und die aufsteckbare Buchse eingemittet. Falls der verhältnismäßig schwache Gewindezapfen verbogen wird, entstehen Rundlauffehler.

stark bleibt. Der Gewindezapfen darf beim Spannen nicht verzogen werden. Durch Verziehen des Spanngewindes kann die Rundlaufgenauigkeit von Spanndornen erheblich beeinträchtigt werden.

Die *Richtung der Gewindesteigung* von Spanngewinden ist so zu wählen, daß das Spannteil durch die Arbeitskräfte nicht gelöst werden kann. Soll auch ein Festerziehen des Spannteiles vermieden werden, ist eine zwischen Werkstück und Spannteil angeordnete Scheibe gegen Drehen zu sichern.

Nach Bild 507 u. 508 wird senkrecht zur Drehachse gespannt.

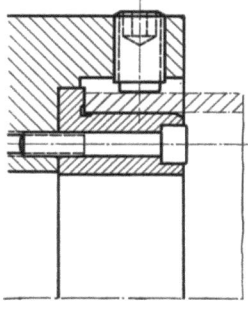

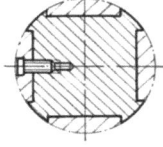 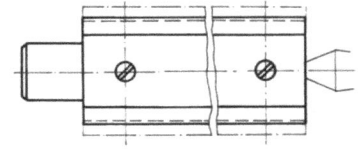

Bild 507. Fester Spanndorn für Rohre.

Bild 508. Die Werkstücke in Form durchgehend rundzubearbeitender Kunststoffleisten sind mangels anderer Möglichkeit durch Schrauben befestigt.

Kegeldorne. Mit kegeligem Dorn können größere Bohrungsabweichungen überbrückt werden als mit zylindrischem Dorn. Bei längeren Bohrungen kommen jedoch die verschieden großen Kegeldurchmesser zur Auswirkung, wodurch nur ein Teil der Bohrung an der Flächenpressung und damit am Einmitten beteiligt ist. Der andere Teil liegt frei, wie in Bild 509 übertrieben angedeutet. Bei einseitiger Anlage ist das Werkstück fehlerhaft eingemittet. Diese Rundlauffehler nehmen mit der Länge der Werkstückbohrung, Stirnlauffehler mit dem Werkstückdurchmesser zu. Dennoch genügt die mit festen Kegeldornen einhaltbare Genauigkeit für den größten Teil der vorkommenden Spitzenarbeiten.

Drehdorne DIN 523 haben auf 100 mm Kegellänge folgende *Verjüngungen*:

	3 ⋯ 6 mm ⌀	0,055 mm
über	6 ⋯ 18 mm ⌀	0,05 mm
über	18	0,04 mm Verjüngung.

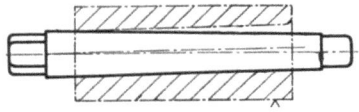 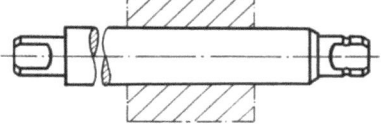

Bild 509. Drehdorn nach DIN 523. Auswirkung der Durchmesserunterschiede des Kegels.

Bild 510. Schleifdorn (Werkstück-Aufnahmedorn) nach DIN 6374. Unter Zugrundelegung des Toleranzfeldes H7 sind jedem Nenndurchmesser *zwei* Dorne zugeordnet. Der dünnere Dorn ist durch *eine* Rille, der dickere durch *zwei* Rillen gekennzeichnet.

Das entspricht Verjüngungen von etwa 1 : 1800 bis 1 : 2500. Falls Kegel mit diesen Verjüngungen nicht genügend einmitten, sind schlankere Kegel zu verwenden, z. B. nach DIN 6374 mit Verjüngung 1 : 5000 bis 1 : 12000 (Bild 510). Zum Überbrücken der jeweils vorliegenden Bohrungstoleranz können dabei mehrere Kegeldorne mit entsprechend gestuften Durchmessern erforderlich sein.

Durch Dorne, die zum Teil zylindrisch, zum Teil kegelig sind, können die Vorzüge zylindrischer und kegeliger Aufnahme bis zu einem gewissen Grade vereinigt werden (Bild 511).

Bei kegeligen Spanndornen nach Bild 509 ··· 512 ist die *Längslage* des Werkstückes *nicht eindeutig bestimmt*. Sie ist abhängig von der Größe des Bohrungsdurchmessers und der Kraft, mit der das Werkstück auf

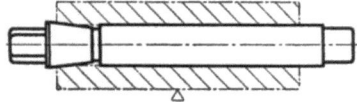

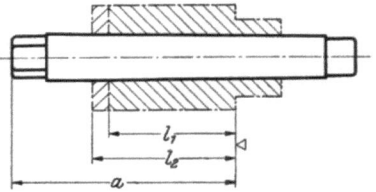

Bild 511. Zum Teil zylindrischer, zum Teil kegeliger Spitzendorn. Der Zylinder dient vorzugsweise zum Einmitten, der Kegel vorzugsweise zum Mitnehmen des Werkstückes. Dieser Dorn ist besonders geeignet für Werkstücke mit verhältnismäßig langer, engtolerierter Bohrung, wenn ein Dorn mit Spreizhülse zu nachgiebig oder wegen zu geringer Stückzahl unwirtschaftlich wäre.

Bild 512. Bestimmen der Längslage des Werkstückes auf kegeligem Dorn. Der Abstand a ist bei eingestelltem Werkzeug gleichbleibend. Der Abstand der Bearbeitungsfläche von der Maßbezugsfläche wird jedoch l_1 oder l_2, entsprechend der verschiedenen Längslage des Werkstückes auf den Kegeldorn.

den Dorn gepreßt wird. Deshalb sind Kegeldorne für die Mengenfertigung vorzugsweise nur dazu geeignet, Werkstücke achsparallel zu bearbeiten. Sie sind aber für Mengenfertigung nicht geeignet, wenn Stirnflächen in einem bestimmten Längsabstand liegen müssen (Bild 512). Durch Kegeldorn in Längsrichtung eindeutig bestimmt wird das Werkstück nach Bild 513 u. 514.

Feste Spanndorne mit Gewinde. Bei Aufnahme von Werkstücken durch Gewinde ist zu berücksichtigen, daß *Gewinde mangelhaft einmitten*. Für planparallele Bearbeitung (Bild 515) sind Einmittefehler belanglos, jedoch muß das Werkstück an der Bundfläche des Dornes plan anliegen. Für Längsbearbeitung ist von Fall zu Fall zu prüfen, ob die möglicherweise entstehenden Rundlauffehler für das betreffende Werkstück tragbar sind. Wenn diese Fehler zu groß sind, ist das betreffende Werkstück durch Zylinder oder Kegel einzumitten, das Gewinde nur zum Spannen zu verwenden (Bild 516). Wenn die Werkstückbohrung weder Zylinder noch Kegel aufweist, ist das Werkstück gegebenenfalls entsprechend zu ändern. Falls eine solche Änderung nicht in Betracht kommt, also vom Gewinde ausgehend eingemittet werden muß, ist viel-

3.49 Spanndorne, Spannfutter, Spannstöcke

leicht durch einen Gewinde-Spreizdorn oder durch einen Gewinde-Dehndorn die geforderte Genauigkeit erreichbar.

Bei Verwendung fester Gewindedorne ist außerdem besonders darauf zu achten, daß das auf dem Gewinde festsitzende *Werkstück* wieder

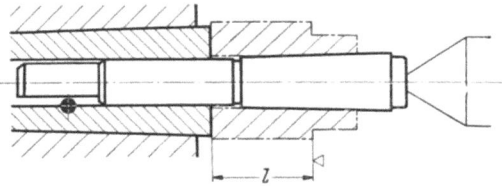

Bild 513. Der zur Aufnahme des Werkstückes dienende Teil des Dornes ist kegelig, der zur Aufnahme in die Maschine bestimmte Teil zylindrisch. Das gespannte Werkstück ist in Längsrichtung und damit auch die Länge l eindeutig bestimmt.

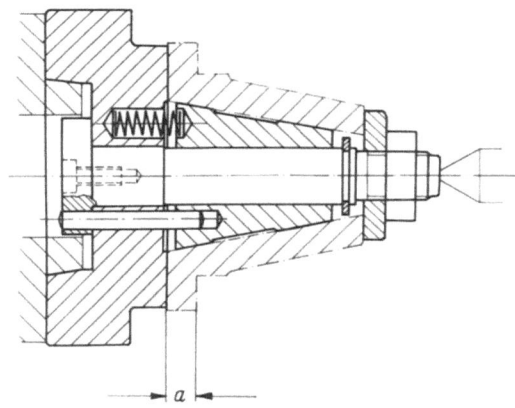

Bild 514. Durch die Kegelhülse wird das Werkstück eingemittet und durch die Planfläche des Dornes seine Lage in Achsrichtung und damit auch das Maß a eindeutig bestimmt.

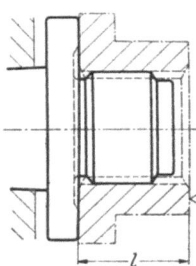
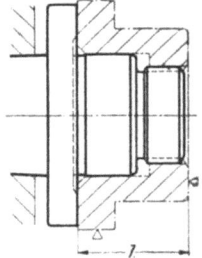

Bild 515. Das Werkstück ist in der Gewindebohrung aufgenommen und gegen die Stirnfläche geschraubt. Die senkrecht zur Achse stehende Bearbeitungsfläche fällt hierbei planparallel und im Abstand l zur Anlagefläche aus. Für das Bearbeiten einer Mantelfläche ist eine derartige Gewindeaufnahme jedoch nur geeignet, wenn die durch Gewinde möglichen Mittigkeitsabweichungen zulässig sind.

Bild 516. Das Werkstück wird im zylindrischen Teil der Bohrung aufgenommen und das Gewinde nur zum Spannen benutzt. Planparallelität und Abstand l zur Anlagefläche werden genau. Mittigkeitsfehler sind nur so groß wie das Spiel zwischen Aufnahmezapfen und Werkstückbohrung.

gelöst werden kann, und zwar schnell und ohne das Werkstück zu beschädigen. Mehr noch als von Hand können Werkstücke durch die Arbeitskraft festgezogen werden. Für das Lösen kommen in Betracht: Lösen von Hand, ohne oder mit Hilfsmittel, wie Lappen, Schmirgelleinen, Holzkluppe, Zange, Schlüssel. Falls die Handkraft nicht ausreicht oder das Werkstück keine für das Lösen geeignete Angriffsform aufweist, sind Gewindeaufnahme und Längsanlage zu trennen und in Achsrichtung gegeneinander beweglich zu machen. Zum Lösen dienen dabei z. B. Zugstange (Bild 517), Schraube (Bild 518) oder Mutter (Bild 519).

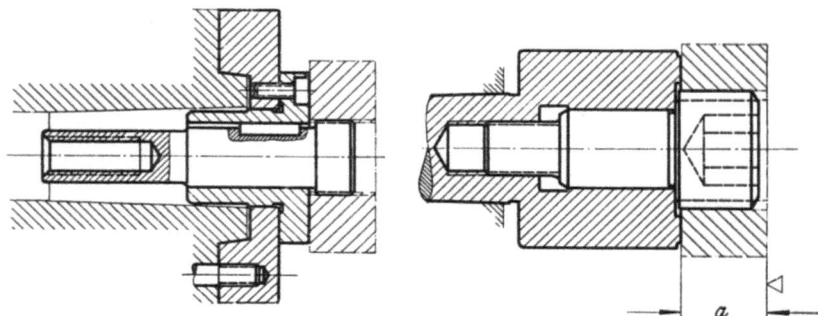

Bild 517. Spanndorn mit Gewindeaufnahme. Das Werkstück wird durch Anzugstange gespannt und gelöst.

Bild 518. Spanndorn mit Gewindeaufnahme, vorzugsweise für Planbearbeitung. Die Spannung wird durch Herausdrehen des Aufnahmeteiles gelöst. Die Steigung des Aufnahmegewindes ist der Steigung für das Lösegewinde gleichgerichtet.

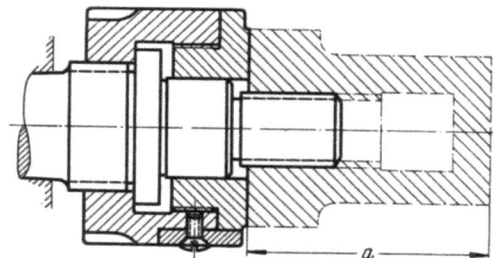

Bild 519. Spanndorn mit Gewindeaufnahme für Teile mit Sackbohrung. Die Längslage des Werkstückes wird durch Gewindebuchse und Mutter bestimmt, die für das Bestimmen an der hinteren Bundfläche des Dornes anliegt. Lösen der Spannung durch Zurückschrauben der Mutter. Die Steigung des Gewindes für das Lösen der Spannung ist der Steigung des Aufnahmegewindes für das Werkstück entgegengerichtet.

3.4912 Dehndorne. Der zur Werkstückaufnahme dienende Teil von Dehndornen ist ungeschlitzt. Zum Spannen wird dieser als Hülse ausgebildete Teil im Bereich der elastischen Verformung aufgeweitet. Hierfür wird die in den Dehndorn eingeleitete Spannkraft mechanisch oder hydraulisch übertragen.

Dehndorne ermöglichen einen *durch Handkraft lösbaren Preßsitz* und mitten mit hoher Genauigkeit ein.

Mechanische Dehndorne. Spanndorne mit Dehnhülse (Bild 520 ··· 524) bestehen aus einem festen Dorn, einer oder mehreren Hülsen und dem Spannteil, z. B. einer Mutter. Die Dehnhülse ist innen hohl und wird durch Spannen in axialer Richtung im Bohrungsdurchmesser verkleinert, im Außendurchmesser vergrößert, bis zwischen Dorn und Werkstück

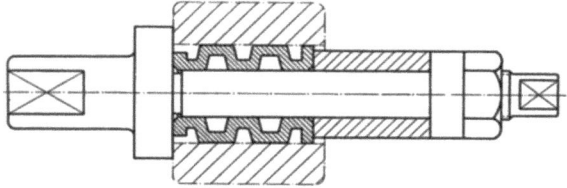

Bild 520. Spitzenspanndorn mit *einer* Spannhülse und mit Anlagebund.

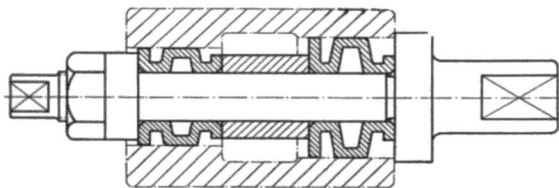

Bild 521. Spitzenspanndorn mit *zwei* Spannhülsen für verschieden große Spanndurchmesser und mit Anlagebund.

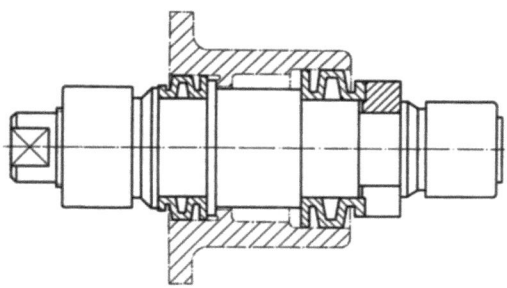

Bild 522. Spitzenspanndorn für Werkstück mit Längsanlage in der kleineren Bohrung und mit dahinterliegender größerer Bohrung. Zum Aufbringen und Herunternehmen des Werkstückes muß die größere Spannhülse vom Dorn abgezogen werden. Hierzu ist das rechtsseitige Spannteil so weit zu lüften, daß die Steckscheibe senkrecht zur Dornachse entfernt werden kann.

Bild 520 ··· 522. *Dehndorne Bauart* SPIETH (*DBP u. AP*).

eine kraftschlüssige Verbindung hergestellt ist. Für hohe Rundlaufgenauigkeiten soll die Genauigkeit der Werkstückbohrung innerhalb der Werte von IT 7 liegen. Spannbar sind jedoch auch Werkstücke mit Bohrungsabweichungen von etwa IT 8. Spanndorne mit Dehnhülse sind für Spanndurchmesser von 10 bis 100 mm handelsüblich.

Bei dem etwas behelfsmäßigen Dehndorn nach Bild 525 ist lediglich der dehnbare Teil des Dornes bestimmend für die Rundlaufgenauigkeit.

Bei Dehndornen mit Rollkupplung (Bild 526 ··· 529) haben Innenkegel der Spannhülse wie Kegel des Spanndornes eine Verjüngung von 1 : 50. Die zwischen Innen- und Außenkegel liegenden Rollen werden in einem Winkel von etwa 1° schräg zur Achse geführt. Beim Drehen des

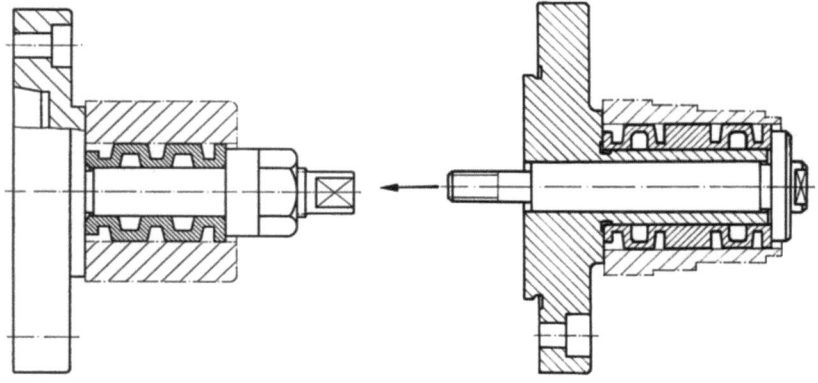

Bild 523. Freitragender Spanndorn (Flanschdorn) mit *einer* Spannhülse.

Bild 524. Freitragender Spanndorn (Flanschdorn) mit Anzugstange für kraftbetätigtes Spannen.

Bild 520 ··· 524. *Dehndorne Bauart* SPIETH (*DBP u. AP*).

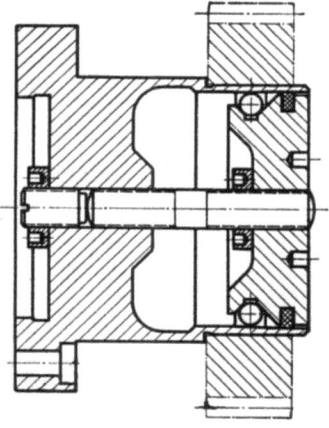

Bild 525. Freitragender Dehndorn. Zum Dehnen der werkstücktragenden Hülse dienen Kugeln, die in Achsrichtung unter Schraubwirkung in eine Kegelbohrung hineingepreßt werden.

Spannkegels führt dieser in Richtung der Kegelspitze eine Schraubbewegung aus, deren Steigung der Schräglage der Rollen entspricht. Durch die Bewegung des Spannkegels in Richtung der Kegelspitze wird die Spannhülse gedehnt.

Die geringe Steigung dieser Schraubbewegung und die fast nur rollende Reibung zwischen den bewegten Teilen ergeben einen hohen Wirkungsgrad für die aufgewendete Spannkraft. Bei verhältnismäßig kleinem Anzugsmoment wird ein großes Übertragungsmoment wirksam. Die

3.49 Spanndorne, Spannfutter, Spannstöcke

Spannung ist selbsthemmend; sie wird auch durch die beim Bearbeitungsvorgang auftretenden Schwingungen nicht gelöst.

Die Spannhülse ist durch einen Anschlag, der den Längsweg des Spannkegels begrenzt, gegenüber Beanspruchung gesichert. Für das

Bild 526. Steck-Dehndorne mit Rollkupplung, zur Aufnahme längerer Werkstücke zwischen Spitzen.

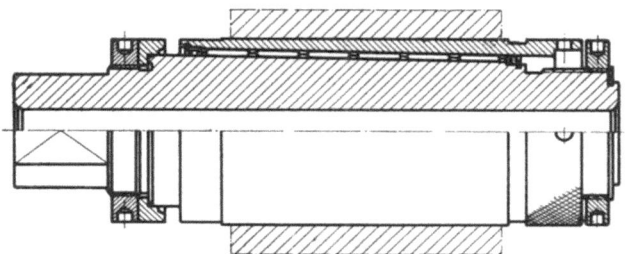

Bild 527. Spitzenspanndorn. Dehndorn mit Rollkupplung für etwa 35 ··· 120 mm Spannmesser. Der Kraftfluß von der Maschine zum Werkstück führt über die Rollen.

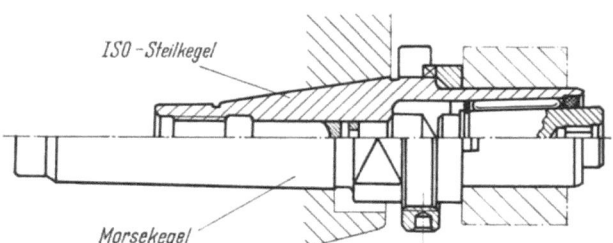

Bild 528. Freitragender Dehndorn mit Kegelschaft.

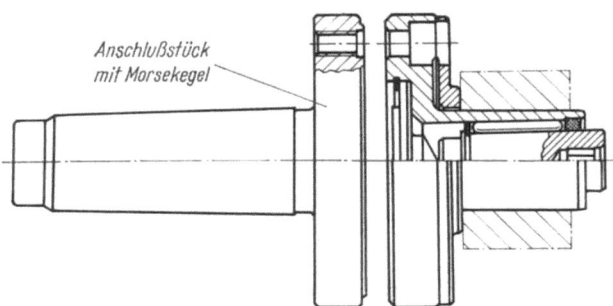

Bild 529. Freitragender Dehndorn mit Flansch.

Bild 528 u. 529. *Dehndorne mit Rollkupplung. Der Kraftfluß führt von der Maschine über die Dehnhülse unmittelbar zum Werkstück. Die Rollen dienen lediglich zum Übertragen der Spannkraft auf den dehnbaren Teil des Dornes.*

Spannen nachgiebiger Werkstücke kann erforderlich sein, die Spannkraft, z. B. durch Drehmomentschlüssel, zu begrenzen.

Die Rundlauf- und Formgenauigkeit der Dehndorne mit Rollkupplung liegt innerhalb IT3. Für Sonderfälle können noch höhere Rundlaufgenauigkeiten erreicht werden. Der Spannbereich ist geeignet für die Aufnahme von Werkstücken, deren aufzunehmender Außen- bzw. Innendurchmesser innerhalb IT8 liegt, und ist auf $2d$ (in μm) : 1000 begrenzt.

Hydraulische Dehndorne. Bei hydraulischen Dehndornen (Bild 530 bis 532) ist die das Werkstück aufnehmende Hülse durch einen mit der Maschine verbundenen Dorn eingemittet. Zwischen Dorn und Hülse

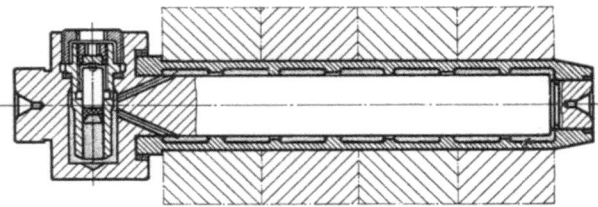

Bild 530. Dehndorn (Spitzenspanndorn) mit hydraulischer Spannung. Durch diesen Dorn werden mehrere Werkstücke zugleich gespannt.

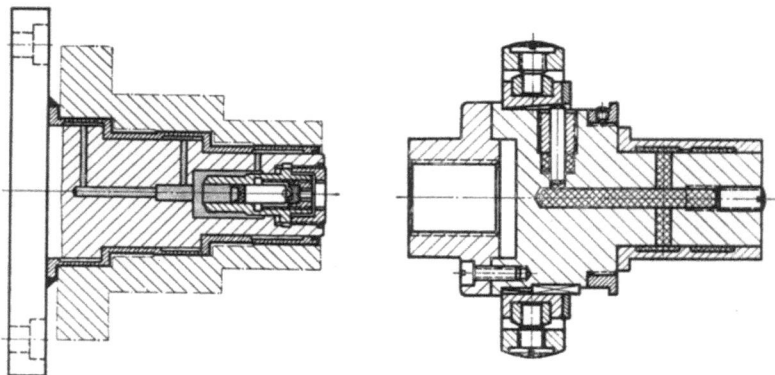

Bild 531. Freitragender Dehndorn mit Hydraulikspannung. Das Werkstück ist in einer Bohrung mit drei verschieden großen Durchmessern aufgenommen.

Bild 532. Freitragender Dorn mit Hydraulikspannung. Spannen durch Schalthebel über Kegel und Zylinderbolzen.

liegen unter der Spannstelle eine oder mehrere Druckkammern. Die Spannkraft wird durch Öl oder durch plastische Stoffe gleichmäßig verteilt, die Hülse an der Spannstelle geweitet und das Werkstück gespannt. Die Druckkammern sind untereinander und mit einem Hauptkanal durch Bohrungen oder Nuten verbunden.

Bei Verwendung von Öl ist sorgfältig abzudichten. Hülse und Dorn sind durch Preßsitz zu verbinden und an den Endflächen metallisch zu dichten. Für das Abdichten der Spannschraube hat sich eine Dichtung nach Bild 530 bewährt.

Hydraulische Dehndorne sind ab 12 mm Spanndurchmesser ausführbar. Nach obenhin und in Richtung längs zur Drehachse sind praktisch keine Grenzen gesetzt. Die Spannkraft kann auch an mehrere Spannstellen geleitet werden. Dadurch können mehrere gleiche Werkstücke zugleich gespannt werden (Bild 530), falls deren Bohrungsmaße innerhalb des Spannbereiches des betreffenden Dornes liegen. Außerdem können Werkstücke in Bohrungen mit Stufen (Bild 531) oder mit K-Profil oder in den Nuten von Mehrkeilwellenprofilen gespannt werden. Auch ist Spannen im Gewinde möglich, vorausgesetzt, daß es sich um Feingewinde handelt.

Der Spannbereich hydraulischer Dehndorne ist $2d$ (in μm) : 1000. Der größte Rundlauffehler im gespannten Zustand wird für diesen Spannbereich mit etwa 10 μm, bei einem Spannbereich von $d/1000$ mit etwa 5 μm angegeben.

Für sehr nachgiebige Werkstücke ist die Spannkraft durch einstellbaren Anschlag zu begrenzen.

3.4913 Spreizdorne. Der Grundkörper von Spreizdornen ist auf der Werkstückseite federnd. Mittels Kegel wird die Spannfläche gespreizt und das Werkstück gespannt (Bild 533 ··· 540).

Spreizdorne sind einfacher als Spanndorne mit Spreizhülse, haben jedoch den Nachteil, daß die Arbeitskraft durch einen federnden Teil aufgenommen wird und dieser nachgiebige Teil zugleich für die Lage des Werkstückes bestimmend ist. Für Spreizdorne nach Bild 533 und 534 trifft das vollständig zu. Bei Spreizdornen nach Bild 535 und 537 ist der Spannkegel zylindrisch geführt, um den federnden Teil des Hauptkörpers zu stützen. Die Güte dieses Stützens ist abhängig von dem Spiel der zylindrischen Führung und dem Durchbiegen des Spannteiles im ungeführten Teil. Der federnde Teil des Spreizdornes ist andrerseits zu steif, um an der Werkstückbohrung völlig anzuliegen. Beim Spreizen wird der federnde Teil am freien Ende mehr geweitet als auf der Gegenseite, die mit dem ungeschlitzten Teil des Dornes zusammenhängt. Die Spannfläche des Dornes trägt in der Hauptsache nur an der äußeren Kante der Werkstückbohrung. Mit zunehmender Abweichung der Spannfläche des Dornes von der Bohrung des Werkstückes werden Einmittegenauigkeit und Mitnahme verschlechtert. Deshalb sollte für genaue Arbeiten die Werkstückbohrung etwa mit Schiebesitz auf dem zylindrisch eingestellten Dorn passen.

Gewindeteile für den Spannkegel von Spreizdornen sind *unter großem Spiel* zu halten, damit Lagefehler des Gewindes die Genauigkeit der Spannstelle möglichst nicht beeinflussen. Solche Gewindefehler sind

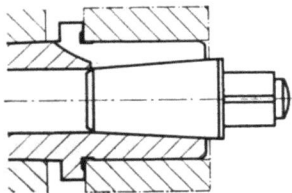 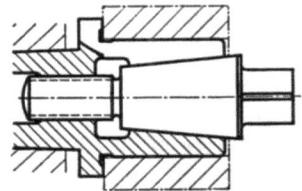

Bild 533. Spreizdorn. Der Spannkegel wird zum Spreizen eingepreßt oder eingeschlagen, zum Lösen durch Schlüssel gedreht. Da unter solcher Behandlung die Genauigkeit des Dornes verlorengeht, ist diese Ausführung nur für grobtolerierte Werkstücke geeignet.

Bild 534. Zum Spreizen und Lösen der Spannung wird der Spannkegel geschraubt.

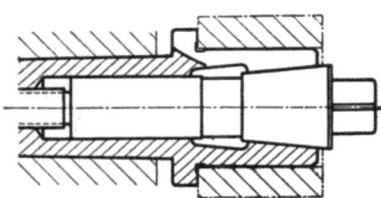 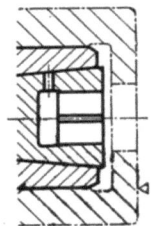

Bild 535. Spreizdorn mit geführtem, schraubbarem Spannkegel.

Bild 536. Spannkegel für Spreizdorn mit innenliegenden Schlüsselflächen, um die Stirnseite des Werkstückes für das Bearbeiten frei zu halten. Weitgehend sind jedoch außenliegende Schlüsselflächen vorzusehen, denn in innenliegenden sammeln sich Späne an.

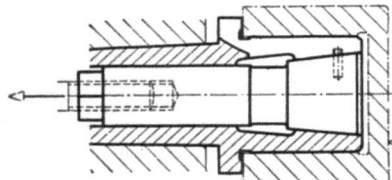

Bild 537. Spreizdorn mit geführtem Spannkegel, der durch Anzugstange betätigt wird. Vorzugsweise für Werkstücke mit geschlossenem Boden.

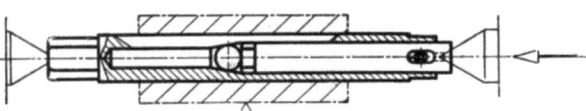

Bild 538. Spreizbarer Spitzendorn. Gespreizt wird durch Reitstockpinole über Druckbolzen, Kugel und Kegel. Das Spiel des Druckbolzens in der Bohrung des Dornes kann zu entsprechenden Mittigkeitsabweichungen führen. Dieser Dorn ist vorzugsweise für geringere Arbeitskräfte geeignet.

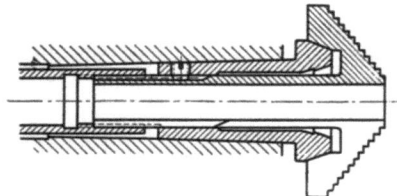

Bild 539. Spanndorn mit mehreren Spannstellen von verschiedenem Durchmesser („Stufenspanndorn") für das Innenspannen von Scheiben.

3.49 Spanndorne, Spannfutter, Spannstöcke 159

ausgeschaltet, wenn der Spannkegel nicht geschraubt (Bild 534), sondern gezogen wird (Bild 537).

Dorne mit Gewindeaufnahme für das Werkstück werden spreizbar ausgeführt, um Werkstücke ohne Längsanlage im Gewinde zu spannen oder um im Gewinde gespannte Werkstücke leichter lösen zu können.

Spreizdorne sind mehrfach zu schlitzen. Richtwerte für die *Anzahl der Schlitze* sind

bis 50 mm ⌀ 3 Schlitze

über 50 bis 80 mm ⌀ 6 Schlitze

über 80 bis 120 mm ⌀ 10 Schlitze

über 120 bis 180 mm ⌀ 16 Schlitze

Bei Bemessung der Schlitztiefe und Schlitzlänge sind Durchmesser der Schlitzsäge und Durchmesser der Fräsdornzwischenringe zu berücksichtigen. Außerdem ist vor dem Härten am äußeren Ende eines jeden Schlitzes ein Steg zu belassen, der erst nach dem Rundschleifen entfernt wird (Bild 604).

Bild 540. Pneumatisch betätigte Spannstöcke mit Spreizdorn. Handelsüblich für Spanndurchmesser von 12 ··· 60 mm.

3.4914 Spanndorne mit Spreizhülse. Spanndorne mit Spreizhülse haben einen festen Kegeldorn als Grundkörper. Zur Aufnahme des Werkstückes dient eine geschlitzte Hülse, die zum Spannen in Richtung des größeren Kegeldurchmessers verschoben wird (Bild 541 ··· 551). Beim Spanndorn mit Spreizhülse wird die Arbeitskraft von einem festen Dorn aufgenommen, wodurch unter sonst gleichen Verhältnissen die Arbeitsergebnisse genauer ausfallen als beim Spreizdorn. Spanndorne mit Spreizhülse haben außerdem den Vorteil, daß der feste Innendorn zwischen Spitzen aufgenommen werden kann bzw. freitragende Dorne durch Gegenspitze gestützt werden können. Bei Spreizdornen liegt hierfür in

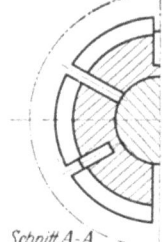
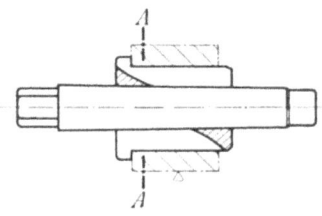

Bild 541. Spanndorn mit Spreizhülse in einfacher Ausführung. Längs zur Achse ist die Lage des Werkstückes unbestimmt. Spannen und Lösen unter der Dornpresse. Vorzugsweise für durchgehende Bearbeitung von Mantelflächen, für geringere Stückzahlen.

Schnitt A-A

der Regel der Spannkegel dazwischen, der für genaues Stützen meist ungeeignet ist.

Spreizhülsen sind von beiden Stirnseiten ausgehend zu schlitzen, dadurch sind Spreizhülsen gleichmäßiger verstellbar als Spreizdorne. Sie behalten beim Spannen innerhalb gewisser Grenzen ihre zylindrische Außenform nahezu bei.

Richtwerte für die Anzahl der Schlitze:

$$\begin{aligned}
\text{bis} \quad 50 \text{ mm } \varnothing \quad 2 \times 3 &= 6 \text{ Schlitze}\\
\text{über } 50 \text{ bis } 80 \text{ mm } \varnothing \quad 2 \times 5 &= 10 \text{ Schlitze}\\
\text{über } 80 \text{ bis } 120 \text{ mm } \varnothing \quad 2 \times 8 &= 16 \text{ Schlitze}\\
\text{über } 80 \text{ bis } 180 \text{ mm } \varnothing \quad 2 \times 12 &= 24 \text{ Schlitze}
\end{aligned}$$

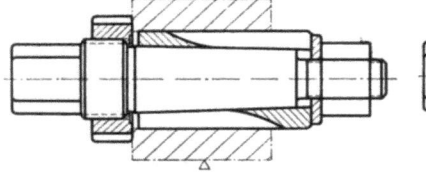

Bild 542. Handelsüblicher Spitzenspanndorn mit Spreizhülse. Mit der rechtsliegenden Mutter wird gespannt, mit der linksliegenden die Spannung gelöst. Die Längslage des Werkstückes ist unbestimmt, der Dorn deshalb in der Mengenfertigung vorzugsweise nur für Arbeiten zu verwenden, bei denen kein Längenmaß einzuhalten ist.

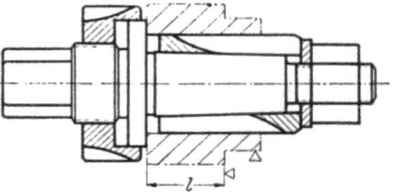

Bild 543. Spitzenspanndorn mit Bund und Spreizhülse. Die Lage des Werkstückes längs zur Achse und damit Abstand l werden durch Anlage an der Bundfläche eindeutig bestimmt, wodurch dieser Dorn auch für die Einhaltung genauer Längenmaße geeignet ist.

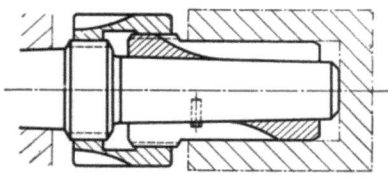

Bild 544. Freitragender Spanndorn mit Spreizhülse. Das Werkstück liegt mit seiner Bodenfläche an. Spannen und Lösen durch Mutter mit Differentialgewinde.

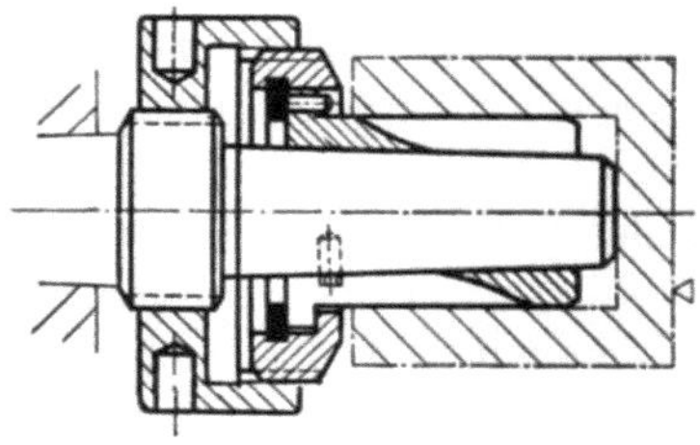

Bild 545. Freitragender Spanndorn mit Spreizhülse. Das Werkstück liegt mit seiner Bodenfläche an. Spannen und Lösen über Mitnehmerring durch Mutter mit Differentialgewinde. Durch den Mitnehmerring werden Auswirkungen des Gewindes auf die Genauigkeit des Bestimmens ausgeschaltet.

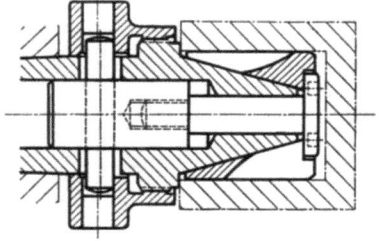

Bild 546. Freitragender Spanndorn mit Spreizhülse. Das Werkstück liegt an der äußeren Stirnfläche an. Spannen durch Mutter über Querstift und Anzugdorn. Bei ähnlichen Ausführungen ist anstatt Mutter und Querstift in Querrichtung ein Keil oder eine Exzenterwelle eingebaut.

3.49 Spanndorne, Spannfutter, Spannstöcke

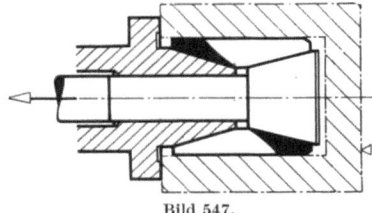
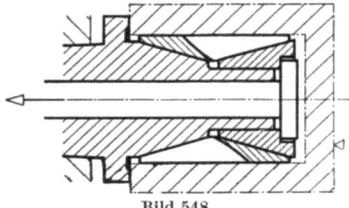

Bild 547.   Bild 548.

Bild 547 u. 548. Freitragende Spanndorne mit Spreizhülse. Das Werkstück liegt in Längsrichtung an der linken Stirnfläche an. Gespannt wird durch Anzugstange. Die Spannung ist gelöst nach dem Zusammenfedern der Spreizhülse.

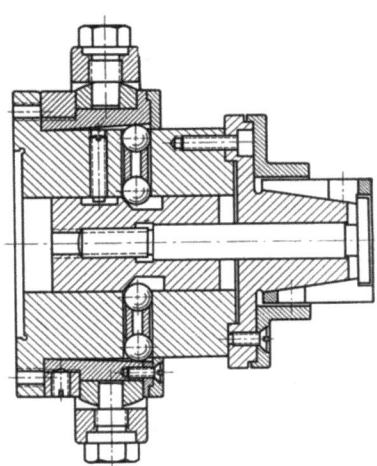

Bild 549. Schnellspanndorn. Spannen und Lösen der Spannung bei umlaufendem Werkstück. Die am Schalthebel eingeleitete Kraft wirkt beim Spannen über den Innenkegel der Verschiebebuchse, die Kugeln, Keilflächen und den Zugbolzen auf die Spreizbuchse, die dabei auf den Kegeldorn geschoben und gespreizt wird. Handelsüblich in drei Baugrößen. Durch diese ist unter Verwendung verschieden großer Kegeldorne und der für jeden Spanndurchmesser erforderlichen Spreizbuchse ein Spannbereich von etwa 10 bis 100 mm Durchmesser erreichbar.

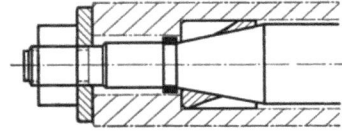
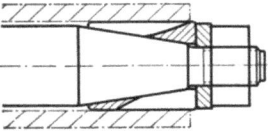

Bild 550. Spitzenspanndorn mit zwei Spreizhülsen. Beim Anziehen der linken Mutter wirkt die Spannkraft über Scheibe und Werkstück auf die linksseitige Spreizhülse. Danach ist die rechte Spreizhülse zu spannen. Lösen der Spannungen durch Lösen der Muttern und Zurückfedern der Spreizhülsen.

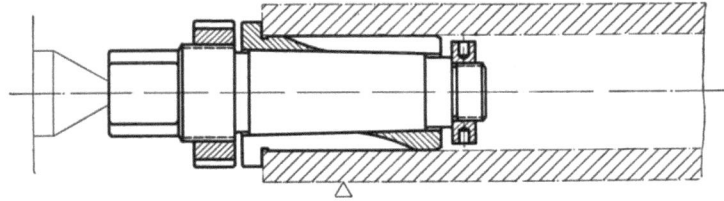

Bild 551. Steckdorn mit Spreizhülse zum Einmitten von Werkstücken mit Bohrung. Der eingepreßte Dorn wird durch die im Bilde links angeordnete Mutter gelöst. Im übrigen liegen für Steckdorne die gleichen Gestaltungsmöglichkeiten vor wie für Spanndorne, also Gestaltung als fester Dorn, Dehndorn, Spreizdorn, Dorn mit Spreizhülse, Dorn mit Spannscheiben, Dorn mit Spannbacken.

Für Spreizhülsen, die mittels Dornpresse (Bild 541) gelöst werden, kommt eine Kegelverjüngung von etwa 1 : 100 in Betracht, für Spreizhülsen mit Abdrückmutter (Bild 542 ··· 545) eine Verjüngung von etwa 1 : 50. Für Spreizhülsen, die sich nach Zurücknahme des Spannteiles selbsttätig lösen müssen (Bild 546 ··· 551), ist die Kegelverjüngung etwa 1 : 3 zu halten.

Bei dem Spanndorn nach Bild 552 wird zum Spannen an Stelle einer längsgeschlitzten Hülse ein schraubenfederartiger Teil aufgeweitet.

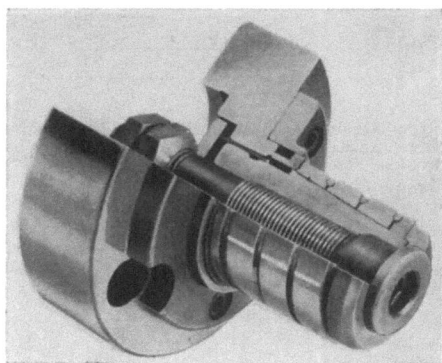

Bild 552. Spanndorn mit Schraubenfeder mit Flansch und Längsanschlag für das Werkstück, wahlweise für Hand- oder Kraftspannung.

3.4915 Spanndorne mit Spannscheiben.

Spanndorne mit Spannscheiben (Bild 553 ··· 556) haben als Grundkörper einen festen Zylinderdorn. Zum Einstellen auf den jeweiligen Spanndurchmesser dienen kegelförmige, geschlitzte Scheiben, die durch den Zylinderdorn eingemittet werden. Beim Spannen werden die Scheiben flacher

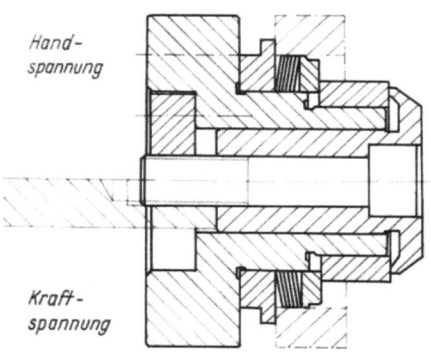

Bild 553. Freitragender Spanndorn (Flanschdorn) mit Ringspannscheiben.

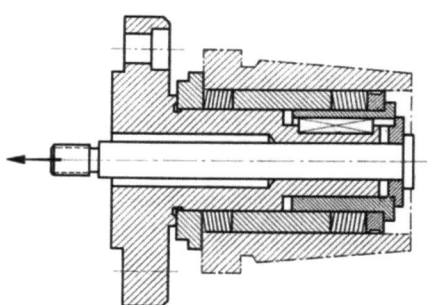

Bild 554. Freitragender Spanndorn mit zwei verschieden breiten Sätzen Ringspannscheiben. Durch die geringere Breite und die damit geringere Federkraft kommt der auf dem Dorn hintere Scheibensatz vor dem vorderen Scheibensatz zum Spannen. Die vorderen Spannscheiben bleiben dadurch zunächst beweglich und kommen erst mit weiter zunehmender Spannkraft zum Spannen.

gedrückt, durch den Zylinderdorn gestützt und am Außendurchmesser vergrößert.

Spanndorne mit Spannscheiben erfordern zum Spannen verhältnismäßig geringen Kraftaufwand und haben verhältnismäßig großen

3.49 Spanndorne, Spannfutter, Spannstöcke

Spannbereich, nämlich

bis 10 mm Spanndurchmesser ≈ 100 μm
„ 50 mm „ ≈ 150 μm
„ 100 mm „ ≈ 200 μm

Die Einmittegenauigkeit beträgt etwa 10% der jeweiligen Durchmesserveränderung.

Ein weiterer Vorteil der Spannwirkung dieser Spannscheiben besteht darin, daß das Werkstück beim Spannen gegen seine Anlage gedrückt wird.

Außer vollständigen Dornen sind vom Hersteller auch Spannscheiben allein beziehbar (Bild 555). Dadurch können derartige Dorne von jedem

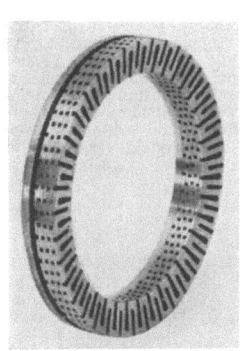

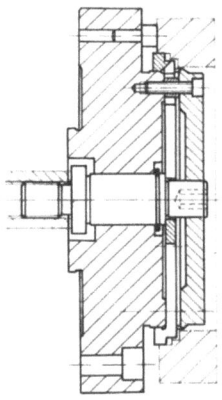

Bild 555. Ringspann-Scheibenblock, bestehend aus Ringspannscheiben, die mittels elastischem Werkstoff zu einer Baueinheit verbunden sind. Dadurch wird vermieden, daß zwischen die Ringspannscheiben Späne gelangen können.

Bild 556. Freitragender Ringspann-Flachdorn für Kraftbetätigung. Durch den Mittelbolzen wird die Spannscheibe durchgebogen, dadurch deren Spanndurchmesser vergrößert und das Werkstück gespannt sowie gegen die Plananlage gedrückt.

dazu geeigneten Betrieb gestaltet und gefertigt werden. Zur Fertigstellung werden die Spannscheiben im gespannten Zustand auf den jeweiligen Spanndurchmesser geschliffen. Jedem Spanndorn-Grundkörper können Spannscheiben verschiedener Spanndurchmesser zugeordnet werden.

3.4916 Spanndorne mit Spannbacken. Der Grundkörper von Spanndornen mit Spannbacken ist ebenfalls ein fester Dorn. Zum Spannen werden Backen auf Keilflächen des Dornes verschoben. In der Regel werden drei Backen angeordnet (Bild 557 ··· 564), für längere Bohrungen zweimal drei Backen hintereinander (Bild 565 ··· 568). Für dünnwandige Werkstücke, die durch nur drei Backen verspannt werden würden, sind entsprechend mehr Backen vorzusehen. Bei mehr als drei Backen auf den Umfang ist Voraussetzung, daß der Querschnitt der Werkstückbohrung ausreichend kreisrund ist.

Die Lage der Spannflächen zur Drehachse ist unabhängig vom Spanndurchmesser. Eine zylindrische Spannfläche bleibt auch unter dem Verschieben der Backen zylindrisch, vorausgesetzt, daß die Keilflächen gleiche Neigung haben und die Spannbacken gleichmäßig bewegt werden.

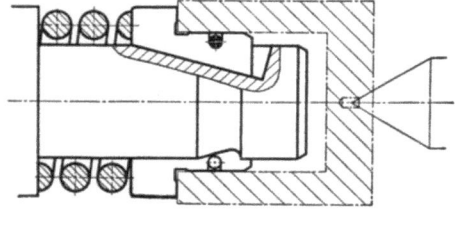

Bild 557. Spanndorn mit Spannbacken für schwere Schrupparbeiten. Gespannt wird durch Reitstockpinole über das Werkstück, die Spannung gelöst durch Druckfeder.

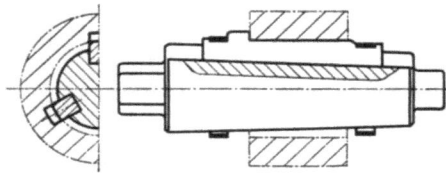

Bild 558. Spanndorn mit Spannbacken in einfacher Ausführung. Die Spannbacken werden durch Federringe zusammengehalten. Spannen und Lösen unter der Dornpresse. Diese Ausführung erfordert besondere Aufmerksamkeit beim Bedienen und sollte für größere Stückzahlen nicht verwendet werden.

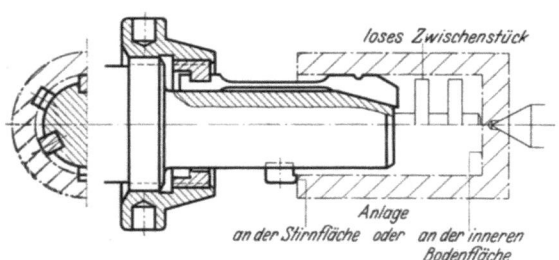

Bild 559. Spanndorn mit Spannbacken. Spannen und Lösen der Spannung durch Mutter. Der feste Teil des Spanndornes ist verhältnismäßig steif und das gespannte Werkstück mit der Maschine kraftschlüssig verbunden.

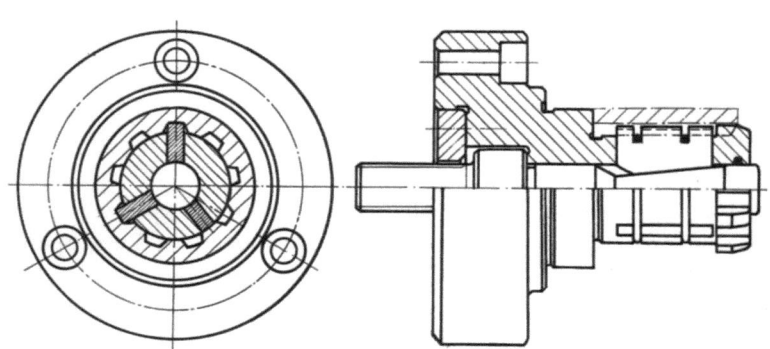

Bild 560. Spanndorn mit Spannbacken („Segment-Spanndorn") zur Aufnahme von Werkstücken in einer Bohrung mit Keilnabennuten.

3.49 Spanndorne, Spannfutter, Spannstöcke

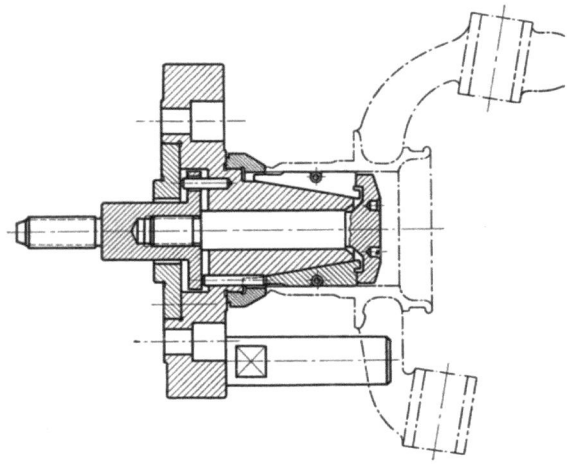

Bild 561. Kraftbetätigter Spanndorn mit Spannbacken und Mitnehmerbolzen.

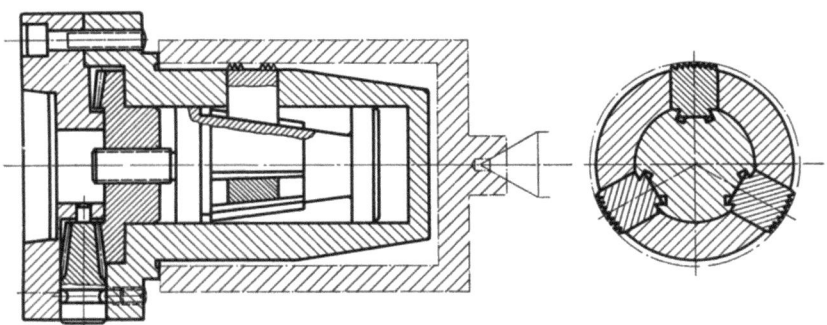

Bild 562. Spanndorn mit radial bewegten Spannbacken. Das Werkstück wird durch Backen und Körnerspitze eingemittet und in Längsrichtung durch Anlage am Bund des Dornes bestimmt. Gespannt wird durch Kegelräder über Schraube und Keilflächen.

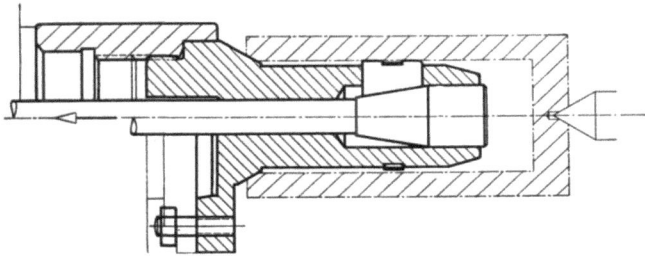

Bild 563. Spanndorn mit Spannbacken. Das Werkstück wird durch Kegel am Spanndorn und durch Reitstockspitze eingemittet. Die Spannbacken dienen zum Vergrößern der Mitnahmewirkung. Die Senkung am Lochrand des Werkstückes muß mit der Werkstückbohrung rundlaufen.

166 3 Vorrichtung und Werkstück

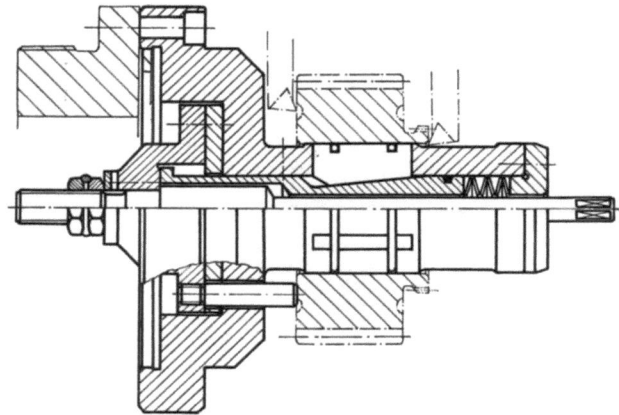

Bild 564. Spanndorn mit Spannbacken ("Segment-Spanndorn") mit rückziehbaren Längsanschlägen. Gespannt wird durch Federkraft, entspannt pneumatisch oder hydraulisch. Mit der Spannbewegung werden die Längsanschläge nach (im Bilde) links zurückgeführt und dadurch wird die linke Planfläche zur Bearbeitung zugänglich.

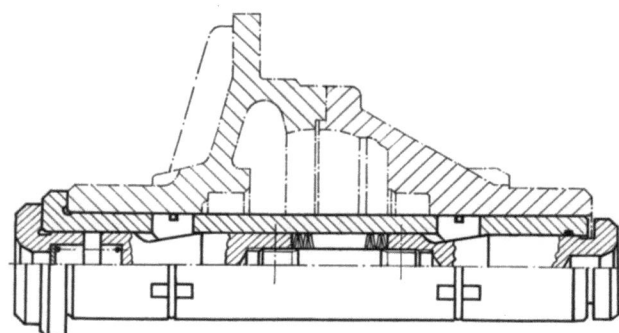

Bild 565. Spanndorn mit zwei Satz Spannbacken ("Segment-Spanndorn") zur Aufnahme zwischen Spitzen. Gespannt wird durch Pinole der Maschine, entspannt durch Tellerfedern. Durch die Federn außerdem Ausgleich bei verschieden großen Durchmessern der Werkstück-Bohrung.

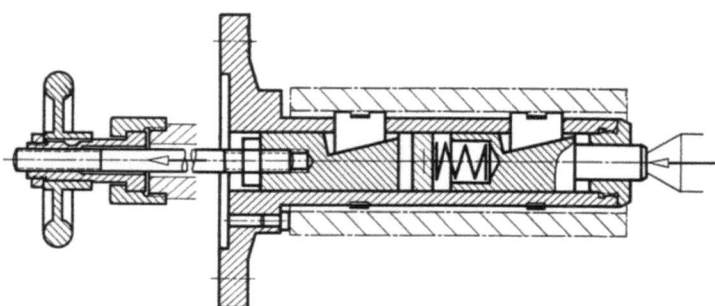

Bild 566. Spanndorn mit zwei Satz Spannbacken. Der linke Backensatz wird durch Anzugstange gespannt und gelöst, der rechte Backensatz durch Reitstockpinole gespannt und durch Feder gelöst.

Der Spannbereich von Dornen mit Spannbacken ist erheblich größer als der gleich großer Spreizdorne oder der von Dornen mit Spreizhülse. Dieser größere Spannbereich macht Spanndorne mit Spannbacken für Bohrungen mit größeren Toleranzen geeignet. Die dreipunktförmige Aufnahme macht ihn außerdem für unrunde Bohrungen geeignet.

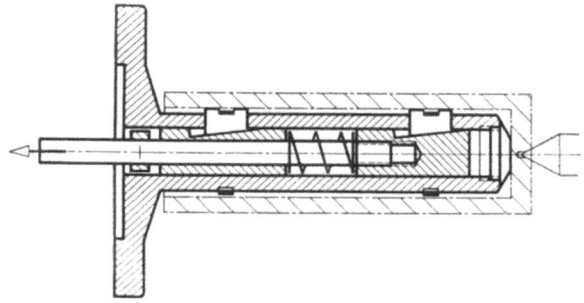

Bild 567. Spanndorn mit zwei Satz Spannbacken. Der rechte Backensatz wird durch Anzugstange gespannt und gelöst, der linke Backensatz durch Druckfeder gespannt und die Spannung durch Anzugstange über Stellring gelöst.

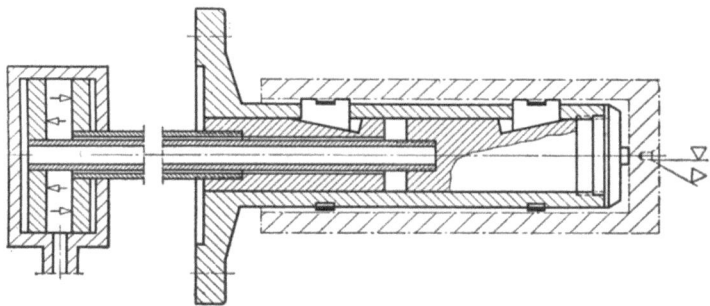

Bild 568. Spanndorn mit zwei Satz Spannbacken. Die Backensätze werden durch Gegeneinanderbewegen zweier Kolben verschoben.

3.492 Spannfutter

Spannfutter dienen vorzugsweise zum Bestimmen und Spannen von Werkstücken nach einer Außenfläche. Nach derselben Außenfläche ist das Werkstück meist auch einzumitten. Für *Wahl und Gestaltung von Spannfuttern* sind zu berücksichtigen:

Toleranz des Werkstück-Spanndurchmessers,

Genauigkeit der als Anlage dienenden Stirn- bzw. Bundfläche des Werkstückes,

Verhältnis von Spanndurchmesser zu Bearbeitungsdurchmesser,

Verhältnis von Spanndurchmesser zu Spannlänge,

168   3 Vorrichtung und Werkstück

Steifigkeit des Werkstückes an der Spannstelle,
beim Bearbeiten auftretende Drehmomente und Kippmomente,
für die Bearbeitungsfläche zulässige Abweichungen.

Spannfutter werden ausgeführt als „feste" Futter, Schrumpffutter, Klemmfutter, Zangenfutter, Spannscheibenfutter, Schraubenfutter, Backenfutter.

3.4921 Feste Futter. In festen Futtern wird das Werkstück mit einem Bewegungssitz aufgenommen (Bild 569 ⋯ 571). Die Mittigkeit des zu bearbeitenden Werkstückteiles ist also vom Spiel zwischen Werkstück und Futter abhängig.

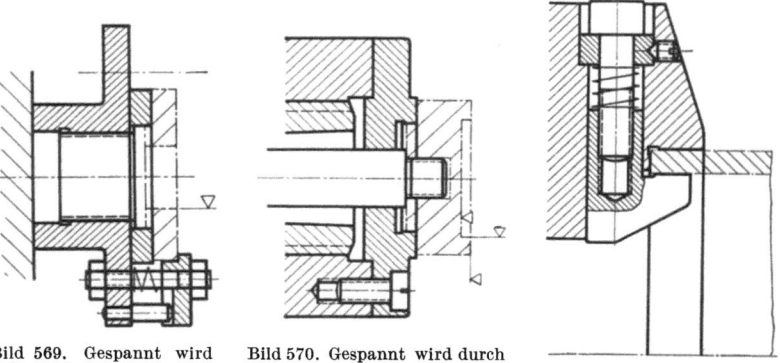

Bild 569. Gespannt wird durch Spannschrauben über Spanneisen.   Bild 570. Gespannt wird durch Anzugstange mit Gewinde.
Bild 569 u. 570. Feste Spannfutter.

Bild 571. Festes Spannfutter für Rohre. Spannen durch Schraube und Haken.

Für *feste Gewindefutter* (Bild 572 ⋯ 574) gilt sinngemäß das gleiche wie für feste Gewindedorne (S. 151 u. 152).

3.4922 Schrumpffutter. Für *mechanische* Schrumpffutter mit Schrumpfhülse (Bild 575), mit Rollkupplung (Bild 576 u. 577) und *hydraulische* Schrumpffutter (Bild 578) gilt sinngemäß das gleiche wie für Dehndorne (S. 152 ⋯ 157).

3.4923 Klemmfutter. Der Grundkörper von Klemmfuttern ist auf der Werkstückseite federnd (Bild 579 ⋯ 582). Der zum Aufnehmen des Werkstückes federnde Futterteil ist verhältnismäßig steif und damit wenig verstellbar. Klemmfutter werden deshalb vorzugsweise zum *Spannen von Werkstücken mit engtoleriertem Spanndurchmesser* verwendet. Sie spannen im allgemeinen genauer und sind betriebsfester als Spannzangen. Klemmfutter sind außerdem durch die gleichmäßige Verteilung der Spannkraft besonders zum Spannen rohrartiger Werkstücke geeignet.

Der Spannteil von Klemmfuttern ist möglichst durch nur *einen* Schlitz zu trennen. Mit zunehmender Schlitzzahl wird zwar der Spann-

3.49 Spanndorne, Spannfutter, Spannstöcke

bereich größer, aber auch die Einmittegenauigkeit geringer und das Klemmfutter gegenüber den Arbeitskräften nachgiebiger.

In Klemmringen sind Klemmschrauben möglichst nahe an die Aufnahmebohrung zu setzen, da hierbei die Spannwirkung am größten ist.

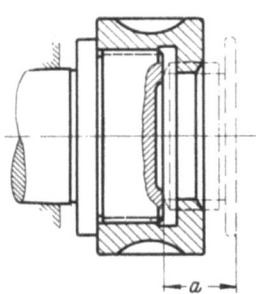

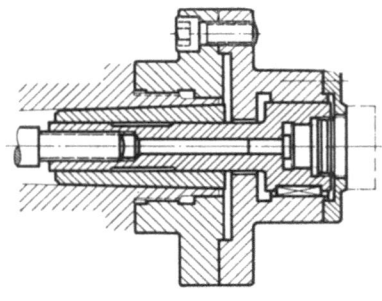

Bild 572. Das Werkstück liegt an der linken Stirnfläche an. Vorzugsweise nur für Planbearbeitung unter Einhaltung eines Längenmaßes a oder nur für untergeordnete Längsbearbeitung. Zum Lösen der Spannung wird die Mutter in Richtung des Werkstückes geschraubt. Die Steigung des Lösegewindes ist der Steigung des Aufnahmegewindes für das Werkstück gleichgerichtet.

Bild 573. Das eingeschraubte Werkstück wird durch Anzugstange gegen die Anlagefläche gespannt. Nach dem Lösen der Spannung ist das Werkstück leicht ausschraubbar.

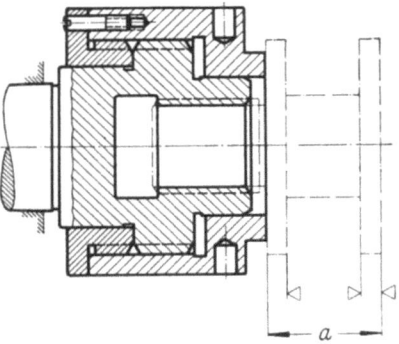

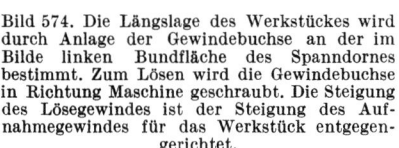

Bild 574. Die Längslage des Werkstückes wird durch Anlage der Gewindebuchse an der im Bilde linken Bundfläche des Spanndornes bestimmt. Zum Lösen wird die Gewindebuchse in Richtung Maschine geschraubt. Die Steigung des Lösegewindes ist der Steigung des Aufnahmegewindes für das Werkstück entgegengerichtet.

Bild 572 ··· 574. *Spannfutter mit Gewindeaufnahme.*

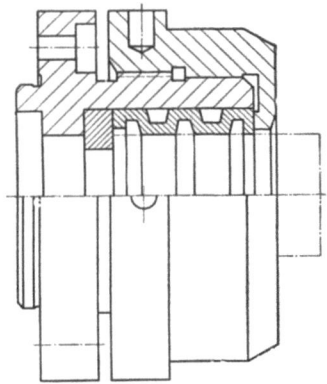

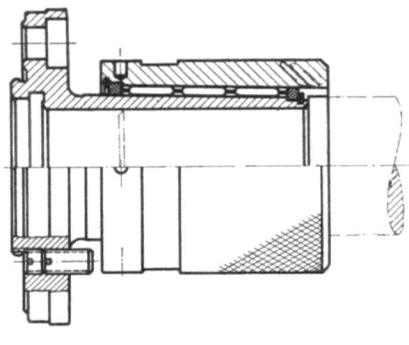

Bild 575. EMUGE-Spannfutter Bauart SPIETH mit *einer* Spannhülse und mit Längsanlage für das Werkstück.

Bild 576. Schrumpffutter mit Rollkupplung. Der Kraftfluß führt von der mit der Maschine verbundenen Schrumpfhülse unmittelbar zum Werkstück.

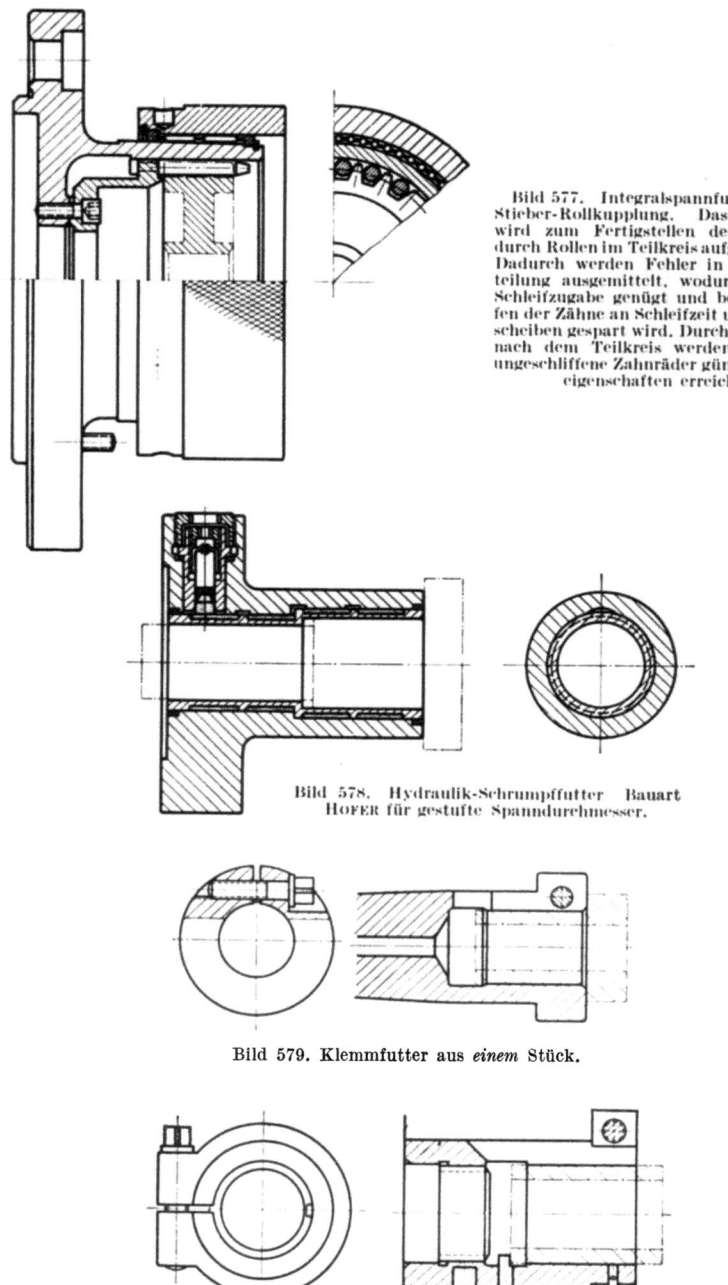

Bild 577. Integralspannfutter mit Stieber-Rollkupplung. Das Zahnrad wird zum Fertigstellen der Bohrung durch Rollen im Teilkreis aufgenommen. Dadurch werden Fehler in der Zahnteilung ausgemittelt, wodurch geringe Schleifzugabe genügt und beim Schleifen der Zähne an Schleifzeit und Schleifscheiben gespart wird. Durch Ausmitten nach dem Teilkreis werden auch für ungeschliffene Zahnräder günstige Laufeigenschaften erreicht.

Bild 578. Hydraulik-Schrumpffutter Bauart HOFER für gestufte Spanndurchmesser.

Bild 579. Klemmfutter aus *einem* Stück.

Bild 580. Klemmfutter mit Klemmring. Dieser Klemmring ist gut federnd. Die vorstehende Schraube erfordert eine feststehende Haube als Unfallschutz.

Klemmfutter für geringere Werkstückzahlen werden ungehärtet verwendet. Spannflächen können bei unzulässiger Abnutzung nachgedreht werden. Für größere Werkstückzahlen ist die Werkstückaufnahme zu härten. Bei höheren Genauigkeitsansprüchen ist die Werkstückaufnahme des Klemmfutters in derselben Maschine und in derselben Aufspannung fertigzustellen, in der die Werkstücke bearbeitet werden.

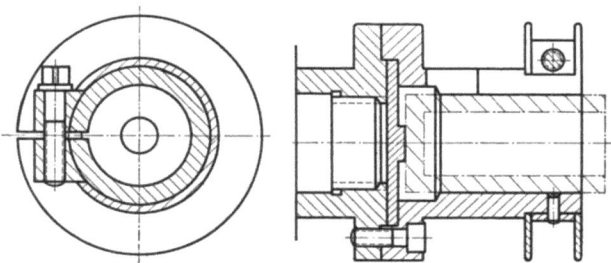

Bild 581. Klemmfutter mit Klemmring. Werkstückaufnahme aus härtbarem Werkstoff, Futterflansch mit Rücksicht auf die Gewindeverbindung aus Gußeisen. Die Klemmschraube ist durch Blechscheiben so weit abgedeckt, daß keine Unfallgefahr besteht.

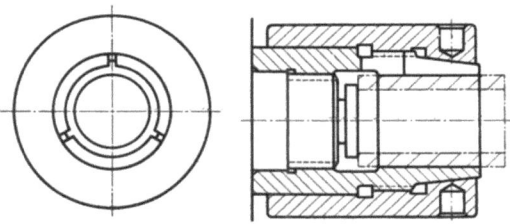

Bild 582. Klemmfutter mit Spannung durch Überwurfmutter. Die Herstellkosten für diese Art Klemmfutter liegen verhältnismäßig hoch. Die Einmittegenauigkeit kann beeinträchtigt werden durch Herstellungsfehler an den Kegeln, im Gewinde oder im Führungszylinder, außerdem durch die Auswirkung der Schraubbewegung. Im allgemeinen sind derartigen Klemmfuttern bei kleinen Durchmessertoleranzen Klemmfutter nach Bild 579 ··· 581, bei größeren Toleranzen Spannzangen vorzuziehen.

3.4924 Zangenfutter. Spannzangen (Bild 583 ··· 615) sind geschlitzte Buchsen, die zum Spannen durch Kegelwirkung radial zusammengedrückt werden. Die Spannzange ist dann mit der Maschinenspindel kraftschlüssig (Bild 594) oder formschlüssig (Bild 595) verbunden.

Spannzangen dienen zum Spannen von Teilen mit glatter Oberfläche und mit geringen Maßabweichungen, also vorzugsweise zum Spannen von blankgezogenem Halbzeug und von Werkstücken mit bearbeiteter Spannstelle. Durch die gleichmäßige Verteilung der Spannkraft sind Spannzangen unter anderem besonders zum Spannen von Rohren geeignet. Der Spannquerschnitt ist meist kreisförmig und mittig zur Spannzange. In Sonderfällen liegt er außermittig (Bild 583) oder ist kantig (Bild 584 ··· 586). In anderen Sonderfällen ist die Werkstückachse unparallel zur Drehachse. Die Richtung der Werkstückachse wird entweder nach achsparallelen Werkstückflächen oder bei verhältnismäßig kurzen Spannflächen nach einer zur Werkstückachse senkrechten Fläche bestimmt (Bild 607 u. 608).

Ein Hauptvorteil von Spannzangen ist die kurze *Spann- und Entspannzeit*. Mit verhältnismäßig geringen Mitteln kann auch bei umlaufendem Werkstück gespannt und die Spannung gelöst werden. Das Span-

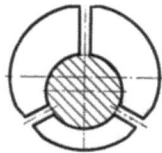 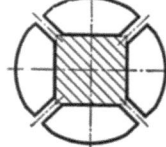 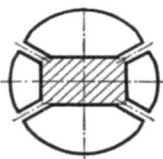 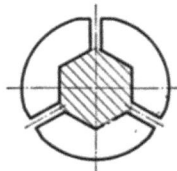

Bild 583. Spannzange mit exzentrischer Aufnahmebohrung.   Bild 584. Spannzange für quadratischen Spannquerschnitt.   Bild 585. Spannzange für rechteckigen Spannquerschnitt.   Bild 586. Spannzange für sechskantigen Spannquerschnitt.

Bild 583 ··· 586. *Spannquerschnitte von Spannzangen.*

nen kann mechanisch, pneumatisch, hydraulisch oder elektromechanisch durchgeführt werden. Die Spannkraft kann hierfür am Kopf oder am Ende der Maschinenspindel eingesetzt sein.

Nachteile der Spannzange sind verschiedene Fehlerquellen, möglicherweise Schwierigkeiten bei der Fertigung von Zangen und eine gewisse Empfindlichkeit im Betriebe.

Fehlerhaftes Spannen kann in der Hauptsache entstehen durch Form- und Maßfehler an der Spannzange oder an der Spannzangenaufnahme, durch Verzug der Spannzange oder der Spannzangenaufnahme beim Spannen. Die Güte einer Zangenspannung ist außerdem weitgehend davon abhängig, wie groß der Unterschied zwischen dem Durchmesser der Zange und dem Spanndurchmesser am Werkstück ist. Unter Durchmesser der Zange ist hierbei der Durchmesser der Spannzangenbohrung im zylindrischen Zustand zu verstehen. Mit zunehmendem Durchmesserunterschied wird das Werkstück weniger genau bestimmt und bei gleichem Kraftaufwand weniger fest gespannt. Die die Spannkraft übertragenden Flächen zwischen Spannzange und Werkstück wie zwischen Spannzange und Spannzangenaufnahme werden mit zunehmendem Durchmesserunterschied kleiner (Bild 587 u. 588) mit zunehmender Verkleinerung nehmen Spannwirkung und Verschleiß von Spannzange und Spannzangenaufnahme zu. Um die beim Abweichen vom Sollspannmaß auftretenden ungünstigen Auswirkungen zu vermindern, werden die Kegelflächen von Spannzangen neben den Schlitzen zum Teil entfernt (Bild 589). Erheblich zweckmäßiger ist eine Gestaltung der Kegelflächen nach Bild 590 und 591.

Durchmesserunterschiede zwischen Zange und Werkstück können auch das *Bestimmen in Achsrichtung* beeinflussen, nämlich dann, wenn

3.49 Spanndorne, Spannfutter, Spannstöcke

die Zange beim Spannen in Längsrichtung bewegt wird. Hierbei ist die Längslage der Zange vom Spanndurchmesser abhängig (Bild 592 u. 593). Für das Einhalten von Längenmaßen sind Zangen mit veränderlicher

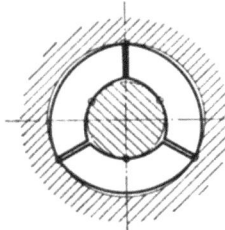

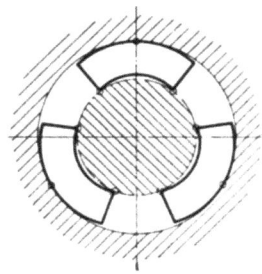

Bild 587. Der Spanndurchmesser des Werkstückes ist kleiner als der Durchmesser der Spannzangenbohrung. Die Zange wird zusammengedrückt und liegt auf dem Werkstück in drei Punkten, in der Zangenaufnahme in sechs Punkten an.

Bild 588. Der Spanndurchmesser des Werkstückes ist größer als der Durchmesser der Spannzangenbohrung. Die Zange wird beim Spannen aufgespreizt und liegt auf dem Werkstück in sechs Punkten, in der Zangenaufnahme in drei Punkten an.

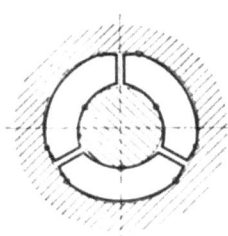

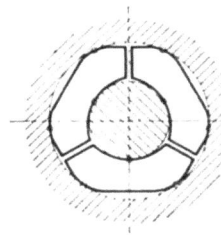

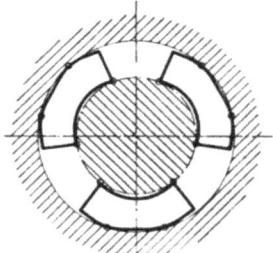

Bild 589. Neben den Schlitzen sind Flächen angearbeitet. Beim Spannen von Werkstücken, deren Durchmesser kleiner als der Durchmesser der Zangenbohrung ist, tragen dadurch in der Zangenaufnahme nicht spitze, sondern stumpfe Kanten.

Bild 590.

Bild 591.

Bild 590 u. 591. Der Spannkegel der Spannzangen hat kurvenförmigen Querschnitt, derart, daß er unabhängig von der Größe des Spanndurchmessers mit sechs Rundungen im Aufnahmekegel anliegt (DBP u. AP).

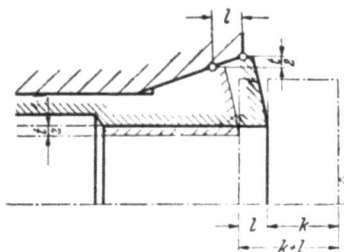

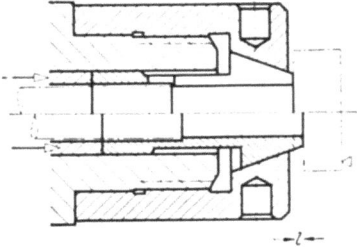

Bild 592. Spannzange für Zugspannung. Einer Radialbewegung $t/2$ entspricht eine Längsbewegung l. Dadurch wird bei eingestelltem Werkzeug die Kopfhöhe am Werkstück nicht k, sondern $k + l$.

Bild 593. Spannzange für Druckspannung. Die Lage der Zange und damit die Maßbezugsfläche des Werkstückes ist in Längsrichtung unbestimmt. Die Kopfhöhe fällt bei verschieden großem Spanndurchmesser um den Betrag l verschieden aus.

Bild 592. u. 593. *Auswirkung der Durchmessertoleranz auf die Längslage des Werkstückes.*

174 3 Vorrichtung und Werkstück

Längslage deshalb nur dann verwendbar, wenn die dabei möglichen Längenabweichungen zulässig sind oder wenn durch die Spannbewegung

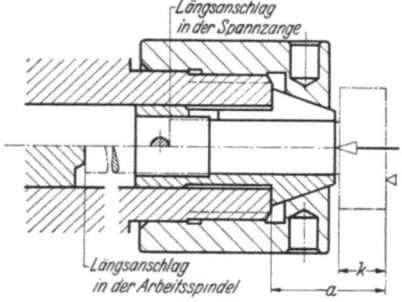 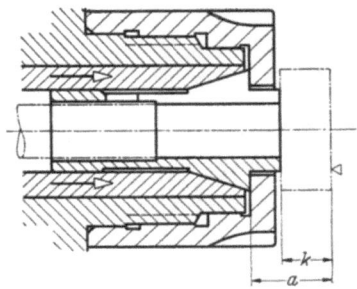

Bild 594. Spannzange für Druckspannung. Gespannt wird durch Überwurfmutter. Die Zange liegt an der Stirnfläche der Arbeitsspindel an. Dadurch werden die Lage der Zange in Längsrichtung sowie Abstand a und Kopfhöhe k eindeutig bestimmt.

Bild 594 u. 595. *In Längsrichtung eindeutig bestimmte Spannzangen für Druckspannung.*

Bild 595. Spannzange für Druckspannung nach DIN 6343. Für Revolverdrehmaschinen und Drehautomaten vorzugsweise verwendete Zange. Diese liegt an der Stirnfläche der Überwurfmutter an, wodurch Abstand a und Kopfhöhe k eindeutig bestimmt sind. Die Verbindung zwischen Werkstück und Arbeitsspindel ist nur formschlüssig, da das Spannrohr in der Arbeitsspindel mit Bewegungssitz gelagert ist.

der Zange das Werkstück gegen eine feste Anlage gezogen wird (Bild 607 u. 608). Andernfalls kommen nur Zangen in Betracht, die in Längsrichtung fest liegen (Bild 594 u. 595).

Der *Winkel für Spannzangenkegel* muß außerhalb des Bereiches der Selbsthemmung liegen, damit die Zange beim Lösen der Spannung mit Sicherheit aus dem Kegel gleitet und sich öffnet. Für Spannzangen nach DIN 6341 (Bild 596 ⋯ 598) ist ein Gesamtwinkel von 40° vorgesehen.

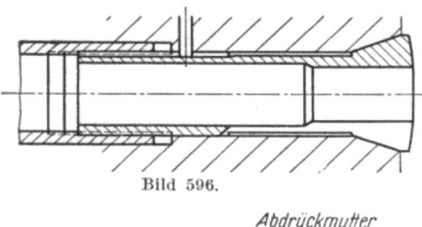

Bild 596. Kurze Spannzange, unmittelbar in der entsprechenden Bohrung der Arbeitsspindel aufgenommen.

Bild 597. Kurze Spannzange, mittels Kegelhülse im Morsekegel der Arbeitsspindel aufgenommen.

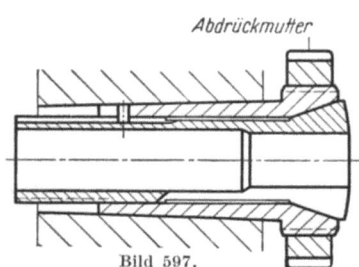

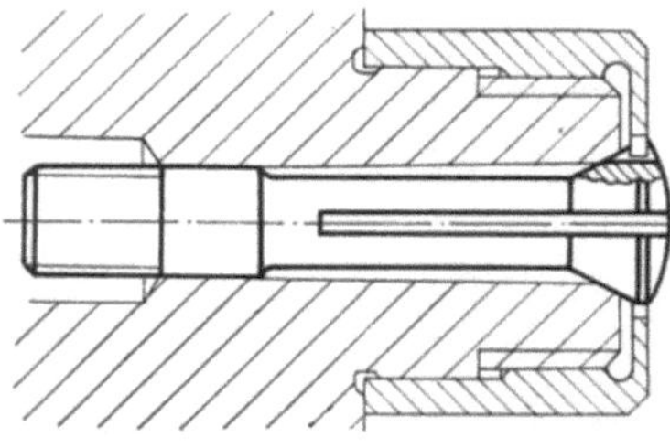

Bild 598. Lange Spannzange, unmittelbar in Arbeitsspindel mit Morsekegel aufgenommen, der zusätzlich mit der Aufnahme für die Spannzange ve sehen ist.

Bild 596 ⋯ 598. *Spannzangen für Zugspannung nach DIN 6341.*

3.49 Spanndorne, Spannfutter, Spannstöcke

Der Aufnahmekegel ist um einen geringen Betrag schlanker zu halten als der Spannzangenkegel, damit dieser in jedem Falle am größeren Durchmesser anliegt. Bei Anlage am kleinen Kegeldurchmesser liegt das Werkstück am äußeren Zangenende frei und ist damit ungünstiger gestützt. Der Winkelunterschied zwischen Innen- und Außenkegel soll mindestens 10' betragen. Bei einer Herstellgenauigkeit von 20' je Kegel ist der Zangenkegel mit $40° \pm 10'$, der Aufnahmekegel mit $39° 30' \pm 10'$ auszuführen.

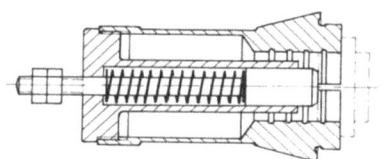

Bild 599. Druckspannzange nach DIN 6343 mit federndem Auswerfer.

Bild 600. Pneumatisch betätigter Spannstock, handelsüblich mit Spannzange für Druckspannung z. B. der genormten nach DIN 6343 oder einer aus Lamellen zusammengesetzten Spannzange nach Bild 605.

Der *zylindrische Führungsteil* der Spannzange ist nach Toleranz ISA g5, die Aufnahmebohrung nach Toleranz ISA H6 zu fertigen. Bei höheren Genauigkeitsansprüchen, z. B. bei Zangen für Schleifmaschinen ist für die Aufnahmebohrung Toleranz ISA H5 einzuhalten.

Die *Federung* einer Zange wird in der Hauptsache durch Wanddicke und Länge des federnden Teiles bestimmt. Hierfür können die Werte nach DIN 6341 auch für die Gestaltung anderer Zangen als Richtwerte dienen.

Die *Anzahl der Schlitze* ist vom Durchmesser der Spannzange abhängig, zum Teil auch von der Form des Spannquerschnittes. Vorzusehen sind für kreisförmigen und sechskantigen Querschnitt

	bis etwa	60 mm Spanndurchmesser	3 Schlitze
über	60 ,,	,, 120 ,,	,, 6 ,,
	,, 120 ,,	,, 250 ,,	,, 12 ,,

für quadratischen Querschnitt und rechteckigen Querschnitt 4 bzw. 8 bzw. 16 Schlitze.

Von beiden Stirnseiten ausgehend geschlitzt werden Spannzangen ohne Schaft (Bild 601). Die Schlitze werden dazu um den halben Teilungswinkel gegeneinander versetzt. Die Anzahl der Schlitze kann dabei doppelt so groß sein wie vorstehend angegeben.

Mit nur *zwei* Schlitzen werden Vorschubzangen (Bild 602) ausgeführt.

Richtwerte für *Schlitzbreiten* (ausgehend vom Spanndurchmesser).

Von	0,6 ⌀	bis	1,6 ⌀	0,25 mm
über	1,6 ⌀	„	6 ⌀	0,5 „
„	6 ⌀	„	20 ⌀	1 „
„	20 ⌀	„	40 ⌀	1,6 „
„	40 ⌀	„		2 „

Als *Anzuggewinde* an Spannzangen für Zugspannung hat sich Trapezgewinde bewährt. Spannzangen mit Gewindeanzug (Bild 596 ··· 598) sind *gegen Drehen zu sichern*. Die Ansichten über die Notwendigkeit

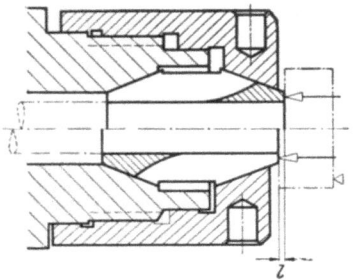

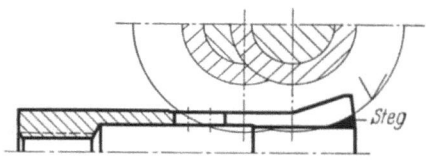

Bild 602. Vorschubzange nach DIN 6344, zum Vorschieben von Halbzeugstangen in Drehautomaten, die mit Druck-Spannzangen nach DIN 6343 ausgerüstet sind.

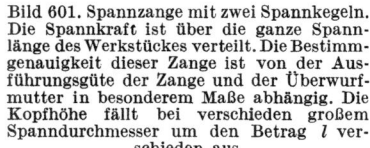

Bild 601. Spannzange mit zwei Spannkegeln. Die Spannkraft ist über die ganze Spannlänge des Werkstückes verteilt. Die Bestimmgenauigkeit dieser Zange ist von der Ausführungsgüte der Zange und der Überwurfmutter in besonderem Maße abhängig. Die Kopfhöhe fällt bei verschieden großem Spanndurchmesser um den Betrag *l* verschieden aus.

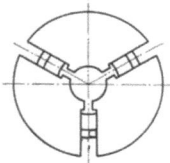

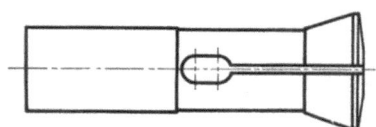

Bild 603. Schlitzform für Spannzangen mit kleinem Spanndurchmesser. Abmessungen für die Schlitzbreiten sind in DIN 6341 angegeben.

Bild 604. Der Auslauf für die Schlitzsäge ist als Langloch ausgeführt. Die federnden Zangenteile bleiben durch Steg verbunden, der nach dem Härten und Rundschleifen entfernt wird.

einer solchen Sicherung sind zwar geteilt. Vorausgesetzt, daß das Anzuggewinde leicht geht, und gut instand gehalten wird, kann sich eine Sicherung gegen Drehen der Spannzange erübrigen.

Genormt sind
Zug-Spannzangen nach DIN 6341 (Bild 596 ··· 598),
Druck-Spannzangen nach DIN 6343 (Bild 595),
Vorschubzangen nach DIN 6344 (Bild 602).

3.49 Spanndorne, Spannfutter, Spannstöcke 177

Bild 605. Spannfutter mit Spannzange. System Jakobs, bestehend aus Stahllamellen, die durch Gummilamellen elastisch verbunden sind. Spannbereich je Zange rd. 3 mm.

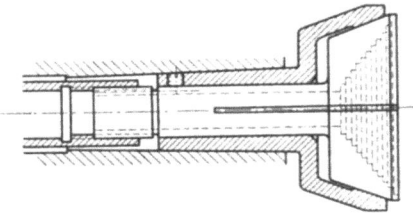

Bild 606. Spannzange mit mehreren Spannstellen von verschiedenem Durchmesser („Stufenzange") zum Außenspannen von Scheiben.

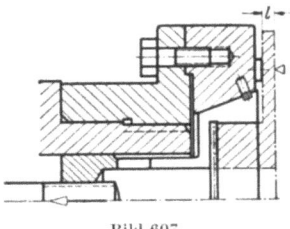

Bild 607.

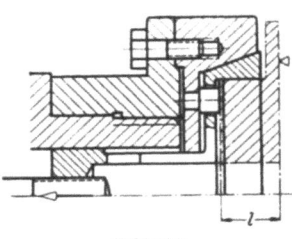

Bild 608.

Bild 607 u. 608. Spannzangen mit Zugspannung und fester Anlage für das Werkstück. Beim Spannen wird das Werkstück gegen die feste Anlage gezogen und dabei das Längenmaß l eindeutig bestimmt.

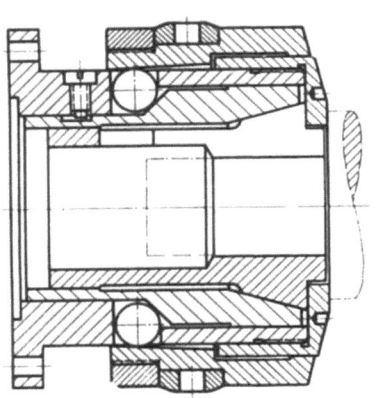

Bild 609. Zangenspannung für Spannen bei umlaufender Arbeitsspindel. Bedienteil am Spindelkopf. Durch axiales Verschieben der äußeren Hülse mit Keilfläche werden die Kugeln radial bewegt und wirken über Kegelfläche auf innere Hülse und Spannzange.

Schreyer, Werkstückspanner, 3. Aufl.

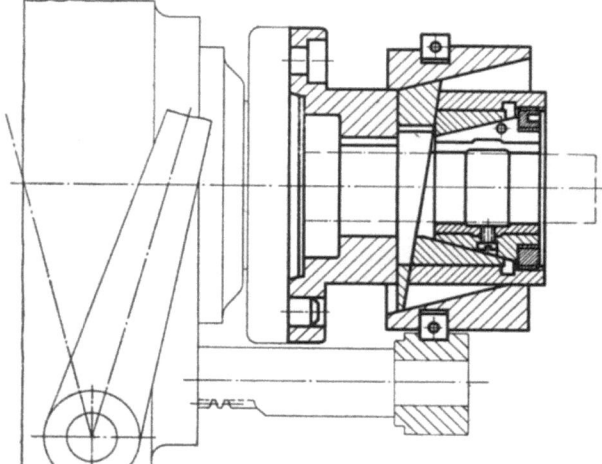

Bild 610. Zangenfutter mit Keilspannung. Durch Hebel wird über Zahnrad und Zahnstange die äußere Hülse des Futters in Achsrichtung verschoben, dadurch der Spannkeil senkrecht zur Drehachse bewegt, die innere Spannhülse in Längsrichtung bewegt, die Zange zusammengedrückt und damit das Werkstück gespannt. Gespannt und gelöst kann bei umlaufendem Werkstück werden.

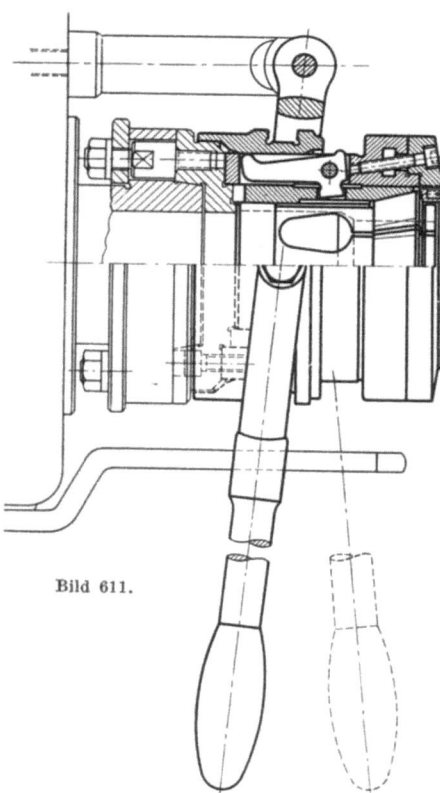

Bild 611.

Bild 611. Zangenspannung. Spannen und Lösen der Spannung bei umlaufender Arbeitsspindel. Durch axiales Verschieben der äußeren Buchse wird über Winkelhebel, Druckbuchse und Druckspannzange das Werkstück gespannt. Der Spanndurchmesser kann gleich dem Durchmesser der Spindelbohrung der Maschine gehalten und dadurch diese voll ausgenutzt werden. Handelsüblich in drei Größen. Verwendbar auch für Stufenzangen und für Zangen mit Spannfutterbacken.

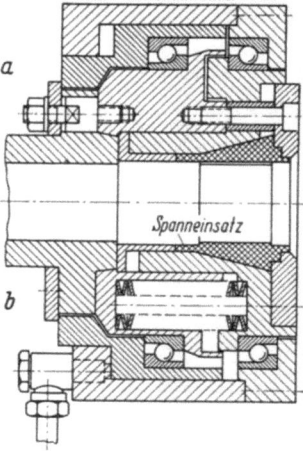

Bild 612. Zangenfutter. Gespannt wird durch Federkraft, entspannt hydraulisch. Darstellung bei „a" im geöffneten, bei „b" im gespannten Zustand. Die Spannkraft kann durch Blockieren von Federpaketen geändert werden. Handelsüblich als „VORDEREND-SPANNZANGE" für Spanndurchmesser bis 50/63/100 mm. Spannbereich je Spannzange 3 mm.

3.49 Spanndorne, Spannfutter, Spannstöcke

Spannzangen für Zugspannung nach DIN 6341 sind *handelsüblich*:

Spanndurchmesser	Stufung
bis 12 mm	0,1 mm
über 12 bis 20 mm	mit den Endziffern ..,2 ..,5 ..,8 ..,0 mm
über 20 bis 30 mm	0,5 mm
über 30 bis 46 mm	1 mm

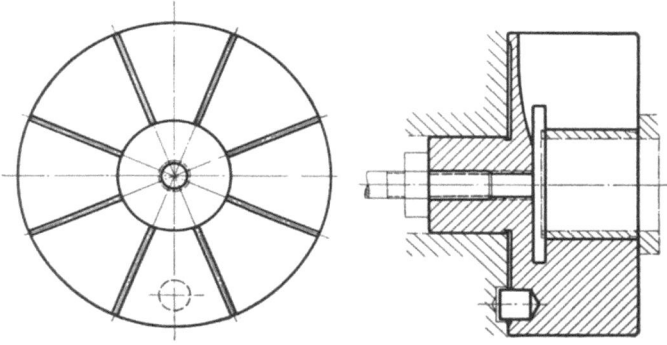

Bild 613. Spannzange mit Plananlage (Planspannzange). Außendurchmesser zwei- bis dreimal Spanndurchmesser. Werkstoff: Grauguß. Über etwa 300 mm Außendurchmesser mit Gewindebohrung für Ringschraube DIN 581 für Transport.

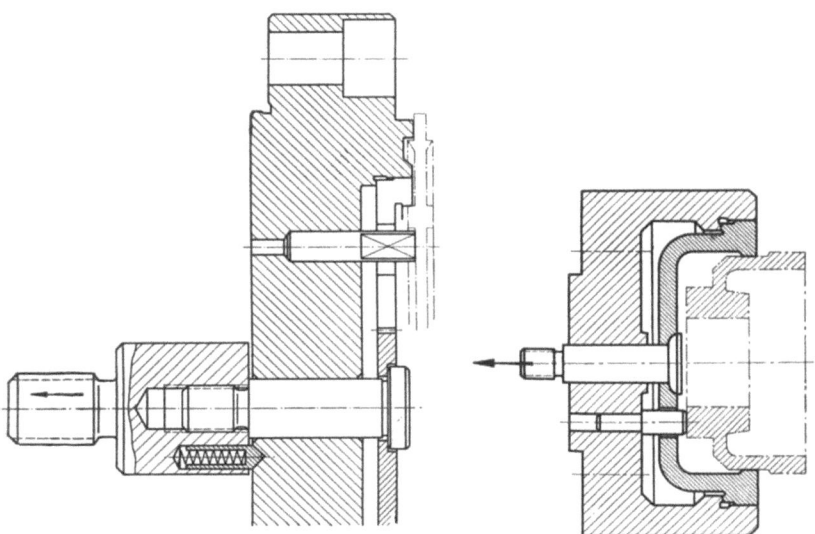

Bild 614. Flachspannfutter mit äußerer Plananlage.   Bild 615. Korbfutter mit innenliegenden Anschlagbolzen.

Bild 613 ··· 615. Die Spannzangen nach Bild 613 sowie die in die Futter nach Bild 614 und 615 eingebauten Spannzangen liegen mit ihrer (im Bilde linken) Planseite mit einer schmalen Ringfläche an. Durch die Spannkraft wird die Spannzange wie eine Membrane durchgebogen und dabei das Werkstück gespannt. Die Planspannzangen mitten sehr genau ein, sind jedoch nur für Werkstücke mit geringen Spanndurchmesser-Abweichungen geeignet.

Spannzangen mit Plananlage nach Bild 613 ··· 615 werden zum Spannen gegen eine Plananlage gezogen, dadurch die Segmente der Zange in Richtung Drehachse gekippt und das Werkstück gespannt.

Spannzangen mit Plananlage wurden in der Hauptachse für genaues Spannen entwickelt. Sie sind einfach aufgebaut und damit einfach zu fertigen, außerdem wenig empfindlich gegen betriebsmäßige Beanspruchung.

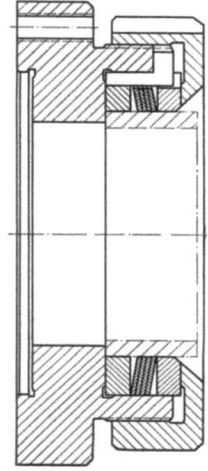

Bild 616. Futter mit Ringspannscheiben, geeignet für kurze Werkstücke.

Die Rundlaufgenauigkeit der Spannzangen mit Plananlage nach Bild 613 wird bestimmt durch das Passungsverhältnis des maschinenseitigen und das des werkstückseitigen Anschlusses und durch die Lage der Planflächen zur Drehachse. Für die Bohrung in der Maschine kommt die Fertigungstoleranz ISA H6 oder H7, für den Einmittezapfen der Zange ISA h6 oder j6 in Betracht. Die Aufnahmebohrung für das Werkstück ist entsprechend der für die Werkstückbearbeitung geforderten Genauigkeit nach ISA H7 oder H8 auszuführen. Die Planflächen, die für die Parallelität der Werkstückachse zur Drehachse bestimmend sind, werden bereits bei üblicher Fertigung senkrecht zur Drehachse.

3.4925 Spannscheibenfutter. Spannscheibenfutter bzw. „Ringspannfutter" (Bild 616) sind in ihrer Wirkungsweise den Spannzangen mit Plananlage ähnlich. Kegelige, geschlitzte Scheiben werden durch eine Bohrung eingemittet und gestützt. Zum Spannen werden diese Scheiben gegen eine Plananlage gedrückt, dabei flacher gedrückt, die Scheibenbohrung enger und das Werkstück gespannt. Im übrigen gilt für Spannscheibenfutter sinngemäß das gleiche, wie für Spannscheibendorne S. 162 angeführt.

3.4926 Schraubenfutter. Schraubenfutter bestehen aus einem Grundkörper und sechs oder acht Spannschrauben. Der Grundkörper ist auf der Werkstückseite buchsenförmig, die Schrauben sind zu je drei oder vier im Umfang in zwei Ebenen in Achsrichtung hintereinander angeordnet. Das Spannen ist umständlich, weshalb Schraubenfutter nur für sehr untergeordnete Spannaufgaben in Betracht kommen.

3.4927 Backenfutter. Der Grundkörper von Backenfuttern dient zur Aufnahme der beweglichen Spannbacken und des Spanngetriebes.

Backenfutter haben einen großen Spannbereich. Durch entsprechende Formgebung der Backen sind Backenfutter für Außen- und für Innenspannung verwendbar (Bild 617 u. 618).

3.49 Spanndorne, Spannfutter, Spannstöcke

Backenfutter werden in der Hauptsache *unterschieden* nach
Anzahl der Backen (Zwei-, Drei- oder Vierbackenfutter),
Art des Spanngetriebes (Schrauben-, Kurven-, Spiral- oder Keilzahnstangengetriebe),
Art der Spannbetätigung (von Hand, durch Druckluft, Drucköl, mit Schlüssel, schlüssellos, bei umlaufendem Futter oder selbsttätig),
Verwendungszweck (Drehmaschinen-, Schleifmaschinen-, Automatenfutter).

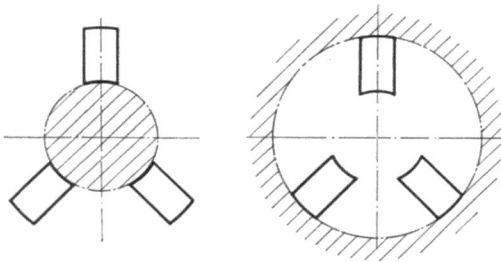

Bild 617. Außenspannung.   Bild 618. Innenspannung.
Bild 617 u. 618. *Den Begriffen „Außenspannung" und „Innenspannung" ist die Lage der Spannfläche am Werkstück zugrunde gelegt.*

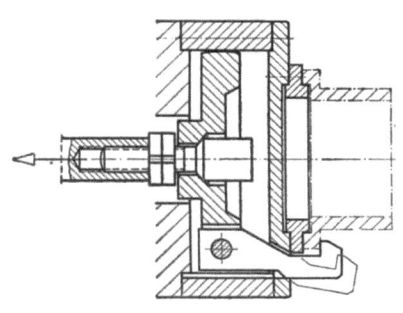 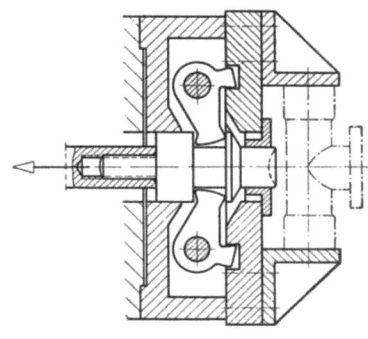

Bild 619. Futter zum Längsspannen, sogenanntes Fingerfutter. Einmitten durch Bund, Dorn oder Eindrehung, Spannen in Längsrichtung mittels Haken.

Bild 620. Zweibackenfutter mit Hebelübersetzung. Einmittegenauigkeit geringer als bei Futtern mit Keilantrieb, jedoch größerer Spannhub. Dadurch zum Spannen sperriger Werkstücke, z. B. von Armaturteilen, geeignet.

Backenfutter sind handelsüblich und werden in der Regel von Sonderfirmen bezogen.

Für das *Bewegen der Spannbacken* in Spannrichtung werden in der Hauptsache verwendet: Zugstange (Bild 619), Hebel (Bild 620 ··· 622), Keil (Bild 623 ··· 627), Kurve (Bild 628), Keilstange (Bild 629), Schraube

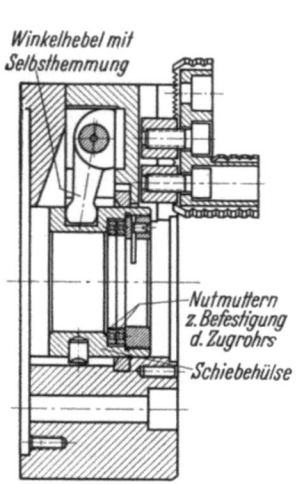

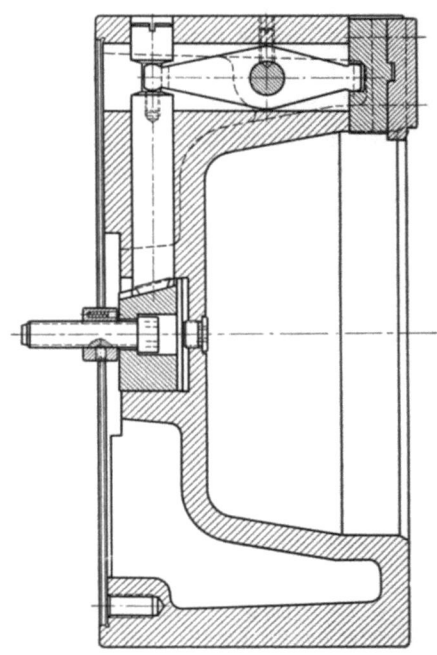

Bild 621. Kraftbetätigtes Dreibackenfutter, mit Übertragung der Spannkraft durch Winkelhebel und Exzenter. Diese sind selbsthemmend. Gegen Eindringen von Fremdkörpern ist das Futter weitgehend gedichtet.

Bild 622. Kraftbetätigtes Dreibackenfutter mit Spannkraftübertragung durch Hebel.

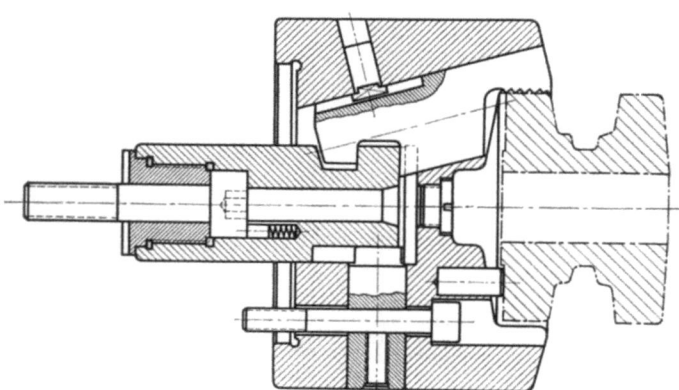

Bild 623. Kraftbetätigtes Dreibackenfutter. Die Spannbacken sind Rundkolben, die schräg zur Drehachse bewegt werden.

bei Zweibackenfuttern, Spirale (Bild 630 u. 631), Druckluft- und Druckölkolben (Bild 632 ⋯ 634).

Vorzugsweise ist mit drei Backen zu spannen. Kantiger Stangenwerkstoff und Werkstücke mit unregelmäßig geformtem Querschnitt werden zweckmäßig im Zweibackenfutter durch Sonderbacken gespannt, größere Formteile im Vierbackenfutter mit Zusatzbewegung. Vierbackenfutter dienen in der Hauptsache zum Spannen von Teilen mit

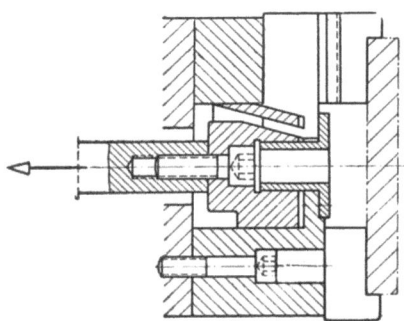
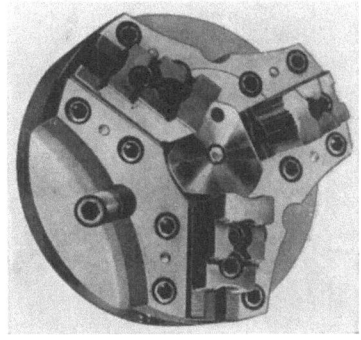

Bild 624. Dreibackenfutter mit Keilantrieb. Durch Keil Vergrößerung der eingeleiteten Spannkraft. Einfache, starre Bauform. Hohe Einmittegenauigkeit und Eignung für hohe Spannkräfte. Kleiner Spannhub. Grobverstellung durch Versetzen der Spannbacken.

Bild 625. Kraftbetätigtes Dreibackenfutter für hohe Drehzahlen. Futterkörper aus Leichtmetall und mit großen Ausnehmungen. Durch geringes Gewicht geringe Belastung der Drehspindel und niedrig gehaltenes Schwungmoment. Backenführung aus gehärtetem Stahl.

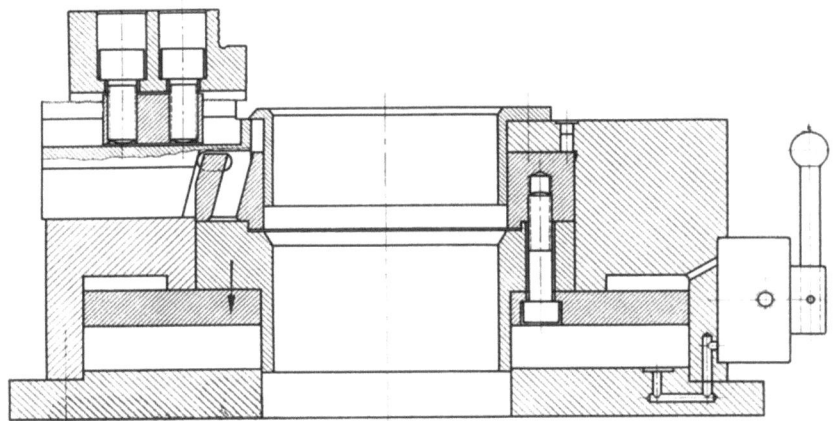

Bild 626. Kraftbetätigtes Backenfutter mit senkrechter Achse zur Verwendung auf Bohr- und auf Fräsmaschinen. Mit Durchgangsbohrung z. B. für Werkstücke mit längeren Naben. Durch Anordnung des Kolbenraumes im Futterkörper geringe Bauhöhe.

quadratischem Querschnitt. Futter mit mehr als vier Backen dienen zum Spannen von größeren, unsteifen Werkstücken, die durch weniger Bakken verspannt werden würden und die außerdem ungeeignet sind, durch Pendelbacken erfaßt zu werden.

Beim *Spiralgetriebe* (Bild 630 u. 631) wird die Spannkraft von der Spirale auf die Zähne der Spannbacken durch nur kleine Flächen über-

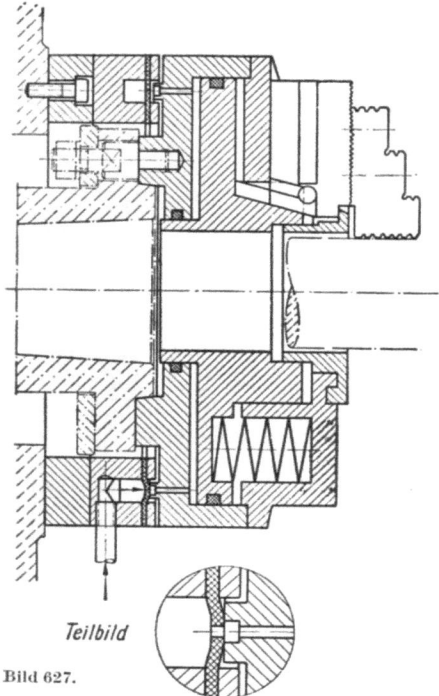

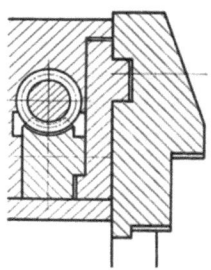

Bild 628. Backenfutter mit Kurve. Die Kurvenscheibe wird durch Drehen der Schnecke über Schneckenrad angetrieben, die Spannkraft durch verhältnismäßig große Flächen übertragen. Der Backenhub ist, gemessen an dem eines Dreibackenfutters, gering. Der Spannbereich kann durch Auswechseln der Backen vergrößert werden.

Bild 627. Druckluft-Vorderendfutter. Gespannt wird durch Federkraft, die Spannung gelöst durch Druckluft, diese wird durch den, hinter dem Futter angeordneten, nicht umlaufenden Zwischenring zugeführt, geht durch die Löcher der Membrane, den Ringkanal und die Bohrungen des Futterkörpers in den Kolbenraum. Die Membrane wird dabei, wie dargestellt, gegen den Futterkörper gedrückt. Durch Vorderendspannung ist die Bohrung der Drehmaschinenspindel als Stangendurchgang voll ausnutzbar.

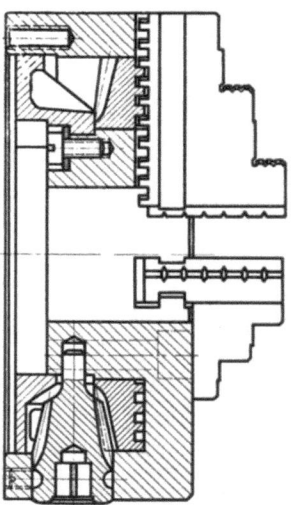

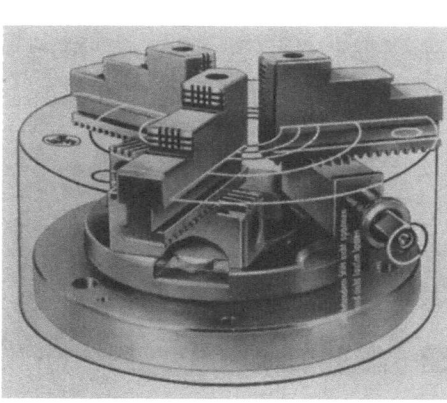

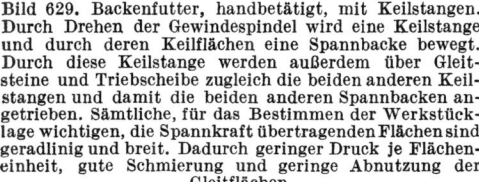

Bild 629. Backenfutter, handbetätigt, mit Keilstangen. Durch Drehen der Gewindespindel wird eine Keilstange und durch deren Keilflächen eine Spannbacke bewegt. Durch diese Keilstange werden außerdem über Gleitsteine und Triebscheibe zugleich die beiden anderen Keilstangen und damit die beiden anderen Spannbacken angetrieben. Sämtliche, für das Bestimmen der Werkstücklage wichtigen, die Spannkraft übertragenden Flächen sind geradlinig und breit. Dadurch geringer Druck je Flächeneinheit, gute Schmierung und geringe Abnutzung der Gleitflächen.

Bild 630. Drehfutter, nach DIN 6350, Spannbacken nicht einzelverstellbar. Drehfutter nach DIN 6351, Spannbacken auch einzelverstellbar. Beide Futter handbetätigt, wahlweise als Drei- oder Vierbackenfutter, mit Zentrieraufnahme durch Zylinder oder durch Kegel 1:4. In 10 Größen mit Außendurchmesser 80 ··· 630 mm. Antrieb der Spannspirale durch Kegelräder.

3.49 Spanndorne, Spannfutter, Spannstöcke

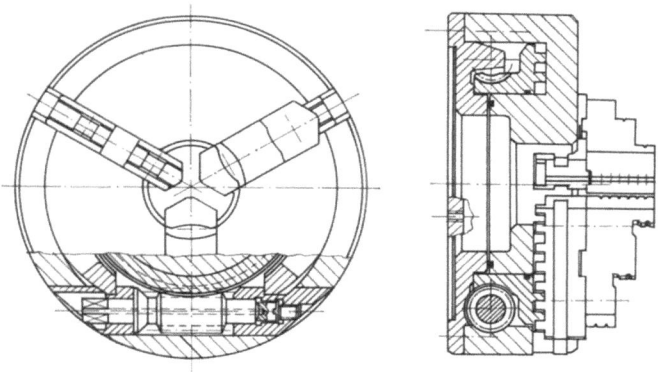

Bild 631. Drehfutter mit Antrieb der Spannspirale durch Schnecke und Schneckenrad.

Bild 630 u. 631. *Drehfutter mit Spannspirale zum Bewegen der Spannbacken. Sämtliche Getriebeteile sitzen im Hauptkörper („Ungeteiltes Futter")*.

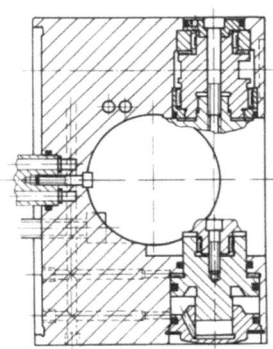

Bild 632. Schwenkfutter mit Schwenkzapfen und Spannkolben.

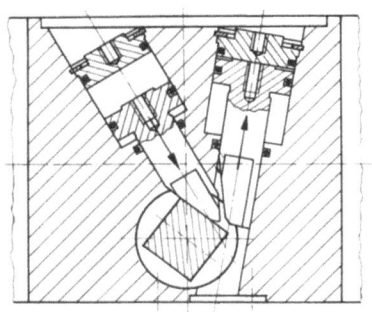   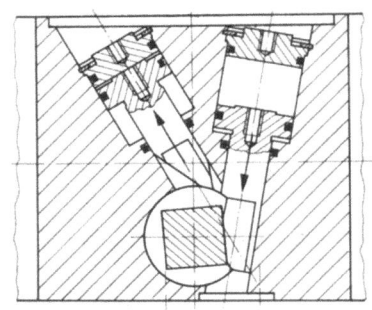

Bild 633. Schwenkzapfen im ersten Teil der Schwenkbewegung.   Bild 634. Schwenkzapfen nach dem zweiten Teil der Schwenkbewegung in verriegelter Stellung.

Bild 632 ··· 634. *Zweibackenfutter zum hydraulischen Spannen und Schwenken des Werkstückes („Schwenkfutter"). Die Schwenkbewegung wird von der Werkzeugmaschine ausgehend gesteuert und bei umlaufender Arbeitsspindel ausgeführt. Durch den, in Bild 632 untenliegenden Druckölkolben wird das Werkstück gegen den Schwenkzapfen gespannt. Geschwenkt wird dieser Zapfen durch zwei weitere Druckölkolben.*

tragen. Durch hohen Druck je Flächeneinheit ist der Verschleiß der Druckflächen verhältnismäßig groß. Mit zunehmendem Verschleiß geht die Einmittegenauigkeit verloren.

Trotz dieser Nachteile werden Futter mit Spiralspannung weitgehend verwendet, denn die Preise für diese Futter liegen verhältnis-

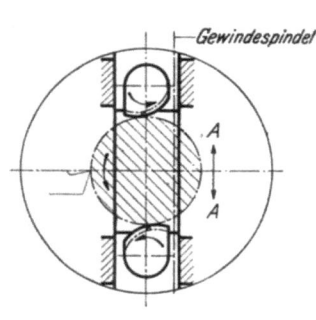

Bild 635.

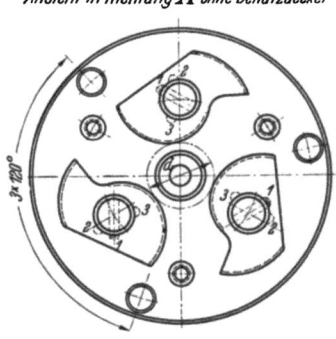

Bild 636.

Bild 635 u. 636. Selbsttätig spannende Mitnehmer. Das zwischen Spitzen eingemittete Werkstück wird durch die Spannbacken mitgenommen. Die Spannfläche der Backen ist spiralig oder exzentrisch. Die Spannkraft wächst mit zunehmender Arbeitskraft. Die Backen sind auf den Spanndurchmesser einstellbar und in Richtung $A-A$ bzw. radial begrenzt beweglich.

mäßig niedrig, und in vielen Fällen wird ein genaues Einmitten nicht gefordert. Außerdem können Lagefehler der Spannbacken durch Nacharbeitung der Backen-Spannflächen für den jeweiligen Spanndurchmesser unwirksam gemacht werden.

Spannfutter für hohe Drehzahlen müssen möglichst niedrig im Gewicht und in besonderem Maße frei von Unwucht sein.

Mechanisch und kraftbetätigte Mitnehmer sind in Bild 635 ··· 638, eine Sicherung gegen Ablaufen von Spannfuttern ist in Bild 639, ein exzentrisch angeordnetes Spannfutter in Bild 640 wiedergegeben.

Anschlußformen für Spannfutter unter Drehvorrichtungen S. 243.

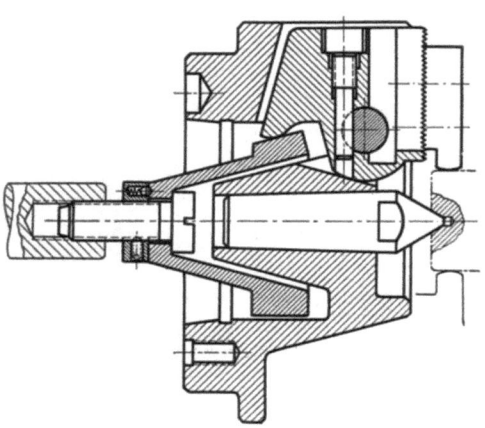

Bild 637. Die drei Spannbacken-Aufnahmen sind schwenkbar. Zum Angleichen an die Spannfläche des Werkstückes ist das glockenförmige Übertragteil pendelnd gehalten.

3.49 Spanndorne, Spannfutter, Spannstöcke

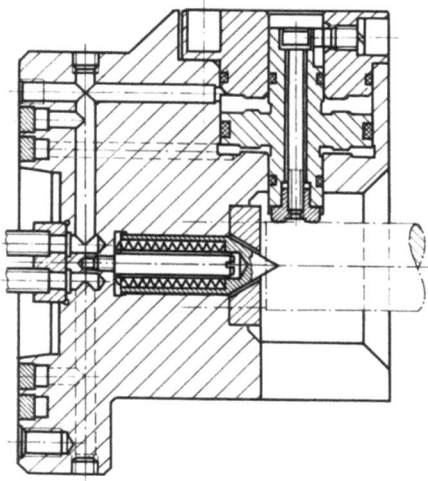

Bild 638. Auf die Spannfläche des Werkstückes wirken voneinander unabhängige Druckölkolben.

Bild 637 u. 638. *Kraftbetätigte Mitnehmer (handelsüblich als „Ausgleichfutter") für Drehteile, die zwischen Spitzen aufgenommen werden, vorzugsweise für Drehteile mit roher Mantelfläche. Das Spannsystem stellt sich nach der unrunden oder exzentrischen Mantelfläche des Werkstückes ein, ohne dessen Achslage zu beeinflussen.*

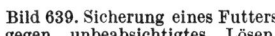
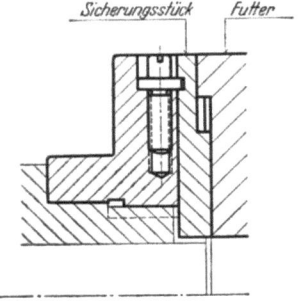

Bild 639. Sicherung eines Futters gegen unbeabsichtigtes Lösen.

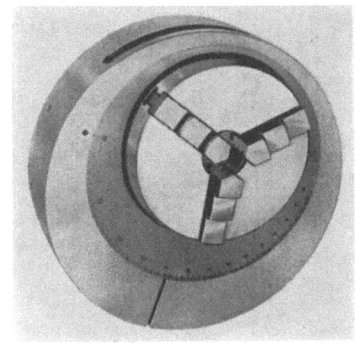

Bild 640. Drehfutter, exzentrisch aufgenommen, für die Fertigung exzentrischer Zapfen und Bohrungen. Exzentrizität nach Skala einstellbar. Futter (ohne Werkstück) in jeder Stellung ausgewuchtet. Handelsüblich mit Drehfutter-Außendurchmesser 80/110/165/200 mm, für Exzentrizität bis 12,5/25/40/50 mm. (Horvath-Futter System Fischer.)

3 Vorrichtung und Werkstück

3.49271 Spannbacken. Backen, an denen das Spanngetriebe angreift, dienen entweder unmittelbar zum Spannen des Werkstückes oder zur Aufnahme von *Aufsatzbacken* (Bild 641 ··· 648). Aufsatzbacken

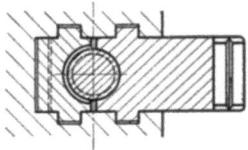

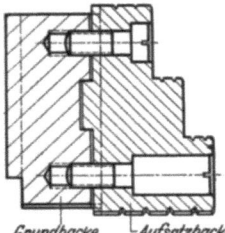

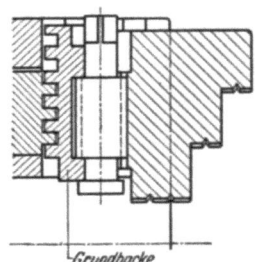

Bild 641. Grund- und Aufsatzbacken für Dreibackenfutter. Nut und Paßfeder in Querrichtung dienen zur Aufnahme der Spannkraft, Nut und Paßfeder in Längsrichtung zur Aufnahme des Drehmoments.

Bild 642. Spannbacke mit Zusatzverstellung durch Gewindespindel. Hierdurch sind Drei- und Vierbackenfutter zum außermittigen Spannen kreisrunder und zum Spannen unrunder Querschnitte geeignet.

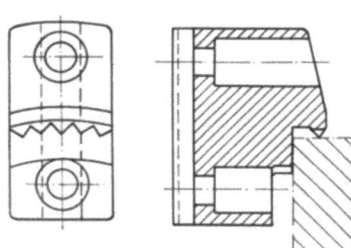

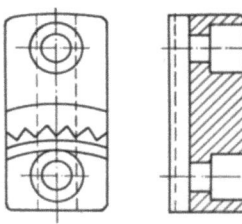

Bild 643. Für Außenspannung. Bild 644. Für Innenspannung.
Bild 643. u. 644. *Gehärtete Aufsatzbacken mit geriffelter Spannfläche*; zum Spannen auf rohen *Werkstückflächen.*

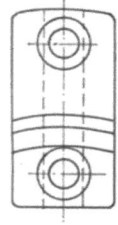 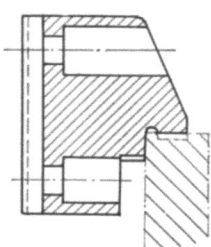 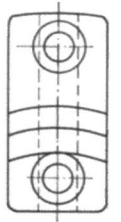 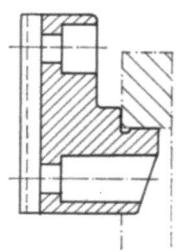

Bild 645. Für Außenspannung. Bild 646. Für Innenspannung.
Bild 645 u. 646. *Ungehärtete Aufsatzbacken mit ungeriffelter (glatter) Spannfläche*; zum Spannen auf bearbeiteten Werkstückflächen.

Bild 643 ··· 646. *Handelsübliche Aufsatzbacken für Spannfutter. Die Anschlußfläche zur Grundbacke ist zur Übertragung der Spannkraft in Querrichtung verzahnt.*

3.49 Spanndorne, Spannfutter, Spannstöcke 189

sind auswechselbar. Für genaue Arbeiten bleiben sie jedoch zweckmäßig mit den Grundbacken zu einer Backeneinheit verbunden und werden als

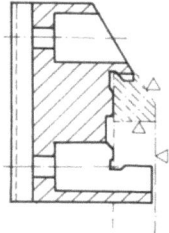 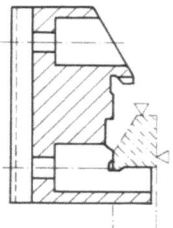

Bild 647. Für Außenspannung.   Bild 648. Für Innenspannung.
Bild 647 u. 648. *Aufsatzbacke für Spannfutter mit Sondergestaltung zur Aufnahme eines Drehteiles für zwei verschiedene Arbeitsgänge.*

vollständiger Backensatz ausgewechselt. Das Auswechseln vollständiger Backensätze erfordert außerdem weniger Zeit als das Auf- und Abschrauben von Aufsatzbacken.

Bei *Zweibackenfuttern* sind die zum Bestimmen der Werkstücklage dienenden Flächen in der „festen" Backe anzuordnen (Bild 649 ··· 652). Durch Umstecken kann jede der vier Backenflächen zum Spannen be-

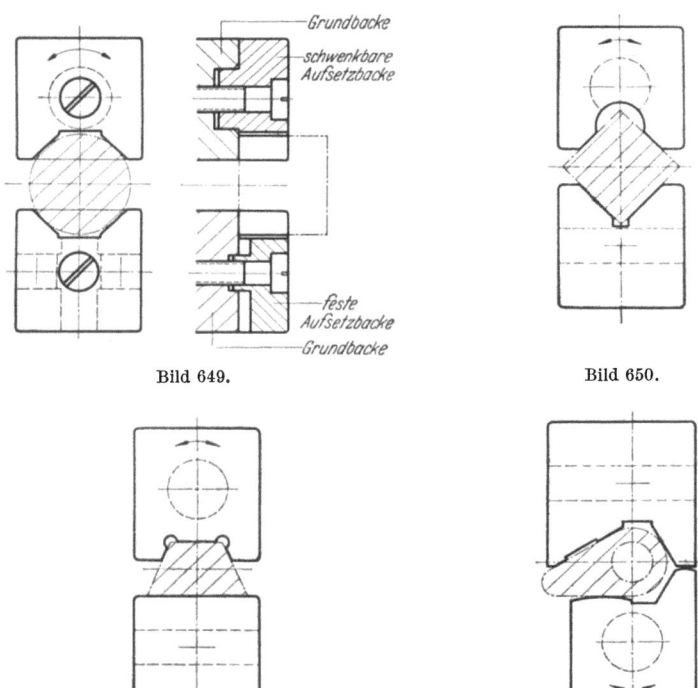

Bild 649.   Bild 650.

Bild 651.   Bild 652.
Bild 649 ··· 652. Spannbacken für Zweibackenfutter.

nützt werden. Bei exzentrischen Werkstückformen wird zweckmäßig eine der beiden Grundbacken auf der Gewindespindel um einen oder mehrere Gewindegänge versetzt. Dadurch entstehende Unwucht ist auszugleichen.

Sonderformen von Backen für *Dreibackenfutter* sind in den Bildern 653 ··· 659 dargestellt.

Spannflächen und Plananlage sind an möglichst großem Durchmesser des Werkstückes anzuordnen. Bei ungenügender oder fehlender

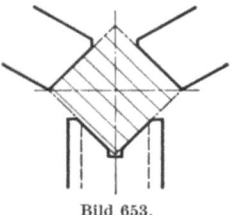
Bild 653.

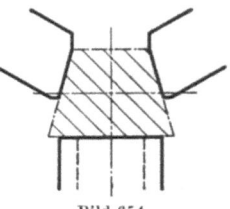
Bild 654.

Bild 653 u. 654. Die Spannbewegung der drei Backen ist zu den Spannflächen am Werkstück unter verschiedenen Winkeln gerichtet. Daraus entstehen für verschieden große Werkstücke verschiedene Einmittelagen.

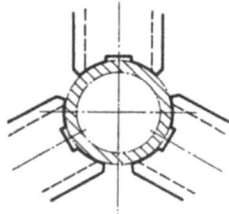

Bild 655. Zum Spannen des Rohrquerschnittes ist die Spannkraft durch besonders breite Spannbacken auf große Flächen verteilt. Bei Unrundheit der Kreisform sind die Spannbacken gegebenenfalls mit Pendelstücken auszurüsten.

Plananlage sind die Spannflächen in Richtung Drehachse möglichst lang zu halten.

Für das Einhalten von engtolerierten Längenmaßen ist das Werkstück in Längsrichtung nicht an den Backen, sondern an einem festen Anschlag anzulegen, der am Futterkörper oder in der Maschinenspindel befestigt ist.

Spannflächen sind so anzuordnen, daß der Getriebeteil der Backen möglichst vollständig in Eingriff steht.

Spannbacken sind nicht höher, d. h. in Richtung Drehachse nicht länger zu bemessen, als unbedingt erforderlich ist (Bild 659). Mit der Höhe der Backen nimmt die auf die Backen wirkende Kippkraft, die Reibung in den Backenführungen und die Beanspruchung des Spanngetriebes zu. Der Wirkungsgrad des Getriebes sinkt z. B. nahezu auf Null, wenn die Backen fünfmal so hoch sind, wie ihre Führung lang ist.

Die *Befestigungsschrauben für Aufsatzbacken* sind kurz zu halten, da diese kräftiger angezogen werden können und weniger nachgeben als längere Schrauben.

Für Werkstücke, deren Oberfläche weitgehend geschont werden muß, sind die Spannflächen gleich dem Werkstückdurchmesser zu machen. Zweckmäßiger wird dabei der Spanndurchmesser der Spannbacken zum Außenspannen des Werkstückes um etwa 1% größer, zum Innenspannen um etwa 1% kleiner ausgeführt als der betreffende Werkstückdurchmesser. Dadurch entsteht der sog. Sattelsitz, im Gegensatz zum Kanten-

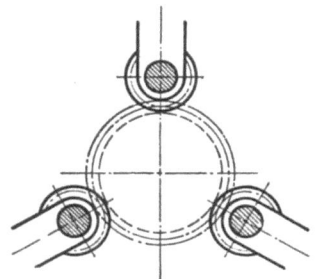

Bild 656. Spannbacken mit Zahnrädern. Das zu bearbeitende Zahnrad wird in den Zähnen gespannt.

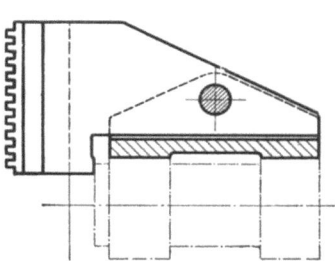

Bild 657. Die Spannstellen liegen am Werkstück in größerem Abstand, die Spanndurchmesser haben nur geringere Maßunterschiede. In Längsrichtung liegt das Werkstück an der hinteren Stirnfläche an.

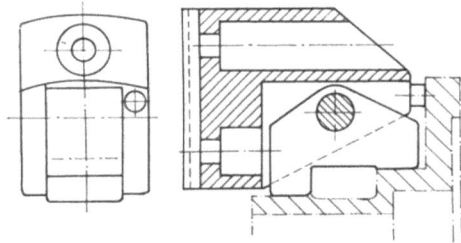

Bild 658. Das Pendelstück ist in einer Aufsatzbacke aufgenommen. Die Spanndurchmesser haben größere Maßunterschiede. Das Werkstück liegt an der Flanschfläche an.

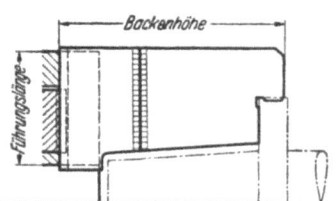

Bild 659. Grundbacke mit aufgeschweißter Aufsatzbacke.

Bild 657 u. 658. *Spannbacken mit Pendelstück für Spannstellen mit unterschiedlichen Spanndurchmessern.*

sitz, bei dem die Kanten jeder Spannbacke ungleich tief in die Werkstückoberfläche eindringen können. Für genaues Einmitten ist deshalb der Sattelsitz vorzuziehen, für größere Mitnahmeleistung der Kantensitz.

Wenn glatte Flächen nicht ausreichend fest spannen, sind geriffelte Spannflächen vorzusehen. Durch Riffelung verkleinerte und unterteilte Spannflächen dringen in die Werkstückoberfläche tiefer ein. Durch Querrillen wird die Haltekraft in Achsrichtung erhöht. Durch Längsnuten wird die Haltekraft entgegen der Drehrichtung erhöht. Beide Riffelungen zusammen ergeben die Kreuzriffelung nach Bild 359. Die Einmittegenauigkeit wird durch diese Riffelungen nicht beeinträchtigt, wenn hierbei noch verhältnismäßig große Flächen tragen.

Falls auch Kreuzriffelung für die Werkstückmitnahme nicht ausreicht, sind die Spannflächen mit Zähnen zu versehen, z. B. nach Bild 356 und 357. Da solche Zähne in das Werkstück nicht gleich tief eindringen, wird dieses weniger genau eingemittet.

Geriffelte und vor allem verzahnte Spannflächen sind zu härten.

Glatte Spannflächen können ungehärtet bleiben. Durch ungehärtete, dem Werkstück angepaßte Spannflächen wird die Werkstückoberfläche in besonderem Maße geschont. Ungehärtete Spannflächen werden natürlich leichter verschlissen oder beschädigt. Doch können sie andrerseits leicht instand gesetzt oder für andere Spanndurchmesser umgearbeitet werden. Außerdem ist die Reibung und damit die Mitnahmekraft zwischen ungehärtetem Stahl und dem Werkstoff des Werkstückes in der Regel größer als zwischen gehärtetem Stahl und Werkstück. Für ungehärtete Backen werden vorzugsweise Aufsatzbacken verwendet.

Bei Fertigbearbeitung der Spannflächen müssen die Spannbacken unter Spannung stehen und die Spannkraftrichtung muß dieselbe sein wie beim Spannen des Werkstückes. Deshalb ist bei Fertigstellung von Spannflächen für Außenspannung auf einer Außenfläche zu spannen, bei Fertigstellung von Spannflächen für Innenspannung gegen eine Innenfläche zu spannen.

Für hohe Rundlaufgenauigkeit sind die Spannflächen auf derselben Maschine fertigzustellen, auf der die Werkstücke gefertigt werden. Unter Umständen sind die Spannflächen nach jedem Futterwechsel zu überarbeiten.

Querschnittsformen, die für eine Dreipunktspannung ungeeignet sind, können in Dreibackenfuttern gegebenenfalls unter Zuhilfenahme einer Zwischenbuchse, gespannt werden (Bild 660).

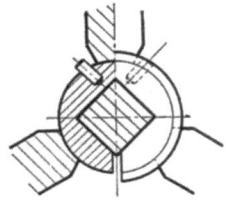
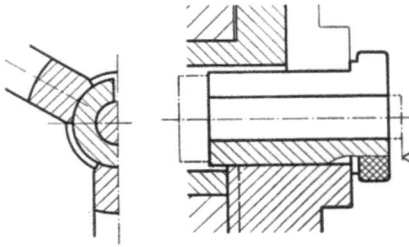

Bild 660. Zwischenbuchse zum Spannen eines quadratischen Querschnittes im Dreibackenfutter.

Bild 661. Zwischenbuchse zum Spannen eines Werkstückes mit Bund. Durch die Zwischenbuchse wird vermieden, daß die Spannbacken bei jedem Werkstückwechsel zweimal um die Bundhöhe bewegt werden müssen.

Durch Verwendung einer Zwischenbuchse kann außerdem beim Spannen von Werkstücken mit Bund die Spannzeit herabgesetzt werden (Bild 661).

3.493 Maschinenspannstöcke

3.4931 Allgemeines. Maschinenspannstöcke werden in der Hauptsache *unterteilt* nach

Verwendungszweck (Fräs-, Hobel-, Bohr- oder Schleifarbeiten),
Art des Spannteiles bzw. des Spannmittels (Schraube, Exzenter, Kurve, Preßluft, Drucköl, Schnellspanner),
Wirkung der Spannkraft (Druck oder Zug),
Bestimmwirkung der Backen (parallel oder einmittend).

Kennzeichen für die Größe eines Spannstockes sind Backenbreite und Spannweite.

Die *Steifigkeit* von Spannstöcken muß den auftretenden Arbeitskräften und der für die Bearbeitungsfläche geforderten Oberflächengüte entsprechen. Spannstöcke sind so niedrig wie möglich zu bauen, insbesondere wenn größere Arbeitskräfte parallel zur Grundfläche des Spannstockes wirken. Je niedriger der Spannstock, desto höhere Zerspanungsleistung, Formgenauigkeit, Maßgenauigkeit und Oberflächengüte sind erreichbar.

Spannstöcke sind in vielen Ausführungsformen handelsüblich und werden im allgemeinen von Sonderfirmen bezogen. Die in Serien oder Mengen gefertigten Spannstöcke sind verhältnismäßig billig.

3.4932 Bauformen von Maschinenspannstöcken. Ein wesentlicher Bauteil für Spannstöcke ist der Spannschlitten. Danach können folgende Arten von Spannstöcken unterschieden werden:

ohne Schlitten,
mit einem auf Druck oder auf Zug beanspruchten Schlitten,
mit zwei gegeneinanderwirkenden Schlitten.

Bei den unter *Druckbeanspruchung* spannenden Spannstöcken (Bild 662) wird die Grundplatte auf Biegung beansprucht. Außerdem wird beim Spannen das Werkstück von seiner Auflage abgehoben, und zwar um das Spiel des Führungsschlittens. Der Führungsschlitten ist deshalb senkrecht zur Werkstückauflage unter kleinstmöglichem Spiel zu halten. Die Bedienstelle liegt auf seiten der beweglichen Backe. Daraus ergibt sich für verschiedene Bearbeitungsfälle zwangsläufig ein Arbeiten gegen die bewegliche Backe, z. B. bei den meisten Arbeiten auf Waagerechtfräsmaschinen oder mehrspindeligen Planfräsmaschinen.

Bei den unter *Zugbeanspruchung* des Schlittens spannenden Spannstöcken („Unterzugspannstöcke" Bild 663 ··· 668) wird durch das Spannen weder der Grundkörper noch der Spannschlitten auf Biegen beansprucht und damit das Werkstück beim Spannen angehoben. Beim Spannstock mit Unterzug liegen feste Backe und Bedienstelle auf der-

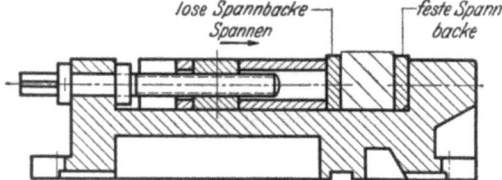

Bild 662. Handelsüblicher Maschinenschraubstock, entsprechend DIN 6370, mit *Druck*wirkung der Spannschraube, mit Spannbacken von 50/63/80/100/125/160/200/250/315 mm Breite und mit Kreuznut von einheitlich 20 H 7 mm Breite.

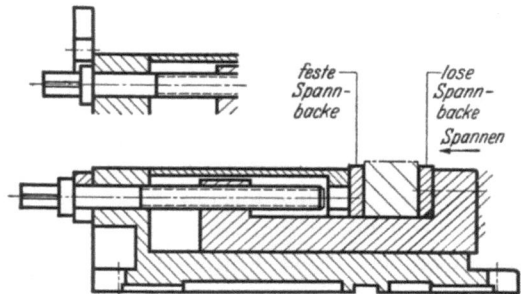

Bild 663. Handelsüblicher Maschinenschraubstock mit *Zug*wirkung der Spannschraube (Unterzug) und mit Vorleger für Schnellverstellung.

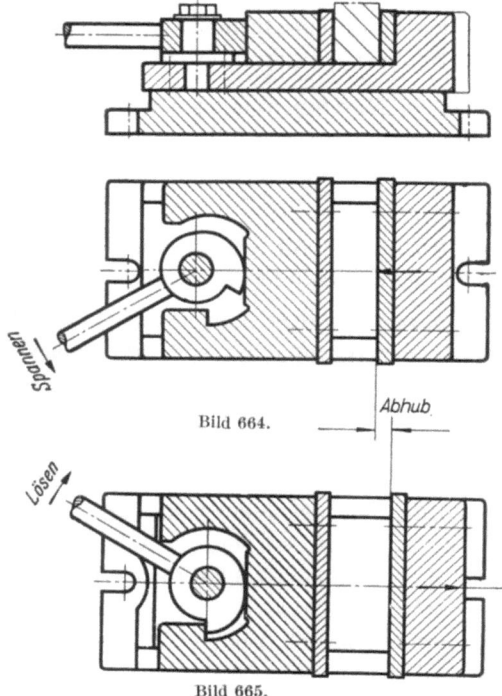

Bild 664 u. 665. Handelsüblicher Maschinenspannstock mit Unterzug und Spannspirale. Mit demselben Hebel wird gespannt sowie der Spannschlitten zugestellt und zurückgezogen.

3.49 Spanndorne, Spannfutter, Spannstöcke

selben Seite des Spannstockes, so daß auch unter Berücksichtigung des Bedienens gegen die feste Backe gearbeitet werden kann.

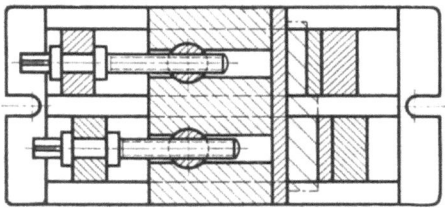

Bild 666. Schraubstock mit zwei nebeneinander angeordneten Spannschlitten.

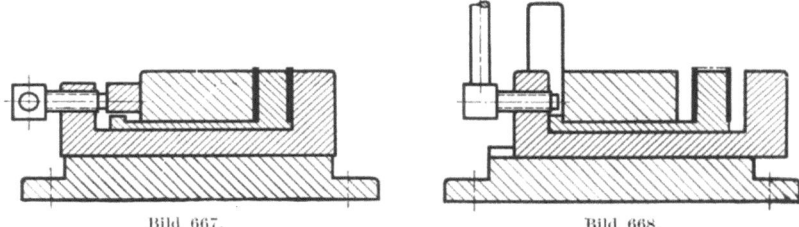

Bild 667.   Bild 668.

Bild 667 u. 668. Schraubstock mit zwei untereinander angeordneten Spannschlitten. Zum Spannen wird der obere Spannschlitten vom unteren mitgenommen. Beim Öffnen trifft der untere Schlitten auf den oberen und nimmt diesen mit.

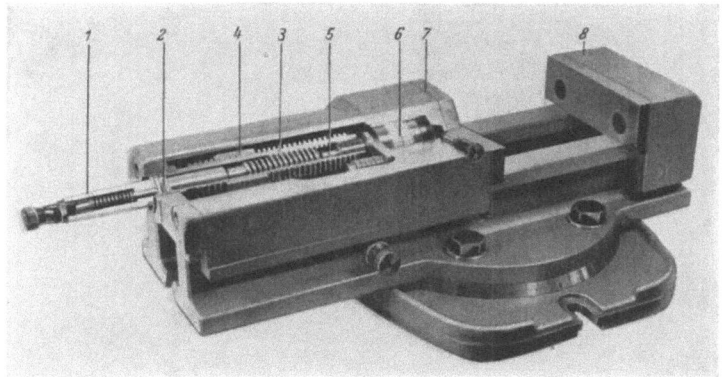

Bild 669. Mechanisch-hydraulischer Maschinenspannbock. Mutter *4* ist mit dem Grundkörper und dadurch mit der feststehenden Spannbacke *8* fest verbunden. Beim Drehen einer, auf das Sechskant *1* aufzusteckenden Handkurbel wird über Kupplung *2* Gewindespindel *3* mitgenommen und dabei der Spannschlitten mit der beweglichen Spannbacke *7* gegen die feste Backe *8* bewegt. Bei Widerstand zwischen den Spannbacken wird Kupplung *2* ausgelöst, bleibt Hohlspindel *1* stehen, wird Druckspindel *5* geschraubt und über einen Hydraulikkolben und Tellerfedern *6* das Werkstück gespannt. Handelsüblich mit 100/125/160/200 mm Backenbreite und 2500/3500/5000/10000 kp maximale Spannkraft.

Zum Spannen von Werkstücken mit zwei sehr verschieden großen Spannmaßen sind im Schraubstock nach Bild 666 *zwei Spannschlitten* eingebaut.

196 3 Vorrichtung und Werkstück

Zum Spannen eines doppelwandigen, blechförmigen Werkstückes wird im Schraubstock nach Bild 667 u. 668 vom Spannschlitten ein *zweiter Schlitten* mitbewegt.

Kraftsparend wird gespannt in Spannstöcken mit mechanisch/hydraulischer Einrichtung (Bild 669 u. 675), kraft- und zeitsparend in kraftbetätigten Spannstöcken (Bild 670 ··· 672).

Um Werkstücke in Spannstöcken *nach* einer *Symmetrielinie* zu bestimmen, sind z. B. zwei Keile (Bild 67), V-Prisma (Bild 673) sowie Rechts- und Linksgewindespindel (Bild 69, 674 u. 675) verwendbar.

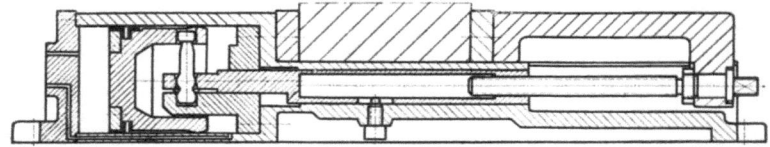

Bild 670. Druckluftspannstock. Der Träger der beweglichen Spannbacke wird durch Gewindespindel grob verstellt, der Spannhub beträgt etwa 8 ··· 12 mm.

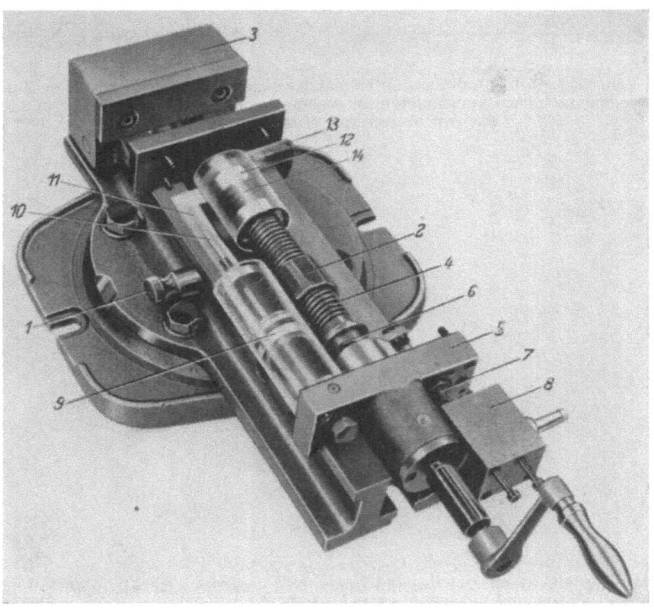

Bild 671. Pneumatisch-hydraulischer Maschinenspannstock (In- u. Ausl.-Pat. ang.). Durch Steckbolzen *1* ist Mutter *2* mit dem Grundkörper und dadurch mit der feststehenden Spannbacke *3* fest verbunden. Durch Abstecken kann der Spannschlitten auf verschiedene Spannweiten grob eingestellt werden. Durch Drehen der Handkurbel wird Gewindespindel *4* mit Spannschlitten gegen das Werkstück bewegt. Bei auftretendem Widerstand wird die in Lagerplatte *5* befindliche Kupplung *6* ausgelöst und Stößel *7* des pneumatischen Dreiwegeventiles *8* betätigt. Durch Druckluftkolben *9* wird Drucköllkolben *10* in den Druckölraum *11* bewegt, wonach durch Spannkolben *12* das Werkstück gespannt wird. Mittels Schraube *13* wird die Spannkraft der Tellerfedern *14* eingestellt. Spannen und Entspannen durch Schwenken der Handkurbel um je etwa 120°. Handelsüblich mit 100/125/160/200/280 mm Backenbreite und (bei 6 kp/cm² Betriebsdruck) 180/3200/5600/10000 und 20000 kp maximale Spannkraft.

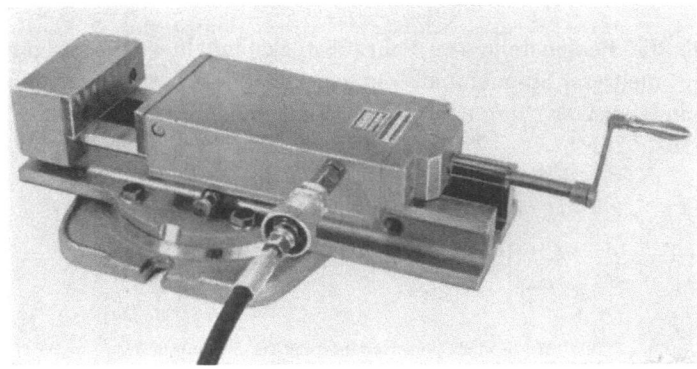

Bild 672. Hydraulischer Maschinenspannstock. Grobeinstellung der Spannweite mittels Handkurbel durch Gewindespindel. Gespannt wird durch Drucköl mittels eingebautem Druckölkolben. Spann- und Entspannvorgang werden durch Hand-, Fuß- oder Magnetventil gesteuert. Handelsüblich mit 125/160/200 mm Backenbreite.

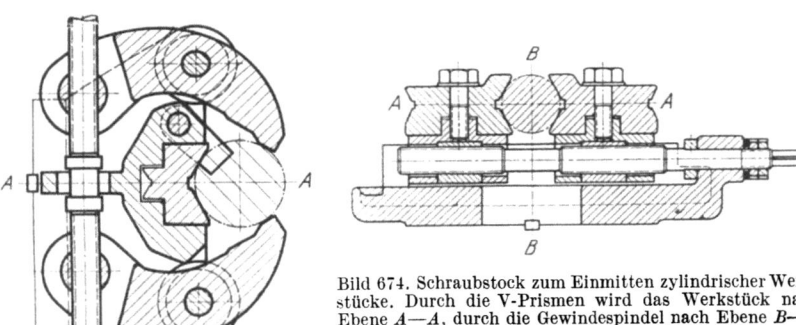

Bild 674. Schraubstock zum Einmitten zylindrischer Werkstücke. Durch die V-Prismen wird das Werkstück nach Ebene $A-A$, durch die Gewindespindel nach Ebene $B-B$ eingemittet. Das Längsspiel der Gewindespindel ist durch Muttern einstellbar.

Bild 673. Handelsüblicher Schraubstock mit V-Prisma zum Bestimmen zylindrischer Werkstücke um die Ebene $A-A$. Das Prisma liegt fest, die Spannteile sind ohne Einfluß auf die Genauigkeit des Bestimmens. Die Gewindespindel hat in Längsrichtung größeres Lagerspiel.

Bild 675. Mechanisch-hydraulischer, einmittender Maschinenspannstock. Beide Spannbacken sind gegeneinander gleichförmig beweglich und mittels Handkurbel über Gewindespindel einstellbar. Das hydraulische System und damit der Spannvorgang entsprechen dem nach Bild 669. Durch dabei einseitige Wirkung des hydraulischen Spannens wird die Einmittegenauigkeit von der Stellung der „festen" Spannbacke und der Spannmaßtoleranz des Werkstückes bestimmt.

Falls die Bedienstelle von Schraubstockspindeln schwer zugänglich ist oder mehrere Spindelumdrehungen nötig sind, wird zweckmäßig eine Spindelverlängerung nach Bild 676 verwendet.

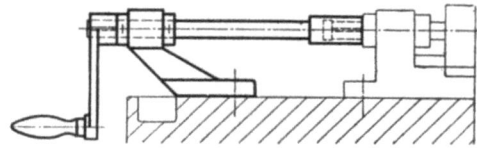

Bild 676. Gewindespindelverlängerung für Schraubstöcke.

3.4933 Spannstockbacken. Durch Verwendung von *Sonderspannbacken* wird die an sich vielseitige Verwendungsmöglichkeit für Spannstöcke erheblich erweitert und werden Fertigungsmittel kostenniedrig gehalten. Bei umfangreicherem Einsatz von Sonderbacken ist jedoch zu prüfen, ob in dem betreffenden Betriebe ausreichend viele Spannstöcke vorhanden sind. Falls in demselben Betrieb Spannstöcke verschiedener Hersteller verwendet werden, ist vor Zuordnung von Sonderbacken zu ermitteln, welche Spannstöcke jeweils weniger belegt sind, denn die Spannstöcke verschiedener Hersteller haben noch verschiedene Anschlußmaße. Unter Umständen können Sonderbacken teurer sein als eine vollständige Sondervorrichtung, nämlich dann, wenn bei Verwendung von Sonderbacken ein Spannstock für andere Werkstücke nicht frei wird. Dann sind in die Wirtschaftlichkeitserrechnung nicht nur die Kosten für die Backen, sondern auch die Kosten für den ganzen Spannstock einzusetzen.

In Spannstöcken sind die das Werkstück bestimmenden Flächen grundsätzlich in die „feste" Backe zu legen, also in jene Backe, die mit dem Grundkörper des Spannstockes fest verbunden ist.

Wenn die Arbeitskraft parallel zur Grundfläche des Werkstückes wirkt, ist das Werkstück so tief in den Spannstock hineinzuverlegen, als die Bearbeitung zuläßt. Außerdem ist das Werkstück bis nahe an die Bearbeitungsfläche heran zu unterstützen (Bild 677). An Formbacken für Fräsarbeiten wird die obere Backenfläche zweckmäßig mit demselben Formfräser gefertigt, der für das Werkstück vorgesehen ist.

Für Spannstellen, die um einen größeren Betrag außerhalb des Spannstockes liegen, sind die *Spannbacken* durch einen Winkelschenkel abzustützen (Bild 678).

Spannstellen sind möglichst in der Mitte der Spannbacken anzuordnen, um ein Verkanten des Spannschlittens zu vermeiden. Wenn eine einseitige Beanspruchung des Spannschlittens nicht vermeidbar ist, ist dieser auf der Gegenseite entsprechend dem Spannmaß abzustützen, z. B. durch Schraube mit Gegenmutter.

Für die *Anordnung der Befestigungsgewinde* für die Spannbacken liegen unter den handelsüblichen Schraubstöcken zwei Ausführungen vor. Bei der einen Ausführung sind die Gewinde in den Spannbacken, bei der anderen Ausführung im Schraubstockkörper bzw. im Schraubstockschlitten angeordnet. In DIN 6370 wurde die Ausführung mit Gewinde in den Spannbacken zugrunde gelegt.

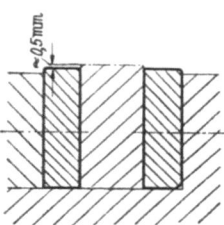 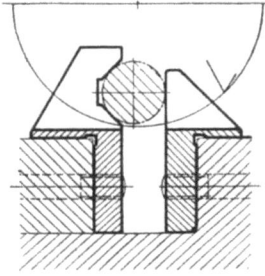

Bild 677. Untermaß für Spannbacken gegenüber der Bearbeitungsfläche des Werkstückes.

Bild 678. Spannbacken mit Abstützwinkel zur Entlastung der Befestigungsschrauben.

Spannbacken handelsüblicher Spannstöcke sind *in der Regel nur durch Schrauben festgelegt*. Für einen großen Teil von Spannstockarbeiten reicht diese Festlegung auch aus. Nämlich dann, wenn das Spiel der Schrauben im Schraubendurchgangsloch belanglos ist. Für genauere Zwecke ist die das Werkstück bestimmende feste Backe eindeutiger festzulegen, und zwar vorzugsweise durch Nut und Paßfeder (Bild 679 ··· 681). Für Paßstifte ist in Grundkörper und Schlitten des Spannstockes meist wenig Platz zur Verfügung. Außerdem wären verhältnismäßig lange Bohrungen erforderlich. Dazu kommt, daß Paßstiftlöcher erst nach dem Härten der Backen abzubohren sind, wozu die Bohrstelle weich sein muß, was eine umständliche Fertigung bedingt. Nuten können hingegen nach dem Härten geschliffen werden.

Bei Verwendung von *Niederspannbacken* (Bild 682) erübrigt sich das übliche Festklopfen des Werkstückes. Nachteilig an diesen Backen sind höhere Anschaffungskosten und höhere Betriebsempfindlichkeit. Außerdem ist bei Verwendung dieser Backen die Spannweite des Spannstockes geringer. Falls zum Auflegen des Werkstückes eine feste Backe benötigt wird, ist nur die lose Backe als Niederzugbacke zu gestalten.

Werkstücke mit kreisförmigem Querschnitt sind in Spannbackenformen nach Bild 683 ··· 687 aufnehmbar. Durch ebene Spannflächen entstehen an runden Werkstücken Druckstellen. Mit zunehmender Anzahl der Spannstellen nimmt bei gleicher Spannkraft die Tiefe der Druckstellen ab.

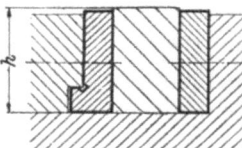

Bild 679. Am Werkstück ist das Maß h einzuhalten. Spannbacken sind Richtung der Backenhöhe durch Nut und Paßfeder gesichert.

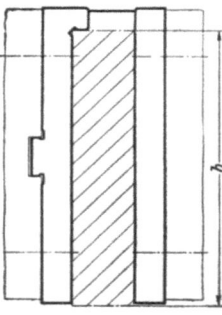

Bild 680. Am Werkstück ist das Maß b einzuhalten. Die Spannbacken sind in Richtung der Backenbreite durch Nut und Paßfeder gesichert.

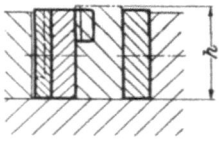 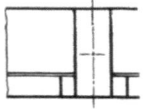

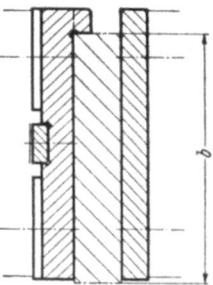

Bild 681. Am Werkstück sind die Maße h und b einzuhalten. Die Spannbacken sind in Richtung Backenhöhe und -breite durch Nut und Paßfeder gesichert.

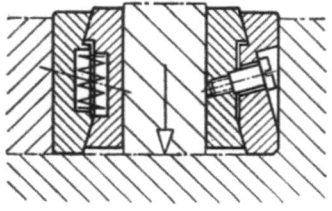

Bild 682. Niederzugspannbacken.

3.49 Spanndorne, Spannfutter, Spannstöcke

In Spannstöcken sind beim *Spannen von zwei Werkstücken zugleich* oder von Werkstücken mit verschieden hohen Spannflächen die Spannbacken um einen entsprechenden Betrag schrägstellbar zu halten (Bild 688 u. 689), ist ein Pendelstück (Bild 690 u. 691) oder sind mehrgliedrige Ausgleichbacken (Bild 692) einzubauen.

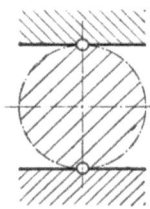
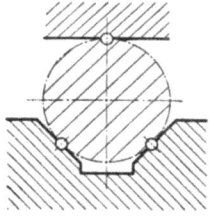
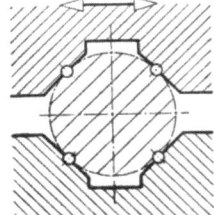

Bild 683. Spannen durch zwei ebene Flächen.

Bild 684. Spannen durch drei ebene Flächen.

Bild 685. Spannen durch vier ebene Flächen. Um Überbestimmen zu vermeiden, ist eine Spannbacke gegebenenfalls beweglich zu halten.

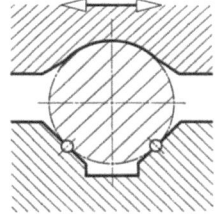
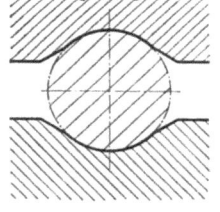

Bild 683 ··· 687. *Spannflächen von Spannbacken für Werkstücke mit kreisförmigem Querschnitt.*

Bild 686. Spannen durch zwei ebene und eine kreisförmige Fläche.

Bild 687. Spannen durch zwei kreisförmige Flächen.

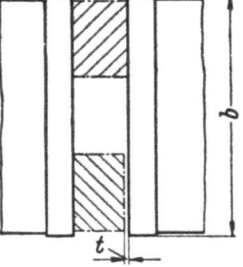

Bild 688. Die beiden Werkstücke weichen um den Betrag t voneinander ab. Bei einem neuen Spannstock kann damit gerechnet werden, daß bei einer Spannbreite b von 100 mm der Spannmaßunterschied höchstens 0,05 mm betragen darf, um beide Werkstücke mit Sicherheit festzuhalten. Bei älteren Spannstöcken ist der Spannschlitten in der Regel um einen größeren Betrag schrägstellbar, wodurch auch Werkstücke mit größerem Spannmaßunterschied gespannt werden können.

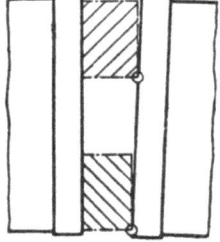

Bild 689. Beide Werkstücke werden nur an je einer Kante erfaßt. Für größere Arbeitskräfte wie für Arbeitskräfte, die auf der ungespannten Werkstückseite angreifen, ist solche Spannung nicht ausreichend.

Bild 688 u. 689. *Werkstücke mit verschiedener Spannbreite zwischen Spannbacken.*

202   3 Vorrichtung und Werkstück

Bei einseitiger Beanspruchung des Spannschlittens sind die Spannbacken auf der, dem Werkstück gegenüberliegenden Seite abzustützen (Bild 693).

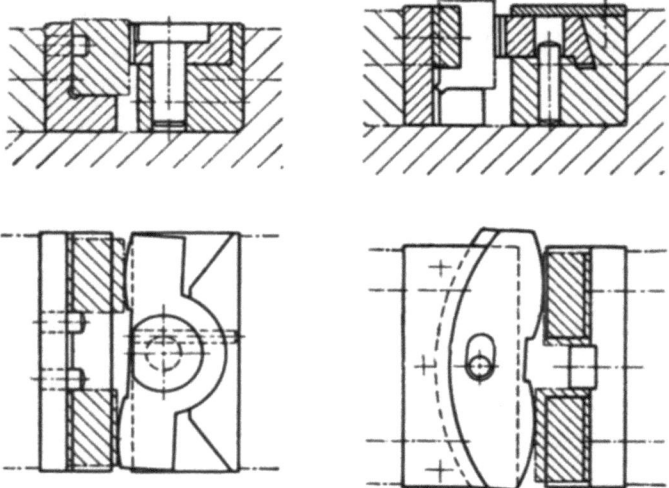

Bild 690. Spannbacke mit Pendelstück. Die Spannkraft wird von der kreisförmigen Fläche aufgenommen. Das Pendelstück ist durch Stift mit Bund gegen Abheben gesichert.

Bild 691. Spannbacke mit Pendelstück für größere Arbeitskräfte. Die Spannkraft wird von einer kreisförmigen Fläche aufgenommen, die bis an den äußeren Rand des Pendelstückes reicht. Gegen Herausfallen sichern Nut und Feder, gegen Hochgehen sichert Schrägfläche, gegen Verschmutzung Deckblech.

Bild 692. Maschinenschraubstock „Hilti" mit je acht Spannbacken, die sich über eine Ausgleichshydraulik der Werkstückform selbsttätig angleichen.

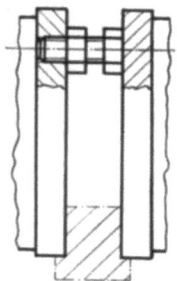

Bild 693. Abstützung der Spannbacken bei einseitig liegender Spannstelle.

3.5 Spänebeseitigung und Späneschutz

Bei Gestaltung von Vorrichtungen für spangebende Fertigung sind Platzbedarf und Auswirkung der anfallenden Späne zu berücksichtigen. Die nachteiligen Auswirkungen der Späne sind durch Spänebeseitigung und Späneschutz weitgehend auszuschalten.

3.51 Auswirkung der Späne

Die Auswirkungen der Späne sind ausschließlich nachteilige, wie

Beeinträchtigung der Werkstückgenauigkeit,
Beschädigungen an Werkstück, Werkzeug, Vorrichtung und Maschine,
Behinderung der Kühlmittelzufuhr,
Leistungsminderung durch Erhöhung der Bedienzeit,
Ursache von Unfällen.

Die Genauigkeit des Werkstückes kann unter Umständen bis zu seiner Unbrauchbarkeit beeinträchtigt werden,

wenn das Werkstück in der Vorrichtung oder die Vorrichtung auf der Maschine während des Bearbeitens auf Spänen liegt,
wenn die Spannwirkung durch Späne verschlechtert und dadurch das Werkstück unsicher festgehalten wird,
wenn die Lage des Werkzeuges durch unzureichende Abfuhr der Späne beeinflußt wird.

Flächen des Werkstückes, der Vorrichtung oder Maschine können durch Schabewirkung oder durch Einpressen von Spänen beschädigt werden.

Späne können unter dem Gewicht des Werkstückes oder der Vorrichtung oder unter dem Druck von Spannteilen in Führungsflächen eingepreßt werden. Unsaubere Bearbeitungsflächen entstehen durch Späne, die in Spannuten des Werkzeuges festsitzen. Durch diese kann auch das Werkzeug beschädigt werden oder zu Bruch gehen.

Durch Späne kann die Haut des Bedienenden verletzt, durch umlaufende Späne die Vorrichtung erfaßt und dabei der Bedienende gefährdet werden.

3.52 Platzbedarf für Späne

Der Platzbedarf für Späne ergibt sich aus der zu zerspanenden Werkstoffmenge und der Form der Späne, außerdem aus dem Umstand, ob die Späne während des Bearbeitens stetig abgeführt oder nach jedesmaligem oder nach mehrmaligem Werkstückwechsel beseitigt werden.

Die *Spanform* ist in der Hauptsache von der Art des Werkstoffes, der Art der Bearbeitung und der Form der Werkzeugschneide abhängig. *Gußeisenspäne* sind kurz und bröcklig, *Stahlspäne*, die durch Drehen oder Bohren entstehen, sind vorwiegend lang und gerollt, die durch Scheibenfräser, Walzenfräser und Formfräser entstehen, kurz und meist nadelförmig. Durch Walzenfräser mit großem Drallwinkel entstehen stabförmige, gerollte Späne in Breite der Fräsfläche.

Kleine Späne nehmen etwa den dreifachen Raum der zerspanten Werkstoffmenge ein, lange Späne mit großem Rolldurchmesser vielleicht den zwanzigfachen Raum.

3.53 Spänebeseitigung

Späne können beseitigt werden durch

 Eigengewicht oder Schleuderkraft,
 mechanische Hilfsmittel, wie Pinsel, Besen, Haken, Schaufeln, Saug- oder Druckluft,
 Überspülen mit Flüssigkeit,
 Eintauchen der Vorrichtung in Behälter mit Flüssigkeit.

Durch Druckluft können Späne zwar rasch und gründlich beseitigt werden, doch ist dabei zu beachten, daß Späneteilchen, die in Bettführungen usw. geschleudert werden, diese verderben. Beim Überspülen der Vorrichtung mit Kühlflüssigkeit ist die gesamte Flüssigkeit in die Kühlmittelrinnen oder in die Kühlmittelfangschale der Maschine abzuführen. Bei Anordnung der Vorrichtung auf dem Maschinentisch sowie bei Gestaltung von Kühlmittelfangschalen für die Vorrichtung ist zu beachten, daß die Flüssigkeit keineswegs nur senkrecht abfließt, sondern auch an waagerechten Kanten des Werkstückes und der Vorrichtung entlangläuft. Außerdem ist möglichst auch die umherspritzende Flüssigkeit abzufangen.

Spänebeseitigung wird begünstigt durch

 Öffnungen in den Vorrichtungswänden,
 schräge Spänegleitflächen.
 Vermeidung von Absätzen und Einbuchtungen an den Spänegleitflächen,
 erhöhte Anordnung der Auflage- und Anlageflächen,
 Begrenzung der Auflage- und Anlageflächen auf ein für das Bestimmen oder Spannen erforderliches Mindestmaß,
 Anordnung von Rillen oder Nuten an den Innenkanten von Aufnahme- oder Verschlußteilen.

3.54 Späneschutz

Späneschutz ist erreichbar durch
 Härten der gefährdeten Teile,
 Einbau der zu schützenden Teile,
 Abstreifer, Dichtungen, Spänefangschalen.

Geschleuderte Späne sind zum Schutz des Bedienenden durch Abdeckung aufzufangen. Zur Beobachtung des Arbeitsvorganges ist die Abdeckung ganz oder teilweise aus Drahtgitter, Zellon oder Plexiglas zu fertigen.

4 Vorrichtung und Werkzeug

Das Werkzeug dient zum Bearbeiten des Werkstückes, wodurch dessen Form, Abmessungen und Oberflächenbeschaffenheit geändert werden.

In bezug auf das Werkzeug sind beim Gestalten der Vorrichtung zu berücksichtigen:

Der Einfluß auf die Gestaltung des Werkzeuges,
der für das Werkzeug innerhalb der Vorrichtung benötigte Raum,
die Möglichkeit, das Werkzeug bei aufgespannter Vorrichtung auszuwechseln,
das Einrichten des Werkzeuges,
die Wegbegrenzung für das Werkzeug,
die Möglichkeit, bei eingespanntem Werkzeug das Werkstück in die Vorrichtung einzugeben bzw. aus der Vorrichtung zu entfernen,
die Werkzeugabnutzung.

Die Vorrichtung ist so zu gestalten, daß das zugehörige *Werkzeug möglichst steif* gestaltet werden kann. Mit der Nachgiebigkeit eines Werkzeuges nehmen Schnittleistung und Oberflächengüte ab. Durch unruhiges Arbeiten wird außerdem die Lagerung der Werkzeugspindel ungünstig beansprucht. Mit der Länge des Werkzeuges steigen auch dessen Herstellkosten. Von der Forderung nach Steifigkeit des Werkzeuges sind Reibe-, Ziehschleif- und Räumwerkzeuge ausgenommen.

Bei Berücksichtigung des Raumbedarfes für das Werkzeug ist unter anderem auf genügend großen *Auslaufweg des Werkzeuges* zu achten.

Für das Einrichten des Werkzeuges sind an der Vorrichtung gegebenenfalls *Einstellflächen* anzubringen. Zweckmäßig wird nicht nach festen Einstellflächen eingerichtet, sondern unter Zuhilfenahme von Endmaßen (Bild 830 u. 831). Beim Einrichten ohne Endmaß, also nach fester Einstellfläche, kann die Werkzeugschneide durch Aufsetzen auf dieser Einstellfläche beschädigt werden. Durch Verschieben des Endmaßes kann das Zustellen unter der Werkzeugschneide angefühlt und damit ein hartes Aufsetzen der Schneide auf die Einstellfläche vermieden werden. Einstellflächen sind vorzugsweise für Bearbeitungsflächen mit kleinen Toleranzen vorzusehen, hauptsächlich dann, wenn Vorrichtung oder Werkzeug häufiger gewechselt werden müssen.

Zu *führen* sind in den meisten Fällen Bohrwerkzeuge und Räumwerkzeuge, in Sonderfällen Gewindeschneid-, Fräs- und Stoßwerkzeuge.

In der Vorrichtung durch Anschlag zu *begrenzen* ist der Längsweg von vorzugsweise Bohrern und Senkern.

Auf die Auswirkung der *Werkzeugabnutzung* ist besonders bei Nachformfräs-, Räum- und Schleifvorrichtungen zu achten.

5 Vorrichtung und Werkzeugmaschine

5.1 Die Werkzeugmaschine

Die Werkzeugmaschine vermittelt die Arbeitskraft und führt Bewegungen aus, die zum Bearbeiten erforderlich sind. Das die Werkzeugmaschine Kennzeichnende ist hierbei die Vermittlung der Arbeitskraft. An Hand dieser Kennzeichnung kann auch die Grenze zwischen Werkzeugmaschine und Vorrichtung gezogen werden. Danach sind werkstücktragende Fertigungsmittel *mit* Antrieb für die Hauptbewegung den Werkzeugmaschinen, *ohne* Antrieb für die Hauptbewegung den Vorrichtungen zuzuordnen.

Vor dem Gestalten einer Vorrichtung hat sich der Vorrichtungskonstrukteur mit der vorgesehenen Maschine vertraut zu machen. Wenn diese Maschine im eigenen Betrieb nicht vorhanden ist und auch außerhalb des Betriebes nicht besichtigt werden kann, ist der Konstrukteur auf *Maschinenbeschreibungen*, Maßblätter und dergleichen angewiesen. Diese Unterlagen enthalten nur in seltenen Fällen alle die Angaben, die für die maschinenseitige Gestaltung der Vorrichtung erforderlich sind. In den meisten Fällen sind erst Rückfragen beim Maschinenhersteller nötig. Aber auch dort, wo die Maschine vorhanden ist und fehlende Maße an der Maschine ermessen werden können, ist der Mangel eines vollständigen Maßblattes nachteilig; denn das Messen an der Maschine ist umständlich und führt leicht zu Fehlern. Auf einheitliche Maschinenbeschreibungen ist hinzuwirken, und dabei sind sämtliche Angaben zu fordern, die für die Gestaltung von Vorrichtung und Werkzeug benötigt werden. Maschinen-Maßblätter sind gegebenenfalls als Erweiterung der *AWF-Maschinenkarten* auszuführen.

5.2 Verbindung der Vorrichtung mit der Werkzeugmaschine

5.21 Anschlußmöglichkeiten

Für das Bestimmen der Lage und das Spannen von Vorrichtungen auf Werkzeugmaschinen kommen in der Regel folgende Anschlußmöglichkeiten in Betracht.

1. Bestimmen durch Auflage oder durch Auflage und Anlage auf Spannmagnet, festhalten durch Magnetkraft. Beispiele unter Schleifvorrichtungen.

2. Bestimmen durch Auflage oder durch Anlage auf Maschinentisch, festhalten je nach Größe der Arbeitskraft durch Handkraft, feste Anlage oder Spannteil. Beispiele unter Bohrvorrichtungen.

3. Bestimmen durch Auflage auf einen, in einer Ebene nach allen Richtungen frei beweglichen Tisch, z. B. Kreuztisch oder Druckluft-Schwebetisch (Bild 963), vorzugsweise für das Einstellen von Bohrvorrichtungen nach unstarren Werkzeugen.

4. Bestimmen durch Auflage oder durch Auflage und Befestigen auf Schlitten oder Wagen für Fertigungsketten (Tafel 13 u. Bild 719 ··· 725).

5. Einmitten durch Zylinder oder Kegel, mitnehmen und festhalten je nach Größe des Drehmomentes durch Kegelreibung, Gewinde, Mitnehmer oder/und Spannteil. Beispiele unter Drehvorrichtungen.

6. Bestimmen durch Auflage oder durch Auflage und Nutensteine, befestigen durch Spannteil. Beispiele unter Hobel-, Stoß-, Räum- und Fräsvorrichtungen.

5.22 Anschluß- und Befestigungsteile

5.221 Vorrichtungsfüße

Vorrichtungsfüße sind unter Bohrvorrichtungen angeführt.

5.222 Nutensteine

Durch Nutensteine wird die Lage der Vorrichtung zu den Tischnuten der Werkzeugmaschine bestimmt. Vorzugsweise sind *lose* Nutensteine nach DIN 6323 (Bild 694 ··· 696) zu verwenden. Lose Nutensteine werden den Maschinen zugeordnet, z. B. jeder Maschine nur ein Paar.

Bei Verwendung loser Nutensteine wird die Vorrichtung auf dem Maschinentisch abgestellt, nach der Tischnut ausgerichtet, und werden danach die Nutensteine in die Nut der Vorrichtung eingeschoben. Gegen vorzeitige Abnutzung sind die Paßflächen verhältnismäßig lang gehalten.

Feste Nutensteine (Bild 697 ··· 699) haben folgende Nachteile. Jeder Vorrichtung muß ein Nutensteinpaar zugeordnet werden. Der mit der Vorrichtung verschraubte Nutenstein paßt nur in Tischnuten gleicher Breite. Für Tischnuten anderer Breite sind die Steine gegen solche entsprechender Breite auszuwechseln. Beim Aufbringen der Vorrichtung auf die Maschine ist die Gefahr gegeben, daß Maschinentisch und Tischnut durch die vorstehenden Nutensteine beschädigt werden. Mit Größe und Gewicht einer Vorrichtung wächst die Schwierigkeit, Nutensteine, die mit der Vorrichtung fest verbunden sind, in die Nut des Maschinentisches einzuführen.

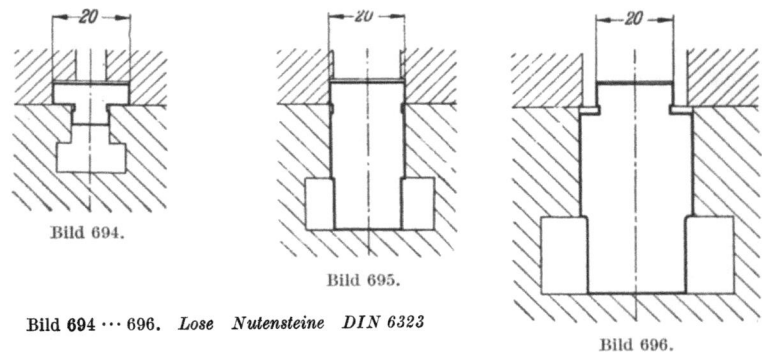

Bild 694.

Bild 695.

Bild 696.

Bild 694 ··· 696. *Lose Nutensteine DIN 6323*

Maße in mm

Breite der Nut im Maschinentisch	Breite der Nut in der Vorrichtung
6, 8, 10, 12,	12
12, 14, usw. bis 54	20

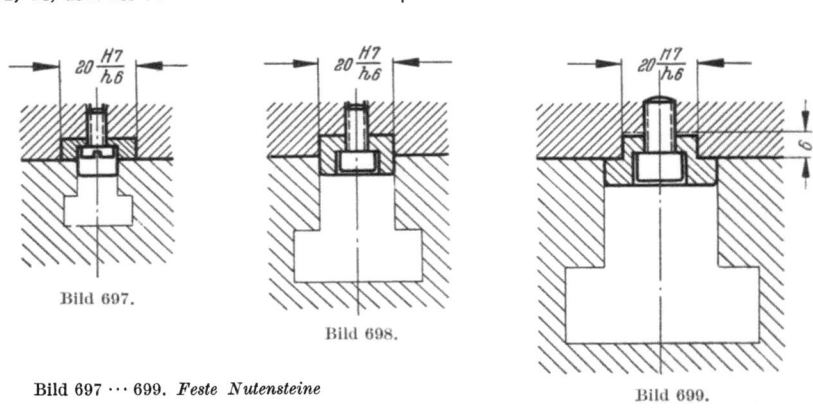

Bild 697.

Bild 698.

Bild 699.

Bild 697 ··· 699. *Feste Nutensteine*

Maße in mm

Breite der Nut im Maschinentisch	Breite der Nut in der Vorrichtung
10, 12	12
12, 14 usw. bis 54	20

Sonderformen von Nutensteinen sind in den Bildern 700 ··· 702 wiedergegeben.

Für das Bestimmen der Lage einer Vorrichtung sind *zwei* Nutensteine erforderlich. Diese sind hintereinander fluchtend anzuordnen, wonach Vorrichtungen nach nur *einer* Tischnut bestimmt werden, also nicht nach zwei nebeneinanderliegenden Nuten. Der Abstand der beiden Nutensteine ist möglichst groß zu halten, da mit dem Abstand die Bestimmgenauigkeit zunimmt.

5.22 Anschluß- und Befestigungsteile

Durchlaufende Nuten (Bild 703) können mit der Grundfläche des Vorrichtungskörpers in derselben Aufspannung gefertigt werden. So gefertigte Nuten sind mit einer gewissen Sicherheit geradlinig und die

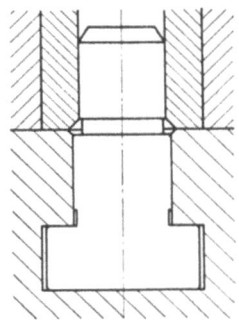 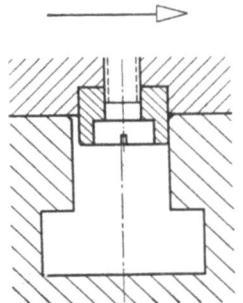 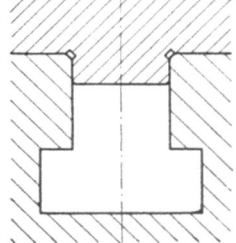

Bild 700. Nutenstein mit Zylinderzapfen und Vorrichtung mit zylindrischer Bohrung ermöglichen einfache und genaue Fertigung, und die Aufnahmedurchmesser können leicht vereinheitlicht werden, jedoch ist das Aufstecken namentlich größerer Vorrichtungen auf die Zapfen schwierig.

Bild 701. Nutenstein, schmaler als Nut im Maschinentisch, ist in die Tischnut leicht einführbar. Die Vorrichtung wird durch einseitiges Anlegen eindeutig bestimmt. Durch Unachtsamkeit oder unter den Arbeitskräften können jedoch Lagefehler entstehen. Gegebenenfalls ist in Pfeilrichtung zu spannen.

Bild 702. Mit der Vorrichtung aus *einem* Stück gearbeitete Leiste. Diese Gestaltung ist zwar einfacher, die Fertigung mit zunehmender Größe der Vorrichtung jedoch schwieriger als Nut mit Nutenstein. Fällt das Paßmaß der Leiste zu klein aus, erfordert die Behebung dieses Fehlers beträchtlichen Aufwand.

Paßflächen rechtwinklig zur Grundfläche. Begrenzte Nuten (Bild 704) werden gefräst, während die Grundfläche der Vorrichtung in der Regel gehobelt wird. Durch zweimaliges Aufspannen wird die Fertigung ver-

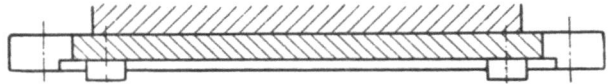

Bild 703. Durchgehende Nut im Vorrichtungskörper.

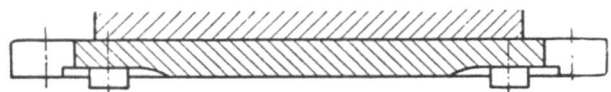

Bild 704. Begrenzte Nuten im Vorrichtungskörper.

teuert, das Einhalten genauer Nutstellungen erschwert. Durch begrenzte Nuten wird der Vorrichtungskörper jedoch weniger geschwächt als durch durchlaufende Nuten.

Vorrichtungen, die unter verschiedenen Winkeln aufzuspannen sind, werden mit entsprechend vielen Nuten versehen (Bild 705 ··· 707) oder auf Zwischenplatte gesetzt (Bild 708 ··· 711).

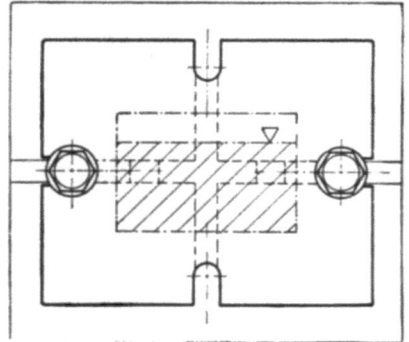 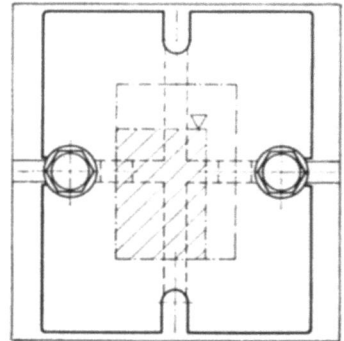

Bild 705. Vorrichtung in der ersten Arbeitsstellung. Bild 706. Vorrichtung in der zweiten Arbeitsstellung.
Bild 705 u. 706. *Vorrichtungskörper mit Kreuznuten.*

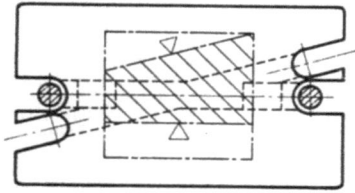 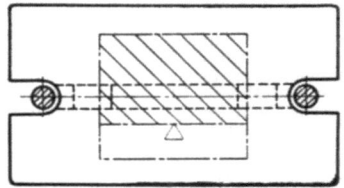

Bild 707. Vorrichtungskörper mit zwei Nuten. Durch den spitzen Winkel, unter dem die beiden Nuten zueinander liegen, entstehen an den Spannstellen ungünstige Verhältnisse.   Bild 708. Vorrichtung ohne Zwischenplatte in der ersten Arbeitsstellung.

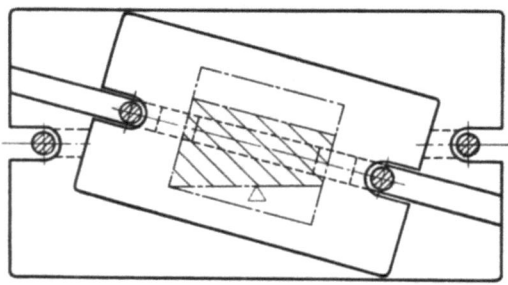

Bild 709. Vorrichtung mit Zwischenplatte in der zweiten Arbeitsstellung.
Bild 708 u. 709. *Vorrichtung mit Zwischenplatte, für verschiedene Winkelstellungen in der Ebene des Maschinentisches.*

5.223 T-Nutensteine, Befestigungsschrauben und -schlitze

Zum Befestigen von Vorrichtungen auf Maschinentischen werden T-Nutensteine DIN 508 mit Stiftschraube und Mutter (Bild 712) oder mit Sechskantschraube, außerdem T-Nutenschrauben DIN 787 mit Mutter (Bild 713) verwendet. Der Kopf von Sechskantschrauben baut etwas niedriger als Schraube mit Mutter.

5.22 Anschluß- und Befestigungsteile

Für Befestigungsschrauben sind an den äußeren Enden von Vorrichtungskörpern vorzugsweise Schlitze vorzusehen. In Schlitze sind Schrauben leichter einführbar als durch Löcher.

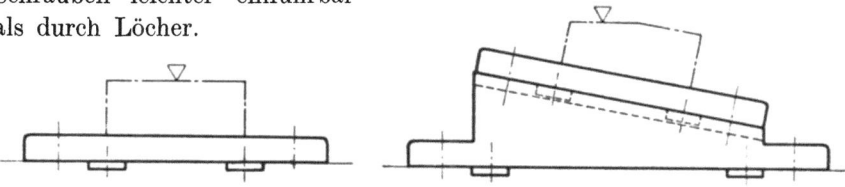

Bild 710. Vorrichtung ohne Winkelplatte in der ersten Arbeitsstellung.

Bild 711. Vorrichtung mit Winkelplatte in der zweiten Arbeitsstellung.

Bild 710 u. 711. *Vorrichtung mit Winkelplatte für verschiedene Winkelstellungen senkrecht zur Ebene des Maschinentisches.*

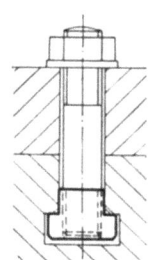 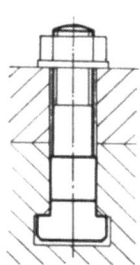 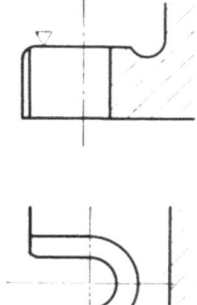

Bild 712. T-Nutenstein nach DIN 508 mit Stiftschraube, Scheibe und Mutter.

Bild 713. T-Nutenschraube nach DIN 787 mit Scheibe und Mutter.

Bild 712 u. 713. *T-Nutenstein und T-Nutenschraube zum Befestigen von Vorrichtungen auf Werkzeugmaschinen-Tischen mit T-Nuten nach DIN 650.*

Bild 714. Schraubenschlitz mit Bearbeitungsfläche als Auflagefläche für das Spannteil.

Abmessungen für Schlitze sind in den Tafeln 11 und 12 (S. 212 und 213) angegeben.

Die Auflagefläche für Schraubenköpfe ist planparallel zur Grundfläche der Vorrichtung zu halten. Hierzu ist bei gegossenen Vorrichtungskörpern eine Arbeitsfläche vorzusehen (Bild 714) oder, einfacher, eine Fläche vertieft einzuarbeiten (Tafel 11). Grundplatten geschweißter Körper sind in der Regel ohne Bearbeitung ausreichend planparallel.

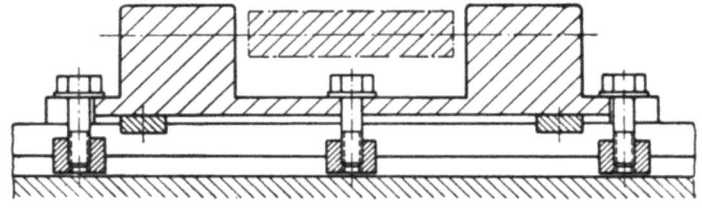

Bild 715. Vorrichtungsgrundkörper ist im gefährlichen Querschnitt auf den Maschinentisch niedergespannt.

Tafel 11. *Schraubenschlitze für gegossene Vorrichtungskörper*

Maße in mm

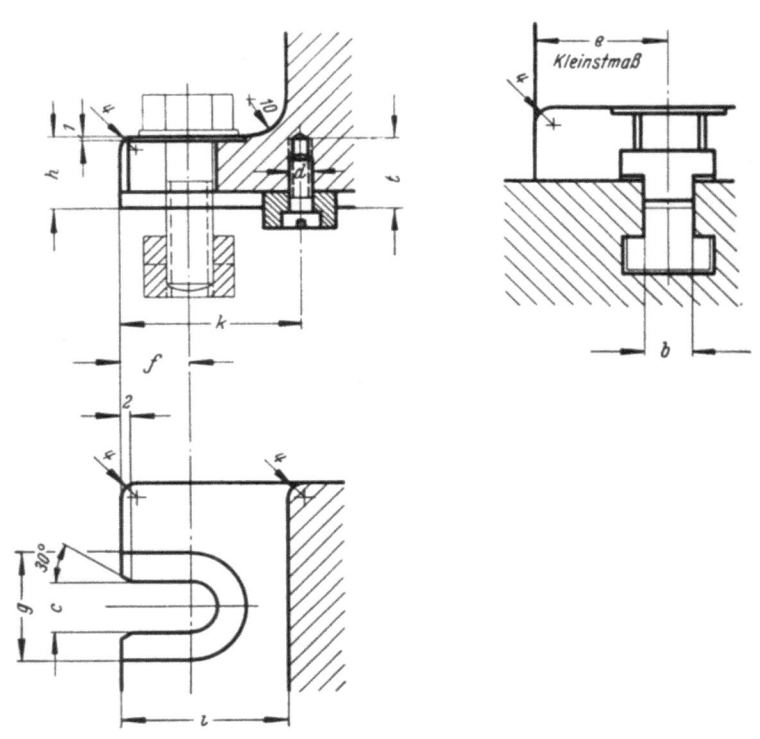

b	c	d	e	f	g	h	i	k	t
10	12	M5	30	14	24	16	35	40	20
12	14	M5	32	16	26	18	40	45	20
14	16	M6	35	18	30	20	45	50	22
(16)	18	M6	38	20	35	22	50	55	22
18	20	M6	42	22	40	25	55	60	22
(20)	23	M8	46	24	45	28	60	65	25
22	25	M8	50	26	50	32	65	70	25
(24)	27	M8	55	28	55	36	70	75	25

Eingeklammerte Größen möglichst **vermeiden**.
Lose Nutensteine nach DIN 6323.
T-Nutensteine nach DIN 508.
Sechskantschrauben nach DIN 931.
Scheiben nach DIN 125.
T-Nuten nach DIN 650.

5.22 Anschluß- und Befestigungsteile

Tafel 12. *Schraubenschlitze für geschweißte Vorrichtungskörper*

Maße in mm

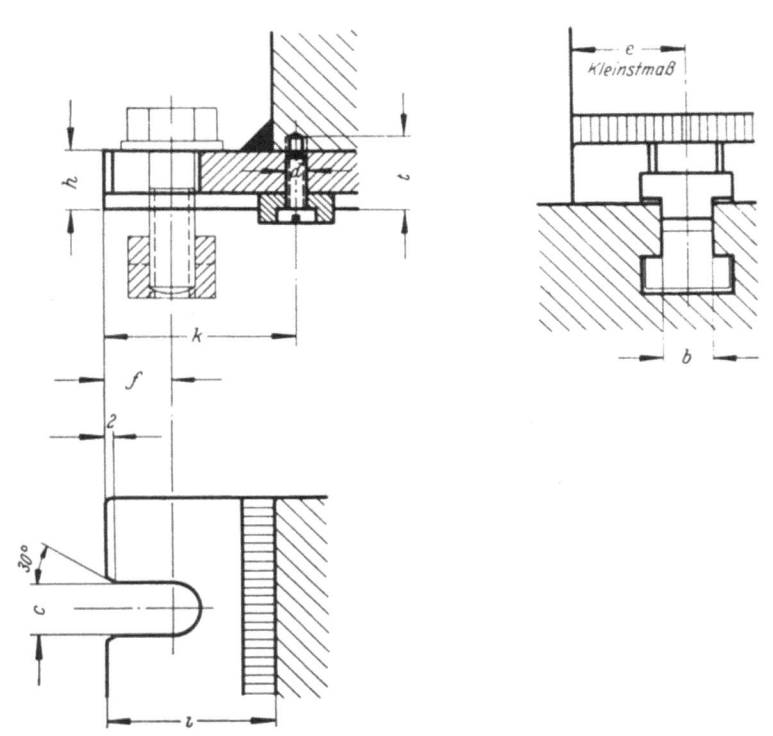

b	c	d	e	f	h	i	k	t
10	12	M5	30	14	12	35	40	20
12	14	M5	32	16	14	40	45	20
(14)	16	M6	35	18	16	45	50	22
16	18	M6	38	20	18	50	55	22
(18)	20	M6	42	22	20	55	60	22
20	23	M8	46	24	22	60	65	25
(22)	25	M8	50	26	25	65	70	25
24	27	M8	55	28	28	70	75	25

Eingeklammerte Größen möglichst vermeiden.
Lose Nutensteine nach DIN 6323.
T-Nutensteine nach DIN 508.
Sechskantschrauben nach DIN 931.
Scheiben nach DIN 125.
T-Nuten nach DIN 650.

Besonders lange Grundkörper sind zur Aufnahme der Spann- oder der Arbeitskräfte in der Mitte zusätzlich festzuspannen (Bild 715).

Befestigungsschlitze und -löcher sind weitgehend der Mittelnut des Maschinentisches zuzuordnen. Dadurch passen dieselben Schlitze für

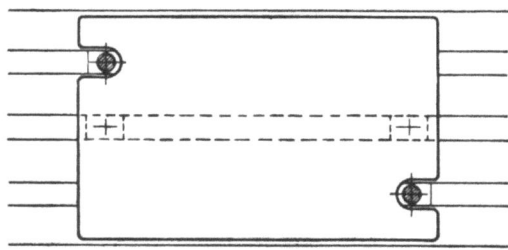

Bild 716. Schraubenschlitze für Spannschrauben, die in verschiedenen Nuten untergebracht sind.

verschiedene Maschinentische. Bei mehr als zwei Schlitzpaaren oder bei diagonaler Anordnung der Schlitze (Bild 716) ist die Aufspannmöglichkeit vom Nutenabstand der Maschinentische abhängig.

5.224 Befestigung von Vorrichtungen mittels Spanneisen

Durch Befestigung mittels Spanneisen (Bild 717 u. 718) können die Befestigungsschlitze erspart werden. Die Bauhöhe für Spanneisen

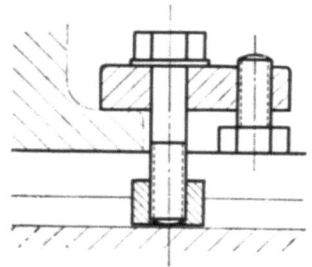 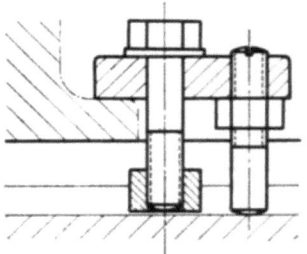

Bild 717. Das Spanneisen ist auf der Auflagefläche des Maschinentisches abgestützt. Dadurch kann diese Fläche beschädigt werden.

Bild 718. Das Spanneisen ist auf dem Grund der Tischnut abgestützt, wodurch die Aufspannfläche des Tisches geschont bleibt.

zuzüglich Schraubenkopf ist jedoch größer als für Schraubenköpfe nach Tafel 11 und 12.

5.23 Schlitten für Fertigungsketten

In Fertigungsketten werden Werkstücke von Arbeitsplatz zu Arbeitsplatz weitergegeben
    ohne Vorrichtung (die Vorrichtungen sind feststehend den Werkzeugmaschinen zugeordnet),
    mit Vorrichtung (die Vorrichtung wird in jeder Maschine in seiner Lage bestimmt),

5.23 Schlitten für Fertigungsketten

durch Schlitten oder Wagen, auf dem das Werkstück unmittelbar oder mittels Vorrichtung aufgenommen ist (Tafel 13, Bild 719 ··· 725 sowie VDI 3238 Werkstückhandhabung in Transferstraßen ohne Werkstückträger und VDI 3247 Werkstückträger für Fertigungsketten).

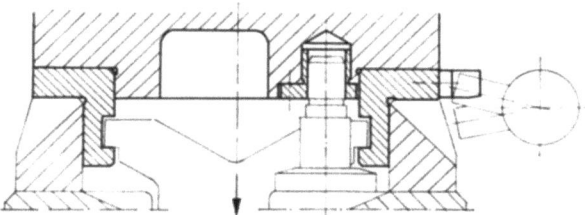

Bild 719. *Ein* Spannteil, mit Kraftangriff an beiden Schlitten-Führungsleisten.

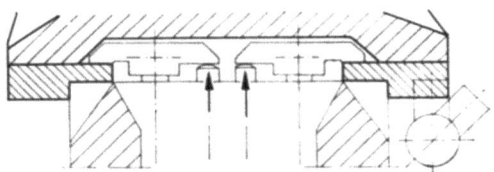

Bild 720. *Zwei* Spannhebel, davon je einer mit Kraftangriff an den Schlitten-Führungsleisten.

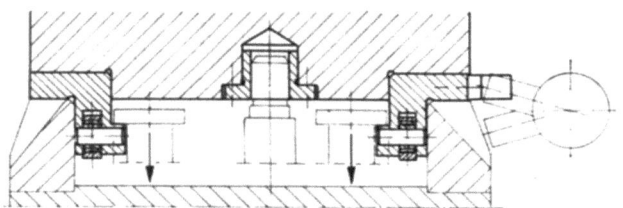

Bild 721. *Zwei* kraftbetätigte Spannbolzen, davon je einer mit Kraftangriff an den Schlitten-Führungsleisten. Laufrollen für die Rückführung des Schlittens.

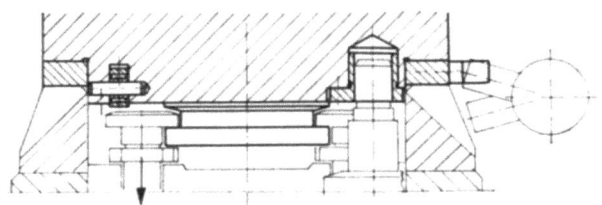

Bild 722. *Zwei* kraftbetätigte Spannbolzen, beide mit Kraftangriff an einem Mittelzapfen des Schlittens. Vorzugsweise für Schlitten mit Schwenkbewegungen. Laufrollen für die Rückführung des Schlittens.

Bild 719 ··· 722. *Querschnitte durch Schlitten für Fertigungsketten. In Arbeitsstellung werden Schlitten durch eine Transporteinrichtung ungefähr, durch den Feststellbolzen genau gebracht. Festgespannt auf der Gleitbahn werden Schlitten seltener von Hand, in der Regel kraftbetätigt. Zum Abstreifen der Späne von der Gleitbahn sind in die Schlitten (in den Querschnittszeichnungen nicht darstellbare) Nuten mit nach rückwärts und nach außen geneigten Flächen eingearbeitet. Schlitten für Fertigungsketten erfordern für das Rückführen vom letzten zum ersten Bearbeitungsplatz erheblichen Aufwand an Raum und Einrichtungskosten.*

Tafel 13. *Schlitten für*

	Werkstück auf den Schlitten	
	nicht gespannt	gespannt
Schlitten mit dem Schlittenbett ohne feste Verbindung	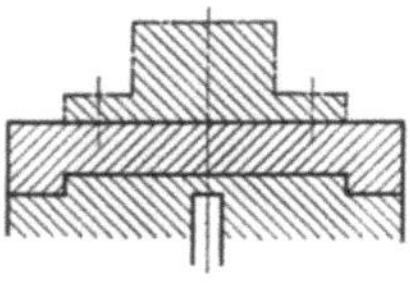 1.1	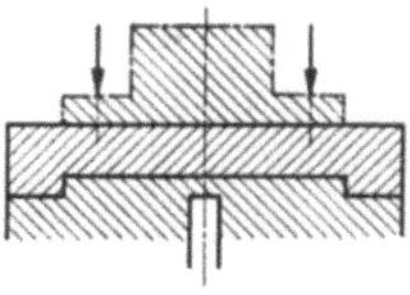 1.2
Schlitten unter Zugwirkung auf das Schlittenbett gespannt	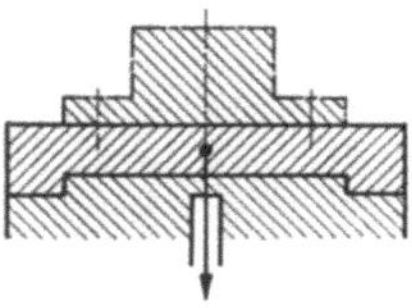 2.1	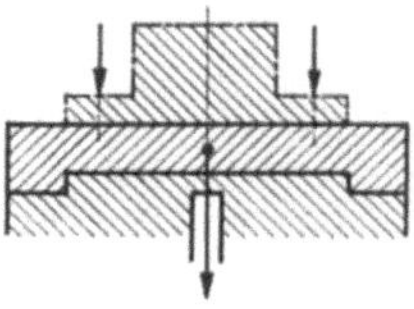 2.2
Schlitten unter Druckwirkung auf das Schlittenbett gespannt	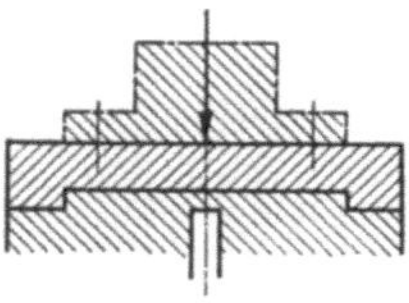 3.1	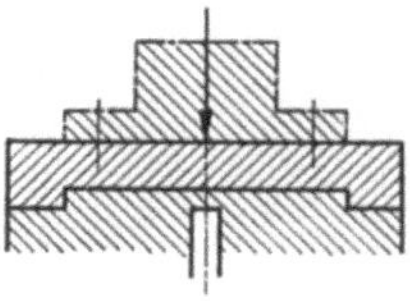 3.2
Schlitten unter Druckwirkung gegen das Schlittenbett gespannt	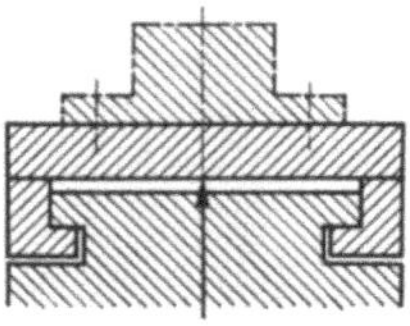 4.1	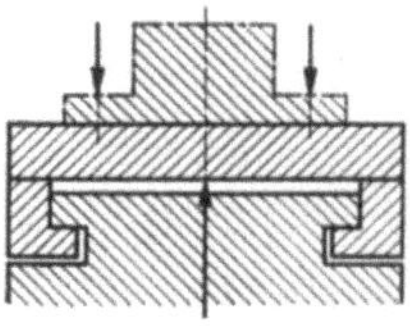 4.2
Schlitten über das Werkstück unter Druckwirkung auf das Schlittenbett gespannt	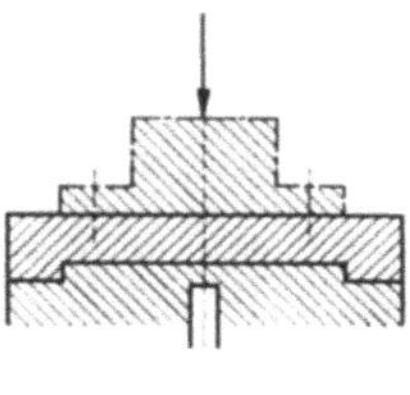 5.1	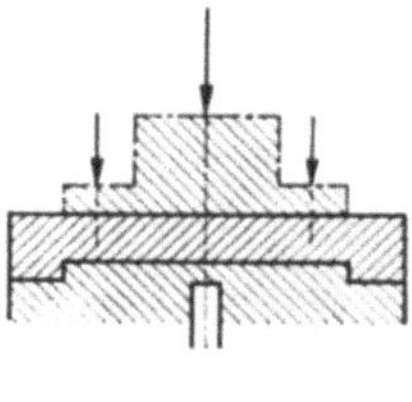 5.2

5.23 Schlitten für Fertigungsketten

Fertigungsketten

	Werkstück in der Vorrichtung	
nicht gespannt, Vorrichtung auf den Schlitten nicht gespannt	nicht gespannt, Vorrichtung auf den Schlitten gespannt	gespannt, Vorrichtung auf den Schlitten gespannt
1.3	1.4	1.5
2.3	2.4	2.5
3.3	3.4	3.5
4.3	4.4	4.5
5.3	5.4	5.5

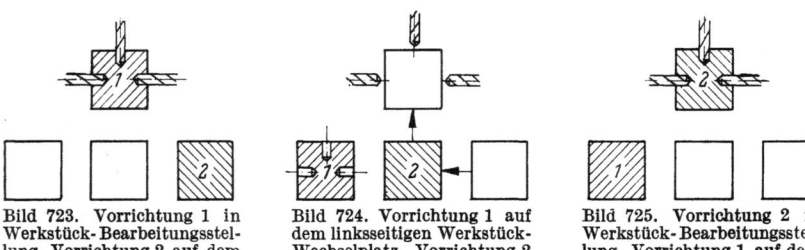

Bild 723. Vorrichtung 1 in Werkstück-Bearbeitungsstellung. Vorrichtung 2 auf dem rechtsseitigen Werkstück-Wechselplatz.

Bild 724. Vorrichtung 1 auf dem linksseitigen Werkstück-Wechselplatz. Vorrichtung 2 vor dem Eingeben in die Werkzeugmaschine.

Bild 725. Vorrichtung 2 in Werkstück-Bearbeitungsstellung. Vorrichtung 1 auf dem linksseitigen Werkstück-Wechselplatz.

Bild 723 ··· 725. *Selbsttätige Vorrichtungs-Wechseleinrichtung mit zwei Vorrichtungen und mit je einem links und rechts vor der Werkzeugmaschine angeordneten Platz für das Wechseln des Werkstückes während der Bearbeitung eines jeweils zweiten Werkstückes.*

6 Vorrichtung und Meßzeug

Meßzeuge dienen zum Prüfen, vor allem zum Prüfen des Werkstückes, außerdem zum Prüfen der Lage der Vorrichtung zur Maschine oder der Lage des Werkzeuges zur Vorrichtung.

Vorrichtungen sind möglichst so zu gestalten, daß das Werkstück innerhalb der Vorrichtung geprüft werden kann. Hierzu sind in der Vorrichtung Bezugs- und Bearbeitungsflächen des Werkstückes für das Meßzeug möglichst zugänglich zu halten. Wo dies nicht in ausreichendem Maße möglich ist, sind in der Vorrichtung erforderlichenfalls Meßflächen vorzusehen, von denen aus das Werkstück geprüft werden kann (Bild 832, 833, 1277 ··· 1279).

Die Möglichkeit, Werkstücke in der Vorrichtung zu prüfen, ist vor allem vorzusehen bei

sehr kleinen Werkstücktoleranzen,

nicht ausreichend vorhandenen oder nicht ausreichend genauen Maschinenanschlägen,

Werkstücken, die außerhalb der Vorrichtung schwierig zu prüfen sind,

Verwendung von Werkzeugen, die bereits bei Bearbeitung nur *eines* Werkstückes starker Abnutzung unterliegen, wie Schleifwerkzeuge (Bild 1277 ··· 1279).

In Sonderfällen sind für das Prüfen in der Vorrichtung Sondermeßzeuge zu entwickeln (Bild 1277 ··· 1279).

7 Vorrichtung und Mensch

7.1 Allgemeines über das Bedienen von Vorrichtungen

Das Bedienen von Vorrichtungen umfaßt in der Hauptsache
Eingeben und Entfernen des Werkstückes,
Betätigen von Bestimm-, Stütz- und Spannteilen,

Verschließen und Öffnen der Vorrichtung,
Teilen und Feststellen,
Reinigen von Schmutz und Spänen.

Solche Bedienvorgänge wiederholen sich bei jedem Werkstückwechsel. Außerdem sind die Vorrichtungen bei jedem Rüsten herbeizuholen, auf dem Arbeitsplatz zu befestigen und zum Werkzeug einzurichten. Bedienzeit ist Nebenzeit. Vorrichtungen sind deshalb so zu gestalten, daß sie mit möglichst geringem Kraft- und Zeitaufwand bedient werden können.

7.2 Bedienkräfte

Die *Beanspruchung des Bedienenden* ist abhängig von

Größe der aufzuwendenden Kraft,
Länge des Bedienweges,
Zeitdauer der erforderlichen Krafteinwirkung,
Häufigkeit der Betätigung,
Zugänglichkeit des Bedienteiles,
erforderlicher Körperhaltung,
Form und Oberflächenbeschaffenheit des Griffes.

Für die Annahme von *Bedienkraftgrößen* ist zu berücksichtigen, ob mit Fingern, Hand, beiden Händen usw. bedient wird, und ob die Bedienkraft in größeren oder kleineren Zeitabständen auszuüben ist. Bei

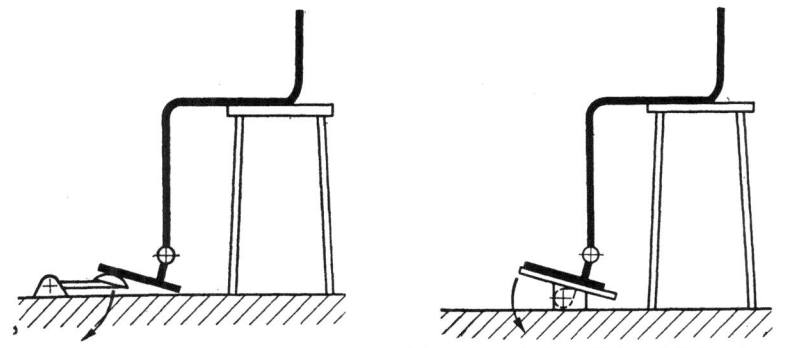

Bild 726. Fußschalter. Fuß und Bein ruhen auf der Ferse. Das Bedienteil wird durch Schwenken des Fußes um die Fersenspitze betätigt.

Bild 727. Fußwippe. Fuß und Bein ruhen auf dem Bedienteil, das durch Schwenken des Fußes im Fußgelenk betätigt wird.

Bild 726. u. 727 (dazu 728 u. 729). *Fußbedienteile*.

gelegentlichen Bedienen kann für kurze Zeit größte Kraft ausgeübt werden. Bei *häufigem* Bedienen sind Bedienkräfte so niedrig anzusetzen, daß diese während der täglichen Arbeitsdauer ohne unzulässige Ermüdung ausgeübt werden können. Die von verschiedenen Bedienenden aufbringbare Kraft ist naturgegeben verschieden groß. Sie ist normalerweise bei männlichen Bedienenden größer als bei weiblichen. Sie ist außerdem größer bei ziehender Bedienbewegung als bei stoßender. Auch spielen Übung und Gewöhnung eine erhebliche Rolle.

Für Einhebelgriffe und Zweihebelgriffe kann bei Einhandbedienung eine mittlere *Bedienkraft* von 1 kg je 20 mm Hebellänge angenommen werden. Die mit der Hebellänge zunehmende Bedienkraft folgert aus der zunehmend größeren Griffläche. Die angegebene Faustformel gilt für Griffe bis etwa 200 mm Hebellänge.

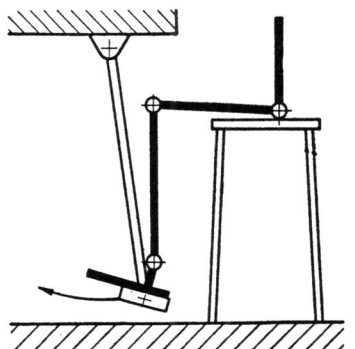

Bild 728. Fußtritt. Fuß und Bein ruhen auf dem Bedienteil, das durch Bewegen von Fuß und Bein betätigt wird.

Bild 726 ··· 729. *Fußbedienteile.*

Bild 729. Fußpendelhebel. Fuß und Bein ruhen auf dem Bedienteil, das über den Fuß durch das im Kniegelenk schwingende Bein betätigt wird. Der Schwingweg des Beines soll nicht größer als etwa 20° sein. Der Pendelhebel ist an der äußeren Seite des Beines anzuordnen, also am rechten Bein rechts, am linken Bein links.

Bei *Fußbedienung* kommen Fußschalter, Fußwippe, Fußtritt und Fußpendelhebel in Betracht (Bild 726 ··· 729).

7.3 Bedienrichtungen

Bedienbewegungen für Schließen und Spannen sind *im Uhrzeigersinn* auszuführen, Bedienbewegungen für Öffnen und Entspannen entgegen dem Uhrzeigersinn. Von dieser Regel sollte nur in Ausnahmefällen abgewichen werden, z. B. wenn ein Griff rechtshändig, ein zweiter Griff linkshändig, und zwar beide Griffe gleichzeitig zu betätigen sind, ist mit dem rechtshändigen Griff im Uhrzeigersinne, hingegen mit dem linkshändigen Griff entgegen dem Uhrzeigersinn zu spannen.

Für Pinolen, Schieber, Schlitten soll die Richtung der Bedienbewegung *sinnfällig* sein. Also durch Linksdrehung oder Linksschwenkung des Bedienteiles, Linksbewegung der Pinole, des Schlittens. Bewegungsrichtungen und Anordnung von Bedienteilen sind außerdem in DIN 1410 festgelegt.

Bedienbewegungen, die nicht in der üblichen Richtung liegen, sind durch Pfeil und Wortangabe, z. B. „Spannen", zu kennzeichnen.

Der *Bedienweg* einarmiger Bediengriffe ist zu *begrenzen*, um unnötig lange Bedienwege zu vermeiden, um den Bediengriff in günstiger Greifstellung zu halten oder Aufschlagen des Griffes zu verhindern.

7.4 Bedienzeiten

Im allgemeinen sind bei Gestaltung von Vorrichtungen möglichst kurze Bedienzeiten anzustreben. Im einzelnen ist der Einfluß der Bedienzeit auf die Stückzeit verschieden groß, je nachdem ob es sich um eine Einstückvorrichtung, Mehrstückvorrichtung, um abwechselndes oder stetiges Bearbeiten handelt.

Beim Arbeiten mit *Einstückvorrichtungen* kommt die Bedienzeit für jedes Werkstück im ganzen Ausmaß zur Anrechnung.

Bei *Mehrstückvorrichtungen* entfällt auf das einzelne Werkstück nur ein Teil der Bedienzeit, entsprechend der Anzahl der jeweils gespannten Werkstücke.

Bei *Wechselvorrichtungen* fällt die Bedienzeit zum größeren Teil mit der Hauptzeit zusammen und nur der restliche Teil erscheint in der Stückzeit, nämlich die Zeit z. B. zum Betätigen des Schwenktisches.

Bei *Stetigvorrichtungen* liegt die Bedienzeit vollständig innerhalb der Hauptzeit und ist dadurch ohne Belang für die Stückzeit. Durch kürzere Bedienzeit kann jedoch der Bedienende für andere Arbeiten frei werden, z. B. für das Bedienen einer zweiten Maschine.

Kurze Bedienzeiten sind um so wichtiger, je größer die *Anzahl der Werkstücke* ist, außerdem je kürzer die *Hauptzeit* ist. Mit zunehmend häufigerem Werkstückwechsel ist der Anteil der Bedienzeit an der Gesamtzeit (Stückzeit) kleiner zu halten.

Sind mit zwei an sich gleichen Bedienteilen Bedienwege von verschiedener Länge zurückzulegen, so sind diese Bedienzeiten keineswegs verhältnisgleich den Weglängen. Denn das Greifen, Beschleunigen, Verzögern und Loslassen von Bedienteilen macht allein etwa drei Viertel der Bedienzeit aus.

7.5 Bedienteile

7.51 Gestaltung und Auswahl von Bedienteilen

Bedienteile sind Gelenk- und Kupplungsteile zwischen Vorrichtung und Bedienendem. Form und Größe sind so zu wählen, daß die erforderliche Kraft ausgeübt werden kann, ohne daß Haut oder Muskeln das Bedienenden überbeansprucht werden. Durch vorzeitige Ermüdung oder noch mehr bei auftretenden Schmerzen sinkt die Leistung des Bedienenden. Zu berücksichtigen sind erforderliche Handkraft und Häufigkeit des Bedienens. Außerdem ist die Einwirkung von Kühlmitteln auf die Haut zu beachten. Aufgeweichte oder durch das Kühlmittel sonstwie angegriffene Hautflächen sind besonders empfindlich.

Die nach Form, Größe und Anwendung richtige *Wahl eines Griffes* setzt Erfahrung voraus. Der Vorrichtungskonstrukteur sollte jede Gelegenheit benutzen, um an Bediengriffen zu probieren. In der Zeichnung erscheinen Griffe größer und massiger, als sie es gegenständlich sind. Häufig erweisen sich Griffdurchmesser als zu klein, selten als zu groß, und ebenso häufig sind Griffhebel zu kurz, kaum einmal zu lang. Zudem können zu lange Hebel nachträglich gekürzt werden.

Meist geht es darum, mit einem bestimmten Bedienteil eine möglichst große Kraftwirkung zu erreichen. In anderen Fällen ist nur eine gewisse Höchstkraft zulässig. Hierfür ist ein Bedienteil zu wählen, durch das bei normalem Kraftaufwand die zulässige Spannkraft nicht überschritten wird. In solchen Fällen darf kein Bedienteil zugelassen werden, mit dem die zulässige Spannkraft überschreitbar ist. Die Annahme, der Bedienende wird schon von sich aus richtig spannen, trifft im allgemeinen nicht zu. In der Regel wird so fest gespannt, als mit dem jeweiligen Bedienteil möglich ist. Ist die mit diesem ausübbare Spannkraft zu groß, wird das Werkstück beschädigt.

Für *ziehende* oder *stoßende* Bedienbewegungen kann die Form des Bedienteiles der bedienenden Hand oder dem bedienenden Fuß angepaßt sein, da deren Stellung zum Bedienteil während der ganzen Dauer des Bedienens im großen und ganzen unverändert bleibt. Wenn jedoch bei *drehenden* Bedienbewegungen ein Nachgreifen erforderlich ist, sind der handgerechten Gestaltung des Bedienteiles Grenzen gezogen.

Grundformen für Bediengriffe sind einarmige, zweiarmige, mehrarmige und kreisrunde Griffe.

Für Bedienung von Hand sind vorzugsweise *genormte* und *handelsübliche* Griffe zu verwenden. DIN 6324 gibt über Bedienteile für Spannzeuge eine Übersicht.

Rändelgriffe (DIN 6302 und DIN 6303) und *Kordelgriffe* sind nur für sehr geringe Spannkräfte geeignet. Die kreisrunde Griffform erfordert eine verhältnismäßig große Anpreßkraft. Durch Rändel und Kordel wird die Haut schon bei geringeren Spannkräften angegriffen. Wenn mit Kordelgriffen von verhältnismäßig kleinem Durchmesser gespannt werden muß, ist die Griffläche besonders lang zu halten, um die Angriffsfläche für die Hand zu vergrößern (Bild 1045).

Kurbellose Handräder (DIN 950 und DIN 951) mit glatter Grifffläche von weniger als 100 m Durchmesser ermöglichen ebenfalls nur geringe Kraftausübung. Durch Rillen am Umfang des Handrades wird den Fingern Halt gegeben und dadurch die erforderliche Anpreßkraft

7.51 Gestaltung und Auswahl von Bedienteilen

herabgesetzt. Die Handkraft wird günstiger ausgenutzt, wenn Finger oder Hand in Speichen des Rades greifen können. Falls der Arm des Bedienenden etwa rechtwinklig zur Achse eines Handrades liegt, z. B. bei Handradanzug an Drehmaschinen, wird der Spannkranz durch Rillen in den beiden Stirnflächen griffgerechter.

Sterngriffe (DIN 6336) und *Kreuzgriffe* (DIN 6335) sind für kleinere und mittlere Spannkräfte geeignet. An Kreuzgriffen kommt zwar ein größerer Teil der Fingerflächen zu direktem Angreifen als an Sterngriffen, jedoch drückt eine Zacke des Kreuzgriffes in die Handfläche. Dadurch kann bei häufiger Bedienung die Bedienleistung durch den Kreuzgriff stärker abfallen als durch den Sterngriff. Für häufiges Betätigen dürfte der Sterngriff dem Kreuzgriff vorzuziehen sein. Für das Fassen mit ganzer Hand sind Stern- und Kreuzgriffe die handgerechteren Griffe die von etwa 70 mm Durchmesser.

An *Zweihebelgriffen* kommen Finger oder Hand ausschließlich zu direktem Angriff. Deshalb wird durch Knebelgriffe (DIN 6304 bis DIN 6307) die Handkraft besser ausgenutzt als bei Griffen mit kreisrunder Grundform. Der Durchmesser von Knebeln soll in keinem Fall kleiner als 5 mm sein. Knebel mit kleinerem Durchmesser wirken schmerzhaft. Für größeren Kraftaufwand und häufigeres Bedienen sind auch Knebeldurchmesser von 10 mm noch zu klein, ist der Flächendruck auf Finger- und Handmuskeln noch zu groß. Knebelenden sind kugelig zu gestalten. Griffblätter für Blattschrauben nach Tafel 14.

Einarmige Griffe von entsprechender Länge ermöglichen eine verhältnismäßig günstige Kraftausnutzung.

Handkurbeln nach DIN 468 und 469 und Handräder nach DIN 950 sind besonders für Spannwege geeignet, die größere Schwenkwinkel, und vor allem für solche, die mehrere Umdrehungen erfordern. Der

Tafel 14. *Griffblätter für Blattschrauben*

Maße in mm

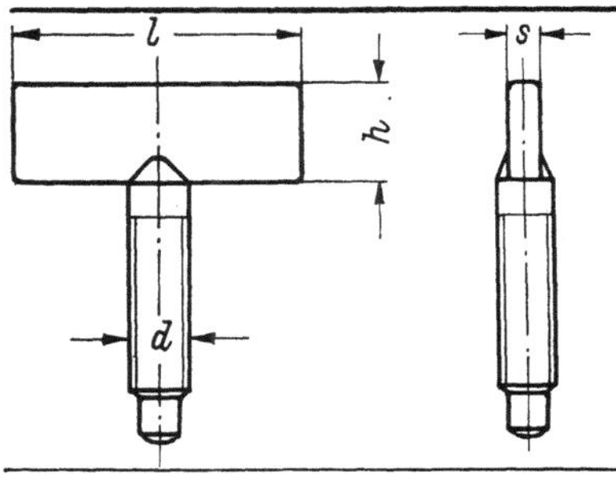

d	M4	M5	M6	M8	M10	M12
h	10	12	12	16	16	20
l	20	25	32	40	50	60
s	3	4	4	5	5	6

Werkstoff: St 34-2 oder St 37-2
Ausführung: Griffblatt mit Gewindestift verschweißt

Kurbelhalbmesser soll hierbei mindestens 70 mm betragen. Bei kleinerem Halbmesser kann eine Kurbel kaum mit Schwung gedreht werden.

Die für die Hand angenehmste Griffform ist die *Kugel*. Sie paßt für jede Hebelstellung sowie für rechte und linke Hand gleich gut. Deshalb sind *Kugelgriffe vorzugsweise* zu verwenden. Genormt sind Kugelgriffe nach DIN 6337 aus Stahl und Kugelknöpfe nach DIN 319 aus Preßstoff, Stahl und Aluminium.

Den Kugelgriffen ähnlich sind *Kegelgriffe* nach DIN 99.

Lose Bedienteile erhöhen die Bedienzeit um die Zeit für das Fassen, Ansetzen und Beiseitelegen des Bedienteiles. Lose Griffe, wie Steckstifte, Steckschlüssel und Schraubenschlüssel, sind nur dann zu verwenden, wenn ein fester Griff ausreichender Länge hinderlich ist. Hinderlich können Griffe beim Einlegen des Werkstückes sein, indem sie an Maschine oder Werkzeug anstoßen oder für die Vorrichtung ungeeignete Baumaße ergeben.

Für das Bedienen mehrerer Spannteile durch Schraubenschlüssel sind gleiche Schlüsselweiten vorzusehen, um ein Auswechseln von Schlüsseln zu vermeiden.

Falls ein Bedienteil mittels *Hammer* betätigt wird, überzeugt sich der Vorrichtungskonstrukteur am besten selbst, welcher Kraftaufwand an der betreffenden Spannstelle nötig ist. Der Verwendung des Hammers wird am wirksamsten durch Vorrichtungen begegnet, die so gestaltet sind, daß sie freiwillig lieber ohne Hammer betätigt werden.

Für den Transport sind schwere Vorrichtungen erforderlichenfalls mit *Tragösen* zu versehen, z. B. mit Ringschrauben DIN 580.

7.52 Anordnung von Bedienteilen

Für die Anordnung von Bedienteilen sind zu beachten:
Gute Greifbarkeit,
kein oder möglichst geringer Standortwechsel für den Bedienenden,
ausreichender Abstand des Bedienteiles von Nachbarteilen,
keine Behinderung für das Einlegen und Herausnehmen des Werkstückes,
Bedienteil außerhalb des Werkzeugbereiches,
Bedienbarkeit des Griffes möglichst bei umlaufendem Werkzeug,
Vermeidung des Anstoßens an der Maschine,
weitgehendes Freihalten von Spänen.

7.53 Befestigung von Bedienteilen

Für geringe Spannkräfte ist der Griff mit dem zu bedienenden Teil durch Treibsitz und quergerichteten Paßstift zu verbinden. Für größere Kräfte kommen in Betracht: Treibsitz und Paßfeder, Treibsitz und achs-

7.54 Einstellbarkeit für Bedienteile

paralleler Paßstift, Vierkant, Sechskant, K-Profil oder Verschweißung. Die Fertigung von Bedienteil und Spannteil in *einem* Stück aus dem Vollen ist nur bei kleinem Unterschied zwischen Spannteil- und Griffdurchmesser vertretbar.

7.54 Einstellbarkeit für Bedienteile

Bei Verwendung einarmiger Bediengriffe ist die Spannstellung häufig innerhalb eines begrenzten Schwenkwinkels anzuordnen, damit der Bediengriff z. B. in einer für den Kraftangriff günstigen Stellung oder außerhalb des Werkzeugweges liegt.

Beim Spannen mehrerer Werkstücke ist für die Spannstellung des Bedienteiles die *Summe der Toleranzen* sämtlicher Werkstücke zu berücksichtigen.

Spannflächen werden unter den zuerst ausgeführten Spannungen am stärksten abgenutzt. Durch jedes Spannen werden die Spannflächen glatter. So kann die Winkelstellung eines mit einer Spannschraube verbundenen Griffes nach den ersten hundert Spannungen um rund 30° in Anzugrichtung verlagert sein, nach weiteren hundert Spannungen hingegen nur um einige weitere Grade.

Eine bestimmte Winkelstellung des Bedienteiles ist durch *Paßarbeit* an der Spannfläche oder durch Einstellbarkeit des Spann- oder des Be-

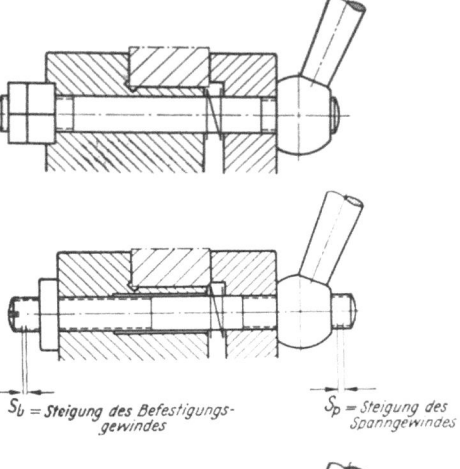

Bild 730. Bediengriff, von 60° zu 60° einstellbar. Einstellen durch Umsetzen der Stiftschraube mit Sechskantmuttern in einer Nut des Vorrichtungskörpers.

Bild 731. Bediengriff durch Differentialgewinde einstellbar. Befestigungs- und Spanngewinde haben verschieden große Steigungen. Durch Drehen der Schraube wird die Stellung des Spanngewindes zum Grundkörper bzw. Spanneisen geändert und damit auch die Winkelstellung des Bedienhebels geändert.

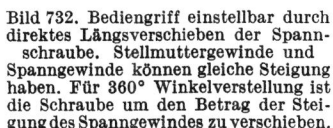

Bild 732. Bediengriff einstellbar durch direktes Längsverschieben der Spannschraube. Stellmuttergewinde und Spanngewinde können gleiche Steigung haben. Für 360° Winkelverstellung ist die Schraube um den Betrag der Steigung des Spanngewindes zu verschieben.

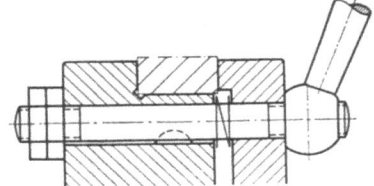

Schreyer, Werkstückspanner, 3. Aufl.

dienteiles erreichbar. Schraubenspanner können durch Nacharbeit an einer hierfür vorzusehenden Unterlegscheibe angepaßt werden. Im allgemeinen ist jedoch zweckmäßig, Spann- bzw. Bedienstellungen *einstellbar* zu halten, namentlich bei größeren Werkstückzahlen, bei denen im Laufe der Zeit mehrere Berichtigungen der Bedienteilstellung nötig werden können. Einstellbarkeit der Bedienstellung wird in der Hauptsache durch Verlagerung der Spannflächen (Bild 730 ··· 732) oder durch Umstecken des Bedienhebels (Bild 733 ··· 742) erreicht.

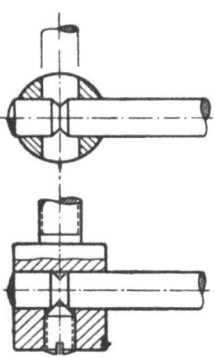

Bild 733. Der Bedienhebel ist um 90° umsteckbar, der Kopf der Spannschraube hierzu kreuzweise durchbohrt.

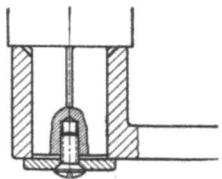

Bild 734. Die Spannkurbel ist auf einem Vierkant umsteckbar und gegen Abziehen durch Scheibe und Schraube gesichert.

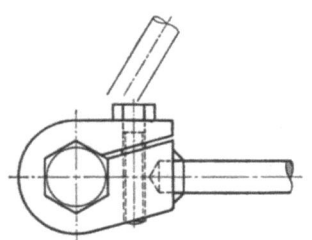

Bild 735. Der Bedienhebel ist auf dem Sechskantkopf einer Schraube umsteckbar und und festgeklemmt.

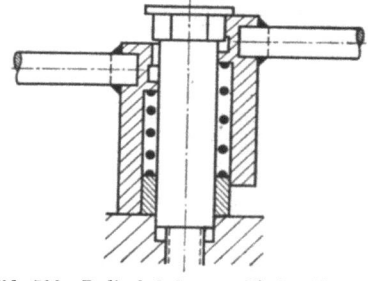

Bild 736. Bedienhebel zum Nachgreifen, von 60° zu 60° umsteckbar. Der Hebel steht unter Federkraft und ist zum Umstecken in Längsrichtung zu verschieben.

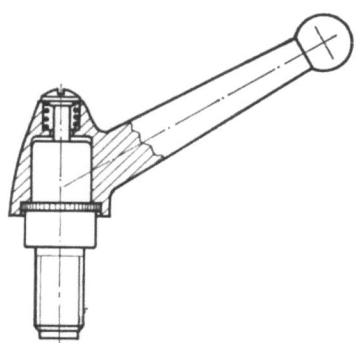

Bild 737. Spannhebel mit Gewindezapfen, mit verhältnismäßig kurzem Griff, handelsüblich als „Klemmhebel", in 4 Größen von M 4 ··· M 20, in Sonderausführung mit glattem Zapfen. Außerdem auch mit Innengewinde von M 4 ··· M 16 oder mit Paßbohrung.

7.54 Einstellbarkeit für Bedienteile

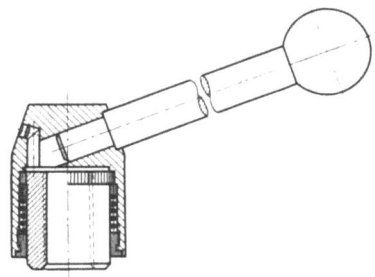 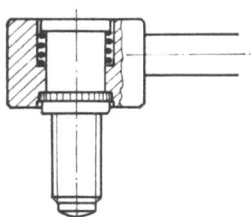

Bild 738. Spannhebel mit Innengewinde, kräftigere Ausführung mit längerem Griff. Handelsüblich in 5 Größen von M 6 ··· M 24, Sonderausführungen mit Paßbohrung, Innenvierkant oder -sechskant; auch mit Gewindezapfen M 6 ··· M 27.

Bild 739. Spannhebel mit besonders niedrigem Kopf und „flach" angeordnetem Spanngriff. Handelsüblich mit Gewindezapfen von M 6 ··· M 20; auch mit Innengewinde von M 6 ··· M 16.

Bild 737 ··· 739. *Spannhebel mit Zahnkupplung (DBGM) mit bis etwa 45 Winkelstellungen. Für den Stellungswechsel ist der Spanngriff entgegen der Federkraft axial zu bewegen bis die Kupplungszähne außer Eingriff sind, danach in die erforderliche Stellung zu schwenken und wieder freizugeben.*

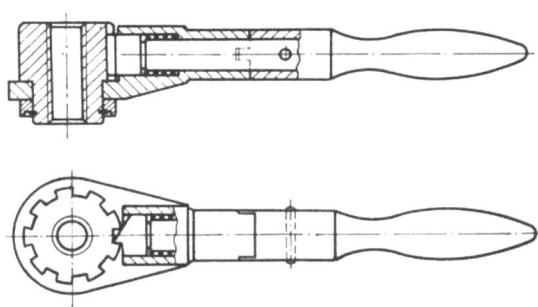

Bild 740. Spannhebel mit Rasten (DBP), mit rückziehbarem Griffteil, mit Ratsche (wie im Bilde) oder mit den Nuten formgleicher Mitnehmernase. Handelsüblich in 8 Größen mit Innengewinde M 12 ··· M 52, mit 7 ··· 14 Rasternuten. Sonderausführungen mit Paßbohrung, mit Innenvierkant oder -sechskant oder mit Vierkantzapfen.

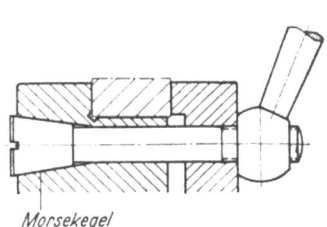 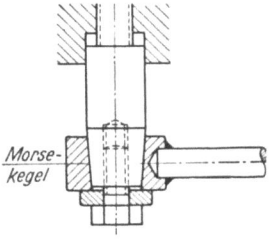

Bild 741. Kegelverbindung zwischen Spannteil und Vorrichtungskörper. Der Bedienhebel ist durch Umsetzen der Schraube auf jede Winkelstellung einstellbar.

Bild 742. Kegelverbindung zwischen Spannteil und Bedienhebel. Der Bedienhebel ist auf jede Winkelstellung einstellbar. Die Spannkraft wird ausschließlich durch Reibung übertragen, wodurch nur geringere Kräfte übertragbar sind als bei fester Verbindung.

8 Vorrichtungen für bestimmte Fertigungsgebiete

8.1 Hobelvorrichtungen

8.11 Richtlinien für die Verwendung von Tischhobelmaschinen

Tischhobelmaschinen dienen in der Regel zur Bearbeitung größerer ebener Flächen. Das sind meist jene an einem Werkstück zuerst bearbeiteten Flächen, die als Ausgangsflächen für die weitere Bearbeitung dienen.

Um die jeweilige Hobelfläche auszunutzen, werden zweckmäßig mehrere Werkstücke gespannt. Sämtliche vorhandenen Supporte sind weitgehend zu verwenden, denn die Arbeitsdauer je Werkstück ist umgekehrt verhältnisgleich der Anzahl der gleichzeitig arbeitenden Werkzeuge. Beispiele für paralleles und rechtwinkliges Bearbeiten ebener Werkstückflächen sind unter Fräsvorrichtungen (Bild 1145 bis 1156) angeführt.

8.12 Schnittkräfte beim Hobeln

Beim Hobeln wirkt die *Hauptschnittkraft H* parallel zur Werkstückauflage (Bild 743). Die durch den Spanwinkel γ entstehende Teilkraft S wirkt entgegen der Richtung Werkstückauflage. Gegen die Werkstückauflage wirkt beim Hobeln die mit der Schneidenstumpfung zunehmende *Rückkraft R*.

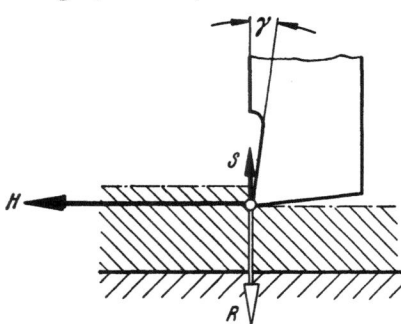

Bild 743. Beim Hobeln auf das Werkstück wirkende Schnittkräfte. H Hauptschnittkraft, S Teilkraft entgegen der Werkstückauflage, R Teilkraft in Richtung Werkstückauflage, γ Spanwinkel.

8.13 Richtlinien für die Gestaltung von Hobelvorrichtungen

Zur Aufnahme der Hauptschnittkraft ist das Werkstück zweckmäßig fest anzulegen (Bild 744 ··· 746). Der abhebenden Teilkraft S ist durch Niederspannen entgegenzuwirken. Um dem Kippmoment möglichst wirksam zu begegnen, ist die Spannkraft möglichst in der Nähe jenes Werkstückendes anzusetzen, an dem das Werkzeug angreift (Bild 744).

Längere, freistehende Teile des Werkstückes sind auf die ablaufende Seite des Werkzeuges zu legen und zu stützen (Bild 745). Auf der Seite, auf der das Werkstück anläuft, würde solch freitragender Werkstückteil durch das Werkzeug angehoben und in Schwingungen gebracht werden.

8.13 Richtlinien für die Gestaltung von Hobelvorrichtungen 229

Wirtschaftliche Spanabnahme und genaues Arbeiten wären dabei beeinträchtigt.

Für Tischhobelmaschinen werden verhältnismäßig wenig Vorrichtungen benötigt, denn die meist größeren Werkstücke fallen im allgemeinen in nur geringerer Stückzahl an und werden in der Regel unmittelbar auf dem Maschinentisch aufgelegt und mittels loser Teile gespannt. Durch Wegnahme der losen Spannteile wird das Eingeben

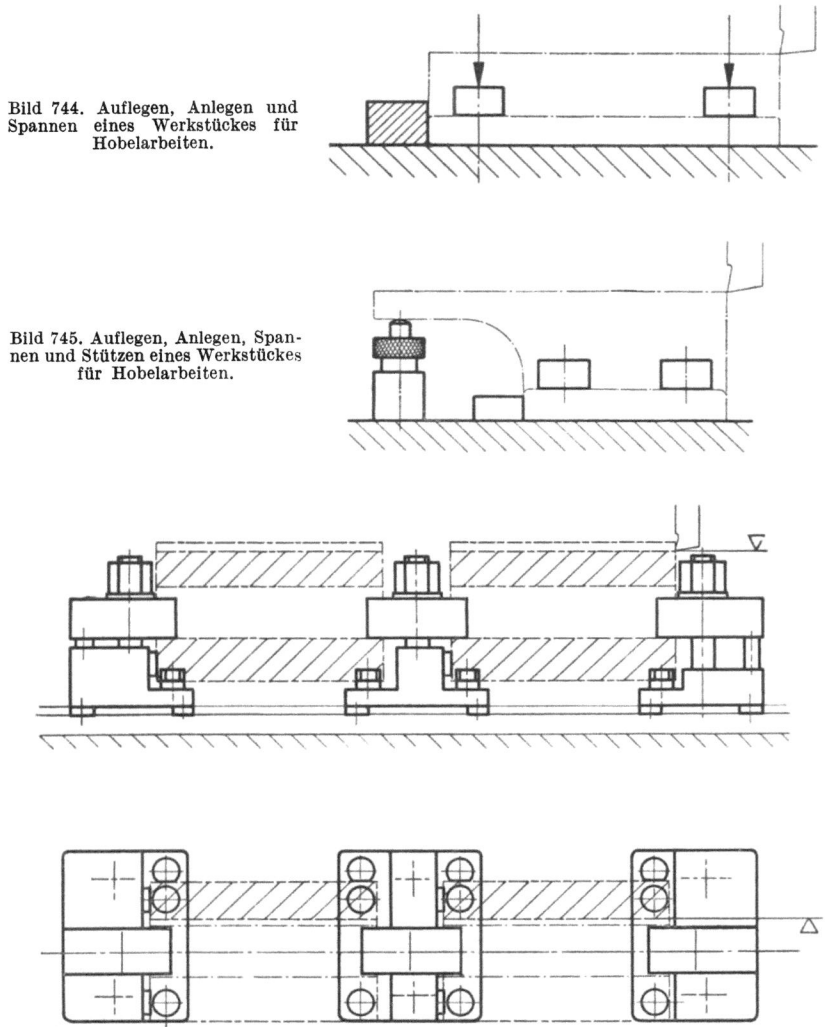

Bild 744. Auflegen, Anlegen und Spannen eines Werkstückes für Hobelarbeiten.

Bild 745. Auflegen, Anlegen, Spannen und Stützen eines Werkstückes für Hobelarbeiten.

Bild 746. Hobelvorrichtung aus Einzelteilen bestehend. Vergleichsweise mit einer Vorrichtung, die aus einem zusammenhängenden Ganzen besteht, liegen die Anschaffungskosten niedriger und ist der Transport der Vorrichtung erleichtert. Bei besonders schweren Vorrichtungen spielt auch deren Gewicht für das Umsteuern der Tischbewegung eine Rolle.

230   8 Vorrichtungen für bestimmte Fertigungsgebiete

und Abheben schwerer Werkstücke erleichtert. Bei größerer Stückzahl werden jedoch die Werkstücke zweckmäßig nicht unmittelbar auf den Maschinentisch, sondern auf Vorrichtungskörper gesetzt, die gehärtet oder mit gehärteten Auflageteilen versehen sind (Bild 746). Hierdurch wird der Maschinentisch geschont.

8.2 Stoßvorrichtungen

8.21 Richtlinien für die Verwendung von Stoßmaschinen

Bei *Waagerechtstoßmaschinen* liegt im Gegensatz zum Hobeln der Maschinentisch fest und die Hauptbewegung wird vom Werkzeugträger ausgeführt.

Senkrechtstoßmaschinen werden in der Mengenfertigung vorzugsweise für die Bearbeitung solcher Flächen in Bohrungen, sonstigen Durchbrüchen oder tiefen Einschnitten verwendet, für die eine Bearbeitung durch Fräsen oder Räumen weniger in Betracht kommt. Ein Bearbeiten durch Fräsen kann ausscheiden, weil die Bearbeitungsfläche für den Fräser nicht zugänglich ist oder wie bei tiefen Einschnitten ein unvertretbar großer Fräser erforderlich wäre. Räumen kann ausscheiden, wenn die Anschaffung von Räumwerkzeugen unwirtschaftlich wäre. In vielen Fällen dient das Stoßen aber auch als Vorarbeit für Räumen. Zur Einsparung von Räumwerkzeugen wird durch Stoßen der größere Teil des Werkstoffes zerspant und danach durch Räumen die Bearbeitungsfläche form- und maßgerecht fertiggestellt.

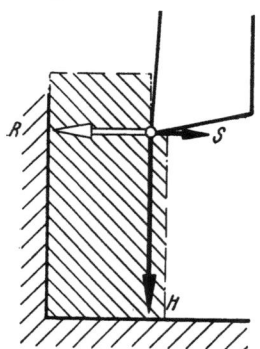

Bild 747. Beim Senkrechtstoßen auf das Werkstück wirkende Schnittkräfte. *H* gegen die Werkstückauflage gerichtete Hauptschnittkraft, *S* entgegen der Werkstückanlage gerichtete Teilkraft, *R* gegen die Werkstückanlage gerichtete Rückkraft.

8.22 Schnittkräfte beim Senkrechtstoßen

Beim Senkrechtstoßen wirkt die *Hauptschnittkraft H* gegen die Werkstück*auflage* (Bild 747). Die durch den Spanwinkel entstehende *Teilkraft S* wirkt von der Werkstückanlage abhebend, die mit der Schneidenstumpfung zunehmende *Rückkraft R* gegen die Anlage.

8.23 Verbindung von Senkrechtstoß-Vorrichtungen mit der Maschine

Die Lage von Stoßvorrichtungen auf der Maschine kann bestimmt werden durch Einmittezapfen, Einmittezapfen und einen Nutenstein oder durch zwei Nutensteine. Zum Befestigen dienen Schrauben und T-Nutensteine.

8.24 Richtlinien für die Gestaltung von Senkrechtstoß-Vorrichtungen

Für das Festhalten des Werkstückes *in Stoßrichtung* genügt eine verhältnismäßig geringe Spannkraft. *Kippmomente* sind möglichst auszuschalten durch entsprechend hohe Werkstückanlage oder entsprechend große Spannkraft in Richtung Auflage.

Für Werkstücke, die durch Hebezeug bewegt werden, ist auf die Möglichkeit des Eingebens besonders zu achten, denn die Arbeitsstellung der Vorrichtung ist senkrecht unter dem Stößel und der Stößelführung. Wenn diese beim Einbringen eines senkrecht am Hebezeug hängenden Werkstückes hinderlich sind, ist der Maschinentisch mit der Vorrichtung aus dem Bereich der hinderlichen Maschinenteile zu bringen oder das Werkstück neben der Vorrichtung abzusetzen und in die Vorrichtung seitlich einzuschieben. In manchen Fällen genügt für das Eingeben aber auch ein entsprechend auskragender Werkstückhalter am Hebezeug.

Bei Bemessung des *Auslaufweges für das Werkzeug* ist die anfallende Spanmenge zu berücksichtigen. Durch Aufstoßen auf zusammengepreßte Späne wird die Werkzeugschneide beschädigt. Deshalb sind

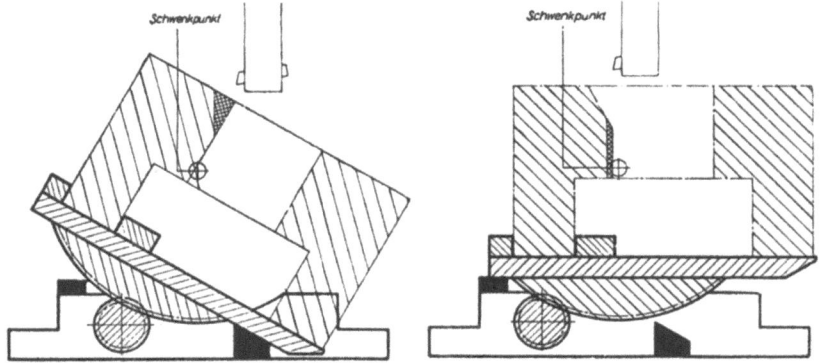

Bild 748. Vorrichtung in der ersten Arbeitsstellung. Bild 749. Vorrichtung in der zweiten Arbeitsstellung.

Bild 748 u. 749. *Schwenkbare Stoßvorrichtung. Das Werkstück ist verhältnismäßig schwer und deshalb die Schwenkzeit erheblich kürzer als die Eingebezeit. Der Schwerpunkt ist so gelegt, daß die Hauptschnittkraft in jeder Endlage der Schwenkstellung gegen eine feste Anlage gerichtet ist.*

von der tiefsten Stellung des Werkzeuges bis zur darunterliegenden Tisch- oder Vorrichtungsfläche je nach Späneanfall mindestens 20 mm Abstand zu halten.

Stoßvorrichtungen sind so zu gestalten, daß das *Werkzeug* möglichst *kurz* und *steif* ausfällt. Mit zunehmender Nachgiebigkeit wird das Stoßwerkzeug von der Sollrichtung abgedrängt, wodurch für die Bearbeitungsfläche Winkelfehler entstehen. In Sonderfällen ist das Stoßwerkzeug in der Vorrichtung zu führen.

Das Werkstück muß möglichst *bei eingespanntem Werkzeug* in die Vorrichtung eingelegt werden können.

Bei Anordnung des Werkstückes in der Vorrichtung ist die Richtung zu beachten, in der das Werkzeug beim Stößelrückgang von der Bearbeitungsfläche abgehoben wird.

Besondere *Leistungssteigerung* beim Senkrechtstoßen ist möglich durch

- Anordnung mehrerer Werkstücke in Stoßrichtung hintereinander (Tafel 10, S. 142),
- Schwenkvorrichtung für dasselbe Werkstück (Bild 748 u. 749),
- Schwenkvorrichtung für mehrere Werkstücke,
- Anordnung mehrerer Werkstücke nebeneinander unter Verwendung eines Mehrfachstahlhalters.

Der Aufbau von Stoßvorrichtungen für Nachformarbeiten entspricht dem Aufbau von Nachformfräsvorrichtungen (z. B. nach Bild 1210).

8.3 Räumvorrichtungen

8.31 Anwendung des Räumens

Das Räumen dient vorzugsweise für die Fertigung von Innenformen, außerdem in der Hauptsache an Stelle des Formfräsens, zur Fertigung von Außenformen. In Sonderfällen werden auch zylindrische Bohrungen und ebene Außenflächen geräumt. Beim Durchziehen von Glättwerkzeugen werden Oberflächen geglättet und verdichtet.

Die Lage einer geräumten Fläche zu ihrer Bezugsfläche ist in der Hauptsache davon abhängig, ob das Räumwerkzeug im Werkstück oder in der Vorrichtung geführt wird. Sie ist außerdem abhängig von

- Form des Räumquerschnittes,
- Auswirkung des Räumwerkzeuggewichtes,
- Anzahl der Schneidzähne des Räumwerkzeuges,
- Schärfe der Werkzeugschneiden,
- Festigkeit und Zerspanbarkeit des zu räumenden Werkstoffes,
- Steifigkeit der den Räumquerschnitt umgebenden Werkstückteile,
- Auswirkung des Kühl- und Schmiermittels.

Beim Aufstellen von Fertigungsplänen für zu räumende Werkstücke ist zu beachten, welche Lagegenauigkeit für die Räumfläche gefordert wird. Für genauere Lage ist im allgemeinen erst zu räumen und dann von der geräumten Fläche aus durch andere Arbeitsverfahren weiterzuarbeiten. Wenn Genaulage gefordert wird, das Werkstück aber erst nach Fertigstellung der Maßbezugsfläche geräumt werden kann, ist das Räumwerkzeug möglichst in der Vorrichtung zu führen.

8.32 Schnittkräfte beim Räumen

Beim Räumen wirkt die *Hauptschnittkraft* H (Bild 750) gegen die Werkstückauflage ebenso wie beim Stoßen. Zu berücksichtigen sind außerdem die durch den Spanwinkel entstehende *Teilkraft* S sowie *Rückkraft* oder Abdrängkraft R.

Die Rückkraft R ist im Mittel etwa gleich der halben Hauptkraft und kann durch Abstumpfung der Schneiden bis zur Größe der Hauptkraft anwachsen. Beim Einführen des Schneidenteiles des Räumwerkzeuges nehmen die Kräfte mit jedem Zahn zu und erreichen ihren Höchstwert, wenn die Größtzahl der Zähne im Eingriff steht. Die Kräfte wechseln mit der Anzahl der jeweils im Eingriff stehenden Zähne.

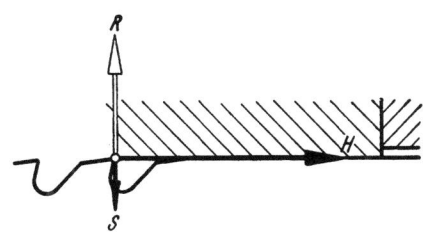

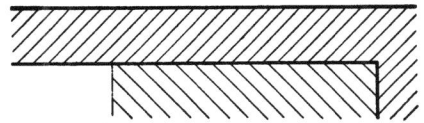

Bild 750. Schnittkäfte beim Räumen. H gegen die Werkstückanlage (bzw. -auflage) gerichtete Hauptkraft, S gegen die Werkzeugführung gerichtete Teilkraft, R gegen die Bearbeitungsfläche gerichtete Rückkraft.

8.33 Verbindung von Räumvorrichtungen mit der Maschine

Mit der Maschine werden Räumvorrichtungen verbunden durch

Aufnahme in Kegelbohrung,
Aufnahme in Zylinderbohrung unter Klemmspannung,
Einmitten durch zylindrischen Ansatz und Spannen durch Schrauben,
Bestimmen nach ebener Tischfläche und durch Nutenstein, Spannen durch Schrauben.

8.34 Richtlinien für die Gestaltung von Räumvorrichtungen

Räumvorrichtungen sind meist verhältnismäßig einfach. Zur Aufnahme der Hauptschnittkraft ist das Werkstück gegen eine feste Anlage zu legen. Diese Anlagefläche ist so nahe neben den Räumflächen anzuordnen, daß das Werkstück während des Räumens in Räumrichtung nicht durchgebogen wird (Bild 751 u. 752).

Werkstücke, die beim Räumen in Schwingungen geraten können, sind zu spannen.

Dünnwandige Werkstücke, die beim Räumen senkrecht zur Räumrichtung verformt werden können, sind senkrecht zur Räumrichtung zu spannen (Bild 753).

Wenn die Führung des Räumwerkzeuges durch das Werkstück allein (Bild 754) nicht ausreicht, ist das Werkzeug zu stützen, auf Seite des

8 Vorrichtungen für bestimmte Fertigungsgebiete

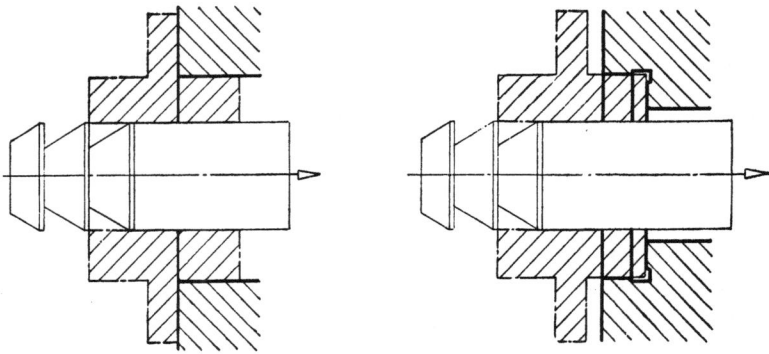

Bild 751. Das Werkstück liegt in der Vorrichtung mit dem Flansch an. Dieser federt beim Räumen durch und nach dem Zurückfedern entspricht der geräumte Durchbruch nicht den Sollwerten. Außerdem wird das Räumwerkzeug zusätzlich beansprucht.

Bild 752. Das Werkstück liegt in der Vorrichtung an einer Stirnseite der Nabe an und federt deshalb nicht durch. Damit werden die mit einer Werkstückverformung verbundenen, nebenstehend genannten Nachteile vermieden.

Bild 751 u. 752. *Werkstückanlage beim Räumen.*

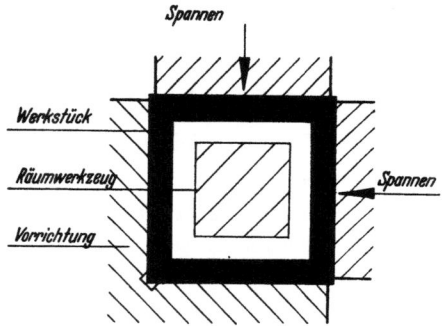

Bild 753. Das dünnwandige Werkstück ist allseitig gespannt. Werden dünne Wände nicht abgestützt, geben sie beim Räumen nach und federn nach dem Durchgang des Räumwerkzeuges wieder zurück. Dadurch entstehen Form- und Maßfehler.

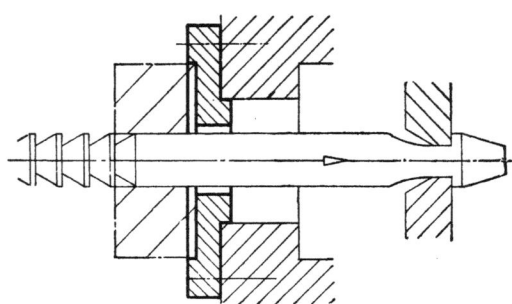

Bild 754. Das Werkstück ist an der Außenfläche aufgenommen und nicht gespannt. Das Räumwerkzeug ist im Werkstück geführt.

8.34 Richtlinien für die Gestaltung von Räumvorrichtungen

Ziehschlittens durch Buchse (Bild 755) oder am Werkzeugende durch einen Bock (Bild 756).

Führungsflächen für das Werkzeug sind so weit über die Räumfläche des Werkstückes herauszuführen, daß das Räumwerkzeug bereits bei Räumbeginn ausreichend unterstützt und nicht abgedrängt wird (Bild 757 u. 758).

Bei Waagerechträummaschinen ist darauf zu achten, daß die Schneiden einseitig verzahnter Räumwerkzeuge nach oben liegen. Wenn die Zähne nach unten gerichtet sind, besteht die Gefahr, daß das Räumwerkzeug durch sein Gewicht in die Bearbeitungsfläche hineingedrückt

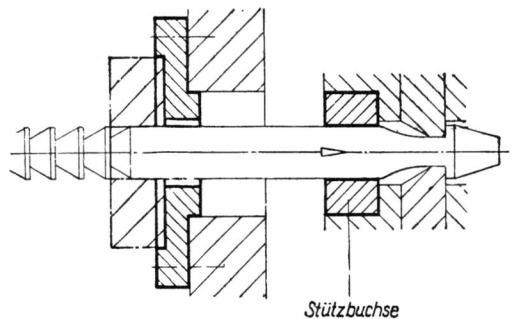

Bild 755. Räumwerkzeug ist im Werkstück nur verhältnismäßig kurz geführt und deshalb durch Buchse im Ziehschlitten gestützt.

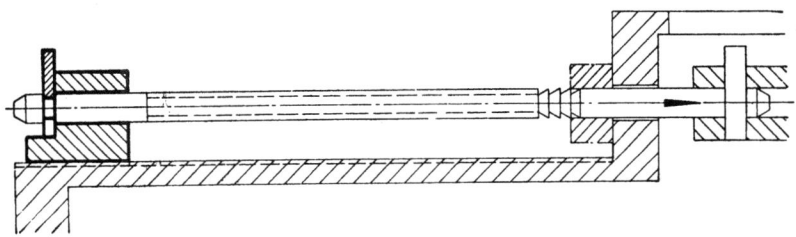

Bild 756. Stützung des Räumwerkzeuges durch Bock. Sobald dieser Führungsbock in die Nähe des Werkstückes herangezogen ist, wird seine Verbindung mit dem Werkzeug zweckmäßig selbsttätig gelöst.

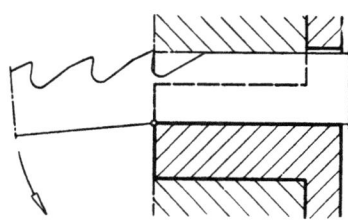 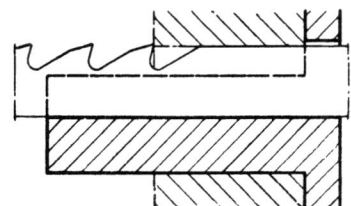

Bild 757. Das Räumwerkzeug ist ungenügend gestützt. Die Führung schneidet mit der Stirnfläche des Werkstückes ab. Das Werkzeug wird in Pfeilrichtung abgebogen.

Bild 758. Die Führung für das Räumwerkzeug ragt über das Werkstück hinaus, um das Räumwerkzeug bereits bei Beginn des Räumens zu stützen.

Bild 757 u. 758. *Abstützung des Räumwerkzeuges.*

236   8 Vorrichtungen für bestimmte Fertigungsgebiete

wird (Bild 759). Folgen hiervon sind Richtungs- und Lagefehler für die geräumte Fläche und ungünstige Beanspruchung des Räumwerkzeuges.

Für die Einhaltung eines genauen Abstandes von der Bezugsfläche ist das Räumwerkzeug in der Vorrichtung zu führen (Bild 760 ··· 762).

Bei Verwendung mehrerer Räumwerkzeuge ist die Räumfolge zu beachten (Bild 763 ··· 768).

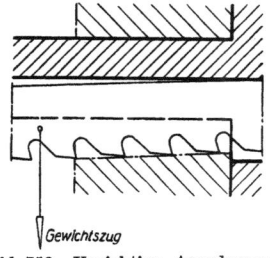

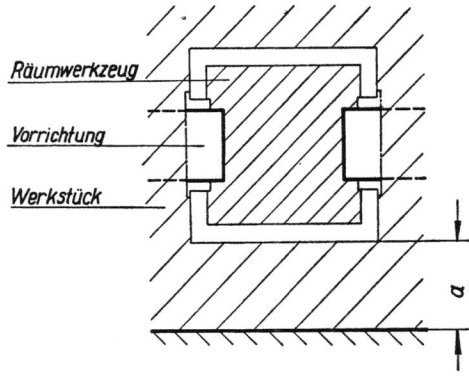

Bild 759. Unrichtige Anordnung des Räumwerkzeuges. Durch die unten liegenden Zähne arbeitet sich das Räumwerkzeug unter seinem Gewicht in das Werkstück ein.

Bild 760. Das Werkzeug zum Innenräumen ist in der Vorrichtung geführt, wodurch der Abstand a sicher eingehalten wird.

Zum Lösen von Werkstücken, die auf Keil oder Kegel aufgenommen werden, sind Abdrückmutter oder Auswerfer vorzusehen (Bild 769).

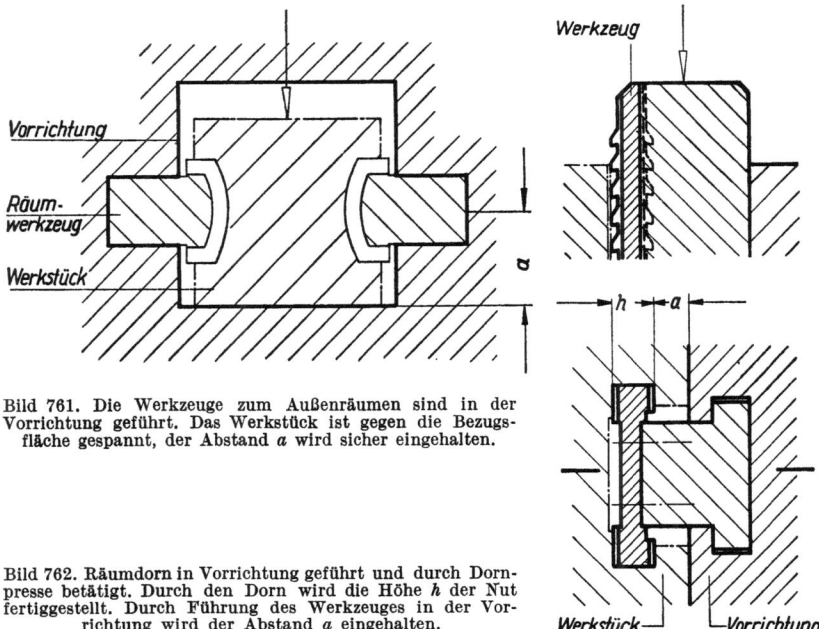

Bild 761. Die Werkzeuge zum Außenräumen sind in der Vorrichtung geführt. Das Werkstück ist gegen die Bezugsfläche gespannt, der Abstand a wird sicher eingehalten.

Bild 762. Räumdorn in Vorrichtung geführt und durch Dornpresse betätigt. Durch den Dorn wird die Höhe h der Nut fertiggestellt. Durch Führung des Werkzeuges in der Vorrichtung wird der Abstand a eingehalten.

8.34 Richtlinien für die Gestaltung von Räumvorrichtungen

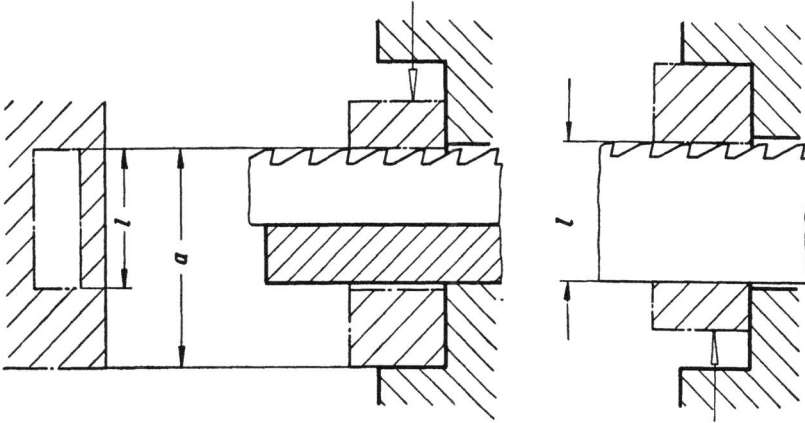

Bild 763. Der zu räumende Durchbruch.

Bild 764. Räumen der Fläche mit Abstand a. Das Werkstück ist gegen die Bezugsfläche gespannt, das Werkzeug in der Vorrichtung geführt.

Bild 765. Räumen des Durchbruches auf Länge l. Das Werkzeug ist im Werkstück durch die im ersten Arbeitsgang geräumte Fläche geführt.

Bild 763 ··· 765. *Räumen eines Durchbruchs von Länge l unter Abstand a. Innere und äußere Bezugsfläche liegen nach derselben Seite.*

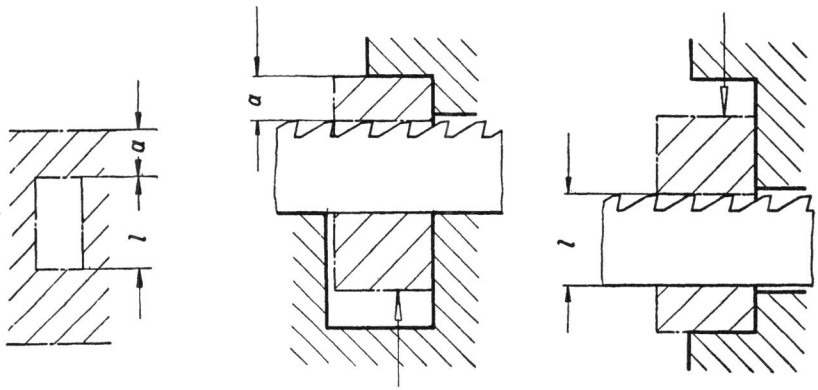

Bild 766. Der zu räumende Durchbruch.

Bild 767. Räumen der Fläche mit Abstand a. Das Werkstück wird gegen die Bezugsfläche gespannt, das Werkzeug in der Vorrichtung geführt.

Bild 768. Räumen des Durchbruches auf Länge l. Das Werkzeug ist im Werkstück durch die im ersten Arbeitsgang geräumte Fläche geführt.

Bild 766 ··· 768. *Räumen eines Durchbruchs von Länge l und Abstand a. Innere und äußere Bezugsfläche liegen einander zugekehrt.*

Gegebenenfalls ist die Räumvorrichtung so zu gestalten, daß sie für mehrere ähnliche Werkstücke verwendbar ist (Bild 770).

Durch Verwendung von Zwischenlagen (Bild 771) oder durch verstellbare Werkstückaufnahme (Bild 772) können mit demselben Werkzeug verschieden tiefe Nuten geräumt werden.

Mittels Einlagen oder entsprechend gestalteter Aufnahmeteile kann das Räumwerkzeug in unparallelen Durchbrüchen des Werkstückes parallele Führung erhalten (Bild 773).

Durch Teilverfahren kann beim Räumen an Werkzeugkosten gespart werden (Bild 774 u. 775). Haupt- und Nebenzeit sind für mehrmaliges Räumen jedoch mehrfach so hoch wie bei Verwendung eines Werkzeuges, mit dem die ganze Form in nur einem Zuge geräumt wird.

Zum Räumen schraubenförmiger Nuten ist das Werkstück auf drehbare Aufnahme zu setzen (Bild 776). Bei größerem Steigungs-

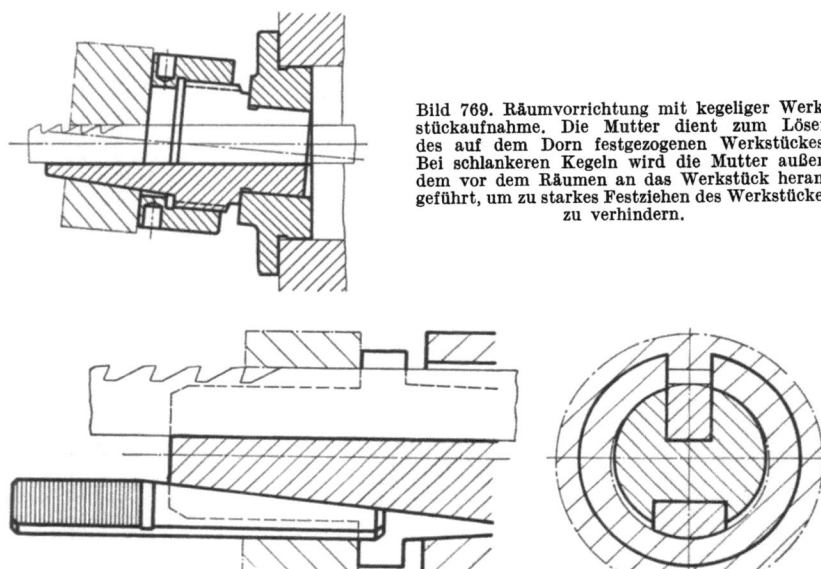

Bild 769. Räumvorrichtung mit kegeliger Werkstückaufnahme. Die Mutter dient zum Lösen des auf dem Dorn festgezogenen Werkstückes. Bei schlankeren Kegeln wird die Mutter außerdem vor dem Räumen an das Werkstück herangeführt, um zu starkes Festziehen des Werkstückes zu verhindern.

Bild 770. Räumvorrichtung für Werkstücke mit verschieden großer Aufnahmebohrung, jedoch gleicher Größe der zu räumenden Nut. Die verschiedenen Werkstücke werden durch Keil festgelegt

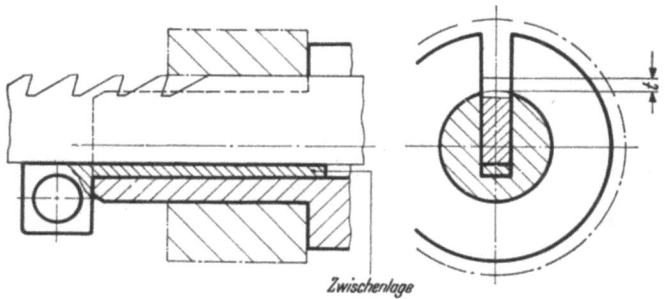

Bild 771. Zwischenlagen zum Räumen von Nuten verschiedener Tiefe und zum Ausgleich der Abnutzung des Werkzeuges.

winkel wird das Werkstück unter der Seitenkraft der schraubenförmig angeordneten Schneidzähne in Drehung versetzt. Bei kleinerem Steigungswinkel ist der Werkstückträger durch die Maschine anzutreiben.

8.34 Richtlinien für die Gestaltung von Räumvorrichtungen 239

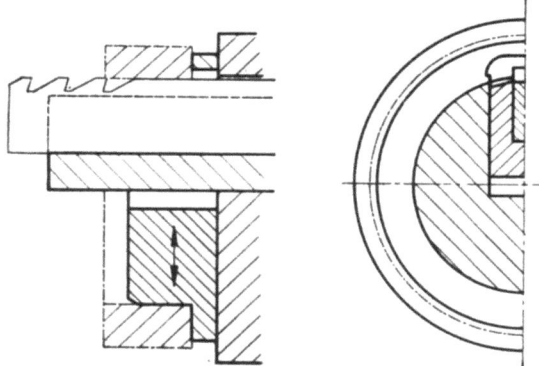

Bild 772. Verstellbare Werkstückaufnahme in der Vorrichtung. Hierdurch können mit demselben Werkzeug verschieden tiefe Nuten geräumt und kann Abnutzung am Werkzeug ausgeglichen werden.

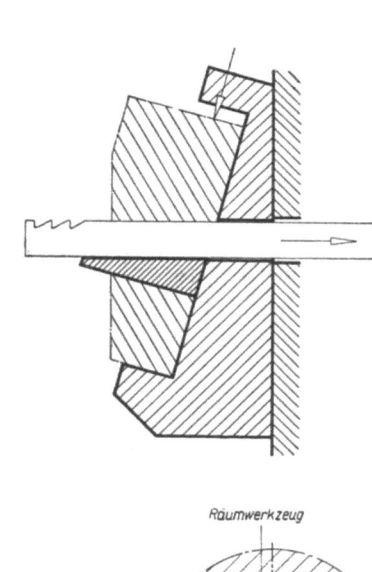

Bild 773. Durch keilförmigen Einlegeteil ist eine zur Räumfläche parallele Werkzeugführungsfläche gebildet.

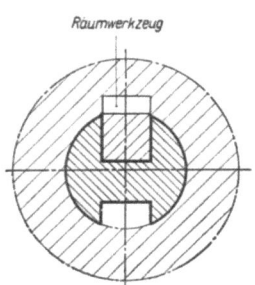

Bild 774. Räumen der ersten Nut.

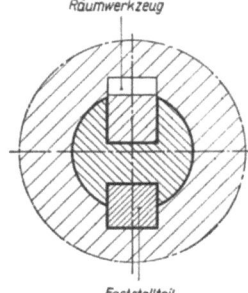

Bild 775. Räumen der zweiten Nut. Das Werkstück wird nach dem Schwenken durch Paßfeder festgelegt.

Bild 774 u. 775. *Räumen zweier Nuten im Teilverfahren.*

Für die Spänebeseitigung ist die Vorrichtung ausreichend zugänglich zu halten.

Der Abnutzung der Räumnadel ist Rechnung zu tragen durch Unterlagen (Bild 771),
verstellbare Werkzeugführung,
verstellbare Werkstückaufnahme (Bild 772).

Bei Räumarbeiten kann die *Leistung* im besonderen *gesteigert* werden durch

Hintereinanderlegen mehrerer Werkstücke,
gleichzeitiges Räumen mehrerer nebeneinanderliegender Werkstücke, unter Verwendung eines Halters für mehrere Werkzeuge,
abwechselndes Arbeiten mit Schwenktisch.

Die Kleinstzahl der hintereinander zu legenden Werkstücke wird in der Hauptsache durch die Zahnteilung des Räumwerkzeuges bestimmt.

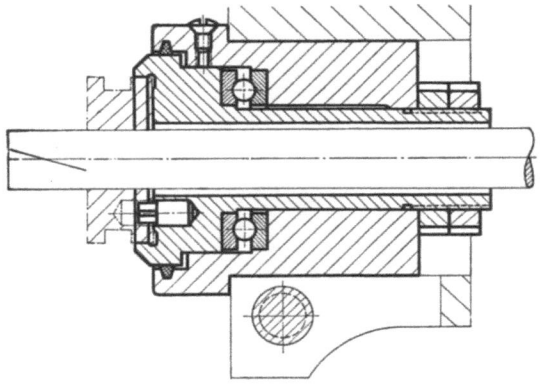

Bild 776. Räumvorrichtung für schraubenförmige Nuten mit großem Steigungswinkel. Das Werkstück wird durch das Räumwerkzeug entsprechend der Schraubensteigung in Drehung gebracht.

Sie muß eine Räumlänge ergeben, die größer ist als die Zahnteilung. Wenn die Räumlänge kürzer als eine Zahnteilung wäre, würde das Räumwerkzeug mit einer Zahnlücke auf das Werkstück zu liegen kommen und beim Weiterziehen zu Bruch gehen.

8.4 Drehvorrichtungen

8.41 Schnittkräfte beim Drehen

Beim Drehen wirken auf das Werkstück Hauptschnittkraft H, Vorschubkraft V und Rückkraft R (Bild 777 u. 778).

Die *Hauptschnittkraft* H wirkt am Halbmesser r drehend. Das Drehmoment $H \times r$ ist durch Mitnahmekraft aufzunehmen.

8.42 Anordnung von Drehteilen und Drehvorrichtungen in der Maschine 241

Die *Vorschubkraft* V wirkt in der Hauptsache schiebend. Diese Schiebekraft ist durch feste Anlage oder durch Reibkraft aufzunehmen.

Biegend und kippend wirken im Abstand l folgende Kräfte. Beim *Langdrehen* (Bild 777) vor allem Rückkraft R und in geringerem Maße Hauptkraft H. Beim *Plandrehen* (Bild 778) Vorschubkraft V und ebenfalls Hauptkraft H. Gegen Kippen sind die Spannflächen in Achsrichtung entsprechend lang zu halten. Unzulässig nachgebende Werkstücke sind durch Reitstockspitze oder Setzstock zu stützen.

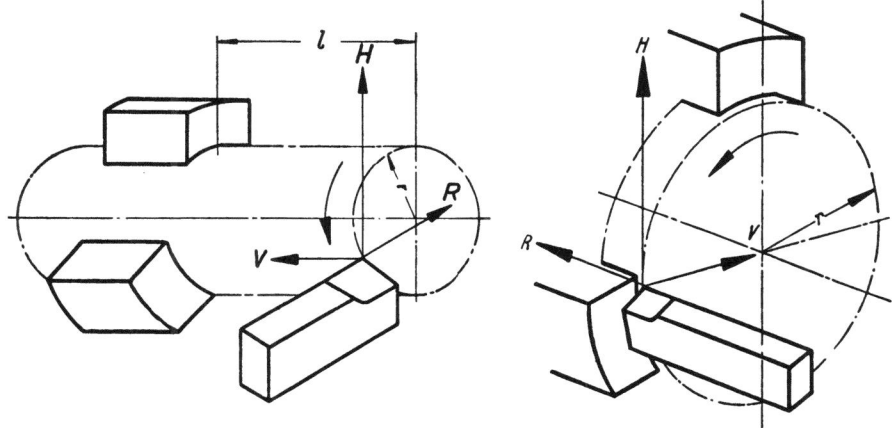

Bild 777. Auf das Werkstück wirkende Schnittkräfte beim Längsdrehen.
H Hauptschnittkraft, V Vorschubkraft, R Rückkraft, r Halbmesser für das Drehmoment, l freitragende Länge.

Bild 778. Auf das Werkstück wirkende Schnittkräfte beim Plandrehen.
H Hauptschnittkraft, V Vorschubkraft, R Rückkraft, r Halbmesser für das Drehmoment.

8.42 Anordnung von Drehteilen und Drehvorrichtungen in der Maschine

Drehteile werden in Drehmaschinen aufgenommen
zwischen Zentrierspitzen (Bild 779),
auf Dorn oder im Futter (Bild 780) freitragend („fliegend"),
auf der Spindelstockseite auf Dorn oder im Futter und gestützt durch Reitstockspitze (Bild 781), einen oder mehrere Setzstöcke (Bild 782···785).

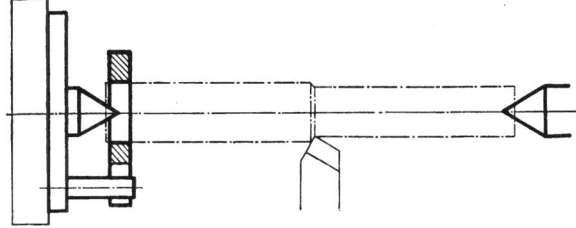

Bild 779. Ein zwischen Zentrierspitzen aufgenommenes Werkstück entspricht einem frei aufliegenden Balken. Bei Aufnahme zwischen Spitzen wird die Achslage genauer bestimmt, als bei Aufnahme im Futter. Mögliche Schnittkraftaufnahme und Zerspanungsleistung sind hingegen geringer.

Vorrichtungen werden zwischen Zentrierspitzen oder vom Spindelkopf innen oder außen aufgenommen, gestützt durch Reitstockspitze oder einen oder mehrere Setzstöcke.

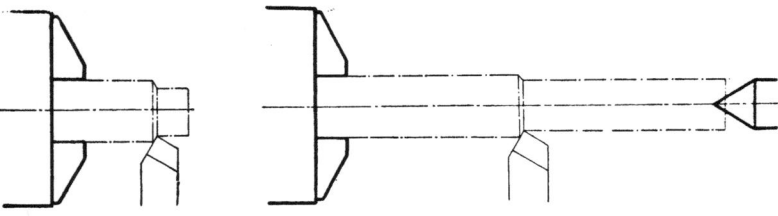

Bild 780. Ein im Futter freitragend aufgenommenes Werkstück entspricht einem fest eingespannten Balken. Durch die feste Verbindung mit der Arbeitsspindel wird die Arbeitskraft sicher übertragen, wodurch höhere Zerspanungsleistungen möglich sind als bei Aufnahme zwischen Zentrierspitzen.

Bild 781. Ein auf der Antriebsseite im Futter gespanntes und am freien Ende durch Zentrierspitzen oder Setzstock gestütztes Werkstück entspricht einem Balken, der auf einer Seite fest eingespannt ist und am anderen Ende frei aufliegt.

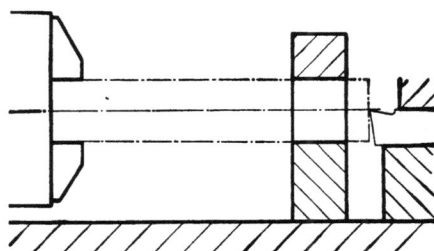

Bild 782. Abstützung eines freitragend gespannten Werkstückes durch feststehenden Setzstock.

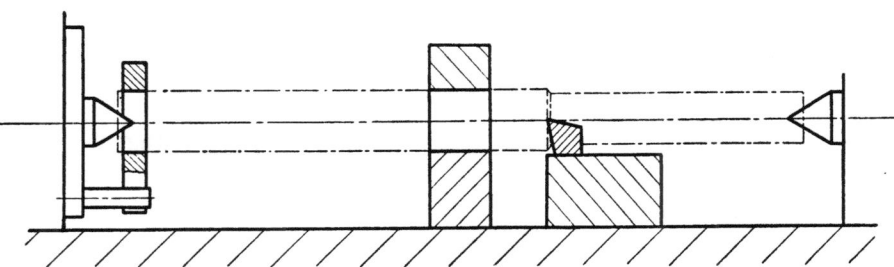

Bild 783. Abstützung eines zwischen Zentrierspitzen aufgenommenen Werkstückes durch feststehenden Setzstock.

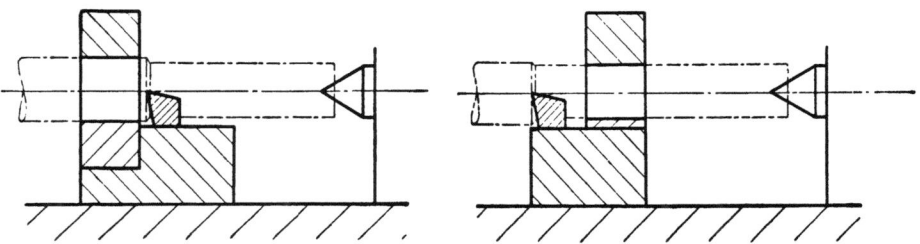

Bild 784. Setzstock ist, in Vorschubrichtung gesehen, vor der Werkzeugschneide angesetzt.

Bild 785. Setzstock ist, in Vorschubrichtung gesehen, hinter der Werkzeugschneide angesetzt.

Bild 784 u. 785. *Abstützung des Werkstückes durch mitgehenden Setzstock.*

8.43 Drehmaschinen-Spindelköpfe

8.431 Spindelkopf-Bohrungen

Zylindrische Spindelbohrung in Revolverdrehmaschinen und Drehautomaten, zur Aufnahme von Spannzangen für Druckspannung (Bild 594 u. 595).

Morsekegel und *Metrischer Kegel* in Spitzendrehmaschinen, zur Aufnahme von Zentrierspitzen, Spanndornen und Spannfuttern mit Kegelschaft.

Zylindrische Spindelbohrung *mit Kurzkegel* in kleineren Spitzendrehmaschinen, sog. Mechanikerdrehmaschinen, geeignet zur Aufnahme von Spannzangen für Zugspannung (Bild 596).

8.432 Spindelkopf-Außenformen

Als Anschlußformen zum Bestimmen der Lage von Vorrichtungen (Spannfuttern) an Drehmaschinen-Spindelköpfen kommen in Betracht

langer Zylinder und kleinere Planfläche (Bild 786),
kurzer Zylinder und größere Planfläche (Bild 787),
langer Kegel ohne Planfläche (Bild 788),
kurzer Kegel und größere Planfläche (Bild 789).

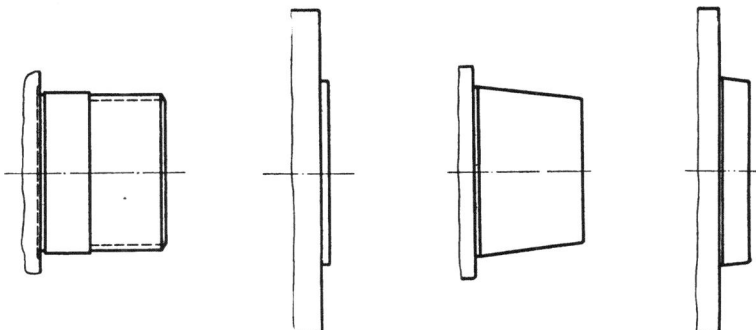

Bild 786. Langer Zylinder und kleine Planfläche (Spindelkopf mit Gewinde DIN 800).

Bild 787. Kurzer Zylinder und große Planfläche.

Bild 788. Langer Kegel. (Amerikanische Langkegel-Spindelnase ASA L).

Bild 789. Kurzer Kegel und große Planfläche. (Spindelkopf mit Zentrierkegel u. Flansch DIN 812, DIN 55021 u. 55022).

Bild 786 ··· 789. *Anschlußformen von Spindelköpfen für Drehmaschinen.*

Zylindrische Anschlußform hat als *Vorteile* einfaches Prüfen und Prüfungsmöglichkeit unter Verwendung handelsüblicher Lehren. *Nachteile* der zylindrischen Anschlußform sind:

Größeres Passungsspiel,
  größere Abnutzung der Paßflächen durch Futterwechsel,
    bei kurzem Zylinder kaum vermeidbares Verkanten beim Aufsetzen und Abnehmen der Vorrichtung,

16*

durch Verkanten Beschädigung der Paßflächen,
verhältnismäßig schwierige Instandsetzung abgenutzter oder beschädigter Paßflächen, z. B. durch Aufchromen oder durch Aufsetzen eines Paßringes.

Für Spindelköpfe mit Zylinder und Gewinde kommen hierzu der Vorteil eines schnellen Futterwechsels und folgende Nachteile:

Plananlage an kleinem Durchmesser,
Plananlage an schmaler Ringfläche,
verhältnismäßig großer Abstand zwischen Werkstückspannstelle und Spindellager (Überhang),
Gefahr, daß beim Stillsetzen der Maschine oder bei Drehrichtungswechsel das Futter abläuft,
gewaltsames Lösen des Futters bei übermäßigem Festschrauben,
durch gewaltsames Lösen Beeinträchtigung der Güte von Futter und Spindellagerung.

Kegelige Anschlußform hat als *Vorteile*

spielfreies Einmitten,
leichtes Aufbringen und Lösen der Futter, vorausgesetzt, daß hierfür der Kegelwinkel genügend groß ist,
geringe Abnutzung der Paßflächen,
wenig Instandsetzungsarbeiten,
Instandsetzung durch geringe Nacharbeit,
dadurch nur geringe Schwächung des Spindelkopfes.

Nachteile sind:

Schwierige Fertigung der Paßflächen,
schwieriges Prüfen der Paßflächen,
höhere Anschaffungskosten für Prüflehren.

Planfläche (mit größerem Durchmesser) *als Anschlußform* hat als *Vorteile*:

hohe Stirnlaufgenauigkeit,
geringes Nachgeben unter der Schnittkraft und dadurch hohe Zerspanungsleistungen,
geringen Überhang.

Kegel und Planfläche als Verbundform vereinigen die Eigenheiten beider Anschlußformen. Durch den Kegel wird die *Rundlaufgenauigkeit*, durch die Plananlage die *Stirnlauf*genauigkeit der Vorrichtung bestimmt.

Die für solche Verbundform erforderliche Herstellungsgenauigkeit liegt jedoch besonders hoch, da sowohl Kegel wie Planfläche in Achsrichtung bestimmen. Bei Übermaß in den Kegelflächen bleibt zwischen

8.44 Richtlinien für die Gestaltung von Drehvorrichtungen

den Planflächen ein Spalt (Bild 790). Bei aufeinanderliegenden Planflächen kann zwischen den Kegelflächen Spiel vorhanden sein (Bild 791).
Die Befestigung für Anschlußformen mit Kegel und Planfläche verhütet Ablaufen des Futters, erfordert aber etwas mehr Zeit für den Futterwechsel als Befestigung auf einem Spindelkopf mit (nur einem) Gewinde. Für schnelleren Futterwechsel wurden Bajonettbefestigung (Bild 819) und Exzenterspanner (Bild 820) entwickelt.

Spindelköpfe mit Gewinde nach DIN 800 werden bei der Gestaltung neuer Drehmaschinen vorzugsweise nurmehr für kleinere Maschinen („Mechanikerdrehmaschinen") verwendet werden.

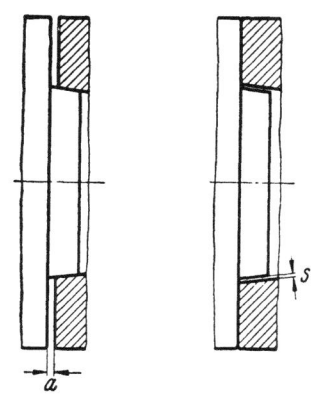

Bild 790. Übermaß zwischen Spindelkegel und Futterkegel. Anzug in Achsrichtung um den Betrag a.

Bild 791. Spiel s zwischen Spindelkegel und Futterkegel.

Spindelköpfe mit Zentrierkegel und Flansch nach DIN 812 sind zu ersetzen durch solche nach DIN 55021 (Bild 792 u. 793) und nach DIN 55022 (Bild 794) für Bajonettscheibenbefestigung.

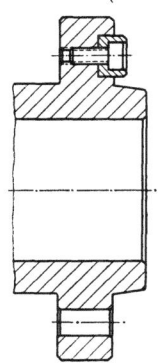 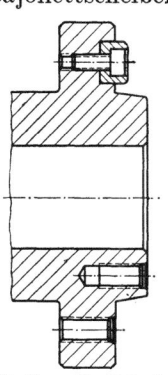 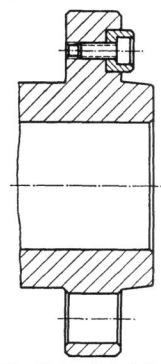

Bild 792. Form A, Befestigungslöcher im Flansch. Gewindelöcher *und* Durchgangslöcher.

Bild 793. Form B, Befestigungslöcher im Flansch und innerhalb des Zentrierkegels. Im Flansch Gewinde- *und* Durchgangslöcher.

Bild 794. Spindelkopf DIN 55022 mit Zentrierkegel und Flansch, für Bajonettscheibenbefestigung. 6 Größen mit 53,985 ··· 196,885 mm Kegeldurchmesser.

Bild 792 u. 793. *Spindelköpfe DIN 55021 mit Zentrierkegel und Flansch.* 9 Größen, mit 53,985 bis 584,250 mm Durchmesser.

Bild 792 ··· 794. *Spindelköpfe DIN 55021 mit Zentrierkegel und Flansch, und Spindelkopf DIN 55022 mit Zentrierkegel und Flansch, für Bajonettscheibenbefestigung. Mit Mitnehmer, ausgenommen den jeweils kleinsten Spindelkopf.*

8.44 Richtlinien für die Gestaltung von Drehvorrichtungen

8.441 Zentrierspitzen und Längsanschlag

Feste Zentrierspitzen (Körnerspitzen oder Drehmaschinenspitzen) nach DIN 806 (Bild 795), mit Abdrückmutter nach DIN 807 (Bild 796).

Abdrückmutter oder an Zentrierspitzen angearbeitete Schlüsselflächen dienen zum Lösen von in einem Sackloch festsitzenden Spitzen, da diese weder durch die Gewindespindel der Reitstockpinole noch durch Gegenstoßen mittels Stange gelöst werden können.

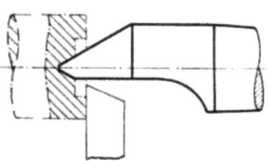
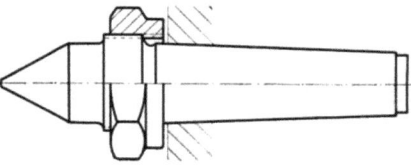

Bild 795. Zentrierspitze 60° nach DIN 806, hier mit Abflachung (halbe Spitze), zum Plandrehen von Drehteilen, die zwischen Spitzen aufgenommen sind.

Bild 796. Zentrierspitze 60° nach DIN 807, mit Abdrückmutter, zum Lösen der Spitze aus Sackbohrungen.

Für schnellaufende leichtere als auch schwere Werkstücke sind in Wälzlagern *umlaufende* Körnerspitzen verwendbar. Dabei ist zu berücksichtigen, daß durch das Spiel im Wälzlager Ungenauigkeiten in Rundlauf und Mittigkeit eintreten können.

Für schnellaufende leichtere bis mittelschwere Werkstücke, bei denen Wert auf genaues Rundlaufen gelegt wird, sind feste, *hartmetallbestückte* Zentrierspitzen geeignet. Einsätze aus Hartmetall nach DIN 8012.

Durch in Längsrichtung nachgebende Spitzen (Bild 797 u. 798) werden Längenausdehnungen des Drehteiles ausgeglichen.

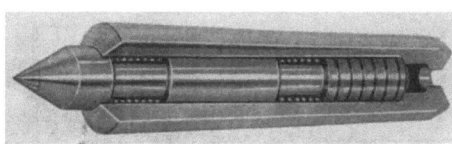

Bild 797. Nichtumlaufende Zentrierspitze, in Längsrichtung federnd, für gleichbleibende Andrückkraft, unabhängig von Längenänderungen des Werkstückes. Spitze mit Hartmetall bestückt.

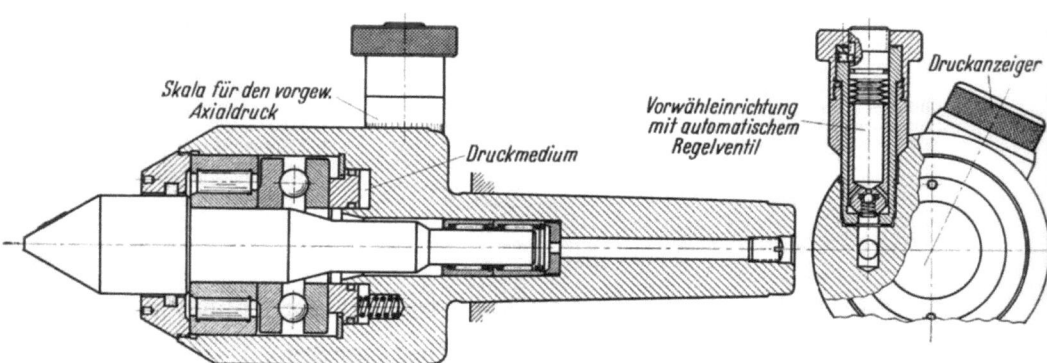

Bild 798. Mitlaufende Zentrierspitze mit selbsttätigem Druckausgleich bei sich ändernder Axialkraft. Ausgleich für Längenänderungen bis zu 2 mm. Mit Druckeinstelleinrichtung mit Regelventil, durch das der einmal eingestellte Druck gleichbleibt. Mit Druckanzeige.

8.44 Richtlinien für die Gestaltung von Drehvorrichtungen

Zentrierspitzen in Verbindung mit Stirnseitenmitnehmern sind in den Bildern 799 und 800 wiedergegeben. Vorteile der Stirnmitnahme

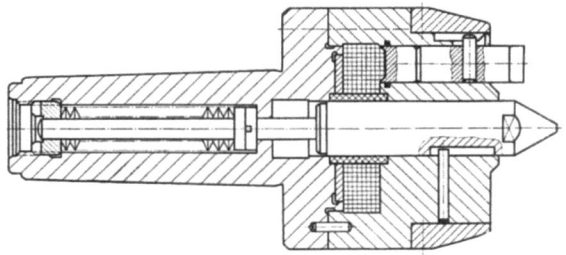

Bild 799. Stirnseitenmitnehmer mit Kegelschaft. Handelsüblich in 10 Größen mit Außendurchmesser der Schneiden von 7 ⋯ 140 mm.

Bild 800. Stirnseitenmitnehmer für Werkstücke mit größerem Durchmesser, für Befestigung am Flansch der Maschinenspindel.

Bild 799 u. 800. *Stirnseitenmitnehmer mit hydraulischem Ausgleich. Die Mitnehmerbolzen stellen sich unter der Spannkraft der Reitstockpinole nach der Stirnfläche des Werkstückes selbsttätig ein. Mit zunehmender Spannkraft wird auch die Zentrierspitze selbsttätig festgelegt. Für Drehteile aus Stahl haben sich Mitnehmerschneiden mit etwa 15° negativem Brustwinkel und 30 ⋯ 40° Rückenwinkel bewährt. Die Mitnehmerbolzen sind für Rechts- und Linkslauf umsetzbar.*

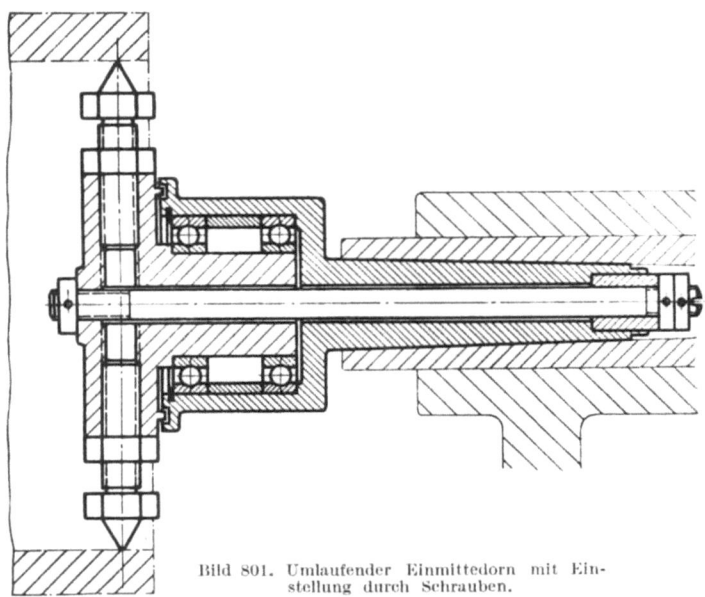

Bild 801. Umlaufender Einmittedorn mit Einstellung durch Schrauben.

sind: Durchgehendes Bearbeiten von Drehflächen ohne Umspannen des Werkstückes; schneller Werkstückwechsel, gegebenenfalls bei umlaufender Drehspindel; Schutz gegen Unfall, da keine überstehenden Spannteile.

Um Werkstückenden in größerer Bohrung zu stützen, ist in die Bohrung ein einmittender Teil zu setzen, z. B. ein Steckdorn (Bild 526 u. 551), eine Nabe mit radialen Schrauben (ein „Stern"), oder ist ein entsprechender umlaufender Einmitteteil (Bild 801) im Reitstock anzuordnen.

Der Längsanschlag nach Bild 802 ist in der Bohrung der Drehmaschinenspindel durch Klemmspannung befestigt.

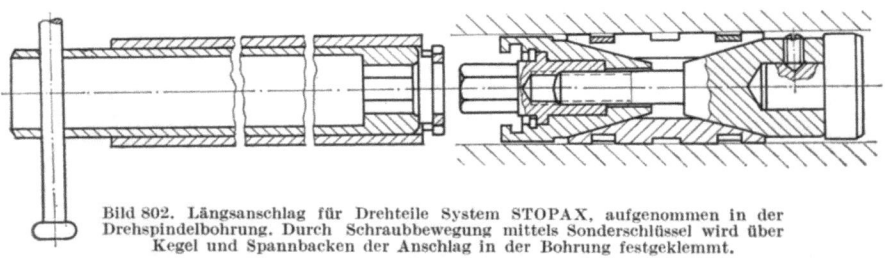

Bild 802. Längsanschlag für Drehteile System STOPAX, aufgenommen in der Drehspindelbohrung. Durch Schraubbewegung mittels Sonderschlüssel wird über Kegel und Spannbacken der Anschlag in der Bohrung festgeklemmt.

8.442 Kegelschäfte für Spanndorne

Zur Aufnahme von Spanndornen (S. 144 ··· 161) in Drehmaschinen dienen Kegelschäfte nach Bild 803 ··· 807.

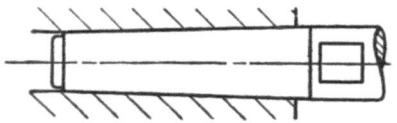 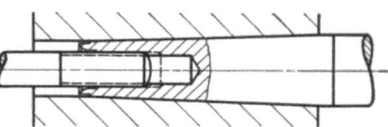

Bild 803. Der Kegel des Spanndornes ist in den Aufnahmekegel der Maschine eingepreßt und nicht gesichert. Die Schlüsselfläche dient zum Lösen der Verbindung.

Bild 804. Die Kegelverbindung ist durch Spannen der Anzugstange gesichert. Mit Hilfe dieser Anzugstange wird die Verbindung auch gelöst.

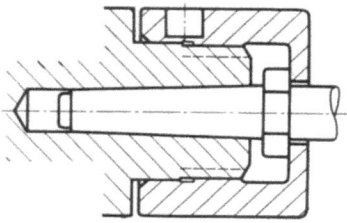 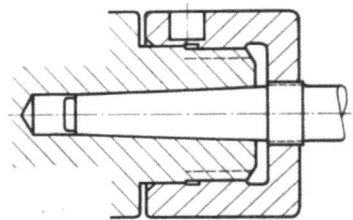

Bild 805. Die Kegelverbindung ist durch Spannen mittels Überwurfmutter gesichert. Zum Lösen der Verbindung dient die Schlüsselfläche am Dorn.

Bild 806. Die Kegelverbindung ist durch Spannen mittels Überwurfmutter gesichert. Gespannt und die Spannung gelöst wird durch Differentialgewinde.

8.44 Richtlinien für die Gestaltung von Drehvorrichtungen 249

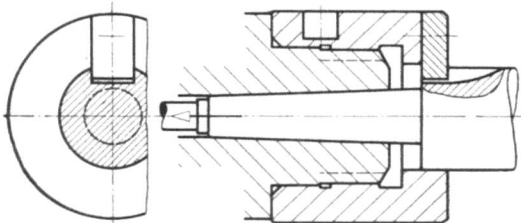

Bild 807. Die Kegelverbindung ist durch Spannen mittels Anzugstange gesichert. Der Spanndorn wird außerdem über Nut, Paßfeder und Überwurfmutter durch das Spindelgewinde mitgenommen.

8.443 Setzstöcke

Auf dem Drehbankbett *feststehende* Setzstöcke (Bild 782 u. 783) dienen vorzugsweise für Planarbeiten und für kurze Langdreharbeiten am freien Ende des Werkstückes.

Auf dem Support befestigte, *mitgehende* Setzstöcke dienen für Langdreharbeiten. Ob das Werkstück, in Vorschubrichtung gesehen, vor oder hinter der Werkzeugschneide abzustützen ist, hängt vom Anlieferungszustand des Werkstückes ab. Wenn am Werkstück ein für das Stützen geeigneter Zylinder vorhanden ist, wird der Setzstock zweckmäßig *vor* die Werkzeugschneide gesetzt (Bild 784). Dabei ist das Passungsspiel zwischen Werkstück und Setzstock unabhängig von dem jeweils entstehenden Drehdurchmesser. Außerdem sind Werkzeug und Prüfstelle etwas zugänglicher. Wenn das angelieferte Werkstück keinen für das Stützen geeigneten Teil aufweist, ist der Setzstock hinter der Werkzeugschneide anzuordnen, also auf dem jeweils gefertigten Zylinder (Bild 785).

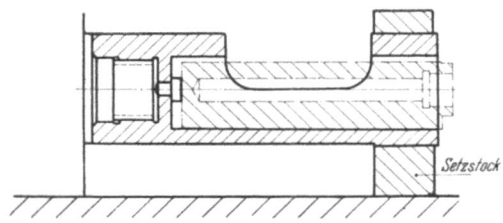

Bild 808. Feststehender Setzstock zum Stützen einer Vorrichtung.

Ungeteilte Setzstöcke dienen vorzugsweise zum Stützen der Vorrichtung (Bild 808) oder des Werkstückes am äußeren Teil des freien Endes (Bild 809).

Die *Lagerstelle* von Setzstöcken ist mit Gleitbacken oder mit Rollen auszurüsten. Hierfür können folgende Richtlinien angenommen werden:

Gleitbacken aus *Bronze* oder *Sondergußeisen* bei geringeren bis mittleren Umfangsgeschwindigkeiten und zugleich geringerem Gewicht der zu stützenden Teile.

Gleitbacken aus *Pockholz*, *Hartgewebe* oder *Kupfer* für besondere Schonung der Werkstückoberfläche, vorausgesetzt, daß Umfangsgeschwindigkeit und Werkstückgewicht dafür nicht zu hoch sind.

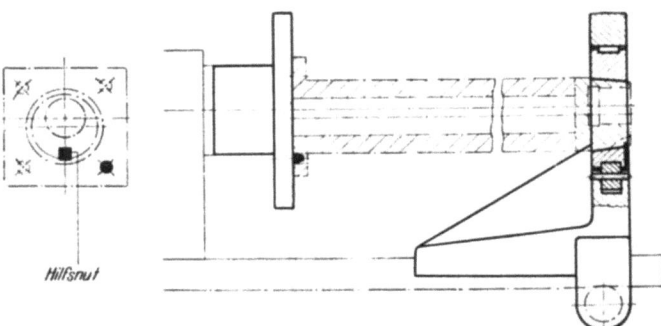

Bild 809. Feststehender Setzstock zum Stützen des Werkstückes. Der ungeteilte Setzstock wird durch Kurbel über Zahnrad und Zahnstange an das Werkstück herangeführt.

Gleitbacken aus *Hartmetall* bei hohen Umfangsgeschwindigkeiten und zugleich besonders hohen Genauigkeitsansprüchen oder bei hohen Umfangsgeschwindigkeiten und zugleich einer Raumbeschränkung, welche die Verwendung von Laufrollen ausschließt.

Laufrollen für höhere Umfangsgeschwindigkeiten oder bei größerem Gewicht des zu stützenden Teiles. Laufrollen werden *auf Bolzen gelagert* oder, insbesondere für größere Beanspruchung, mit *Wälzlagern* ausgerüstet. Für besonders hohe Ansprüche an Rundlaufgenauigkeit oder an Oberflächengüte können Laufrollen wegen ihres Lagerspieles ungeeignet sein, insbesondere Laufrollen mit Wälzlager.

8.444 Zwischenflansche

Zwischen Spindelkopf und Drehvorrichtung wird zweckmäßig ein Flansch angeordnet, da durch Austausch dieses Zwischenflansches die Vorrichtung auf Drehmaschinen mit anderer Anschlußform oder anderen Anschlußmaßen verwendbar ist. Die Forderung nach einem Zwischenflansch steht im Gegensatz zu der Forderung nach kleinstmöglichem „Überhang".

Zwischenflansche sind so steif zu halten, daß sie unter den Spann- und Arbeitskräften nicht unzulässig nachgeben.

Für Zwischenflansche mit Zentrierkegel und Plananlage (Bild 810 bis 819) ist DIN 6352 in Vorbereitung.

Drehvorrichtungen, die z. B. ihrer Form wegen schwierig einzumitten sind, werden auf dem Zwischenflansch zweckmäßig nicht durch Rundpassung eingemittet, sondern auf dem Flansch eben aufgelegt, eingemittet, verschraubt, nachgeprüft, berichtigt und danach Vorrichtung mit Flansch verstiftet.

8.44 Richtlinien für die Gestaltung von Drehvorrichtungen

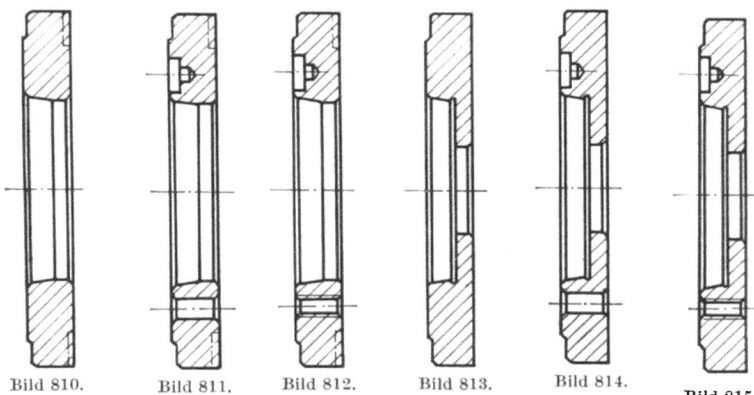

Bild 810. Bild 811. Bild 812. Bild 813. Bild 814. Bild 815.

Bild 810. Form A. Ohne Befestigungslöcher.
Bild 811. Form B. Mit Durchgangslöchern.
Bild 812. Form C. Mit Gewindelöchern.

Bild 810 ··· 812. *Futterflansche mit durchgehender Mittenbohrung, z. B. für Drehfutter nach DIN 6350.*

Bild 813. Form D. Ohne Befestigungslöcher.
Bild 814. Form E. Mit Durchgangslöchern.
Bild 815. Form F. Mit Gewindelöchern.

Bild 813 ··· 815. *Futterflansche mit abgesetzter Mittenbohrung. Vorzugsweise für kraftbetätigte Drehfutter.*

Bild 810 ··· 815. *Futterflansche mit Zentrierkegel 1 : 4 nach DIN 6352, mit 100 ··· 630 mm Außendurchmesser.*

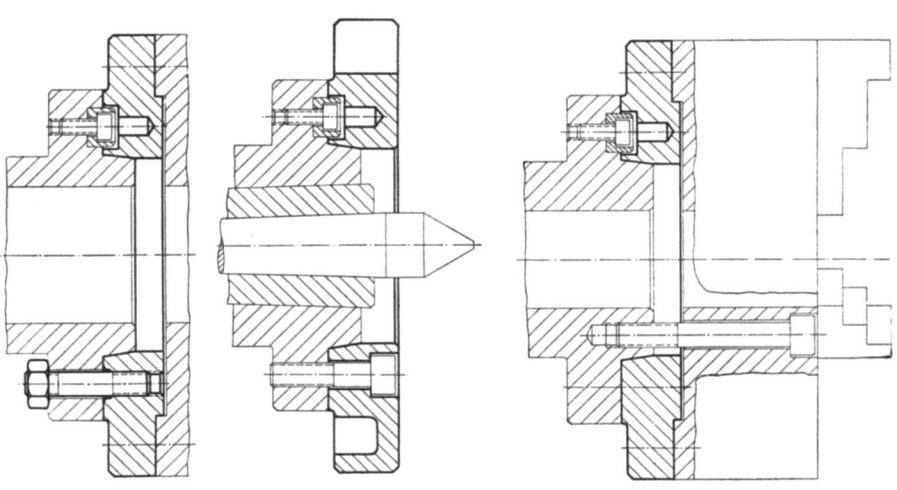

Bild 816. Befestigung auf Spindelkopf DIN 55021 Form A, von hinten durch Stiftschrauben und Muttern.

Bild 817. Befestigung auf Spindelkopf DIN 55021 Form B, von vorn durch Innensechskantschrauben im äußeren Lochkreis.

Bild 818. Befestigung auf Spindelkopf DIN 55021 Form B von vorn durch Innensechskantschrauben im inneren Lochkreis.

Bild 816 ··· 818. *Befestigung auf Spindelköpfen mit Zentrierkegel und Flansch DIN 55021. Zum Spannzeugwechsel sind die Befestigungsschrauben und -muttern vollständig aus- und ein- bzw. auf- und abzuschrauben. Deshalb sind diese Spindelköpfe möglichst nur für jene Verwendungsfälle vorzusehen, in denen das Spannzeug selten gewechselt wird.*

8 Vorrichtungen für bestimmte Fertigungsgebiete

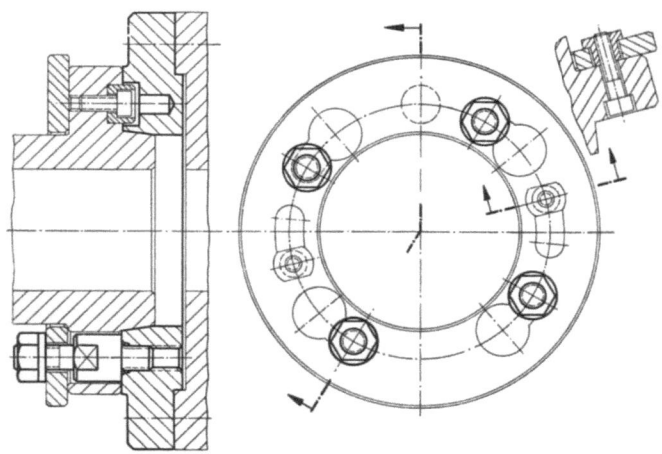

Bild 819. Befestigung auf Spindelkopf DIN 55022, von hinten mit Bajonettscheibe durch Stiftschraube und Mutter. Zum Spannzeugwechsel brauchen die Befestigungsmuttern nur so weit gelöst zu werden, daß die Bajonettscheibe gedreht werden kann. Diese Schnellspannung macht diesen Spindelkopf auch für jene Verwendungsfälle geeignet, in denen der Spannzug häufiger gewechselt werden muß.
Bild 816···819. *Beispiele für die Befestigung von Futter und anderen Spannzeugen auf Spindelköpfen DIN 55021 und DIN 55022.*

Für besonders hohe Einmittegenauigkeit sind Drehvorrichtungen mit dem Zwischenflansch nicht fest zu verbinden, sondern nach jedem 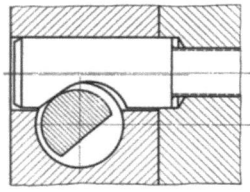 neuen Aufspannen nach einer am Umfang dafür vorgesehenen Zylinderfläche durch Meßuhr auszurichten.

Flansche mit Gewinde sind aus Gußeisen zu fertigen, um Kaltschweißen („Fressen") des Flanschgewindes auf dem Gewinde der Arbeitsspindel zu vermeiden.

Bild 820 zeigt die für schnellen Futterwechsel entwickelte Exzenterspannung nach der amerikanischen Norm ASA D1.

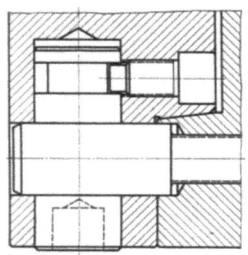

Bild 820. Exzenterspanner (cam lock) für schnelleren Futterwechsel. Sechs Spanner mit Exzenter- oder Kurvenfläche sind unmittelbar im Flansch des Maschinenspindelkopfes angeordnet. Die zu spannenden Vorrichtungen erhalten dementsprechend sechs Bolzen mit keilförmiger Spannfläche. (Nach amerikanischer Norm ASA D1.)

8.445 Ausführungsbeispiele für Drehdorne, Drehfutter und sonstige Drehvorrichtungen

Ausführungsbeispiele für Drehdorne sind im Abschnitt „Spanndorne" ab Seite 144, für Drehfutter im Abschnitt „Spannfutter" ab Seite 167 enthalten.

8.44 Richtlinien für die Gestaltung von Drehvorrichtungen

Außer den an Vorrichtungen im allgemeinen zu stellenden Anforderungen sind bei Drehvorrichtungen folgende zu berücksichtigen:

Das Drehmoment möglichst durch feste Mitnahme, sonst durch entsprechend hohe Spannkraft aufnehmen.

Auf möglichst großem Durchmesser spannen.

Kippmomente möglichst klein halten, durch möglichst geringe Länge des freitragenden Werkstückteiles.

Dem Kippmoment durch lange Spannflächen begegnen.

Das Werkstück so nahe wie möglich an das Spindellager setzen. Mit dem Abstand der Bearbeitungsstelle vom Spindellager wachsen Biege- und Kippmoment für Werkstück und Vorrichtung und einseitige Beanspruchung der Spindellagerung. Durch Nachgiebigkeit des Werkstückes sinken Zerspanungsleistung und Oberflächengüte.

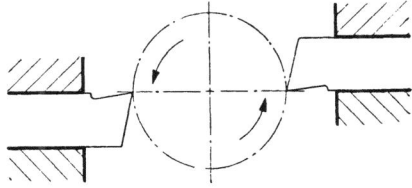

Einseitige Beanspruchung des Werkstückes kann durch zwei einander gegenüberliegende Schnittstellen aufgehoben werden (Bild 821).

Bild 821. Zwei Schnittstellen sind gegenüberliegend angeordnet, um einseitige Biegebeanspruchung des Werkstückes zu vermeiden.

Bei *Futterarbeiten* sind verhältnismäßig kurze Werkstücke nach einer Stirnfläche (Bild 822), verhältnismäßig lange Werkstücke nach der Mantelfläche (Bild 823) zu bestimmen.

Drehvorrichtungen sind so leicht wie zulässig zu bauen, um die umlaufenden Massen gering zu halten. Mit zunehmendem Gewicht einer

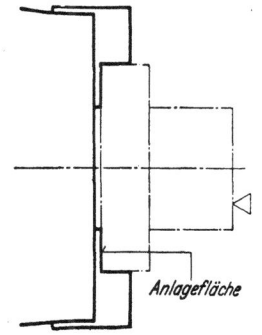

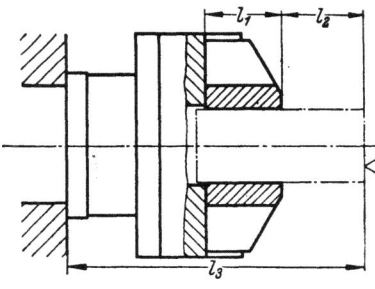

Bild 822. Zylindrisches Werkstück durch Anlegen an der Stirnfläche bestimmt.

Bild 823. Zylindrisches Werkstück nach der Mantelfläche bestimmt. l_1 Länge der Spannflächen der Spannbacken, l_2 freitragende Länge, l_3 Abstand der Bearbeitungsstelle vom Spindellager (Überhang).

Drehvorrichtung nehmen auch Belastung und Abnutzung der Drehmaschine sowie die für das Beschleunigen und Anhalten erforderlichen Kräfte zu. Beschleunigen und Anhalten dauern außerdem länger, wo-

254　8 Vorrichtungen für bestimmte Fertigungsgebiete

durch die Nebenzeit erhöht wird. Deshalb ist insbesondere bei Drehvorrichtungen für hohe Umlaufzahlen oder für häufigen Drehrichtungswechsel die erforderliche Steifigkeit mit kleinstmöglichem Gewichtsaufwand anzustreben (Bild 625 u. 824).

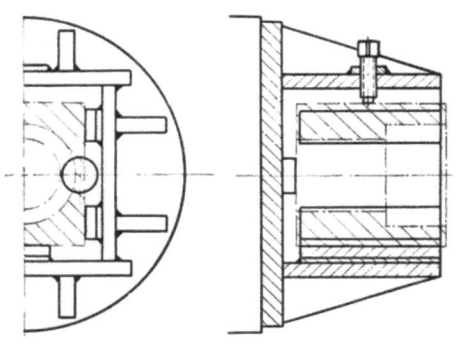 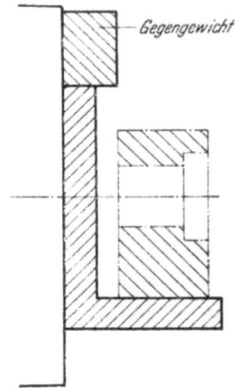

Bild 824. Drehvorrichtung, kastenförmig, in geschweißter Ausführung.

Bild 825. Winkelförmige Drehvorrichtung mit Gegengewicht.

Der Gewichtsverteilung ist durch entsprechende Anordnung der in der Vorrichtung an sich erforderlichen Teile Rechnung zu tragen. Wenn hierbei noch Unwucht verbleibt, ist diese durch Gegengewicht aufzuheben (Bild 825 ⋯ 828).

Drehvorrichtungen sind um so sorgfältiger auszuwuchten, je höher die Drehzahlen liegen.

Auf Spindelkopf mit Gewinde befestigte Vorrichtungen sind bei hohen Drehzahlen oder bei raschem Drehrichtungswechsel gegen Ablaufen zu sichern (Bild 639).

Auf der *Werkzeugseite* ist die Vorrichtung so zu bauen, daß das Werkzeug möglichst kurz und damit steif gehalten werden kann. Anzustreben ist eine Vorrichtung, bei der das Werkzeug möglichst nicht länger ist, als für dasselbe Werkstück ohne Vorrichtung erforderlich wäre.

Bild 826. Koordinaten-Planscheibe für die Fertigung außermittiger Bohrungen und Zapfen. Einstellung des Kreuzsupportes nach Maßstab und Nonius oder nach Endmaßen. Aufnahme des Werkstückes auf Winkel, Platte oder in Backenfutter. Einstellbares Gegengewicht auf der Rückseite.

Besonders nachgiebige Werkzeuge sind in der Vorrichtung zu führen (Bild 829).

Um ein Anstoßen umlaufender Vorrichtungen zu vermeiden, ist auf die Wege von Support und Werkzeug sowie auf die von der umlaufenden

8.44 Richtlinien für die Gestaltung von Drehvorrichtungen

Vorrichtung umschriebenen Kreise sorgfältig zu achten. Auch ist der größte Schwenkkreis der in einem Schwenkstahlhalter sitzenden Werkzeuge zu berücksichtigen.

Beim *Nachformdrehen*[1] sind Spanzustellung für das Werkzeug und Anlauf der Tastrolle gleichzurichten. Dadurch können sich Abweichun-

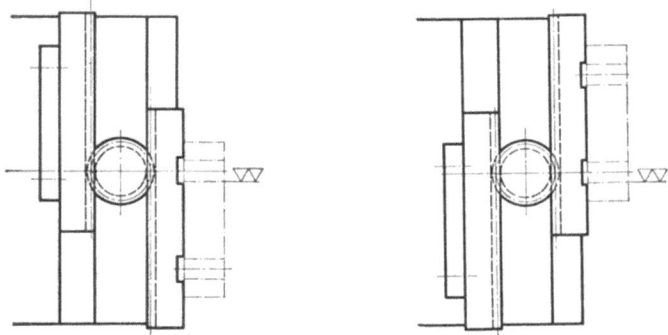

Bild 827 u. 828. Selbsttätiges Auswuchten für abwechselnd außermittig liegende Werkstücke. Zum Fertigen der Bohrungen wird das Werkstück abwechselnd in die Arbeitsstellungen gebracht. Die durch einseitige Werkstücklage entstehende Unwucht wird durch zwangsläufiges Verschieben eines Gegengewichtes beseitigt.

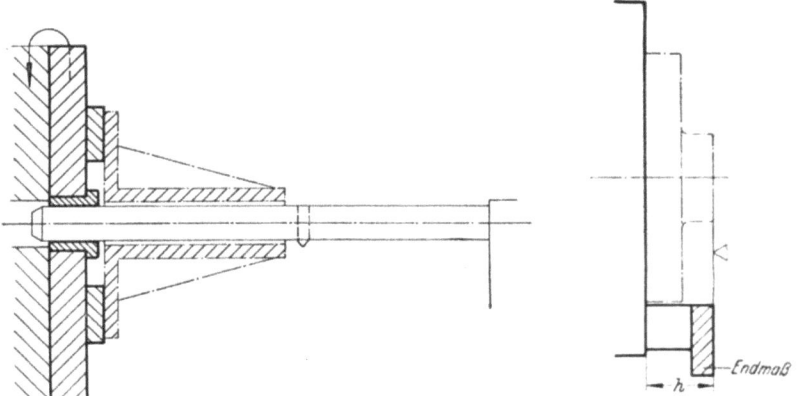

Bild 829. Drehvorrichtung mit Führung für Bohrstange.

Bild 830. Einstellfläche an Drehvorrichtung für axiales Maß h. Einstellen mittels Endmaß.

gen von der Sollform des Werkstückes nur im Sinne einer Bearbeitungszugabe auswirken. Das Werkzeug kann also nicht in das Werkstück hineingezogen und das Werkstück dadurch Ausschuß werden.

Drehvorrichtungen sollen von oben oder von vorn bedienbar sein.

---

[1] STAU, C. H.: Nachformeinrichtungen für Drehbänke, Werkstattbücher, H. 113, Berlin/Göttingen/Heidelberg: Springer 1954.

Aus der Vorrichtung herausragende Teile sind wegen Unfallgefahr zu vermeiden.

Einstellflächen und *Meßflächen* an Drehvorrichtungen sind beispielsweise nach Bild 830 ··· 833 anzuordnen.

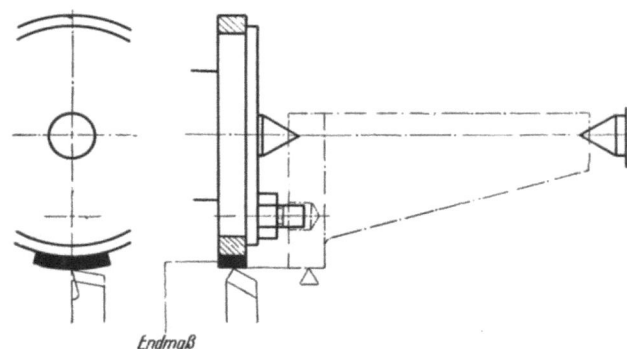

Bild 831. Einstellfläche an Drehvorrichtung für ein Durchmessermaß. Einstellen mittels Sonderendmaß.

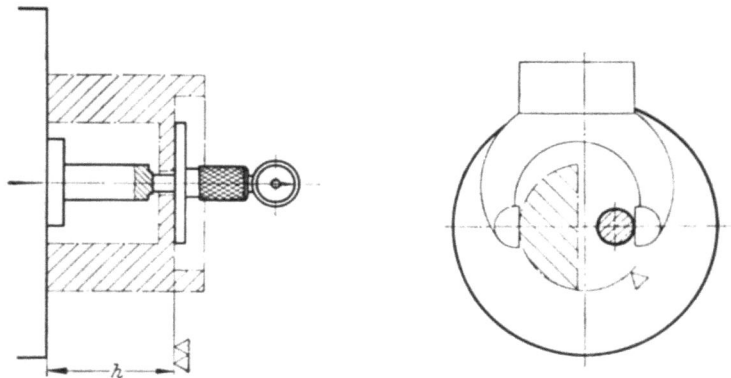

Bild 832. Prüffläche in Drehvorrichtung für axiales Maß h. Prüfen durch Tiefenlehre mit Meßuhr.

Bild 833. Hilfsprüffläche in Drehvorrichtung. Prüfen durch Rachenlehre. Für genauere Zwecke ist die Hilfsprüffläche konzentrisch zu gestalten.

8.5 Bohrvorrichtungen

8.51 Richtlinien für die Verwendung von Bohrmaschinen

Für die Wahl einer Bohrmaschine sind bestimmend:

Größe und Gewicht von Werkstück und Vorrichtung,
Art des zu bearbeitenden Werkstoffes,
Art der Bearbeitung (Bohren, Aufbohren, Reiben usw.),
Bohrungsdurchmesser,

8.51 Richtlinien für die Verwendung von Bohrmaschinen

Bohrtiefe,
geforderte Arbeitsgenauigkeit,
Anzahl der in einer Aufspannung zu fertigenden Bohrungen,
Anzahl der je Bohrung und Werkstückspannung verwendeten Werkzeuge,
erforderlicher Bereich der Schnittgeschwindigkeiten,
erforderliche Vorschubgrößen,
Handvorschub oder selbsttätiger Vorschub,
Werkstückzahl.

Das *Gewicht* von Werkstück und Vorrichtung beeinflußt die Auswahl der Maschine in folgender Hinsicht.

Bei jedem Einstellen ist entweder die Vorrichtung nach der Bohrspindel oder die Bohrspindel nach der Vorrichtung senkrecht zur Bohrachse zu bewegen. Unter Radialbohrmaschinen und auf Waagerechtbohrmaschinen und -bohrwerken kann die Vorrichtung ortsfest bleiben. Der Bohrspindelträger von Radialbohrmaschinen ist außerdem leicht und rasch bewegbar. Unter dem ortsfesten Bohrspindelträger von Säulen- oder Ständerbohrmaschinen muß hingegen die Vorrichtung bewegt werden. Das Bewegen der Vorrichtung erfordert mit zunehmendem Gewicht größere Bewegungskräfte und schließlich besondere Einrichtungen, wie Gleitschienen, Wagen oder in einer Ebene allseitig bewegliche Kreuztische.

Werkstücke von größerem Gewicht, die durch Hebezeug bewegt werden, sind bei Radial- und auf Waagerechtbohrmaschinen und Waagerechtbohrwerken in die Vorrichtung leichter einzugeben als bei Säulen- oder Ständerbohrmaschinen, da bei diesen der senkrecht stehende Bohrspindelträger hinderlich ist.

Zum *Bohren ins Volle* sowie zum *Aufbohren* durch Senker ist jede Bohrmaschine geeignet, ausgenommen Zylinderbohrwerke. Zum Ausbohren durch Bohrstange dienen vorzugsweise Waagerechtbohrmaschinen, Waagerecht- und Senkrechtbohrwerke, Radialbohrmaschinen, Zylinderbohrwerke und Drehmaschinen.

Hinterstecharbeiten sind am einfachsten bei umlaufendem Werkstück ausführbar. Bei feststehendem Werkstück sind Werkzeugspanner mit radial zustellbarem Hinterstechwerkzeug zu verwenden.

Zum *Reiben* mit kürzeren Reibahlen, nämlich mit Reibahlen, die in Vorschubrichtung gedrückt werden, eignen sich sämtliche Bohrmaschinen, vorausgesetzt, daß die Bohrspindel auf die für Reiben erforderlich niedrigen Drehzahlen gebracht werden kann. Längere Reibahlen, etwa von 30 d Gesamtlänge an, werden durch die Bohrung hindurchgezogen. Unter Ziehen in Vorschubrichtung kann vorzugsweise auf Reibemaschinen, Waagerechtbohr- und Tiefbohrmaschinen gearbeitet werden.

Zum *Gewindebohren* dienen Gewindebohrmaschinen. Durch Verwendung von Gewindeschneidköpfen ist jedoch jede Bohrmaschine und Drehmaschine zum Gewindebohren geeignet.

Bei größeren *Bohrtiefen* ist auf den größten Bohrhub der Maschine sowie auf das Entfernen der Späne aus dem Bohrloch zu achten. Der größte Bohrspindelhub ist bei Tisch-, Säulen- und Ständerbohrmaschinen

bis 6 mm Bohrdurchmesser etwa 10 d
„ 20 „   „   „   8 d
„ 50 „   „   „   5 d

Bei Tiefbohrmaschinen ist der größte Weg des Bohrschlittens etwa 80 d.

Zum *Entfernen der Späne* aus dem Bohrloch dienen maschinenseitig: Ausspänen, Ausnutzung des Spangewichtes, Druckluft oder Druckflüssigkeit. Beim *Tiefbohren* unter senkrechter Bohrspindel ist das Werkzeug unten und das Werkstück oben angeordnet, wodurch die Späne unter ihrem Eigengewicht aus dem Bohrloch fallen können.

Beim Tiefbohren mit waagerechter Bohrspindel werden die Späne aus der Bohrung unter hohem Flüssigkeitsdruck herausbefördert. Bei 10 mm Bohrdurchmesser wird dabei ein Flüssigkeitsdruck von etwa 30 atü, bei 50 mm Bohrdurchmesser von etwa 15 atü angewendet.

Für die Fertigung *einer* Bohrung durch *mehrere Werkzeuge* liegen folgende Möglichkeiten vor.

(1) *Bei umlaufendem Werkzeug und stillstehendem Werkstück:*

a) Einspindelige Maschine, die für jeden Werkzeugwechsel stillgesetzt wird.

b) Einspindelige Maschine mit Schnellwechselfutter, Werkzeugwechsel bei umlaufender Spindel.

c) Mehrspindelige Maschine und Verschieben der Vorrichtung von Spindel zu Spindel.

(2) *Bei umlaufendem Werkstück und stillstehendem Werkzeug:*

a) Maschine mit nur einer Werkzeugaufnahme. Die Werkzeuge sind für jede Arbeitsstufe auszuwechseln. Beschleunigter Werkzeugwechsel durch Schnellwechselfutter.

b) Maschine mit Aufnahme für mehrere Werkzeuge, die nacheinander in Arbeitsstellung gebracht werden.

Mit Rücksicht auf die mit *Werkzeugwechsel* verbundene Nebenzeit ist anzustreben, möglichst ohne oder mit wenig Werkzeugwechsel auszukommen.

Auf Drehmaschinen kann für Bohrarbeiten die Hauptbewegung dem Werkstück oder dem Werkzeug zugeordnet sein. Hiervon ist möglichst jene Zuordnung zu wählen, bei der die Arbeitsspindel weniger oft stillgesetzt werden muß. Für Bohrungen, die durch nur *ein* Werkzeug gefertigt werden, ist danach das *Werkzeug* umlaufend zu halten, das Werkstück auf dem Support oder im Reitstock aufzunehmen. Bei dieser Anordnung braucht die Arbeitsspindel zum Werkstückwechsel nicht angehalten zu werden. Für Bohrungen, die durch zwei oder mehr Werkzeuge gefertigt werden, ist das *Werkstück* umlaufend zu halten, das Werkzeug im Schnellwechselfutter, Revolverkopf oder auf dem Support aufzunehmen.

Enthält ein Werkstück *Bohrungen von größeren Durchmesserunterschieden*, sind diese Bohrungen nicht auf derselben Maschine zu fertigen, sondern ist für die größeren Bohrungen eine Maschine mit größerer Antriebsleistung, für die kleineren Bohrungen eine Maschine mit kleinerer Antriebsleistung zu verwenden.

8.52 Schnittkräfte beim Bohren

Beim Bohren, Senken, Reiben und Gewindeschneiden wirken auf das Werkstück Vorschubkraft V und Drehmoment $H \times r$ (Bild 834). Die *Vorschubkraft* V wirkt in Richtung der Bohrachse. Sie setzt mit dem Auftreffen des Werkzeuges auf das Werkstück ein, erreicht bei vollem Schnitt ihren Höchstwert und sinkt beim Durchtreten des Werkzeuges durch das Werkstück rasch ab. Die Vorschubkraft ist bei gleicher Länge der wirksamen Schneiden beim Bohren ins Volle erheblich größer als beim Aufbohren, da beim Bohren ins Volle die drückende Wirkung der Querschneide des Bohrers hinzukommt. Beim Bohren ins Volle sind etwa die in Tafel 15 angegebenen Vorschubkräfte erforderlich. Beim Aufbohren sinkt die Vorschubkraft auf rund 60% dieser Werte ab, wenn das Loch so groß vorgebohrt ist, daß die Querschneide des Werkzeuges freiliegt, also deren drückende Wirkung wegfällt.

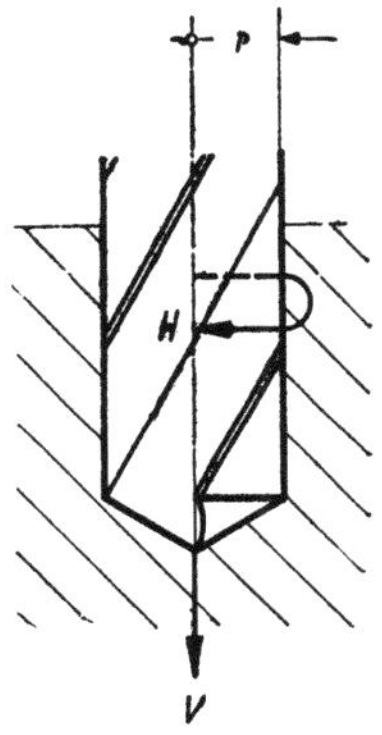

Bild 834. Beim Bohren, Senken und Reiben auf das Werkstück wirkende Schnittkräfte.
H Hauptschnittkraft, V Vorschubkraft, r Halbmesser für das Drehmoment.

Tafel 15. *Vorschubkräfte beim Bohren*[1]
Bohren ins Volle mit ausgespitztem Spiralbohrer

Bohrdurchmesser in mm		5	6,3	8	10	12,5	16	20	25	31,5	40	50	63
Vorschubkraft in kp	Stähle	85	118	160	212	280	400	530	710	950	1320	1800	2360
	Gußeisen	40	53	71	95	132	180	236	315	425	560	750	1000
	Kupfer-Leg.	28	38	50	67	90	118	160	212	280	375	500	670
	Al-Leg.	17	24	34	48	67	95	140	190	265	375	530	750
	Elektron	11	15	21	30	43	60	85	118	170	236	335	475

[1] STEPHAN: Das Radialbohren, Berlin: Springer 1940.

Das *Drehmoment* wirkt in einer Ebene senkrecht zur Bohrachse und entspricht etwa den in Tafel 16 angegebenen Werten.

Tafel 16. *Drehmomente beim Bohren*[1]
Bohren ins Volle mit ausgespitztem Spiralbohrer

Bohrdurchmesser in mm	5	6,3	8	10	12,5	16	20	25	31,4	40	50	63
Stähle	22	38	63	106	180	300	500	850	1400	2360	4000	6700
Gußeisen	10	16	27	45	75	125	212	355	600	1000	1700	2800
Kupfer-Leg.	6	11	18	30	50	85	140	236	400	670	1120	1900
Al-Leg.	4	7	13	23	40	71	125	224	400	710	1250	2240
Elektron	2	4	8	13	24	43	75	132	236	425	750	1320

(Drehmoment in cmkp)

Beim Durchtreten des Werkzeuges durch das Werkstück (Bild 835) kommt durch den Spanwinkel γ eine erhebliche Rückkraft R zur Auswirkung. Unter dieser Rückkraft kann das Werkstück entgegen der Vorschubrichtung auf das Werkzeug aufgeschraubt und damit von der Auflage abgehoben werden. Außerdem ist zwischen Werkzeug und Bohrungswand in der Regel Reibung vorhanden, durch die das Werkstück beim Zurückziehen des Werkzeuges ebenfalls von seiner Auflage abgehoben werden kann.

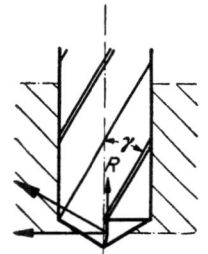

Bild 835. Rückzugkraft beim Durchtreten eines Spiralbohrers durch das Werkstück.
R Rückzugkraft, γ Spanwinkel.

8.53 Einflüsse auf die Güte von Bohrungen

Die Güte einer Bohrung wird durch den zu bearbeitenden Werkstoff sowie durch Werkzeug, Maschine, Vorrichtung und Kühlmittel beeinflußt.

Werkstoffe von ungleicher Dichte, z. B. mit Poren, Löchern oder harten Stellen, sind für jede, die Bewertung einer Bohrung bestimmende Größe nachteilig.

Die Maßgenauigkeit des *Durchmessers* ist von Werkstoffeigenheiten, von Durchmesser, Rundlaufgenauigkeit und Führung des Werkzeuges abhängig. Die Durchmesser von Werkzeugen des gleichen Nennmaßes sind bereits im Neuzustand innerhalb der zulässigen Toleranz verschieden groß. Durch Abnutzung wird der Werkzeugdurchmesser zunehmend verkleinert. Spiralbohrer, Spiralsenker usw. sind außerdem nach dem Schaftende zu verjüngt. Größe der Schneidwinkel, Symmetrie der Schneiden und Rundlauf des Werkzeuges sind ebenfalls von Einfluß auf die Größe des Bohrungsdurchmessers. Der Durchmesser der Werkzeugführung begrenzt den Kreis des umlaufenden Werkzeuges. Danach

---

[1] STEPHAN: Das Radialbohren, Berlin: Springer 1940.

8.53 Einflüsse auf die Güte von Bohrungen   261

kann unmittelbar an der Führungsbuchse der größte Bohrungsdurchmesser nicht größer als der Führungsdurchmesser der Buchse ausfallen. In zähen, elastischen Werkstoffen fallen Bohrungsdurchmesser meist kleiner aus als in spröden Werkstoffen.

Die *Lage der Bohrungsmitte* zur Bezugsfläche hängt vorzugsweise von der Güte der Bohrerführung, also von der Vorrichtung ab.

Die *Richtung der Bohrungsachse* wird beeinflußt

in erster Linie von der Winkellage der Maschinenspindel zum Bohrtisch,

von der zweckmäßigen Gestaltung und der Genauigkeit der Werkzeugführung,

von der Eignung des Werkzeuges und den Schnittbedingungen.

Die *Oberflächengüte* der Bohrungswand wird von den Schneidkanten und der Mantelform des Werkzeuges beeinflußt.

Die Größe der beim *Aufbohren* und *Senken* verbleibenden Form- und Richtungsfehler ist abhängig von

der Zerspanbarkeit des zu bearbeitenden Werkstoffes,

der Größe der Abweichungen der vorgearbeiteten Bohrung,

der Größe der Bearbeitungszugabe,

der Steifigkeit des Werkzeuges.

Durch Führung des Werkzeuges in der Vorrichtung werden die angeführten Form- und Richtungsfehler vermieden, jedoch auch nur, solange die Bearbeitungsstelle in der Nähe der Führung liegt. Mit zunehmendem Abstand der Werkzeugschneide von der Führung weicht die Iststellung einer Bohrung von ihrer Sollstellung ab. Durch Teilkräfte, die beim Aufbohren von außermittig und achsschief vorgearbeiteten Bohrungen auftreten, werden Führungsbuchse und Führungsteil des Werkzeuges abgenutzt und insbesondere Führungsfasen des Werkzeuges zerstört.

Der *Winkel des Werkzeuganschnittes* wirkt bestimmend auf die Richtung einer Bohrung. Eine senkrecht zur Bohrungsachse stehende Schneide (Bild 836 ··· 839) ergibt eine mit der Bohrspindelachse fluch-

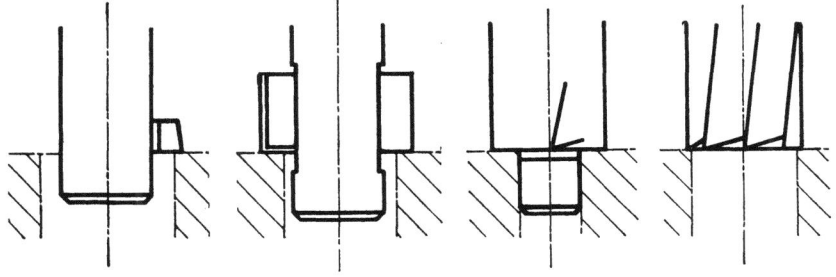

Bild 836. Bohrstange mit einschneidigem Bohrmesser.

Bild 837. Bohrstange mit zweischneidigem Bohrmesser.

Bild 838. Zapfensenker.

Bild 839. Stirnsenker bzw. Stirnreibahle.

Bild 836 ··· 839. *Ausbohr- und Aufbohrwerkzeuge mit senkrecht zur Bohrachse stehender Stirnschneide.*

tende Bohrung, soweit sich nicht der Einfluß der Schneidenzahl auswirkt. Mit zunehmender Angleichung der Stirnschneide an die Mantelschneide (Bild 840 ··· 843) tritt durch den Werkzeuganschnitt eine zunehmende Richtwirkung auf, wodurch das Werkzeug zunehmend in Richtung der vorgearbeiteten Bohrung verläuft.

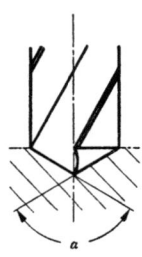
Bild 840. Spiralbohrer.

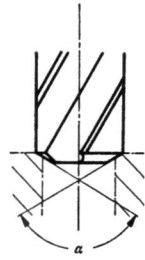
Bild 841. Spiralsenker.

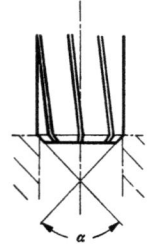
Bild 842. Reibahle (Mantelreibahle) mit kurzem Anschnitt.

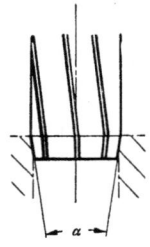
Bild 843. Reibahle (Mantelreibahle) mit langem Anschnitt.

Bild 840 ··· 843. *Bohr-, Senk- und Reibewerkzeuge, α-Winkel der Spiralbohrerspitze bzw. des Werkzeuganschnittes.*

8.54 Bohrungsdurchmesser für Aufbohren, Senken, Reiben und Gewinden

Zum Aufbohren mit *Spiralbohrer* ist mit etwa 0,4 d, mindestens aber mit 0,25 d vorzubohren. Der Kern (die „Seele") des zum Aufbohren nachfolgenden Spiralbohrers mißt im dickeren Teil, das ist in der Nähe des Bohrerschaftes, etwa 0,2 d.

Zum Aufbohren durch *Spiralbohrmesser* oder durch Zapfensenker ist mit etwa 0,3 ··· 0,5 d vorzubohren. Genormte oder handelsübliche Abmessungen sind weitgehend zu berücksichtigen. Zum Ausbohren oder Aufbohren mit Bohrstangen ist so weit vorzubohren, daß ein möglichst großer Bohrstangendurchmesser verwendet werden kann. Zum Ausbohren oder Aufbohren mit Bohrstangen soll die Bearbeitungszugabe etwa 2 mm im Durchmesser betragen.

Bearbeitungszugaben für Spiralsenker, Stirnreibahlen und Mantelreibahlen nach Tafel 17.

Tafel 17. *Bearbeitungszugaben für Senken und Reiben*

Durchmesser der gesenkten oder geriebenen Bohrung	Bearbeitungszugaben für den Durchmesser Maße in mm		
	Spiralsenker, Stirnsenker	Stirnreibahlen	Mantelreibahlen
über 1,6 bis 3	0,5	0,3	0,1
über 3 bis 8	1	0,4	0,15
über 8 bis 18	2	0,6	0,2
über 18 bis 30	3	1	0,3
über 30 bis 50	4	1,5	0,4

Bohrer- und Senkerdurchmesser für *Gewindekernlöcher* für spanendes Gewinde sind in DIN 336 festgelegt.

Bohrerdurchmesser für Kernlöcher für spanloses Gewinden z. B. in Stahl geringer Härte, in Aluminium oder Kupfer, sind noch nicht genormt und bei Lieferfirmen zu erfragen. Als Richtlinie für spanlos zu formendes Gewinde (Drückgewinde) M 2 bis M 10 darf angenommen werden: Durchmesser des Kernlochbohrers gleich 0,9 bis 0,92 Nenndurchmesser des Gewindes.

8.55 Werkzeugführung für die Fertigung von Bohrungen

8.551 Allgemeines

Durch Werkzeugführung wird die Lage des Werkzeuges zum Werkstück bestimmt, vor allem der Abstand der Bohrung zu einer Bezugskante oder zu einer anderen Bohrung (Bild 844).

Zunächst ist die Werkzeuglage zu dem auf dem Bohrtisch festgelegten Werkstück durch die Lage der Bohrspindel gegeben. Dieses Lagebestimmen kann für verschiedene Bohraufgaben ausreichend sein, z. B. bei kurzem, steifem Werkzeug zum Anbohren oder zum Bohren in leicht zerspanbarem Werkstoff, wenn die dabei auftretenden Lagefehler zulässig sind. Im allgemeinen ist jedoch erforderlich, daß das Werkzeug geführt wird.

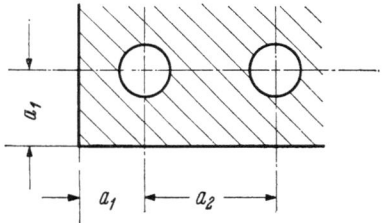

Bild 844. Bohrmittenabstände.
a_1 Bohrmittenabstand von einer Bezugskante, a_2 Mittenabstand zweier Bohrungen.

Auf der Schneidenseite kann das *Werkzeug geführt* werden:

Unmittelbar im Werkstück, z. B. durch Zapfen,
durch eine oder mehrere im Werkstück eingesteckte Buchsen oder
durch eine oder mehrere in der Vorrichtung angeordnete Buchsen.

Die *Genauigkeit*, mit der die Lage einer Bohrung durch eine Führung bestimmt wird, ist vom Spiel des Werkzeuges in der Führung abhängig.

Bei jeder Führung kann das Bestimmen der Lage der Bohrung um den halben Betrag dieses Spieles ungenau sein (Bild 845).

Bei Steckbohrbuchsen kommt zum Spiel des Werkzeuges in der Führung das Spiel der Steckbuchse in deren Aufnahmebohrung (Bild 846).

Bei Bohrbuchsen, die in Vorrichtungen eingebaut sind, wird die Anstellgenauigkeit für das Werkzeug außerdem von der Genauigkeit des Buchsenabstandes von der Bezugskante bzw. von einer anderen Bohrung bestimmt.

Bei Führung durch Buchse wird die Lage des Werkzeuges nur beim Anstellen bestimmt. Mit zunehmendem Heraustreten des Werkzeuges

264   8 Vorrichtungen für bestimmte Fertigungsgebiete

aus der Führung unterliegt die Richtung der Bohrungsachse den gleichen Einflüssen wie das ungeführte Werkzeug. Bei zweiseitig geführtem Werkzeug wirken sich diese Einflüsse nur in dem Maße aus, wie das Werkzeug zwischen den beiden Führungsstellen nachgiebig ist.

Die Mittenlage von *Mantelreibahlen* wird durch Buchsenführung am wenigsten beeinflußt, denn durch den langkegeligen Anschnitt wird die Mantelreibahle fast ausschließlich nach der vorgearbeiteten Bohrung

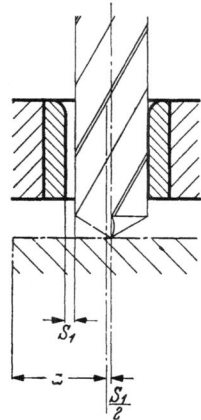 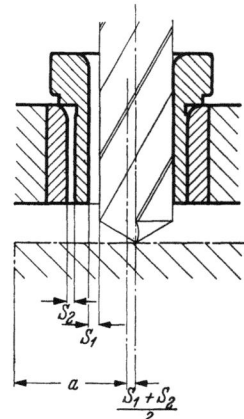

Bild 845. Bohrer durch feste Buchse geführt. Größtmöglicher Anstellfehler ist gleich dem halben Spiel S_1 des Bohrers in der Buchse.

Bild 846. Bohrer durch Steckbuchse geführt. Größtmöglicher Anstellfehler ist gleich dem halben Spiel S_1 des Bohrers in der Steckbuchse zuzüglich dem halben Spiel S_2 der Steckbuchse in der Grundbuchse.

Bild 845 u. 846. *Anstellgenauigkeit für Bohrwerkzeuge, die durch Buchse geführt sind.*

ausgerichtet. Der Einfluß der Buchsenführung reicht für Mantelreibahlen nur so weit, als das Werkzeug gegen Abbiegen steif genug ist. Durch Reibung an der gehärteten Führungsbohrung werden hingegen die Schneiden der Reibahle gestumpft. Mantelreibahlen sind deshalb nur dann durch Buchsen zu führen, wenn alles getan werden muß, um auch bei deren Verwendung genaueste Lochabstände zu erreichen. Außerdem sind sehr dünne Reibahlen zu führen, wenn die Einführungsseite der zu reibenden Bohrung nicht sichtbar ist. Bei mangelnder Sicht werden bei beweglichen Vorrichtungen nachgiebige Werkzeuge leicht abgebogen. Durch Anordnung einer Führungsbuchse wird die Bohrung sozusagen sichtbar gemacht.

Gewindeschneidwerkzeuge werden im allgemeinen nur für besonders genaue Zwecke geführt, und zwar durch Zylinderschaft in glatter Buchse zum Einhalten der Bohrungsrichtung oder durch Gewindebuchse vorzugsweise zum Einhalten einer bestimmten Winkellage des Gewindes (eines bestimmten Gewindemeßpunktes).

8.55 Werkzeugführung für die Fertigung von Bohrungen

8.552 Beispiele für die Fertigung von Bohrungen

8.5521 Fertigung ungestufter, zylindrischer Bohrungen (Bild 847 bis 893).

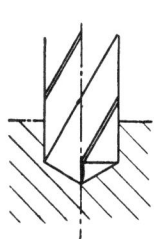
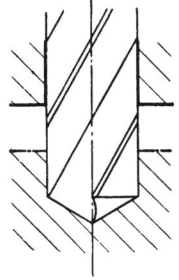

Bild 847. Bohren mit ungeführtem Spiralbohrer.　　　Bild 848. Bohren mit geführtem Spiralbohrer.

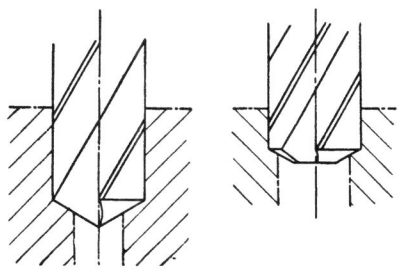
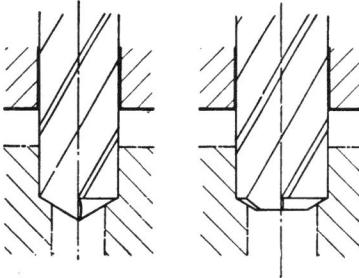

Bild 849 u. 850. Aufbohren mit ungeführtem Spiralbohrer oder Spiralsenker.　　　Bild 851 u. 852. Aufbohren mit geführtem Spiralbohrer oder Spiralsenker.

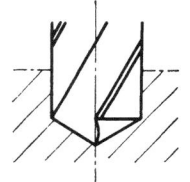
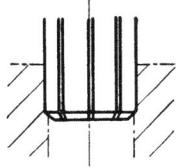

Bild 853. Bohren mit ungeführtem Spiralbohrer.　　　Bild 854. Reiben mit ungeführter Reibahle.

Bild 853 u. 854. *Fertigung einer geriebenen Bohrung bis etwa 12 mm Durchmesser, aus dem Vollen. Abstand und Richtung ungenau.*

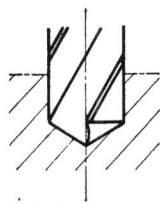
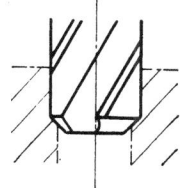
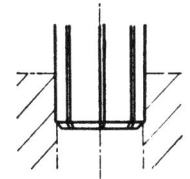

Bild 855. Bohren mit ungeführtem Spiralbohrer.　　Bild 856. Aufbohren mit ungeführtem Spiralsenker.　　Bild 857. Reiben mit ungeführter Reibahle.

Bild 855 ··· 857. *Fertigung einer geriebenen Bohrung über etwa 12 mm Durchmesser, aus dem Vollen. Abstand und Richtung ungenau.*

8 Vorrichtungen für bestimmte Fertigungsgebiete

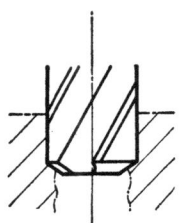
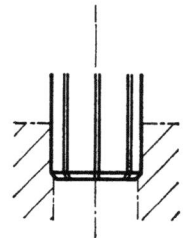

Bild 858. Aufbohren mit ungeführtem Spiralsenker.

Bild 859. Reiben mit ungeführter Reibahle.

Bild 858 u. 859. *Fertigung einer geriebenen Bohrung. Bohrung vorgegossen oder vorgepreßt. Abstand und Richtung ungenau.*

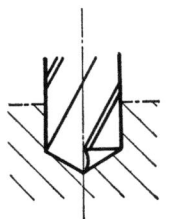
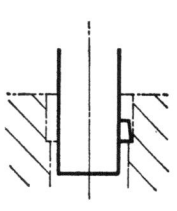
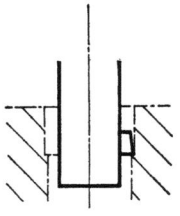
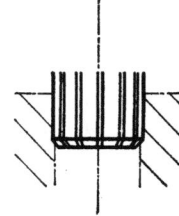

Bild 860. Bohren mit Spiralbohrer.

Bild 861. Erstes Ausbohren mit Bohrstange mit einschneidigem Messer.

Bild 862. Zweites Ausbohren mit Bohrstange mit einschneidigem Messer.

Bild 863. Reiben mit ungeführter Reibahle.

Bild 860 ··· 863. *Fertigung einer geriebenen Bohrung, aus dem Vollen. Abstand und Richtung genau.*

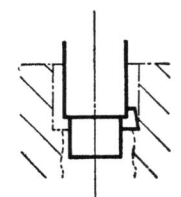
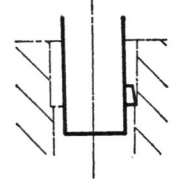
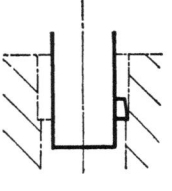
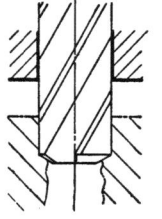

Bild 864 ··· 866. Erstes, zweites und drittes Ausbohren mit Bohrstange mit einschneidigem Messer.

Bild 867. Reiben mit ungeführter Reibahle.

Bild 864 ··· 867. *Fertigung einer geriebenen Bohrung. Bohrung vorgegossen oder vorgepreßt. Abstand und Richtung genau.*

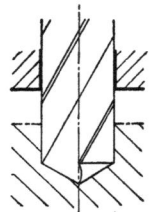
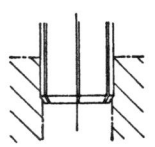
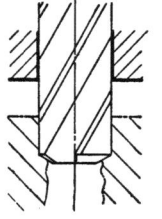
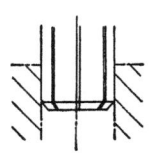

Bild 868. Bohren mit geführtem Spiralbohrer.

Bild 869. Reiben mit ungeführter Reibahle.

Bild 870. Aufbohren mit geführtem Spiralsenker.

Bild 871. Reiben mit ungeführter Reibahle.

Bild 868 u. 869. *Fertigung einer geriebenen Bohrung bis etwa 12 mm Durchmesser, aus dem Vollen. Abstand und Richtung ziemlich genau.*

Bild 870 u. 871. *Fertigung einer geriebenen Bohrung bis etwa 20 mm Durchmesser. Bohrung vorgegossen oder vorgepreßt. Abstand und Richtung ziemlich genau.*

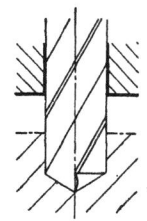 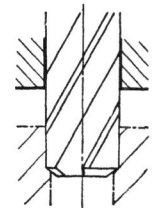 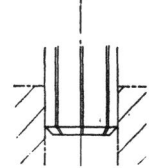

Bild 872. Bohren mit geführtem Spiralbohrer.   Bild 873. Aufbohren mit geführtem Spiralsenker.   Bild 874. Reiben mit ungeführter Reibahle.

Bild 872 ··· 874. *Fertigung einer geriebenen Bohrung über etwa 12 bis etwa 30 mm Durchmesser, aus dem Vollen. Abstand und Richtung ziemlich genau.*

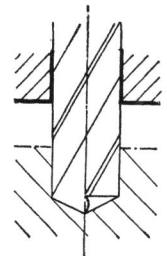 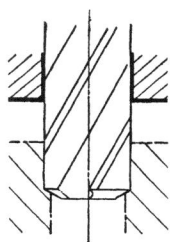 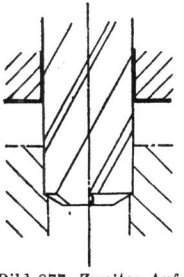 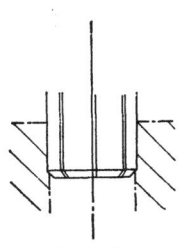

Bild 875. Bohren mit geführtem Spiralbohrer.   Bild 876. Erstes Aufbohren mit geführtem Spiralsenker.   Bild 877. Zweites Aufbohren mit geführtem Spiralsenker.   Bild 878. Reiben mit ungeführter Reibahle.

Bild 875 ··· 878. *Fertigung einer geriebenen Bohrung über etwa 30 bis etwa 50 mm Durchmesser, aus dem Vollen. Abstand und Richtung ziemlich genau.*

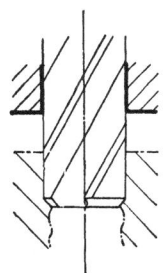 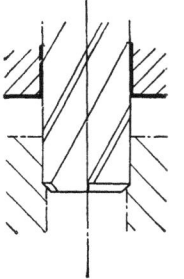

Bild 879 u. 880. Erstes und zweites Aufbohren mit geführtem Spiralsenker.   Bild 881. Reiben mit ungeführter Reibahle.

Bild 879 ··· 881. *Fertigung einer geriebenen Bohrung über etwa 18 bis etwa 50 mm Durchmesser. Bohrung vorgegossen oder vorgepreßt. Abstand und Richtung ziemlich genau.*

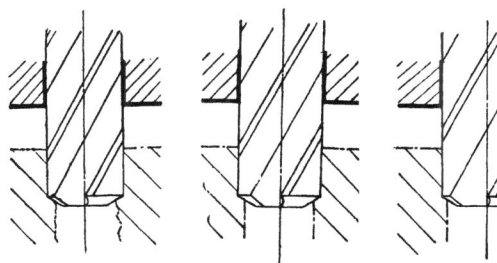 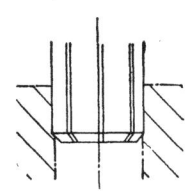

Bild 882 ··· 884. Erstes, zweites und drittes Aufbohren mit geführtem Spiralsenker.   Bild 885. Reiben mit ungeführter Reibahle.

Bild 882 ··· 885. *Fertigung einer geriebenen Bohrung über etwa 50 mm Durchmesser. Bohrung vorgegossen oder vorgepreßt. Abstand und Richtung ziemlich genau.*

268 8 Vorrichtungen für bestimmte Fertigungsgebiete

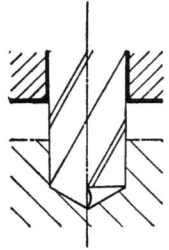 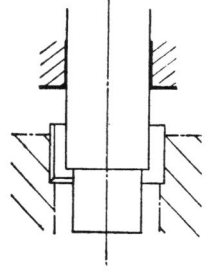 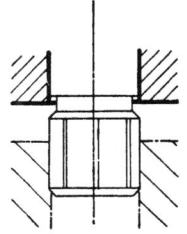

Bild 886. Bohren mit geführtem Spiralbohrer.   Bild 887. Ausbohren mit geführter Bohrstange mit zweischneidigem Messer.   Bild 888. Reiben mit geführter Reibahle.

Bild 886 ··· 888. *Fertigung einer geriebenen Bohrung, aus dem Vollen. Abstand und Richtung genau.*

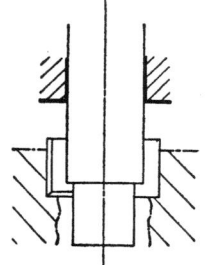 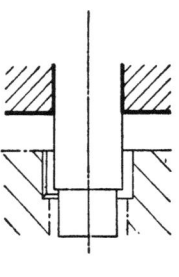 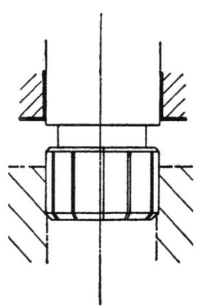

Bild 889 u. 890. Erstes und zweites Ausbohren mit geführter Bohrstange mit zweischneidigem Messer.   Bild 891. Reiben mit geführter Reibahle.

Bild 889 ··· 891. *Fertigung einer geriebenen Bohrung. Bohrung vorgegossen oder vorgepreßt. Abstand und Richtung genau.*

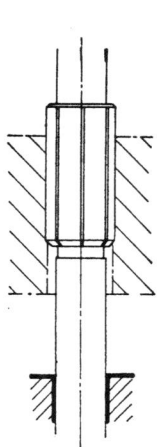 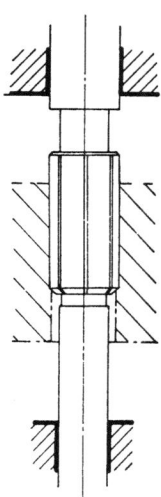

Bild 892. Fertigstellen einer Bohrung durch Reibahle mit Zapfenführung.   Bild 893. Fertigstellen einer Bohrung durch Reibahle mit Führung vor und hinter dem Schneidenteil (doppelt geführte Reibahle).

8.5522 Fertigung gestufter, zylindrischer Bohrungen (Bild 894 · · · 932)

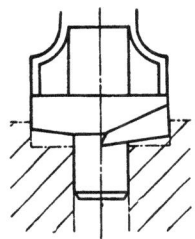 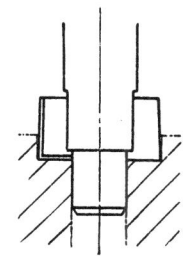 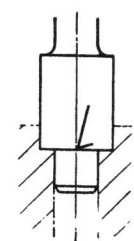

Bild 894. Aufbohren mit Spiralbohrmesser.   Bild 895. Aufbohren mit zweischneidigem Bohrmesser.   Bild 896. Senken mit Zapfensenker.

Bild 894 · · · 896. *Aufbohren durch Werkzeuge, die durch Zapfen im Werkstück geführt sind.*

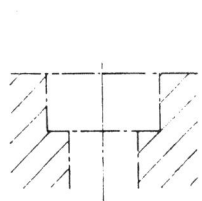 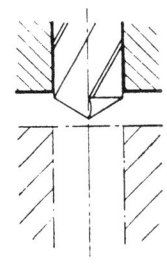 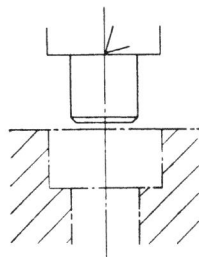

Bild 897. Zu fertigende Bohrung mit Senkung.   Bild 898. Bohren mit geführtem Spiralbohrer.   Bild 899. Senken mit Zapfensenker, Zapfen im Werkstück geführt.

Bild 897 · · · 899. *Fertigung einer Bohrung mit Senkung.*

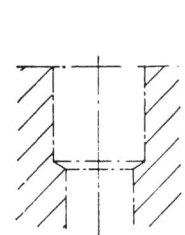 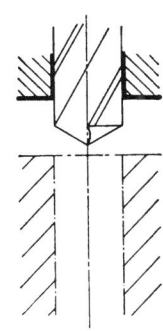 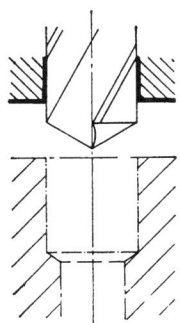

Bild 900. Zu fertigende Bohrung.   Bild 901. Bohren mit geführtem Spiralbohrer.   Bild 902. Aufbohren mit geführtem Spiralbohrer.

Bild 900 · · · 902. *Fertigung einer abgesetzten, ungeriebenen Bohrung.*

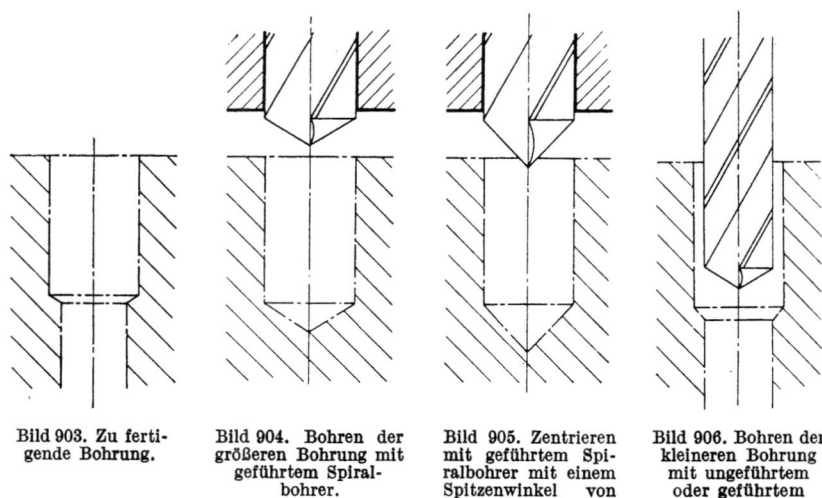

Bild 903. Zu fertigende Bohrung.

Bild 904. Bohren der größeren Bohrung mit geführtem Spiralbohrer.

Bild 905. Zentrieren mit geführtem Spiralbohrer mit einem Spitzenwinkel von etwa 90°.

Bild 906. Bohren der kleineren Bohrung mit ungeführtem oder geführtem Spiralbohrer.

Bild 903 ··· 906. *Fertigung einer abgesetzten, ungeriebenen Bohrung. Mittigkeit der Bohrungsteile sowie Abstand und Richtung der Bohrung ungenau.*

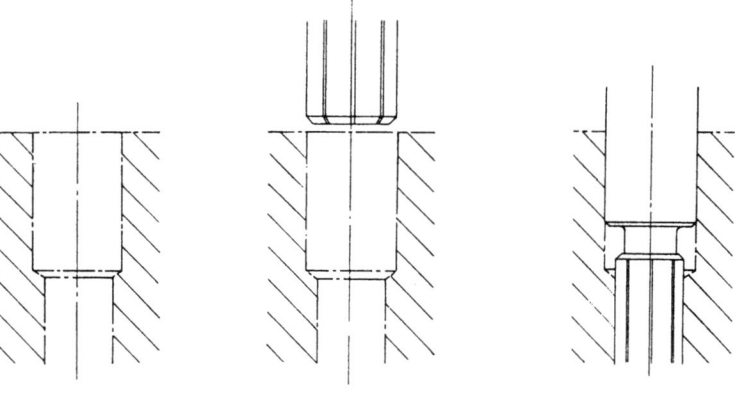

Bild 907. Zu fertigende Bohrung.

Bild 908. Reiben der größeren Bohrung mit ungeführter Reibahle.

Bild 909. Reiben der kleineren Bohrung mit Reibahle, die in der größeren Bohrung geführt ist.

Bild 907 ··· 909. *Fertigstellung einer abgesetzten, geriebenen Bohrung. Mittigkeit der Bohrungsteile sowie Richtung der Bohrung genau.*

8.55 Werkzeugführung für die Fertigung von Bohrungen

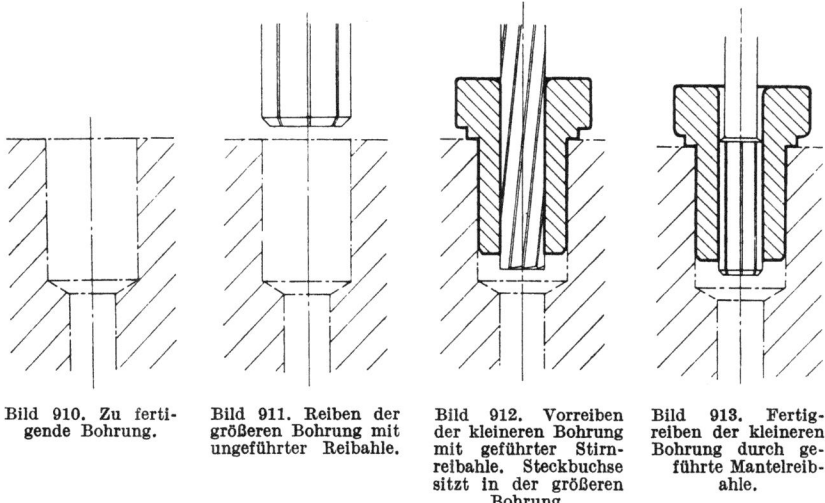

Bild 910. Zu fertigende Bohrung.

Bild 911. Reiben der größeren Bohrung mit ungeführter Reibahle.

Bild 912. Vorreiben der kleineren Bohrung mit geführter Stirnreibahle. Steckbuchse sitzt in der größeren Bohrung.

Bild 913. Fertigreiben der kleineren Bohrung durch geführte Mantelreibahle.

Bild 910 ··· 913. *Fertigstellung einer abgesetzten geriebenen Bohrung. Mittigkeit der Bohrungsteile und Richtung der Bohrung genau.*

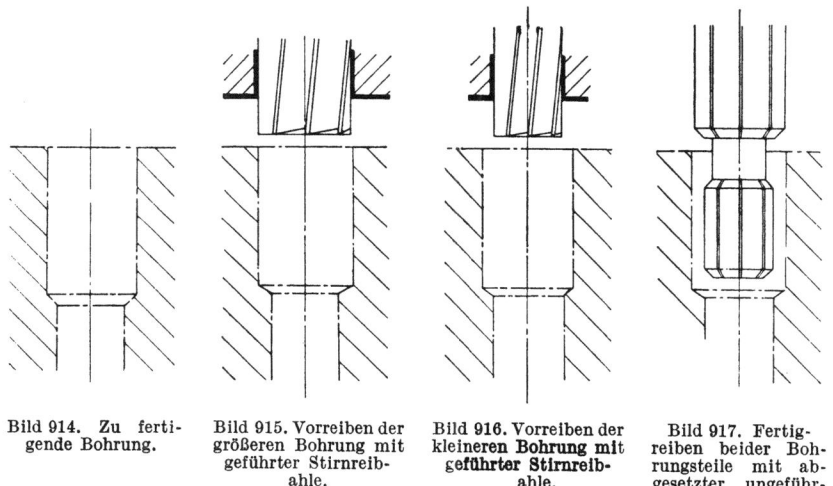

Bild 914. Zu fertigende Bohrung.

Bild 915. Vorreiben der größeren Bohrung mit geführter Stirnreibahle.

Bild 916. Vorreiben der kleineren Bohrung mit geführter Stirnreibahle.

Bild 917. Fertigreiben beider Bohrungsteile mit abgesetzter, ungeführter Reibahle.

Bild 914 ··· 917. *Fertigung einer abgesetzten, geriebenen Bohrung. Mittigkeit der Bohrungsteile sowie Abstand und Richtung der Bohrung genau.*

8 Vorrichtungen für bestimmte Fertigungsgebiete

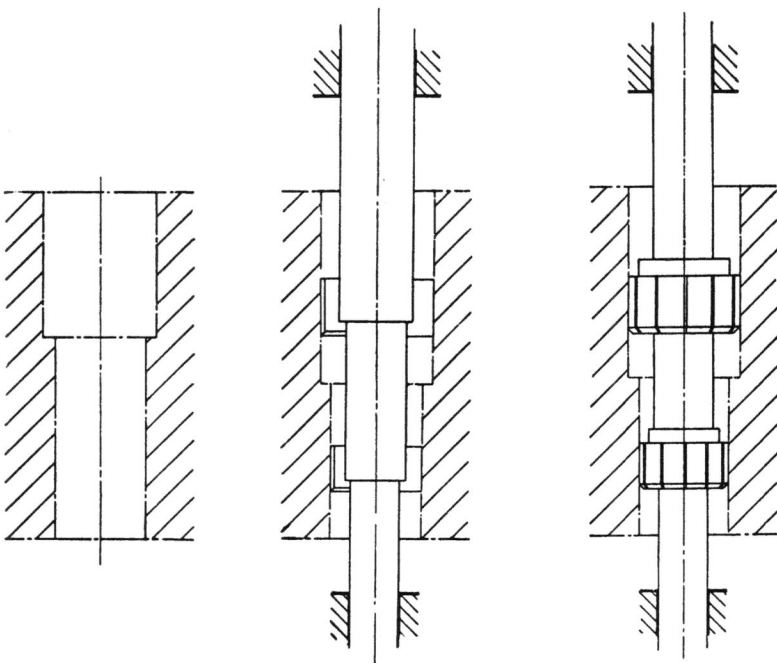

Bild 918. Zu fertigende Bohrung.

Bild 919. Aufbohren der größeren und kleineren Bohrung mit Bohrstange mit zweischneidigen Messern.

Bild 920. Reiben der größeren und kleineren Bohrung. Reibahlenhalter in Maschine oder Vorrichtung beiderseitig geführt.

Bild 918 ··· 920. *Fertigstellung einer abgesetzten, geriebenen Bohrung. Mittigkeit der Bohrungsteile sowie Abstand und Richtung der Bohrung genau.*

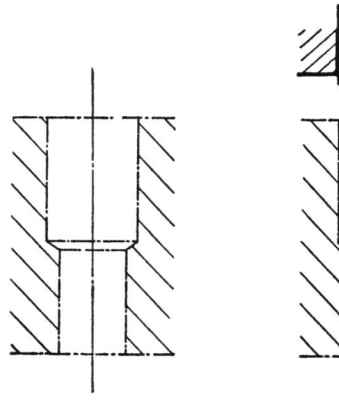 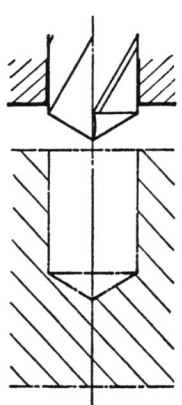 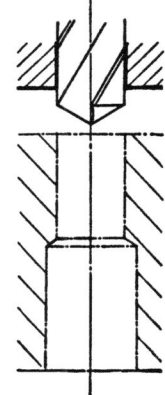

Bild 921. Zu fertigende Bohrung.

Bild 922. Bohren der größeren Bohrung mit geführtem Spiralbohrer.

Bild 923. Bohren der kleineren Bohrung mit geführtem Spiralbohrer.

Bild 921 ··· 923. *Fertigung einer abgesetzten, ungeriebenen Bohrung. Mittigkeit der Bohrungsteile sowie Abstand und Richtung der Bohrung ziemlich genau. Fertigung von zwei Seiten aus, wozu das Werkstück um 180° gewendet wird.*

8.55 Werkzeugführung für die Fertigung von Bohrungen

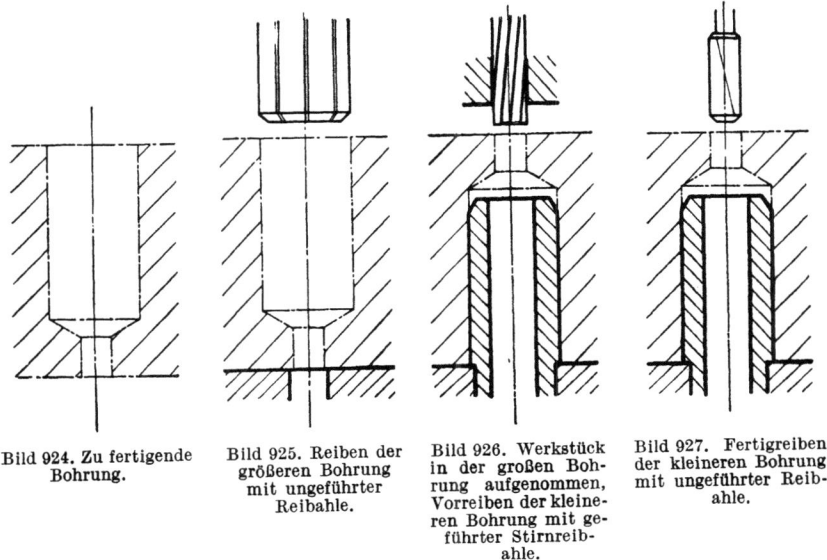

Bild 924. Zu fertigende Bohrung.

Bild 925. Reiben der größeren Bohrung mit ungeführter Reibahle.

Bild 926. Werkstück in der großen Bohrung aufgenommen, Vorreiben der kleineren Bohrung mit geführter Stirnreibahle.

Bild 927. Fertigreiben der kleineren Bohrung mit ungeführter Reibahle.

Bild 924 ··· 927. *Fertigstellung einer abgesetzten, geriebenen Bohrung von zwei Seiten aus. Mittigkeit der Bohrungsteile und Richtung der Bohrung genau.*

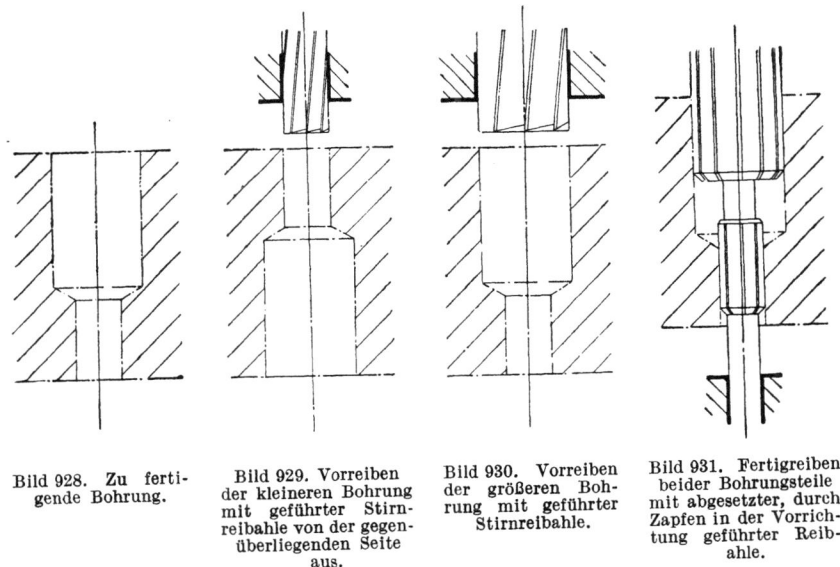

Bild 928. Zu fertigende Bohrung.

Bild 929. Vorreiben der kleineren Bohrung mit geführter Stirnreibahle von der gegenüberliegenden Seite aus.

Bild 930. Vorreiben der größeren Bohrung mit geführter Stirnreibahle.

Bild 931. Fertigreiben beider Bohrungsteile mit abgesetzter, durch Zapfen in der Vorrichtung geführter Reibahle.

Bild 928 ··· 931. *Fertigstellung einer abgesetzten, geriebenen Bohrung von zwei Seiten aus. Mittigkeit der Bohrungsteile sowie Abstand und Richtung der Bohrung genau.*

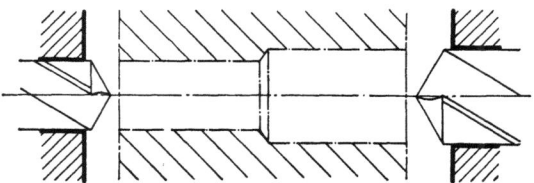

Bild 932. Fertigung einer abgesetzten, ungeriebenen Bohrung von zwei Seiten aus, unter Verwendung von zwei Bohrspindeln. Mittigkeit der Bohrungsteile sowie Abstand und Richtung der Bohrung ziemlich genau.

8.5523 Fertigung zylindrischer Sackbohrungen. Der Grund von Sacklöchern ist möglichst nicht eben zu halten, sondern eine Anbohrung zu belassen (Bild 933 ⋯ 937). Vollständig ebener Lochgrund ist erheblich schwieriger zu fertigen. Er ist durch flachgeschliffenen Spiralbohrer oder einschneidigen Senker herstellbar. Bei Stirnsenkern wird hierfür

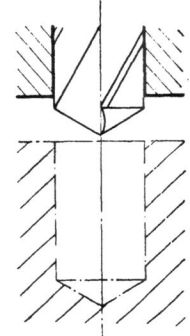 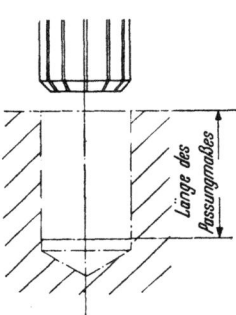

Bild 933. Bohren mit Spiralbohrer.   Bild 934. Reiben.
Bild 933 u. 934. *Fertigung einer geriebenen Sackbohrung. Grund der Bohrung vollständig spitz.*

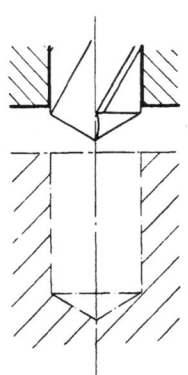 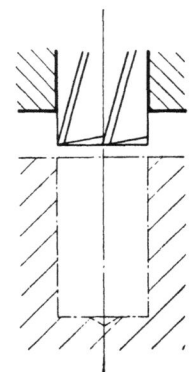 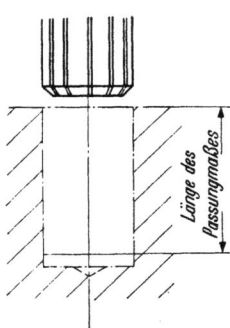

Bild 935. Bohren mit Spiralbohrer.   Bild 936. Grund senken mit Stirnsenker.   Bild 937. Reiben.
Bild 935 ⋯ 937. *Fertigung einer geriebenen Sackbohrung. Grund der Bohrung eben bis auf einen Rest der Spitze.*

8.55 Werkzeugführung für die Fertigung von Bohrungen

ein Stirnzahn über Mitte geführt. Dadurch ist dieses Werkzeug schwieriger anzufertigen und vor allem schwieriger nachzuschärfen. Die Schnittgeschwindigkeit ist auf der Bohrungsmitte gleich Null. Die Späneabfuhr an dem über Mitte geführten Zahn ist außerdem mangelhaft und dadurch dieser Zahn besonders gefährdet.

Bei Sackbohrungen ist das Paßmaß für den Bohrungsdurchmesser möglichst nicht bis auf den Lochgrund zu führen, sondern in einem Abstand vom Lochgrund zu halten, der mindestens der Länge des Reibahlenanschnittes entspricht (Bild 934 u. 937).

8.5524 Sonderfälle von Bohrungsfertigungen. Sonderfälle für die Fertigung von Bohrungen sind z. B. gegeben durch
zwei hintereinanderliegende Bohrungen (Bild 938),
parallel ineinandergehende Bohrungen (Bild 939 ··· 943),
senkrecht ineinandergehende Bohrungen (Bild 944 ··· 946),
schräg zu einer Fläche auslaufende Bohrungen (Bild 947 ··· 949),
Bohrungen von außergewöhnlicher Länge, sog. Tiefbohrungen (Bild 950),
Bohrungen in Blechpakete (Bild 951),
Bohrungen in fasernde und ausbrechende Werkstoffe (Bild 1015).

Beim Bohren mit *einschneidigem Tiefbohrer* (Einlippenbohrer, Bild 950) und umlaufendem Werkstück ist das Werkzeug durch Buchse oder

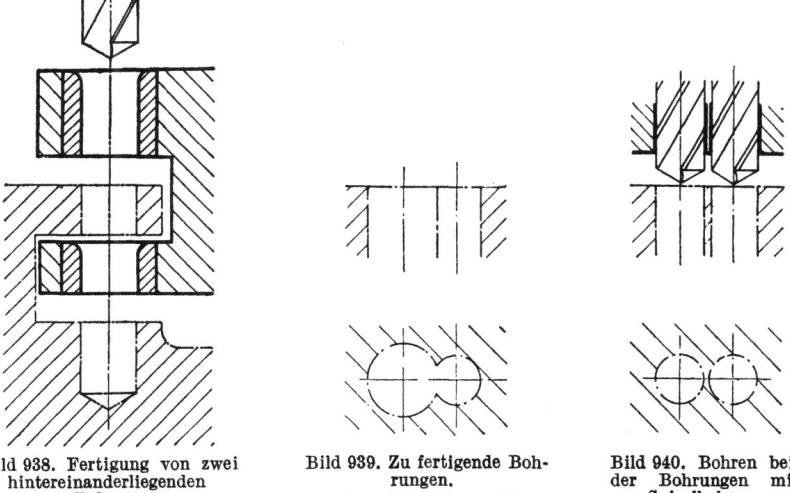

Bild 938. Fertigung von zwei hintereinanderliegenden Bohrungen.

Bild 939. Zu fertigende Bohrungen.
Hierzu Bild 941 ··· 943.

Bild 940. Bohren beider Bohrungen mit Spiralbohrer.

Anbohrung im Werkstück zu führen, und zwar mit kleinstzulässigem Spiel. Die Bohrerspitze wird im Lochgrund durch den beim Bohren entstehenden Kegel abgestützt.

Beim Bohren von *dünneren Blechen* (Bild 951) werden diese durch die Schraubkraft des Spiralbohrers entgegen der Vorschubrichtung hochgebogen. Durch den auf der Werkzeugaustrittsseite entstehenden

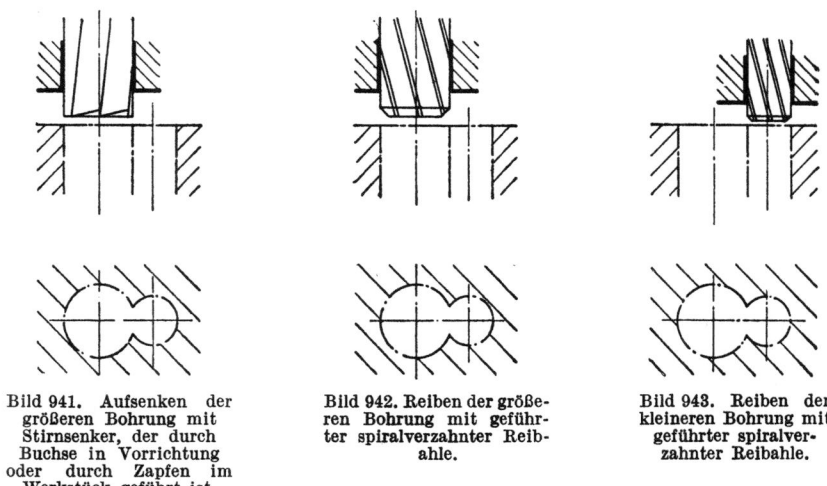

Bild 941. Aufsenken der größeren Bohrung mit Stirnsenker, der durch Buchse in Vorrichtung oder durch Zapfen im Werkstück geführt ist.

Bild 942. Reiben der größeren Bohrung mit geführter spiralverzahnter Reibahle.

Bild 943. Reiben der kleineren Bohrung mit geführter spiralverzahnter Reibahle.

Bild 939 ··· 943. *Fertigung von ineinandergehenden, parallelen Bohrungen.*

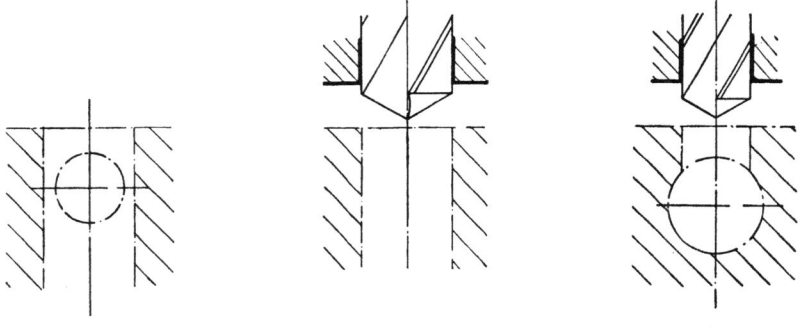

Bild 944. Zu fertigende Bohrungen.

Bild 945. Bohren der größeren Bohrung.

Bild 946. Bohren der kleineren Bohrung.

Bild 944 ··· 946. *Fertigung von senkrecht ineinandergehenden Bohrungen.*

Grat ist das Blech zum Teil behindert, in die ursprünglich ebene Lage zurückzufedern. Soweit ein Zurückfedern möglich ist, tritt außerdem eine Verengung der Bohrung ein. Die am Bohrer dadurch auftretende Reibung ist erheblich und wächst mit der Anzahl der durchbohrten Bleche. Schließlich wird diese Reibung so groß, daß die Bohrspindel stillsteht oder der Bohrer bricht. Zu bohrende Blechpakete sollen deshalb erfahrungsgemäß nicht dicker als etwa 3 d sein. Die zulässige Dicke des Paketes hängt von der Dicke und der Zerspanbarkeit des Bleches ab.

8.56 Begrenzung des Vorschubweges für Bohrwerkzeuge

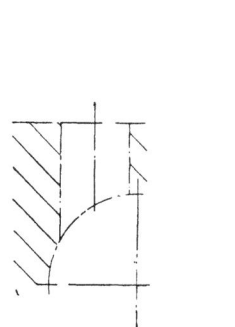 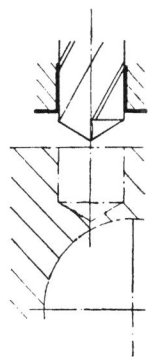 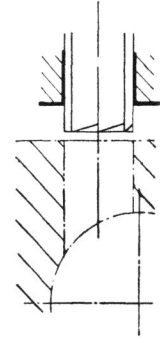

Bild 947. Zu fertigende Bohrung.   Bild 948. Bohren mit Spiralbohrer bis nahe an die große Bohrung.   Bild 949. Senken mit geführtem Stirnsenker. Stirnsenker mit Spiralwinkel von 0 bis höchstens 6°, um Einhaken zu vermeiden.

Bild 947 ··· 949. *Fertigung einer Bohrung, die in eine schräg zur Bohrungsachse liegende Fläche ausläuft.*

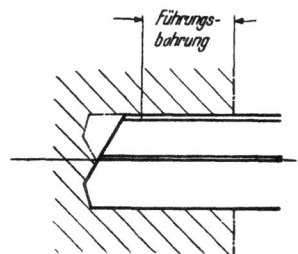 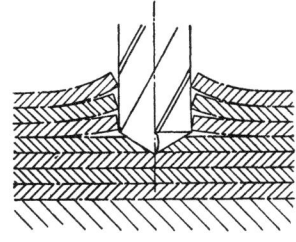

Bild 950. Bohren mit geführtem Tiefbohrer (Einlippenbohrer).   Bild 951. Verformung von Blechen beim Bohren von Blechpaketen.

Blechpakete sind in Bohrvorrichtungen in Richtung Bohrachse zu spannen. Dabei ist die Spannplatte bis an die Bohrung heranzuführen.

Beim *Bohren von fasernden* oder leicht ausbrechenden *Werkstoffen*, wie Holz, Hartgewebe oder Hartpapier, ist der Werkstoff auf der Eintritts- und auf der Austrittsseite des Werkzeuges bis dicht am Bohrungsrand zu stützen. Andernfalls werden die Bohrungskanten unsauber.

8.56 Begrenzung des Vorschubweges für Bohrwerkzeuge

Der Vorschubweg von Bohrwerkzeugen ist zu begrenzen,
 um am Werkstück eine bestimmte Bohrtiefe einzuhalten,
 um Vorrichtung oder Maschine gegen Anbohrungen zu schützen,
 um unnötig lange Vorschubwege zu vermeiden.
Der Vorschubweg von Bohrwerkzeugen kann begrenzt werden
 ohne Anschlag frei von Hand,

durch Anschlag der Bohrspindel oder des Bohrschlittens in der Maschine (Bild 952),

durch Anschlag des Werkzeuges in der Vorrichtung oder am Werkstück (Bild 953 u. 954).

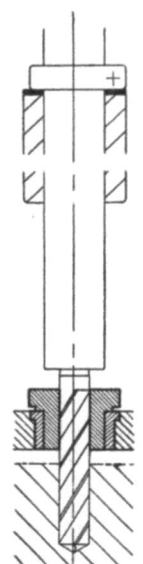
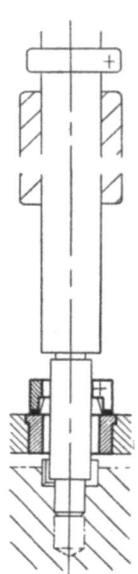
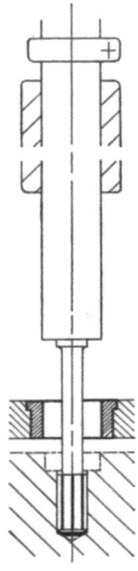

Bild 952. Bohrtiefe nach Anschlag an Maschine.

Bild 953. Senktiefe nach Anschlag an Vorrichtung.

Bild 954. Reibetiefe bis zum Aufstoßen der Reibahle auf dem Grund der Werkstückbohrung.

Bild 952 ··· 954. *Begrenzung des Werkzeugweges bei Fertigung einer Sackbohrung.*

Bild 955. Anschlag an der Maschine.

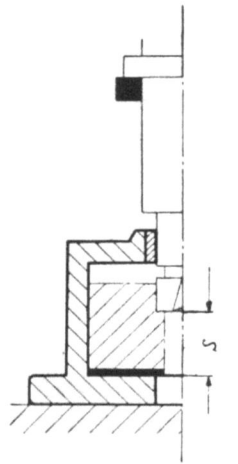
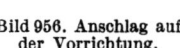
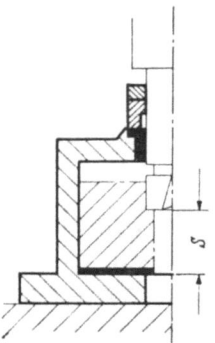

Bild 956. Anschlag auf der Vorrichtung.

Bild 955. Bild 956.

Bild 955 u. 956. *Werkzeuganschläge für Senkmaß S. Das Werkstück liegt in Vorschubrichtung auf der Maßbezugsfläche auf.*

8.56 Begrenzung des Vorschubweges für Bohrwerkzeuge

Vorzugsweise ist frei von Hand oder mit Maschinenanschlag zu arbeiten, da hierfür keine besonderen Anschaffungen nötig sind. Die Möglichkeit, mit Maschinenanschlag zu arbeiten, ist abhängig von
der Anzahl der erforderlichen Werkzeuge,
der Anzahl der zur Verfügung stehenden Bohrspindeln,
der Lage der Bezugsfläche für die Tiefe der Bohrung (ob auf Seite des Bohrtisches oder auf Seite des Bohrspindellagers),

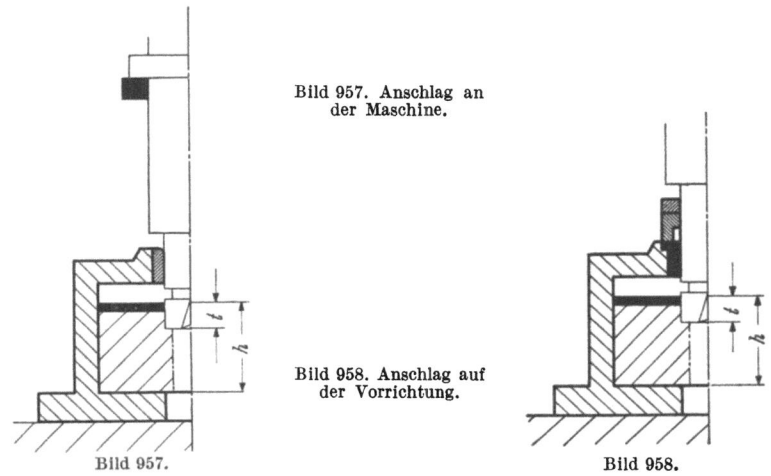

Bild 957. Anschlag an der Maschine.

Bild 958. Anschlag auf der Vorrichtung.

Bild 957 u. 958. *Werkzeuganschläge für Senktiefe t. Die Toleranz für die Senktiefe ist größer als die Toleranz für die Höhe h des Werkstückes. Das Werkstück liegt in Vorschubrichtung auf einer Fläche auf, die der Bezugsfläche für die Senktiefe t entgegengesetzt ist.*

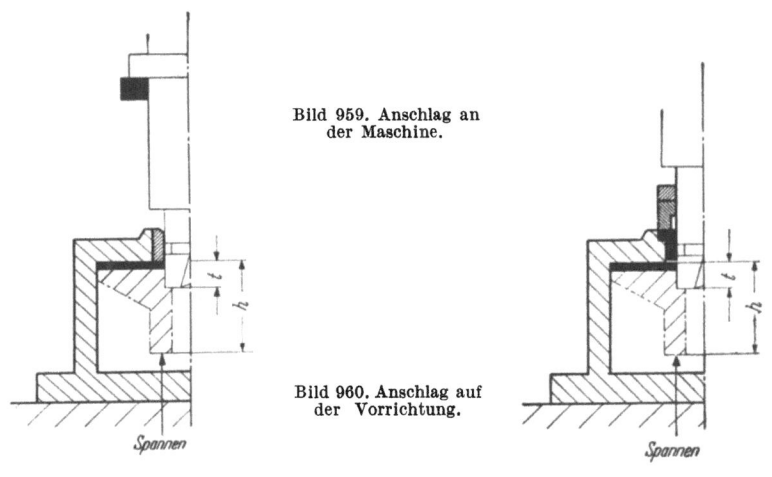

Bild 959. Anschlag an der Maschine.

Bild 960. Anschlag auf der Vorrichtung.

Bild 959 u. 960. *Werkzeuganschläge für Senktiefe t. Die Toleranz für die Senktiefe ist kleiner als die Toleranz für die Höhe h des Werkstückes. Das Werkstück liegt entgegen der Vorschubrichtung an der Bezugsfläche für das Maß t an.*

280   8 Vorrichtungen für bestimmte Fertigungsgebiete

dem Verhältnis der Toleranz für die Bohrtiefe zur Toleranz für die Höhe des betreffenden Werkstückes (Bild 955 ··· 962).

Bohrbuchsen oder Grundbuchsen für Steckbohrbuchsen, die als Werkzeuganschlag dienen, sind mit Bund auszuführen, damit sie beim Anschlagen nicht nachgeben können. Beim Anschlagen auf Werkstückflächen von hoher Güte ist das Werkzeug mit umlaufendem Anschlag auszurüsten, damit die Werkstückfläche nicht beschädigt wird.

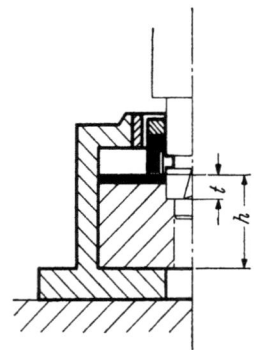
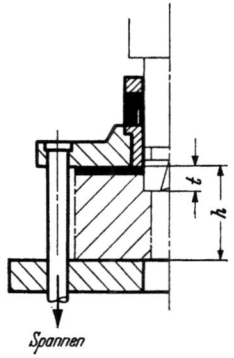

Bild 961. Anschlag auf der Maßbezugsfläche des Werkstückes.

Bild 962. Anschlag auf der Vorrichtung. Der Bohrbuchsenträger ist beweglich und liegt auf der Maßbezugsfläche auf.

Bild 961 u. 962. *Werkzeuganschlag für Senktiefe t. Die Toleranz für die Senktiefe ist kleiner als die Toleranz für die Höhe h des Werkstückes. Das Werkstück liegt in Vorschubrichtung auf einer Fläche auf, die der Bezugsfläche für das Maß entgegengesetzt ist.*

8.57 Verbindung von Bohrvorrichtungen mit der Maschine

Für den Anschluß von Bohrvorrichtungen an die Maschine kommen in Betracht:

Bewegliche Vorrichtung *von Hand festhalten*. Zum Festhalten ist die Vorrichtung mit einem Griff zu versehen, wenn das Drehmoment ohne Griff nicht mit Sicherheit oder nur unter besonderer Anstrengung des Bedienenden aufgenommen werden kann.

Bewegliche Vorrichtung *gegen Anschläge legen* und gegen Abheben von Hand festhalten.

Bewegliche Vorrichtung in der Bohrstellung gegen Anschläge legen und *gegen Abheben* durch überkragende Teile *sichern*.

Bewegliche Vorrichtung in Bohrstellung *gegen Anschläge* legen und *festspannen*.

Die Vorrichtung auf dem Maschinentisch *festspannen*.

Bohrvorrichtungen sind beweglich zu halten,

   wenn das Bedienen der Vorrichtung dadurch leichter ist als bei festgelegter Vorrichtung,

   wenn für öfteren Werkzeugwechsel die Vorrichtung aus dem Bereich der Bohrspindel zu bringen ist,

8.57 Verbindung von Bohrvorrichtungen mit der Maschine

wenn die Vorrichtung gegenüber mehreren Bohrspindeln in Arbeitsstellung zu bringen ist.

Durch *Anschläge* wird das Ausrichten der Bohrvorrichtung gegenüber dem Bohrwerkzeug beschleunigt und das Drehmoment aufgenommen. Bei verhältnismäßig nachgiebigen Werkzeugen sind auch leichtere, bewegliche Bohrvorrichtungen nach Anschlägen auszurichten, damit vor dem Einführen des Werkzeuges Bohrbuchse und Werkzeugachse fluchten. Andernfalls können nachgiebige Werkzeuge brechen. Als verhältnismäßig nachgiebig gelten hierbei Werkzeuge, die nicht ausreichend steif sind, um die Vorrichtung durch Einführen des Werkzeuges in die Bohrrichtung zu bringen.

Auf dem Bohrtisch *festzuspannen* sind sämtliche Vorrichtungen, die auf Waagerechtbohrmaschinen verwendet werden, denn außer Drehmoment und Vorschubkraft sind auch Kippmomente aufzunehmen. Außerdem sind alle Bohrvorrichtungen festzuspannen, wenn die Größe der auftretenden Bohrkräfte das erfordert, sowie Bohrvorrichtungen, deren Lage gegenüber der Bohrspindel nicht verändert zu werden braucht. Größere Werkstücke, die mit beiden Händen angefaßt werden müssen, sind in feststehende Vorrichtungen leichter einzulegen als in bewegliche.

Bohrvorrichtungen für Waagerechtbohrmaschinen sind mit *Nutensteinen* zu versehen, um die Winkelstellung der Vorrichtung zu sichern und um die Vorschubkraft aufzunehmen. Vorrichtungen unter starrem Bohrspindelträger, wie dem von Ständerbohrmaschinen, erhalten zweckmäßig keine Nutensteine, sondern werden nach Spindelmitte ausgerichtet und festgespannt.

Die Grundfläche festzuspannender Bohrvorrichtungen ist durchgehend eben zu halten. Bohrvorrichtungen, die bei jedem Arbeitsgang zu bewegen sind, sind mit Füßen (Bild 1017 ··· 1022) zu versehen.

Schwerere Vorrichtungen, die über größere Strecken zu bewegen sind, werden zweckmäßig *auf Rollen* gesetzt. Rollen treten dabei entweder an die Stelle von Füßen oder dienen nur zum Bewegen der Vorrichtung, die zum Bohren auf feste Füße gestellt wird.

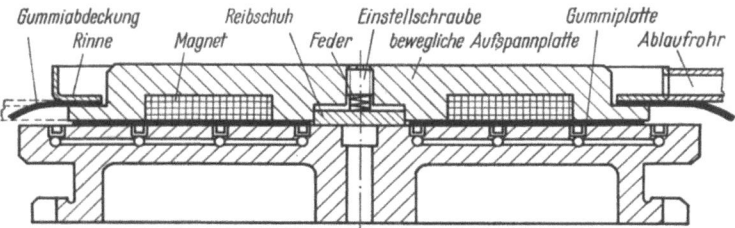

Bild 963. Schwebe-Aufspanntisch, auf Luftkissen in *einer* Ebene allseitig verschiebbar. Die bewegliche Aufspannplatte wird durch Druckluft von der Grundplatte abgehoben, ist danach leicht verschiebbar und wird nach dem Absperren der Druckluftzufuhr durch Dauermagnete festgelegt. Lösen und Festlegen durch Fußschalter steuerbar. Handelsüblich in drei Größen für Werkstücke bis zu etwa 300 kg Gewicht.

Für Bohrzwecke wurden auf Rollen gelagerte Kreuztische sowie auf Luftkissen setzbare Tische (Bild 963) entwickelt, die in einer Ebene allseitig beweglich sind. Diese Tische geben unter ganz geringer Seitenkraft nach, wodurch Vorrichtungen auch durch verhältnismäßig nachgiebige Werkzeuge ausgerichtet werden, ohne daß diese Werkzeuge dadurch gefährdet sind.

8.58 Richtlinien für die Gestaltung von Bohrvorrichtungen

8.581 Allgemeines

Bohr-, Senk-, Reibe- und Gewindeschneidvorrichtungen dienen nicht nur zum Bestimmen der Lage und zum Spannen des Werkstückes, sondern in den meisten Fällen außerdem zum Führen des Werkzeuges. Das gilt namentlich für Bohrvorrichtungen.

Größe und *Gestalt* einer Bohrvorrichtung werden in der Hauptsache bestimmt durch

Form und Größe des Werkstückes,
Größe und Anzahl der zu fertigenden Bohrungen,
Anzahl und Winkellage der Bohrrichtungen,
Größe und Richtung der auf das Werkstück wirkenden Kräfte,
Genauigkeit für Durchmesser, Lage und Richtung der Bohrung,
Erfordernisse für das Einlegen und Herausnehmen des Werkstückes,
Anzahl der je Bohrung erforderlichen Werkzeuge,
Art der Bohrmaschine,
Späneabfuhr,
Werkstückzahl,
Werkstoff- und Herstellkosten für die Vorrichtung,
Geschicklichkeit und Übung der Arbeitskräfte.

Die beim Bohren, Senken usw. auf das Werkstück wirkenden *Kräfte* sind in Bild 834 und 835 angedeutet. Zur Aufnahme von Vorschubkraft und Drehmoment ist das Werkstück in Vorschubrichtung aufzulegen und gegen Drehen zu sichern. Das Werkstück ist außerdem entgegen der Vorschubrichtung festzuhalten, um der beim Durchtreten des Werkzeuges auftretenden Schraubkraft und der Mitnahme des Werkstückes beim Zurückziehen des Werkzeuges entgegenzuwirken.

Je genauer *Abstand* und *Richtung* einer Bohrung ausfallen sollen, um so steifer ist eine Bohrvorrichtung zu halten. Das gilt insbesondere für die Verbindung zwischen Werkstückaufnahme und Werkzeugführung.

Durchgehende Bohrungen, die von *einer* Seite aus gefertigt werden, sind möglichst von jener Seite aus zu fertigen, auf der am Werkstück für den Bohrungsabstand die größere Genauigkeit gefordert wird, denn mit zunehmendem Heraustreten des Werkzeuges aus seiner Führung wird der Abstand einer Bohrung ungenauer.

8.58 Richtlinien für die Gestaltung von Bohrvorrichtungen

Das *Gewicht* einer Bohrvorrichtung ist möglichst niedrig zu halten, wenn die Vorrichtung auf der Maschine bewegt werden muß. Bei ortsfesten Bohrvorrichtungen spielt das Gewicht hingegen nur eine untergeordnetere Rolle.

Für den *Bohrgrat* sind Nuten vorzusehen, wenn dieser Grat das Entfernen des Werkstückes aus der Vorrichtung behindern würde. Das ist in der Regel bei Werkstücken der Fall, die auf Dorn, in Bohrung oder Schlitz aufgenommen sind (Bild 38 u. 39).

Weitestgehend sind *genormte* und *handelsübliche* Bohrvorrichtungen sowie Mehrzweck-Bohrvorrichtungen zu verwenden.

Die durch Verwendung von Bohrvorrichtungen möglichen *Leistungen* können besonders *gesteigert* werden durch Anordnung mehrerer Werkstücke in derselben Vorrichtung, z. B. in Richtung Bohrachse oder nebeneinander oder in Achsrichtung und nebeneinander. Mittels schwenk- oder schiebbarer Vorrichtungen kann außerdem abwechselnd gearbeitet werden.

Bohrleistungen können außerdem gesteigert werden

von seiten des *Werkzeuges* durch Verwendung von Hartmetall, durch Verbindung von zwei oder mehr Werkzeugen zu einem Werkzeug, durch Kühlmittelzufuhr durch den Werkzeugschaft,

von seiten der *Werkzeugaufnahme* durch Mehrspindelbohrkopf,

von seiten der *Maschine* durch

gleichzeitiges Bohren mit mehreren Spindeln,

selbsttätiges Entspanen,

Rundtisch (Bild 964 ··· 969),

selbsttätiges Eingeben und Entfernen des Werkstückes.

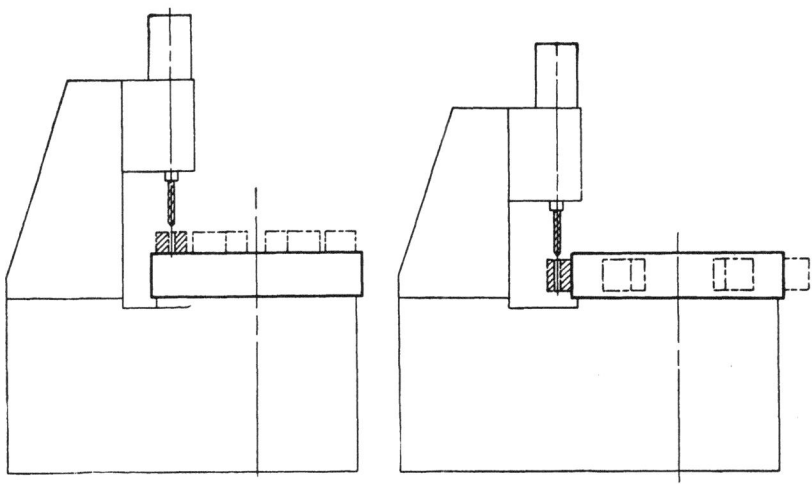

Bild. 964. Senkrechtbohrmaschine mit Schalttisch. Bohrvorrichtungen auf der Tischfläche.

Bild 965. Senkrechtbohrmaschine mit Schalttisch. Bohrvorrichtungen an der Mantelfläche des Tisches.

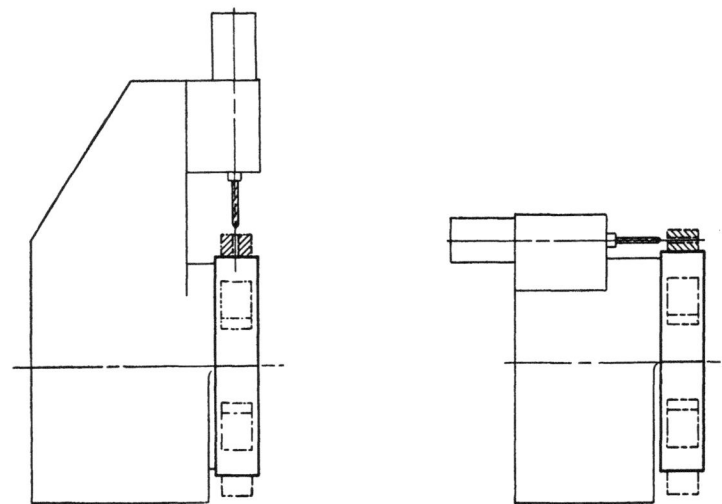

Bild 966. Senkrechtbohrmaschine mit Schalttrommel.

Bild 967. Waagerechtbohrmaschine mit Schalttrommel.

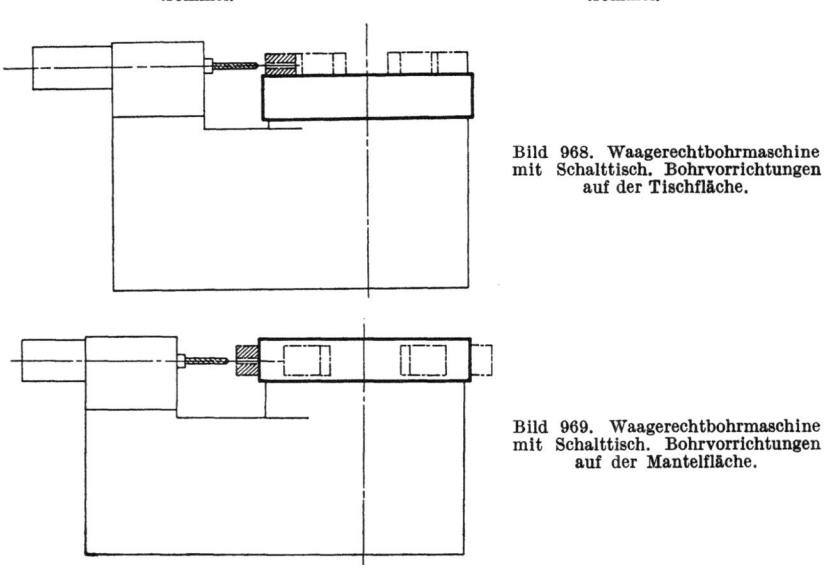

Bild 968. Waagerechtbohrmaschine mit Schalttisch. Bohrvorrichtungen auf der Tischfläche.

Bild 969. Waagerechtbohrmaschine mit Schalttisch. Bohrvorrichtungen auf der Mantelfläche.

8.582 Bohrbuchsen

8.5821 Arten von Bohrbuchsen

Feste Bohrbuchsen,
    Zylindrische Bohrbuchsen DIN 179 (Bild 970 u. 971),
    Kegelige Bohrbuchsen (Bild 972),
    Bundbohrbuchsen DIN 172 (Bild 973),

8.58 Richtlinien für die Gestaltung von Bohrvorrichtungen

Steckbohrbuchsen DIN 173 (Bild 974 ··· 979),
Umlaufende Bohrbuchsen (Bild 989),
Spannbohrbuchsen (Bild 990 ··· 997),
Sonderformen von Bohrbuchsen (Bild 998 ··· 1001),
Führungsbuchsen für Bohrstangen (Bild 1002 ··· 1009).

Feste Bohrbuchsen werden verwendet,
um die Bohrung mit nur *einem* Werkzeug fertigzustellen,

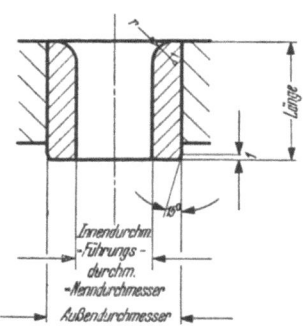

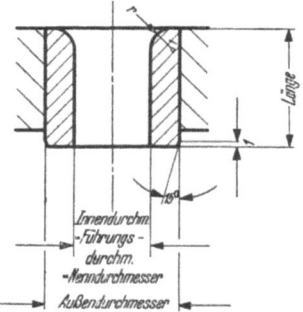

Bild 971. Ausführung B, Bohrung an *beiden* Enden gerundet.

Bild 972. Kegelige Bohrbuchse. (Früher DIN 180; Norm zurückgezogen.)

Bild 970. Ausführung A, Bohrung an *einem* Ende gerundet.

Bild 970 u. 971. *Zylindrische Bohrbuchsen nach DIN 179.*

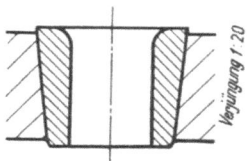

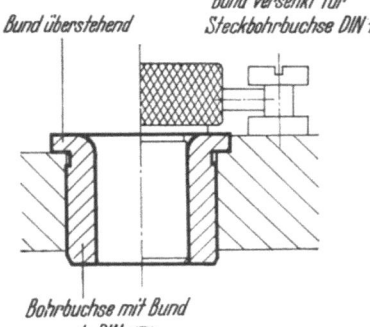

Bild 973. Bundbohrbuchse (Bohrbuchse mit Bund) nach DIN 172, vorzugsweise erforderlich, wenn die Buchse zugleich als Werkzeuganschlag dient.

um das erste Werkzeug zu führen, wonach das Werkstück der Vorrichtung entnommen und die Bohrung außerhalb der Vorrichtung fertiggestellt wird,

um die Bohrung mit einem geführten Werkzeug anzubohren, mit einem zweiten Werkzeug ohne Führung zu bohren und mit einem dritten, durch die Buchse geführten Werkzeug fertigzustellen,

um das erste Werkzeug zu führen, wonach der Bohrbuchsenträger durch Abheben, Wegklappen oder Beiseiteschieben entfernt wird.

Steckbohrbuchsen (Bild 974 ··· 979) werden vorzugsweise verwendet, wenn für die Fertigung einer Bohrung zwei oder mehr Buchsen mit verschieden großem Führungsdurchmesser erforderlich sind, die schnell gewechselt werden müssen.

Steckbohrbuchsen sind gegen Drehen und Hochgehen zu sichern. Die Sicherung durch Stift und Schraube läßt eine Schraubbewegung zu,

286   8 Vorrichtungen für bestimmte Fertigungsgebiete

durch welche die Buchse leichter herausziehbar ist als ausschließlich in Achsrichtung.

Aus dem Vorrichtungskörper herausragende Sicherungsteile wie die Schrauben nach DIN 173 behindern in manchen Fällen das Werkzeug

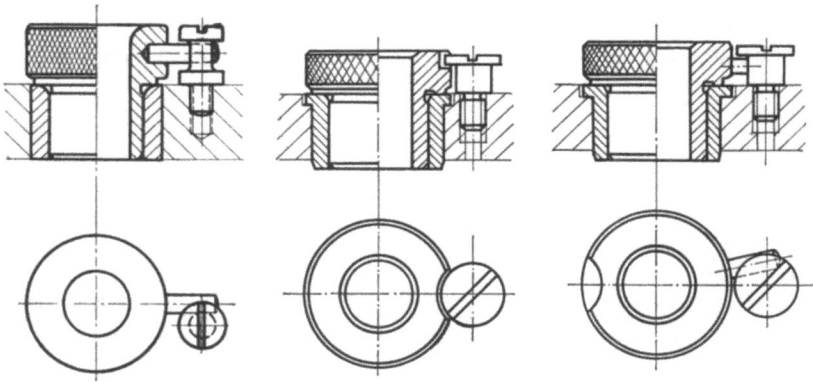

Bild 974. Steckbohrbuchse nach DIN 173, Blatt 1, Form A, Schnellwechselbuchse, mit Bundschraube und Anschlagstift, mit zylindrischer Bohrbuchse nach DIN 179 als Grundbuchse.

Bild 975. In Verwendung als Auswechselbuchse (Form E), entsprechend einer festen Bohrbuchse, jedoch mit raschem Wechsel bei Verschleiß. Sicherung gegen Drehen und Hochgehen durch Zylinderschraube und Ausfräsung im Buchsenkopf.

Bild 976. In Verwendung als Schnellwechselbuchse (Form ES), mit Sicherung gegen Drehen und Hochgehen durch Zylinderschraube und Anschlagstift.

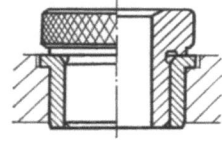 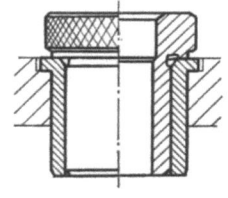 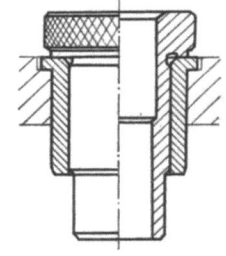

Bild 977. Kurze Ausführung.

Bild 978. Mittellange Ausführung. Zum Teil freigebohrt.

Bild 979. Lange Ausführung. Zum Teil freigebohrt und Außendurchmesser abgesetzt.

Bild 975 ··· 979. *Steckbohrbuchsen nach DIN 173, Blatt 2, Ausgabe 1968, im Buchsenkopf mit Ausfräsung und mit Stiftloch, mit Zylinderschraube mit Ansatz. Wegen anderer (gröberer) Stufung der Außendurchmesser gegen Steckbohrbuchsen DIN 173, Blatt 1, nicht austauschbar. Dazu Grundbuchsen nach DIN 173, Blatt 2, Form G mit Bund, Form H ohne Bund.*

und erfordern für umzulegende Vorrichtungen höhere Füße. Bei der Sicherung nach Tafel 18 ist der Sicherungsstift im Aufnahmeteil der Buchse angeordnet.

Größere Steckbohrbuchsen, ab etwa 60 mm Bunddurchmesser, sind zum leichteren Herausziehen mit Löchern für Steckstifte zu versehen.

Zum Bohren tieferer Bohrungen, d. h. in diesem Fall von Bohrungen von mehr als etwa 2 d Tiefe, werden Steckbohrbuchsen häufig nur zum

8.58 Richtlinien für die Gestaltung von Bohrvorrichtungen

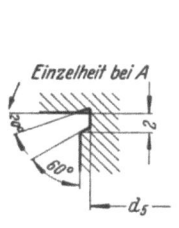
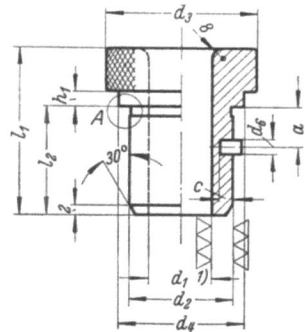

Tafel 18. (1). *Steckbohrbuchsen mit Bajonettsicherung*[1]

Maße in mm
▽▽▽ [▽▽]

Bezeichnung einer Steckbohrbuchse mit Bohrung $d_1 = 40$ mit Aufnahmedurchmesser $d_2 = 56$, Steckbohrbuchse 40 × 56 Tafel 18 (1).

Für Bohrung* d_1	d_2 m 6	d_3	d_4	d_5	d_6 H 8	a	c	h_1	l_1	l_2	Zylinderstift
über 32 bis 36	48	63	56	47,4	5	12	4,5	4	58	45	5_m × 6,5
über 36 bis 39	52	68	60	51,4	5	12	5	4	62	50	5_m × 7
über 39 bis 42	56	73	64	55,4	5	12	5,5	4	66	55	5_m × 7,5
über 42 bis 46	60	78	68	59,4	6	15	5,5	4	72	60	6_m × 8
über 46 bis 50	65	83	73	64,4	6	15	6	5	78	65	6_m × 8,5
über 50 bis 55	70	88	78	69,4	6	18	6	5	85	70	6_m × 8,5
über 55 bis 60	75	93	84	74,4	6	18	6	5	93	75	6_m × 8,5

* Toleranzfeld der Bohrung: F7, außerdem gegebenenfalls G7 oder E8. Werkstoff: Stahl; Ausführung: Gehärtet; Härte Rockwell HR_c 63 ± 2. Hierzu Grundbuchsen Tafel 18 (2).

Anbohren benutzt und danach aus der Vorrichtung entfernt. Denn bei entfernter Buchse geht die Späneabfuhr störungsfreier vor sich als durch die Buchse hindurch. Noch lieber verzichtet der Bedienende auf eine Sicherung gegen Hochgehen der Buchse. Er bohrt an, läßt die Buchse durch den Spänedruck hochgehen und mit dem Werkzeug umlaufen. In manchen Fällen genügen die dabei erreichbaren Bohrergebnisse den jeweils gestellten Anforderungen, und ist der erhöhte Verschleiß der Bohrbuchsenaufnahme tragbar.

Gegebenenfalls ist von zwei Werkzeugen nur das kleinere durch Steckbohrbuchse zu führen, hingegen das größere durch die Grundbuchse (Bild 980 u. 981). Dieses Vorgehen kann angebracht sein, wenn der Abstand der Bohrung von einer Wand oder der Abstand zwischen zwei

---

[1] H. E. Scheibe, München.

8 Vorrichtungen für bestimmte Fertigungsgebiete

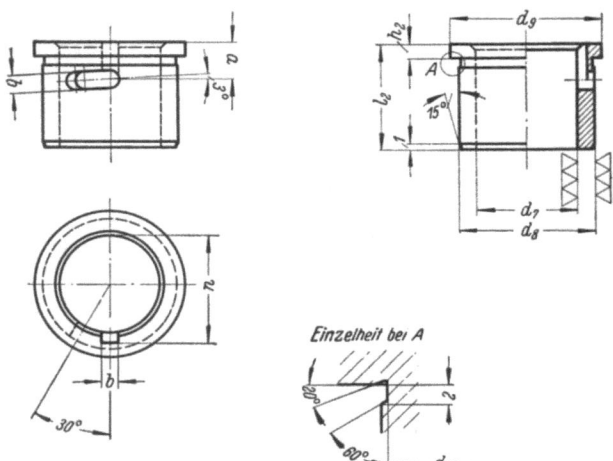

Tafel 18. (2). *Grundbuchsen für Steckbohrbuchsen mit Bajonettsicherung*

Maße in mm
∇∇ [∇∇∇]

Bezeichnung einer Grundbuchse zu Steckbohrbuchse mit Bohrung $d_1 = 40$ und Aufnahmedurchmesser $d_2 = 56$, Grundbuchse 56 Tafel 18 (2).

Gehört zu Steckbuchsen mit Bohrung d_1	d_7 F 7	d_8 n 6	d_9	d_{10}	a	b	h_2	l_2	n
über 32 bis 36	48	60	65	59,4	12	5,6	6	45	50,5
über 36 bis 39	52	64	70	63,4	12	5,6	6	50	54,5
über 39 bis 42	56	68	75	67,4	12	5,6	6	55	58,5
über 42 bis 46	60	72	80	71,4	15	6,8	7	60	63
über 46 bis 50	65	78	85	77,4	15	6,8	7	65	68
über 50 bis 55	70	84	90	83,4	18	6,8	7	70	73
über 55 bis 60	75	90	95	89,4	18	6,8	8	75	78

Werkstoff: Stahl.
Ausführung: Gehärtet; Härte Rockwell HR_c 63 ± 2.
Hierzu Steckbohrbuchsen Tafel 18 (1).

Bohrungen zu gering ist, um eine der größeren Bohrung entsprechende Steckbohrbuchse mit zugehöriger Grundbuchse unterzubringen. Die Bohrung der Grundbuchse verschleißt jedoch stark durch das umlaufende Werkzeug und durch die Bohrspäne.

Für untergeordnete Zwecke und geringere Stückzahlen können Steckbohrbuchsen unmittelbar in einen ungehärteten Teil gesetzt werden. Im Normalfall sind Steckbohrbuchsen jedoch in gehärteter Grundbuchse aufzunehmen. Als Grundbuchsen sind vorzugsweise zylindrische Bohrbuchsen nach DIN 179, für anschlagende Werkzeuge Bohrbuchsen mit Bund nach DIN 172 zu verwenden.

8.58 Richtlinien für die Gestaltung von Bohrvorrichtungen

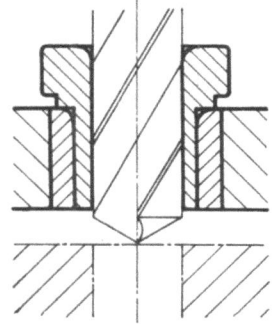 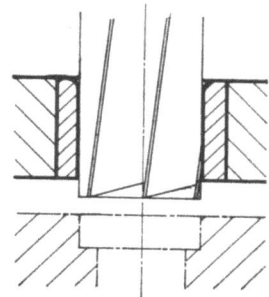

Bild 980. Spiralbohrer durch Steckbohrbuchse geführt. Bild 981. Stirnsenker durch Grundbuchse geführt.
Bild 980 u. 981. *Grundbuchse dient zum Aufnehmen einer Steckbohrbuchse und zum Führen eines Werkzeuges.*

Für Steckbohrbuchsen, die von Spannbuchsen aufgenommen werden, ergibt sich zwangläufig eine verhältnismäßig große Länge (Bild 982).

Gehören zu derselben Grundbuchse mehrere Steckbohrbuchsen, ist die *Verwendungsfolge* zu kennzeichnen (Bild 983 ··· 985).

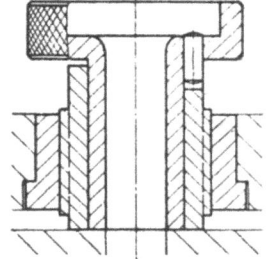

Werden in derselben Vorrichtung Steckbohrbuchsen für verschieden große Bohrungen verwendet, ist ein *Verwechseln* dieser Buchsen zu *verhindern*. Zweckmäßig werden hierfür die Außendurchmesser dieser Buchsen verschieden groß gehalten.

Steckbohrbuchsen sind einfach zu fertigen und ermöglichen in der Regel eine einfache und steife Gestaltung der Vorrichtung. Ihre Handhabung ist jedoch für manche Bearbeitungsfälle zu zeitraubend.

Bild 982. *Steckbohrbuchse in Spannbuchse.* Spanngriff an der Steckbohrbuchse.

An Stelle von Steckbohrbuchsen kommen etwa folgende Gestaltungsmöglichkeiten in Betracht:

  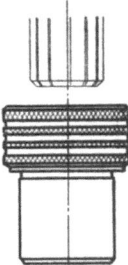

Bild 983 ··· 985. Kennzeichnung der Verwendungsfolge von Steckbohrbuchsen durch Rillen im Bund.

Das erste Werkzeug wird durch eine feste Bohrbuchse von einer Vorrichtungsseite aus geführt, danach die Vorrichtung um 180° gewendet und das zweite Werkzeug von der anderen Vorrichtungsseite aus geführt. Dieses zweite Werkzeug kann gegebenenfalls durch das Werkstück geführt werden (Bild 1038 u. 1039).

Mehrere bewegliche Bohrbuchsenträger sind mit je einer festen Bohrbuchse versehen. Diese Bohrbuchsenträger werden nacheinander in Bohrstellung gebracht (Bild 1083).

Mehrere feste Bohrbuchsen sitzen in einem beweglichen Bohrbuchsenträger. Durch Teileinrichtung kommen die verschiedenen Buchsen in Arbeitsstellung (Bild 1085).

Je einer Bohrspindel ist eine Führungsbuchse zugeordnet. Die Vorrichtung wird von Bohrspindel zu Bohrspindel bewegt, und beim Niedergang einer Bohrspindel kommt die Vorrichtung in Bohrstellung.

Jeder Bohrspindel ist eine vollständige Vorrichtung zugeordnet. Für jede Bohrspindel wird das Werkstück gewechselt. Damit rasch gewechselt werden kann, wird dabei häufig auf ein Spannen des Werkstückes verzichtet (Bild 1040). Die Anschaffungskosten liegen hierbei durch die größere Anzahl von Vorrichtungen verhältnismäßig hoch. Bei geeigneten Werkstücken ist jedoch bei diesem Arbeitsverfahren eine hohe Ausbringung möglich. Andrerseits setzt Bearbeiten ohne Spannen zuverlässiges Bedienen voraus.

Falls für Steckbohrbuchsen nicht genügend Raum vorhanden ist, können ein Anbohrer und z. B. eine Reibahle durch dieselbe feste Bohrbuchse geführt werden, während der Bohrer ungeführt bleibt (Bild 986 ··· 988).

Umlaufende Bohrbuchsen (Bild 989) dienen vorzugsweise zum Führen von Werkzeugen, die mit hoher Drehzahl umlaufen, z. B. für das Bohren in Holz oder Kunstharzpreßstoffen bzw. zum Führen von Hart-

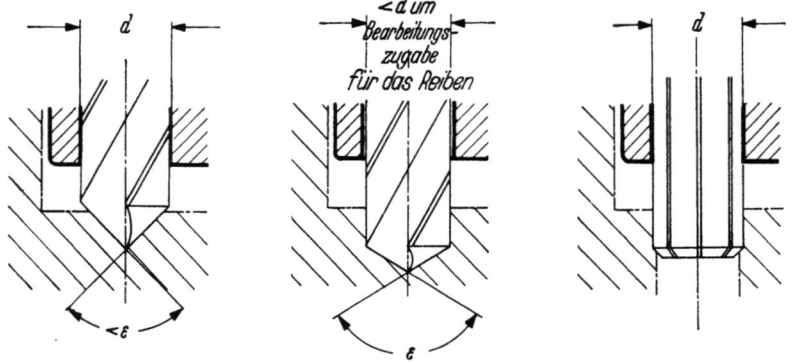

Bild 986. Anbohren mit geführtem Spiralbohrer.   Bild 987. Bohren mit ungeführtem Spiralbohrer.   Bild 988. Reiben mit geführter Stirnreibahle.

Bild 986 ··· 988. *Führung von zwei verschiedenen Werkzeugen durch dasselbe Führungsteil.*

8.58 Richtlinien für die Gestaltung von Bohrvorrichtungen

metall- oder Diamantwerkzeugen. Umlaufende Bohrbuchsen werden außerdem zum Führen von Bohrstangen verwendet, wobei die Führungsbuchse mit der Bohrstange umläuft, während die Bohrstange in der Buchse in Vorschubrichtung nur verschoben wird. Hierdurch bleibt die Bohrstangenführung geschont (Bild 1009).

Spannbohrbuchsen (Bild 990 ⋯ 997) dienen außer zum Führen des Werkzeuges zum Spannen des Werkstückes. Die Güte der Buchsenlagerung muß der für die Bohrung geforderten Lagegenauigkeit entsprechen.

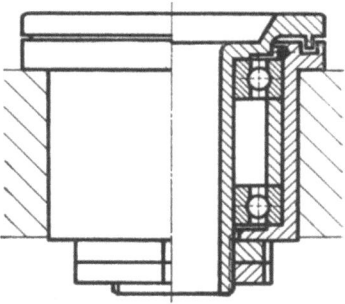

Bild 989. Umlaufende Bohrbuchse.

Sonderformen von Bohrbuchsen (Bild 998 ⋯ 1001) werden in der Regel dann erforderlich, wenn für den Einbau von Buchsen normaler oder üblicher Ausführung nicht genügend Raum vorhanden ist.

Führungsbuchsen für Bohrstangen werden in die Vorrichtung oder in die Bohrung des Werkstückes gesetzt (Bild 1002 ⋯ 1008).

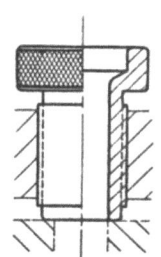 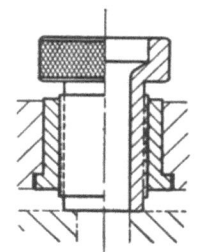 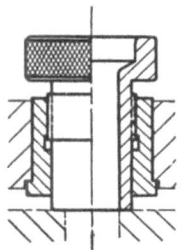 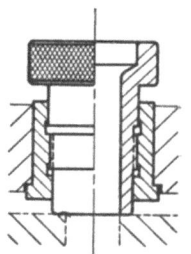

Bild 990. Spannbohrbuchse nur durch Gewinde geführt und in einem ungehärteten Teil gelagert. Für ungenauere Bohrungsabstände und geringere Werkstückzahlen.

Bild 991. Spannbohrbuchse nur durch Gewinde geführt und in gehärteter Buchse gelagert. Für ungenauere Bohrungsabstände, jedoch größere Werkstückzahlen.

Bild. 992. Spannbohrbuchse auf der Werkstückseite durch Zylinder geführt. Für genauere Bohrungsabstände.

Bild 993. Spannbohrbuchse auf der Werkstück- und auf der Griffseite durch je einen Zylinder geführt. Für möglichst genaue Bohrungsabstände.

Bild 990 ⋯ 993. *Spannbohrbuchsen*.

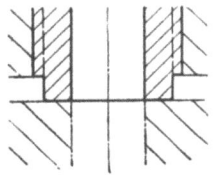 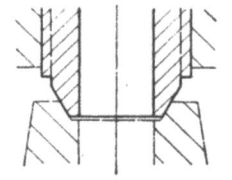 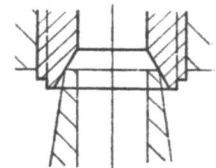

Bild 994. Ebene Spannfläche.

Bild 995. Außenkegel zum Einmitten von Innenkegeln.

Bild 996. Innenkegel zum Einmitten von Außenkegeln.

Bild 994 ⋯ 996. *Spannflächenformen an Spannbohrbuchsen*.

292 8 Vorrichtungen für bestimmte Fertigungsgebiete

Der Außendurchmesser von Steckbuchsen für Bohrstangen ist größer zu halten als der Durchmesser der Werkstückbohrung, damit Bohrmesser und Lehrdorn durch die Bohrung der Grundbuchse geführt werden können.

Bei Steckbuchsen für Bohrstangen ist eine Sicherung gegen Drehen und Herausdrücken meist nicht erforderlich. Gegen Drehen ist keine

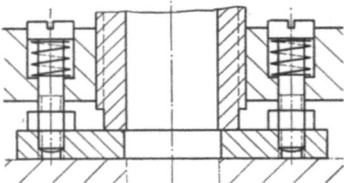

Bild 997. Spannbohrbuchse mit Zwischenplatte zur Schonung der Werkstückoberfläche.

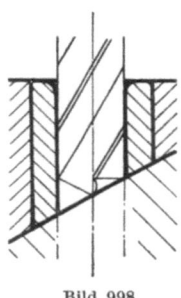

Bild 998. Bei schräger Werkstückfläche ist die Bohrbuchse möglichst unmittelbar auf dem Werkstück aufzusetzen. Zweckmäßiger wird hingegen das Werkstück vor dem Bohren angesenkt oder angefräst, um dem Bohrer eine zur Achse senkrechte Angriffsfläche zu geben.

Bild 998.

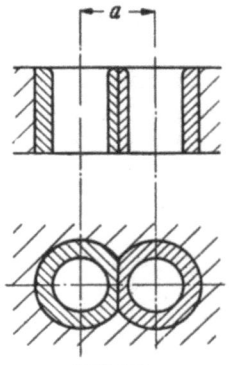

Bild 999. Abgeflachte Bohrbuchsen für ineinandergehende Aufnahmebohrungen. Hierfür ist der Bohrungsabstand a schwierig einzuhalten und deshalb eine Ausführung nach Bild 1000 vorzuziehen.

Bild 999.

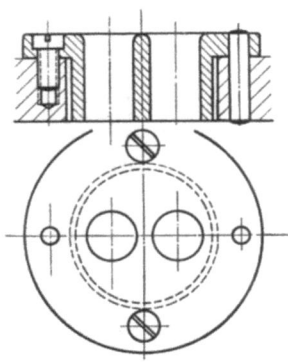

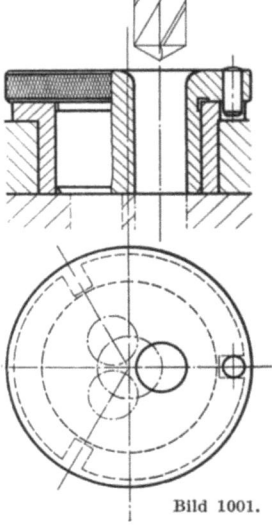

Bild 1001. Schwenkbare Bohrbuchse für Bohrungen, die so dicht nebeneinander liegen, daß diese in derselben Buchse nicht untergebracht werden können. Nach dem Fertigen der ersten Bohrung ist die Buchse zur nächsten Bohrstelle zu schwenken. Mit größeren Buchsen dieser Art wird zweckmäßig ein Feststeller verbunden, der zugleich als Griff zum Schwenken dient.

Bild 1000. Zwei Führungsbohrungen in derselben Bohrbuchse. Diese Buchse wird durch Schrauben und Stifte festgelegt. Bei einem Passen der Buchse im Bohrbuchsenträger ist der Bohrbuchsenabstand schwierig einhaltbar.

Bild 1001.

8.58 Richtlinien für die Gestaltung von Bohrvorrichtungen   293

Sicherung erforderlich, weil die Reibung glatter Bohrstangen in der Buchse geringer ist als die Reibung der Steckbuchse in der Grundbuchse bzw. in der Werkstückbohrung. Gegen Herausdrücken ist keine Sicherung erforderlich, weil die Späne außerhalb der Buchsenführung abfallen können und nicht durch die Buchse abgeführt werden.

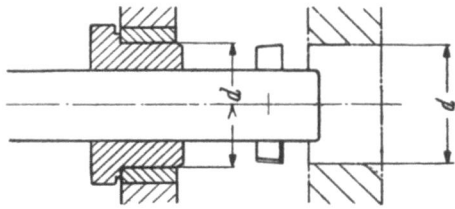

Bild 1002. Bohrstange, einseitig vor dem Werkstück in Vorrichtung geführt.

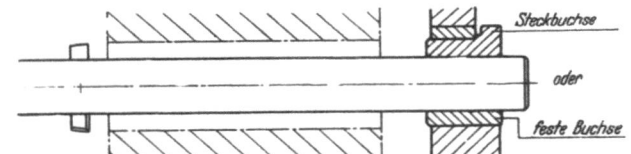

Bild 1003. Bohrstange, einseitig hinter dem Werkstück in Vorrichtung geführt.

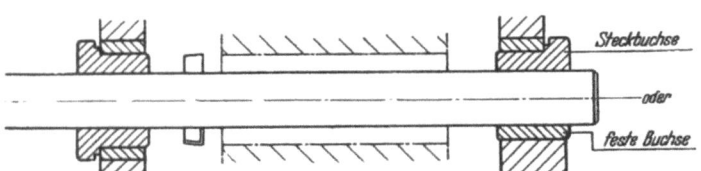

Bild 1004. Bohrstange vor und hinter dem Werkstück in Vorrichtung geführt.

Bild 1005. Fertigung der ersten Bohrung, Bohrstange freitragend.

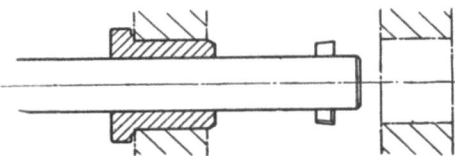

Bild 1006. Fertigung der zweiten Bohrung, Bohrstange durch Steckbuchse geführt, die in der zuerst gefertigten Werkstückbohrung aufgenommen ist.

Bild 1005 u. 1006. *Bohrstangenführungen für hintereinanderliegende Bohrungen.*

Bei höheren Umlaufzahlen der Bohrstange ist die Bohrung der Führungsbuchse mit in sich geschlossenen Schmiernuten zu versehen. Beim Senkrechtbohren häufen sich die Späne um untenliegende Führungsbuchsen. Durch umlaufende Buchse können die Führungsflächen gegen Eindringen der Späne geschützt werden (Bild 1009).

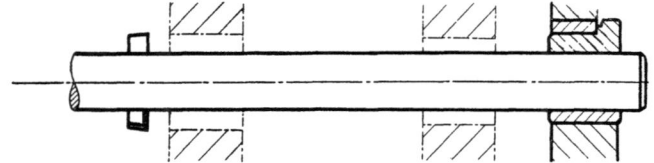

Bild 1007. Fertigung der ersten Bohrung. Bohrstange einseitig hinter dem Werkstück in der Vorrichtung geführt.

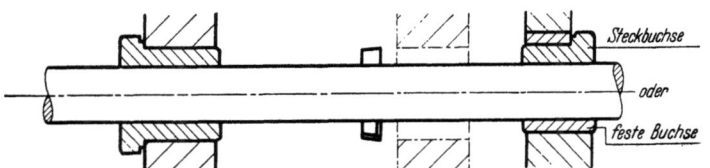

Bild 1008. Fertigung der zweiten Bohrung. Bohrstange doppelseitig geführt, durch Buchse in der Vorrichtung und durch Buchse, die im Werkstück aufgenommen ist.

Bild 1007 u. 1008. *Bohrstangenführungen für hintereinanderliegende Bohrungen.*

8.5822 Länge der Bohrerführung. Kurze und lange Bohrerführungen stellen dasselbe Werkzeug gleich genau an, wenn Werkzeugachse und Achse der Führungsbohrung parallel sind. Bei unparalleler Achslage wird das Werkzeug durch eine längere Führung genauer angestellt als durch eine kürzere (Bild 1010 u. 1011). Mit der Führungslänge nimmt jedoch auch die Reibung des Werkzeuges an der Buchsenwand zu, wodurch Führungsfasen des Werkzeuges schneller zerstört werden. Mit zunehmender Führungslänge werden außerdem Späneabfuhr und Kühlmittelzufuhr verschlechtert. Deshalb sind Führungen im allgemeinen nicht länger als nach Tafel 19 zu halten. Bei längeren Buchsen ist der restliche Teil freizubohren (Bild 977 ··· 979).

Tafel 19. *Führungslängen und Einführungsrundungen für Bohrbuchsen*

Bohrung d mm	Führungslänge l^*	Einführungsrundung r mm	Bohrung d mm	Führungslänge l^*	Einführungsrundung r mm
0,3 bis 1	7 d	1,5	über 6 bis 10	1,8 d	4
über 1 bis 2	5 d	2	über 10 bis 16	1,5 d	5
über 2 bis 3	4 d	2,5	über 16 bis 25	1,2 d	6
über 3 bis 4	3 d	3	über 25 bis 40	1 d	8
über 4 bis 6	2,5 d	3	über 40 bis 63	0,8 d	8

* Die Verhältniszahlen dieser Spalte entsprechen der mittleren Länge der Bohrbuchsen nach DIN 179.

8.58 Richtlinien für die Gestaltung von Bohrvorrichtungen 295

8.5823 Form der Bohrer-Einführungsseite. Die Führungsbohrung ist auf der *Einführungsseite* des Werkzeuges zu *runden* oder kegelig auszuführen, damit Schneiden und Führungsfasen durch die Lochkante nicht beschädigt werden. Rundungsmaße sind entsprechend den genormten Buchsen in Tafel 19 angegeben.

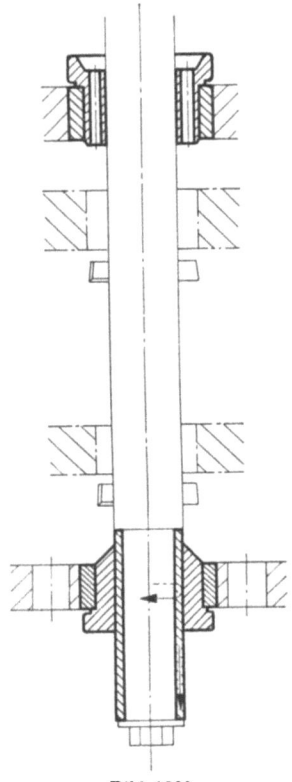

Bild 1009.

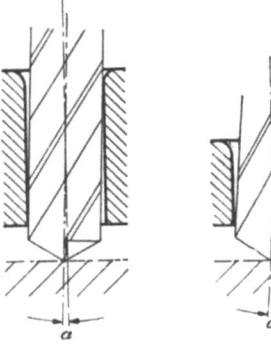

Bild 1009. Bohrstangenführung für Radialbohrmaschinen. Die Bohrstange läuft in einer Buchse um, die außerdem in Längsrichtung verschoben wird. Dadurch bleiben die Laufflächen für die Bohrstangenlagerung gegen Späne geschützt. Die an der Führungsbuchse haftenden Späne werden am scharfkantigen Lochrand der Grundbuchse abgestreift.

Bild 1010 u. 1011. Einfluß der Führungslänge auf die Anstellgenauigkeit. Mit zunehmender Führungslänge wird bei gleich großem Spiel zwischen Werkzeug und Führungsbohrung der Winkel α kleiner und damit das Anstellen des Werkzeuges genauer.

8.5824 Axialer Abstand der Bohrbuchse vom Werkstück. Bohrbuchsen sind unmittelbar auf dem Werkstück aufliegend oder in einem Abstand von 0,5 bis 1 d vom Werkstück anzuordnen (Bild 1012 ··· 1015). Bei Bohrbuchsen, die ohne Zwischenraum auf dem Werkstück aufliegen, ist der Bohrer beim Anbohren um die Länge der Bohrerspitze kürzer geführt.

Bei unmittelbarem Aufliegen der Bohrbuchse auf dem Werkstück werden die Späne durch die Buchse abgeführt, was in der Regel störungsfrei vor sich geht. Bei Bohrschablonen wird außerdem durch unmittelbares Aufliegen verhindert, daß Späne zwischen Werkstück und Schablone gelangen, durch die die Schablone abgehoben werden kann. Auch beim Tiefbohren muß die Bohrerführung ohne Zwischenraum an die

Werkstückbohrung anschließen, weil schon geringe Störungen in der Späneabfuhr den Fortgang der Bohrarbeit in Frage stellen.

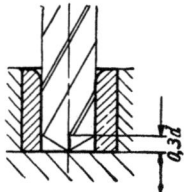
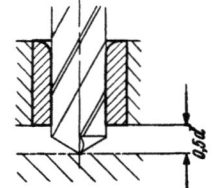
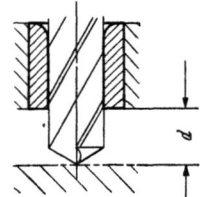

Bild 1012. Die Bohrbuchse liegt unmittelbar auf dem Werkstück auf. Durch die einstehende Bohrerspitze ist der Bohrer um etwa 0,3 d kürzer geführt.

Bild 1013. Bohrbuchse unter 0,5 d Abstand vom Werkstück.

Bild 1014. Bohrbuchse unter 1 d Abstand vom Werkstück.

Bild 1012 ··· 1014. *Axialer Abstand von Bohrbuchsen vom Werkstück.*

Bei einem Abstand von 0,5 d und größer besteht die Möglichkeit, daß seitlich ausfallende Späne zwischen Werkstück und Bohrbuchse

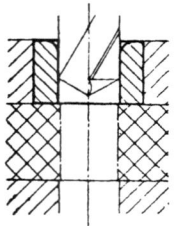

Bild 1015. Zum Bohren in faserndem oder ausbrechendem Werkstoff ist die Bohrbuchse gegen das Werkstück zu spannen.

abgeschoben werden. Bei Verstopfung durch Späne ist das Werkzeug gefährdet, denn durch Späne werden die Führungsfasen angegriffen und bei unzureichender oder ausbleibender Kühlmittelzufuhr die Schneiden ausgeglüht.

8.5825 Passungen für Bohrbuchsen sind in Tafel 20 zusammengestellt.

Die Bohrung fester Bohrbuchsen wird beim Einpressen der Buchse in den Bohrbuchsenträger verkleinert. Diese Durchmesserverkleinerung hängt von der Größe des Übermaßes zwischen Buchse und Aufnahmebohrung und von der Wanddicke der Buchse ab.

Tafel 20. *Passungen für Bohrbuchsen*

Benennung	DIN	Durchmesser	
		Innen	Außen
Zylindrische Bohrbuchsen	179	F7	n6
Bundbohrbuchsen	172	F7	n6
Steckbohrbuchsen	173	—	—
Schnellwechselbuchsen	173	F7 (G7)	m6
Auswechselbuchsen	173	G7	h6
Grundbuchsen zu Steckbuchsen	173	H7	m6
Bohrung in der Vorrichtung	—	H7	—

Bei einseitig nachgiebigem Bohrbuchsenträger wird die Bohrung der Buchse außerdem unrund und die Mitte der eingepreßten Buchse kann zur Mitte der Aufnahmebohrung verlagert sein.

Für genaue Lage der Bohrungsmitte müssen Steckbohrbuchsen mit Schiebesitz passen. In jenen Fällen, in denen für den Bohrungsabstand einige hundertstel Millimeter keine Rolle spielen, sollte für den Sitz von Steckbohrbuchsen Laufsitz oder leichter Laufsitz gewählt werden. Dadurch ist die Steckbohrbuchse leichter wechselbar, wird die Bedienzeit verkürzt und der Bedienende geschont.

8.5826 Toleranzen für Bohrbuchsenabstände. Als Toleranz für Bohrbuchsenabstände in Vorrichtungen sind etwa 20% der jeweiligen Werkstücktoleranz zuzulassen. Die restlichen 80% der Werkstücktoleranz stehen dann für die Auswirkung jener Einflüsse zur Verfügung, durch welche die Lage der Bohrung außerdem bestimmt wird. Bei sehr kleiner Werkstücktoleranz muß jedoch für den Bohrbuchsenabstand ein größerer Anteil zugestanden werden. Nämlich dann, wenn bei einem Anteil von 20% die Toleranz so klein wäre, daß ihre Einhaltung nicht mehr möglich ist oder einen nicht vertretbaren Aufwand erfordern würde. In solchen Fällen ist der Einfluß der übrigen, die Lage einer Bohrung bestimmenden Größen so abzugleichen, z. B. durch entsprechend genaue Führung des Werkzeuges, daß die zulässige Werkstücktoleranz nicht überschritten wird.

Mit den üblichen Mitteln ist für Bohrbuchsenabstände eine Toleranz von ± 0,02 mm ohne besondere Schwierigkeiten einhaltbar. Auf modernen Lehrenbohrmaschinen können Bohrungsabstände mit einer Genauigkeit von ± 0,005 mm unter noch erträglichem Aufwand gefertigt werden. Dieser Umstand darf jedoch auf keinen Fall dazu verleiten, daß für einen Bohrbuchsenabstand kleinere Toleranzen gefordert werden, als für das jeweils vorliegende Werkstück unbedingt erforderlich ist.

8.5827 Beschriftung für Bohrbuchsen. Für feste Bohrbuchsen ist der Werkzeugdurchmesser neben der Bohrbuchse auf dem Bohrbuchsenträger anzugeben. Steckbohrbuchsen sind mit dem Werkzeugdurchmesser und der Nummer der Vorrichtung zu beschriften.

8.583 Führungszapfen

Durch einen in der Vorrichtung befestigten Zapfen werden vorzugsweise sog. Hohlsenker geführt (Bild 1016). Dadurch erübrigt sich eine Buchse mit verhältnismäßig großem Durchmesser. Die Vorrichtung ist leicht zugänglich. Gegebenenfalls kann der Dorn zum Führen verschiedener Werkzeuge dienen.

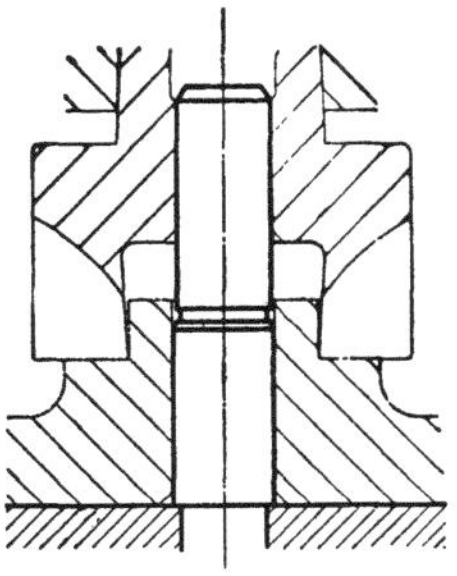

Bild 1016. Führung eines Hohlsenkers durch Zapfen.

298   8 Vorrichtungen für bestimmte Fertigungsgebiete

8.584 Vorrichtungsfüße

Durch Füße steht die Vorrichtung eindeutiger. Außerdem ist die beim Bewegen der Vorrichtung beiseite zu schiebende Spanmenge geringer und die sauberzuhaltende Auflagefläche kleiner als bei voller Grundfläche.

Anzahl der Füße. Die Lage einer Vorrichtung ist zwar durch *drei* Füße eindeutig bestimmt, doch sind nach Möglichkeit *vier Füße* vorzusehen. Bei Anordnung von vier Füßen können Auflagefehler durch Wackeln der Vorrichtung erkannt werden, während eine Vorrichtung auf nur drei Füßen in jedem Fall fest steht, also auch dann, wenn die Vorrichtung durch unebenen Tisch oder durch unterliegende Späne schräg steht. Die Anordnung von mehr als vier Füßen ist nur dann angebracht, wenn der zwischen vier Füßen freiliegende Teil einer Vorrichtung unter der Arbeitskraft unzulässig nachgeben würde.

Form und Größe von Fußflächen. Die Auflageflächen für Füße kleinerer Vorrichtungen sind etwa 10 × 10 mm, die größerer Vorrichtungen bis etwa 40 × 40 mm zu halten. Ist der Maschinentisch mit Nuten versehen, sind die Fußflächen so groß zu halten, daß die Nuten überbrückt werden. Gegebenenfalls sind zur Gewichtserleichterung Füße mit winkelförmigen Auflageflächen auszuführen (Bild 1017). Die Kanten der Füße sind auf 1 ··· 3 mm Breite unter 45° abzuschrägen (Bild 1018). Durch scharfkantig begrenzte Fußflächen wie durch kugelige Auflageflächen wird

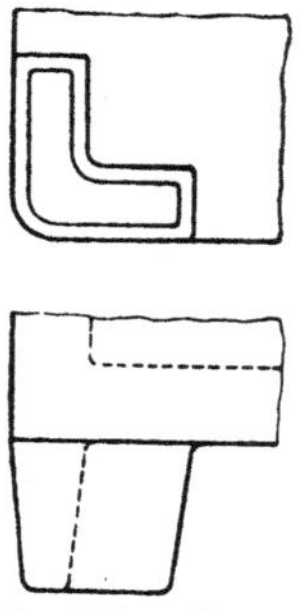

Bild 1017. Vorrichtungsfuß mit winkelförmiger Auflagefläche.

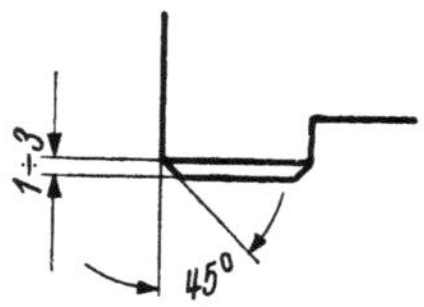

Bild 1018. Kantenschrägung an Vorrichtungsfüßen.

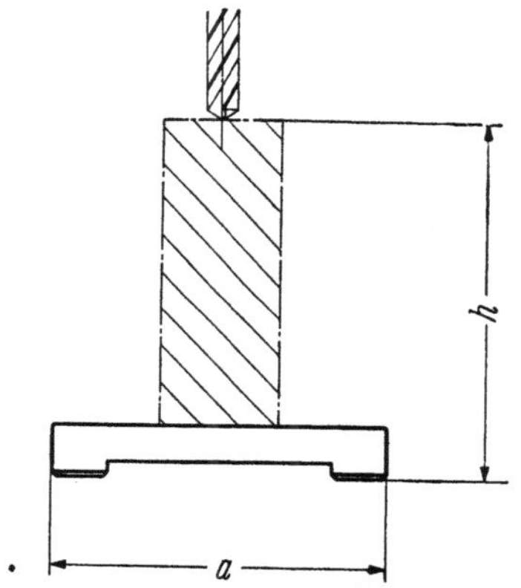

Bild 1019. Die Standfestigkeit einer Bohrvorrichtung nimmt mit dem Abstand a zu, mit der Höhe h ab.

der Maschinentisch leicht beschädigt. Durch kugelige und damit auf dem Maschinentisch punktförmige Auflage wird außerdem die Lage der Vorrichtung schon durch geringe Vertiefungen im Maschinentisch beeinflußt.

Höhe der Füße. Bei Bemessung von Fußhöhen sind unter dem Vorrichtungskörper herausragende Spann- und Bedienteile sowie durch

8.58 Richtlinien für die Gestaltung von Bohrvorrichtungen

die Vorrichtung hindurchtretende Werkzeuge zu berücksichtigen. Im übrigen sind die Füße kleinerer Vorrichtungen mindestens 3 mm, die größerer Vorrichtungen mindestens 10 mm hoch zu halten.

Anordnung der Füße. Füße sind so anzuordnen, daß die Vorrichtung weder unter ihrem Eigengewicht noch unter dem Eigengewicht zuzüglich dem Werkstückgewicht, noch unter der Vorschubkraft kippen kann. Außerdem ist darauf zu achten, daß die Standfestigkeit der Vorrichtung den auftretenden Seitenkräften angepaßt ist (Bild 1019).

Verbindung der Füße mit dem Vorrichtungskörper. Füße sind mit dem Vorrichtungskörper möglichst aus *einem* Stück zu fertigen. Ungehärtete Füße aus Flußstahl haben jedoch den Nachteil, daß sie bei längerem Gebrauch an den Kanten angestaucht werden. Deshalb sind für anzuarbeitende Füße Vorrichtungskörper aus Gußeisen zweckmäßiger. Gußeisen staucht nicht auf, sondern bröckelt gegebenenfalls aus, wodurch die Auflageebene der Fußflächen nicht beeinträchtigt wird. Eingepreßte, gehärtete Füße sind nach DIN 6321

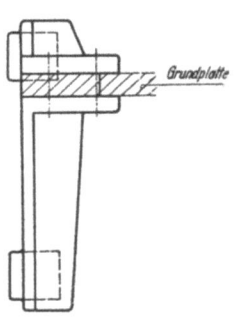

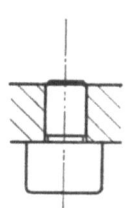
Bild 1020. Eingepreßter Auflagebolzen DIN 6321 als Vorrichtungsfuß.

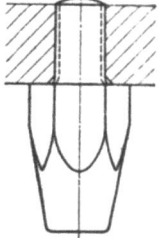
Bild 1021. Fuß mit Gewindezapfen nach DIN 6320.

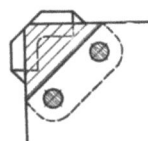
Bild 1022. Winkelförmiger Fuß mit vier Auflageflächen.

(Bild 1020), eingeschraubte Füße nach DIN 6320 (Bild 1021) zu verwenden. Füße nach Bild 1022 aus Gußeisen oder Temperguß können in verschiedenen Auflageebenen verwendet werden.

8.585 Ausführungsbeispiele von Bohrvorrichtungen

Vorrichtungen für die Bohrungsfertigung können nach Bauform und besonderem Verwendungszweck etwa wie folgt unterschieden bzw. benannt werden.

Bohrschablonen (Bild 1023 ··· 1036),
plattenförmige Bohrvorrichtungen (Bild 1037 ··· 1039),
winkelförmige Bohrvorrichtungen (Bild 1040 ··· 1043),

300   8 Vorrichtungen für bestimmte Fertigungsgebiete

U-förmige Bohrvorrichtungen (Bild 1044 ⋯ 1046),
V-förmige Bohrvorrichtungen (Bild 1047),
blockförmige Bohrvorrichtungen (Bild 1048 ⋯ 1051),
kastenförmige Bohrvorrichtungen (Bild 1052 u. 1053),
Bohrvorrichtungen mit Deckel (Bild 1054 ⋯ 1060),
Bohrvorrichtungen mit Klappe (Bild 1061 ⋯ 1091),
Bohrvorrichtungen mit Säulenführung (Bild 1092 ⋯ 1105),
Gemein- (Universal-) Vorrichtungen (Bild 1092 ⋯ 1109),
Vorrichtungen für Tiefbohrungen (Bild 1110),
Bohrvorrichtungen für Zusammenbau (Bild 1115 ⋯ 1118),
Senkvorrichtungen,
Reibevorrichtungen,
Gewindeschneidvorrichtungen (Bild 1119 ⋯ 1121).

Als *Bohrschablonen* (Bild 1023 ⋯ 1036) werden Bohrvorrichtungen bezeichnet, die vom Werkstück aufgenommen werden, im Gegensatz zu jenen Fällen, in denen die Bohrvorrichtung das Werkstück aufnimmt.

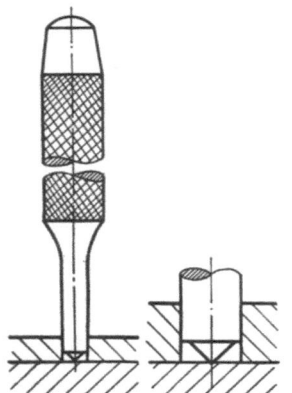
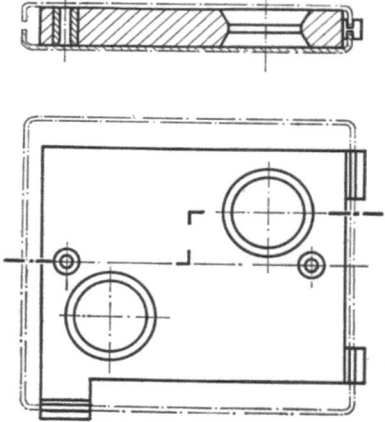

Bild 1023. Keine Bohr- sondern eine sogenannte Tippschablone mit Sonderkörner. Dient zum Ankörnen von Schrauben- oder von Nietlöchern in der Blechfertigung falls z. B. eine Presse mit Koordinatentisch nicht vorhanden oder die Anschaffung einer Bohrschablone nicht wirtschaftlich ist.

Bild 1024. Bohrschablone für spiegelbildlich gleiche Blechteile. Die Lage der Schablone zum Werkstück wird in zwei Richtungen durch Nuten bestimmt.

Bei Verwendung von Schablonen liegt das Werkstück in der Regel unmittelbar auf dem Maschinentisch auf. In Sonderfällen wird zusätzlich eine Werkstückunterlage erforderlich. Bei schwereren Werkstücken kommen Schablonen gegebenenfalls wegen der leichteren Handhabung zur Verwendung, denn es ist weniger anstrengend, eine leichtere Schablone auf das Werkstück aufzulegen, als ein schwereres Werkstück z. B. in eine kastenförmige Vorrichtung einzuführen.

8.58 Richtlinien für die Gestaltung von Bohrvorrichtungen

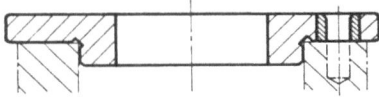

Bild 1025. Bohrschablone, im Werkstück durch zylindrischen Ansatz eingemittet. Die Winkellage der Schablone ist nicht festgelegt, da nur *eine* Bohrung zu fertigen ist.

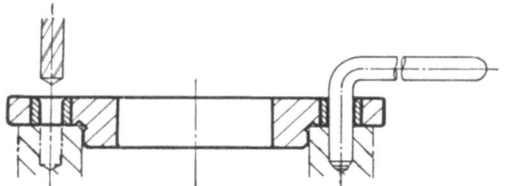

Bild 1026. Bohrschablone mit Steckstift, für die Fertigung von zwei oder mehr Bohrungen. Nach Fertigstellung der ersten Bohrung wird diese abgesteckt, d. h. werden Schablone und Werkstück gegeneinander festgelegt und danach die übrigen Bohrungen gefertigt.

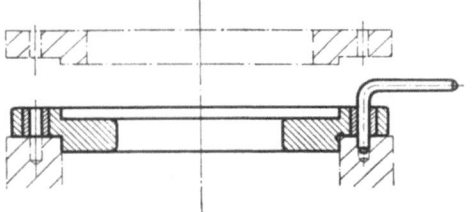

Bild 1027. Bohrschablone für zwei zusammengehörige Werkstücke.

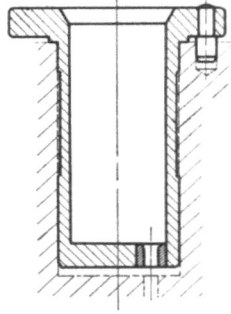

Bild 1028. Bohrschablone in Topfform.

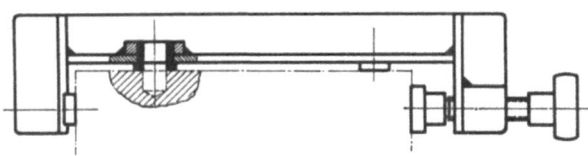

Bild 1029. Bohrschablone, nach Außenflächen des Werkstückes bestimmt und durch Schraube gespannt. Das Druckstück am Zapfen der Spannschraube verhindert, daß die Schablone beim Spannen von der Auflage abgehoben wird.

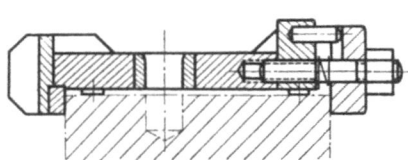

Bild 1030. Bohrschablone für größere Bohrkräfte. Spannen durch Mutter über Spanneisen.

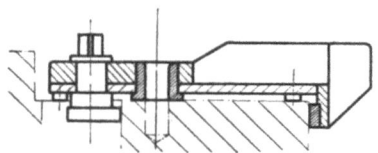

Bild 1031. Bohrschablone. Spannen durch Exzenter, der in einem Durchbruch des Werkstückes angreift.

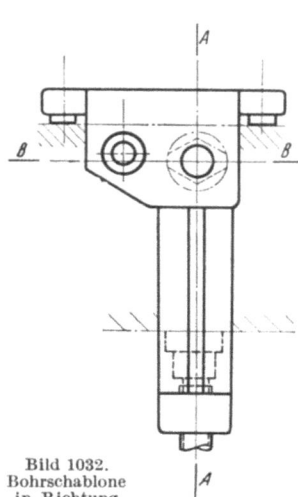

Bild 1032. Bohrschablone in Richtung *A—A* durch Anlage an einer Außenfläche, in Richtung *B—B* durch den Zapfen der Vorrichtung bestimmt.

Die Lage von *Bohrdeckeln* ist durch Paßstifte (Bild 1054), bei schwereren Deckeln durch Nut und Paßfedern (Bild 1055) zu bestimmen. Für rasches Aufstecken des Deckels sind Paßstifte verschieden lang zu

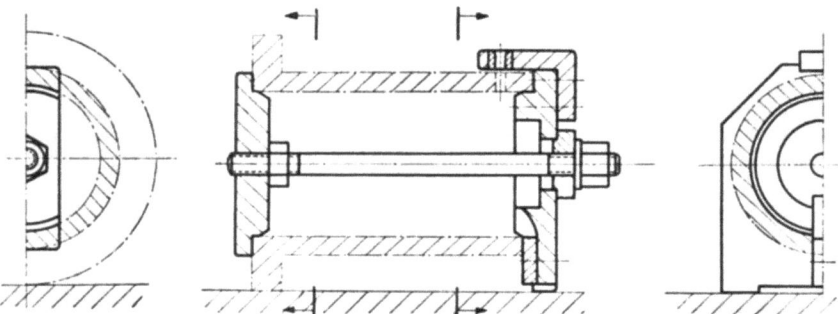

Bild 1033. Bohrschablone. Die Achslage des Werkstückes wird zum Teil durch die Schablone, zum Teil durch den Flansch des Werkstückes bestimmt.

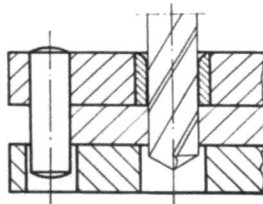
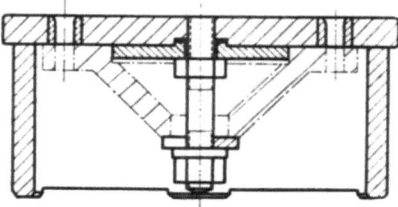

Bild 1034. Der Bohrschablone ist eine Auflageplatte für das Werkstück zugeordnet, um den Maschinentisch oder die Werkstück-Auflagefläche zu schonen oder um Lagefehler zu vermeiden, die durch Bohrgrat entstehen können.

Bild 1035. Bohrschablone mit Werkstück auf ringförmiger Unterlage.

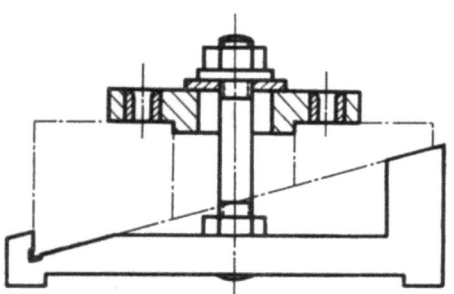
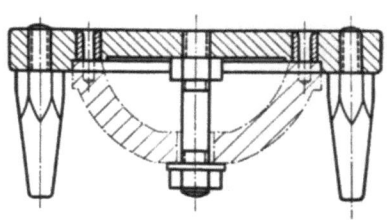

Bild 1036. Bohrschablone mit winkelförmiger Unterlage.

Bild 1037. Plattenförmige Bohrvorrichtung. Die Vorschubkraft ist gegen die Spannung gerichtet.

halten. Gegen unrichtiges Auflegen ist durch verschiedene Durchmesser der Stifte bzw. verschiedene Breite der Paßfedern zu sichern. Für das Handhaben der Deckel, sind erforderlichenfalls überstehende Flächen, Durchbrüche oder Griffe vorzusehen.

8.58 Richtlinien für die Gestaltung von Bohrvorrichtungen

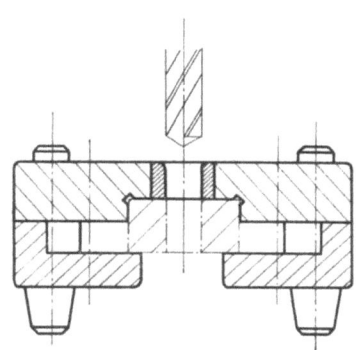
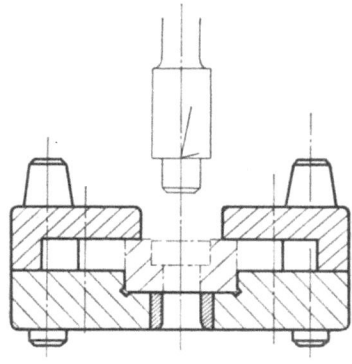

Bild 1038. Bohren mit Spiralbohrer, der durch Buchse geführt ist. Die Vorschubkraft ist gegen die Spannkraft gerichtet.

Bild 1039. Nach Wenden der Vorrichtung um 180° senken mit Zapfensenker, der im Werkstück geführt ist.

Bild 1038 u. 1039. *Plattenförmige Bohrvorrichtung für Bearbeitung von zwei Seiten.*

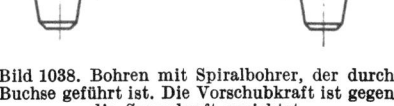

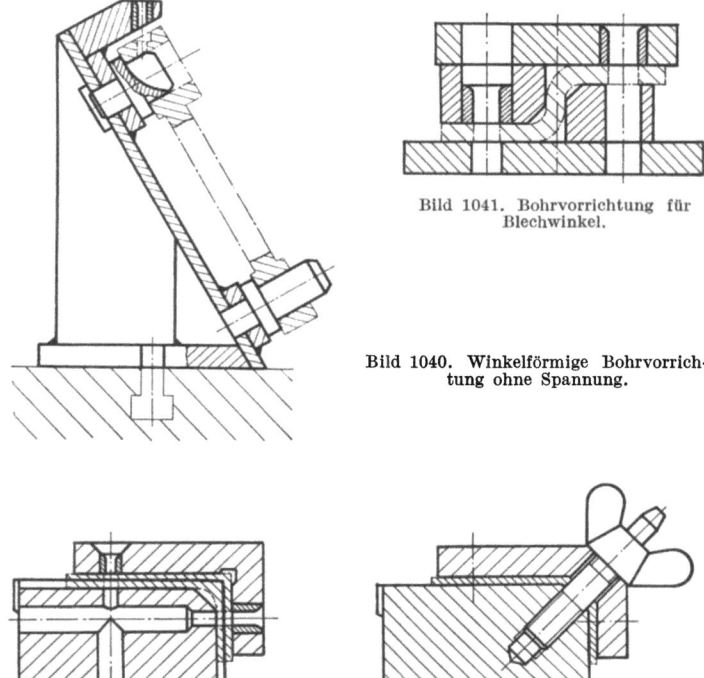

Bild 1041. Bohrvorrichtung für Blechwinkel.

Bild 1040. Winkelförmige Bohrvorrichtung ohne Spannung.

Bild 1042 u. 1043. Bohrvorrichtung für Blechwinkel. Das äußere Schraubenende hat verlängerten Kernzapfen und Einführungskegel, um bei Werkstückwechsel die Mutter schnell aufbringen zu können.

304 8 Vorrichtungen für bestimmte Fertigungsgebiete

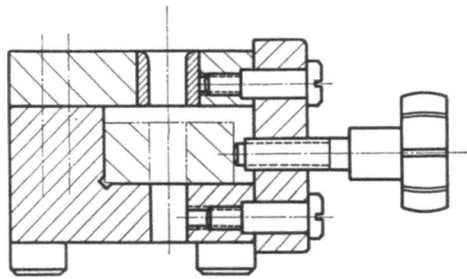

Bild 1044. U-förmige Bohrvorrichtung. Zum Einlegen und Enfernen des Werkstückes wird der Vorleger mit Spannschraube beiseite geschwenkt.

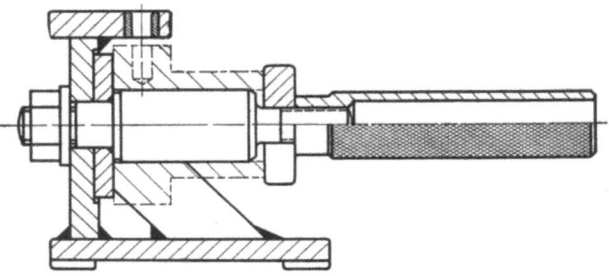

Bild 1045. U-förmige Bohrvorrichtung. Nach dem Lösen der Spannung und nach Wegnahme der Vorsteckscheibe wird das Werkstück über die Griffmutter abgezogen.

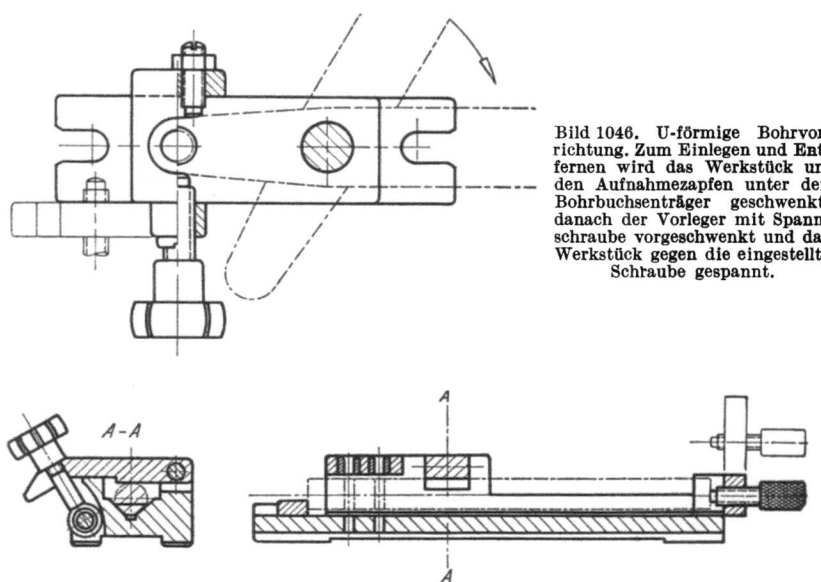

Bild 1046. U-förmige Bohrvorrichtung. Zum Einlegen und Entfernen wird das Werkstück um den Aufnahmezapfen unter den Bohrbuchsenträger geschwenkt, danach der Vorleger mit Spannschraube vorgeschwenkt und das Werkstück gegen die eingestellte Schraube gespannt.

Bild 1047. V-förmige Bohrvorrichtung mit Vorleger und Spannklappe.

8.58 Richtlinien für die Gestaltung von Bohrvorrichtungen 305

Kleinere, kreisförmige Deckel können durch zylindrischen Ansatz eingemittet werden (Bild 1058). Hierbei ist zu beachten, daß Zylinder von größer als etwa 80 mm Durchmesser schwierig zusammenzustecken

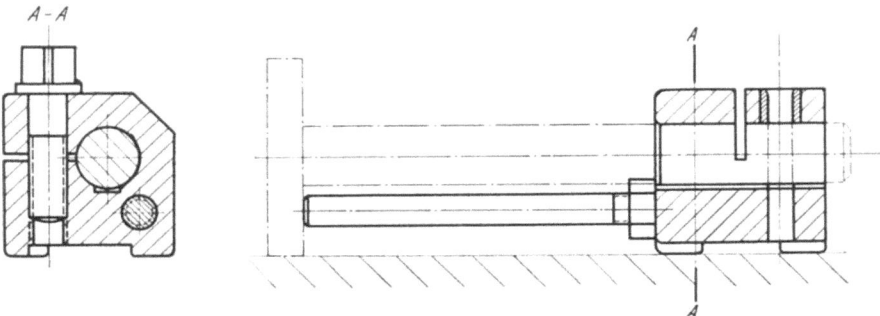

Bild 1048. Bohrvorrichtung mit Werkstückaufnahme in Bohrung und mit Klemmspannung.

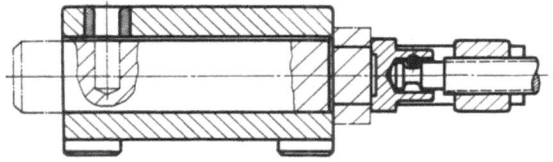

Bild 1049. Bohrvorrichtung mit Werkstückaufnahme in Bohrung und mit Spannung in Längsrichtung. Mit zunehmender Länge der Bohrung entstehen an der Werkstückoberfläche beim Einstecken und Herausziehen des Werkstückes Kratzspuren. Gegebenenfalls ist der Aufnahme in der Bohrung eine Aufnahme in U- oder V-Prisma vorzuziehen.

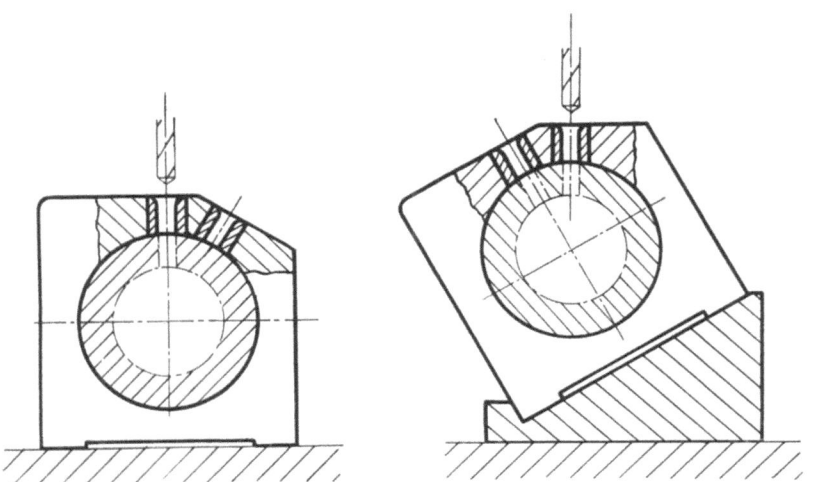

Bild 1050. Fertigen der ersten Bohrung. Bohrvorrichtung liegt auf dem Maschinentisch auf.

Bild 1051. Fertigen der zweiten Bohrung. Bohrvorrichtung liegt auf einem Winkelstück auf.

Bild 1050 u. 1051. *Blockförmige Bohrvorrichtung für Bohrungen unter verschiedenen Winkeln.*

8 Vorrichtungen für bestimmte Fertigungsgebiete

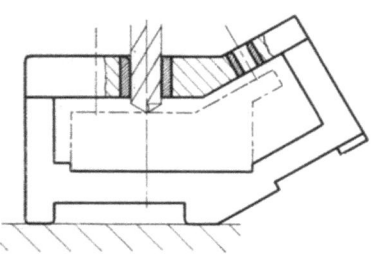

Bild 1052. Fertigen der ersten Bohrung.

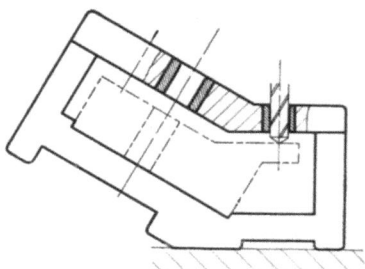

Bild 1053. Nach Umlegen der Vorrichtung fertigen der zweiten Bohrung.

Bild 1052 u. 1053. *Kastenförmige Bohrvorrichtung für Bohrungen unter verschiedenen Winkeln.*

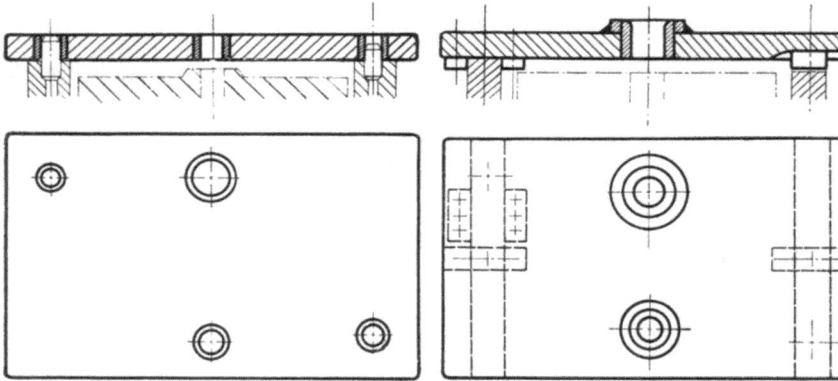

Bild 1054. Deckel für Bohrvorrichtung, dessen Lage durch Paßstifte bestimmt ist.

Bild 1055. Deckel für Bohrvorrichtungen, dessen Lage durch Nuten und Nutensteine bestimmt ist.

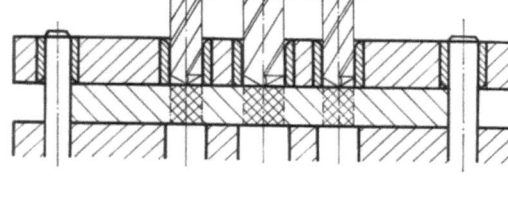

Bild 1056. Deckel mit den Buchsen zum Führen der Bohrer.

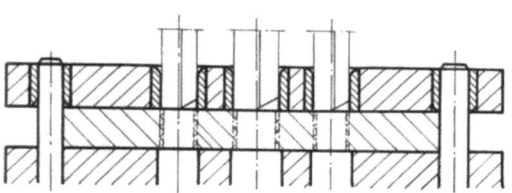

Bild 1057. Deckel mit den Buchsen zum Führen der Reibahlen.

Bild 1056 u. 1057. *Je ein Deckel für Bohren und Reiben für dasselbe Bohrbild. Der Abstand der geriebenen Bohrungen ist genauer und mit zunehmender Anzahl der Bohrungen der Zeitaufwand für den Deckelwechsel geringer als bei Verwendung von Steckbohrbuchsen. Außerdem geeignet, falls Bohrungsabstand für Steckbohrbuchsen zu gering.*

8.58 Richtlinien für die Gestaltung von Bohrvorrichtungen

und auseinanderzunehmen sind. Schon bei geringem Abweichen von der Zylinderachse verkanten die Teile ineinander.

Klappen sind als Bohrklappen Träger von Bohrbuchsen (Bild 1061), Spannklappen dienen ausschließlich zum Spannen (Bild 1069), „Bohr-Spannklappen" zum Bohren und Spannen (Bild 1077).

Bei Bohrvorrichtungen nach Bild 1072 und 1076 sind sämtliche, die Genauigkeit bestimmenden Teile, wie Werkstückaufnahme, Bohrbuchse

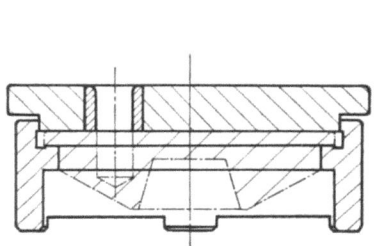

Bild 1058. Bohrvorrichtung mit Deckel, der durch Zylinderansatz eingemittet ist.

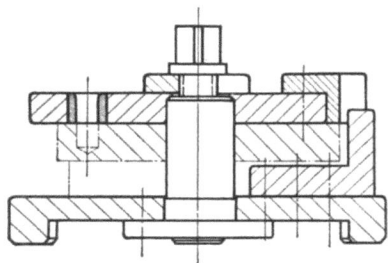

Bild 1059. Bohrvorrichtung mit Deckel. Werkstück und Deckel sind durch Zapfen eingemittet ihre Winkellage ist durch ein Winkelstück bestimmt.

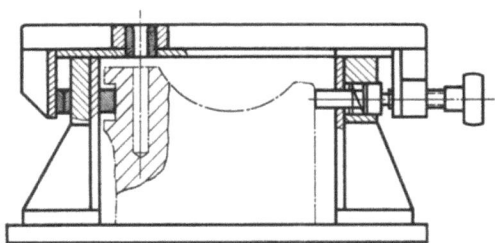

Bild 1060. Bohrvorrichtung mit Deckel. Das Werkstück ist verhältnismäßig schwer, für das Auflegen einer Schablone sind die Auflageflächen am Werkstück ungünstig. Deshalb wird ein Deckel verwendet, der auf dem Vorrichtungs-Grundkörper aufliegt.

und Vorrichtungsfüße, in demselben Vorrichtungsteil untergebracht. Nachteilig ist, daß diese Vorrichtungen zum Eingeben des Werkstückes umgelegt werden müssen.

Bei Vorrichtungen mit Bohrklappe liegen zwischen Werkstückaufnahme und Werkzeugführung die Bewegungsspiele für Scharnierbolzen und seitliche Klappenführung. Dazu können Fehler bei Fertigung, durch Abnutzung oder mangelhafte Reinigung der Bohrklappe entstehen.

Für das Spannen des Werkstückes ist darauf zu achten, ob dieses auch nach dem Öffnen der Klappe noch gespannt bleiben muß, um in derselben Vorrichtung weiterbearbeitet zu werden (Bild 1070).

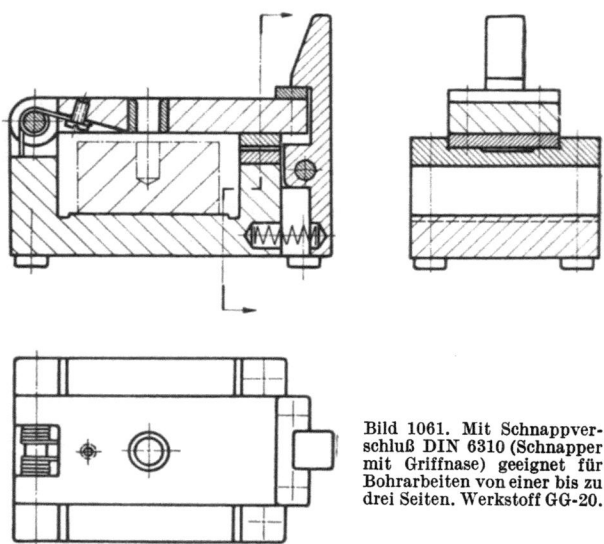

Bild 1061. Mit Schnappverschluß DIN 6310 (Schnapper mit Griffnase) geeignet für Bohrarbeiten von einer bis zu drei Seiten. Werkstoff GG-20.

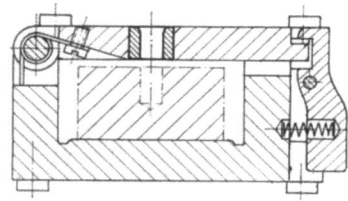

Bild 1062. Mit Schnappverschluß DIN 6310 Form A (Schnapper, gekröpft), geeignet für Bohrarbeiten von einer Seite bis zu vier Seiten. Öffnen des Schnappers auch durch Anstoßen oder Aufstoßen. Gehäuse der verschiedenen Größen in Baukastenform aus Halbzeug, Werkstoff St 37 K.

Bild 1061 u. 1062. *Bohrvorrichtungen mit Bohrklappe nach DIN 6347. Seitliche Deckelführung, Verschlußfläche und Schnapper gehärtet. Werkstückgebundene Teile wie Werkstückaufnahme, Spannteile und Bohrbuchsen sind vom Verbraucher einzubauen.*

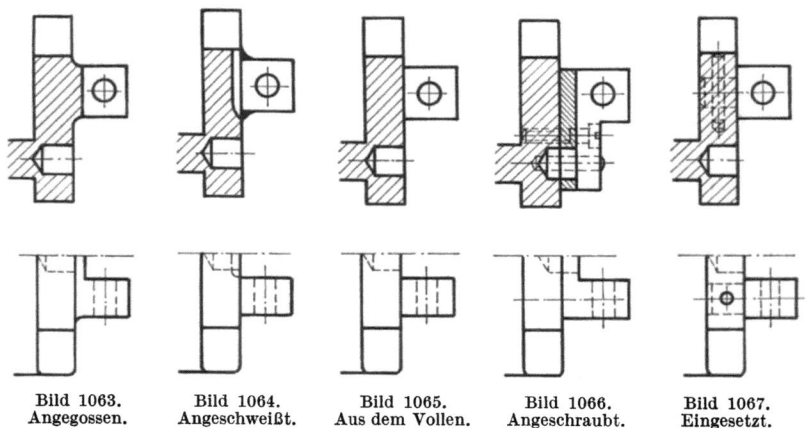

Bild 1063. Angegossen.   Bild 1064. Angeschweißt.   Bild 1065. Aus dem Vollen.   Bild 1066. Angeschraubt.   Bild 1067. Eingesetzt.

Bild 1063 ··· 1067. *Ausführungsformen für Lagerbock für Schnapper nach DIN 6310, vorzugsweise für Bohrvorrichtungen mit Bohrklappe nach DIN 6347.*

8.58 Richtlinien für die Gestaltung von Bohrvorrichtungen

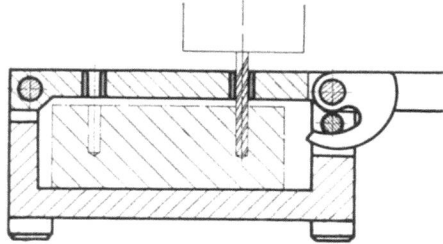

Bild 1068. Bohrvorrichtung mit Bohrklappe und Exzenterverschluß. Durch die Lage des Exzenters kann das Bohrfutter bis dicht an die Klappe herangeführt und dadurch das verhältnismäßig nachgiebige Werkzeug kurz gefaßt und weitgehend ausgenutzt werden.

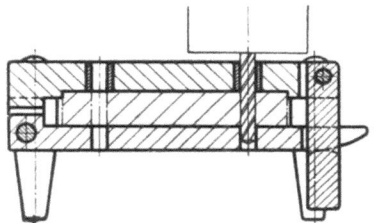

Bild 1069. Bohrvorrichtung mit Spannklappe und Verschluß durch Schwenkriegel. Sämtliche für die Genauigkeit wichtigen Vorrichtungsteile sind im Hauptkörper eingebaut. Die Vorschubkraft ist gegen die Spannklappe gerichtet.

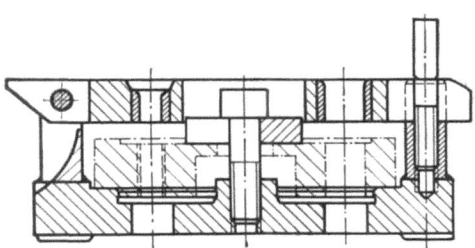

Bild 1070. Bohrvorrichtung mit Bohrklappe. Das Werkstück bleibt nach dem Öffnen der Klappe für nachfolgende Bearbeitungen festgespannt.

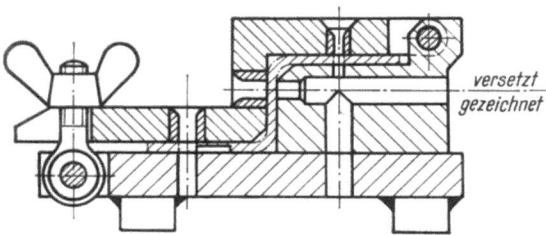

Bild 1071. Bohrvorrichtung mit Bohr-Spannklappe für Blechwinkel.

8 Vorrichtungen für bestimmte Fertigungsgebiete

Klappen, die zum Bohren und Spannen dienen, dürfen beim Spannen nicht so viel nachgeben, daß die Richtung der Bohrbuchsenachse darunter verändert wird (Bild 1077 ··· 1080).

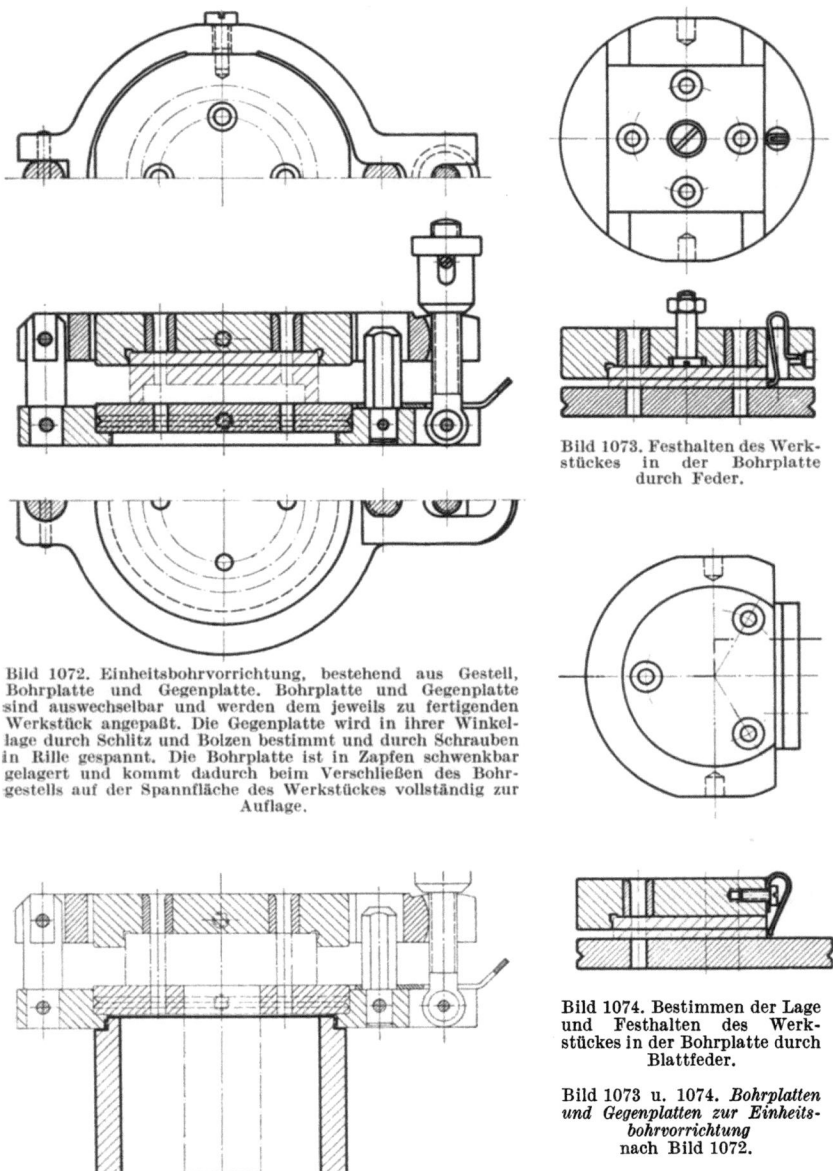

Bild 1072. Einheitsbohrvorrichtung, bestehend aus Gestell, Bohrplatte und Gegenplatte. Bohrplatte und Gegenplatte sind auswechselbar und werden dem jeweils zu fertigenden Werkstück angepaßt. Die Gegenplatte wird in ihrer Winkellage durch Schlitz und Bolzen bestimmt und durch Schrauben in Rille gespannt. Die Bohrplatte ist in Zapfen schwenkbar gelagert und kommt dadurch beim Verschließen des Bohrgestells auf der Spannfläche des Werkstückes vollständig zur Auflage.

Bild 1073. Festhalten des Werkstückes in der Bohrplatte durch Feder.

Bild 1074. Bestimmen der Lage und Festhalten des Werkstückes in der Bohrplatte durch Blattfeder.

Bild 1073 u. 1074. *Bohrplatten und Gegenplatten zur Einheitsbohrvorrichtung* nach Bild 1072.

Bild 1075. Einheitsbohrvorrichtung nach Bild 1072 auf Untersatz geschraubt, für Fertigung von Werkstücken, die aus der Unterseite der Vorrichtung hervorragen.

8.58 Richtlinien für die Gestaltung von Bohrvorrichtungen

Durch winkelförmige oder U-förmige Klappen können Vorrichtungen für das Einlegen und Entfernen des Werkstückes zugänglicher gemacht werden (Bild 1081 u. 1082).

Kleinere Klappen sollen um etwa 20 mm, größere Klappen bis etwa 40 mm überstehen, damit sie zum Öffnen gut greifbar sind.

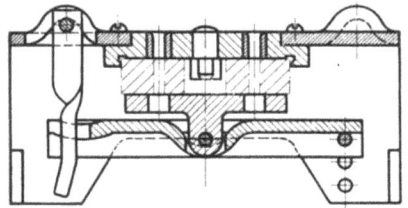
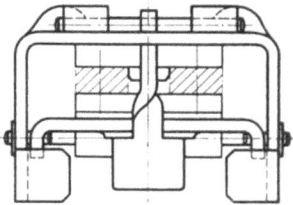

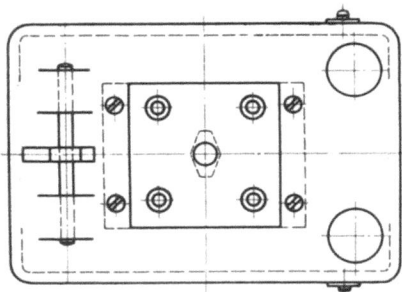

Bild 1076. Bohrvorrichtung mit Spannklappe. Das Gestell, bestehend aus Grundkörper, Klappe und Verschluß, ist aus Blech von etwa 2 mm Dicke gefertigt. Für den jeweiligen Bearbeitungsfall werden Bohrplatte und Gegenplatte bzw. ein Druckstück eingesetzt. Gestell und Einbauteile bleiben verbunden, bis das betreffende Werkstück nicht mehr gefertigt wird. Mit derartigen Bohrvorrichtungen wurden bereits Aufträge bis 50000 Werkstücke ausgeführt. Die Herstellkosten für diese Gestelle liegen niedrig, jedoch die Kosten für die dazu erforderlichen Stanzereiwerkzeuge hoch. Für die Wirtschaftlichkeit dieser Bohrvorrichtungen ist danach die Stückzahl der benötigten bzw. absetzbaren Gestelle entscheidend.

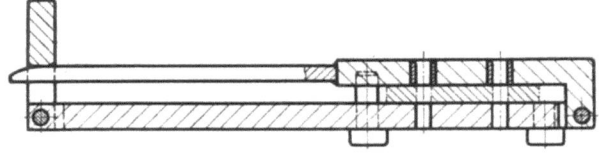

Bild 1077. Bohrvorrichtung mit Bohr- und Spannklappe. Vorzugsweise für blechartige Werkstücke mit kleinen Toleranzen im Spannmaß.

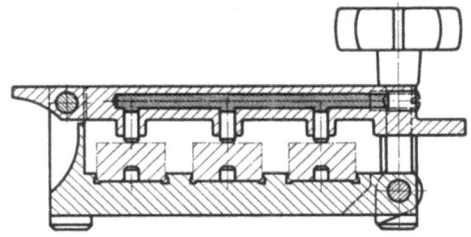

Bild 1078. Bohrvorrichtung mit Bohr- und Spannklappe, mit Mehrstückspannung durch hydraulischen Druckverteiler. Das Ausmaß der Schwenkbewegung der Klappe ist von den Werkstücktoleranzen abhängig, und deshalb diese Klappe nur bei kleineren Werkstücktoleranzen zur Aufnahme von Bohrbuchsen geeignet.

Verschlußteile, die im Bereich der Bohrspindel bzw. des Bohrerfutters liegen, sollen über die Bohrklappe möglichst wenig hinausragen. Denn der Betrag, um den der Verschluß über eine Klappe hinausragt, beeinflußt Länge, Steifigkeit und Ausnutzbarkeit des Bohrers.

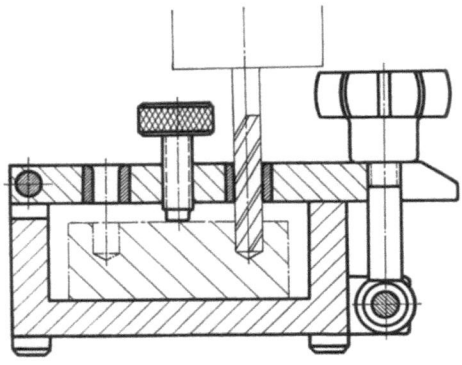

Bild 1079. Bohrvorrichtung mit Bohr- und Spannklappe. Leichtere Ausführung.

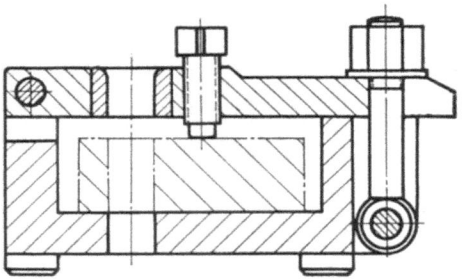

Bild 1080. Bohrvorrichtung mit Bohr- und Spannklappe. Schwerere Ausführung.

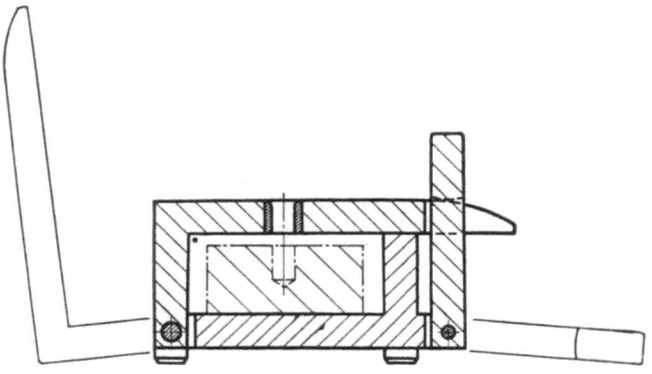

Bild 1081. Bohrvorrichtung mit winkelförmiger Klappe.

8.58 Richtlinien für die Gestaltung von Bohrvorrichtungen 313

Bei Vorrichtungen, die befestigt werden, ist darauf zu achten, daß die Klappe unter der Bohrspindel geöffnet werden kann.

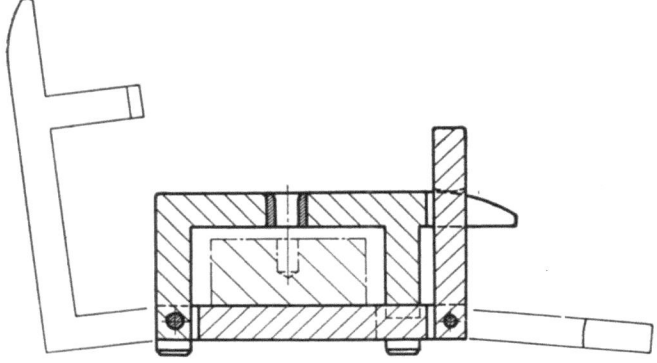

Bild 1082. Bohrvorrichtung mit U-förmiger Klappe.

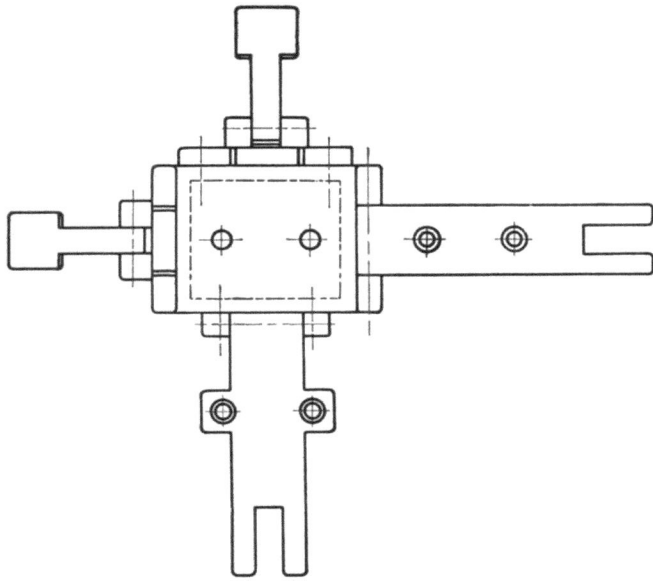

Bild 1083. Bohrvorrichtung mit zwei Klappen, die abwechselnd in Arbeitsstellung gebracht werden.

Geöffnete Klappen werden zweckmäßig unter einem Winkel von etwa 30° zur Senkrechten zum Anliegen gebracht (Bild 1086 ··· 1091). Durch diese Wegbegrenzung wird vermieden, daß die Klappe auf dem Bohrtisch aufschlägt. Außerdem wird die Lagerung der Klappe geschont und werden die Bewegungen zum Betätigen der Klappe auf das Notwendige beschränkt.

314   8 Vorrichtungen für bestimmte Fertigungsgebiete

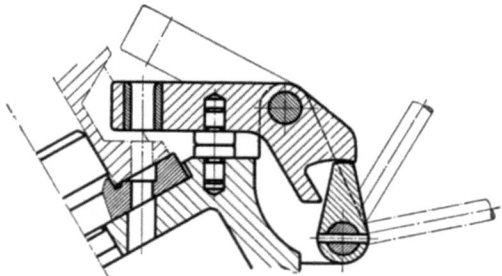

Bild 1084. Schwenkbarer Bohrbuchsenträger mit Bohrbuchse, die außerhalb des Schwenk- und Auflagepunktes des Bohrbuchsenträgers liegt.

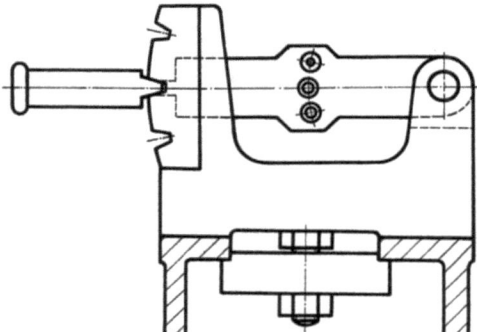

Bild 1085. Schwenkbarer Bohrbuchsenträger mit Teileinrichtung. Die drei Führungsbuchsen werden abwechselnd in Arbeitsstellung gebracht.

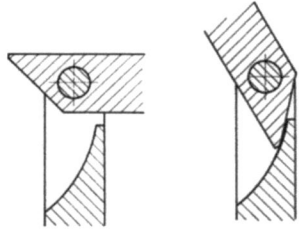   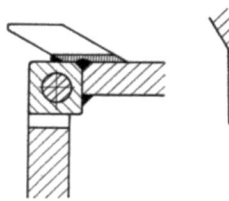

Bild 1086 u. 1087. Anschlag für leichtere Bohrklappen.   Bild 1088 u. 1089. Anschlag an der Klappe befestigt.

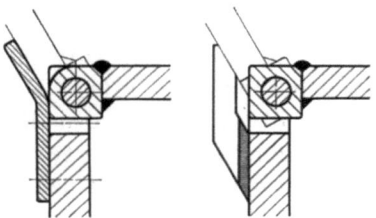

Bild 1090 u. 1091. Anschlag am Vorrichtungskörper befestigt.

Bild 1086 ··· 1091. *Anschläge für Bohrklappen.*

8.58 Richtlinien für die Gestaltung von Bohrvorrichtungen

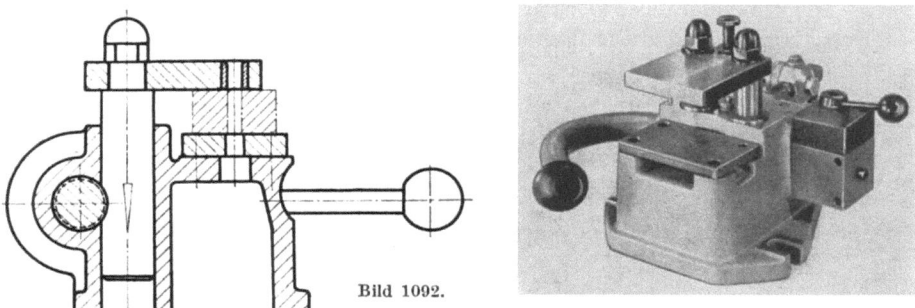

Bild 1092.

Bild 1093.

Bild 1092 u. 1093. Bohrvorrichtungen mit außermittigen Führungssäulen, genormt und handelsüblich mit den Arbeitsräumen Länge × Breite × Höhe: 60 × 32 × 0 ··· 30, 80 × 50 × 10 ··· 30, 100 × 60 × 10 ··· 40 mm.

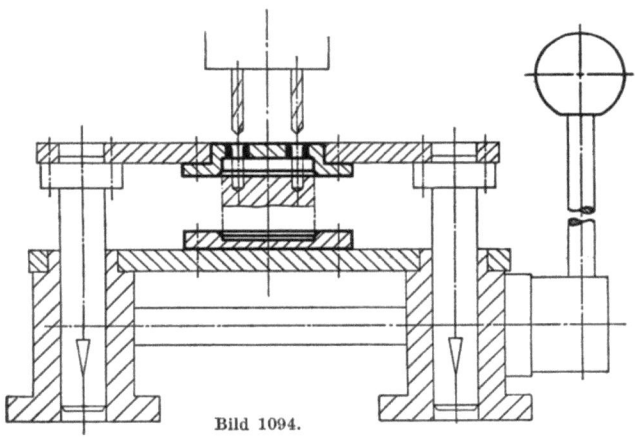

Bild 1094.

Bild 1094 u. 1095. Bohrvorrichtungen mit mittigen Führungssäulen, genormt und handelsüblich mit den Arbeitsräumen Länge × Breite × Höhe:
100 × 125 × 15 ··· 75,
200 × 160 × 15 ··· 75,
300 × 190 × 20 ··· 95 mm.

Bild 1092 ··· 1095. „Schnellspannende" Bohrvorrichtungen, in Grundform und Anschlußmaßen nach DIN 6348. Das Werkstück wird durch die mit den Führungssäulen verbundene Bohrplatte gespannt. Das Spannen wird betätigt von Hand mittels Hebel durch z. B. Drehstabfedern über Sperrgetriebe (Bild 1092 u. 1094) oder durch Druckluft (Bild 1093 u. 1095), steuerbar durch Hand- oder Fußventil oder maschinenabhängig. Bei Druckluftbetätigung wird durch Sicherheitsschaltung die Bohrplatte

Bild 1095.

bis auf etwa 3 mm über dem Werkstück unter geringer Kraft bewegt, danach erst die volle Spannkraft wirksam. Werkstückaufnahmen unter Bild 1096 ··· 1103.

316   8 Vorrichtungen für bestimmte Fertigungsgebiete

Die Innenkanten zwischen den Führungs- und Auflageflächen von Bohrklappen sind durch Schmutznuten freizusparen.

Für Mengenfertigung von Werkstücken mit genauem Bohrungsabstand sind die Führungs- und Auflageflächen für Bohrklappen zu härten oder durch gehärtete Teile gegen vorzeitige Abnutzung zu schützen.

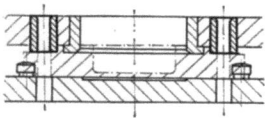

Bild 1096. Werkstück in der Bohrplatte durch die Bohrung einer Buchse aufgenommen.

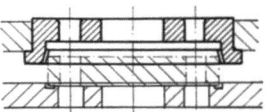

Bild 1097. Werkstück in der Bohrplatte durch verzahnten Innenkegel einer Buchse eingemittet und gespannt.

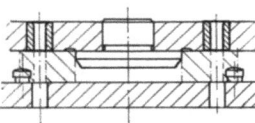

Bild 1098. Werkstück in der Bohrplatte durch Zylinderzapfen aufgenommen.

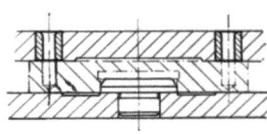

Bild 1099. Werkstück in der Auflageplatte durch Zylinderzapfen aufgenommen.

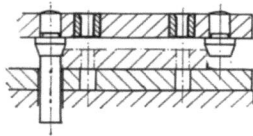

Bild 1100. Werkstück durch drei Kegelzapfen der Bohrplatte eingemittet und gespannt. Zwei Zapfen mit zylindrischer Verlängerung als Vor-Anschlag.

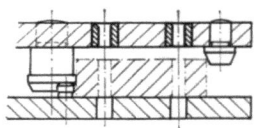

Bild 1101. Flaches Werkstück durch zwei Zylinderzapfen und einen Kegelzapfen der Bohrplatte in Querrichtung bestimmt und gespannt.

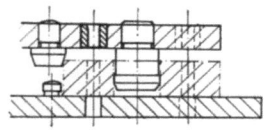

Bild 1102. Flaches Werkstück durch einen Zylinderzapfen und zwei Kegelzapfen der Bohrplatte in seiner Lage bestimmt und gespannt.

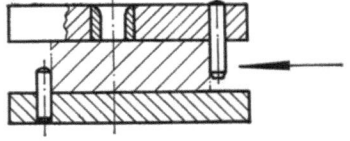

Bild 1103. Werkstücklage durch Zylinderstifte in der Auflageplatte und in der Bohrplatte bestimmt, jedoch mit der Werkstücktoleranz entsprechendem Spiel ungenau bestimmt. Nach dem Hochgehen der Bohrplatte liegt der Raum für das Eingeben und Entfernen des Werkstückes frei.

Bild 1096 ··· 1103. Werkstückaufnahmen für „schnellspannende" Bohrvorrichtungen nach Bild 1092 bis 1095. Grundsätzlich sollte die Werkstück-Aufnahme in der Bohrplatte untergebracht sein. Bei entsprechenden Herstellgenauigkeiten für Werkstück-Bestimmflächen und Bohrbildlage darf die Werkstück-Aufnahme auch der Auflageplatte zugeordnet werden. Bei Aufnahme durch Teile der Bohrplatte sind für rasches Eingeben des Werkstückes in der Auflageplatte erforderlichenfalls Vor-Anschlagteile vorzusehen.

Bohrvorrichtungen für den Zusammenbau. Von Werkstücken, die im zusammengebauten Zustand zu verbohren sind, ist gegebenenfalls jedes Werkstück in der Bohrvorrichtung zu spannen (Bild 1115 ··· 1118).

8.58 Richtlinien für die Gestaltung von Bohrvorrichtungen

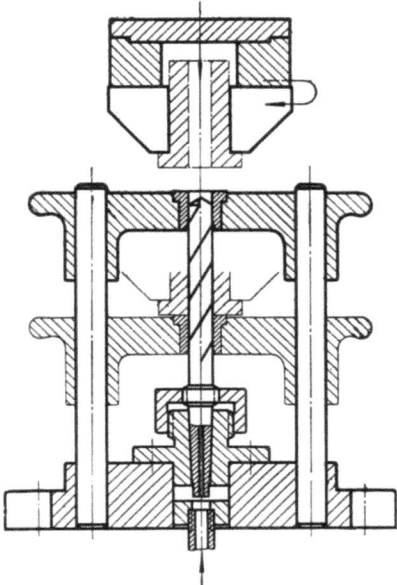

Bild 1104. Bohrvorrichtung für Tiefbohrung. Das Werkstück ist oben angeordnet, damit Späne aus der verhältnismäßig langen Bohrung leichter abfließen. Der Bohrbuchsenträger wird beim Bohren durch das Werkstück in Vorschubrichtung mitgenommen und von Hand in Ausgangsstellung gebracht.

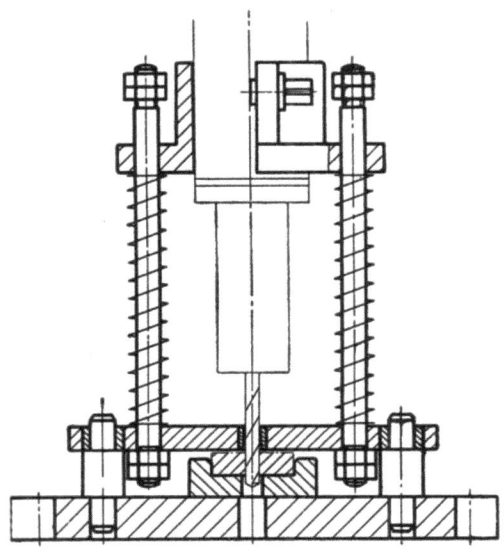

Bild 1105. Bohrvorrichtung mit Bohrplatte an der Bohrspindel.

318　8 Vorrichtungen für bestimmte Fertigungsgebiete

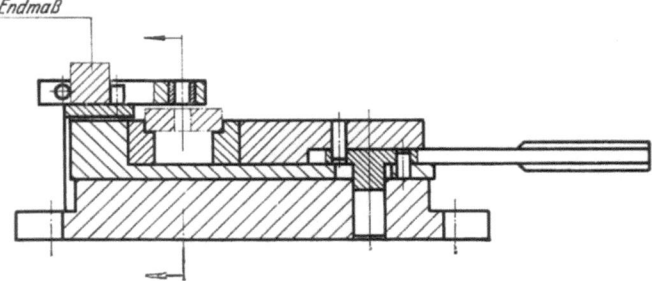

Bild 1106. Einmittender Spannstock als Bohrvorrichtung. Bohrbuchsenträger durch Endmaß einstellbar.

Bild 1107. Bohrvorrichtung für zylindrische Werkstücke, für Bohrungen senkrecht zur Drehachse. Allgemein verwendbar durch einmittende V-Prismen, in der Höhe verstellbaren Bohrbuchsenträger und verstellbaren Längsanschlag. Handelsüblich als „Querbohrvorrichtung" für Werkstücke bis 50 mm und Bohrungen bis 12 mm Durchmesser.

Bild 1108. Bohrvorrichtung für vorzugsweise flache Werkstücke mit auf einem Teilkreis liegenden Bohrungen. Allgemein verwendbar durch Drehtisch mit Aufspannfläche, Teileinrichtung, radial und in Höhe vorstellbaren Bohrbuchsenträger. Handelsüblich für Teilkreisdurchmesser bis 200 mm.

8.58 Richtlinien für die Gestaltung von Bohrvorrichtungen

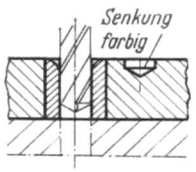

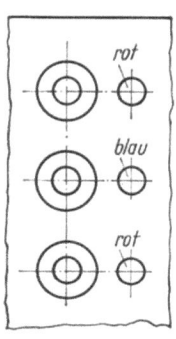

Bild 1109. Aus den Bauteilen eines Vorrichtungs-Baukastens zusammengestellte Bohrvorrichtung. Der Baukasten enthält in seiner Grundzusammenstellung rund 450 Bauteile, die gehärtet und geschliffen und in ihren Anschlußflächen mit hoher Genauigkeit gefertigt sind.

Bild 1111. Kennzeichnung zusammengehöriger Lochgruppen durch Farben.

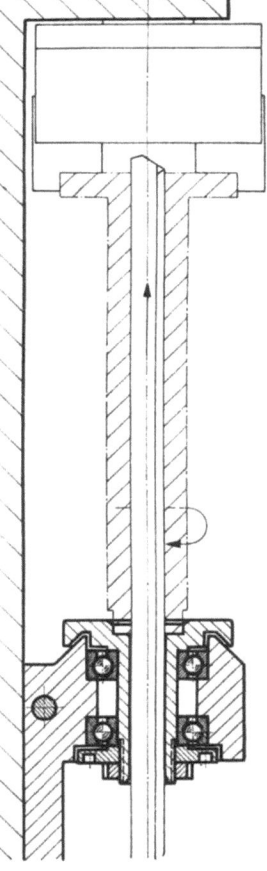

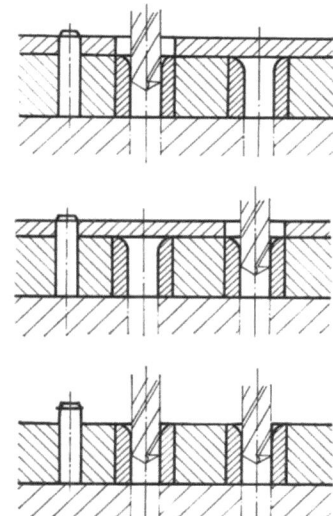

Bild 1112 ··· 1114. Kennzeichnung von Bohrungen bzw. Sicherung gegen Fehlbohrungen durch Abdeckschablonen.

Bild 1111 ··· 1114. *Kennzeichnung von Bohrbuchsen in Bohrvorrichtungen für Werkstücke mit gleichen Aufnahmemaßen, gleichen Bohrdurchmessern, jedoch verschiedenen Bohrbildern.*

Bild 1110. Bohrvorrichtung für Senkrecht-Tiefbohrmaschine. Das Werkstück läuft um, der Bohrer wird in Vorschubrichtung gegen das Werkstück bewegt.

Die Notwendigkeit des Spannens ist von der Festigkeit der Verbindung im ungebohrten Zustand und von den beim Bohren auftretenden Kräften abhängig.

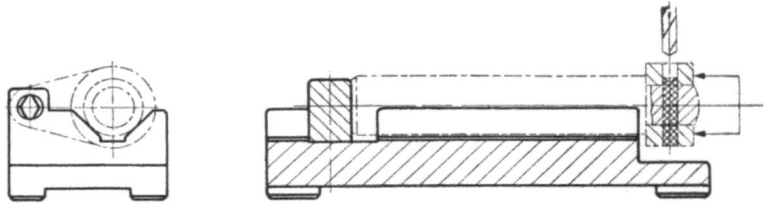

Bild 1115. Im angelieferten Hebel ist die Bohrung bereits vorgebohrt. Eine Bohrbuchse ist deshalb, überflüssig. Die Spannkraft geht über Hebel und Bolzen gegen die Anlage.

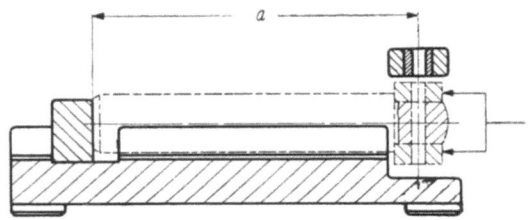

Bild 1116. Die Lage der Bohrung in Richtung Bolzenachse ist am Hebel belanglos. Es genügt, wenn der Bolzen in der Vorrichtung am freien Ende anliegt.

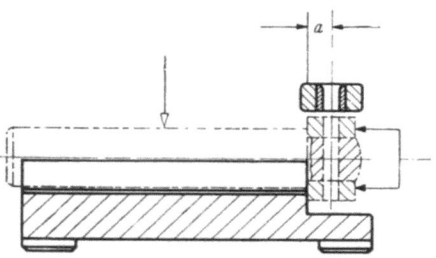

Bild 1117. Entsprechend dem Abstand a der Bohrung ist der Hebel an seiner inneren Fläche anzulegen.

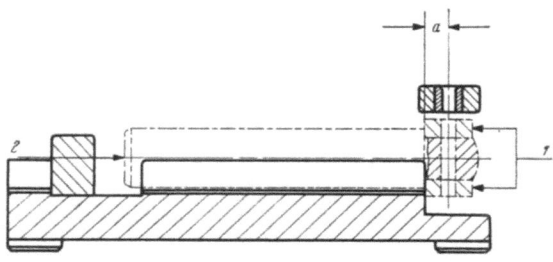

Bild 1118. Entsprechend dem Abstand a liegt der Hebel wie in Bild 1117 an. Unter der Annahme, daß der Hebel auf dem Bolzen nicht ausreichend festsitzt, ist der Bolzen gegen den Hebel zusätzlich gespannt. Die Spannkraft unter 2 ist geringer zu halten als die unter 1.

Bild 1115 ··· 1118. *Bohrvorrichtungen für den Zusammenbau eines Bolzens mit einem Hebel. Die Werkstücke sind in Längsrichtung entsprechend der Lage der Maßbezugsfläche zu bestimmen.*

8.58 Richtlinien für die Gestaltung von Bohrvorrichtungen

Für *Senken*, *Reiben* und *Gewinden* genügt in den meisten Fällen, daß das Werkstück auf dem Maschinentisch aufliegt und das Werkzeug in der vorhandenen Bohrung geführt wird. Danach ist für diese Bohrungsarbeiten nur dann eine Vorrichtung erforderlich,

wenn das Werkstück unter der Vorschubkraft durchgedrückt, verschoben oder gekippt werden würde,

wenn Drehmoment oder Rückkraft nicht mit Sicherheit von Hand bewältigt werden können (Bild 1119),

wenn Einhaltung eines Gewindemeßpunktes (Bild 1120) oder der Achsrichtung des Werkzeuges (Bild 1121) eine Werkzeugführung erfordern.

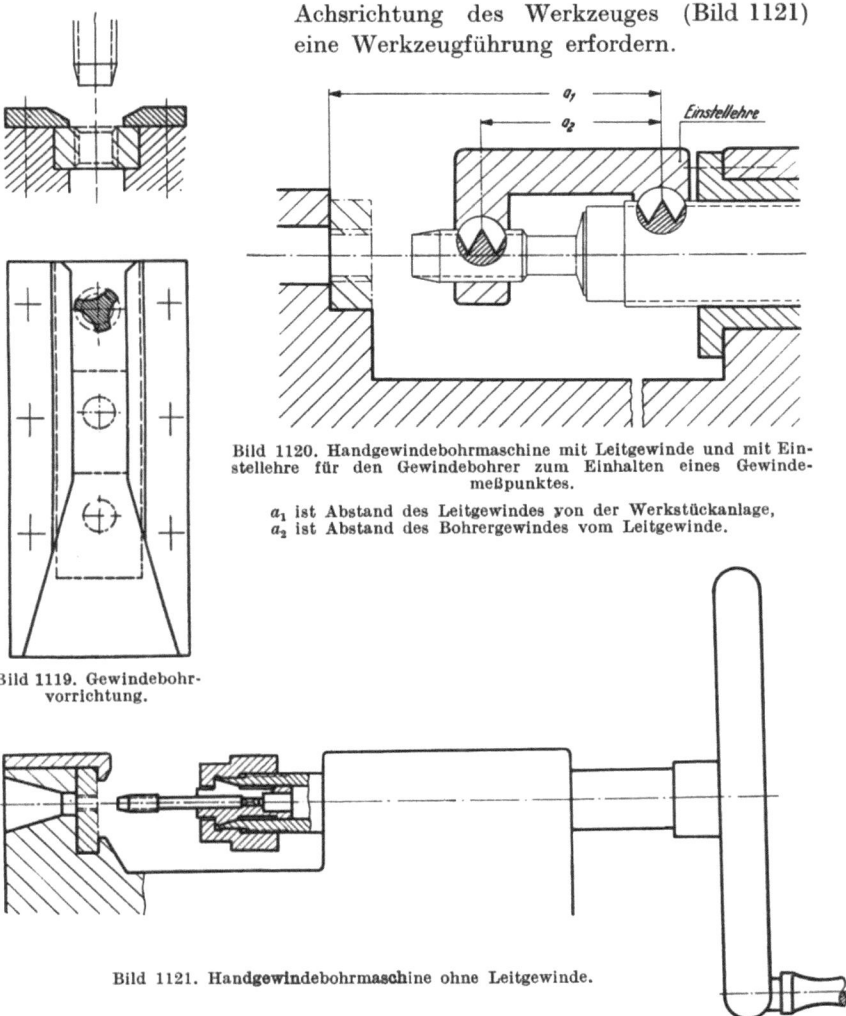

Bild 1120. Handgewindebohrmaschine mit Leitgewinde und mit Einstellehre für den Gewindebohrer zum Einhalten eines Gewindemeßpunktes.

a_1 ist Abstand des Leitgewindes von der Werkstückanlage,
a_2 ist Abstand des Bohrergewindes vom Leitgewinde.

Bild 1119. Gewindebohrvorrichtung.

Bild 1121. Handgewindebohrmaschine ohne Leitgewinde.

8.6 Fräsvorrichtungen

8.61 Fräsverfahren und Schnittkräfte beim Fräsen

Fräsverfahren werden unterschieden
   nach Schnittrichtung des Fräsers in bezug zur Vorschubrichtung (Gegenlauffräsen und Gleichlauffräsen),
   nach Lage der wirksamen Schneiden am Fräser (Walzenfräsen und Stirnfräsen),
   nach der die Bearbeitungsfläche erzeugenden Form des Vorschubweges (geradliniges Fräsen, Rund-, Gewinde-, Nachform-, Wälzfräsen),
   nach der die Bearbeitungsfläche erzeugenden Form des Fräsers (Formfräsen),
   nach Begrenzung des Fräsweges (Tauch-, Langlochfräsen).
Vorzugsweise der *Leistungssteigerung* dient die Anordnung mehrerer Fräser (Satzfräser) zu einem Fräsersatz. Ausschließlich der Leistungssteigerung dienen abwechselndes Fräsen, Pendelfräsen, Stetigfräsen sowie Mehrspindelfräsen.

Aus der Gepflogenheit, *Schnittrichtungen* von der Antriebsseite aus gesehen zu bezeichnen, ergeben sich, von der Bedienungsseite aus gesehen, für Fräsmaschinen die Richtungsbilder nach Bild 1122.

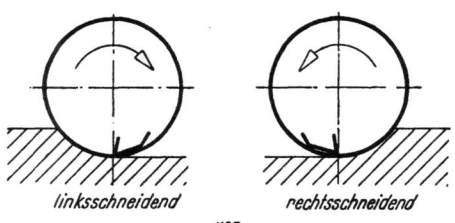

Bild 1122. Schnittrichtungen von Fräsern. Die Schnittrichtung wird, von der Antriebsseite aus gesehen, entsprechend dem Uhrzeigersinne bezeichnet.

Vorzugsweise linksschneidend werden Waagerechtfräsmaschinen und einspindlige Planfräsmaschinen gehalten, vorzugsweise rechtsschneidend sämtliche Fräsmaschinen mit senkrechter Spindel sowie Gewindefräsmaschinen.

8.611 Fräsen im Gegenlauf

Beim Fräsen im Gegenlauf ist die Vorschubrichtung der Schnittrichtung gegenläufig (Bild 1123). Die Senkrechtkraft S wirkt von der Werkstückauflage abhebend. Fräsen im Gegenlauf ist das üblichere Fräsverfahren.

8.61 Fräsverfahren und Schnittkräfte beim Fräsen

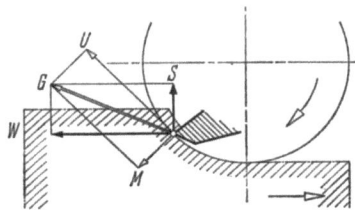
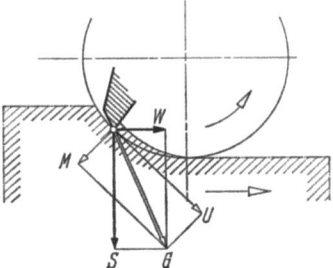

Bild 1123. Fräsen im Gegenlauf. Bild 1124. Fräsen im Gleichlauf.
Bild 1123 u. 1124. *Beim Fräsen auf das Werkstück wirkende Schnittkräfte. G Gesamtkraft, W Waagerechtkraft, S Senkrechtkraft, U Umfangskraft.*

8.612 Fräsen im Gleichlauf

Beim Fräsen im Gleichlauf ist die Vorschubrichtung der Schnittrichtung gleichläufig (Bild 1124). Durch die Senkrechtkraft S wird das Werkstück gegen die Auflage gedrückt. Dadurch sind Werkstücke, die nur unter geringer Kraft gegen die Auflage gespannt werden können, in manchen Fällen nur im Gleichlauf fräsbar. Beim Gleichlauffräsen ist der Angriff für den Fräserzahn günstiger als beim Fräsen im Gegenlauf. Daraus ergeben sich größere Frässleistungen und längere Fräserstandzeiten, vorausgesetzt, daß die Fräserschneiden nicht gegen Guß- oder Schmiedekruste arbeiten. Gleichlauffräsen ergibt eine Fräsfläche mit mattem, samtigem Aussehen, während beim Gegenlauffräsen eine Oberfläche mit glänzendem Aussehen entsteht. Unter sonst gleichen Bedingungen sind die Frässpuren in beiden Flächen gleich tief, nur daß sie in der glänzenden Oberfläche deutlicher sichtbar sind. Gleichlauffräsen setzt voraus, daß die Spindel für den Antrieb des Frästisches in Längsrichtung spielfrei gelagert ist. Handhebelantrieb des Frästisches ist beim Gleichlauffräsen nicht anwendbar. Werkstück samt Frästisch würden von dem Fräser erfaßt und angetrieben und der Fräser dadurch gefährdet werden.

8.613 Walzenfräsen

Das sog. Walzenfräsen ist Fräsen mit den Umfangzähnen. Die Werkzeugachse liegt parallel zur Bearbeitungsfläche. Beim Anfräsen wirkt auf das Werkstück die volle Umfangskraft (Bild 1125), wobei die Gefahr am größten ist, daß das Werkstück von der Auflage abgehoben und aus seiner Spannung herausgerissen wird.

Bei sog. spiralverzahnten, richtiger gesagt schrauben- oder wendelverzahnten Walzenfräsern ist auf die Auswirkung der

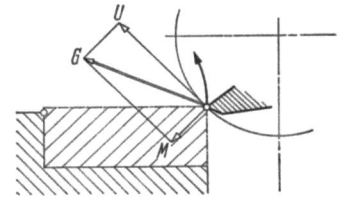

Bild 1125. Schnittkräfte beim Anfräsen des Werkstückes.

Achskraft zu achten. Drall- und Schnittrichtung sind, namentlich bei Maschinen älterer Bauart, möglichst so zu wählen, daß die Achskraft gegen das Spindellager gerichtet ist. Danach sind linksschneidende Fräser mit Rechtsdrall und rechtsschneidende Fräser mit Linksdrall auszuführen (Bild 1126 ··· 1128). Durch kreuzverzahnte Walzenfräser wird die Wirkung der Achskraft aufgehoben (Bild 1129).

Winkelfräser sind ebenfalls möglichst so anzuordnen, daß die Achskraft gegen das Spindellager gerichtet ist (Bild 1130 u. 1131).

Die Verwendung von Walzenfräsern wird von einer gewissen Fräsbreite an durch die Größe der dabei erforderlichen Schnittkraft begrenzt. Breite Walzenfräser erfordern außerdem einen ungleich größeren Werkstoffaufwand als Messerköpfe.

Für ebene Flächen kommen nur *spitzzahnige Fräser* in Betracht. Zerspanungsleistung und Standzeit liegen höher, die Anschaffungskosten

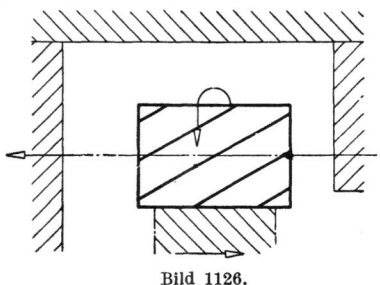

Bild 1126.

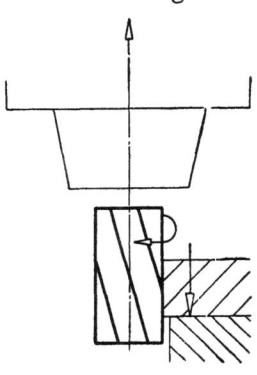

Bild 1126 u. 1127. Auswirkung der Achskraft bei rechtsschneidenden Fräsern mit Linksdrall.

Bild 1127.

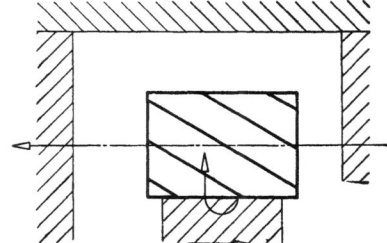
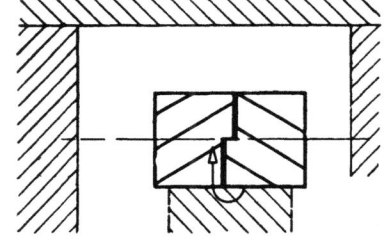

Bild 1128. Auswirkung der Achskraft bei linksschneidendem Walzenfräser mit Rechtsdrall.

Bild 1129. Aufgehobene Wirkung der Achskraft bei kreuzverzahntem Walzenfräser.

niedriger als für hinterdrehte Fräser. Von der Forderung nach spitzzahnigen Fräsern sind die vorstehend angeführten Fräser mit Gewindeverzahnung ausgenommen, weil diese nur als hinterdrehte Fräser ausführbar sind. Außerdem sind mit Rücksicht auf den Nachschliff jene Walzenfräser ausgenommen, die mit hinterdrehten Fräsern zu einem Fräsersatz zusammengestellt sind.

8.61 Fräsverfahren und Schnittkräfte beim Fräsen

Der *Fräsweg* ist bei Walzenfräsern länger als die zu fräsende Fläche (Bild 1132). Diese Fräsweglänge ist von der Spantiefe abhängig.

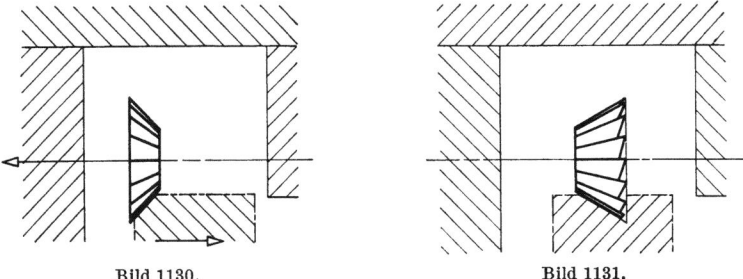

Bild 1130. Bild 1131.

Bild 1130 u. 1131. Anordnung von Winkelfräsern und Winkel-Stirnfräsern mit Rücksicht auf die Auswirkung der Achskraft.

8.614 Stirnfräsen

Beim Stirnfräsen liegt die Werkzeugachse senkrecht zur Bearbeitungsfläche. Die Achskraft wirkt von der Werkstückauflage abhebend (Bild 1133). Je nach Lage der Fräsermitte zur Angriffsfläche am Werkstück wird im Gleichlauf oder im Gegenlauf gefräst (Bild 1134 ··· 1136).

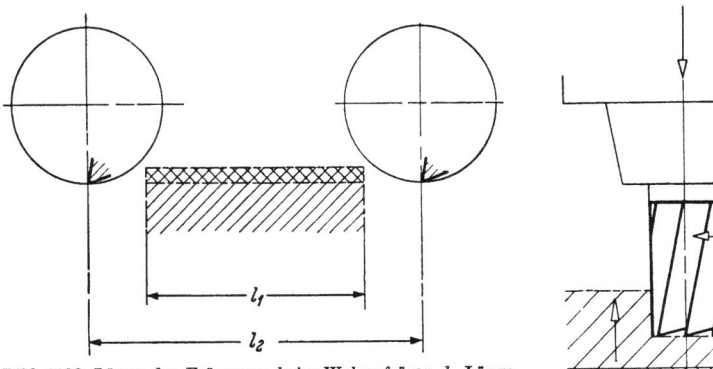

Bild 1132. Länge des Fräsweges beim Walzenfräsen. l_1 Länge der Fräsfläche, l_2 Länge des Fräsweges.

Bild 1133. Auswirkung der Achskraft bei rechtsschneidendem Schaftfräser mit Rechtsdrall.

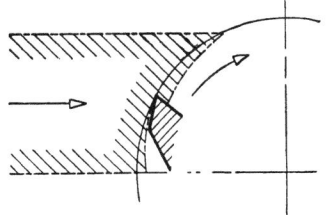

Bild 1134. Stirnzahn auf Gleichlauffräsen eingestellt.

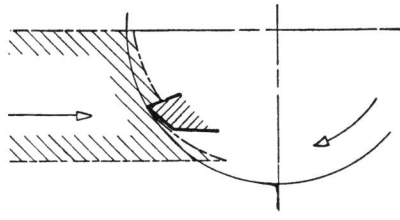

Bild 1135. Stirnzahn auf Gegenlauffräsen eingestellt.

Die Schnittrichtung ist möglichst so zu wählen, daß das Werkstück gegen die Auflage oder die Anlage gedrückt wird (Bild 1137). Beim Stirnfräsen (Bild 1138) besteht im Gegensatz zum Walzenfräsen kaum

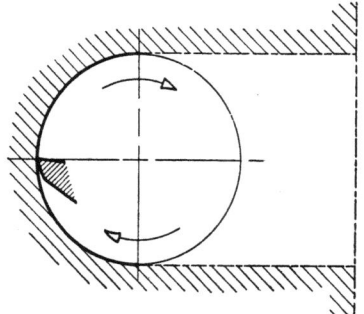

Bild 1136. Stirnzahn beim Fräsen einer Nut.

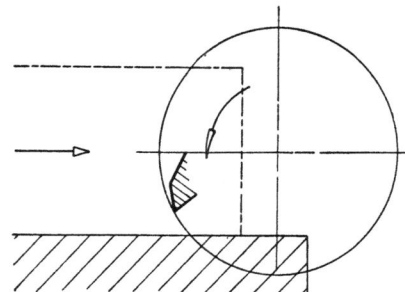

Bild 1137. Beim Planfräsen ist die Schnittrichtung so zu wählen, daß das Werkstück gegen seine Auflage gedrückt wird.

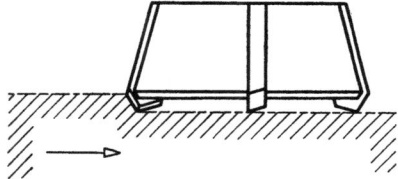

Bild 1138. Anschnitt und Spanbildung beim Stirnfräsen.

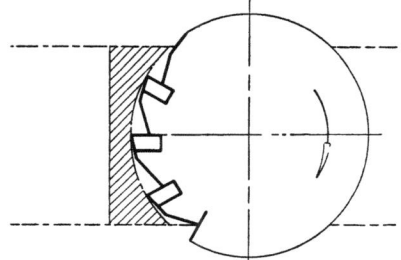

die Gefahr, daß das Werkstück beim Anschneiden von seiner Auflage abgehoben oder aus der Spannung herausgerissen wird. Beim Stirnfräsen wird das Werkstück unter geringer Kraft angeschnitten. Der Weg, bis der Fräser voll im Schnitt steht, ist verhältnismäßig lang.
Die gesamte *Fräsweglänge* ist beim Stirnfräsen abhängig
    vom Durchmesser des Fräsers,
    von dem Umstand, wie weit der Fräser über die Fräsfläche hinauszuführen ist,
    ob die Stirnfläche des Fräsers symmetrisch oder einseitig zur Fräsfläche liegt.
Die Spantiefe ist beim Stirnfräsen auf die Fräsweglänge ohne Einfluß. Üblich ist ein Fräserdurchmesser von 1,4 × der Fräsflächenbreite.

Für Schrupparbeiten ist ein Fräsweg ausreichend, bei dem nur die anlaufende Fräserseite über die Fräsfläche hinausgeführt wird. Für Schlichtarbeiten ist in der Regel ein Fräsweg nötig, bei dem auch die ablaufende Fräserseite über die Fräsfläche hinausgeführt wird (Bild 1139). Beim sog. Tauchfräsen ist der Fräsweg am kürzesten, wenn das Werkstück symmetrisch zum Fräser liegt (Bild 1140 u. 1141).

8.61 Fräsverfahren und Schnittkräfte beim Fräsen

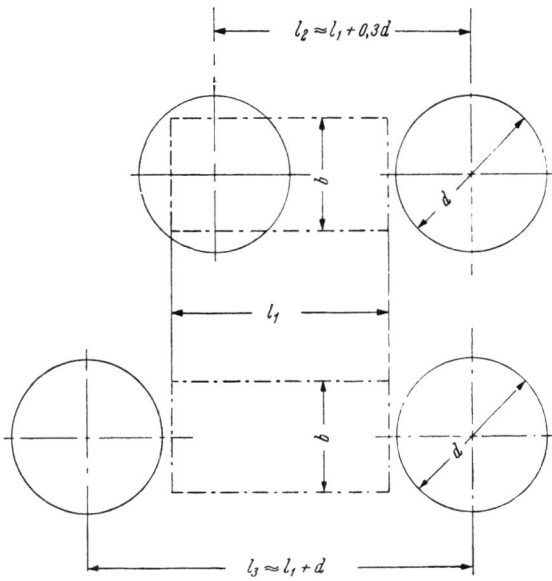

Bild 1139. Länge der Fräswege beim Stirnfräsen. Fräser symmetrisch zur Fräsfläche. d Fräserdurchmesser, b Breite der Fräsfläche, l_1 Länge der Fräsfläche, l_2 Länge des Fräsweges beim Schruppen, l_3 Länge des Fräsweges beim Schlichten.

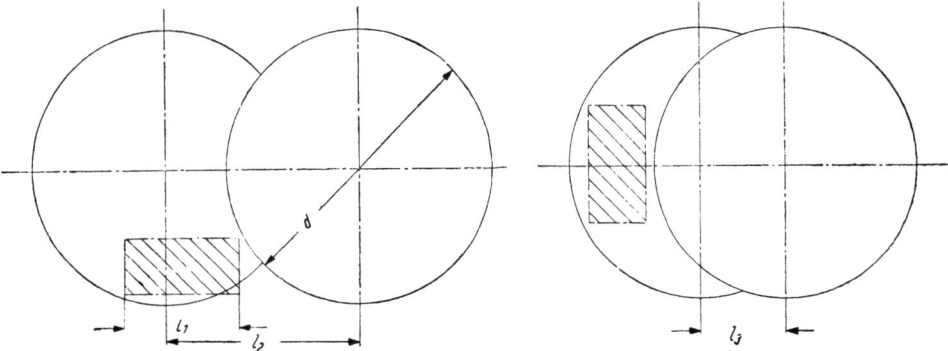

Bild 1140. Fräsweglänge l_2 bei einseitig angestelltem Fräser.

Bild 1141. Fräsweglänge l_3 bei symmetrisch angestelltem Fräser.

Bild 1140 u. 1141. *Länge der Fräswege beim Stirnfräsen (Tauchverfahren)* d *Fräserdurchmesser,* l_1 *Länge des Werkstückes.*

Wälzfräsen. Das Wälzfräsen dient vorzugsweise zur Fertigung der Zahnform von Zahnrädern. Der Radkörper wird hierzu während des Fräsens um seine Drehachse fortlaufend bewegt und dabei die Form der Zahnflanke durch den Fräser ausgeschnitten.

8.615 Fräsen mit Fräsersätzen

Fräsersätze sind im allgemeinen nur aus spitzzahnigen oder nur aus hinterdrehten Satzfräsern zusammenzustellen, da beim Nachschliff spitzzahnige Fräser im Durchmesser mehr abnehmen als hinterdrehte Fräser. Ausgenommen sind hiervon solche Fräsersätze, bei denen der Abschliff an spitzzahnigen Fräsern durch axiales Beistellen dieser Fräser (Bild 1142) oder durch verstellbare Werkstückauflage der Vorrichtung (Bild 1143) ausgeglichen werden kann.

Schrupparbeiten sind weitgehend mit spitzzahnigen Fräsern durchzuführen, da diese leistungsfähiger sind als hinterdrehte Fräser.

In Sonderfällen können Schrupp- und Schlichtfräser auf einen gemeinsamen Dorn gesetzt und der Frästisch abwechselnd unter diese

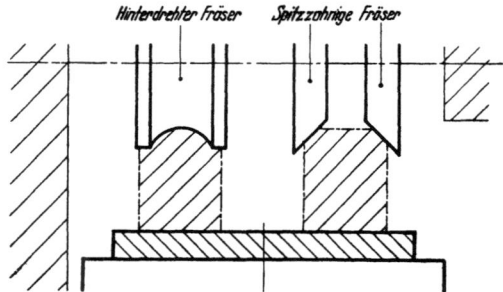

Bild 1142. Fräsersatz, bestehend aus spitzzahnigen Winkelfräsern und hinterdrehtem Formfräser. Durchmesserunterschiede zwischen diesen beiden Fräserarten sind durch seitliches Nachstellen der spitzzahnigen Fräser ausgleichbar.

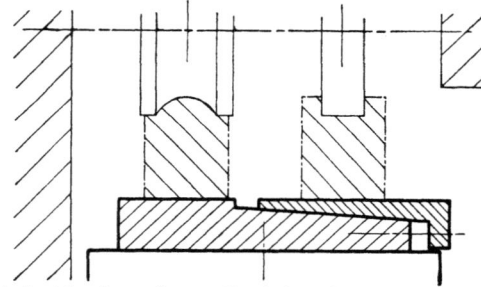

Bild 1143. Fräsersatz bestehend aus einem spitzzahnigen Scheibenfräser und einem hinterdrehten Formfräser. Zum Ausgleich von Durchmesserunterschieden ist die Werkstückauflage der Vorrichtung nachstellbar zu halten.

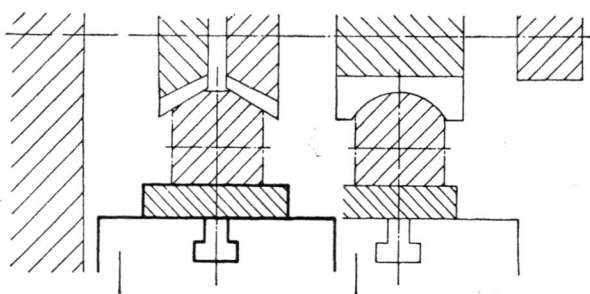

Bild 1144. Schrupp- und Schlichtfräser auf demselben Fräserdorn. Nach dem Schruppen wird der Frästisch unter den Schlichtfräser gebracht.

beiden Fräser gebracht werden (Bild 1144). Dieses Verfahren ist angebracht, wenn der Frästisch schneller verstellt als das Werkstück gewechselt werden kann.

Doch sind hierbei Zugeständnisse zu machen entweder an die Zerspanungsleistung beim Schruppen oder an die Oberflächengüte beim Schlichten. Über die Zweckmäßigkeit dieser Anordnung ist deshalb von Fall zu Fall zu entscheiden.

8.62 Fräsbeispiele

8.621 Fräsen ebener Flächen

Beim Walzenfräsen werden Ebenheit und Lage der Fräsfläche in Richtung der Fräserachse durch die Form des Fräsers bestimmt (Bild 1145).

Beim Stirnfräsen werden Ebenheit und Lage der Fräsfläche durch die Winkellage der Frässpindel bestimmt. Wenn die Frässpindel von der Senkrechten zur Auflagefläche des Werkstückes abweicht, wird die Fräsfläche unparallel (Bild 1146 oder hohl (Bild 1147) oder beides.

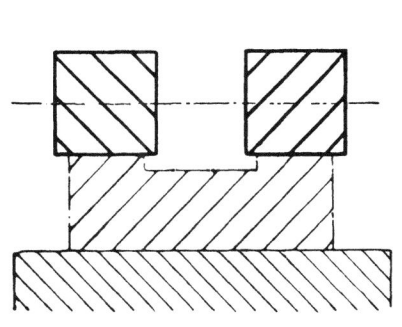

Bild 1145. Fertigung einer ebenen Fläche durch Walzenfräsen.

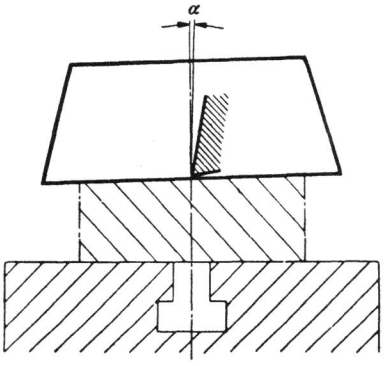

Bild 1146. Durch Winkelabweichungen α quer zum Frästisch wird die Fräsfläche unparallel.

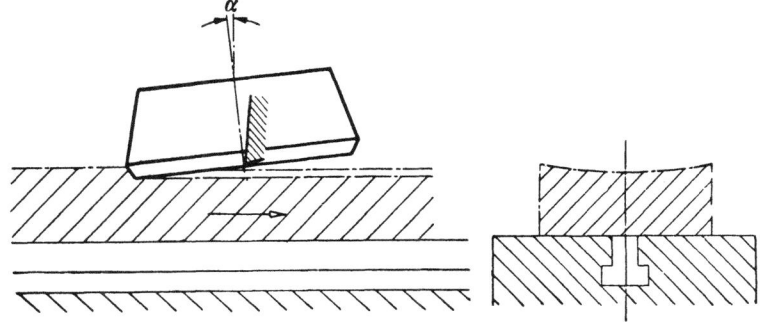

Bild 1147. Durch Winkelabweichungen α längs zum Frästisch wird die Fräsfläche hohl.

Bild 1145 ··· 1147. *Einflüsse der Frässpindelstellung beim Planfräsen.*

8.622 Fräsen rechtwinkliger und paralleler Flächen

Fräsen von *rechtwinkligen und parallelen* Flächen bei waagerechter Auflage für das Werkstück. Stirnfräsen mit waagerechter Spindel (Bild 1148) oder Walzenfräsen mit senkrechter Spindel (Bild 1149). Hier-

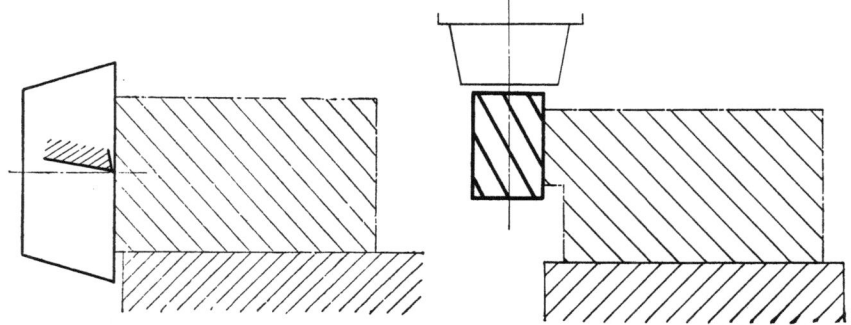

Bild 1148. Fertigen durch Stirnfräsen.   Bild 1149. Fertigen durch Walzenfräsen.
Bild 1148 u. 1149. *Fräsen einer rechtwinkligen Fläche bei aufliegendem Werkstück.*

bei hat das Werkstück durch sein Eigengewicht eine sichere Lage, und die Vorrichtung wird einfach. Diese Anordnung ist deshalb vorzuziehen.

Fräsen rechtwinkliger Flächen durch Anlegen an eine Winkelfläche und Walzenfräsen mit waagerechter Spindel (Bild 1150) oder Stirnfräsen mit senkrechter Spindel (Bild 1151). Das Werkstück muß in seiner Senk-

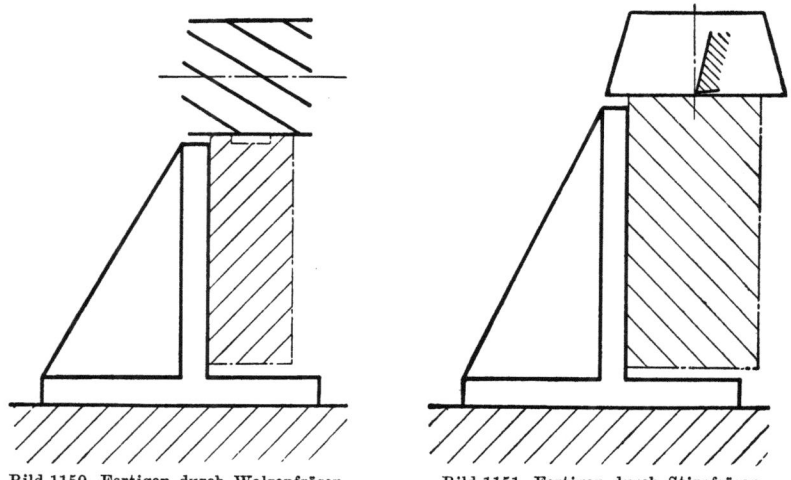

Bild 1150. Fertigen durch Walzenfräsen.   Bild 1151. Fertigen durch Stirnfräsen.
Bild 1150 u. 1151. *Fräsen einer rechtwinkligen Fläche bei anliegendem Werkstück.*

rechtlage gehalten werden. Die Lage des Werkstückes ist weniger sicher, das Einlegen erfordert mehr Aufmerksamkeit, und die Vorrichtung baut schwieriger als bei waagerechter Anordnung der Werkstückauflage.

8.62 Fräsbeispiele

Fräsen rechtwinkliger Flächen auf mehrspindligen Planfräsmaschinen nach Bild 1152 und 1153.

Parallele Flächen werden gefräst

auf Senkrechtfräsmaschinen bei waagerechter Auflage des Werkstückes und Bearbeitung durch Messerkopf oder Walzenstirnfräser parallel zur Auflagefläche (Bild 1154),

auf Fräsmaschinen mit waagerechter Spindel mit zwei Scheibenfräsern (Bild 1155),

auf zweispindligen Planfräsmaschinen mit zwei Messerköpfen oder Walzenstirnfräsern (Bild 1156).

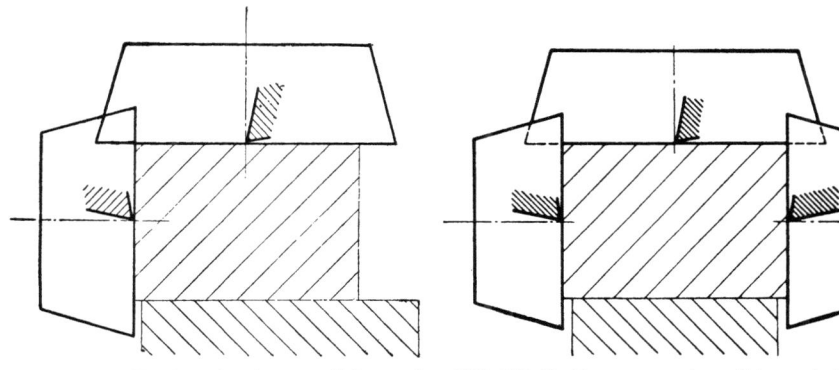

Bild 1152. Fertigen je einer parallelen und rechtwinkligen Fläche auf zweispindliger Planfräsmaschine.

Bild 1153. Fertigen von zwei parallelen und einer rechtwinkligen Fläche auf dreispindliger Planfräsmaschine.

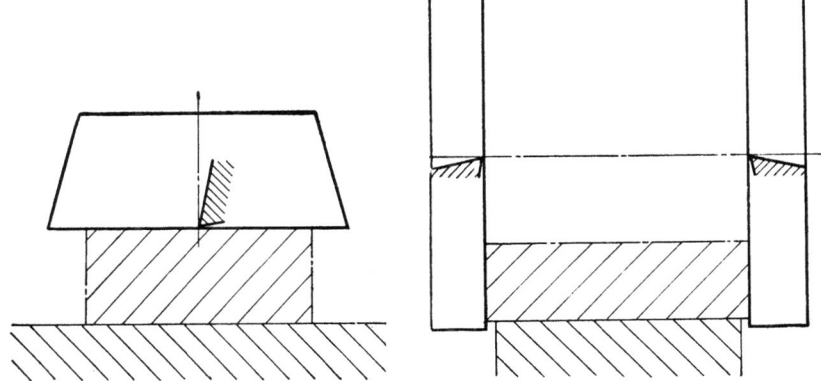

Bild 1154. Fertigen einer parallelen Fläche durch Messerkopf.

Bild 1155. Fertigen paralleler Flächen auf einspindliger Fräsmaschine durch Scheibenfräser.

Bei Fertigung auf zweispindligen Planfräsmaschinen können Fräser mit verhältnismäßig kleinem Durchmesser verwendet werden, wodurch außerdem die Fräswege verhältnismäßig kurz ausfallen.

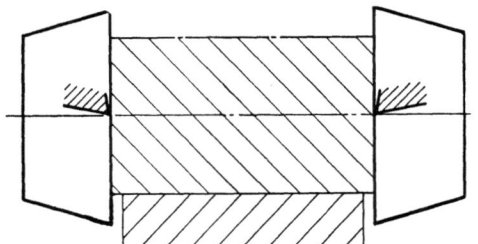

Bild 1156. Fertigen paralleler Flächen auf zweispindliger Planfräsmaschine.

8.623 Fräsen spitz- und stumpfwinkliger Flächen

Spitz- und stumpfwinklige Flächen werden gefertigt
durch Winkelfräser (Bild 1157 u. 1158),
Walzenfräsen (Bild 1159 u. 1160),
oder Stirnfräsen (Bild 1161 ··· 1163).
Werden Winkelflächen durch Winkelfräser gefertigt, fällt die Vorrichtung im allgemeinen einfacher aus als bei Verwendung von Messerköpfen, Walzen- oder Stirnfräsern. Außerdem ist in manchen Fällen die Bearbeitungsfläche für Winkelfräser zugänglicher. Winkelfräser haben jedoch gegenüber Walzen- und Stirnfräsern folgende *Nachteile*:

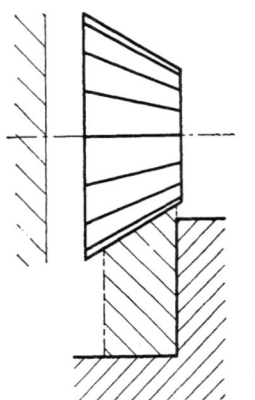
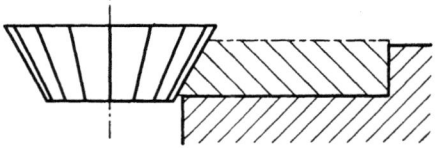

Bild 1157. Fräsen mit waagerechter Spindel.   Bild 1158. Fräsen mit senkrechter Spindel.
Bild 1157 u. 1158. *Fertigen von Winkelflächen durch Winkelfräser.*

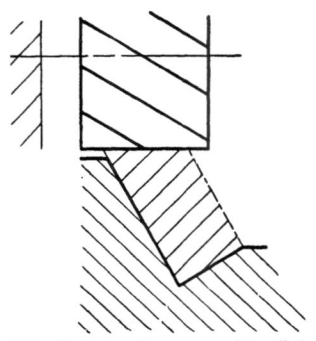
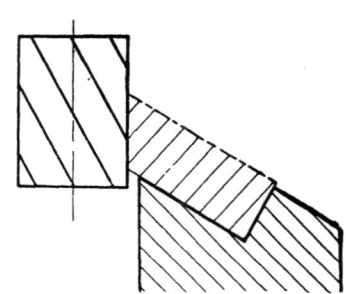

Bild 1159. Fräsen mit waagerechter Spindel.   Bild 1160. Fräsen mit senkrechter Spindel.
Bild 1159 u. 1160. *Fertigen von Winkelflächen durch Walzenfräser.*

Winkelfräser mit geraden Zähnen ermöglichen geringere Zerspanungsleistung als Hochleistungs-Walzenfräser oder Walzenstirnfräser.

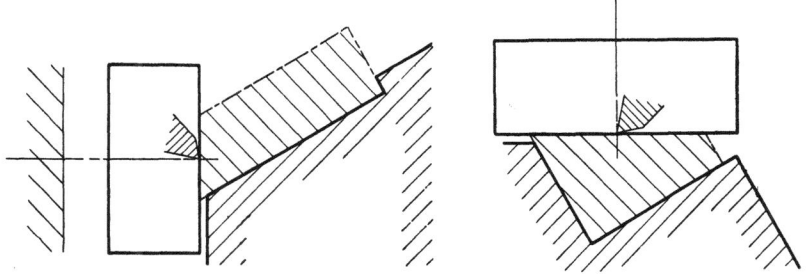

Bild 1161. Fräsen mit waagerechter Spindel.   Bild 1162. Fräsen mit senkrechter Spindel.
Bild 1161 u. 1162. *Fertigen von Winkelflächen durch Stirnfräser.*

Kreuzverzahnte Winkelfräser ergeben keine genau ebene, sondern eine gekrümmte Fläche und sind erheblich teurer als Hochleistungs-Walzenfräser oder -Walzenstirnfräser.

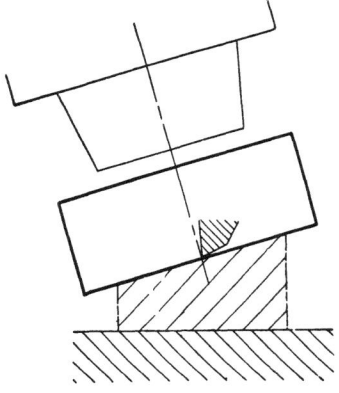

Winkelfräser mit anderen als den üblichen Winkeln, wie 15/30/45/60 oder 75°, sind Sonderfräser. Aber auch Winkelfräser mit einem der üblichen Winkel sind im Betrieb meist nicht in derselben Auswahl und Anzahl greifbar wie Walzen- oder Walzenstirnfräser.

Vor dem Gestalten einer Vorrichtung sind diese Vor- und Nachteile abzuwägen. Dabei ist zu berücksichtigen, daß die Vorrichtung im allgemeinen nur einmal angeschafft wird, hingegen Fräser in der Regel oftmals ersetzt werden müssen.

Bild 1163. Fräsen einer Winkelfläche unter schräggestellter Frässpindel.

8.624 Fräsen von Nuten

Nuten *mit rechteckigem Querschnitt* werden mit Scheiben-, Schaft- oder Langlochfräsern gefräst. Weitestgehend ist mit Scheibenfräsern (Bild 1164 ··· 1167) zu arbeiten, da mit diesen eine größere Zerspanungs-

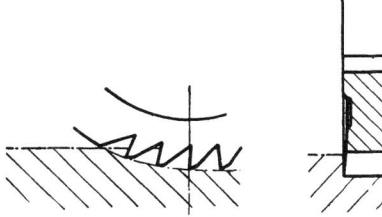

Bild 1164. Fertigen einer Nut durch spitzzahnigen, seitlich hohlgeschliffenen Fräser. Durch Nachschliff wird die Fräserbreite verringert. Vorzugsweise für Nuten geringerer Tiefe und Breite und mit gröberer Breitentoleranz.

leistung erreichbar ist als mit Schaft- oder mit Langlochfräsern. Für die Verwendung von Scheibenfräsern ist Voraussetzung, daß die zu fräsende Nut an den Enden offen ist oder einen dem Fräserdurchmesser

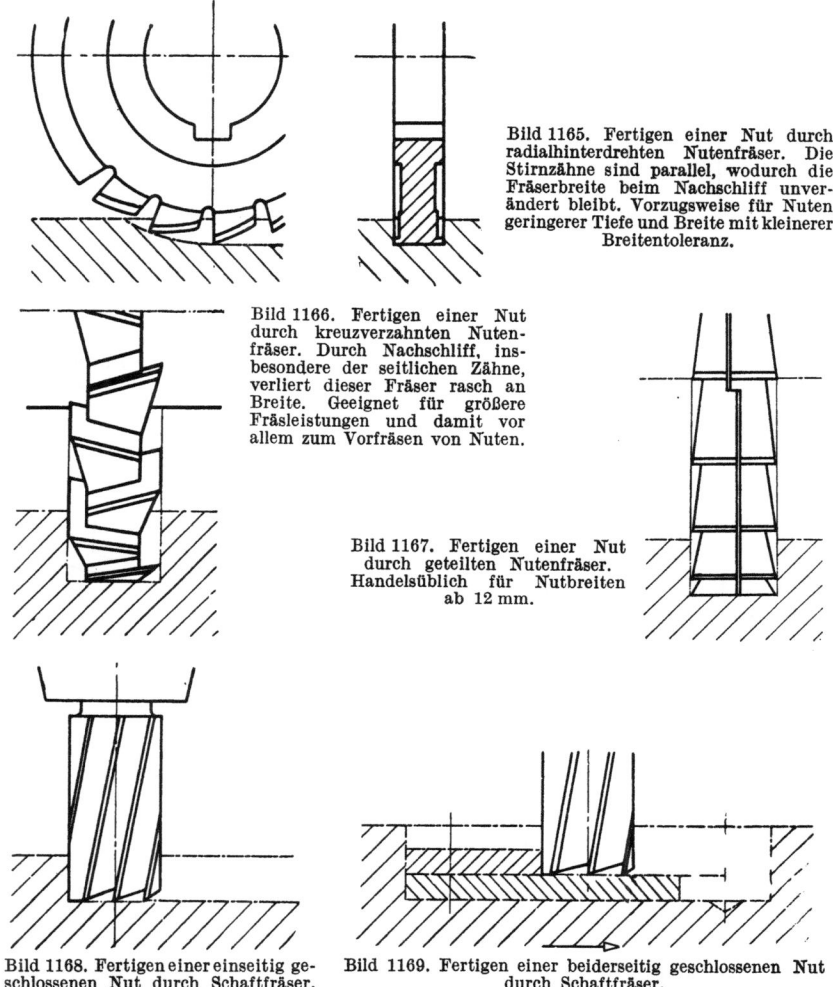

Bild 1165. Fertigen einer Nut durch radialhinterdrehten Nutenfräser. Die Stirnzähne sind parallel, wodurch die Fräserbreite beim Nachschliff unverändert bleibt. Vorzugsweise für Nuten geringerer Tiefe und Breite mit kleinerer Breitentoleranz.

Bild 1166. Fertigen einer Nut durch kreuzverzahnten Nutenfräser. Durch Nachschliff, insbesondere der seitlichen Zähne, verliert dieser Fräser rasch an Breite. Geeignet für größere Fräsleistungen und damit vor allem zum Vorfräsen von Nuten.

Bild 1167. Fertigen einer Nut durch geteilten Nutenfräser. Handelsüblich für Nutbreiten ab 12 mm.

Bild 1168. Fertigen einer einseitig geschlossenen Nut durch Schaftfräser. Bild 1169. Fertigen einer beiderseitig geschlossenen Nut durch Schaftfräser.

entsprechenden Auslauf zuläßt. Für die Wahl der Art eines Scheibenfräsers sind Breite, Breitentoleranz und Tiefe der Nut bestimmend.

Für das Fräsen einseitig oder beiderseitig geschlossener Nuten kommen Schaft- oder Langlochfräser in Betracht.

Mit Schaftfräsern (Bild 1168) wird mit verhältnismäßig großer Schnitttiefe und kleinem Vorschub gearbeitet. Für beiderseitig geschlossene Nuten ist für das Anstellen von Schaftfräsern im Werkstück eine Bohrung vorzusehen (Bild 1169).

Mit Langlochfräsern wird mit Spantiefen bis 0,3 mm und Vorschüben bis etwa 300 mm je Minute gearbeitet (Bild 1170). Der Fräser dringt beim axialen Zustellen mit den Spitzen seiner Stirnschneiden in den

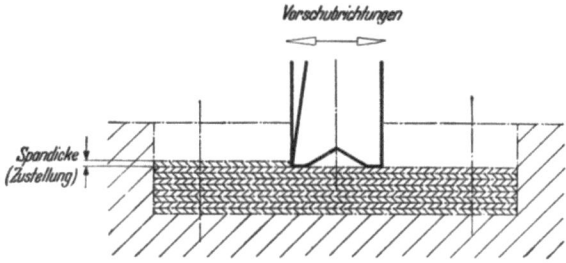

Bild 1170. Langlochfräsen einer beiderseitig geschlossenen Nut.

Werkstoff ein. Diese Tiefenzustellung erfolgt selbsttätig bis zur Fertigstellung der Nut. Dadurch ist das Langlochfräsen in besonderem Maße für das Bedienen mehrerer Maschinen durch nur *eine* Arbeitskraft geeignet.

Bei der Fertigung von beiderseitig geschlossenen Nuten, sowohl mit Schaft- wie mit Langlochfräsern, wird die Beseitigung der Späne mit zunehmender Nuttiefe schwieriger. In der Nut liegende Späne verursachen unruhigen Schnitt, ungleichmäßige Nutbreite und unsaubere Fräsflächen. Geschlossene Nuten größerer Tiefe sind deshalb möglichst nicht unter senkrechter, sondern unter waagerechter Spindel zu fräsen, da hierbei die Späne leicht herausgespült werden.

Schaft- und Langlochfräser sind im Durchmesser starker Abnutzung unterworfen.

Um unabhängig vom Fräserdurchmesser eine bestimmte Nutbreite einhalten zu können, werden Fräser exzentrisch gespannt (Bild 1171

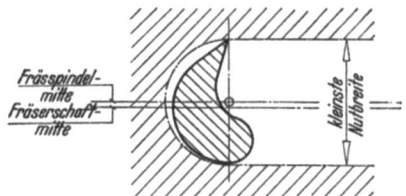 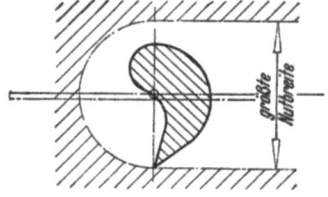

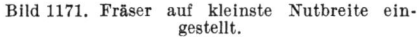

Bild 1171. Fräser auf kleinste Nutbreite eingestellt. Bild 1172. Fräser auf größte Nutbreite eingestellt.

Bild 1171 u. 1172. *Fräsen einer bestimmten Nutbreite durch exzentrisch aufgenommenen, einzahnigen Fräser. Die jeweils geforderte Nutbreite wird durch Schwenken des Fräsers um seine Achse eingestellt.*

u. 1172), Frässpindeln oszillierend gehalten (Bild 1173) oder rechteckig gesteuert (Bild 1174).

T-Nuten sind im Breitenmaß *b* nach Bild 1175 grundsätzlich durch Scheibenfräser und nur im Kopfteil durch T-Nutenfräser zu bearbeiten (Bild 1176 u. 1177). Dabei wird durch den leistungsfähigeren Scheibenfräser der größte Teil des Werkstoffes zerspant. Ein Fräser in T-Form

336 8 Vorrichtungen für bestimmte Fertigungsgebiete

würde als spitzzahniger Fräser schwierig herstellbar und noch schwieriger nachzuschleifen sein, ein hinterdrehter Fräser weniger leistungsfähig sein. Die T-Nut ist in Breite b wie in Höhe h je nach Größe der Abmessung, geforderter Genauigkeit und Oberflächengüte ein- oder mehrmals

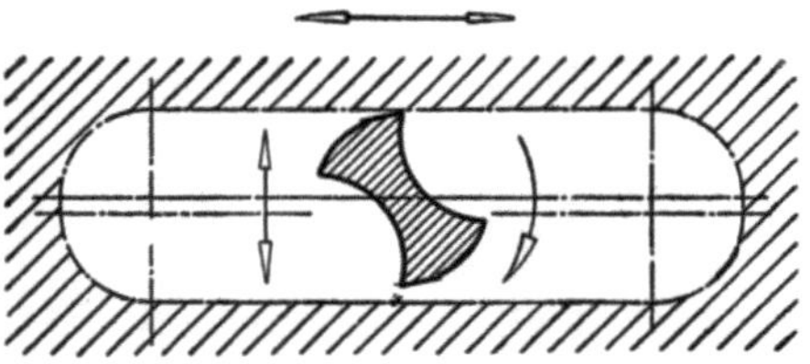

Bild 1173. Fräsen einer bestimmten Nutbreite durch oszillierende Steuerung der Frässpindel.

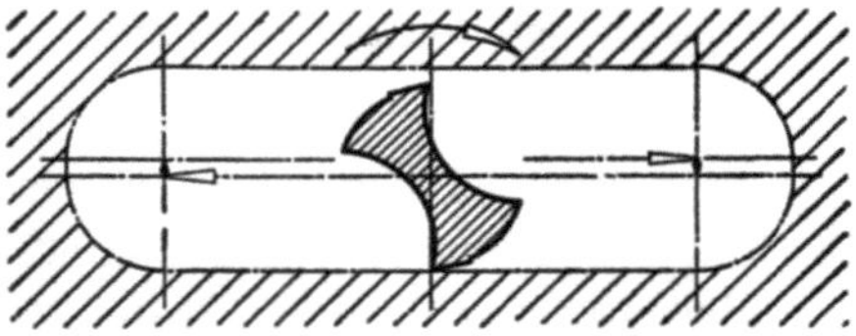

Bild 1174. Fräsen einer bestimmten Nutbreite durch Steuerung der Frässpindel im Rechteck.

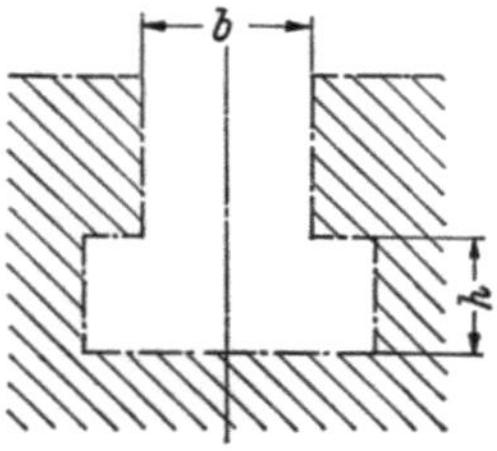

Bild 1175. Zu fräsende T-Nut. 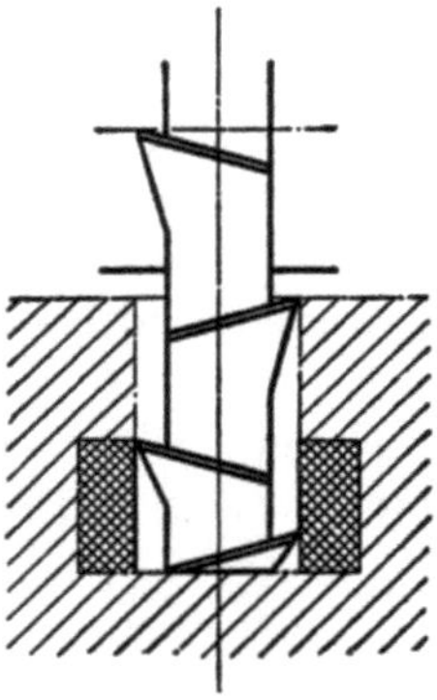   Bild 1176. Vorfräsen mit kreuzverzahntem Scheibenfräser. 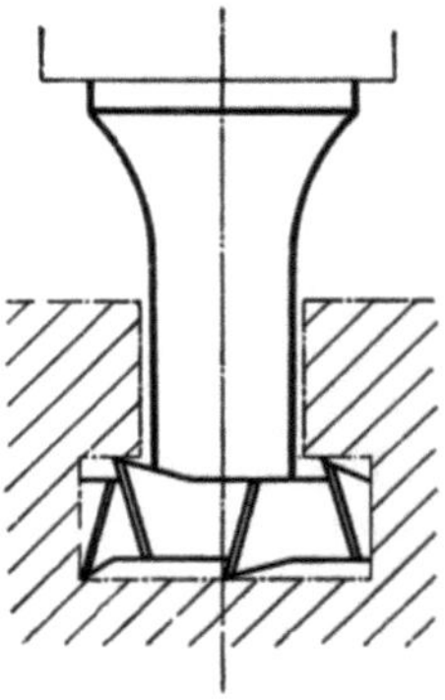   Bild 1177. Fräsen des Kopfteiles mit T-Nutenfräser.

Bild 1175 ··· 1177. *Fertigen einer T-Nut.*

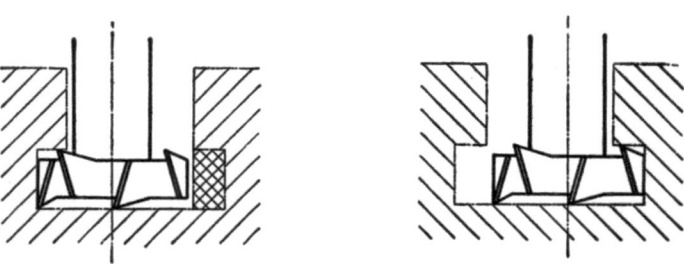

Bild 1178. Fräsen einer Kopfseite.   Bild 1179. Fräsen der zweiten Kopfseite.
Bild 1178 u. 1179. *Fräsen des Kopfteiles einer T-Nut mit T-Nutenfräser in zwei Arbeitsstufen.*

8.62 Fräsbeispiele 337

zu fräsen. Durch aufeinanderfolgendes Fräsen der seitlichen Kopfflächen sind T-Nutenfräser weitgehender ausnutzbar (Bild 1178 u. 1179).
V-Nuten sind ebenfalls durch Scheibenfäser vorzuarbeiten (Bild 1180 bis 1186).

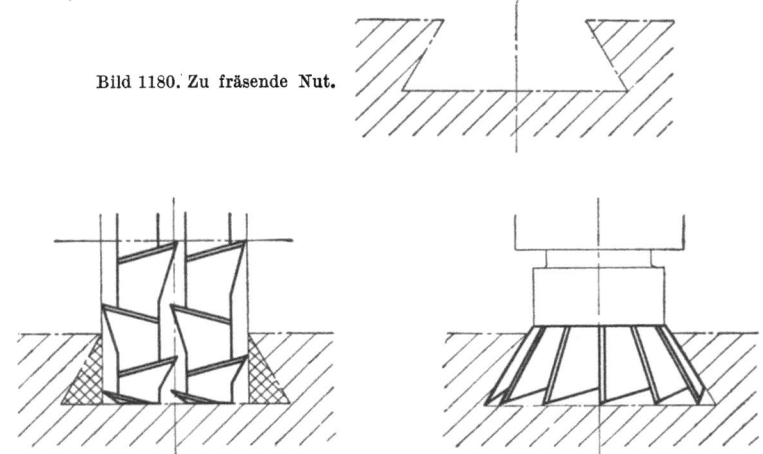

Bild 1180. Zu fräsende Nut.

Bild 1181. Vorfräsen mit kreuzverzahnten Scheibenfräsern.

Bild 1182. Fertigfräsen oder Nach- und Fertigfräsen mit Winkel-Stirnfräser.

Bild 1180 ··· 1182. *Fräsen einer V-Nut.*

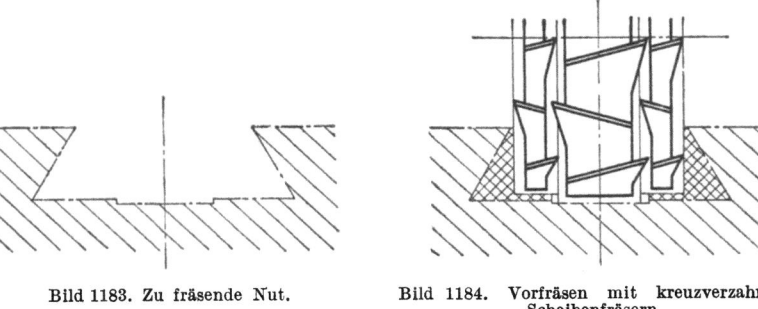

Bild 1183. Zu fräsende Nut.

Bild 1184. Vorfräsen mit kreuzverzahnten Scheibenfräsern.

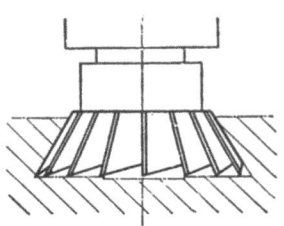

Bild 1185. Vorfräsen der Seitenflächen mit Winkel-Stirnfräser.

Bild 1186. Fertigfräsen sämtlicher Paßflächen der Nut mit Winkel-Stirnfräser.

Bild 1183 ··· 1186. *Fertigen einer V-Nut größerer Breite.*

8.625 Formfräsen

Beim Formfräsen hat der Fräser die Form der Fräsfläche, d. h. nicht formgleich, sondern spiegelbildlich (Bild 1187 u. 1188). Form- und Maßfehler des Formfräsers ergeben an der Fräsfläche entsprechende Fehler. Außerdem können durch fehlerhaftes Einstellen des Fräsers Lagefehler entstehen.

Durch Formfräsen sind in der Regel erheblich größere Fräsleistungen möglich als durch Nachformfräsen, weil der Fräser günstiger gelagert werden kann.

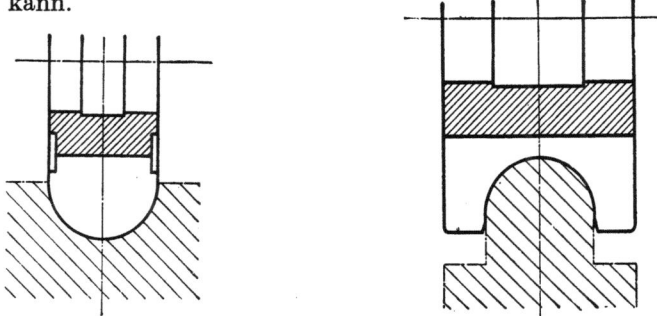

Bild 1187 u. 1188. Fertigen halbrunder Formen durch Formfräsen.

8.626 Rundfräsen

Rundfräsen (Bild 1189 u. 1190) ist an Stelle von Formfräsen anzuwenden, wenn Fräsflächen möglichst mittig liegen müssen. Mittigkeit wird beim Rundfräsen ohne weiteres erreicht, während mittiges Ein-

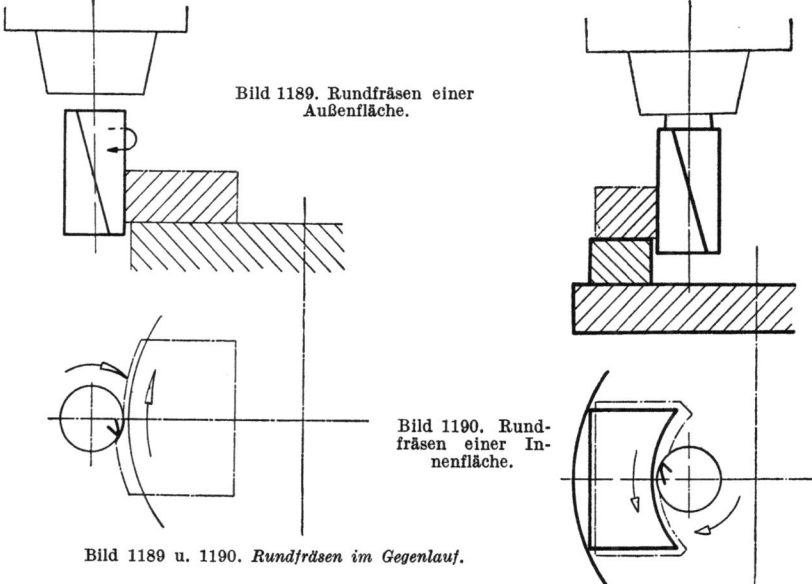

Bild 1189. Rundfräsen einer Außenfläche.

Bild 1190. Rundfräsen einer Innenfläche.

Bild 1189 u. 1190. *Rundfräsen im Gegenlauf.*

stellen von Formfräsern schwierig ist, außerdem die Kreisform des Fräsers ungenau sein kann.

In Sonderfällen sind innenliegende Nuten ebenfalls durch Rundfräsen zu fertigen (Bild 1191). Solche Sonderfälle liegen vor, wenn durch Fräsen größere Zerspanungsleistungen erreichbar sind als mit Drehwerkzeugen oder weil das Werkstück für umlaufende Bewegung ungeeignet ist.

Gegenüber dem Nachformfräsen hat Rundfräsen den Vorzug, daß keine Formschablone erforderlich ist.

Außerdem hat Rundfräsen den Vorteil, daß der Fräsdurchmesser vom Fräserdurchmesser unabhängig ist.

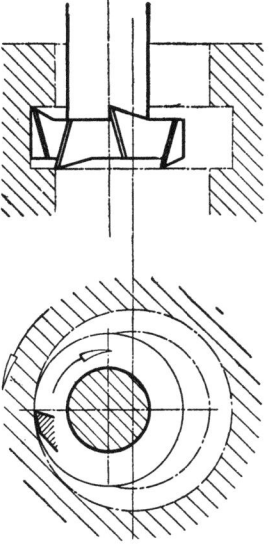

Bild 1191. Rundfräsen einer in einer Bohrung liegenden Nut.

8.627 Gewindefräsen

Beim Gewindefräsen ist grundsätzlich zwischen Kurzgewindefräsen und Langgewindefräsen zu unterscheiden. Beim *Kurzgewindefräsen* wird ein Rillenfräser verwendet, der mindestens so breit wie das zu fräsende Gewinde lang ist (Bild 1192). Werkstück- und Werkzeugachse liegen parallel. Der Fräser wird senkrecht zur Werkstückachse angestellt. Beim Fräsen ist die Vorschubbewegung dem Werkstück zugeordnet oder der Fräser um das Werkstück herumzuführen. Außerdem sind Werkstück oder Fräser entsprechend der Gewindesteigung in Längsrichtung zu bewegen. Mit Rücksicht auf den Fräserauslauf ist ein Schwenkwinkel von etwa 400° erforderlich. Der Einlaufweg von Gewindefräsern ist vom Durchmesser des Fräsers, dem Durchmesser des Werkstückes und von der Gewindetiefe abhängig.

Kurzgewindefräsen ist vorzugsweise für das Fräsen von Spitzgewinden geeignet. Die durch einen Rillenfräser entstehende Gewindeverzerrung liegt innerhalb der üblichen Gewindetoleranzen. Die Schnittkraft wächst mit der Breite des Rillenfräsers, wodurch die Anwendungsmöglichkeit für Kurzgewindefräsen auf kürzere Gewinde beschränkt ist.

Kegelige Gewinde sind durch kegelige Rillenfräser, unter Schrägstellung der Fräserachse gegebenenfalls auch durch zylindrischen Rillenfräser herstellbar.

Beim *Langgewindefräsen* hat der Fräser die Breite nur *einer* Gewindelücke (Bild 1193). Das Werkstück macht hierbei so viel Umdrehungen, wie das zu fräsende Gewinde Gänge hat. Langgewindefräsen dient vorzugsweise zur Fertigung von längeren Gewinden, von Gewinden mit

340   8 Vorrichtungen für bestimmte Fertigungsgebiete

kleinem Flankenwinkel, wie Trapezgewinde und Sägengewinde, von Gewinden größerer Steigung. Für größere Steigungen ist die Fräserachse entsprechend schräg zu stellen.

Das *Gewindefräsen mit Schlagzahn*, das sogenannte „Gewindewirbeln" gleicht in bezug auf Werkstück- und Werkzeugbewegung dem Langgewindefräsen.

Das Gewindefräsen ist durch Gewindestrehlen mit Hartmetallwerkzeugen leistungsmäßig zum Teil überholt. Beim Gewindestrehlen läuft

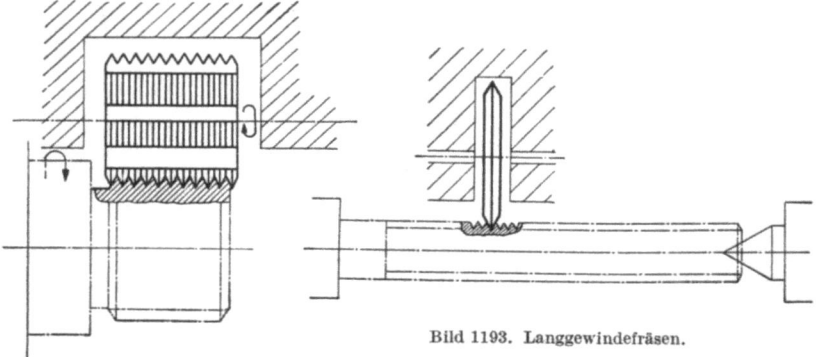

Bild 1192. Kurzgewindefräsen.   Bild 1193. Langgewindefräsen.

das Drehteil mit gleichbleibender Drehzahl stetig um, und das hartmetallbestückte Drehwerkzeug wird selbsttätig gesteuert, d. h. in der Schnittstellung längsgeführt, abgehoben, in Längsrichtung zurückgezogen und für den nächsten zu schneidenden Span zugestellt.

8.628 Fräsen von Zylinderflächen

Zylinderflächen sind fräsbar durch
   Formfräser (Bild 1187 u. 1188),
   Rundfräsen (Bild 1189 u. 1190),
   Tauchfräsen senkrecht zur Fräsachse (Bild 1194),
   Stirnfräsen (Stirnen) in Richtung der Fräserachse (Bild 1195),
   Nachformfräsen (Kopierfräsen).

Formfräser für Halbkreisform drücken an den äußeren Schneidflächen, wenn der Fräser nur radial hinterdreht ist. Durch teilweise axiales Hinterdrehen in zwei Richtungen schneiden diese äußeren Schneidkanten freier, jedoch weicht die Fräserform mit zunehmendem Nachschliff von der ursprünglichen Form ab. Frei schneiden außerdem kreuzverzahnte sowie gekuppelte Kreisformfräser. Bei gekuppelten Kreisformfräsern sind die Hälften ebenfalls schräg hinterdreht, jedoch ist die Formbreite einstellbar. Formfräsen ist insbesondere für die Fertigung längerer Formflächen geeignet.

Beim *Tauchfräsen* (Bild 1194) und Stirnen (Bild 1195) entspricht die Rundung der Fräsfläche dem Durchmesser des Fräsers. Durch Nachschleifen wird dieser Durchmesser kleiner. Durch einstellbare Fräsmesser kann der jeweilige Durchmesser unverändert eingehalten werden.

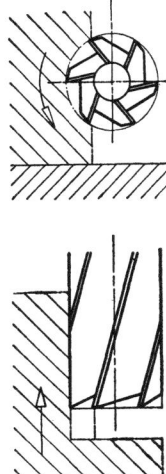

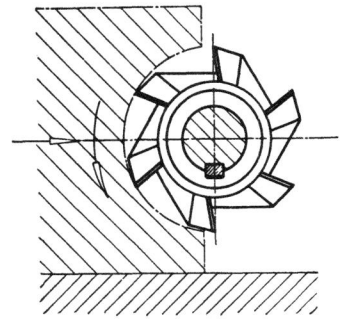

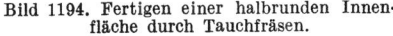

Bild 1194. Fertigen einer halbrunden Innenfläche durch Tauchfräsen.

Bild 1195. Fertigen einer halbrunden Nut durch Stirnfräsen in Achsrichtung des Fräsers.

8.629 Nachformfräsen (Kopierfräsen)

Nachformfräsen ist Fräsen nach einer Form, wobei diese Form abgetastet und der Fräser entsprechend dem Tastweg gesteuert wird. Beim Nachformfräsen können durch Arbeiten in zwei Ebenen Umrißformen, durch Arbeiten in drei Ebenen Raumformen gefertigt werden. Für Mengenfertigung und damit für die Vorrichtungsgestaltung kommt in überwiegender Zahl die Fertigung von Umrißformen in Betracht. Je nach Verfahren und je nach Zuordnung des Tastteiles zum Werkzeug ist die Schablonenform gleich groß oder größer als die Werkstückform, außerdem formgleich oder spiegelbildlich der Werkstückform zu halten. In Sonderfällen werden Umrißformen oder auch Raumformen von geraden oder kurvenförmigen Bewegungen abgeleitet.

Für die Fertigung von Umrißformen hat das Nachformfräsen gegenüber dem Formfräsen den großen Vorteil, daß das Werkzeug ungleich einfacher und damit billiger ist. Außerdem können durch Nachformen Flächen gefertigt werden, die weniger Form- und Lagefehler aufweisen als durch Formfräsen gefertigte, denn eine Formschablone ist mit größerer Genauigkeit herstellbar als ein hinterdrehter Formfräser, und die Lage einer Formschablone zur Werkstückaufnahme braucht nur einmal bestimmt zu werden bzw. nur so wenige Male, als eine abgenutzte Schablone durch eine neue ersetzt wird. Die Fräsleistung ist beim Nachformfräsen hingegen im allgemeinen geringer als beim Formfräsen.

342   8 Vorrichtungen für bestimmte Fertigungsgebiete

Leistungssteigerungen sind beim Nachformfräsen vor allem durch mehrspindeliges Fräsen möglich.

Vorrichtungen für das Nachformfräsen dienen außer zur Aufnahme des Werkstückes zugleich zum Steuern des Werkzeuges.

8.6291 Arten des Nachformfräsens. Für die Mengenfertigung kommen in der Hauptsache folgende **Arten des Nachformfräsens** in Betracht:

Tastteil und Fräser liegen *auf gemeinsamer Achse* (Bild 1196 ⋯ 1203), Werkstück und Schablone sind parallel zur Werkzeugachse übereinander oder nebeneinander angeordnet. Die Vorrichtung fällt hierbei verhältnismäßig einfach aus, und die Fräsfläche liegt mit einer gewissen Sicherheit richtig zu ihrer Bezugsfläche. Vorzugsweise zu verwenden bei geringerer Stückzahl oder für besonders genaue Lage der Form zur Bezugsfläche. Der auf dem Fräser sitzende Tastteil ist als Rolle auszubilden, vorausgesetzt, daß die Steifigkeit des Werkzeuges dadurch nicht unzulässig beeinträchtigt wird (Bild 1196 u. 1197). Durch eine Rolle

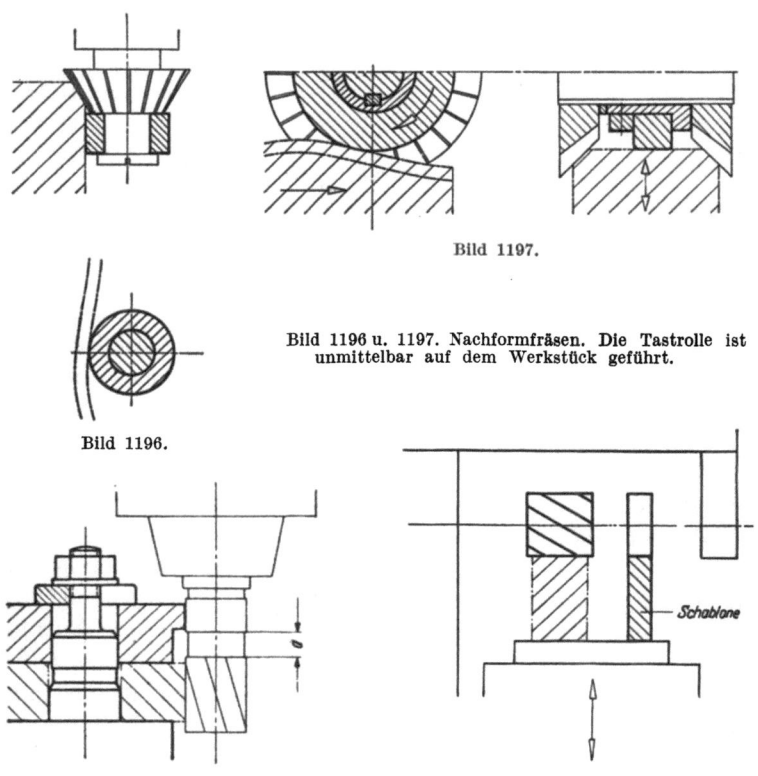

Bild 1197.

Bild 1196 u. 1197. Nachformfräsen. Die Tastrolle ist unmittelbar auf dem Werkstück geführt.

Bild 1196.

Bild 1198. Nachformfräsen. Die Nachformschablone ist über dem Werkstück angeordnet. Der Führungsteil des Fräsers ist mit dem Schneidenteil des Fräsers aus *einem* Stück.

Bild 1199. Nachformfräsen auf Waagerechtfräsmaschine. Die Nachformbewegung wird mit dem Maschinentisch ausgeführt.

bleibt die Formfläche der Schablone sehr viel geschonter als durch einen Führungsteil, der mit dem Fräser aus einem Stück besteht und dadurch mit dem Fräser umläuft (Bild 1200 ⋯ 1203). Wenn Tastteil und Schneidenteil des Fräsers aus *einem* Stück bestehen, sind beide Teile im Durchmesser gemeinsam nachzuschleifen. Bei verschiedenen Durchmessern für Tast- und Schneidenteil ist auf das Einhalten des Durchmesserunterschiedes zu achten (Bild 1200). Wenn die Formflächen an Schablone

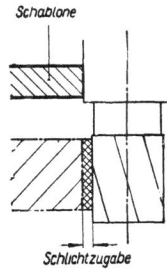
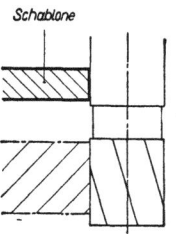

Bild 1200. Vorfräsen. Der Vorfräser ist zwischen Tastteil und Schneidenteil entsprechend der Bearbeitungszugabe gestuft.

Bild 1201. Fertigfräsen. Tastteil und Schneidenteil des Fertigfräsers haben gleichen Durchmesser.

Bild 1200 u. 1201. *Nachformfräsen.* Vor- und Fertigfräsen in einem Arbeitsgang in derselben Werkstückaufspannung und mit derselben Schablone.

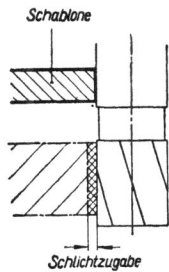
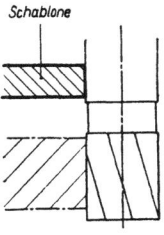

Bild 1202 u. 1203. Nachformfräsen. Vor- und Fertigfräsen in zwei Arbeitsgängen mit verschieden großen Schablonen und gleichen Fräsern.

und an Werkstück gleich groß sind, erhalten Tastteil und Schneidenteil gleichen Durchmesser, wodurch eine Fehlerquelle ausgeschaltet ist (Bild 1202 u. 1203). Zwischen Werkstück und Schablone ist in Achsrichtung des Fräsers ein Abstand von mindestens 10 mm einzuhalten und der Fräser zwischen Tast- und Schneidenteil entsprechend freizusparen. Hierdurch kann vermieden werden, daß der Auslauf für die Fräserzähne in den Tastteil hineinreicht. Umlaufende Tastflächen mit Einfräsungen würden die Formfläche der Schablone rasch zerstören.

Für die üblichen Senkrecht-Nachformfräsmaschinen werden *Werkstück* und *Schablone* in der Regel *nebeneinander* angeordnet (Bild 1204 ⋯ 1207). Der Tastteil ist hierbei ein fester Stift, wodurch die Formfläche der

344   8 Vorrichtungen für bestimmte Fertigungsgebiete

Schablone erheblich geschonter bleibt als durch einen mit dem Fräser umlaufenden Teil. Außerdem ist bei getrennter Anordnung von Werkstück und Schablone meist ein normaler Fräser verwendbar. Aus dieser getrennten Anordnung können jedoch Fehler entstehen. Die Werkstückform kann verzerrt ausfallen oder zu ihrer Bezugsfläche unrichtig liegen, nämlich dann, wenn der Abstand zwischen Taststift und Fräser nicht mit dem Abstand zwischen Werkstück und Schablone übereinstimmt.

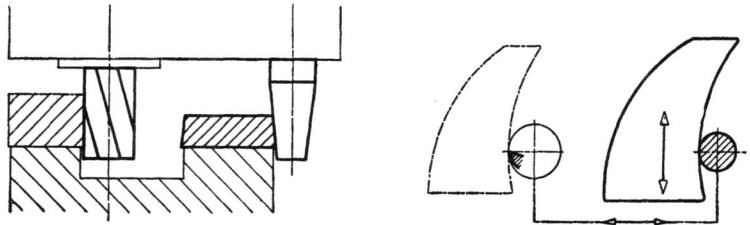

Bild 1204. Nachformfräsen auf Senkrecht-Nachformfräsmaschinen üblicher Bauart.

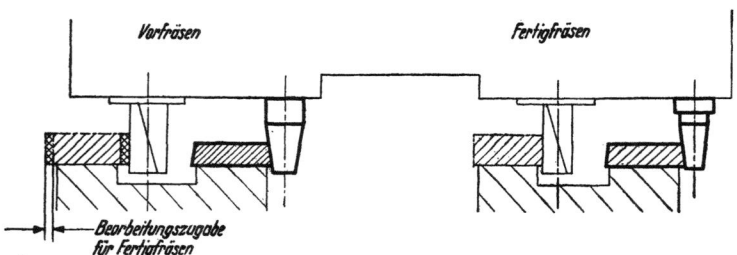

Bild 1205. Vor- und Fertigfräsen auf zweispindliger Nachformfräsmaschine.

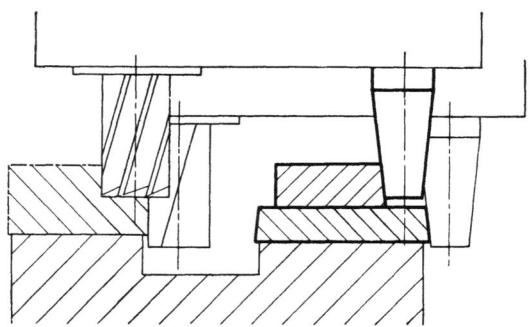

Bild 1206. Nachformfräsen von zwei verschiedenen Formflächen desselben Werkstückes.

Bei den üblichen Nachformfräsmaschinen ist dieser Abstand einstellbar, sollte aber nicht verstellt werden. Wenn durchführbar, sollte dieser Abstand an sämtlichen Maschinen zumindest desselben Betriebes gleich groß gehalten werden. Dadurch ist bei Vorrichtungswechsel kein neues

8.62 Fräsbeispiele 345

Einstellen nötig. Außerdem entstehen Fehler durch Nachgeben des Taststiftes oder des Fräsers. Gegen Nachgiebigkeit sind Taststift und Fräser möglichst steif zu halten.

Senkrecht-Nachformfräsmaschinen sind meist *doppelspindlig*, d. h. mit zwei Fräserspindeln und zwei Taststiften (Bild 1205). Davon kann mit einer Spindel vorgefräst, mit der zweiten fertiggefräst werden, und zwar in derselben Werkstückaufspannung. Oder es werden an einem Werkstück, ebenfalls in derselben Aufspannung, zwei verschiedene Formen gefertigt (Bild 1206).

Wenn eine Fertigform Einbuchtungen von kleinerer Rundung hat, ist für kräftige Spanabnahme mit einem Fräser von größerem Durch-

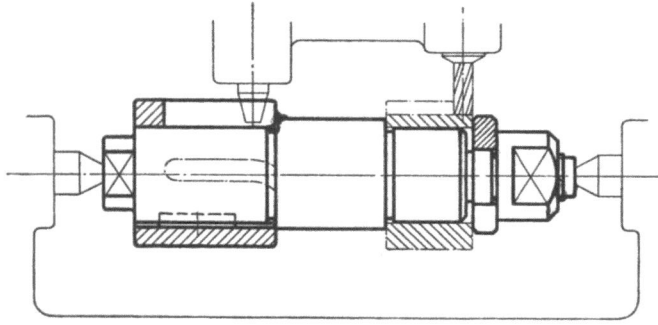

Bild 1207. Nachformfräsdorn. Werkstück und Nachformschablone sitzen auf gemeinsamem Dorn. Beim Bewegen in Achsrichtung wird die Winkellage des Dornes entsprechend der Form in der Schablone gesteuert.

messer vorzuarbeiten, z. B. mit einem Fräser von 20 mm Durchmesser vorzufräsen, mit einem Fräser von 10 mm Durchmesser fertigzufräsen.

Wird der Tastteil nicht nur *senkrecht*, sondern auch *parallel zur Achsrichtung* gesteuert (Bild 1208), erhält die mit den Stirnzähnen des Fräsers gefertigte Fläche eine entsprechend schräge, gestufte oder gekrümmte Begrenzung. Diese Begrenzungsfläche ist nicht genau eben, sondern hohl. Sie ist um so hohler, je größer die betreffende Steigung ist.

Beim Nachformfräsen mit sog. *Brückenfräsvorrichtung* (Bild 1209) sind Rolle und Fräser ortsfest. Werkstück und Schablone sind auf einem Schwenktisch der Vorrichtung angeordnet. Die Hauptbewegung ist durch die Längs-

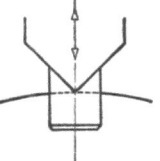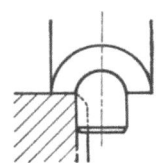

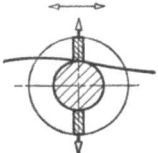

Bild 1208. Tastteil für Nachformfräsen senkrecht und parallel zur Achsrichtung durch Schablone gesteuert.

bewegung des Maschinentisches gegeben. Dabei wird der Schwenktisch mit Werkstück und Schablone zwischen Rolle und Fräser hindurch-

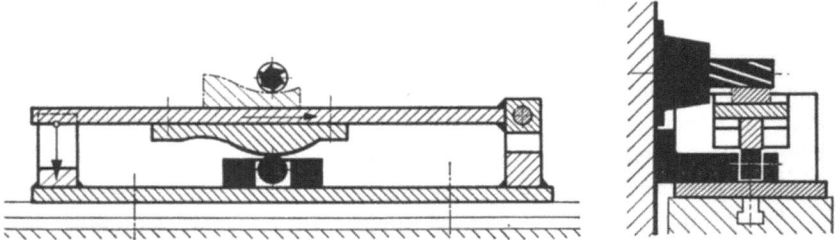

Bild 1209. Vorrichtung zum Nachformfräsen, sogenannte Brückenfräsvorrichtung. Die schwarz ausgelegten Teile sind ortsfest. Vorrichtung mit Werkstück werden in Pfeilrichtung an der Nachformschablone und am Fräser vorbeigeführt.

gezogen und durch Gewicht oder Feder gegen die Schablone gedrückt. Durch Brückenfräsvorrichtungen kann auf jeder normalen Maschine selbsttätig nachformgefräst werden.

Beim *Rundnachformen* ist die Hauptbewegung kreisförmig, die Nebenbewegung radial schiebend oder pendelnd (Bild 1210 ··· 1212).

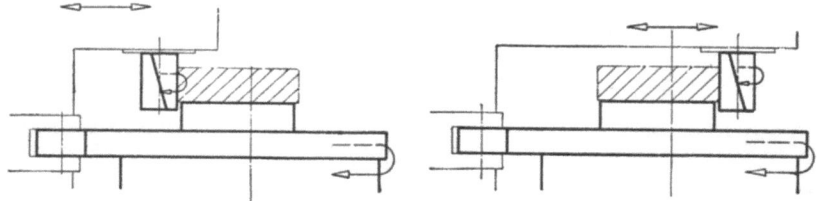

Bild 1210. Rund-Nachformfräsen. Fräser und Tastrolle auf derselben Seite der Werkstückachse. Diese Anordnung ist vorzugsweise zu verwenden.

Bild 1211. Rund-Nachformfräsen. Fräser und Tastrolle liegen um die Werkstückachse einander gegenüber. Diese Anordnung ist weitgehend zu vermeiden, da hierbei Ausschußgefahr.

Werkstück und Formschablone liegen auf gemeinsamer Achse. Rundnachformen hat den Vorteil, daß auf normalen Maschinen unter selbsttätiger Steuerung der Nachformbewegung Umrißformen bis zu 360° gefertigt werden können. Außerdem sind hierbei Schablonen verwendbar, die um ein mehrfaches größer als die Werkstückform sind. Durch größere Schablonen fallen Fehler der Schablonenform am Werkstück entsprechend kleiner aus. Ferner sind an der größeren Schablone Steigungswinkel kleiner als am Werkstück, z. B. einem Steigungswinkel von 40° am Werkstück entspricht ein Steigungswinkel von 20° an der Schablone, wenn deren Halbmesser gleich dem zweifachen Werkstückhalbmesser ist. Mit größerer Schablone sind also Flächen mit größeren Steigungswinkeln fräsbar als mit Schablone im Verhältnis 1 : 1.

Beim *Rundnachformen* sind Werkzeug und Tastrolle auf derselben Seite der Schablonen-Schwenkachse anzuordnen (Bild 1210). Hierdurch wirken sich Abweichungen der Fräsfläche von der Sollform nur als Übermaß aus. Das Werkstück kann also nachgearbeitet werden. Wenn Werkzeug und Tastrolle gegeneinander um 180° versetzt sind (Bild 1211), entsteht leicht Ausschuß, denn jedes Abgehen der Rolle von der Schablone ergibt an der Fräsfläche ein Untermaß. Bei gegenüberliegender Anordnung besteht außerdem die Gefahr, daß der Fräser in die Fräsfläche hineingezogen wird.

Schwinghebel als Lagerteil für einen umlaufenden Nachformfrästisch (Bild 1212) bauen einfacher als Bett und Schlitten.

Am *Werkstück periodisch wiederkehrende* Formen sind mittels einer Schablone herstellbar, die diese Form nur einmal aufweist (Bild 1213). Hierzu ist die Schablonenachse mit der Werkstückachse durch Getriebe entsprechender Übersetzung zu verbinden.

Raumformen sind beim Rundnachformen dadurch herstellbar, daß zur Rundbewegung eine Bewegung längs zur Werkstückachse tritt. Nach

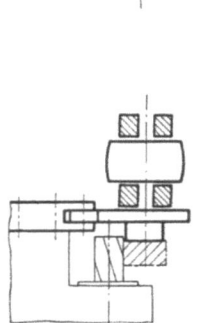
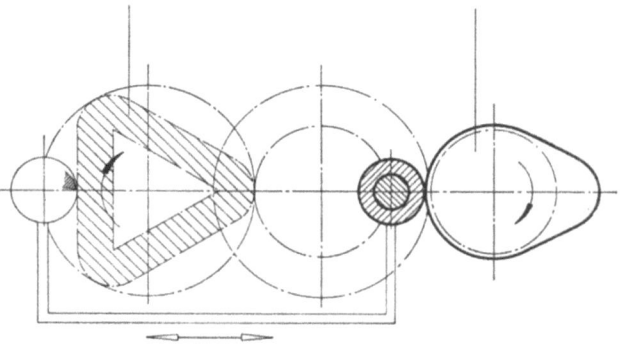

Bild 1212. Rund-Nachformfräsen. Der Träger der Vorrichtung ist schwingend.

Bild 1213. Nachformfräsen von Formen, die sich am Werkstück gleichmäßig wiederholen. Entsprechend der Übersetzung entsteht durch die Schablone mit nur einer Ausbuchtung ein Werkstück mit drei Ausbuchtungen.

Bild 1214 ist dem Formteil und dem Werkstück die Rundbewegung zugeordnet, dem Tastteil und dem Werkzeug die gleichzeitige Längsbewegung.

Für das Fräsen von *Stirnkurven* kann das Werkzeug durch Stirnkurve (Bild 1215) oder durch Mantelkurve (Bild 1216) gesteuert werden. Vorzugsweise sind Mantelkurven zu verwenden, denn sie sind wesentlich leichter und genauer herstellbar als Stirnkurven.

8.6292 Das Gestalten von Nachformschablonen. Beim Gestalten von Nachformschablonen ist vor allem zu beachten, ob die Form der Schablone gleich oder entgegengesetzt der Form der Fräsfläche sein muß.

Die Form umlaufender Schablonen sollte in Richtung der Abtastbewegung keine *Steigung* aufweisen, deren Winkel größer als 30° ist. Mit dem Steigungswinkel nimmt die Beanspruchung von Schablone und Tastteil zu. Aber auch starke *Gefälle* können nachteilig sein. Bei Schablonen, die mit gleicher Drehzahl umlaufen, wächst der Vorschub mit der Annäherung einer Formfläche an eine radiale Fläche. Stark abfallende Fräsflächen werden dadurch unsauberer.

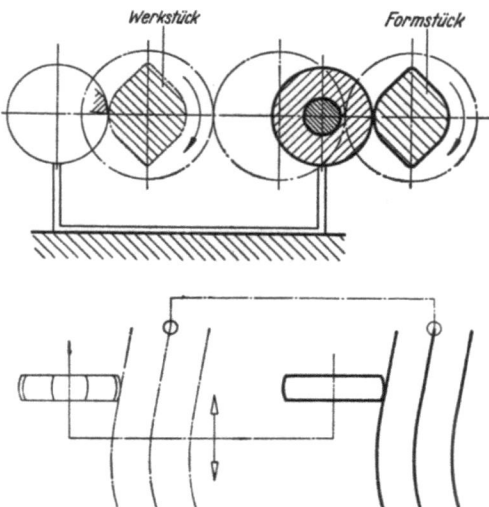

Bild 1214. Raumformfräsen durch Verbindung von Rund-Nachformfräsen mit Lang-Nachformfräsen.

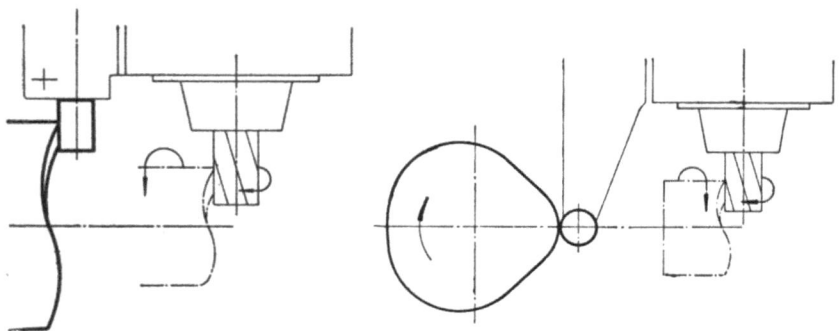

Bild 1215. Schablone mit Stirnkurve. Schablone und Werkstück liegen auf derselben Achse.

Bild 1216. Schablone mit Mantelkurve zum Fräsen eines Werkstückes mit Stirnkurve. Schablone und Werkstück liegen auf Achsen, die um 90° zueinander versetzt und durch Getriebe miteinander verbunden sind.

In manchen Fällen liegt die Gefahr nahe, daß Teile des Werkstückes oder der Vorrichtung durch den Fräser beschädigt werden. In solchen Fällen ist durch entsprechende Gestaltung der Schablone der Fräser so zu steuern, daß Werkstück oder Vorrichtung gegen unbeabsichtigtes Anfräsen *geschützt* sind (Bild 1217).

Bei spänegeschütztem Einbau von Schablonen ist darauf zu achten, daß die Schablone für das Anpassen der Form zugänglich ist.

Die in den Bildern 1198 ··· 1217 dargestellten Nachformeinrichtungen entsprechen solchen für *unmittelbares* Nachformen. Für *mittel*bares Nachformen genügen Schablonen von wenigen Millimetern Dicke, da

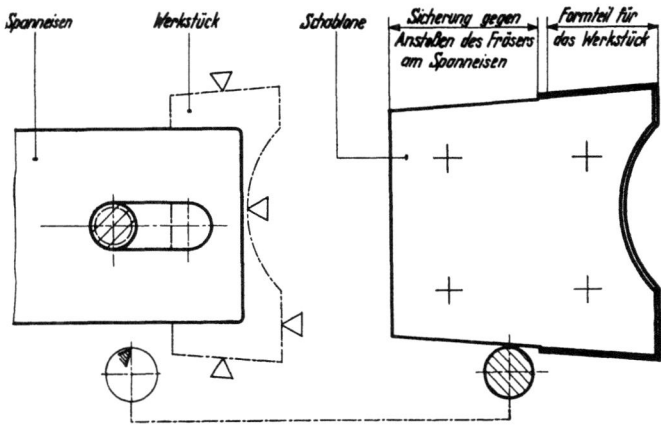

Bild 1217. Sicherung des Nachformfräsers und des Spanneisens gegen Beschädigung. Sicherung durch entsprechende Gestaltung der Nachformschablone.

diese keine größeren Anpreßkräfte aufzunehmen haben, sondern nur zum Steuern eines mit geringer Kraft anliegenden Fühlstiftes dienen, durch dessen Bewegungen eine z. B. hydraulische oder elektrische Kraftquelle gesteuert wird.

8.6293 Die Fertigung von Nachformschablonen. Die Form von Nachformschablonen kann *zeichnerisch* ermittelt werden. Hierzu sind Werkstück, Bahn des Fräsers sowie Bahn des Tastteiles und dessen Rollkreise aufzureißen. Nach diesem Aufriß ist dann die Schablone auszuarbeiten.

Schablonenformen sind auch unter Verwendung der Lehrenbohrmaschine herstellbar. Für umlaufende Schablonen werden hierzu, von der Schwenkmitte ausgehend, unter gleichem Winkelabstand Strahlen gezogen, zu jedem Strahl unter Zugrundelegung eines bestimmten Stirnsenkers der Mittenabstand errechnet, die Schablone auf einem Rundtisch aufgenommen, unter der *Lehrenbohrmaschine* gestirnt und danach die Schablonenform durch Verbindung der gestirnten Flächen fertiggestellt.

Diese beiden Verfahren haben den Nachteil, daß bereits bei Ermittlung der Form Fehler unterlaufen können. Sie haben außerdem den großen Nachteil, daß nur die Schablone allein berücksichtigt ist, nicht aber die übrigen, das Nachformergebnis beeinflussenden Verhältnisse,

8 Vorrichtungen für bestimmte Fertigungsgebiete

wie Lagefehler der Schablone oder Ungleichförmigkeiten des Antriebes. Deshalb sind Nachformschablonen weitestgehend nach einem Verfahren zu fertigen, das als *Rücknachformen* oder Rückformen bezeichnet werden kann (Bild 1218 u. 1219). Dabei entsteht ein Abbild der tatsächlichen Verhältnisse. Spänegeschützt eingebaute Schablonen sind jedoch in

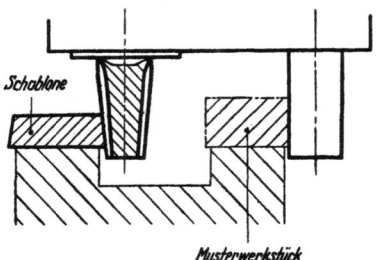

Bild 1218. Nachform-Fräsvorrichtung in der Stellung, in der die Schablone gefertigt wird, das ist um 180° versetzt zu der Stellung, in der das Werkstück gefertigt wird. An die Stelle des kegeligen Taststiftes ist ein zylindrischer Taststift entsprechend dem Werkstückfräser gesetzt. An die Stelle des zylindrischen Werkstückfräsers ist ein kegeliger Fräser entsprechend dem Taststift gesetzt.

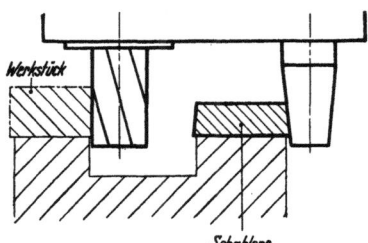

Bild 1219. Nachform-Fräsvorrichtung in der Stellung zum Fräsen des Werkstückes.

Bild 1218 u. 1219. *Fertigung einer Nachformschablone durch Rücknachformen.*

vielen Fällen für Bearbeitung durch Fräsen nicht zugänglich. In solchen Fällen sollte die Schablonenform unter Verwendung einer dem Tastteil entsprechenden Hilfsscheibe angerissen werden können.

Ausgleich der Abnutzung von Nachformfräsern. Abnutzung im Durchmesser von Nachformfräsern ist ausgleichbar durch

axiales Nachstellen eines kegeligen Tastteiles (Bild 1219),
Auswechseln eines Tastteiles gegen ein anderes mit größerem oder kleinerem Durchmesser,
planetenförmigem Antrieb der Fräserspindel.

8.63 Richtlinien für die Gestaltung von Fräsvorrichtungen

8.631 Allgemeines

Fräsvorrichtungen sind im besonderen Maße *schwingungsfrei* zu halten, denn beim Fräsen wechselt die Größe der Schnittkraft innerhalb gewisser Grenzen ständig. Dieser Wechsel ist vor allem von der Zahnteilung des Fräsers, vom Drallwinkel, vom Fräsverfahren, der Größe der Schnittkraft und der Steifigkeit der die Kräfte aufnehmenden Teile abhängig. Je geringer die am Werkstück auftretenden Schwingungen sind, desto größer ist die Zerspanungsleistung, desto genauer und sauberer die Fräsfläche und um so geringer die Beanspruchung von Vorrichtung, Werkzeug, Werkzeugspanner und Maschine.

Eine Fräsvorrichtung mit geringstem Werkstoffaufwand schwingungsfrei bauen, heißt in der Regel, so niedrig wie möglich bauen. Das

8.63 Richtlinien für die Gestaltung von Fräsvorrichtungen

Gewicht einer Fräsvorrichtung ist für deren Bedienung in der Regel belanglos. Hohes Gewicht einer Fräsvorrichtung wird erst nachteilig, wenn bei handbetätigtem Maschinentisch der Bedienende dadurch frühzeitig ermüdet oder wenn Bettführungen oder Getriebeteile der Maschine besonders stark beansprucht werden. Sehr hohes Vorrichtungsgewicht kann außerdem unangenehm sein, wenn eine Vorrichtung öfter gewechselt werden muß.

Insbesondere ist bei längeren Vorrichtungen darauf zu achten, daß der Frästisch weder unter der Spannkraft noch unter der Schnittkraft durchgebogen wird. Andernfalls wird die Tischführung verklemmt und werden Teile des Tischantiebes unnötig beansprucht.

Beim Gestalten einer Fräsvorrichtung sind nicht nur die *Schnittkräfte* des voll im Schnitt stehenden Fräsers, sondern auch die beim Anschneiden des Werkstückes wirksamen Kippkräfte zu berücksichtigen. Unter vollem Schnitt ist die angreifende Kraft zwar größer, jedoch sind Kräfte beim Anschneiden teilweise anders gerichtet und kommen auch größere Kraftmomente zur Auswirkung.

Fräsvorrichtungen sind so zu gestalten, daß Fräsdorne und Schaftfräser möglichst steif gehalten werden können.

Unter den Einflüssen, durch die eine Fräsleistung bestimmt wird, hat die Steifigkeit des Fräswerkzeuges einen erheblichen Anteil. Mit der Steifigkeit des Werkzeuges nehmen Fräsleistung, Genauigkeit und Oberflächengüte zu. Deshalb sind solche Fräsverfahren zu wählen und ist die Fräsvorrichtung so zu gestalten, daß möglichst steife Fräswerkzeuge und Fräserdorne verwendet werden können, also Walzen- und Scheibenfräser von kleinem Durchmesser (Bild 1220 ··· 1223), Fräserdorne von möglichst großem Durchmesser, kleinstmöglicher Abstand vom Spindellager, kurze Schaftfräser. An kleineren Fräsdurchmessern wirkt auch ein kleineres Drehmoment. Dadurch werden Fräserdorne, Frässpindel und Maschine weniger beansprucht. Für Fräser mit kleinerem Durchmesser ist außerdem der An- und Überlaufweg kürzer, und Aufwand an Werkstoff und Arbeitszeit sind geringer.

Andrerseits ist zu berücksichtigen, daß mit Verkleinerung des Durchmessers ein Fräser rascher abgenutzt wird.

Fräsflächen sind möglichst so zu legen, daß sie bei eingespanntem Werkstück *sichtbar* sind. Andernfalls können Fräsvorgang und Fräsfläche schlecht beobachtet werden (Bild 1224).

Einstellflächen für Fräser sind vor allem dann vorzusehen, wenn das Einstellen des Fräsers besonders schwierig ist, wenn kleinere Toleranzen vorgeschrieben sind oder die Vorrichtung öfter gewechselt und damit öfter eingerichtet werden muß.

Fräswege sollen möglichst *durchgehend* frei sein. Vorrichtungsteile sollen deshalb auch dann nicht im Bereich des Fräsers liegen, wenn der

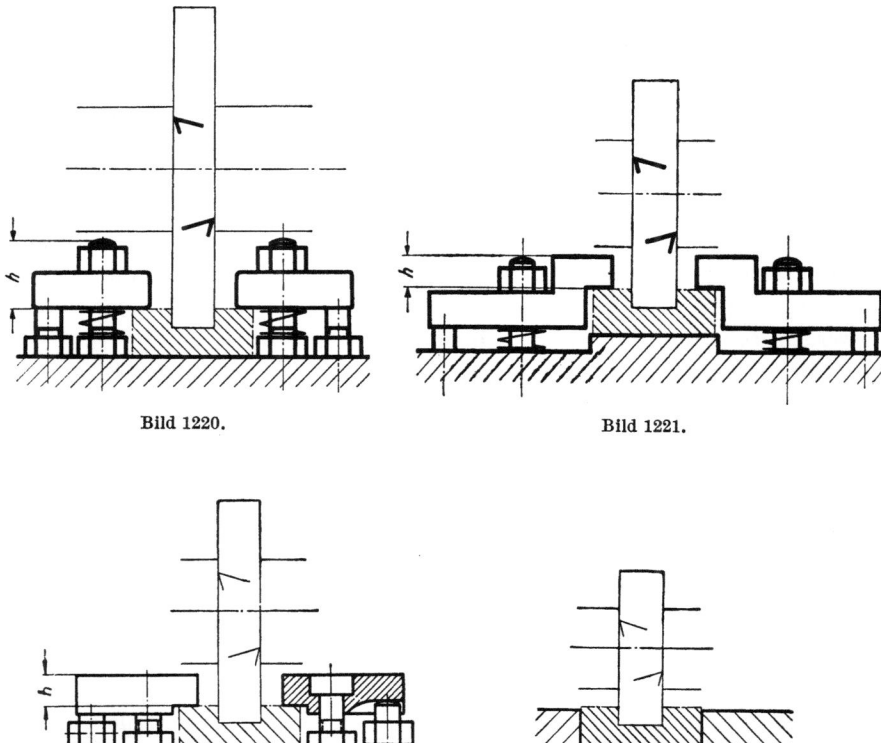

Bild 1220. Bild 1221.

Bild 1222. Bild 1223.

Bild 1220 ··· 1223. Einfluß der Vorrichtung auf den Fräserdurchmesser. Dieser wird mitbestimmt durch die Bauhöhe h der Spannteile.

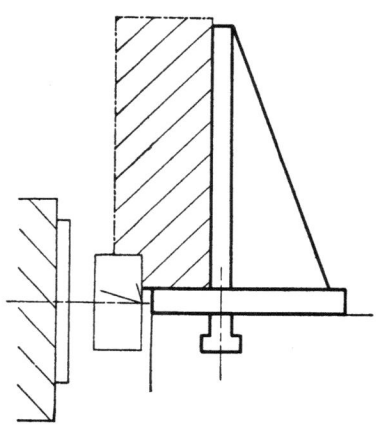

Bild 1224. Die untenliegende Fräsfläche kann nicht beobachtet werden. Eine derartige Anordnung ist deshalb weitgehend zu vermeiden.

Aufspanntisch weiter läuft, als für die Bearbeitungsfläche erforderlich ist. Fräswege werden zwar an der Maschine durch Anschläge eingestellt, jedoch kann dieses Einstellen zunächst übersehen oder ein Anschlag verschoben worden sein.

Bedienteile an Fräsvorrichtungen sind so anzuordnen, daß sie ohne Stillsetzung der Frässpindel bedienbar sind. Aber auch bei stillzusetzenden Frässpindeln sind Bedienteile in so großem Abstand vom Fräser anzuordnen, daß sich der Bedienende an den Schneiden nicht verletzt. Fräsvorrichtungen sind möglichst von denselben Seiten bedienbar zu halten wie die Fräsmaschine. Bei Waagerechtmaschinen mit Gegenhalterstütze, bei zweispindligen Planfräsmaschinen oder bei Langfräsmaschinen, bei denen ein zweiter Ständer auf der Bedienungsseite liegt, sind die Bedienteile der Vorrichtung auf die Seite des Fräsweg-Endes zu legen. Auf Senkrechtmaschinen und auf Waagerechtmaschinen ohne Gegenhalter wird eine rechtshändige Anordnung der Bedienteile meist zweckmäßiger sein.

Die Grundplatte einer Fräsvorrichtung sollte nicht breiter als die Auflagefläche des Frästisches sein, damit *Kühlmittel* und *Späne* nicht außerhalb des Frästisches, sondern in die dafür bestimmten Kühlmittelrinnen abfließen. Bettführungen sind vom Kühlmittelablauf möglichst freizuhalten. Bei den meisten Fräsmaschinen ist der Querschnitt der Kühlmittelrinnen zu knapp bemessen. Wenn die Grundplatte einer Fräsvorrichtung breiter als der Frästisch ausfällt, ist die Fräsvorrichtung mit einer Kühlmittelableitung zu versehen oder die gesamte Vorrichtung in eine Wanne zu stellen.

Die Lage von Vorrichtungen zu den Nuten des Aufspanntisches von Fräsmaschinen wird durch Nutensteine bestimmt. Bei Gewindefräsmaschinen wird die Vorrichtung auf einer Spindel aufgenommen.

Angaben über *Nutensteine* und *Schrauben* für die Befestigung von Fräsvorrichtungen auf Maschinentischen auf S. 207 ··· 214.

In größtmöglichem Umfange sind *handelsübliche* Vorrichtungen einzusetzen, wie Maschinenspannstöcke, Rundtische, Teilvorrichtungen, Spanndorne, Spannbuchsen.

8.632 Ausführungsbeispiele von Fräsvorrichtungen

Für das Einhalten genauer Abstände von der Auflagefläche und als Sicherung gegen Kippen ist das Werkstück gegen die Auflage zu spannen (Bild 1125 u. 1226).

Werkstücke mit zylindrischer oder prismatischer Spannfläche, davon vorzugsweise kleinere Werkstücke, können durch Klemmspannungen festgehalten werden (Bild 1227 ··· 1229).

Spannstockartige Bauformen werden für Fräsvorrichtungen in verhältnismäßig großer Anzahl verwendet (Bild 1230 ··· 1243). Wenn in

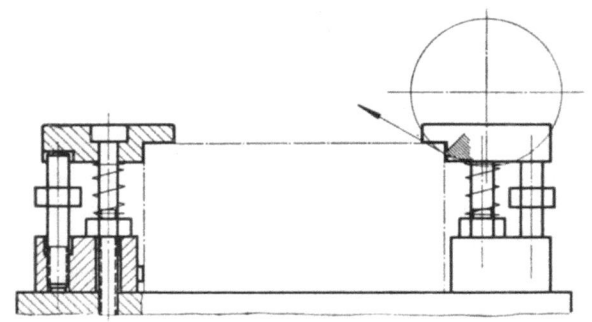

Bild 1225. Plattenförmige Fräsvorrichtung mit Spannung gegen die Auflage.

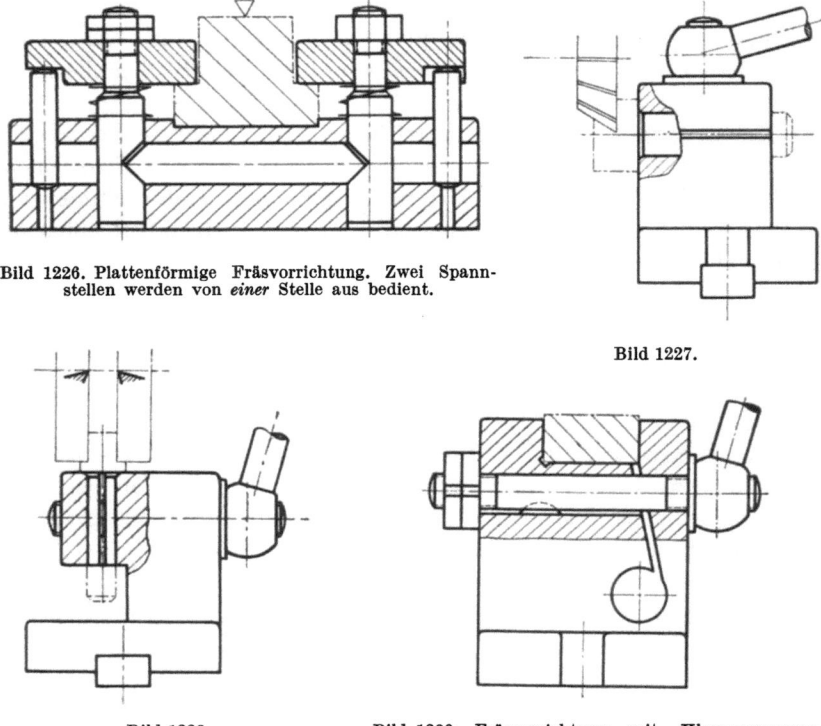

Bild 1226. Plattenförmige Fräsvorrichtung. Zwei Spannstellen werden von *einer* Stelle aus bedient.

Bild 1227.

Bild 1228.

Bild 1227 u. 1228. Fräsvorrichtungen mit Klemmspannung für zylindrische Spannflächen.

Bild 1229. Fräsvorrichtung mit Klemmspannung für Werkstücktoleranzen bis etwa 0,2 mm. Das Werkstück wird durch Auflage und feste Anlage bestimmt. Diese Spannung baut einfach und raumsparend, ist jedoch mit Rücksicht auf das Härten auf kleinere Vorrichtungen beschränkt.

diesen Vorrichtungen die Spannkraft unter Druckwirkung angesetzt ist, wird der Grundkörper der Vorrichtung auf Biegung beansprucht und ist dementsprechend kräftig zu halten. Wirkt die Spannkraft auf Zug, bleibt der Grundkörper spannungsfrei.

8.63 Richtlinien für die Gestaltung von Fräsvorrichtungen

Eine *typische Form* einer spannstockartigen Fräsvorrichtung mit Zugspannung ist in Bild 1231 wiedergegeben. Gespannt wird durch Zugschraube über Spanneisen. Die Schnittkraft wirkt gegen die Werkstückanlage. Schnittkraftaufnahme und Bedienstelle liegen auf derselben

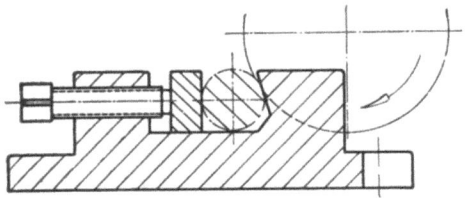

Bild 1230. Schraubstock einfacher Bauform als Fräsvorrichtung. Mit Rücksicht auf die Zugänglichkeit der Bedienstelle ist die Arbeitskraft gegen das Spannteil gerichtet.

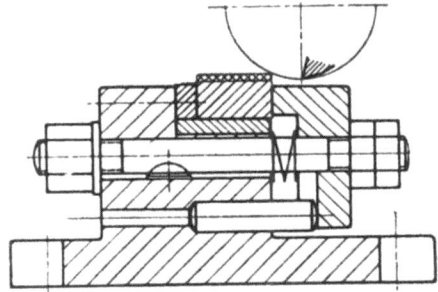

Bild 1231. Typische Form einer schraubstockartigen Fräsvorrichtung.

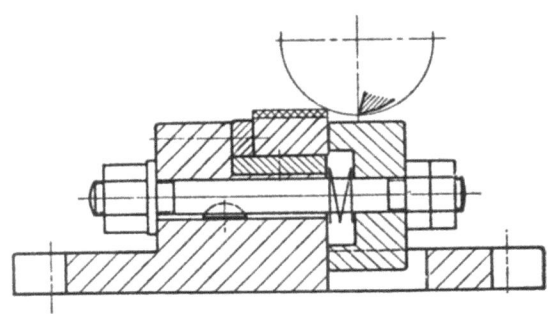

Bild 1232. Schraubstockartige Fräsvorrichtung. Für besonders geringe Bauhöhe ist das Spanneisen zum Teil in die Grundplatte hineinverlagert.

Seite. Die Spannmutter ist 1,5 d hoch. Der glatte Spannbolzen ist durch Scheibenfeder gegen Drehen gesichert. Zum Übertragen der Spannkraft auf das Spanneisen dient eine Mutter, die durch Gegenmutter festgelegt ist. Bei größeren Unterschieden im Spannmaß sind zwischen Mutter und Spanneisen Kugelscheibe und Kegelpfanne vorzusehen. Als Widerlager für das Spanneisen dient ein Zylinderstift. Zwei Druckpunkte des

Spanneisens liegen am Werkstück. Durch die Schraubenfeder wird das Spanneisen beim Lösen der Spannung vom Werkstück abgehoben. Zwischen den senkrechten Flächen von Grundkörper und Spanneisen

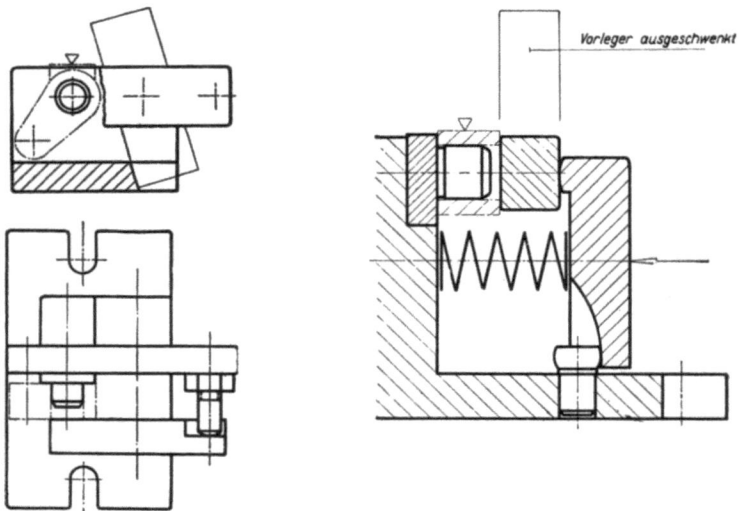

Bild 1233. Schraubstockartige Fräsvorrichtung mit schwenkbarem Spanneisen.

Bild 1234. Teil einer schraubstockartigen Fräsvorrichtung mit Vorleger auf der Werkstückseite.

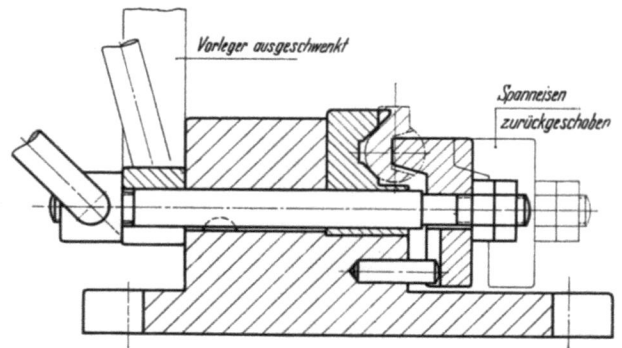

Bild 1235. Schraubstockartige Fräsvorrichtung mit Vorleger auf der Seite des Spannteiles.

ist für das Abfließen der Späne ein Zwischenraum von etwa 10 mm vorzusehen. Größere freitragende Längen des Spannbolzens sind zu vermeiden, da mit zunehmender freitragender Länge die Spannung nachgiebiger wird. Für das Einlegen und Herausnehmen des dargestellten Werkstückes genügt geringes Lösen der Spannung.

Wenn für das Beschicken der Vorrichtung ein größerer Abhub der Spannteile benötigt wird, ein schwenkbares oder schiebbares Spanneisen

8.63 Richtlinien für die Gestaltung von Fräsvorrichtungen

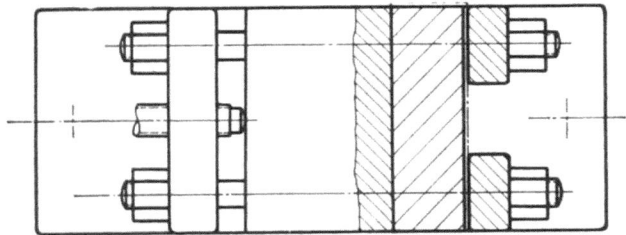

Bild 1236. Schmale, hohe Bauform.

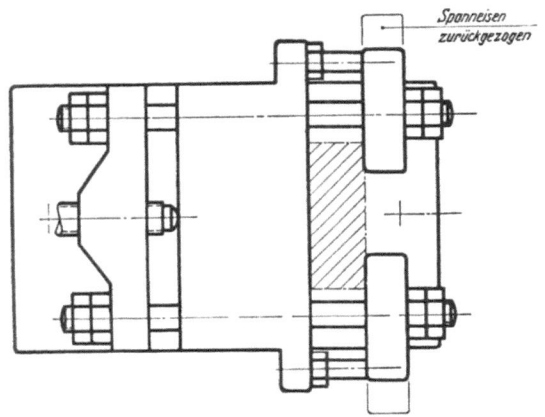

Bild 1237. Niedrige, breite Bauform.

Bild 1236 u. 1237. *Schraubstockartige Fräsvorrichtungen. Die Spannkraft geht vom Spannteil über den Spannteilträger und zwei Zugbolzen zu beiden Spanneisen.*

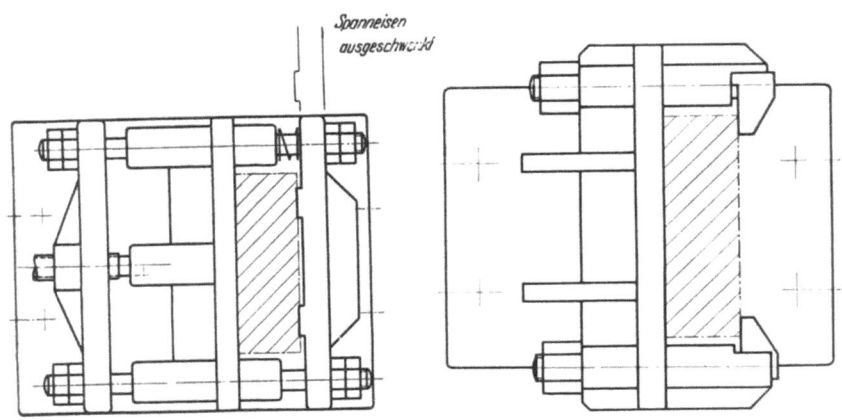

Bild 1238. Schraubstockartige Fräsvorrichtung mit Vorleger auf der Werkstückseite und zwei Zugbolzen.

Bild 1239. Fräsvorrichtung mit Spannung durch zwei Hakenschrauben.

358   8 Vorrichtungen für bestimmte Fertigungsgebiete

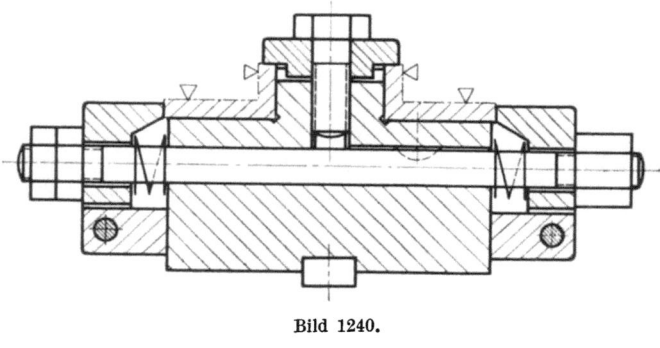

Bild 1240.

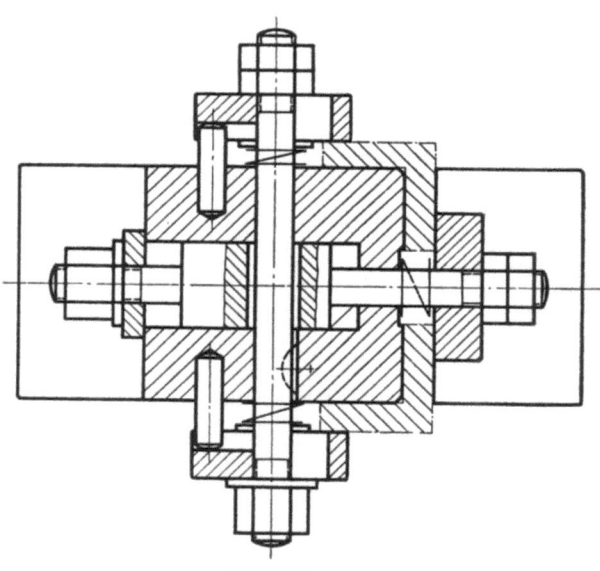

Bild 1241.

Bild 1240 u. 1241. Fräsvorrichtungen für zwei Werkstücke, von denen jeder Winkelschenkel gespannt wird.

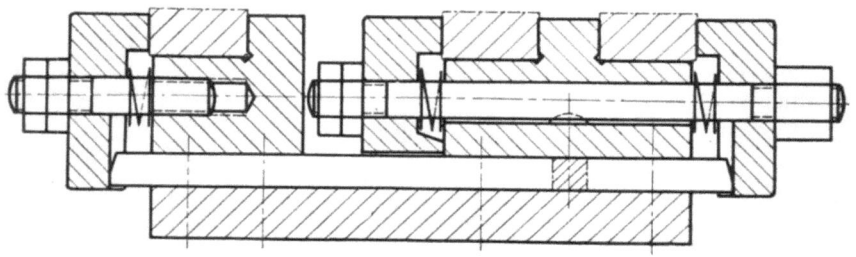

Bild 1242. Schraubstockartige Fräsvorrichtung mit drei Spannstellen, die von einem Spannteil aus bedient werden.

8.63 Richtlinien für die Gestaltung von Fräsvorrichtungen

jedoch nicht eingebaut werden kann, wird zweckmäßig ein *Vorleger* verwendet (Bild 1234 u. 1235). Dabei wird das Spanneisen beim Verschieben des Spannbolzens in Spann- und Rückzugstellung gebracht.

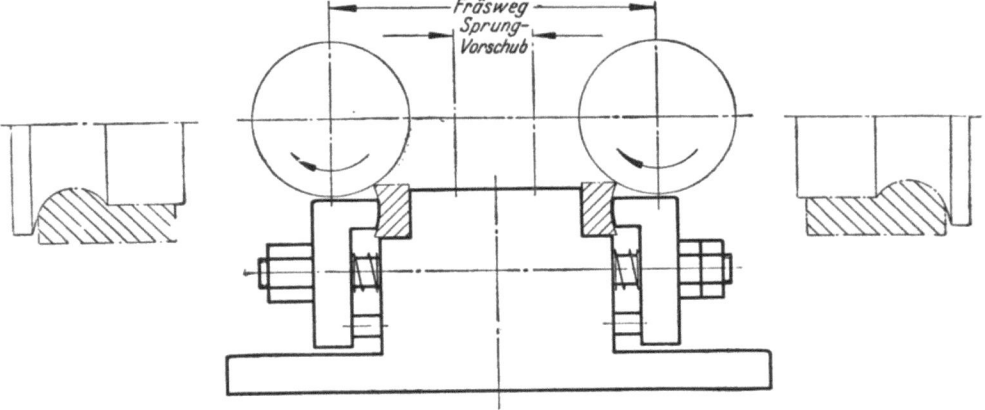

Bild 1243. Fräsvorrichtung für Werkstücke mit spiegelbildlich gleichen Formen. Beim Bearbeiten des linken Werkstückes ist die Schnittkraft gegen das Spannteil gerichtet. Der große Abstand zwischen den beiden Werkstücken ist im Eilgang zu überbrücken.

Für die Mitnahme des Spanneisens ist der Spannbolzen mit Ansatz, Querstift oder Stellring zu versehen. Eine Feder zum Abheben des Spanneisens ist hierbei unangebracht, da die Feder beim Zurückziehen von Hand gespannt werden müßte.

Nach Bild 1244 ··· 1248 ist das Werkstück zwischen Spitzen durch sog. *Pinole* gespannt. Die Spannkraft wirkt auf die Grundplatte der Vorrichtung biegend. Diese Grundplatte ist dementsprechend dick zu

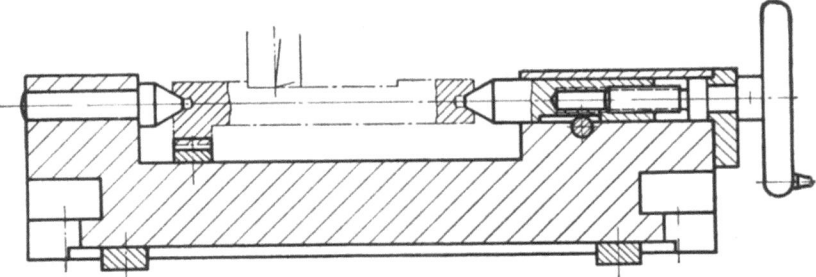

Bild 1244. Fräsvorrichtung mit Pinolenspannung. Um die Pinole in Spann- und Rückzugstellung zu bringen, sind mehrere Umdrehungen der Kurbel erforderlich.

halten und gegebenenfalls im gefährdeten Querschnitt auf den Maschinentisch niederzuspannen. Die Spannkraft kann auch zum Teil durch Zugstangen aufgenommen werden, die in möglichst großem Abstand über der Grundplatte anzuordnen sind. Für leichtere Arbeiten genügt

8 Vorrichtungen für bestimmte Fertigungsgebiete

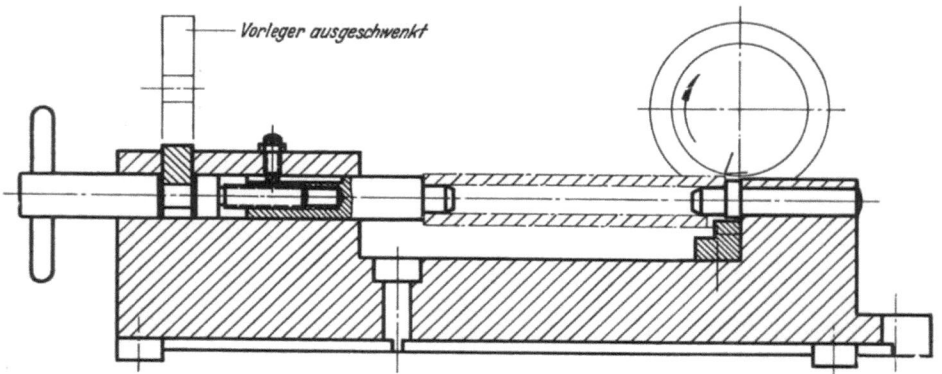

Bild 1245. Fräsvorrichtung mit Pinolenspannung und Vorleger. Diese verhältnismäßig einfache Bauform ist vorzugsweise für geringere Spann- und Arbeitskräfte geeignet, da die Pinole an dem geschlitzten Vorleger nur zum Teil anliegt.

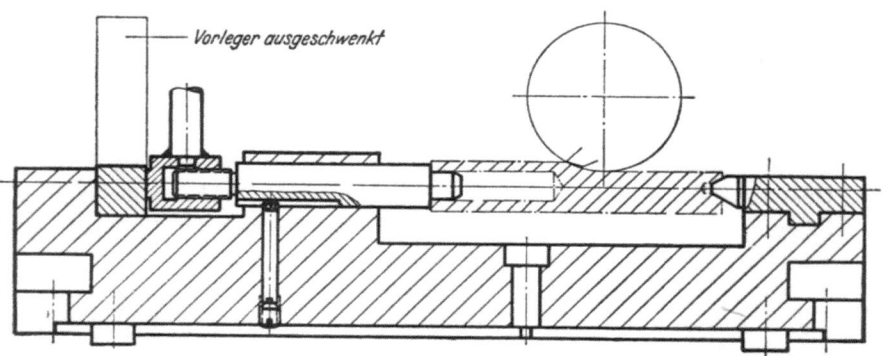

Bild 1246. Fräsvorrichtung mit Pinolenspannung mit Vorleger am hinteren Ende des Spannteiles.

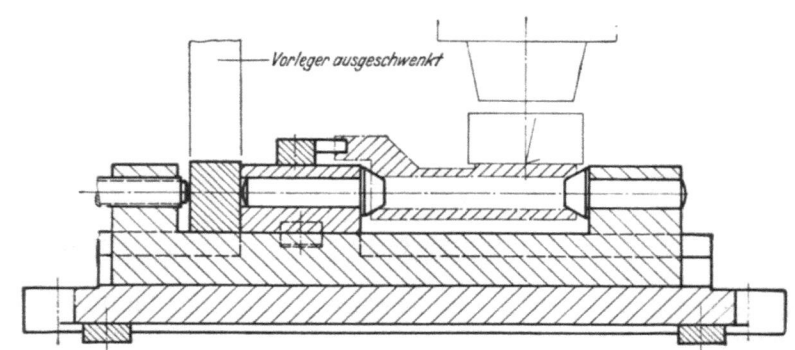

Bild 1247. Fräsvorrichtung mit Unterzugspannschlitten und mit Vorleger. Der Schlitten ist bis an das rechte Ende zu führen, damit er von der Grundplatte nicht abgehoben werden kann.

8.63 Richtlinien für die Gestaltung von Fräsvorrichtungen

Spannen der Pinole in Achsrichtung. Bei größeren Arbeitskräften ist die Pinole zusätzlich in Querrichtung festzulegen, etwa durch Klemmspannung mittels des zum Teil längsgeschlitzten Pinolenlagers. Die Aufnahmespitzen sind weitgehend abzustumpfen, um mit möglichst kleinem Spannhub auszukommen und um Finger- oder Handverletzungen durch scharfe Spitzen zu vermeiden. Das Spanngewinde für Pinolen

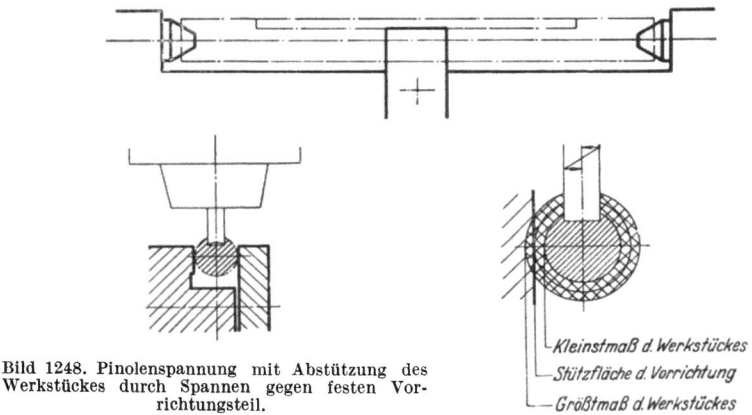

Bild 1248. Pinolenspannung mit Abstützung des Werkstückes durch Spannen gegen festen Vorrichtungsteil.

ist linksgängig zu halten, damit die Spannbewegung im Uhrzeigersinne liegt. Für größere Spannhübe ist weitgehend Schnellspannung vorzusehen, z. B. durch Einbau eines Vorlegers. Längere, zwischen Spitzen aufgenommene Werkstücke sind zusätzlich zu stützen, z. B. durch Spannen gegen feste Anlage (Bild 1248), durch zwei Keile oder Spindel mit Rechts- und Linksgewinde. Beim Spannen gegen feste Anlage ist das Werkstück überbestimmt. Die Zulässigkeit dieses Überbestimmens

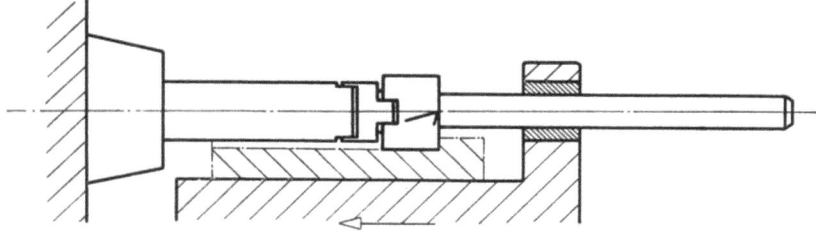

Bild 1249. Fräsvorrichtung mit Werkzeugführung.

hängt von der Toleranz des Werkstückdurchmessers, vom Abstand der Aufnahmespitzen und von dem für die Bearbeitungsfläche zulässigen Richtungsfehler ab. Die Stützfläche der Vorrichtung ist hierbei auf den mittleren Werkstückdurchmesser zu legen.

In Sonderfällen ist der Fräser in der Vorrichtung abzustützen (Bild 1249).

8 Vorrichtungen für bestimmte Fertigungsgebiete

8.64 Leistungssteigerung für Fräsarbeiten

Leistungssteigerungen beim Fräsen sind möglich durch Maßnahmen an Vorrichtung, Werkzeug, Werkzeugspanner und Maschine.

Mittels der *Vorrichtung* kann die Fräsleistung durch Mehrstückspannen, abwechselndes Fräsen oder stetiges Fräsen gesteigert werden.

Reihenspannvorrichtungen nach Bild 489 ··· 496
Spannen mehrerer Werkstücke nebeneinander nach Bild 1240 u. 1241,
Tauchfräsen nach Bild 1250,
Wechselmagazine nach Bild 496 u. 1251,
Pendelfräsen nach Bild 1252 ··· 1255,
abwechselndes Fräsen nach Bild 1256,
stetiges Fräsen nach Bild 1257 ··· 1259.

Bei Anordnung mehrerer Werkstücke nebeneinander ist zu beachten, daß ein entsprechend breites Werkzeug oder zwei Werkzeuge benötigt werden, und daß Werkzeuge laufend verbraucht werden.

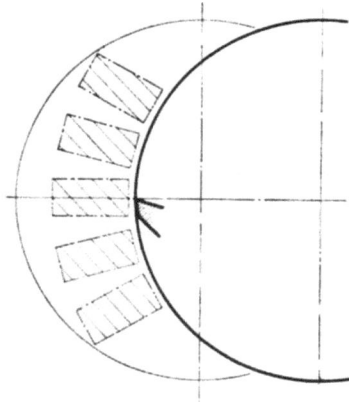

Bild 1250. Mehrstückvorrichtung für Tauchfräsen. Für kürzesten Fräsweg sind die Werkstücke entsprechend dem Fräswerkzeug kreisförmig angeordnet.

Bild 1251. Fräsvorrichtung für Schaufelfüße mit Wechselmagazinen und hydraulischer Spannung. Die Werkstücke werden in den Schlitz des Magazins bis zum Anschlag eingesteckt und in der Vorrichtung durch Drucköl gespannt. Dabei spannen die beiden äußeren Spannbolzen die Werkstücke über Keilleisten gegen den festen Mittelsteg, und die vier unteren das Magazin mit den Werkstücken. (Das Magazin ist herausgenommen.)

Von seiten des *Werkzeuges* kann die Fräsleistung durch Hochleistungsfräser, Verwendung von Hartmetall- oder Satzfräsern gesteigert werden.

8.64 Leistungssteigerung für Fräsarbeiten

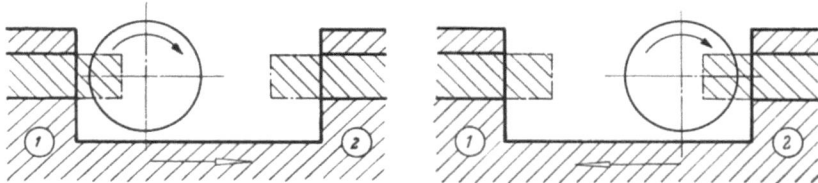

Bild 1252. Fräsen bei Spannstelle *1*. Die Schnittkraft ist gegen das Spannteil gerichtet.

Bild 1253. Fräsen bei Spannstelle *2*. Die Schnittkraft ist gegen die Auflage gerichtet.

Bild 1252 u. 1253. *Pendelfräsen nach dem Tauchverfahren unter gleichbleibender Schnittrichtung des Fräsers.*

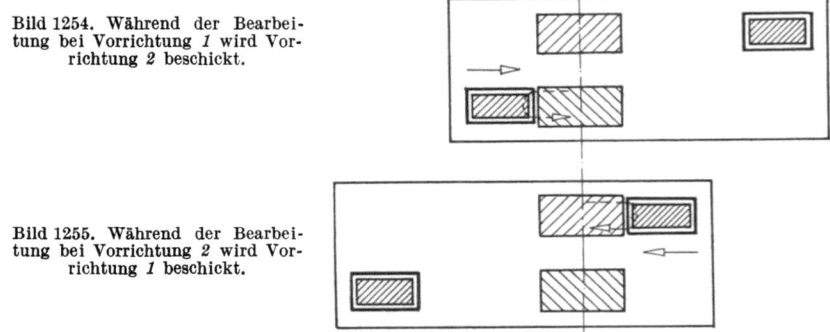

Bild 1254. Während der Bearbeitung bei Vorrichtung *1* wird Vorrichtung *2* beschickt.

Bild 1255. Während der Bearbeitung bei Vorrichtung *2* wird Vorrichtung *1* beschickt.

Bild 1254 u. 1255. *Pendelfräsen mit 2 Fräsern unter Wechsel der Schnittrichtung.*

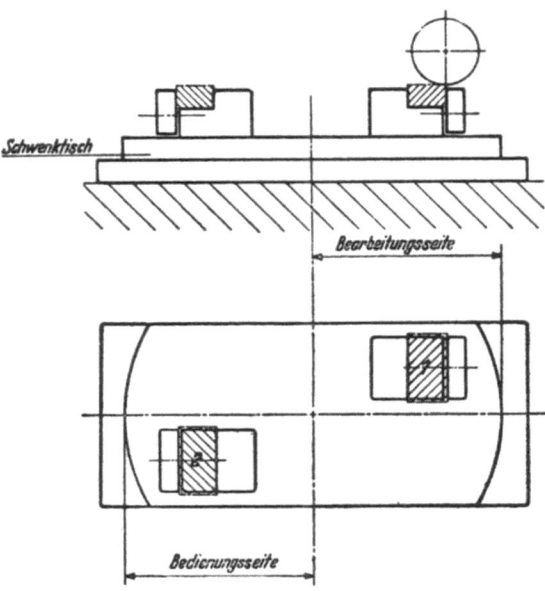

Bild 1256. Schwenkvorrichtung für abwechselndes Bearbeiten.

Als *Werkzeugspanner* ist für hohe Oberflächengüte gegebenenfalls ein Dehndorn zu verwenden, durch den der Fräser besonders genau rund läuft.

Die Leistung einer *Fräsmaschine* kann insbesondere durch Einrichten auf Hartmetallbearbeitung gesteigert werden. Bei Umbau von Bearbeitung durch Schnellstahl auf Bearbeitung durch Hartmetall bedeutet das größere Antriebsleistung, erhöhte Schnittgeschwindigkeit, vergrößerte Schwungmasse zur Stabilisierung der Frässpindeldrehzahl, je Spindelumdrehung verkleinerter Vorschub.

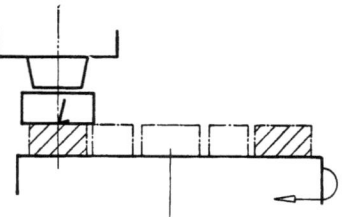

Bild 1257. Senkrechtfräsmaschine mit Rundtisch zum Stetigfräsen. Die Fräsvorrichtungen sind auf der Stirnfläche des Tisches abgeordnet.

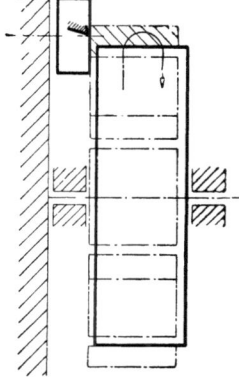

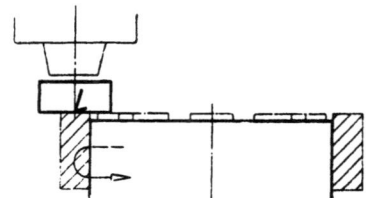

Bild 1258. Senkrechtfräsmaschine mit Rundtisch zum Stetigfräsen. Die Fräsvorrichtungen sind auf der Mantelfläche des Tisches angeordnet.

Bild 1259. Fräsmaschine mit waagerechter Spindel und Trommel zum Stetigfräsen. Die Fräsvorrichtungen sind auf der Mantelfläche der Trommel angeordnet.

An Zeit für das Zurücklegen des Fräserleerweges wird durch Eilgang und durch intermittierenden Vorschub gespart, an Zeit für das Spannen des Werkstückes durch Einrichtung zum Pendelfräsen und zu stetigem Fräsen. An Hauptzeit wird gespart durch Anordnung mehrerer Fräserspindeln zum gleichzeitigen Fräsen.

8.7 Schleifvorrichtungen

8.71 Beispiele von Schleifarbeiten

Größere parallele Flächen werden zweckmäßig durch Stirnschliff auf Senkrechtschleifmaschinen gefertigt. Die Schleifscheibe wird weniger stark verändert und das Werkstück nicht so ungleichmäßig erwärmt wie bei Umfangsschliff mit Scheiben der üblichen Breite.

Rechtwinklige Flächen werden zweckmäßig auf Waagerechtschleifmaschinen ebenfalls durch Stirnschliff gefertigt, wobei das Werkstück waagerecht aufliegt. Die Schleifspindel der betreffenden Maschine muß für Stirnschliff und deren Tisch mit Feinzustellung in Richtung Schleifspindelkopf eingerichtet sein.

Das Schleifen *spitz- und stumpfwinkliger Flächen* mit Formscheiben ist möglichst zu vermeiden, da hierfür in der Regel eine besondere Abziehvorrichtung benötigt wird. Werkstücke mit spitz- oder stumpfwinkligen Flächen sind deshalb in der Vorrichtung möglichst so zu legen, daß mit Stirnfläche oder mit zylindrischer Mantelfläche der Schleifscheibe gearbeitet werden kann.

Kreisförmige Flächen, aus denen ein Teil hervorragt und die deshalb nicht rundgeschliffen werden können, sind durch Formschleifscheibe oder zylindrische Schleifscheibe unter Schwenken des Werkstückes zu fertigen. Bei Verwendung von Formschleifscheiben ist die Formfläche in kürzerer Zeit herstellbar als durch Schwenken des Werkstückes. Formschleifscheiben erfordern hingegen eine besondere Abzieheinrichtung.

Nachformschleifen (Kopierschleifen) erfordert ständige Überprüfung des Schleifscheibendurchmessers und entsprechend häufiges Auswechseln des Tastteiles.

8.72 Verbindung von Schleifvorrichtungen mit der Maschine

Mit *Rundschleifmaschinen* wird die Vorrichtung wie mit Drehmaschinen verbunden, also durch Aufnahme im Innenkegel, auf dem Kopf der Arbeitsspindel oder zwischen Spitzen.

Auf *Flächenschleifmaschinen* wird die Vorrichtung unmittelbar auf dem Maschinentisch oder durch einen Spannmagnet (Bild 263 ··· 270) befestigt. Falls Vorrichtungen gegen einen zur Maschine gehörigen Spannmagnet in kürzeren Zwischenräumen gewechselt werden müßten, sind diese Vorrichtungen auf den Spannmagnet zu setzen, denn Spannmagnete sind ihres größeren Gewichtes wegen beschwerlich auf- und abzubauen. Außerdem sind Spannmagnete für genauere Arbeiten nach jedem Aufspannen zu überschleifen, wodurch deren Verwendungsdauer beträchtlich verkürzt wird.

Auf *Spannmagneten* sind Vorrichtungen durch Magnetkraft (Bild 1260 bis 1262) oder durch Spanneisen (Bild 1263) zu befestigen. Anbohrungen in Magnetplatten, etwa für Befestigungsgewinde, sind möglichst zu vermeiden. Bei Befestigung durch Magnetkraft kann die Magnetspannung bei jedem Werkstückwechsel abgeschaltet oder beibehalten werden. Sie ist abzuschalten, falls der Werkstückwechsel leichter vor sich geht, wenn die Vorrichtung von der Magnetplatte herabgenommen ist oder wenn dieselbe Vorrichtung in verschiedene Lagen gebracht werden muß.

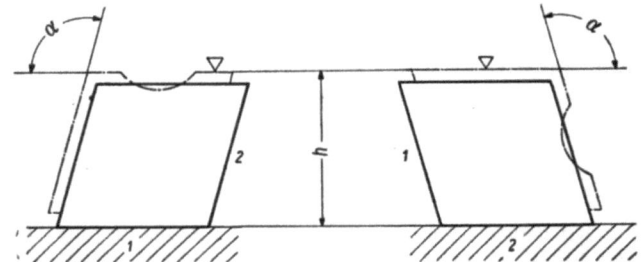

Bild 1260. Die Vorrichtung liegt zum Schleifen der eingebuchteten Seite auf Fläche *1*.

Bild 1261. Die Vorrichtung liegt zum Schleifen der glatten Seite auf Fläche *2*.

Bild 1260 u. 1261. *Schleifvorrichtung mit zwei Auflageflächen. Die Vorrichtung ist so bemessen, daß beim Aufliegen auf Fläche 1 wie beim Aufliegen auf Fläche 2 die Schleiffläche denselben Abstand h von der Magnetspannfläche hat. Wenn diese Abstände verschieden groß wären, müßte die Schleifscheibe nach jedem Umlegen des Werkstückes verstellt werden.*

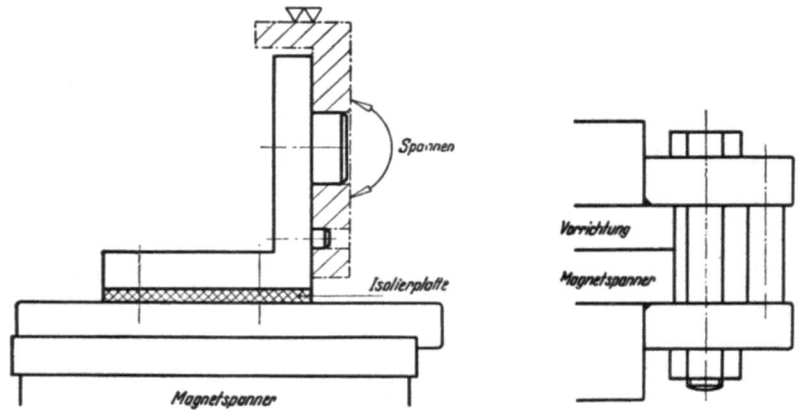

Bild 1262. Die Schleifvorrichtung wird auf der Spannplatte durch Magnetkraft festgehalten.

Bild 1263. Befestigung einer Schleifvorrichtung auf der magnetischen Spannplatte durch Spanneisen.

Durch den Magnetismus werden auch Vorrichtung und Werkstück magnetisch. Magnetische Flächen sind von Stahlspänen schwieriger zu reinigen als unmagnetische. Magnetische Werkstücke müssen entmagnetisiert werden. Durch eine Isolierschicht kann das Magnetfeld gegenüber der Werkstückaufnahme abgegrenzt werden (Bild 1262).

8.73 Richtlinien für die Gestaltung von Schleifvorrichtungen

Schleifvorrichtungen können in der Regel unter erheblich kleinerem Gewichtsaufwand gebaut werden als z. B. Fräsvorrichtungen für dasselbe Werkstück, denn Arbeits- und Spannkräfte sind beim Schleifen ungleich geringer als beim Fräsen. Für die auszuübende Spannkraft genügen Gewinde mit kleinerem Durchmesser und kleinere und kürzere Handgriffe. Für Schnellspannung sind weitgehend Exzenter- oder

8.73 Richtlinien für die Gestaltung von Schleifvorrichtungen

Kurvenspanner anzusetzen. In größtmöglichem Umfange sind Federkraft zum Spannen zu verwenden. Magnetische Spanner sind für Schleifarbeiten verwendbar

in den handelsüblichen Formen (Bild 263 ··· 270),
zur Aufnahme vollständiger Vorrichtungen (Bild 1260 ··· 1263),
in Verbindung mit Vorrichtungsteilen (Bild 1264 ··· 1267),
in Verbindung mit einem Unterbau (Bild 1268 u. 1269),
in Sonderformen (Bild 1270 ··· 1272).

In Schleifvorrichtungen ist das *Abziehwerkzeug* für die Schleifscheibe einzubauen, z. B. beim Schleifen von ebenen Flächen für ein zwangläufiges Einhalten des Schleifmaßes (Bild 1273), vor allem aber für Winkelflächen (Bild 1274) und für Zylinderflächen (Bild 1275 u. 1276).

Die rasche Abnutzung von Schleifscheiben bedingt ein häufiges Prüfen des Werkstückes, weshalb bei Schleifvorrichtungen mehr als bei anderen Vorrichtungen für das Prüfen des Werkstückes in der Vor-

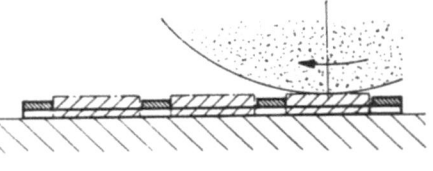

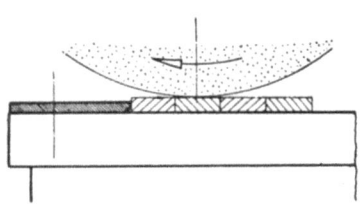

Bild 1264. Auf der magnetischen Spannplatte befestigte Anlegeleiste als Sicherung gegen Verschieben der Werkstücke.

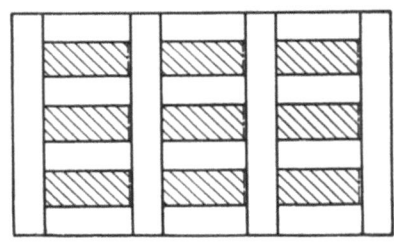

Bild 1265. Auf der magnetischen Spannplatte lose aufgelegtes Halteblech. Durch dieses werden die verhältnismäßig kleinen Werkstücke entsprechend der Polteilung verteilt, gegen Verschieben gesichert und erhalten außerdem gleichgerichtete Schleifspuren.

Bild 1266. Schleifmaschinentisch mit je einem Haftmagnet („Greifermagnet") für jedes Werkstück. Die Schablone ist in ihrer Lage durch Paßstifte bestimmt und für rasches Auswechseln ebenfalls durch Dauermagnete festgehalten.

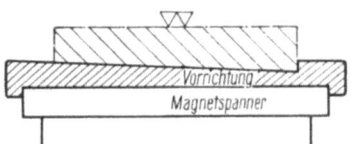

Bild 1267. Vorrichtung samt Werkstück werden durch Magnetkraft gehalten. Hierbei darf die Vorrichtungsplatte nur etwa 8 mm dick sein, bei einer Magnetplatte von etwa 200 mm Breite. Dickere Platten sind gegebenenfalls als Lamellenblock auszubilden (Bild 271).

368 8 Vorrichtungen für bestimmte Fertigungsgebiete

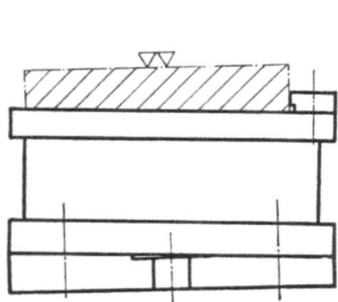

Bild 1268. Magnetische Spannplatte auf Winkelplatte zum Schleifen unparalleler Werkstückflächen.

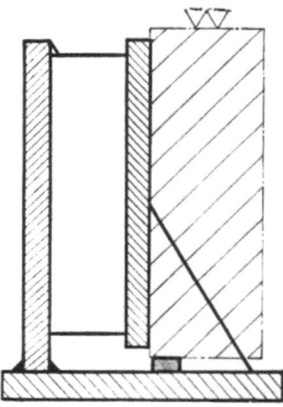

Bild 1269. Magnetische Spannplatte in senkrechter Anordnung. Die Auflage für das Werkstück ist schmal gehalten und in geringem Abstand von der Spannfläche angeordnet. Hierdurch wird vermieden, daß das Werkstück zwischen Auflage- und Spannfläche verkantet.

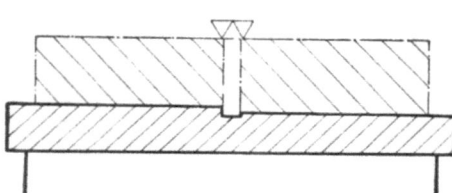

Bild 1270. Magnetische Spannplatte mit gestuften Spannflächen zum Schleifen von zwei Werkstücken verschiedener Dicke bzw. zum Schleifen zuerst der einen und danach der anderen Fläche desselben Werkstückes.

Bild 1271. Lamellenblock mit Nuten zur Aufnahme des Werkstückes; auf magnetischer Spannplatte.

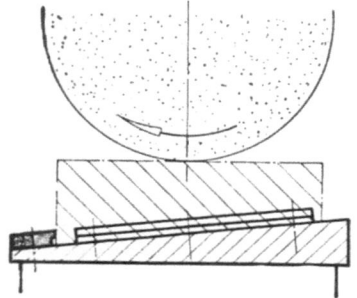
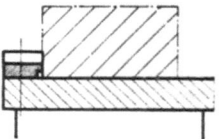

Bild 1272. Magnetische Spannplatte mit schräger Spannfläche zum Schleifen von keilförmigen Werkstückflächen.

8.73 Richtlinien für die Gestaltung von Schleifvorrichtungen

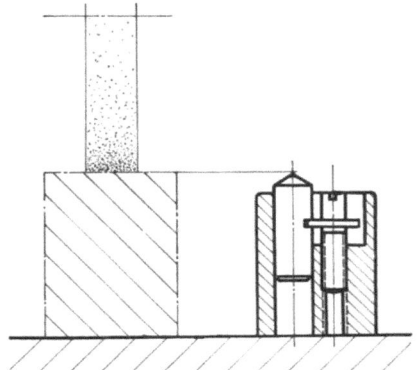

Bild 1273. Halter mit Abziehwerkzeug. Der Abzieher wird z. B. mittels Endmaß eingestellt und zum Abziehen durch den Maschinentisch an der Schleifscheibe vorbeigeführt.

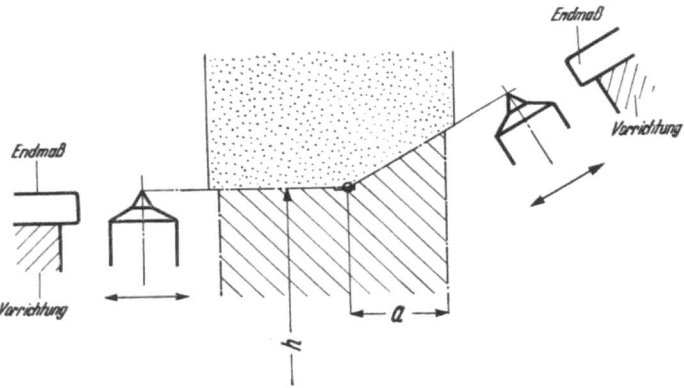

Bild 1274. Abzieheinrichtung für Winkelfläche. Die Scheitellinie dieser Winkelflächen muß im Abstand h von der Auflage und im Abstand a von der Anlage liegen.

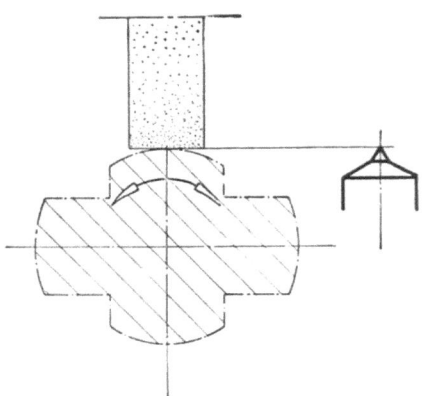

Bild 1275. Abziehen einer Scheibe zum Schleifen von Zylinderflächen. Das Werkstück ist um seine Achse schwenkbar. Vorschubbewegung senkrecht zur Bildebene. Hierdurch mittigliegende Kreisformen bei jedoch verhältnismäßig langer Schleifzeit.

Schreyer, Werkstückspanner, 3. Aufl.

370   8 Vorrichtungen für bestimmte Fertigungsgebiete

richtung Sorge zu tragen ist. Hierzu sind in der Vorrichtung Meßflächen (Bild 1277) oder Teile zum Aufnehmen einer Lehre vorzusehen (Bild 1278) oder ist die Lehre in die Vorrichtung einzubauen (Bild 1279).

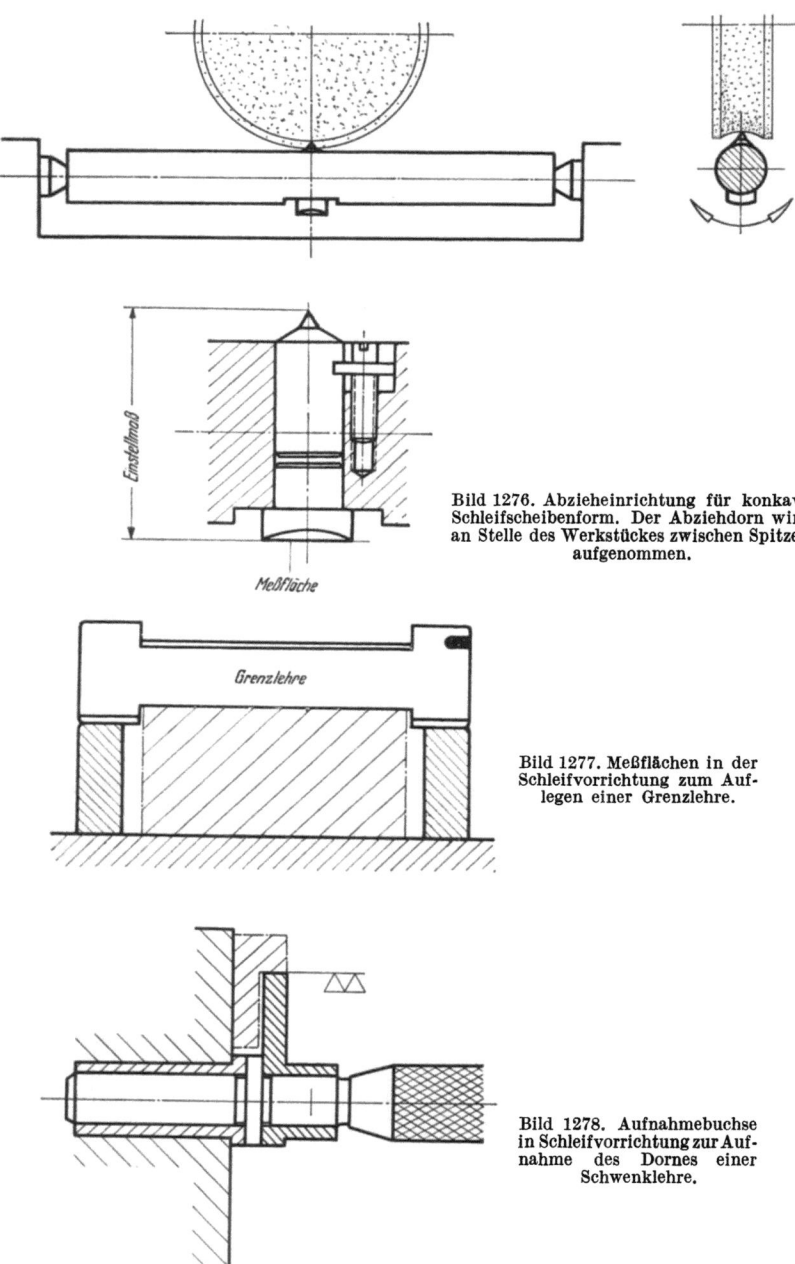

Bild 1276. Abzieheinrichtung für konkave Schleifscheibenform. Der Abziehdorn wird an Stelle des Werkstückes zwischen Spitzen aufgenommen.

Bild 1277. Meßflächen in der Schleifvorrichtung zum Auflegen einer Grenzlehre.

Bild 1278. Aufnahmebuchse in Schleifvorrichtung zur Aufnahme des Dornes einer Schwenklehre.

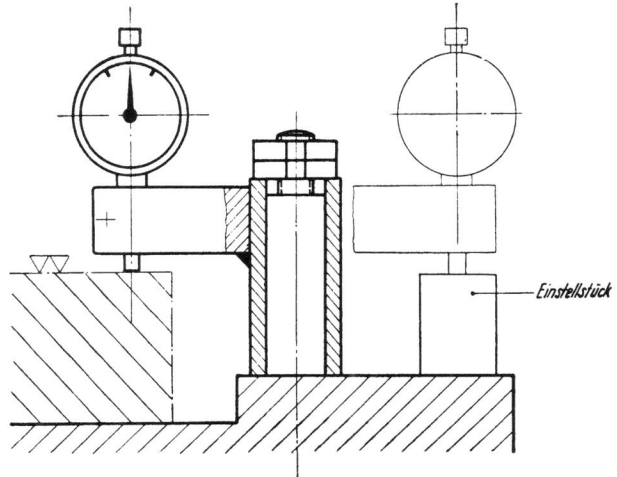

Bild 1279. In Schleifvorrichtung schwenkbar gelagerte Meßuhr und Einstellstück.

8.8 Fügevorrichtungen

DIN 8593 enthält einen Überblick über Begriffe der Fertigungsverfahren „Fügen". Danach dienen Fügevorrichtungen z. B. zum Füllen, Vergießen, Einpressen, Schrumpfen, Zusammenbauen, Binden, Kitten, Kleben, Löten und Schweißen.

In Fügevorrichtungen ist zumindest eines, meist aber jedes der zu verbindenden Teile in seiner Lage zu bestimmen.

Für die Gestaltung von Fügevorrichtungen gelten grundsätzlich die gleichen Richtlinien wie für Vorrichtungen für die spangebende Fertigung. In der Mehrzahl der Fälle ist der Aufbau von Fügevorrichtungen jedoch einfacher und mit geringerem Werkstückaufwand durchführbar. Für die zu fügenden Teile genügt häufig formschlüssige Aufnahme. Die Arbeitskräfte sind in der Regel verhältnismäßig gering, weshalb ein Festspannen der Fügeteile oft entfällt oder z. B. die Haftkraft magnetischer Greiferstäbe ausreicht. Das genaue Bestimmen der Lage von Fügevorrichtungen nach einem Maschinentisch kommt seltener in Betracht, und Späne fallen keine an.

Für eine Reihe von Fügearbeiten müssen die Fügevorrichtungen gewendet werden bzw. schwenk- oder drehbar gelagert sein.

Bei selbsttätigem Fügen sind den Vorrichtungen Magazine und Zubringer beizuordnen.

Bei Gestaltung sämtlicher Fügevorrichtungen darf nicht übersehen werden, daß das Werkstück nach dem Fügen der Vorrichtung entnehmbar sein muß.

Vorrichtungen für den *Zusammenbau* dienen vorzugsweise zum Einpressen, Verschrauben oder Vernieten. Für Zusammenbau unter frei zu wählenden Winkelstellungen wurden allgemein verwendbare Werkstückhalter, z. B. nach Bild 1280 und 1281 entwickelt.

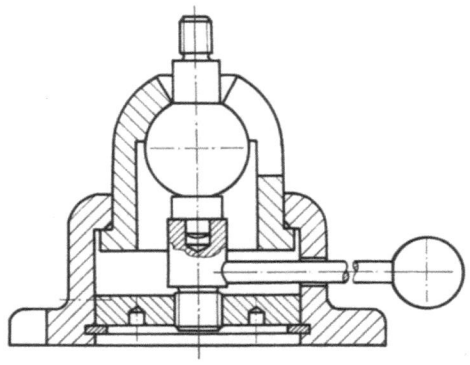

Bild 1280. Kugelkopf feststellbar von Hand mittels Hebel durch Schraube. Handelsüblich in drei Größen für maximale Belastungen von 0,1 ··· 2,5 mkp.

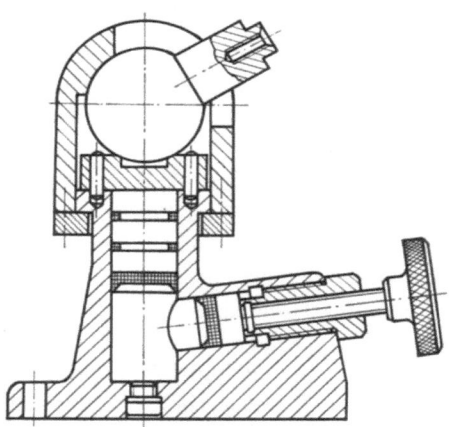

Bild 1281. Kugelkopf feststellbar von Hand oder über Gestänge durch Fuß mittels hydraulischer Kraftübertragung, außerdem bei Verwendung eines pneumatisch/hydraulischen Druckübersetzers auch mit Fußsteuerung. Handelsüblich in mehreren Ausführungen für maximale Belastungen von 12 ··· 80 mkp.

Bild 1280 u. 1281. *Werkstückhalter für Zusammenbau; durch Kugelkopf und um 360° schwenkbare Kugelkopfhalterung in drei Ebenen verstellbar.*

Bei Fügevorrichtungen, die einer Erwärmung ausgesetzt sind (Bild 1282 ··· 1288), ist darauf zu achten, daß durch diese die Bedienbarkeit nicht behindert wird.

Außerdem sind die Schrumpfspannungen zu beachten, denen Klebe- und Kittvorrichtungen durch Trocknen des Bindemittels sowie Punkt- und Nahtschweißvorrichtungen durch Abkühlung der Schweißstellen ausgesetzt sein können. Erhebliche Spannungen entstehen beim

8.8 Fügevorrichtungen

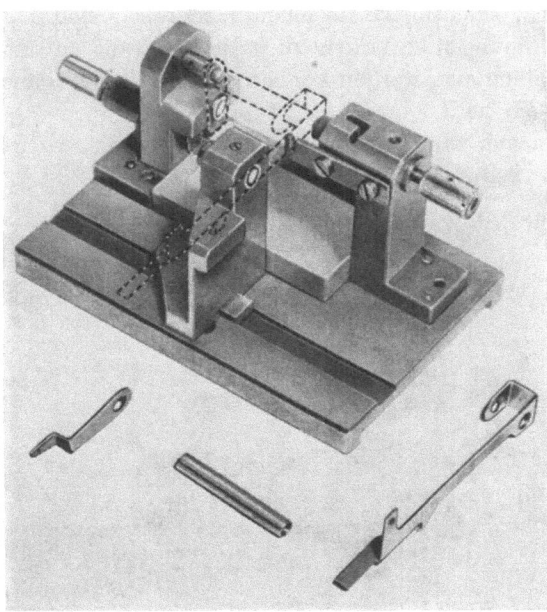

Bild 1282. Vorrichtung für induktives Löten. Die drei Werkstücke werden durch Zapfen in ihrer Lage bestimmt und die beiden Hebel durch je einen Haftmagnet festgehalten. Durch die bei induktivem Löten kurzzeitige und auf schmale Zone begrenzte Erwärmung sind die anliegenden Vorrichtungsteile nicht gefährdet.

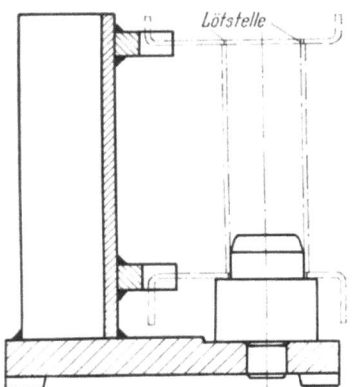

Bild 1283. Vorrichtung für Hartlöten. Hohe Wärme wirkt hierbei über längere Zeitdauer und ergibt breite Wärmezonen. Deshalb die Vorrichtungsteile in möglichst großem Abstand von der Lötstelle anordnen und, falls erforderlich, durch Abstrahlflächen, geeigneten Werkstoff oder Isolierung die Wärmeeinwirkung auf die Vorrichtung weitgehend herabsetzen.

Bild 1284. Dauermagnete, durch Gelenke verbunden, vorzugsweise zum Festhalten von Schweißteilen. Die beiden Magnete sind auf den geforderten Winkel einzustellen und danach durch die Flügelmuttern festzuspannen.

374   8 Vorrichtungen für bestimmte Fertigungsgebiete

Schrumpfen der Nähte von Teilen, die durch Schmelzschweißen verbunden sind. Vorrichtungen für solche Werkstücke sind in Richtung der Schrumpfspannungen so kräftig zu halten, daß die auftretenden Spannungen aufgenommen werden können, ohne daß die Vorrichtung unzulässig verzogen wird.

Vorrichtungen zum Punkt- und Nahtschweißen, die frei von Hand zwischen die Schweißelektroden gehalten werden (Bild 1285 u. 1286),

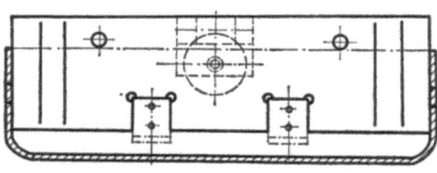

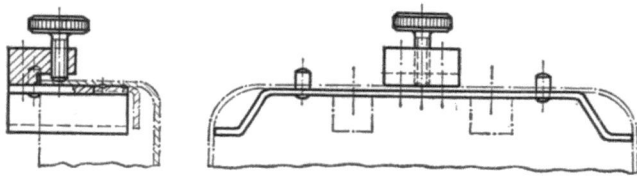

Bild 1285. Punktschweißschablone aus nichtmagnetischem Werkstoff, durch Schraube am größeren Schweißteil befestigt, mit formschlüssigen Aufnahmen für die anzuschweißenden Winkelstücke.

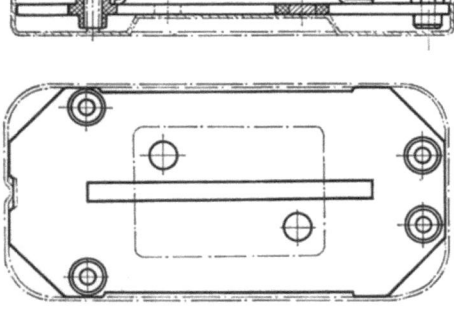

Bild 1286. Buckelschweißschablone. Lagebestimmung durch die Außenflächen der Preßstoffplatte, Festhaltung durch Haftmagnete, mit Aufnahmebuchsen für die anzuschweißenden vier Bolzen.

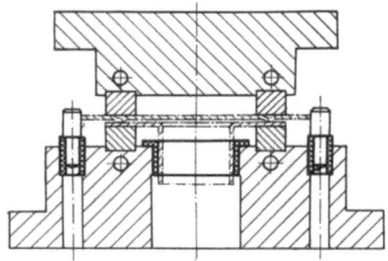

Bild 1287. Buckelschweißvorrichtung für das Verbinden einer Platte mit Flansch. Grundkörper aus Kupfer (mittelhart), Messing oder Bronze. Werkstoff für Elektrodeneinsätze S. 384.

8.8 Fügevorrichtungen

Bild 1288. Buckelschweißvorrichtung für das Verbinden einer Platte mit einem Steg. Beim Schweißen wird der Buckel eingedrückt und dadurch die Platte nach unten verlagert. Deshalb sind die Auflagebolzen federnd gehalten. Werkstoffe wie bei Bild 1287.

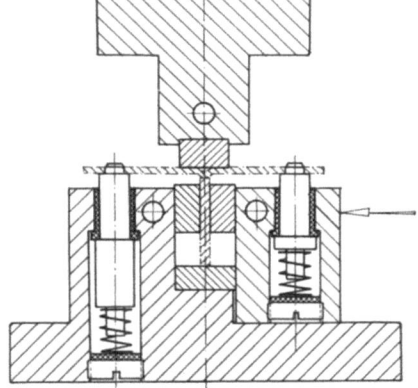

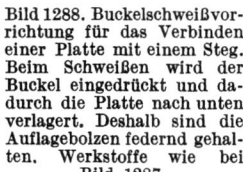

Bild 1289. Isolierung des Anlagestiftes durch Kunststoffbuchse.

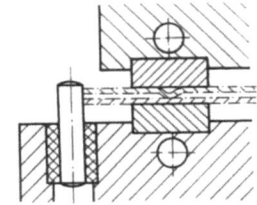

Bild 1290. Isolierung des Anlagestiftes durch dessen Befestigung in Kunststoffbuchse.

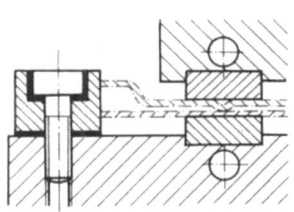

Bild 1291. Isolierung der Anlageleiste durch Zwischenlage und des Schraubenkopfes durch Buchse aus Kunststoff. Durchgangsloch für Schraube nach DIN 69 grob 2 oder ebenfalls isolieren.

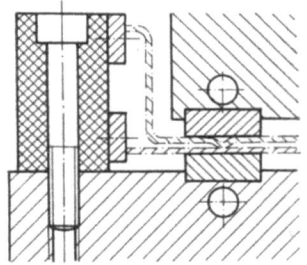

Bild 1292. Isolierung der Anlageleisten durch Befestigung auf einer Leiste aus Kunststoff.

Bild 1289 ··· 1292. *Isolierungen in Buckelschweißvorrichtungen von Anlageteilen für die Schweißteile. Der Schweißstrom soll von den Elektroden ausschließlich über die Schweißbuckel fließen, und deshalb ist Nebenfluß durch entsprechende Isolierung der betreffenden Vorrichtungsteile zu verhindern.*

sollen möglichst leicht sein, damit der Bedienende nicht vorzeitig ermüdet und damit außerdem die zu verschweißenden Teile durch die Elektrodenkraft zu möglichst gutem Kontakt gebracht werden können, um dadurch günstigen Stromübergang und ein möglichst einwandfreies Schweißergebnis zu erreichen.

Bei sämtlichen Vorrichtungen für das Widerstandsschweißen ist darauf zu achten, daß Nebenschluß vermieden wird (Bild 1287 ··· 1292) und daß im Stromfeld keine größeren Stahlteile angeordnet werden (Elektrodenwerkstoffe S. 384). Erforderlichenfalls ist Fremdkühlung, vorzugsweise durch Wasserdurchfluß, vorzusehen[1].

9 Fertigungsgerechte Gestaltung von Vorrichtungsteilen

Fertigungsarten. Ob ein Vorrichtungsteil aus dem Vollen gefertigt, gegossen, aus mehreren Teilen zusammengeschraubt oder zusammengeschweißt werden soll, ist unter Berücksichtigung folgender Punkte zu entscheiden:
Form und Größe der Vorrichtung,
Beanspruchung der Vorrichtung,
zulässige Toleranzen für die Vorrichtung,
zulässiges Vorrichtungsgewicht,
zur Verfügung stehender Werkstoff,
für die Vorrichtungsfertigung zur Verfügung stehende Werkseinrichtungen,
Fertigungsdauer,
Fertigungskosten.

Fertigungsvereinfachungen. Die Fertigung von Vorrichtungsteilen kann vereinfacht werden durch
Vereinfachung der Form,
Unterteilung in leichter zu fertigende Formen (Bild 1293 ··· 1295),
Beschränkung von Paßstellen auf ein Mindestmaß (Bild 1296),
Vergröberung von Toleranzen,
einstellbare Passungsspiele,
Einstellbarkeit von Teilen (Bild 1297),

Gütegrade für Vorrichtungen, z. B. in zwei oder in drei Stufen, beinhalten Richtlinien, nach denen Vorrichtungen zu gestalten und auszuführen sind, abhängig von Genauigkeit und Stückzahl der zu fertigenden Werkstücke.

Zentrierbohrungen, in denen z. B. Drehdorne zum Bearbeiten des Werkstückes aufgenommen werden, sind mit Schutzsenkung nach DIN 332 auszuführen. Für Zentrierbohrungen, die ausschließlich zur Fertigung eines Vorrichtungsteils dienen, ist keine Schutzsenkung erforderlich.

---

[1] BRUNST, W., u. W. FAHRENBACH: Widerstandsschweißen, 3. Aufl., Werkstattbücher, H. 73, Berlin/Göttingen/Heidelberg: Springer 1962.

9 Fertigungsgerechte Gestaltung von Vorrichtungsteilen

Bohrungen in demselben Vorrichtungskörper, insbesondere Bohrungen, die auf gemeinsamer Achse liegen, sind weitestgehend *mit gleichem Durchmesser* auszuführen.

Lange Bohrungen, die mittels Bohrstange gefertigt werden, sind auf ihrer ganzen Länge im Durchmesser möglichst groß zu halten, damit ausreichend steife Bohrstangen verwendet werden können.

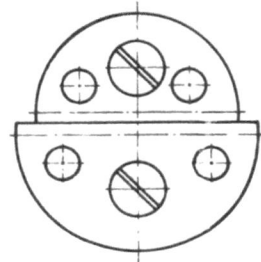

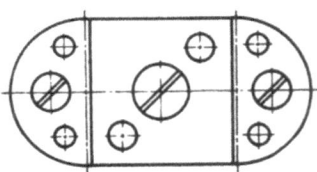

Bild 1294. Das Formteil ist aus einem Rechteck und zwei Drehkörpern zusammengesetzt.

Bild 1293. Das Formteil ist aus zwei Drehkörpern zusammengesetzt.

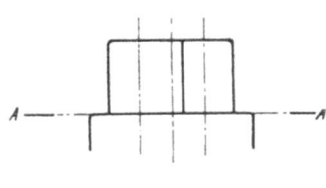

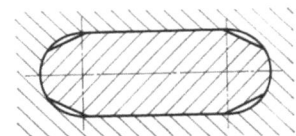

Bild 1296. Die Paßfeder ist an den Rundungen angeflächt, um das Einpassen in die Nut zu erleichtern.

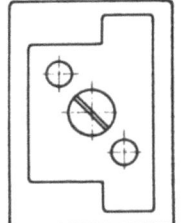

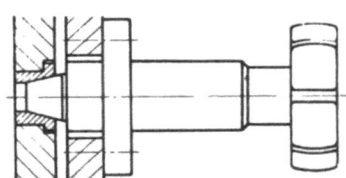

Bild 1295. Das Formteil ist in der Ebene *A—A* getrennt, um die Fertigung des T-förmigen Ansatzes zu erleichtern.

Bild 1297. Das Führungsteil für den Feststeller ist im Hauptkörper „schwimmend" angeordnet und kann dadurch nach der Feststellbuchse der Teilscheibe ausgerichtet werden.

Durchgehende Bohrungen sollen auf der Austrittsseite mit ihrem vollen Querschnitt hindurchgeführt werden, so daß nicht zum Teil eine Wand oder dergleichen angeschnitten wird. Bei nur einseitigem Austritt besteht für die Bohrwerkzeuge Bruchgefahr und kann die Bohrungsgenauigkeit beeinträchtigt werden.

Abgesetzte Bohrungen sind möglichst so zu bemessen, daß die gesamte Bohrung von derselben Seite aus, also in derselben Aufspannung, gefertigt werden kann. Hierbei ist am meisten Gewähr gegeben, daß die verschiedenen Bohrungsteile zueinander laufen.

Sacklöcher mit vollständig ebener Grundfläche sind möglichst zu vermeiden.

Gewindebohrungen sind möglichst durchgehend zu halten. Gewindesacklöcher sind um den drei- bis sechsfachen Betrag der Gewindesteigung länger als die Einschraublänge zu halten. Dabei ist der sechsfache Betrag als normal zu betrachten, der dreifache Betrag hingegen nur auf unumgängliche Fälle zu beschränken.

Freistiche in verhältnismäßig langen Bohrungen (Bild 1298) sind nur mit wenig steifen Ausdrehwerkzeugen herstellbar und deshalb möglichst zu vermeiden. Gegebenenfalls sind solche Bohrungen glatt auszuführen,

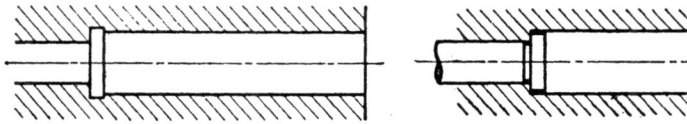

Bild 1298. Freistiche in Bohrungen, die nur mit nachgiebigen Werkzeugen gefertigt werden können, sind zu vermeiden.

Bild 1299. An Stelle eines Freistiches in der Bohrung ist die Welle abgesetzt.

und ist die zugehörige Welle abzusetzen (Bild 1299) oder ist die Bohrung mit größerem Durchmesser glatt auszuführen und eine Buchse einzusetzen. Freistiche in Bohrungen größerer Körper erfordern entweder die Aufnahme dieser Körper auf Drehmaschinen oder bei nichtumlaufendem Werkstück besondere Hinterstechwerkzeuge.

Bolzen, Dorne und Buchsen sind für Ruhesitze auf der Einführungsseite mit einer Fase unter einem halben Kegelwinkel von 15° zu versehen. Scharfe Kanten am Einpreßende schaben die Bohrungswand an. Dadurch kommt das Einpreßteil in schiefe Richtung, Abstände werden ungenau und die Festigkeit der Verbindung beeinträchtigt.

Das der Einpreßseite gegenüberliegende Bolzenende ist ebenfalls nicht scharfkantig, sondern mit Rundkuppe, mit 45°-Fase oder einem Absatz zu versehen. Hierdurch wird vermieden, daß das Bolzenende beim Einpressen oder Einschlagen angestaucht wird.

Gewinde mitten nur ungenau ein. Wo die durch Gewinde erreichbare Mittigkeit nicht ausreicht, ist eine oder vor und hinter dem Gewinde je eine zylindrische Führung vorzusehen.

Dünnwandige Buchsen und Lagerschalen sind an einem oder an beiden Enden durch Flansch zu versteifen.

Rundführungen sind zunächst billiger als Flachführungen. Erfordern Rundführungen jedoch gute Sicherung gegen Drehen, können die Fertigungskosten für Rundführungen unter Umständen höher liegen als die für entsprechende Flachführungen. Mit zunehmender Führungslänge sind Flachführungen außerdem leichter und genauer herstellbar als Rundführungen.

9 Fertigungsgerechte Gestaltung von Vorrichtungsteilen 379

Flachführungen werden vorwiegend mit rechteckigem oder trapezförmigem Querschnitt ausgeführt. Durch Verwendung einer Stelleiste kann sowohl bei Fertigung als auch nach Abnutzung das Spiel der Führung eingestellt werden (Bild 1300 u. 1301).

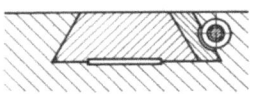

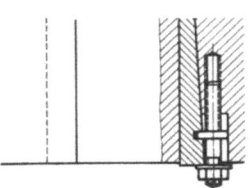

Bild 1300. Führung durch V-Prisma. Einstellung des Führungsspiels durch Keilleiste.

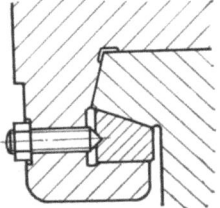

Bild 1301. V-förmige Keilleiste, einstellbar durch Gewindestifte.

Sicherungen für Wellen gegen Längsverschiebungen nach Bild 1302 bis 1305.

Paßstifte und Paßstiftbohrungen. Durchmesser von Paßstiften sind etwa gleich dem Nenndurchmesser der zur Befestigung desselben Teiles verwendeten Schrauben zu halten (Bild 1306).

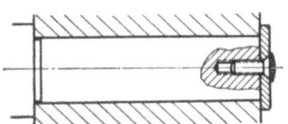

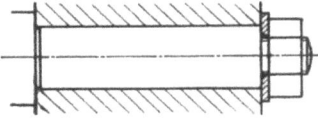

Bild 1302. Sicherung durch Vorlegscheibe und Schraube.

Bild 1303. Sicherung durch Scheibe und Mutter.

Bild 1302 u. 1303. *Sicherungen in Achsrichtung, vorzugsweise für Schwenkbewegungen. Das Längsspiel wird durch Anpassen bestimmt.*

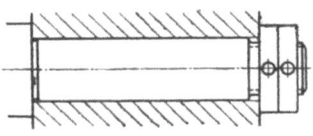

Bild 1304. Sicherung durch Kreuzlochmuttern DIN 1816.

Bild 1305. Sicherung durch Nutmuttern DIN 1804. Durch Einbau von gehärteten Laufscheiben vorzugsweise für größere Längsdrücke und höhere Drehzahlen.

Bild 1304 u. 1305. *Sicherungen in Achsrichtung, mit einstellbarem Längsspiel.*

Paßstifte sind in möglichst großem Abstand voneinander anzuordnen, denn je größer dieser Abstand, um so besser wird die Lage des zu befestigenden Teiles gesichert.

9 Fertigungsgerechte Gestaltung von Vorrichtungsteilen

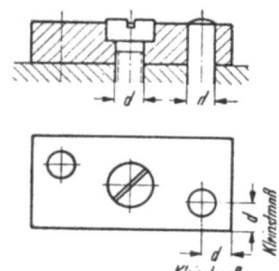
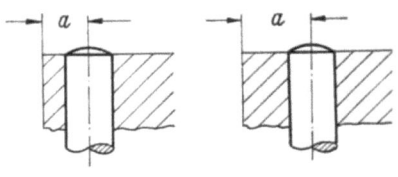

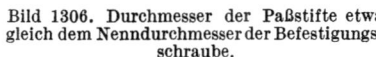

Bild 1306. Durchmesser der Paßstifte etwa gleich dem Nenndurchmesser der Befestigungsschraube.

Bild 1307. Bei *ungehärteten* Teilen Abstand a nicht kleiner als Durchmesser des Paßstiftes.

Bild 1308. Bei *gehärteten* Teilen Abstand a nicht kleiner als 1,5 mal Durchmesser des Paßstiftes, damit beim Einpressen des Stiftes das zu befestigende Teil möglichst nicht einreißt oder ausbricht.

Bild 1306 ··· 1308. *Durchmesser und Anordnung von Paßstiften.*

Der Abstand von Außenkanten bis Mitte Stiftloch nach Bild 1306 bis 1308.

Bohrungen für Paßstifte sind durchgehend zu halten, damit der Paßstift wieder herausgeschlagen werden kann. Längere Paßstiftlöcher

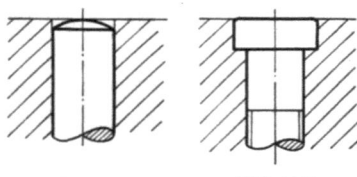 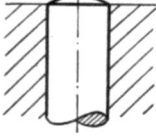 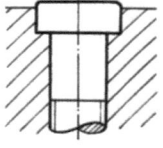

Bild 1309.   Bild 1310.   Bild 1311.   Bild 1312.

Bild 1309 u. 1310. Einstehende Kuppen und Rundungen lassen die Bohrungskante freistehen, ergeben Spanräume und sehen wenig gut aus.

Bild 1311 u. 1312. Falls nicht hinderlich, sollten Kuppen und Rundungen überstehen.

Bild 1309 ··· 1312. *Einschlagtiefe für Paßstifte und Senktiefe für Schraubenköpfe.*

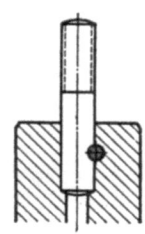

Bild 1313. Schraubenbolzen eingesetzt. Dadurch ist der Teil mit dem kleineren Querschnitt bruchfester und bei Bruch leichter ersetzbar als ein abgesetzter Bolzen aus einem Stück.

sind zum Teil mit größerem Durchmesser aufzubohren, um die Fertigung einer langen Bohrung mit verhältnismäßig kleinem Durchmesser zu vermeiden.

Die Kuppe von Paßstiften soll gegenüber dem zu befestigenden Teil nicht zurückstehen (Bild 1309) sondern vorstehen (Bild 1311), vorausgesetzt, daß sie nicht hinderlich ist. Das gleiche gilt für Schrauben mit kugelförmigem Kopf oder mit gerundeter Kopfkante (Bild 1310 u. 1312).

Als Paßstifte kommen für den Vorrichtungsbau vorzugsweise gehärtete Zylinderstifte DIN 6325 nach ISA-Lehre m 6 mit der zugehörigen Bohrung H 7 in Betracht.

Schrauben. Bei größeren Durchmesserunterschieden sind Spannbolzen nicht aus nur einem Stück zu fertigen, sondern ist der dünnere Teil einzusetzen (Bild 1313). Dadurch ist der dünnere Teil weniger ge-

9 Fertigungsgerechte Gestaltung von Vorrichtungsteilen 381

fährdet, und wenn er zu Bruch geht, leichter ersetzbar als ein vollständiger Bolzen.

Außengewinde von gehärteten Teilen, die genau laufen müssen, sind nach dem Härten zu schleifen. Für den Auslauf der Schleifscheibe ist ein Gewindeeinstich von mindestens 1,5 × Gewindesteigung vorzusehen. Ein neben dem Gewindeauslauf liegender Bund ist so zu bemessen, daß der Spannflansch der Schleifscheibe nicht anstößt.

Federn. Vorzugsweise sind **Schraubendruckfedern** zu verwenden. Bei diesen ist die nahezu gesamte Federlänge zugleich wirksame Länge. Die Form der Enden dieser Federn ist einfach, und die Enden unterliegen keiner zusätzlichen ungünstigen Beanspruchung, wie das bei Schrauben*zug*federn der Fall ist. Außerdem ermöglichen Schraubendruckfedern verhältnismäßig einfache Einbauformen.

*Blatt*federn sind nur dann zu verwenden, wenn die Raumverhältnisse dazu zwingen. Blattfedern können durch Verbiegen leicht verdorben werden. Späne, die zwischen Blattfeder und Befestigungsfläche gelangen, behindern die Bewegungsmöglichkeit der Feder. Außerdem sind Blattfedern weniger leicht geschützt einzubauen als Schraubenfedern.

Mit *Teller*federn kann, gemessen an den ausübbaren Kräften, in besonderem Maße raumsparend gebaut werden.

Freistiche. Vor allem solche Flächen, die durch Hobeln, Stoßen oder Schleifen gefertigt werden, müssen für den Auslauf des Werkzeuges frei liegen. Wo dieser Auslauf begrenzt ist, ist vor dem betreffenden Bund oder Ansatz ein Freistich vorzusehen. Dieser soll in Hobel- und Stoßrichtung mindestens 6 mm betragen. Abmessungen für Freistiche sind in DIN 509 festgelegt.

Rändelungen und Kordelungen. Zwischen Rändelungen oder Kordelungen und einem anliegenden Bund ist für den Rändelhalter entsprechender Abstand vorzusehen (Bild 1314).

Zahnstangen. Das Flankenspiel von Zahnstangen kann einstellbar gemacht werden (Bild 1315).

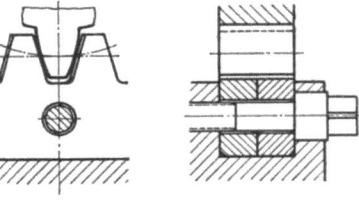

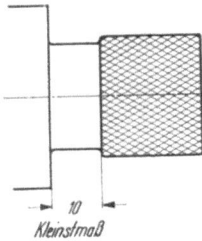

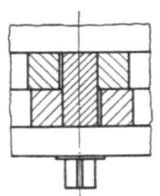

Bild 1315. Einstellbares Flankenspiel an Zahnstangen durch Verschieben von zwei Zahnstangen.

Bild 1314. Mindestabstand für Rändelungen und Kordelungen von einer Bundfläche.

Zusammen- und Auseinanderbau. Zusammen- und Auseinanderbau sind sorgfältig durchzudenken und die Ein- und Ausbaumöglichkeiten zu berücksichtigen (Bild 1316 ··· 1318).

Schmierung. Für Lauf- und Gleitflächen ist die jeweils geeignete Schmierung vorzusehen[1].

Hilfsgestaltung. Bei Gestaltung von Vorrichtungsteilen ist darauf zu achten, daß diese mit üblichen Werkstattmitteln gespannt, bearbeitet und geprüft werden können. Nötigenfalls ist dieser Forderung im besonderen Rechnung zu tragen durch

Schaffung bearbeiteter Flächen als Maßbezugsflächen,
Hilfszentrierung oder Hilfsbohrung,
Ergänzung einer halben zu einer ganzen Bohrung,
Anordnung von Spannflanschen oder anderen Spannmöglichkeiten.

Hilfsmittel. Wenn die vorhandenen werkstattüblichen Betriebsmittel für die Fertigung eines Vorrichtungsteiles nicht ausreichen, muß der Vor-

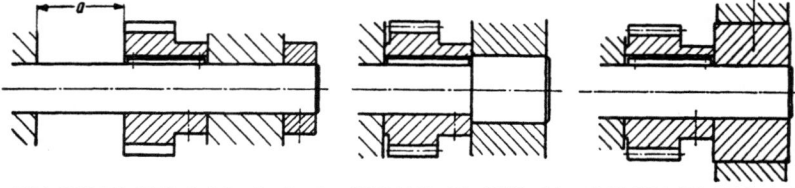

Bild 1316. Die Welle hat durchgehend gleiches Nennmaß. Nachteilig ist der Umstand, daß die Paßfeder erst dann eingesetzt werden kann, wenn die Welle durch die Lagerbohrung gesteckt ist. Außerdem ist zwischen Bohrungswand und Zahnrad ein Kleinstabstand a vorzusehen.

Bild 1317. Die Welle ist abgesetzt. Die Paßfeder kann vor dem Einführen der Welle eingesetzt und Welle samt Paßfeder durch die rechte Bohrung geführt werden.

Bild 1318. Die Welle hat durchgehend gleiches Nennmaß, der Durchmesser der eingesetzten Lagerbuchse ist so groß, daß Welle und Zahnrad außerhalb des Gehäuses zusammengebaut und im zusammengebauten Zustand eingeführt werden können.

Bild 1316 ··· 1318. *Einbaubeispiele für Zahnrad und Welle.*

richtungskonstrukteur die Bereitstellung des erforderlichen Hilfsmittels veranlassen, gegebenenfalls zusammen mit der Vorrichtung gestalten.

Beschriftung. Die Beschriftung von Vorrichtungen ist an gut sichtbarer Stelle und haltbar anzubringen durch Angießen, Einschlagen, Gravieren oder Befestigen eines Schildes.

10 Werkstoffe für den Vorrichtungsbau

Bei der Wahl des Werkstoffes für Vorrichtungsteile und bei der Wahl der Wärmebehandlung für diese Werkstoffe sind im allgemeinen zu berücksichtigen

in der Vorrichtung auftretende Kräfte,
an die Vorrichtung gestellte Genauigkeitsansprüche,

---

[1] KREKELER, K., u. P. BEUERLEIN: Öl im Betrieb, 3. Aufl., Werkstattbücher, H. 48, Berlin/Göttingen/Heidelberg: Springer 1953.

Anzahl der zu fertigenden Werkstücke,
Festigkeit des Werkstoffes für das Werkstück,
je Flächeneinheit auftretender Druck,
voraussichtlicher Verschleiß,
Werkstoffkosten,
Eigenheit des die Vorrichtung fertigenden Betriebes,
Fertigungskosten,
Anzahl der zu fertigenden Vorrichtungen,
Lagerhaltung und Beschaffungsmöglichkeit,
Lieferzeit.

In Sonderfällen sind außerdem unter anderem zu beachten
Laufeigenschaften,
Wärmeleitfähigkeit,
elektrische und magnetische Eigenschaften,
Verhalten bei Wärmebehandlung,
Verhalten bei Feuchtigkeit,
Korrosionsfestigkeit.

Beispiele für die Wahl von Werkstoff und Wärmebehandlung für Vorrichtungsteile

Anlageleisten. Einsatzstahl, gehärtet.
Anlageplatten. Einsatzstahl, gehärtet.
Anreißschablonen. Für geringe Stückzahlen oder untergeordnete Zwecke Werkzeug- oder Flußstahl, ungehärtet. Bei gehärteter Ausführung für kleinere Schablonen Werkzeugstahl, für größere Schablonen Einsatzstahl. Große Schablonen zweckmäßig mit ungehärtetem Grundkörper und aufgesetzten, gehärteten Teilen. Mit Rücksicht auf das Gewicht den Grundkörper gegebenenfalls aus Leichtmetall, Hartpreßholz, Hartpapier, Hartgewebe. Mit Rücksicht auf gute Sicht beim Ausrichten nach Formen gegebenenfalls Plexiglas.
Anschlagkloben. Wenn zur Aufnahme eines Anschlagteiles bestimmt, aus Flußstahl ungehärtet.
Anschlagteile. Kleinere Teile aus Werkzeugstahl, gehärtet. Größere Teile aus Einsatzstahl, gehärtet. Bei sehr hohen Anforderungen an die Werkstückgenauigkeit und zugleich hohen Stückzahlen kann Hartverchromen oder Bestückung mit Hartmetall in Betracht kommen.
Aufnahmeteile. Kleine Teile aus Werkzeugstahl, gehärtet. Größere Teile aus Einsatzstahl, gehärtet. Bei sehr hohen Anforderungen an die Werkstückgenauigkeit und zugleich hohen Stückzahlen kann Hartverchromen oder Bestückung mit Hartmetall in Betracht kommen.
Auflagebolzen. Kleine Bolzen aus Werkzeugstahl, gehärtet, HRC 56 $\pm$ 2. Größere Bolzen aus Einsatzstahl, gehärtet, HV 630 kp/mm^2 $\pm$ 40 kp/mm^2.
Auflageleisten. Einsatzstahl, gehärtet.
Auflageplatten. Einsatzstahl, gehärtet.
Aufnahmebolzen. Kleinere Bolzen aus Werkzeugstahl, gehärtet. Größere Bolzen aus Einsatzstahl, gehärtet. HV 630 kp/mm^2 $\pm$ 40 kp/mm^2.
Auswerfer. Unmittelbar auf das Werkstück wirkende kleinere Auswerfer mit einfacher Form aus Werkzeugstahl und gehärtet. Größere Teile und Teile mit

schwierigerer Form aus Einsatzstahl, gehärtet. Für Werkstücke, deren Oberfläche besonders geschont werden muß, Ausstoßflächen aus Messing, Kupfer oder Leichtmetall.

Ballengriffe. Automatenstahl, da dieser gut zerspanbar.

Bohrbuchsen. Bis etwa 10 mm Bohrungsdurchmesser Werkzeugstahl, gehärtet, HRC 63 ± 2, größere Buchsen aus Einsatzstahl, gehärtet, HV 790 kp/mm² ± 50 kp/mm², für besonders hohe Verschleißfestigkeit FERRO-TIC C, gehärtet, HRC 71 ± 1.

Drehdorne. Bis etwa 40 mm Durchmesser aus Werkzeugstahl, gehärtet, HRC 60 ± 2. Über etwa 40 mm Durchmesser Einsatzstahl, gehärtet, HV 700 kp/mm² ± 40 kp/mm². Beachten, daß auch die Zentrierbohrungen ausreichend hart sind. Für Dorne aus Einsatzstahl gegebenenfalls Zentrierbuchsen aus Werkzeugstahl einsetzen.

Druckbutzen. Kleine aus Werkzeugstahl, gehärtet. Größere aus Einsatzstahl, gehärtet. Wenn die Oberfläche des Werkstückes durch gehärtete Druckbutzen unzulässig beschädigt werden würde, ist ein Werkstoff zu wählen, der weicher ist als der Werkstoff des zu spannenden Werkstückes, z. B. Stahl ungehärtet, Weicheisen, Bronze, Messing, Kupfer, Aluminium.

Druckstücke. Bei hohem Druck je Flächeneinheit aus Werkzeugstahl, sonst aus Einsatzstahl gehärtet. Für Werkstücke, deren Oberfläche durch gehärtete Druckstücke unzulässig beschädigt werden würde, ist die Werkstückseite des Druckstückes, z. B. mit Weicheisen, Bronze, Messing, Kupfer, Aluminium, Vulkanfiber, Hartpapier, Hartgewebe, Leder zu belegen.

Druckzapfen. Glatte Zapfen bis etwa 20 mm Durchmesser aus Werkzeugstahl, über etwa 40 mm Durchmesser aus Einsatzstahl, gehärtet.

Einsteckdorne. Dorne bis etwa 40 mm Durchmesser aus Werkzeugstahl, darüber Einsatzstahl, gehärtet. Spreizhülse aus Werkzeugstahl, siliziumlegiert, gehärtet und federhart angelassen.

Einstellteile. Kleinere aus Werkzeugstahl, gehärtet. Größere aus Einsatzstahl, gehärtet. Einfache, glatte Formen aus Kohlenstoffstahl, schwierigere Formen aus legiertem Stahl.

Elektroden für Buckelschweißvorrichtungen. Grundkörper aus Elektrodenbronze, Kupfer oder Messing. Für Elektroden-Einsätze z. B. Ampcoloy 99, Mallory 100, Elkonite 20 N3, Elmet HA oder HE, Elmedur.

Federn. Spiral-, Schrauben-, Verdrehungs-, Teller- und Blattfedern aus Federstahl, das ist vorwiegend silizium- und manganlegierter Kohlenstoffstahl, gehärtet und angelassen.

Federhülsen. Flußstahl, ungehärtet.

Feststeller. Kleinere aus Werkzeugstahl, gehärtet. Größere aus Einsatzstahl, gehärtet.

Flügelmuttern. Flußstahl ungehärtet.

Flügelschrauben. Flußstahl von etwa 50 kp/mm² Zugfestigkeit, ungehärtet.

Formteile. Für formgleiches Bestimmen (wobei das Formteil auf dem Werkstück liegt) vorzugsweise Flußstahl. Bei kleineren Werkstückzahlen ungehärtet, bei größeren eingesetzt, gehärtet. Formteile für formschlüssiges Bestimmen (wobei das Formteil das Werkstück aufnimmt) weitgehend gehärtet, da durch Aufstecken und Abziehen des Werkstückes sonst starker Verschleiß möglich. Die durch Wärmebehandlung eintretenden Längenänderungen und Schleifmöglichkeit sind zu beachten. Kleinere Formteile, die geschliffen werden, aus Werkzeugstahl, davon solche mit scharfkantigen Formen und größeren Querschnittsunterschieden aus legiertem Werkzeugstahl, gehärtet. Größere Formstücke, die geschliffen werden, aus legiertem Einsatzstahl, gehärtet.

Die Formfläche von Nachformschablonen, bei denen das Tastteil unter größerer Krafteinwirkung angedrückt wird, z. B. von Hand, durch Gewicht, Feder oder Hydraulik, sollen eine Härte von etwa HRC 65 bzw. etwa HV 840 kg/mm² aufweisen. Schablonen für elektrisch oder hydraulisch gesteuerte Nachformmaschinen, in denen also durch Kontakt abgetastet wird, können *ungehärtet* bleiben. Formstücke für Raumformen können hierbei aus Leichtmetall, Gips, Holz oder Preßstoff gefertigt werden.

Führungsbuchsen. Wenn die Bohrung so klein ist, daß sie mittels Schleifscheibe nicht bearbeitet werden kann, ist ein Werkstoff zu verwenden, der sich beim Härten wenig verzieht. Für Buchsen, die innen geschliffen werden, bis etwa 10 mm Bohrungsdurchmesser Werkzeugstahl, gehärtet, HRC 63 $\pm$ 2 darüber Einsatzstahl, gehärtet, HV 790 kp/mm² $\pm$ 50 kp/mm² Rockwellhärte HRc 63 bis 65. Für Buchsen, die zum Führen glatter Werkzeugschäfte dienen, ist auch ungehärteter Werkstoff, wie Bronze oder Gußeisen, verwendbar.

Futterbacken. Ungehärtete Futterbacken und Aufsatzbacken aus St 70. Teilweise oder ganz gehärtete Backen aus Einsatzstahl, gehärtet. Aufsatzbacken mit gezahnter Spannfläche aus Werkzeugstahl, gehärtet.

Füße. Füße für Bohrvorrichtungen zweckmäßig aus Gußeisen. Dabei bleibt einerseits die Auflagefläche der Füße eben, da an den Fußkanten kein Grat angestaucht wird, sondern die Kanten gegebenenfalls ausbröckeln. Andrerseits wird der Tisch der Bohrmaschine durch Gußeisen nicht so leicht beschädigt wie durch gehärtete Füße. Eingepreßte und eingeschraubte Füße aus Einsatzstahl bzw. aus Automatenstahl, z. B. 9520, Auflagefläche gehärtet. Angeschweißte Füße sind vor dem Anschweißen zu härten und von solcher Länge zu halten, daß die Härte der Auflagefläche des Fußes durch die Schweißwärme nicht unzulässig gemindert wird. Ungehärtete Füße aus Flußstahl werden an der Auflagefläche und an den Kanten leicht beschädigt und sind deshalb möglichst nur bei grobtolerierten Werkstücken zu verwenden, wenn es sich zugleich um nur geringere Stückzahlen handelt.

Gegengewichte. Flußstahl, Blei oder Beton.

Getriebeteile. Zahnräder, Schnecken und Schneckenräder für niedrige Drehzahlen im allgemeinen aus Flußstahl. Zweckmäßig wird für Teile, die aufeinander arbeiten, Flußstahl verschiedener Festigkeit verwendet, da hierbei die Gleitverhältnisse günstiger sind als bei gleichem Werkstoff. Schneckenräder für höhere Umlaufzahlen oder größere Zahndrücke aus dichtem Gußeisen oder Bronze. Zahnräder und Schnecken für besonders hohe Genauigkeit oder für hohe Beanspruchungen aus Einsatzstahl, gegebenenfalls aus legiertem Einsatzstahl, gehärtet und geschliffen. In Sonderfällen ist zur Geräuschminderung ein Teil eines Getriebepaares aus Hartgewebe zu fertigen. Bei Verwendung verschiedener Werkstoffe für ein Getriebepaar ist der verschleißfestere Werkstoff für das höher beanspruchte oder das teurere Getriebeteil vorzusehen.

Gewindespindeln. Transportspindeln und Spindeln für Teileinrichtungen im allgemeinen aus St 70, ungehärtet. Für besonders genaue Spindeln gegebenenfalls ein Spindelsonderstahl ebenfalls ungehärtet. Gehärtete und geschliffene Gewindespindeln nur dann vorsehen, wenn unumgänglich nötig, da diese sehr viel teurer als ungehärtete Spindeln.

Griffe. Für aus dem Vollen gearbeitete und im Gesenk geschlagene Griffe, z. B. St 34. Gegossene Griffe aus Gußeisen, z. B. GG-15, Temperguß GTW-35 oder Leichtmetall GAlMg 3. Aus gezogenen oder gepreßten Blechteilen zusammengeschweißte Griffe aus Flußstahl. Gepreßte Griffe aus Kunstharzpreßstoffen. Griffe aus Kunstharzpreßstoff mit Gewinde zweckmäßig mit eingepreßter Buchse aus Flußstahl (Automatenstahl). Griffe aus Kunstharzpreßstoff ohne

Flußstahlbuchse nicht als Spannmutter, sondern nur in fester Verbindung mit Spannschraube verwenden. Holzgriffe aus Weißbuche, Rotbuche oder ähnlichem Holz.

Grundkörper. *Gegossene* Grundkörper, z. B. aus GG-20, sind zu verwenden, wenn durch deren Form oder wegen Anfertigung mehrerer gleicher Vorrichtungen die Fertigung aus Flußstahl unwirtschaftlicher wäre. Lieferzeit für Modell und Abguß sind zu beachten. Gegossene Grundkörper vorzugsweise aus Gußeisen, in Sonderfällen aus Temperguß, Stahlguß oder Leichtmetall. Gußeisen ist außerdem für solche Grundkörper zu verwenden, von denen eine größtmögliche Spannungsfreiheit gefordert wird oder wenn für bewegte Teile günstige Gleitverhältnisse vorliegen müssen. Gußeisen ferner für Grundkörper, an denen die Federung des Gußeisens, z. B. für Klemmspannungen, verwendet wird, sowie für Grundkörper für Bohrvorrichtungen mit Füßen.

Grundkörper aus Flußstahl können aus dem Vollen gefertigt, aus einzelnen Teilen zusammengeschraubt oder zusammengeschweißt werden.

Geschweißte Vorrichtungskörper haben gegenüber gegossenen vor allem den Vorteil des geringeren Gewichtes, des Wegfalles eines Modells und der kürzeren Fertigungsdauer. Durch geschweißte Körper kann gegenüber gegossenen bis zu etwa 40% an Werkstoff gespart werden. Stahl ist um so besser schweißbar, je geringer der Anteil an Beimengungen ist. Dieser Anteil soll nicht mehr betragen als 0,4% Kohlenstoff, 1% Mangan, 0,5% Silizium, 0,1% Phosphor, 0,1% Schwefel. Danach sind gut schweißbar

Baustähle St 34/St 37/St 42,
Flußstahlbleche und Flußstahlrohre bis etwa 50 kp/mm² Zugfestigkeit,
Einsatzstähle C10 und C15,
Vergütungsstähle C22 und C35.

Teile aus Werkstoffen mit höherem Gehalt an Beimengungen, z. B. mit höherem C-Gehalt, können ebenfalls angeschweißt werden, doch sind hierfür besondere Schweißstäbe und größere Schweißerfahrung nötig. An anzuschweißenden Teilen, die gehärtet sind, ist die Schweißstelle in so großem Abstand von der hart zu bleibenden Stelle anzuordnen, daß diese beim Schweißen nicht an Härte verliert. An geschweißten Baustählen bis etwa 50 kp/mm² Zugfestigkeit hat die Schweißnaht eine Zugfestigkeit von 75 bis 100%, eine Dehnung von 20 bis 50% und eine Härte von 100 bis 130% des Grundwerkstoffes. Eine Übersicht über Schweißverbindungen geben DIN 1911 und 1912. Für den Vorrichtungsbau kommt in der Hauptsache das Schweißen mit elektrischem Lichtbogen in Betracht. Dabei werden vorzugsweise Winkelstoß, T-Stoß und überlappter Stoß verwendet, die durch Kehlnaht verbunden werden. Anzuschweißende Dorne und Buchsen sind für leichtere Beanspruchungen stumpf aufzulegen, für stärkere Querbeanspruchungen in Bohrungen aufzunehmen. Teile aus Blech werden weitgehend durch Brennschneiden ausgetrennt. Die beim Schweißen unvermeidbaren Schrumpfspannungen nehmen mit Länge und Anhäufung der Schweißnaht zu. Deshalb sind möglichst unterbrochene anstatt durchlaufende Schweißnähte vorzusehen, und außerdem ist möglichst zu vermeiden, daß drei Schweißnähte aufeinandertreffen. Wenn z. B. winkelig zueinanderstehende Wände durch einen Steg oder eine weitere Wand zu verbinden sind, ist dieses Verbindungsstück nicht bis in die Innenkante der zu verbindenden Wände zu führen, sondern durch Abtrennen einer Ecke von z. B. 40 mm Seitenlänge eine Freisparung zu schaffen. Geschweißte Vorrichtungen für höhere Genauigkeitsansprüche sind nach dem Schweißen zu glühen, wodurch sich die Schrumpfspannungen lösen.

Einsatzstahl ist mit Rücksicht auf die Wärmebehandlung möglichst nur für kleinere Grundkörper zu verwenden. Die Schleifmöglichkeit ist zu beachten.

Für einfachere Grundkörper genügt hierbei Kohlenstoff-Einsatzstahl, für schwierigere Formen legierter Einsatzstahl.

Werkzeugstahl kommt mit Rücksicht auf die Wärmebehandlung und auch mit Rücksicht auf Werkstoffkosten nur in seltenen Ausnahmefällen und nur für kleine Vorrichtungskörper in Betracht. Schleifmöglichkeit ist zu beachten. Kohlenstoff-Werkzeugstahl nur für glatte Formen, ohne scharfe Einstiche und große Querschnittsunterschiede. Legierten Werkzeugstahl für schwierigere Formen und vor allem für solche Grundkörper, in denen wichtige Flächen nicht geschliffen werden können und deshalb nach dem Härten nur eine möglichst geringe Veränderung aufweisen dürfen.

Leichtmetalle, wie Silizium, Aluminium und Elektron, vorzugsweise für Grundkörper, bei denen Wert auf geringes Gewicht gelegt wird, z. B. für umlaufende Vorrichtungen bei hohen Schnittgeschwindigkeiten oder für größere Zusammenbauvorrichtungen, die für die Werkstückbearbeitung durch Körperkraft bewegt werden müssen. Die geringere Festigkeit des Leichtmetalls ist bei Bemessung der gefährlichen Querschnitte zu berücksichtigen. Außerdem sind sämtliche Stellen, von denen die Werkstückgenauigkeit abhängt, durch Stahlteile gegen Abnutzung zu schützen. Durch diesen Schutz können die Kosten für Leichtmetallgrundkörper verhältnismäßig hoch zu liegen kommen. Leichtmetall ist zwar leichter und rascher zerspanbar, jedoch sind die dabei möglichen Kostenersparnisse erheblich geringer als die Mehrkosten für Abnutzungsschutz durch Stahlteile. Für Grundkörper, an die höhere Genauigkeitsansprüche gestellt werden, ist die Veränderung, die durch Alterung eintreten kann, zu berücksichtigen.

Holz, vorwiegend für Grundkörper, von denen keine größeren Kräfte aufzunehmen sind und an die keine Genauigkeitsansprüche gestellt werden. Gewachsenes Holz für Vorrichtungen für den Zusammenbau oder für die Holzbearbeitung. Kunstholz, vorwiegend Hartpreßplatten, vorzugsweise für größere Vorrichtungen.

Hartpapier und *Hartgewebe* für Grundkörper von geringem Gewicht und zum Schutze von Werkstückoberflächen. Stellen, von denen die Genauigkeit einer Vorrichtung abhängt, sind gegebenenfalls mit Stahl zu bestücken.

Epoxydharze für Gießmodelle, Nachformmodelle, Grundkörper für z. B. Bohrvorrichtungen.

Plexiglas für Grundkörper von geringem Gewicht, wenn das Werkstück nach Umrissen auszurichten oder der Arbeitsvorgang zu beobachten ist.

Nitrierstahl für Grundkörper, die ihrer Form wegen nicht schleifbar sind und deshalb beim Härten keiner Veränderung von Form und Abmessung unterworfen sein sollen.

Härtevorrichtungen. Nichtrostender Stahl, Messing oder Bronze. Teile, die keinen besonderen Festigkeitsbeanspruchungen ausgesetzt sind und an die keine höheren Genauigkeitsansprüche gestellt werden, auch aus Porzellan oder Steinzeug.

Handräder. Gußeisen oder Kunstharzpreßstoff ohne oder mit Flußstahlgerippe.

Keilleisten. Flußstahl von etwa 60 kp je mm^2 Zugfestigkeit.

Keilleistenmuttern. Messing oder Bronze, um ein Festrosten an der Keilleistenschraube zu verhindern.

Keilleistenschrauben. Flußstahl.

Klemmbolzen. Flußstahl.

Klemmfutter. Für geringere Stückzahlen Gußeisen. Für größere Stückzahlen Werkzeugstahl, mit Rücksicht auf gute Federung möglichst einen siliziumlegierten Werkzeugstahl.

Klemmleisten. Flußstahl.
Klemmringe. Flußstahl oder Gußeisen.
Kloben. Als Träger von Spannteilen aus Flußstahl.
Kordelmuttern. St 50.
Kordelschrauben. St 50.
Kegelpfannen. St 42, gehärtet.
Kugelknöpfe. Preßstoff, vorzugsweise mit eingepreßter Gewindebuchse aus Flußstahl oder Leichtmetall. Wenn Preßstoff unter den Betriebsverhältnissen zu sehr gefährdet ist, dann Kugelknöpfe aus Gußeisen oder Leichtmetall.
Kugelscheiben. St 42, gehärtet.
Lagerbuchsen. Gußeisen, Bronze, Preßstoff oder gehärteter Stahl.
Laufringe. Werkzeugstahl, gehärtet und geschliffen.
Meßstücke, kleinere aus Werkzeugstahl, gehärtet. Größere aus Einsatzstahl, gehärtet. In Sonderfällen für sehr hohe Genauigkeiten und sehr häufige Inanspruchnahme aus Hartmetall.
Muttern. Automatenstahl von etwa 50 kp/mm^2 Zugfestigkeit. Schlüsselflächen mit Kali abgebrannt oder im Salzbad eingesetzt und gehärtet. Für besonders hohe Beanspruchung legierten Vergütungsstahl, vergütet.
Nachformschablonen unter Formteile.
Nichtrostende Teile. Messing, Bronze, Leichtmetall oder nichtrostendem Stahl.
Nutensteine. Kleinere aus Werkzeugstahl, gehärtet, HRC 60 $\pm$ 2. Größere aus Einsatzstahl, C 15 gehärtet, HV 715 kp/mm^2 $\pm$ 40 kp/mm^2.
Parallelkästen. Gußeisen, z. B. GG-15 oder Flußstahl und geschweißt. Gußeisen ist vorzuziehen, da bei diesem Beschädigungen sich nicht als Aufstauchungen auswirken, durch welche die Auflagegenauigkeit beeinflußt werden kann.
Parallelstücke für Dauergebrauch aus Einsatzstahl C 15 gehärtet. Sonst aus Gußeisen, z. B. GG-25 oder aus Flußstahl von mindestens 60 kp/mm^2 Zugfestigkeit.
Paßfedern. Flußstahl von mindestens 70 kp je mm^2 Zugfestigkeit, möglichst blank gezogen.
Paßstifte. Flußstahl, gezogen von mindestens 60 kp je mm^2 Zugfestigkeit, ungehärtet, oder besser, gehärtet, HRC 60 $\pm$ 2 und geschliffen.
Pinolen, die das Werkstück unmittelbar aufnehmen, aus Einsatzstahl, teilweise gehärtet. Wenn die ganze Führungsfläche gehärtet sein soll, aus Einsatzstahl, eingesetzt, Einsatzschicht an der Stirnfläche der Gewindeseite entfernt und Pinole gehärtet. Hierbei kann das Pinolengewinde nach dem Härten geschnitten werden. Größere Pinolen aus Flußstahl von etwa 70 kp/mm^2 Zugfestigkeit und ungehärtet. Zentrierspitzen, Aufnahmezapfen usw. sind dann in die Pinole einzusetzen. Diese eingesetzten Teile aus Werkzeugstahl, gehärtet, oder Einsatzstahl, gehärtet. Spindelmuttern für Pinolen möglichst aus Bronze.
Riegel. Als Träger eines Spannteiles aus Flußstahl, ungehärtet. Als Spannteil oder als Übertragteil für unmittelbare Spannkraftübertragung ganz oder teilweise gehärtet. Kleine Teile aus Werkzeugstahl, größere Teile aus Einsatzstahl.
Säurebeständige Teile aus säurebeständigem Stahl. Teile, die keinen besonderen Festigkeitsbeanspruchungen ausgesetzt sind und an die außerdem keine Genauigkeitsansprüche gestellt werden, gegebenenfalls aus Porzellan, Steinzeug oder Flußstahl mit Emailleüberzug.
Scheiben (Sonder-Unterlegscheiben) Einsatzstahl C 35, gehärtet, HV 600 kp/mm^2 $\pm$ 50 kp/mm^2.
Scheibenfedern. Flußstahl, gezogen mit mindestens 70 kp/mm^2 Zugfestigkeit.

10 Werkstoffe für den Vorrichtungsbau

Schieber. Als Träger eines Spannteiles aus Flußstahl, ungehärtet. Als Spannteil oder als Übertragteil zum unmittelbaren Übertragen der Spannkraft ganz oder teilweise gehärtet. Kleine Teile aus Werkzeugstahl, größere Teile aus Einsatzstahl.

Schleifdorne (Werkstück-Aufnahmedorne). Bis etwa 16 mm Durchmesser Werkzeugstahl, gehärtet, HRC 60 ± 2, bei größeren Durchmessern Einsatzstahl mit mindestens 80 kp/mm² Kernfestigkeit, gehärtet, HV 720 kp/mm² ± ± 40 kp/mm².

Schlüssel. Glatte, stangenförmige Steckschlüssel, die vorzugsweise auf Biegung beansprucht werden, und kleine Mehrkantsteckschlüssel aus Werkzeugstahl, gehärtet und federhart angelassen. Schraubenschlüssel bis etwa 80 mm Schlüsselweite und Hakenschlüssel bis etwa 80 mm Schlüsselradius aus Einsatzstahl, im Gesenk geschlagen, gehärtet. Größere Schrauben- und Hakenschlüssel aus Temperguß.

Schlüsselflächen an Schrauben, Muttern oder sonstigen Teilen sind zu härten, vor allem die Schlüsselflächen von Spannschrauben und -muttern, aber auch die von Befestigungsschrauben und -muttern, denn bis zur Fertigstellung einer Vorrichtung werden diese in der Regel mehrere Male angezogen und gelöst.

Schnapper. Einsatzstahl, gehärtet.

Setzstockbacken. Im allgemeinen Lagerbronze, für hohe Umlaufgeschwindigkeiten Wälzlager. Im besonderen für niedrige bis mittlere Umlaufgeschwindigkeiten zur Schonung der Lauffläche des Werkstückes Pockholz, Hartgewebe oder Kupfer, für hohe Umlaufgeschwindigkeiten und zugleich hohe Genauigkeiten hartmetallbestückte Backen.

Spannbacken für Spannstöcke. Wenn der je Flächeneinheit auftretende Spanndruck groß ist, Werkzeugstahl. Gegebenenfalls Grundbacke aus Flußstahl, ungehärtet und an den hoch beanspruchten Stellen Teile aus Werkzeugstahl aufgesetzt. Im allgemeinen Einsatzstahl, gehärtet.

Spanneisen. Kleinere und bis mittlere Größen aus Einsatzstahl, eingesetzt und gehärtet. Größere Spanneisen aus Baustahl von mindestens 60 kp/mm² Zugfestigkeit, ungehärtet, mit gehärteten Bolzen an den Druckstellen. Für Werkstücke, deren Oberfläche durch Spannteile aus Stahl unzulässig beschädigt werden würde, ist die Werkstückseite des Spanneisens mit Druckstücken geringerer Festigkeit zu versehen, z. B. aus Weicheisen, Bronze, Messing, Kupfer, Aluminium, Vulkanfiber, Hartpapier, Hartgewebe, Leder.

Spannexzenter. Einsatzstahl, gehärtet.

Spannfutter. Futterkörper für Planscheiben, größere Zweibackenfutter und Dreibackenfutter aus Gußeisen GG-20. Kleinere Zweibackenfutter aus durchgeschmiedetem Flußstahl von etwa 50 kp je mm² Zugfestigkeit.

Spannkeile, an denen nur punkt- oder linienförmige Drücke auftreten, aus Werkzeugstahl, gehärtet. Sonst aus Einsatzstahl, gehärtet.

Spannschrauben. Automatenstahl von mindestens 50 kp je mm² Zugfestigkeit. Schraubenkopf mit Kali abgebrannt oder im Zyanbad eingesetzt, damit Schlüsselflächen nicht beschädigt werden. Für besonders hohe Beanspruchung legierten Vergütungsstahl, vergütet. Bei entsprechendem Stahl im vergüteten Zustand bis etwa 140 kg je mm² Zugfestigkeit erreichbar.

Spannstöcke. Grundkörper für kleinere Spannstöcke in Einzelfertigung aus Flußstahl, aus dem Vollen gearbeitet, ausgebrannt oder geschmiedet. Grundkörper für Spannstöcke, von denen mehrere zu fertigen sind, aus Temper- oder Stahlguß.

Spannzangen. Mangan-Silizium-Stahl, in Sonderfällen die Spannflächen aus Hartmetall.

Spindelflansche mit Gewinde, z. B. für Spindelköpfe nach DIN 800 aus Gußeisen GG-20. Bei Verwendung von schmiedbarem Stahl bestünde die Gefahr, daß in den Gewindegängen zwischen Flansch und Maschinenspindel Kaltverschweißen eintritt.

Spindelflansche mit Kegel, z. B. Spindelflansche nach DIN 812, DIN 55021 und DIN 55022 aus Gußeisen GG-20 oder Baustahl St 50, ungehärtet.

Spreizdorne und **Spreizhülsen.** Werkzeugstahl, siliziumlegiert, gehärtet und federhart angelassen. Größere Dorne gegebenenfalls aus Gußeisen.

Stellmuttern. Automatenstahl, ungehärtet, um Verzug des Gewindes und damit Verzug der zu verstellenden Spindel zu vermeiden. Gegebenenfalls in Verbindung mit gehärteten Laufringen verwenden.

Stiftschrauben. Automatenstahl, Mindestfestigkeit etwa 50 kp/mm² Zugfestigkeit.

Stromisolierende Teile, z. B. aus Vulkanfiber, Hartpapier, Hartgewebe.

Stützteile. Kleine, glatte aus Werkzeugstahl, gehärtet. Größere aus Einsatzstahl, gehärtet.

Stellringe. Flußstahl von etwa 50 kp/mm² Zugfestigkeit, ungehärtet.

Spanndorne, die zur Aufnahme des Werkstückes dienen, aus Einsatzstahl, z. B. C15 gehärtet. Für Gewinde gegebenenfalls nach dem Einsetzen Einsatzschicht entfernen, damit Gewinde nach dem Härten zum Aufnahmeteil laufend geschnitten werden können. Für Gewinde, die geschliffen werden, braucht die Härteschicht nicht entfernt zu werden.

Spannunterlagen. Baustahl mit einer Zugfestigkeit von mindestens 60 kp/mm².

Schutzwände. Flußstahlblech, Drahtgitter, Zellon oder Plexiglas.

Schutzgehäuse. Flußstahlblech, geschweißt. Gegossene Gehäuse, die an anliegende Teile anzupassen sind, möglichst aus Leichtmetall, weil dieses durch Feile leicht bearbeitbar ist.

Taststifte. Mit vorwiegend glatter Form aus Werkzeugstahl, gehärtet; mit größeren Querschnittsunterschieden aus Einsatzstahl, gehärtet.

Teilringe zur Aufnahme von Teilstrichen aus Flußstahl, ungehärtet.

Teilscheiben mit schleifbaren Rasten aus Einsatzstahl, gehärtet. Kleinere Teilscheiben mit Teillöchern, die nicht schleifbar sind, aus legiertem Werkzeugstahl, größere Teilscheiben aus Flußstahl, ungehärtet, mit eingesetzten Buchsen aus Werkzeugstahl, gehärtet.

Treppenböcke. Gußeisen GG-10.

Übertragteile zum Übertragen der Spannkraft, *unter* Druckbutzen, Druckscheiben, Druckstücke, Futterbacken, Klemmbolzen, Kegelpfannen, Kugelscheiben, Spannbacken, Spanneisen, Unterlegscheiben, Vorstecker.

Vorleger und Vorreiber. Als Träger eines Spannteiles aus Flußstahl, ungehärtet. Zur unmittelbaren Aufnahme der Spannkraft ganz oder teilweise gehärtet. Kleine Teile aus Werkzeugstahl, größere Teile aus Einsatzstahl, eingesetzt und gehärtet.

Wärmeisolierende Teile aus Asbest, Isolierbimsstein, Glaswolle, Holzwolle, Kieselgur, Preßspan, Schlackenwolle.

Zentrierspitzen (Körnerspitzen). Werkzeugstahl, gehärtet, HR C 60 ± 2. Für schnellaufende Werkstücke Spitze aus Hartmetall, Grundkörper aus Flußstahl mit mindestens 70 kp je mm² Zugfestigkeit, das maschinenseitige Ende (Ausstoßzapfen) gehärtet.

11 Zeichnungswesen

Der *Kostenanteil* der Vorrichtungszeichnung an den Gesamtkosten einer Vorrichtung ist in der Regel verhältnismäßig hoch, vor allem dadurch, daß nach jeder Zeichnung meist nur eine einzige Vorrichtung gebaut wird. Trotzdem müssen auch Vorrichtungszeichnungen so ausgeführt sein, daß Aufbau und Wirkungsweise der Vorrichtung rasch erkennbar sind, denn nach dem Vorrichtungskonstrukteur muß die Zeichnung gegebenenfalls vom Zeichnungsprüfer, in der Arbeitsvorbereitung, in der Fertigung und beim Prüfen der Vorrichtung gelesen werden. Eine nur flüchtig ausgeführte Zeichnung, die schwer zu lesen ist, die viele Rückfragen erfordert oder zur Ursache von Ausschuß wird, kann in der Endabrechnung sehr viel teurer sein als eine mit ausreichender Sorgfalt ausgeführte Zeichnung.

Vorgehen beim Aufstellen von Vorrichtungszeichnungen. Für das Gestalten von Vorrichtungen sind, soweit erforderlich, erst die Gegebenheiten darzustellen, wie Werkstück, der am Werkstück abzuarbeitende Teil, anliegende Teile des Werkzeuges, des Werkzeugspanners, der Werkzeugmaschine. Danach sind die Bestimm-, Stütz-, Spann-, Führungs- und Verschlußteile und der Grundkörper zu gestalten. Wenn genügend Zeit zur Verfügung steht, werden zweckmäßig sämtliche für dasselbe Werkstück erforderlichen Vorrichtungen zunächst nur entworfen und danach erst mit dem Fertigstellen dieser Zeichnungen begonnen. Denn in manchen Fällen wird bei Gestaltung einer Vorrichtung, die für dasselbe Werkstück bestimmt ist, eine Änderung des Werkstückes oder des Fertigungsplanes als zweckmäßig erkannt und dadurch eine Änderung bereits fertiggestellter Vorrichtungszeichnungen erforderlich.

DIN-*Normen.* Bei Aufstellung von Vorrichtungszeichnungen sind die einschlägigen Zeichnungsnormen nach DIN zu berücksichtigen.

Die nachstehenden Richtlinien sind solche, die in den Zeichnungsnormen nach DIN nicht oder nur zum Teil enthalten sind.

Linien für die Vorrichtungs-Gesamtzeichnung

Werkstück:	Strichpunktlinien, in Rot
Bearbeitungsfläche:	Dicke Vollinien, in Rot
Abzuarbeitende größere Teile:	Kariert, in Rot
Werkzeug, Werkzeugspanner, Maschine:	Dünne Vollinien
Vorrichtung:	Dicke Vollinien

Maßzahlen, Maßpfeile, Beschriftung, Stückliste und *Unterschriften* in Tusche. Darauf achten, daß die von der Stammzeichnung gefertigte

Lichtpause gut lesbar ist. Hierbei berücksichtigen, daß die Lesbarkeit der Pause beim Gebrauch in der Werkstätte durch Falten, Abnutzung und Beschmutzung beeinträchtigt wird.

Maßstäbe. Weitestgehend ist im Maßstab 1 : 1 darzustellen.

Anordnung in der Gesamtzeichnung. Die Wirkungsweise der dargestellten Vorrichtung muß aus der Gesamtzeichnung vollständig erkennbar sein. In der Gesamtzeichnung sind Vorrichtungen vorzugsweise von der Bedienungsseite aus gesehen darzustellen. Durch einheitliche Darstellung z. B. von Fräsvorrichtungen, wird die Gefahr, daß zu gestaltende Fräser eine unrichtige Schnittrichtung erhalten, erheblich vermindert.

Werkstück und anliegende Fertigungsmittel. Der am Werkstück abzuarbeitende Teil ist darzustellen. Dadurch ist ohne Rückfrage erkennbar, welche Flächen an dem Werkstück zu bearbeiten sind. Außerdem wird dabei eindringlich deutlich, ob an dem Werkstück viel oder wenig Werkstoff zu zerspanen ist, was wiederum zwangsläufig zu einer Beachtung der auftretenden Kräfte führt.

Werden in einer Vorrichtung für einen Arbeitsgang *mehrere Werkzeuge* benötigt, sind diese anzudeuten.

Dient eine Vorrichtung für *mehrere Arbeitsgänge* desselben Werkstückes, ist das Werkstück in diesen verschiedenen Arbeitsgängen anzudeuten.

Dient eine Vorrichtung für mehrere *verschiedene Werkstücke*, sind diese ebenfalls darzustellen.

Wie weit mit der Darstellung, insbesondere der der Vorrichtung anliegenden *Fertigungsmittel* zu gehen ist, ist von Fall zu Fall zu entscheiden. Doch soll dabei nicht zu sparsam verfahren werden. Erfahrungsgemäß werden viele Fehler durch unzureichende Beachtung der die Vorrichtung umgebenden Teile gemacht.

Normteile und Gemeinvorrichtungen. Genormte sowie handelsübliche Teile und Vorrichtungen sind wie folgt darzustellen:

Bei Verwendung *ohne Änderung*. In der Gesamtzeichnung andeuten, in der Teilzeichnung nicht.

Bei *erforderlicher Änderung*. In der Gesamtzeichnung andeuten, in der Teilzeichnung darstellen und bemaßen.

Bei *zusätzlichem Anbau* eines Sonderteiles an das Normteil. In der Gesamtzeichnung beide darstellen, in der Teilzeichnung nur das Sonderteil darstellen und bemaßen.

Falls das genormte oder handelsübliche Teil *einzeln gefertigt* werden muß, ist dieses in der Gesamt- und in der Teilzeichnung darzustellen und in der Teilzeichnung vollständig zu bemaßen.

Hilfsmittel für die Fertigung von Vorrichtungen. Hilfsmittel, wie Hilfsaufnahmen oder Hilfslehren, die für die Fertigung einer Vorrichtung angeschafft werden müssen, sind in der Vorrichtungszeichnung darzustellen und zu bemaßen. Außerdem ist auf ihren Verwendungszweck hinzuweisen, wie „gehört zur Fertigung von Teil...".

Von den *Darstellungsvereinfachungen* durch Sinnbilder nach DIN 27/29/30/37 und 74 ist weitgehend Gebrauch zu machen.

Nicht darzustellen sind außerdem Durchdringungslinien an Zylindern, oder in Gesamtzeichnungen Senkungen und Durchgangslöcher für Schrauben (Bild 1319 u. 1320).

Als *Kernlinien von Bolzengewinden* (und in Schnittzeichnungen auch von Muttergewinden) sind nach DIN 27 seit 1967 nicht mehr wie bisher Strichlinien (Bild 1321) sondern dünne Vollinien (Bild 1322) zu zeichnen.

Zu DIN 30 bzw. DIN 407 liegen Vorschläge zu *weiteren Darstellungsvereinfachungen* vor, nach denen mit Querstrich oder Kreuz durch den

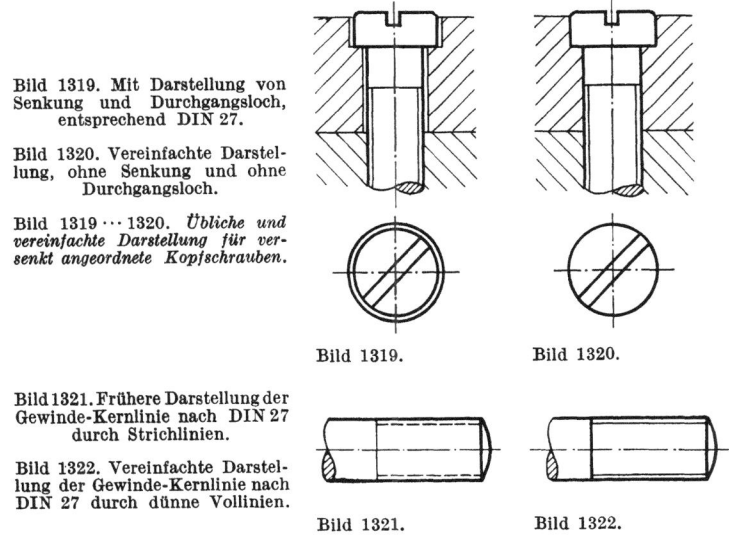

Bild 1319. Mit Darstellung von Senkung und Durchgangsloch, entsprechend DIN 27.

Bild 1320. Vereinfachte Darstellung, ohne Senkung und ohne Durchgangsloch.

Bild 1319···1320. *Übliche und vereinfachte Darstellung für versenkt angeordnete Kopfschrauben.*

Bild 1319.   Bild 1320.

Bild 1321. Frühere Darstellung der Gewinde-Kernlinie nach DIN 27 durch Strichlinien.

Bild 1322. Vereinfachte Darstellung der Gewinde-Kernlinie nach DIN 27 durch dünne Vollinien.

Bild 1321.   Bild 1322.

Bild 1321 u. 1322. *Darstellung von Kernlinien für Bolzengewinde.*

Schnittpunkt von Körperlinie und Mittellinie gekennzeichnet wird: Art des Verbindungsteiles bzw. der Verbindungsteile, Einbringeseite für diese Verbindungsteile und Art der zugehörigen Bohrungen.

Schrauben-Druckfedern mit flachen Enden können durch Angabe von Drahtdurchmesser, Außendurchmesser, Steigung und ungespannter Länge auch ohne bildliche Darstellung ausreichend gekennzeichnet werden.

Normteile, die häufig vorkommen, wie Aufnahmekegel, Griffe, Handräder, auch Pneumatikteile usw., werden zweckmäßig nach *Unterlegzeichnungen* oder *Umrißschablonen* gezeichnet.

Zeit an *Zeichnungsbeschriftung* kann eingespart werden durch Verwendung von Stempeln.

Schnitte erfordern zwar die Arbeit des Schraffierens, doch wird durch sie das Zeichenbild ungleich plastischer und damit leichter erkennbar. Durch parallele Ebenen geführte Schnitte sind möglichst in derselben Richtung gesehen darzustellen. Dadurch ist die Zeichnung leichter lesbar und werden Seitenrichtungsfehler leichter vermieden.

Nach DIN 36 sind Schnitte durch Buchstaben $A-B$, $C-D$ usw. zu bezeichnen. Einfacher wäre, die Schnittstellen mit $A-A$, $B-B$ zu bezeichnen und die Schnitte „Schnitt A" bzw. „Schnitt B" zu benennen.

Teilzeichnungen sind im allgemeinen von sämtlichen nichtgenormten Einzelteilen zu fertigen. Soweit die Lesbarkeit von Gesamtzeichnungen nicht unzulässig beeinträchtigt wird, können Einzelteile in der Gesamtzeichnung bemaßt werden. Rohteilzeichnungen sind im allgemeinen nicht zu fertigen.

Vorhandene Teile, an denen eine Nacharbeit auszuführen ist, sind in ihrer Hauptform durch dünne Vollinie, an den nachzuarbeitenden Stellen durch dicke Vollinien dazustellen.

Einzelteile sind in der Gebrauchslage darzustellen, ausgenommen Drehteile, die zweckmäßig in der Hauptfertigungslage gezeichnet werden.

Maßlinien, die dem Darstellungsgegenstand zunächst liegen, in etwa 15 mm Abstand anordnen. Durch kleineren Abstand wird das Zeichnungsbild beeinträchtigt.

Bezugslinien für Teilnummern von Einzelteilen sind waagerecht oder senkrecht anzuordnen. Das Zeichenbild sieht dabei ungleich ruhiger aus als mit schrägen Bezugslinien. Eine Verwechslung der waage- oder senkrechten Bezugslinien mit Maßlinien ist erfahrungsgemäß nicht zu befürchten.

Schweißteilzeichnungen. Geschweißte Körper sind so darzustellen, daß die einzelnen Schweißteile erkennbar sind. Deshalb sind die Kanten der Schweißteile in Ansicht und Schnitt in dicken Vollinien zu zeichnen und aneinanderstoßende Teile in verschiedenen Richtungen zu schraffieren. In welchem Umfange von der nur sinnbildlichen Darstellung von Schweißraupen Gebrauch gemacht wird, hängt von der Schulung der zur Verfügung stehenden Schweißer ab. Von der Darstellung der einzelnen Schweißteile im Zustande vor dem Schweißen ist möglichst Abstand zu nehmen. Flächen, die vor dem Schweißen zu bearbeiten sind, sind in Verbindung mit den Oberflächenzeichen durch die Wortangabe „vor dem Schweißen" zu kennzeichnen.

Maßangaben. In die Gesamtzeichnung sind die für das *Prüfen* der Vorrichtungen erforderlichen Maße einzutragen, wie
  Aufnahme- und Spannmaße für das Werkstück,
  Maße für das Einstellen und Führen des Werkzeuges,
  Anschlußnahme zur Werkzeugmaschine.

Für Fertigungszwecke sind *Bohrbuchsenabstände* nicht als Kettenmaße anzugeben, sondern auf eine gemeinsame Linie oder Fläche zu beziehen. Bei Angabe als Kettenmaße würden sich die Toleranzen der einzelnen Kettenglieder summieren. Außerdem entspricht die Angabe durch Koordinaten den Erfordernissen der Lehrenbohrmaschine. Für Prüfzwecke kann jedoch die Angabe von direkten Bohrungsabständen zusätzlich erforderlich sein.

Bei Lochbildern mit größerer Anzahl von Löchern werden die Maße zweckmäßig nicht in Maßlinien eingetragen (Bild 1323), sondern die Löcher benummert und die Maße in einer Tabelle aufgeführt (Bild 1324).

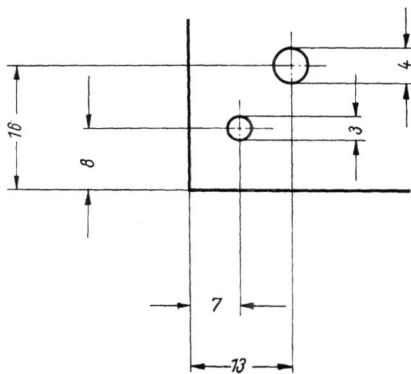

Bild 1323. Lochbild vollständig bemaßt.

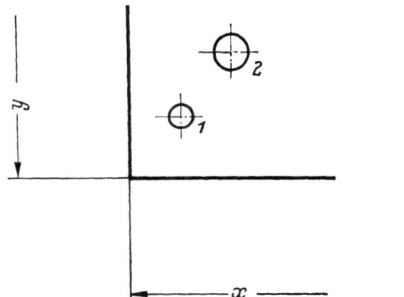

Loch-Nr.	Loch-∅	x	y
1	3	7	8
2	4	13	16

Bild 1324. Löcher benummert, sämtliche Maße in der Tabelle. Dadurch Ersparnis an Zeichenarbeit und übersichtlicheres Zeichenbild.

Bild 1323 u. 1324. *Maßangaben für Lochbilder.*

Bei *Anpassungszugaben* sind zu bemaßen: das errechnete oder angenommene Fertigmaß, die Zugabe für das Anpassen und das für die Werkstoffbestellung benötigte Gesamtmaß (Bild 1325).

Längenmaße über Rundungen sind auf vorhandene oder verlängert gedachte Schnittlinien zu beziehen (Bild 1326). Dadurch ist in allen

396   11 Zeichnungswesen

Fällen eine eindeutige Angabe gewährleistet, unabhängig von der Klarheit der Darstellung.

Rundungen und abgeschrägte Kanten unter 3 mm, die keine wichtigere Aufgabe haben, sind nicht zu bemaßen.

Bei Festlegung der Maße ist weitestgehend auf lagermäßige *Halbzeugabmessungen* Rücksicht zu nehmen. Wenn z. B. Rundwerkstoff mit

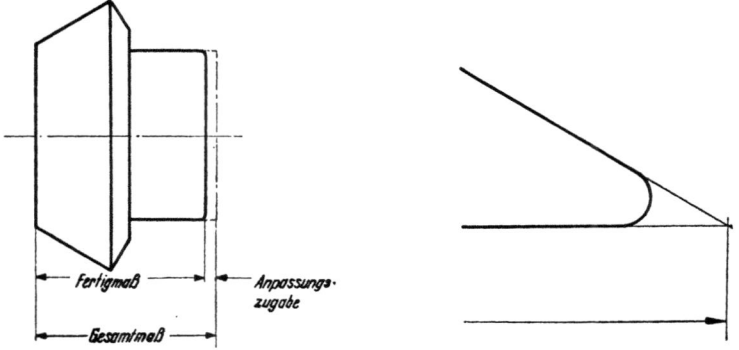

Bild 1325. Maßangaben für ein Teil mit Anpassungszugabe. Bild 1326. Maßangabe für den Schnittpunkt von Winkelflächen.

120 mm Durchmesser vorhanden ist, dann ist möglichst nicht der Durchmesser 120, sondern 117 mm zu wählen. Ebenso ist möglichst nicht z. B. 150 × 130 mm, sondern 146 × 126 mm einzusetzen. Hierdurch kann an Werkstoff und Zerspanungsarbeit, außerdem können Rückfragen aus dem Werkstofflager gespart werden.

Toleranzen und Passungen. In allen Fällen sind *größtzulässige Toleranzen* zu wählen. Andernfalls werden unnötige Fertigungskosten verursacht. Toleranzen sind auch dann nicht kleiner als erforderlich vorzuschreiben, wenn durch das für die Fertigung in Betracht kommende Verfahren die Einhaltung engerer Toleranzen keine besonderen Schwierigkeiten machen würde. Durch irgendwelche Ursachen kann aber die bei diesen Arbeitsverfahren übliche Fertigungstoleranz überschritten und danach der betreffende Teil als Ausschuß gewertet werden, während die für die Funktion zulässige Toleranz vielleicht noch nicht annähernd erreicht ist.

In der Vorrichtungszeichnung sind für folgende Maße *Toleranzangaben* erforderlich:

Maße zum Bestimmen der Lage des Werkstückes,
Maße zum Einstellen und Führen des Werkzeuges,
Anschlußmaße zur Werkzeugmaschine,
Bezugsmaße für Meßzeuge,
Anschlußmaße für Normteile,

Anschlußmaße für Vorrichtungsteile, die ausgetauscht werden,
Maße für Hilfspassungen, die für die Fertigung der Vorrichtung benötigt werden.

Für feste oder bewegliche Verbindung von Vorrichtungsteilen untereinander können Toleranz- und Passungsangaben durch textliche Hinweise ersetzt werden.

Für Maße ohne Toleranzangabe sind die zulässigen Abweichungen in DIN 7168 festgelegt.

Längenmaße sind ebenfalls nach Innen- oder Außenmaßen zu unterscheiden und dementsprechend zu tolerieren.

Im Vorrichtungsbau wird vorzugsweise nach dem System der *Einheitsbohrung* gearbeitet. Bei Verwendung von blankgezogenem Werkstoff ist außerdem nach dem System der Einheitswelle zu tolerieren, falls nicht von der Möglichkeit eines textlichen Passungshinweises Gebrauch gemacht wird.

Bei Tolerierung von *Winkelmaßen* wird zweckmäßig ermittelt, welchem Längenmaß die Winkeltoleranz gleichkommt, um eine Vorstellung von der Größe der angegebenen Winkeltoleranz zu erhalten.

Bei *Toleranzangaben für Halbmesser* ist die Auswirkung dieser Toleranzen zu beachten (Bild 1327 ··· 1330).

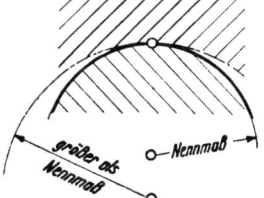

Bild 1327. Der Rundungshalbmesser des Werkstückes ist größer als der des Aufnahmeteiles. Das Werkstück liegt in nur einer Linie auf.

Bild 1327 u. 1328. *Werkstücke mit konkaver Rundung.*

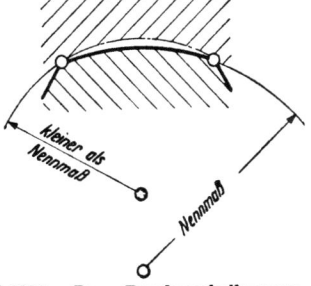

Bild 1328. Der Rundungshalbmesser des Werkstückes ist kleiner als der des Aufnahmeteiles. Das Werkstück liegt in zwei Linien auf.

Bild 1329 u. 1330. *Werkstücke mit konvexer Rundung.*

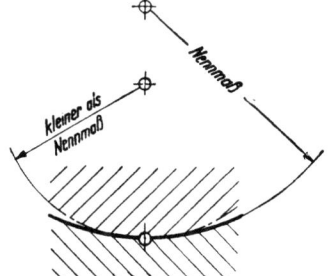

Bild 1329. Der Rundungshalbmesser des Werkstückes ist kleiner als der des Aufnahmeteiles. Das Werkstück liegt in nur einer Linie auf.

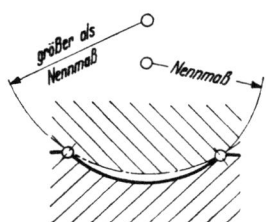

Bild 1330. Der Rundungshalbmesser des Werkstückes ist größer als der des Aufnahmeteiles. Das Werkstück liegt in zwei Linien auf.

Bild 1327 ··· 1330. *Auswirkung von Toleranzen für Rundungen.*

Toleranzen für den Abstand zweier Flächen sind nur in der Gesamtzeichnung anzugeben (Bild 1331 u. 1332). Die betreffenden Maße der zugehörigen Einzelteile sind nicht zu tolerieren.

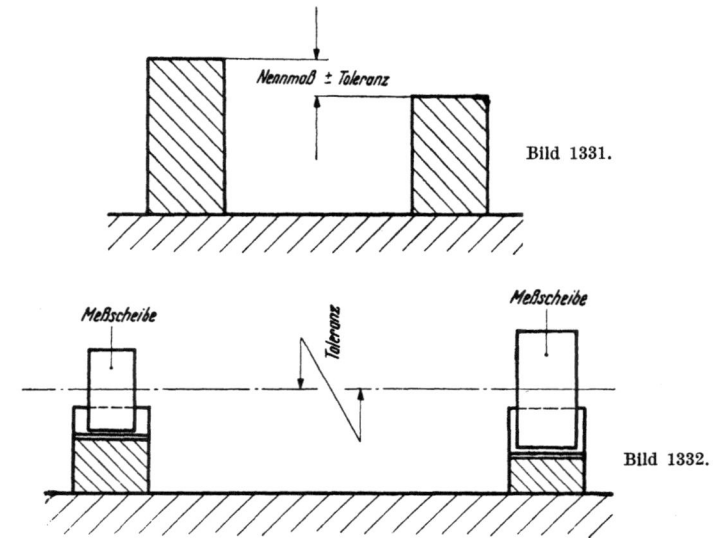

Bild 1331 u. 1332. Angabe von Toleranzen für den Abstand von Flächen.

Formtoleranzen sind zweckmäßig durch eine Bemerkung anzugeben, wie ,,Form +0,2". Aufnahmeteile mit unregelmäßiger Form sind möglichst nach vorhandenen Lehren zu fertigen, unter Angabe z. B. der Bemerkung ,,mit +0,05 übereinstimmend mit Lehre …". Für Nachformschablonen mit unregelmäßiger Form kann die Form der Schablone untoleriert bleiben. Wichtig ist, daß das nachgeformte Werkstück mit der zugehörigen Lehre übereinstimmt.

Für den maschinenseitigen Anschluß ist zu berücksichtigen, ob *Hilfsvorrichtungen* und *Hilfslehren* vorhanden oder zu beschaffen sind.

Oberflächenzeichen. Für einen dargestellten Teil allgemeingültige Oberflächenzeichen im Bildfeld unten rechts anordnen.

Fertigungshinweise:

,,aus M 16 × 80 DIN … gefertigt", z. B. für Normteile, an denen Nacharbeiten vorzunehmen sind;

,,nach dem Schleifen entfernt", z. B. für Hilfsstege, -zapfen, -körner;

,,vorgearbeitet, bei Zusammenbau nach Musterstück fertiggestellt", z. B. für Nachformschablonen;

,,in Bohrvorrichtung … gebohrt", z. B. für Schraubenlöcher in Spindelflansche;

,,bei Zusammenbau angepaßt", z. B. für Zwischenbuchsen, für die in der Teilzeichnung Anpassungszugabe vorgesehen ist;

„Form nach Musterstück", z. B. für Guß- und Gesenkschmiedeteile mit unregelmäßiger Form;

„nach Teil... gebohrt", z. B. für Paßstiftlöcher, die nach einem anderen Teil zu bohren sind. Hierbei ist die Stellung der Bohrungen nur in dem zuerst zu fertigenden Teil zu bemaßen;

„mit Teil... zusammen gefertigt", z. B. für Paßstiftlöcher, die in zwei oder mehrere hintereinanderliegende Teile zu fertigen sind, oder für Teile, die in zusammenhängendem Zustand bearbeitet werden, wie geteilte Lager. Die Bemerkung „mit Teil... zusammen gefertigt" ist bei jedem der gemeinsam zu fertigenden Teile anzugeben. Andernfalls besteht die Gefahr, daß einer der beiden gemeinsam zu fertigenden Teile getrennt von dem zweiten Teil fertiggestellt und dadurch vielleicht Ausschuß wird;

„mit Teil gleicher Nummer zusammen gefertigt" für gleiche Teile, die gemeinsam zu fertigen sind, z. B. Segmente, die aus einem Ring gefertigt werden. Hierbei ist ein Teil mit dicken Vollinien und sind die übrigen Teile mit dünnen Vollinien darzustellen;

„auf Teil... mit Gleitsitz passend" oder

„in Teil... fest eingepaßt", anstatt der Angabe von Passungskurzzeichen, insbesondere bei der Verwendung von gezogenem Werkstoff oder von Anschlußteilen, deren Abmaße nicht bekannt sind;

„bei Zusammenbau gefertigt", z. B. für ein Teil, dessen Länge erst bei Zusammenbau fertigzustellen ist;

„übereinstimmend mit Vorrichtung gleicher Nummer", z. B. für Aufnahmeflächen, deren Lage mit der Lage der entsprechenden Flächen einer anderen, dem gleichen Zweck dienenden Vorrichtung übereinstimmen muß.

In Sonderfällen ist für Einzelteile oder für den Zusammenbau eine schriftliche oder bildliche Fertigungsfolge anzugeben.

Für *Wärmebehandlungen* können folgende Angaben erforderlich sein:

„gehärtet"
„gehärtet und angelassen"
„gehärtet und teilweise angelassen"
„gehärtet und federhart angelassen"
„gehärtet und teilweise federhart angelassen"
„teilweise gehärtet"
„teilweise gehärtet und angelassen"
„teilweise gehärtet und federhart angelassen"
„eingesetzt und gehärtet"
„eingesetzt und teilweise gehärtet"
„eingesetzt, Einsatz teilweise entfernt und gehärtet"
„im Salzbad eingesetzt und gehärtet"

„im Salzbad teilweise eingesetzt und gehärtet"
„mit Kali abgebrannt"
„teilweise mit Kali abgebrannt"
„vergütet"
„teilweise vergütet"
„vergütet auf ... kp"
„teilweise vergütet auf ... kp"
„geglüht"
„teilweise geglüht"

Teilweise Wärmebehandlung ist im Bildfeld am Darstellungsgegenstand zu kennzeichnen (Bild 1333 u. 1334).

In Sonderfällen ist die Einsatztiefe oder eine Härtezahl, z. B. nach VICKERS oder Rockwell, anzugeben.

Einsatzschichten, die nach dem Härten entfernt werden müssen, sind wie in Bild 1335 ⋯ 1337 zu kennzeichnen.

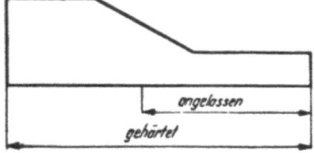

Bild 1333. Angaben für ein Teil, das einer vollständigen und zusätzlich einer teilweisen Wärmebehandlung unterworfen wird.

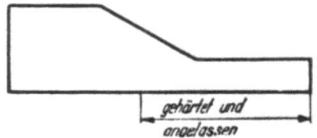

Bild 1334. Angaben für ein Teil, das einer teilweisen Wärmebehandlung unterworfen wird.

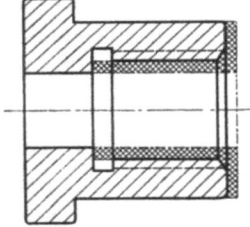

Bild 1335. Angaben für ein Teil, das eingesetzt und gehärtet wird, an dem aber Flächen nach dem Härten bearbeitbar sein müssen.

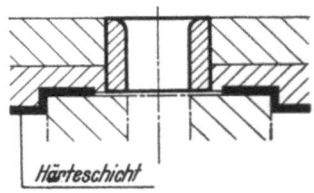

Bild 1336. Die Bohrbuchse sitzt in zwei hintereinanderliegenden Teilen, von denen der eine teilweise ungehärtet ist.

Bild 1337. Zementierte Schicht des nach Bild 1336 teilweise ungehärteten Teiles, die vor dem Härten entfernt wird. Hierdurch kann der teilweise ungehärtete Teil nach dem Härten gebohrt werden.

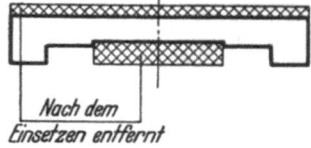

Beschriftungsangaben für die Vorrichtung. Für die Beschriftung von Fertigungsmitteln bestehen noch keine einheitlichen Richtlinien. Üblich sind folgende Beschriftungen:

Nummer der Vorrichtungszeichnung, Zwischenraum, Nummer der Werkstückzeichnung, z. B. A 1—3587 V A 3—12673,

Nummer der Vorrichtungszeichnung, „zu", Nummer der Werkstückzeichnung, z. B. A 1—3587 V zu A 3—12673,

Nummer der Vorrichtungszeichnung ist aus der Nummer der Werkstückzeichnung gebildet. Dabei ist die Formatgröße der Werkstückzeichnung durch die Formatgröße der Vorrichtungszeichnung ersetzt und Kennbuchstabe sowie laufende Nummer der Vorrichtung angefügt, z. B. Nummer der Werkstückzeichnung A 3—12673, Nummer der Vorrichtungszeichnung A 1 12673—V 635.

Beschriftungsangaben sind in der Gesamtzeichnung zu machen. Die Beschriftungsstelle ist im dargestellten Gegenstand durch ein schrägliegendes Kreuz zu kennzeichnen. Dieses Kreuz ist vor der Beschriftungsangabe zu wiederholen. Wenn die Vorrichtung aus mehreren losen Teilen besteht, ist jeder dieser Teile zu beschriften.

Gegebenenfalls ist die Vorrichtung mit der *Griffolge des Bedienens* zu beschriften.

Stückliste. Die Einzelteile sind in gezeichnete Teile, handelsübliche und genormte Teile zu gruppieren. Zwischen den beiden Gruppen sind je drei Zeilen für gegebenenfalls erforderliche Nachtragungen freizuhalten. Diese offen gehaltenen Zeilen sind mit den besetzten Zeilen fortlaufend zu numerieren. Handelsübliche und genormte Teile sind, nach Gruppen gleicher Art geordnet, einzutragen, beginnend mit den kleinsten Abmessungen. Von geschweißten Teilen sind die einzelnen Schweißteile aufzuführen.

Die Stückzahl ist in jedem Fall nur für *eine* Vorrichtung anzugeben.

Genormte Werkstoffe sind nach dem Bezeichnungsbeispiel des betreffenden Normblattes zu bezeichnen, alle übrigen Werkstoffe nach der jeweiligen Werksnorm oder wörtlich mit der zugehörigen Sammelbezeichnung, z. B. „Werkzeugstahl". Bei Teilen, die gezeichnet und aus Normteilen gefertigt werden, ist das Normteil in der Spalte für Rohteile anzugeben. Normteile, die gezeichnet und vollständig gefertigt werden müssen, sind nicht wie ein Normteil, sondern wie ein Sonderteil zu behandeln.

Die Modellnummern für Gußstücke sind in der Spalte für Rohmaße einzutragen.

Bis zu etwa 10 Teilen wird die Stückliste zweckmäßig von Hand ausgeschrieben, bei mehr Teilen mittels Maschine. Maschinenschrift auf getrennte Stückliste oder auf einen Film, der auf die Gesamtzeichnung geklebt wird.

Änderungen. Zeichnungsänderungen sind so vorzunehmen, daß die bisherige Angabe lesbar und die bisherige Darstellung erkennbar bleibt.

Jede Ergänzung ist als Änderung zu behandeln.

Einzelne ungültige Körper- und Maßlinien sind durch schräge, kurze Striche durchzustreichen. Ungültige Darstellungen sind im ganzen durchzustreichen und die neuen danebenzusetzen. Gegebenenfalls ist jede Änderung durch einen Buchstaben zu kennzeichnen. Hierzu sind die kleinen Buchstaben zu verwenden. Innerhalb jeder Zeichnung ist mit „a" zu beginnen. Der Änderungsbuchstabe ist in einen Kreis an die Änderungsstelle zu setzen und mit dieser durch einen Bezugsstrich zu verbinden, wenn dadurch die Zugehörigkeit deutlicher wird.

Transparentpausen. Transparentpausen sind weitestgehend zu verwenden, wenn eine zweite Zeichnung von einer vorhandenen Zeichnung nur innerhalb gewisser Grenzen bildlich oder maßlich verschieden ist. Dann ist von der ersten Zeichnung eine Transparentpause zu fertigen und diese in die zweite Zeichnung umzuändern. Wenn zwei oder mehrere Vorrichtungen nach dem Zusammenbau verschieden, Einzelteile jedoch gleich sind, sind diese gleichen Teile möglichst auf demselben Zeichenblatt zusammenzufassen. Die danach gefertigten Transparentpausen brauchen dann nur noch mit der Nummer jener Zeichnung versehen zu werden, der sie zugeordnet sind.

12 Verzeichnis von DIN-Normen und Maßtafeln

Bei der Beschaffung wie bei der Gestaltung von Vorrichtungen sind weitestgehend Normen zu berücksichtigen.

Das alljährlich erscheinende DIN-NORMBLATT-VERZEICHNIS gibt einen vollständigen Überblick über jeweils bestehende und im Entwurf befindliche DIN-Normen.

In den DIN-Taschenbüchern sind einzelne Stoffgebiete zusammengestellt. Von den bisher erschienenen DIN-Taschenbüchern kommen für die Vorrichtungsgestaltung in der Hauptsache folgende in Betracht:

Band 1   Grundnormen für die mechanische Technik,
Band 2   Zeichnungsnormen,
Band 4A Werkstoffnormen. Stahl und Eisen,
Band 4B Werkstoffnormen. Nichteisenmetalle,
Band 6   Werkzeugnormen. Maschinenwerkzeuge,
Band 8   Schweißtechnische Normen,
Band 10 Schrauben, Muttern und Zubehör,
Band 14 Spannzeuge.

Maßgebend für DIN-Nonmen ist die jeweils letzte Ausgabe. Das entsprechende Ausgabedatum ist dem alljährlich erscheinenden DIN-NORMBLATT-VERZEICHNIS entnehmbar.

Das nachstehende Verzeichnis enthält eine Auswahl von DIN-Normen vollständiger Vorrichtungen und solcher DIN-Normen, die bei der Gestaltung von Vorrichtungen vorzugsweise benötigt werden.

12 Verzeichnis von DIN-Normen und Maßtafeln

12.1 Technische Grundnormen, allgemeine

Bearbeitungszugaben für Senken und Reiben	Tafel 17, S. 262
Bohrer- und Senkerdurchmesser für Gewindekernlöcher	DIN 336
Bohrungen, Nuten und Mitnehmer für Werkzeuge	DIN 138
Drehmomente beim Bohren	Tafel 16, S. 260
Durchgangslöcher für Schrauben	DIN 69
Einführrillen	DIN 6368
Freistiche	DIN 509
Kegel; Begriffe und Vorzugswerte	DIN 254
Mehrstückspannen, Übersicht	Tafel 10, S. 142
Normmaße	DIN 3
Normzahlen; Hauptwerte, Genauwerte, Rundwerte	DIN 323
Plan für die Gestaltung von Vorrichtungen	Tafel 1, S. 5
Rändel- und Kordelteilungen	DIN 82
Rundungen	DIN 250
Schlüsselweiten für Schrauben, Armaturen, Fittings	DIN 475/1
Schmelzschweißen, Verbindungsschweißen	DIN 1912
Schrauben, Muttern; technische Lieferbedingungen	DIN 267
Senkdurchmesser für zylindrische Senkungen	DIN 974
Senkungen für Senk- und Zylinderschrauben	DIN 75
— für Senk-, Zylinder- und Sechskantschrauben	DIN 74
Steilkegel 3,5 : 12	DIN 729
Übergang vom Kegelschaft zum schneidenden Teil des Werkzeuges	DIN 232
Vierkante und Vierkantlöcher für Spindeln, Handräder	DIN 79/1
Vorschubkräfte beim Bohren	Tafel 15, S. 259
Werkzeugkegel, MK und Metrischer Kegel; Kegelschäfte	DIN 228/1
—, — — —; Kegelhülsen	DIN 228/2
Werkzeugschäfte mit Steilkegel für Gewindeanzug	DIN 2080
Werkzeugvierkante; Abmessungen, Grenzmaße, Lehrenmaße	DIN 10
—; —, —, nach ISO	DIN 7450
Zentrierbohrungen 60°	DIN 332/1

12.2 Passungen, Toleranzen

Auslese-Paarung	DIN 7185
Bildung von Toleranzfeldern aus den ISO-Grundabmaßen	DIN 7152
ISO-Abmaße für Außenmaße (Wellen)	DIN 7160
— für Innenmaße (Bohrungen)	DIN 7161
ISO-Grundtoleranzen für Längenmaße	DIN 7151
ISO-Passungen für Einheitsbohrung; Toleranzfelder	DIN 7154
— für Einheitswelle; Toleranzfelder	DIN 7155
ISO-Toleranzen und -Passungen	DIN 7150
Passungsauswahl; Toleranzfelder, Abmaße, Paßtoleranzen	DIN 7157
Passungen für Bohrbuchsen	Tafel 20, S. 296
Zulässige Abweichungen für Maße ohne Toleranzangabe	DIN 7168

12.3 Gewinde

Gewinde, abgekürzte Bezeichnungen	DIN 202
Gewindeauslauf, Gewinderillen, Metrisches Gewinde	DIN 76
Gewindeenden, Schraubenüberstände, Metrisches Gewinde	DIN 78

Metrisches Feingewinde mit Steigung h 1,5 mm . . . . DIN 516
Metrisches Gewinde von 0,3 ··· 68 mm . . . . DIN 13
Spannzangengewinde für Zug-Spannzangen . . . . DIN 6341/2
Trapezgewinde, eingängig . . . . DIN 103
Whitworth-Rohrgewinde . . . . DIN 259

12.4 Schrauben

Anschweißenden, ohne Mutter/mit Sechskantmutter . . . . . DIN 525
Augenschrauben . . . . DIN 444
Blattschrauben, Griffblätter für . . . . Tafel 14, S. 223
Flügelschrauben . . . . DIN 316
— mit Druckzapfen . . . . DIN 6301
Gewindestifte mit Druckzapfen . . . . DIN 6332
— mit Innensechskant und Spitze . . . . DIN 914
— mit Kegelkuppe . . . . DIN 551
— mit Sechskant und Zapfen . . . . DIN 915
— mit Spitze . . . . DIN 553
— mit Zapfen, M1 ··· M10 . . . . DIN 926
— mit Zapfen, M2 ··· M20 . . . . DIN 417
— und Schaftschraube mit Innensechskant u. Kegelkuppe . . DIN 913
Halbrundschrauben mit Schlitz . . . . DIN 86
Kegelgriffschrauben . . . . DIN 6308
Knebelschrauben mit festem Knebel . . . . DIN 6304
— mit losem Knebel . . . . DIN 6306
Linsenschrauben mit Schlitz, großer Kopf . . . . DIN 88
Rändelschrauben . . . . DIN 6302
Ringschrauben, mit Bund und Rille . . . . DIN 580
Schaftschrauben . . . . DIN 427
Schrauben, Muttern; technische Lieferbedingungen . . . . . DIN 267
Schrauben und Muttern, Benennungen . . . . DIN 918
Sechskantschrauben . . . . DIN 931/1
—, Gewinde annähernd bis Kopf . . . . DIN 933
Senkschrauben mit Schlitz, großer Kopf . . . . DIN 87
Stiftschrauben, Einschraubende 1 d . . . . DIN 938
—, Einschraubende 1,25 d . . . . DIN 939
T-Nutenschrauben . . . . DIN 787
Vierkantschrauben, mit Bund . . . . DIN 478
—, mit Bund und Ansatzkuppe . . . . DIN 480
—, mit Kernansatz . . . . DIN 479
Zylinderschrauben mit Innensechskant . . . . DIN 912
— mit Innensechskant, niedriger Kopf . . . . DIN 7984
— mit Innensechskant, niedriger Kopf mit Schlüsselführung . DIN 6912
— mit Schlitz . . . . DIN 84

12.5 Muttern

Flügelmuttern . . . . DIN 315
Knebelmuttern, mit festem Knebel . . . . DIN 6305
— mit losem Knebel . . . . DIN 6307
Kreuzlochmuttern . . . . DIN 1816
Nutmuttern . . . . DIN 1804

12 Verzeichnis von DIN-Normen und Maßtafeln

Rändelmuttern . . . . DIN 6303
Ringmuttern . . . . DIN 582
Sechskantmuttern . . . . DIN 934
— 1,5 d hoch . . . . DIN 6330
—, flache, M 1,6 bis M 10 . . . . DIN 439
—, flache, M 12 bis M 30 und Metrisches Feingewinde . . . DIN 936
— mit Bund, 1,5 d hoch . . . . DIN 6331

12.6 Scheiben und Ringe

Federringe . . . . DIN 127
Federscheiben . . . . DIN 137
Laufringe mit gerader Nut . . . . DIN 2209
— mit Stiftlöchern . . . . DIN 2208
— mit V-Nut . . . . DIN 2210
Kugelscheiben, Kegelpfannen . . . . DIN 6319
Scheiben für Sechskantschrauben und -muttern . . . . . . DIN 125
— für Zylinder- und Halbrundschrauben . . . . DIN 433
—, gehärtet . . . . DIN 6340
Sicherungsringe für Bohrungen; Regelausführung . . . . . DIN 472
— für Wellen; Regelausführung . . . . DIN 471
Stellringe, blank, schwere Reihe . . . . DIN 703
—, blank, leichte Reihe . . . . DIN 705

12.7 Stifte, Paßfedern und Nutensteine

Kegelstifte . . . . DIN 1
— mit Innengewinde . . . . DIN 7978
— mit Gewindezapfen . . . . DIN 258
Lose Nutensteine . . . . DIN 6323
Paßfedern, hohe Form, für Werkzeugmaschinen . . . . . . DIN 6885
Scheibenfedern . . . . DIN 6888
T-Nutensteine . . . . DIN 508
Zylinderstifte . . . . DIN 7
—, gehärtet . . . . DIN 6325

12.8 Schraubenschlüssel

Einmaulschlüssel . . . . DIN 894
Doppelmaulschlüssel . . . . DIN 895
Hakenschlüssel . . . . DIN 1810
Schlüsselweiten für Schraubenschlüssel . . . . DIN 475/2
Steckschlüssel aus Rohr . . . . DIN 659
Vierkant-Aufsteckschlüssel . . . . DIN 904
— Einsteckschlüssel . . . . DIN 905
— Schraubenschlüssel, geschlossen . . . . DIN 248
Winkel-Schraubendreher für Schrauben mit Innensechskant DIN 911

12.9 Griffe, Kurbeln und Handräder

Bedienteile für Spannzeuge; Übersicht . . . . DIN 6324
Bewegungsrichtung und Anordnung der Bedienteile . . . . DIN 1410
Drehbare Ballengriffe . . . . DIN 98

12 Verzeichnis von DIN-Normen und Maßtafeln

Feste Ballengriffe	DIN 39
Handkurbeln, gekröpft	DIN 468
—, gerade	DIN 469
Handräder, gekröpft, mit rundem Nabenloch	DIN 950
— mit vollem Kranz und geradem Vierkantloch	DIN 951
Kegelgriffe	DIN 99
Keulengriffe	DIN 830
Kreuzgriffe für Spannzeuge	DIN 6335
Kugelgriffe, vorzugsweise für Spannzeuge	DIN 6337
Kugelknöpfe	DIN 319
Sterngriffe für Spannzeuge	DIN 6336

12.10 Federn

Abdrückfedern für Spanneisen	Tafel 9, S. 117
Gewundene Biegefedern (Schenkelfeder); Berechnung	DIN 2088
Tellerfedern; Abmessungen	DIN 2093
—; Berechnung	DIN 2092
Zylindrische Druckfedern aus Runddraht, usw.	DIN 2095
— Schraubendruckfedern aus Vierkantstahl; Berechnung	DIN 2090
— Schraubenfedern; Berechnung von Druckfedern	DIN 2089/1
— Schraubenfedern; Berechnung von Zugfedern	DIN 2089/2
— Zugfedern aus Runddraht; Darstellung, Ausführung	DIN 2097

12.11 Verschiedene Vorrichtungsteile

Auflagebolzen	DIN 6321
Ausrichtdorne mit Kegelschaft	DIN 6381
Ausrichtspitzen mit Kegelschaft	DIN 6380
Bohrbuchsen, Bund-	DIN 172
—, Führungslängen und Einführungsrundungen für —	Tafel 19, S. 294
—, Steckbohrbuchsen mit Bajonettsicherung	Tafel 18, S. 287
—, Steckbohrbuchsen und Bundschrauben	DIN 173
—, zylindrische	DIN 179
Druckscheiben	DIN 6312
Druckstücke	DIN 6311
Einsätze aus Hartmetall für Drehmaschinenkörner	DIN 8012
Füße mit Gewindezapfen	DIN 6320
Futterflansche mit Zentrierkegel 1:4; Grundflansche	DIN 6352
Parallelstücke	DIN 6346
Schleifmitnehmer	DIN 1819
Schlitten für Fertigungsstraßen	Tafel 13, S. 216
Schnappverschlüsse (Schnapper mit Feder)	DIN 6310
Schraubenschlitze für gegossene Vorrichtungskörper	Tafel 11, S. 212
— für geschweißte Vorrichtungskörper	Tafel 12, S. 213
Spanneisen, flach	DIN 6314
—, gabelförmig	DIN 6315
—, gekröpft	DIN 6316
Spannexzenter, Abmessungen	Tafel 6, S. 99
Spannklauen für Karussell-Drehmaschinen, Anschlußmaße	DIN 55030
Spannspiralen, Hübe	Tafel 7, S. 100
Spannunterlagen, verstellbar	DIN 6326

Spindelflansche	DIN 812
Treppenböcke für Spanneisen	DIN 6318
Vorrichtungsflansche für Spindelköpfe DIN 55021/022	DIN 55023
Vorschubzangen für Drehautomaten	DIN 6344
Zentrierspitzen 60° (Körnerspitzen)	DIN 806
Zentrierspitzen 60° mit Abdrückmutter	DIN 807
Zugexzenter, Abmessungen	Tafel 8, S. 102

12.12 Vorrichtungen

Bohrvorrichtungen, mit Bohrklappe	DIN 6347
—, schnellspannend	DIN 6348
Drehdorne; Werkstück-Aufnahmedorn	DIN 523
Drehfutter, handbetätigt; Spannbacken auch einzelverstellbar	DIN 6351
—, handbetätigt; Spannbacken nicht einzelverstellbar	DIN 6350
Druckspannzangen	DIN 6343
Maschinenschraubstöcke; Spannbereich, Spannbacken	DIN 6370
Schleifdorne; Werkstück-Aufnahmedorne	DIN 6374
Zug-Spannzangen und Kegelhülsen für Spannzangen	DIN 6341/1

12.13 Druckluft- u. Druckölbetätigung für Vorrichtungen

Druckluft-, Drucköl-, Elektrospanner; Bewertung	Tafel 2, S. 68
Druckluft- und Druckölbetätigung für Vorrichtungen	Tafel 3, S. 69
Druckluftzylinder. Kolbenhublängen	Tafel 5, S. 71
Druckluftzylinder. Kolbenkraft	Tafel 4, S. 71
Ölhydraulik und Pneumatik. Benennungen u. Sinnbilder	DIN 24300
Ölhydraulische Schaltungen. Schaltpläne	VDI 3225
Pneumatische Schaltungen. Schaltpläne	VDI 3226

12.14 Halter für Fräswerkzeuge

Für Halter zu Frässpindelköpfen mit Morsekegel nach	*DIN 2201*
Aufnahmedorn mit Morsekegel für Messerköpfe	DIN 2204
Aufsteckfräserdorne mit MK für Fräser mit Längsnut	DIN 2087
— mit Morsekegel für Fräser mit Quernut	DIN 6362
Fräserdorne mit Morsekegel (mit Mutter, Ringe usw.)	DIN 2081
— mit Morsekegel (ohne Mutter, Ring usw.)	DIN 2086
Mitnehmer zu Aufnahmedorn nach DIN 2204 (mit Morsekegel)	DIN 2205
Mitnehmerbolzen für Messerköpfe zu DIN 2201 (MK)	DIN 2203
Mitnehmerschrauben zu Mitnehmer nach DIN 2205 (MK)	DIN 2206
Werkzeughalter für Fräsmaschinen mit Morsekegel, Übersicht	DIN 2200/1
Werkzeugschäfte mit MK für Frässpindelköpfe nach DIN 2201	DIN 2207
Für Halter zu Frässpindelköpfen mit Steilkegel nach	*DIN 2080*
Aufsteckfräserdorne mit StK für Fräser mit Quernut	DIN 6361
— mit Steilkegel für Fräser mit Längsnut	DIN 6360
Fräserdorne mit Steilkegel (ohne Mutter, Ringe usw.)	DIN 6355
Reduzierhülsen für Werkzeuge mit Steilkegel	DIN 6363
Werkzeughalter für Fräsmaschinen mit Steilkegel, Übersicht	DIN 2200/2
Werkzeugschäfte mit Steilkegel, für Gewindeanzug	DIN 2080
Fräserdorne mit Steilkegel (mit Mutter, Ringe usw.)	DIN 6354
Zwischenhülsen, außen mit Steilkegel, innen mit Morsekegel	DIN 6364

Für Halter zu Frässpindeln mit MK nach DIN 2201 u. StK n. DIN 2080

Fräseranzugschrauben für Aufsteckfräserdorne	DIN 6367
Laufbuchsen für Fräserdorne	DIN 2083
Mitnehmerringe für Aufsteckfräserdorne	DIN 6366
Muttern für Fräserdorne	DIN 2082
Ringe für Fräserdorne	DIN 2084
Ringsätze für Fräserdorne	DIN 2085
Schlüssel für Aufsteckfräserdorne	DIN 6368

12.15 Halter für verschiedene Werkzeuge

Aufsteckhalter mit MK für Aufsteckreibahlen und -senker	DIN 217
Austreiber für Kegelschäfte (Morsekegel und Metrische Kegel)	DIN 317
Bohrfutteraufnahme; Kegeldorne	DIN 238/1
Bohrspindelköpfe zur Aufnahme von Stellhülsen	DIN 55058
Bohrstangen; Grundabmessungen	DIN 6385
Dreibacken-Bohrfutter mit Zahnkranz	DIN 6349
Einloch-Windeisen	DIN 1814
Kegelschäfte für Querkeilbefestigung	DIN 1806
Klemmhülsen, kegelig, für Werkzeuge mit Zylinderschaft und Mitnehmer	DIN 6329
—, —, für Werkzeuge mit Zylinderschaft und Vierkant	DIN 6328
Reduzierhülsen für Werkzeuge mit Morsekegel	DIN 2185
— mit Morsekegel und Metrischem Kegel für Querkeilbefestigung	DIN 1808
Schleifscheibenaufnahmen für Rundschleifmaschinen	DIN 6375
Schneideisenhalter für Schneideisen nach DIN 223	DIN 225
Stellhülsen für Mehrspindelbohrmaschinen	DIN 6327
Verlängerer für Gewindebohrer	DIN 377
Verlängerungshülsen für Werkzeuge mit Morsekegel	DIN 2187
Werkzeugverlängerungen mit Morse- und Metrischem Kegel	DIN 6382

12.16 Werkzeugmaschinen

Bewegungsrichtung und Anordnung der Bedienteile	DIN 1410
Bewegungsrichtungen an Bohrmaschinen	DIN 1403
— an Fräsmaschinen	DIN 1404
— an Hobelmaschinen	DIN 1405
— an Revolver-Drehmaschinen	DIN 1402
— an Schleifmaschinen	DIN 1407
— an Stoßmaschinen	DIN 1406
— an Support-Drehmaschinen	DIN 1401
Haupt- und Anschlußmaße von Hobelmaschinen	DIN 55010
— — — von Karussell-Drehmaschinen	DIN 55030/1
— — — von Konsol-Fräsmaschinen	DIN 55070
— — — von Kurzgewinde-Fräsmaschinen	DIN 55132
— — — Radial-Bohrmaschinen	DIN 55051
— — — von Senkrecht-Bohrmaschinen	DIN 55050
— — — von Waagerecht-Bohrwerken und Fräswerken	DIN 55060
— — — von Waagerecht-Stoßmaschinen	DIN 55013
— — — von Wälz-Fräsmaschinen für lange, zylindrische Verzahnung	DIN 55121
— — — — für zylindrische Verzahnungen	DIN 55120

12.17 Werkzeugmaschinen. Anschlüsse für Spannzeuge

Anzugstangen für Fräsmaschinen mit Steilkegelaufnahme	DIN 6369
Bohrfutteraufnahmen; Bohrfutterkegel (in Bohrspindel)	DIN 238/2
Frässpindelköpfe mit Steilkegel	DIN 2079
— mit Morsekegel, mit Messerkopfaufnahme	DIN 2201
Querkeilbefestigungen; Hülsen und Bohrspindel	DIN 1807
Revolverkopf-Bohrungen zur Aufnahme der Werkzeugschäfte	DIN 1815
— — Werkzeughalter für Karussell-Drehmaschinen	DIN 55030/4
Spindelflansche (Spindelköpfe mit Zentrierkegel und Flansch)	DIN 812
Spindelköpfe mit Gewinde	DIN 800
— mit Zentrierkegel und Flansch	DIN 55021
— — —, Flansch und Bajonettscheibenbefestigung	DIN 55022
T-Nuten	DIN 650

12.18 Zeichnungen

Ansichten, Schnitte, besondere Darstellungen	DIN 6
Blattgrößen, Maßstäbe	DIN 823
Darstellung und Sinnbilder für Federn	DIN 29
— und vereinfachte Darstellung für Zahnräder und Räderpaarung	DIN 37
— von Gewinden, Schrauben und Muttern	DIN 27
Faltung auf A4 für Ordner	DIN 824
Kleindarstellungen, Vereinfachungen	DIN 30
Linien, Linienarten, Liniendicke; Anwendung	DIN 15
Maßeintragung	DIN 406
Normschrift, schräg	DIN 17
—, senkrecht	DIN 17
Oberflächen, Beschaffenheit, Oberflächenzeichen, Wortangaben	DIN 140
—, Oberflächenzeichen und Zuordnung der Rautiefen	DIN 3141
Schraffuren und Farben zur Kennzeichnung von Werkstoffen	DIN 201
Schriftfelder für Zeichnungen und Stücklisten	DIN 6782
Sinnbilder für Niete und Schrauben	DIN 407
Stücklisten, Form und Größe	DIN 6783
Technische Zeichnungen; Benennungen	DIN 199
Verzahnungen, Angaben für Stirnräder in Zeichnungen	DIN 3966
Vordrucke für Zeichnungen	DIN 6781
Zeichnungssystematik; fertigungsgerechter Zeichnungssatz	DIN 6789

13 Schrifttum

13.1 Bücher

AWF: Wirtschaftlichkeit von Vorrichtungen. Leipzig/Berlin: B. G. Teubner 1941. 57 S.
DEURING: Spannen im Maschinenbau, 2. Aufl. Werkstattbücher H. 51. Berlin/Göttingen/Heidelberg: Springer 1953. 64 S.
FERLING: Hydraulische Werkstückspanner. Werkstattbücher H. 122. Berlin/Göttingen/Heidelberg: Springer 1961. 59 S.
FORKARDT Das Buch vom Spannen. Düsseldorf: Forkardt 1960. 236 S.
GUTTROPF: Pneumatik mit Pfiff. Mainz: Krausskopf 1963. 71 S.
KUMMER: Vorrichtungsbau. Braunschweig/Berlin/Hamburg: Westermann 1950. 142 S.
LECK: Vorrichtungsbau. Essen: Girardet 1952. 157 S.
LUKOWSKI: Kraftbetätigte Spannzeuge. München: Hanser 1965. 166 S.
MAURI: Der Vorrichtungsbau I, 8. Aufl. Werkstattbücher H. 33. Berlin/Heidelberg/New York: Springer 1965. 66 S.
MAURI: Der Vorrichtungsbau II. Werkstattbücher H. 35. Berlin/Göttingen/Heidelberg: Springer 1963. 68 S.
MAURI: Der Vorrichtungsbau III, 5. Aufl. Werkstattbücher H. 42. Berlin/Heidelberg/New York: Springer 1965. 66 S.
SCHLEIFFER-SCHEIBE: Vorrichtungsbau. München: Hanser 1965. 130 S.
SCHREYER: Werkzeugspanner. Berlin/Göttingen/Heidelberg: Springer 1951. 331 S.
SCHULTE: Arbeitserleichterung durch Anpassung der Maschine an den Menschen. München: Hanser 1952. 81 S.
STEPHAN: Das Radialbohren, Berlin: Springer 1940. 199 S.
VDI: Vorrichtungen, VDI 2027. Düsseldorf: VDI-Verlag 1959. 110 S.

13.2 Technische Hilfsbücher

DIN-Taschenbuch 14. Spannzeuge. Berlin/Köln/Frankfurt (M): Beuth-Vertrieb 1964.
Dubbels Taschenbuch für den Maschinenbau, Bd. I, 12. Aufl., 2. ber. Neudruck. Berlin/Heidelberg/New York: Springer 1966.
Hütte (Betriebshütte), Bd 1, Fertigungsverfahren. Berlin/München: Ernst & Sohn 1964.
Klingelnberg Technisches Hilfsbuch, 15. Aufl. Berlin/Heidelberg/New York: Springer 1967.
KOTTHAUS: Betriebstechnisches Taschenbuch, Bd. II, Die Fertigung. München: Hanser 1967.
Ölhydraulik und Pneumatik. Taschen-Jahrbuch. Mainz: Krausskopf 1968.

13.3 Zeitschriften

American Machinist. McGraw Hill Publishing Co., 330 West 42nd Street, New York 18.
Industrie-Anzeiger. Verlag W. Girardet, 43 Essen, Postfach 9.
La Machine Outil. 150, Boulevard Bienau, Neuilly-sur-Seine (Seine).
Machinery (London). Machinery Publishing Co. Ltd., National-House, West-Street, Brighton 1.
Machinery (New York). Industrial Press Inc., 200 Madison Ave. New York, N. Y. 10016.
Maschine und Werkzeug. Ihl-Verlag, Coburg.
Oelhydraulik und Pneumatik. Krausskopf-Verlag, 65 Mainz.
Technisches Zentralblatt für praktische Metallbearbeitung. Techn. Verlag G. Grossmann GmbH, 7 Stuttgart-Vaihingen, Postfach.
The Tool and Manufacturing Engineer. American Society of Tool and Manufacturing Engineers, 10700 Puritan Avenue, Detroit 38, Mich.
Werkstattstechnik. Springer-Verlag, 1 Berlin 33, Heidelberger Platz 3.
Werkstatt und Betrieb. Carl Hanser Verlag, 8 München 27, Kolberger Str. 22.

13.4 Sonstiges Schrifttum

AWF-Vorrichtungskarte 3021. Berlin/Köln/Frankfurt (M): Beuth-Vertrieb.
Regeln für das Arbeiten mit Vorrichtungen, Werkstattblatt 10. München: Hanser 1948.
Spannvorrichtungen mit plastischer Masse als Druckübertragungsmittel, Werkstattblatt 257. München: Hanser 1955.

13.5 Fachausschüsse

Arbeitsgruppe Spannzeuge, Fachnormenausschuß Werkzeuge und Spannzeuge im Deutschen Normenausschuß (DNA), Berlin.
Ausschuß Vorrichtungen, VDI-Fachgruppe Betriebstechnik, Verein Deutscher Ingenieure (VDI), Düsseldorf.

Quellenverzeichnis

Bild-Nr.	Firmen, die für die hier genannten Bilder Unterlagen zur Verfügung stellten
32 ··· 34	Binder Magnete KG, 7730 Villingen (Schwarzw.)
160	Stieber Rollkupplung KG, 69 Heidelberg
186	Gottlieb Walter & Co, 713 Mühlacker (Württ)
187	Peiseler, 563 Remscheid-Haddenbach
188	Fiebro, 7102 Weinsberg (Württ)
189 u. 190	Gehomat, 7014 Kornwestheim (Württ)
210	Hahn & Kolb, 7 Stuttgart
211	Festo-Pneumatic, 7301 Berkheim/ü. Eßlingen
212	Svenska Stalpressnings AB, Olfström/Schweden
215	Festo-Pneumatic, 7301 Berkheim/ü. Eßlingen
216	Josef Scheelen, 4 Düsseldorf
217 ··· 219	Paul Forkardt KG, 4 Düsseldorf
220 ··· 225	Normbau GmbH & Cie, 8504 Stein/ü. Nürnberg
228 ··· 243	Festo-Pneumatic, 7301 Berkheim/ü. Eßlingen
244	Josef Scheelen, 4 Düsseldorf
245	Röhm-Gesellschaft mbH, 7927 Sontheim (Brenz)
246	Paul Forkardt KG, 4 Düsseldorf
247 u. 248	Binder Magnete KG, 7730 Villingen (Schwarzw.)
249 ··· 260	DEW Magnetfabrik, 46 Dortmund
261 u. 262	Hagou, Eindhoven/Holland
266	Abawerk, 875 Aschaffenburg
355	Robbert Blohm, 205 Hamburg-Bergedorf
367	Otto Krauskopf, 3548 Arolsen-Waldeck
368	Andreas Maier, 7012 Fellbach (Württ)
411	Hahn & Kolb, 7 Stuttgart
430	Feinmechanik, 812 Weilheim (Oberbay)
436	Hilma GmbH, 5912 Hilchenbach (Kr. Siegen)
437 ··· 439	Normbau GmbH & Cie, 8504 Stein/ü. Nürnberg
440 ··· 442	Hilma, GmbH, 5912 Hilchenbach (Kr. Siegen)
443 ··· 452	z. T. Hilma GmbH, z. T. Normbau GmbH & Cie
458 u. 459	Heinrich Kipp, 7247 Sulz (Neckar)
460 u. 461	DE-STA-CO, 6 Frankfurt (Main)
472	Fritz Werner AG, 1 Berlin
485 ··· 488	DE-STA-CO, 6 Frankfurt (Main)
503	Hermann Pfauter, 714 Ludwigsburg (Baden)
505	Lorenz GmbH & Co, 7505 Ettlingen (Baden)
520 ··· 524	Emuge-Werk, Rich. Glimpel, 856 Lauf (Pegnitz)
525	Carl Hurth, 8 München
526 ··· 529	Stieber Rollkupplung KG, 69 Heidelberg
530 u. 531	H. J. Hofer, 1 Berlin
532	Julius Ortlieb & Cie, 73 Eßlingen-Mettingen (Neckar)
540	Festo-Pneumatic, 7301 Berkheim/ü. Eßlingen
549	Julius Ortlieb & Cie, 73 Eßlingen-Mettingen (Neckar)

Quellenverzeichnis

Bild-Nr.	Firmen, die für die hier genannten Bilder Unterlagen zur Verfügung stellten
552	Stieber Rollkupplung KG, 69 Heidelberg
553 ⋯ 556	Ringspann, Albrecht Maurer KG, 638 Bad Homburg v. d. Höhe
560	Stieber Rollkupplung KG, 69 Heidelberg
561	Paul Forkardt KG, 4 Düsseldorf
564 u. 565	Stieber Rollkupplung KG, 69 Heidelberg
575	Emuge-Werk, Rich. Glimpel, 856 Lauf (Pegnitz)
576 u. 577	Stieber Rollkupplung KG, 69 Heidelberg
578	H. J. Hofer, 1 Berlin
590 u. 591	Julius Ortlieb & Cie, 73 Eßlingen-Mettingen (Neckar)
600	Festo-Pneumatic, 7301 Berkheim/ü. Eßlingen
605	Balz & Polack, 7 Stuttgart
609	Julius Ortlieb & Cie, 73 Eßlingen-Mettingen (Neckar)
611	Eugen Fahrion, 73 Eßlingen-Mettingen (Württ)
612	Paul Forkardt KG, 4 Düsseldorf
614 ⋯ 616	Ringspann, Albrecht Maurer KG, 638 Bad Homburg v. d. Höhe
619 u. 620	Paul Forkardt KG 4, Düsseldorf
621	Röhm-Gesellschaft mbH, 7927 Sontheim (Brenz)
622 ⋯ 625	Paul Forkardt KG, 4 Düsseldorf
626	Josef Scheelen, 4 Düsseldorf
627 u. 629	Paul Forkardt KG, 4 Düsseldorf
631	Röhm-Gesellschaft mbH, 7927 Sontheim (Brenz)
632 ⋯ 634	Paul Forkardt KG, 4 Düsseldorf
637	Josef Scheelen, 4 Düsseldorf
638	Röhm-Gesellschaft mbH, 7927 Sontheim (Brenz)
640	Hahn & Kolb, 7 Stuttgart
664 u. 665	Ludw. Loewe & Co AG 1 Berlin
669	Hilma GmbH, 5912 Hilchenbach (Kr. Siegen)
670	Paul Forkardt KG, 4 Düsseldorf
671 u. 672	Hilma GmbH, 5912 Hilchenbach (Kr. Siegen)
673	Fritz Werner AG, 1 Berlin
674	Carl Hurth, 8 München
675	Hilma GmbH, 5912 Hilchenbach (Kr. Siegen)
692	Hahn & Kolb, 7 Stuttgart
719 ⋯ 725	Burkhard & Weber KG, 741 Reutlingen
737 ⋯ 740	Heinrich Kipp, 7247 Sulz (Neckar)
797	Bohner & Köhle, 73 Eßlingen (Neckar)
798	Röhm-Gesellschaft mbH, 7927 Sontheim (Brenz)
799 u. 800	Kosta, 7 Stuttgart-Zuffenhausen
802	Hahn & Kolb, 7 Stuttgart
826	Artur Vohl, 565 Solingen-Merscheid
963	Röhm-Gesellschaft mbH, 7927 Sontheim (Brenz)
1093 u. 1095	Peiseler, 563 Remscheid-Haddenbach
1107	Krümpel, 8301 Wettringen/ü. Ansbach
1109	Wharton & Wilcocks, Herford/England
1251	Fritz Kopp, 791 Neu-Ulm
1266 u. 1271	DEW Magnetfabrik, 46 Dortmund
1280 u. 1281	Kosta, 7 Stuttgart-Zuffenhausen
1282	DEW Magnetfabrik, 46 Dortmund
1284	Eclipse, James Neill Ltd, Sheffield
1301	Hermann Rückle KG, 7301 Kemnat/ü. Eßlingen

Sachverzeichnis

Abdrückfedern für Spanneisen. Tafel 9 117
Abwechselndes Bearbeiten 2
— — beim Fräsen 362
Abzieheinrichtungen für Schleifscheiben 367
Anlieferungszustand der Werkstücke 7
Anordnung der Spannstellen 89
Anschlag für Bohrklappen 313
Anschluß- und Befestigungsteile 207
Anzahl der Spannstellen 89
Aufnahme, formschlüssige 26, 62
—, kraftschlüssige 26, 63
Aufsatzbacken für Spannfutter 188
Ausgleichfutter 186
Außenspannung 181

Backenfutter 180
Baukasten für Vorrichtungen 319
Bearbeiten, abwechselndes 2, 283, 363
—, stetiges 2, 364
Bearbeitungszugabe für Senken und Reiben. Tafel 17 262
Bedienen von Vorrichtungen 218
Bedienkräfte 219
Bedienrichtungen 220
Bedienteile 221
—, Anordnung 224
—, Auswahl 221
—, Befestigung 224

Bedienteile, Einstellbarkeit 225
—, Gestaltung 221
Bedienzeiten 221
Befestigungsschlitze 210
Befestigungsschrauben 210
Begrenzung des Vorschubweges für Bohrwerkzeuge 277
Begriffe 1
Benennungen für Vorrichtungen 2
Bestimmen der Lage des Werkstückes 20
Bestimmfläche am Werkstück 20
Bestimmteile, bewegliche 35
—, einstellbare 33
—, feste 33
—, lose 38
—, Verbindung mit der Vorrichtung 32
Blattschrauben, Griffblätter für. Tafel 14 223
Blechartige Werkstücke 94
Bohrbuchsen 284
— -abstände, Toleranzen 297
—, axialer Abstand vom Werkstück 295
—, Beschriftungen 297
—, Einführungsrundungen. Tafel 19 294
—, feste 285
—, Führungslängen. Tafel 19 294
—, kegelige 285
—, mit Bund 285

Bohrbuchsen, Passungen. Tafel 20 296
—, Sonderformen 291
—, Spann- 291
—, Steck- 285
—, Steckbohrbuchsen mit Bajonettsicherung. Tafel 18 287, 288
—, umlaufende 290
—, zylindrische 285
Bohrdeckel 306
Bohren, Drehmomente. Tafel 16 260
—, Leistungssteigerung 283
—, Schnittkräfte 259
—, Vorschubkräfte. Tafel 15 259
Bohrgrat 20, 283
Bohrklappen 307
— -anschläge 313
Bohrmaschinen mit Schalttisch 283
Bohrschablonen 300
Bohrstangen 291
—, Führungsbuchsen 291
Bohrung, Einflüsse auf die Güte 260
Bohrungen, Fertigung 265
—, — gestufter, zylindrischer 269
—, — ungestufter, zylindrischer 265
—, — zylindrischer Sack- 274
—, Sonderfälle 275
Bohrungsdurchmesser für Senken, Reiben und Gewinden 262
Bohrvorrichtungen 256
—, Anschlag für Bohrklappen 313

Sachverzeichnis

Bohrvorrichtungen, Ausführungsbeispiele 299
—, Deckel 306
—, Einheits- 310
—, für den Zusammenbau 316
—, Klappen 307
—, mit Säulenführung 315, 317
—, Richtlinien für die staltung 282
—, Schnellspann- 315, 317
—, Verbindung mit der Maschine 280
Bohrwerkzeuge, Anstellgenauigkeit 263
—, Begrenzung des Vorschubweges 277
Buckelschweißvorrichtungen 374
Bücher 409
Bundbohrbuchsen 284

Dauermagnete 83
Deckel für Bohrvorrichtungen 306
Dehndorne 152
—, hydraulische 156
—, mechanische 153
— mit Dehnhülse 153
— — Rollkupplung 154
DIN-Normen 402
Drehmaschinenspitzen 245
Drehdorne 149
Drehen, Schnittkräfte 240
Drehfutter 180
Drehmaschinen-Spindelköpfe 243
Drehmomente beim Bohren. Tafel 16 260
Drehspindelköpfe 243
Drehvorrichtungen 240
—, Einstellflächen 256
—, Richtlinien für die Gestaltung 245
Dreibackenfutter 180
Druckluft-, Drucköl- und
— Elektrospanner. Tafel 2 68
-spanner 68

Druckluftspannstock 196
Druckluft- und Drucköl- betätigung. Tafel 3 69
— -ventile 72
— -Wartungsgerät 73
— -zylinder, Kolbenhublänge. Tafel 5 71
— — , Kolbenkraft. Tafel 4 71
— — , nichtumlaufende 72
— — , umlaufende 73, 74
Drucköl-Spanneinrichtung 79

Einführungsrundungen für Bohrbuchsen. Tafel 19 294
Eingeben des Werkstückes in die Vorrichtung 14
— — —, Sicherung gegen unrichtiges 18
Einheits-Bohrvorrichtung 310
Einmittedorn, umlaufender 247
Einmittender Spannstock 197
Einmitten durch Keile 26
— — Rechts- und Linksgewinde 26
— — Tellerfedern 26
— — V-Prisma 26
Einstellflächen 256, 371
Einstückvorrichtung 2
Einteilung der Vorrichtungen 1
Elastisches Spannen 63
Elektromotorische Spanner 80
Entfernen des Werkstückes aus der Vorrichtung 19
Exzenter, Druck-. Tafel 6 99
—, Zug-. Tafel 8 102

Fachausschüsse 411
Federspanner 108
Fertigungsgerechte Gestaltung von Vorrichtungsteilen 376

Fertigungsketten, Schlitten für 217
Fertigung von Bohrungen 265
Feste Bestimmteile 33
— Bohrbuchsen 284
— Dorne 145
— Futter 168
— Nutensteine 207
Feststellen von Schalttischen 45
Fingerfutter 181
Fliehkraftspanner 67
Formfräsen 338
Formschlüssige Aufnahme 26, 62
Fräsbeispiele 329
Fräsen, abwechselndes Bearbeiten 362
—, ebene Flächen 329
—, Form- 338
—, Gewinde- 339
— im Gegenlauf 322
— — Gleichlauf 323
—, Leistungssteigerung 362
—, Nachform- 341
—, Nachformschablonen 347
— paralleler Flächen 330
—, Pendel- 362
—, rechtwinkliger Flächen 330
—, Rund- 338
—, Satzfräser 327
—, Schnittkräfte 322
— spitzwinkliger Flächen 332
—, Stetig- 362
—, Stirn- 325
—, stumpfwinkliger Flächen 332
—, Tauch- 327, 362, 363
— von Nuten 333
— — Zylinderflächen 340
—, Walzen- 323
Fräsersätze 327
Fräser, Schnittrichtung 322
Fräsverfahren 322
Fräsvorrichtungen 322

Sachverzeichnis

Fräsvorrichtungen, Ausführungsbeispiele 353
—, Richtlinien für die Gestaltung 350
—, Verbindung mit der Maschine 353
Fügevorrichtungen 371
Führungsbuchsen für Bohrstangen 291
Führungslängen für Bohrbuchsen. Tafel 19 294
Führungszapfen 297
Fußbedienung 220
Futtersicherung 187

Gegenlauffräsen 322
Gegossene Rohteile 7
Gemeinvorrichtungen 5
Geschmiedete Rohteile 8
Geschweißte Rohteile 8
Gestaltung der Bestimmflächen 24
Gestaltungsplan. Tafel 1 5
Gestaltungsrichtlinien 4
Gewinde-bohrvorrichtungen 321
— -dorne 150
— -fräsen 339
— -futter 168
Gleichlauffräsen 323
Griffblätter für Blattschrauben. Tafel 14 223
Griffe 221

Haftkraft, magnetische 82
Haftmagnete 83
Handräder 222
Hobeln, Schnittkräfte 228
Hobelvorrichtungen 228
Hydraulik-Spannzylinder 79, 128
Hydraulische Dehndorne 156

Innenspannung 181

Kegelige Bohrbuchsen 284
— Spanndorne 149
Kegelschäfte für Spanndorne 248

Klappen für Bohrvorrichtungen 307
Klemmfutter 163
Kniehebelspanner 139
Körnerspitzen 245
Kraftbetätigte Futter 179 bis 187
Kraftbetätigtes Spannen 65
Kraftschlüssige Aufnahme 26, 63
Kreisteilen 41
Kugel-feststeller 45
— -griffe 224

Längsteilen 40
Langlochfräsen 335
Lamellenblöcke 86
Lötvorrichtungen 372
Lose Bestimmteile 38
— Nutensteine 207

Magnete, Dauer- 83
Magnetische Spanner 81
— Spannplatten 84
Maschinenspannstöcke 193
—, Bauformen 193
—, kraftbetätigt 195, 197
—, mechanisch/hydraulisch 195, 197
Mechanische Dehndorne 152
Mehrstückspannen 141
—, Anordnung der Werkstücke 143
—, Nachteile 143
—. Tafel 10 142
Membranzylinder 70
Meßflächen an Drehvorrichtungen 256
Meßzeuge 1, 218
Mitnehmer 186

Nachformfräsen 341
Nachformschablonen 347
Nachstellbare Schneckengetriebe 53
Normblätter 402
Nutensteine 207
—, feste 207
—, lose 207
—, T- 210

Oberflächenbeschaffenheit von Spannflächen 111
Öl, Spannkraftübertragung 128

Pendelfräsen 362
Pinolen-Spannungen 105, 359
Plastische Masse 126
— —, Spannkraftübertragung 126

Quellenverzeichnis 412

Räumen, Schnittkräfte 233
Räumvorrichtungen 232
—, Verbindung mit der Maschine 233
Reihenspann-Vorrichtungen 141
Richtlinien für die Gestaltung von Bohrvorrichtungen 282
— — — — Drehvorrichtungen 240
— — — — Fräsvorrichtungen 350
— — — — Hobelvorrichtungen 228
— — — — Räumvorrichtungen 233
— — — — Schleifvorrichtungen 366
— — — — Stoßvorrichtungen 231
Riffelungen 111
Ringspannfutter 180
Rohteile, gegossene 7
—, geschmiedete 8
—, geschweißte 8
Rundfräsen 338
Rundtische 57

Satzfräser 327
Saugluftspanner 68
Schalttisch, Feststeller 45
—, spannen 51
Schleifbeispiele 364
Schleifscheiben, Abzieheinrichtungen 367

Sachverzeichnis

Schleifvorrichtungen 364
—, Richtlinien für die Gestaltung 366
—, Verbindung mit der Maschine 365
Schlitten für Fertigungsketten 214
— — —. Tafel 13 216
Schlitze für Befestigungsschrauben. Tafel 11 und 12 212, 213
— — Spannzangen 175
Schneckengetriebe, nachstellbare 53
Schnellspannen 133
Schnellspann-Bohrvorrichtungen 315
Schnellspannmuttern 133
Schnellspannschrauben 133
Schnittkräfte beim Bohren 259
— — Drehen 240
— — Fräsen 322
— — Hobeln 228
— — Räumen 233
— — Senkrechtstoßen 230
Schnittrichtungen von Fräsern 322
Schrauben, Auswirkung der Drehrichtung 108
—-futter 180
—-schlitze für gegossene Vorrichtungskörper. Tafel 11 212
—-— — geschweißte Vorrichtungskörper. Tafel 12 213
Schraubpumpen 129
Schrifttum 409
Schrumpffutter 168
Schweißvorrichtungen 372
Schwerkraftspanner 67
Senkrechtstoßen, Schnittkräfte 230
Senkrechtstoß-Vorrichtungen 231
Setzstöcke 249
Sicherung gegen unrichtiges Eingeben 18
Späne, Auswirkung 203

Späne-beseitigung 204
—, Platzbedarf 203
— -schutz 204
Spangebend bearbeitete Werkstücke 10
Spannbacken 188
— für Zweibackenfutter 189
Spannbohrbuchsen 291
Spanndorne 144
—, Dehndorne 152
—, feste 145
—, Flanschdorne 145
—, freitragende 145
—, Kegelschäfte für 248
—, kegelige 149
— mit Gewinde 150
— — Spannbacken 163
— — Spannscheiben 162
— — Spreizhülse 159
—, Spitzendorne 145
—, Spreizdorne 157
—, zylindrische 145
Spanneisen 116
Spanneisen, Abdrückfedern. Tafel 9 117
—, Befestigung von Vorrichtungen mittels 214
Spannen des Schalttisches 51
— — Werkstückes 62
— durch Druckluft 68
— — Drucköl 79
— — elektromotorische Kraft 80
— — Federkraft 67
— — Fliehkraft 67
— — Magnetkraft 81
— — Muskelkraft 65
— — Saugluft 68
— — Schwerkraft 67
—, elastisches 63
—, kraftbetätigtes 65
—, starres 63
Spannexzenter 97
—, Spannrichtung 103
—. Tafel 6 99
Spannfedern 108
Spannflächen, Oberflächenbeschaffenheit 111
Spannfutter 167

Spannfutter, Ausgleichfutter 186, 187
—, Backen- 180
—, Befestigung auf Drehspindelköpfen 251
— -befestigung, Cam lock 252
—, Dreibacken- 184
—, feste 168
—, Finger- 181
—, Flach- 179
—, Klemm- 168
—, Korb- 179
—, kraftbetätigte 179 bis 187
—, Ringspann- 180
—, Schrauben- 180
—, Schrumpf- 168
—, Sicherung gegen Lösen 187
—, Spannscheiben- 180
—, Vorderend- 184
—, Zangen- 171
Spanngriffe 221
Spannhaken 105, 139
Spannhebel 95
Spannkeile 95
Spannklauen 113
Spannkräfte 65
Spannkraft-Auswahl 87
— -Größe 88
— -Richtung 88
— -Übertragteile 111
— -Umlenker 111
— -Verteiler 111
Spannkraftübertragung durch Öl 128
— — plastische Masse 127
Spannkurven. Tafel 7 100
Spannmagnete 81
Spannmuttern 104
Spannpinolen 105, 359
Spannscheibenfutter 180
Spannschrauben 104
Spannspiralen 97
—. Tafel 7 100
Spannstellen, Anordnung 89
—, Anzahl 89
Spannstock, Druckluft- 196

Spannstock, einmittender 197
Spannstockbacken 198
Spannteile 95
Spannzangen 171
— für Druckluftspannung 175
— — Druckspannung 174
— — Zugspannung 174
— mit Plananlage 177
— ohne Schaft 176
—, Schlitze 175
Spindelkopf-Außenformen 243
Spindelköpfe für Drehmaschinen 243
— — — mit Zentrierkegel und Flansch 244
Spitzenspanndorn mit Spreizhülse 159
Spreizdorne 157
Stanzteile 9
Starres Spannen 63
Steckbohrbuchsen 285
—, Kennzeichnung durch Rillen 289
— mit Bajonettsicherung. Tafel 18 287
Steckdorn (Vorstecker) 155, 161
Stetiges Bearbeiten 2
Stetigfräsen 364
Stirnfräsen 325
Stoßvorrichtungen 230
—, Verbindung mit der Maschine 230
Stützen des Werkstückes 60
Stufenpratzen 125

Tafeln
1. Gestaltungsplan 5
2. Druckluft-, Drucköl- und Elektrospanner 68
3. Druckluft- und Druckölbetätigung 69
4. Druckluftzylinder. Kolbenkraft 71
5. Druckluftzylinder. Kolbenhublängen 71

6. Abmessungen für Spannexzenter 99
7. Spannkurven mit archimedischer Spirale 100
8. Abmessungen für Zugexzenter 102
9. Abdrückfedern für Spanneisen 117
10. Mehrstückspannen 142
11. Schraubenschlitze für gegossene V. 212
12. Schraubenschlitze für geschweißte V. 213
13. Schlitten für Fertigungsketten 216
14. Griffblätter für Blattschrauben 223
15. Vorschubkräfte beim Bohren 259
16. Drehmomente beim Bohren 260
17. Bearbeitungszugaben für Senken und Reiben 262
18. Steckbohrbuchsen mit Bajonettsicherung 287, 288
19. Führungslängen für Bohrbuchsen 294
20. Passungen für Bohrbuchsen 296
Tauchfräsen 327, 362, 363
Technische Hilfsbücher 410
Teilarbeiten 39
Teilscheiben, Befestigung 45
—, Feststeller 45
Teilvorrichtungen 54
T-Nutensteine 210
Treppenböcke 124

Überbestimmen 29
Übertragteile 111
Umlaufende Druckluftzylinder 72
Umlaufender Druckölzylinder 80
Unfallverhütungsvorschriften 66

Verspannen 92
Verwendungszweck für Vorrichtungen 3
Verzeichnis von Normblättern und Tafeln 402
Vorderendfutter 184
Vorderendspannzange 178
Vorleger 137
Vorreiber 137
Vorrichtungen, Bohr- 256
—, Dreh- 252
—, Fräs- 322
—, Füge- 371
—, Gewindebohr- 321
—, Hobel- 228
—, Räum- 232
—, Schleif- 364
—, Stoß- 230
Vorrichtungs-Baukasten 319
Vorrichtungsbau, Werkstoffe 382
Vorrichtungsfüße 298
Vorrichtungsgerechte Gestaltung des Werkstückes 10
Vorrichtungsgerechter Werkstück-Fertigungsplan 13
Vorrichtungsteile, fertigungsgerechte Gestaltung 376
Vorrichtung und Mensch 218
— — Meßzeug 218
— — Werkstück 13
— — Werkzeug 205
— — Werkzeugmaschine 206
Vorsteckscheiben 136, 147
Vorschub-kräfte beim Bohren. Tafel 15 259
— -zangen 176

Wärmebehandlungen, Angaben 399
Walzenfräsen 323
Wechselrahmen 144, 362
Werkstoffe für den Vorrichtungsbau 382
Werkstücke 6

MIX
Papier aus verantwortungsvollen Quellen
Paper from responsible sources
FSC® C105338

If you have any concerns about our products,
you can contact us on
ProductSafety@springernature.com

In case Publisher is established outside the EU,
the EU authorized representative is:
**Springer Nature Customer Service Center GmbH
Europaplatz 3, 69115 Heidelberg, Germany**

Printed by Libri Plureos GmbH
in Hamburg, Germany